高职高专"十二五"规划教材

U0636275

（上册）

高职高专通用高等数学

Higher Mathematics

主　编：赵益明　潘　燕

副主编：汪　敏　徐　蓉　蔡景辉　李　敏

　　　　蔡风仙　冯国良

编　委：（按姓氏笔画排序）

　　　　冯国良　李　敏　李家其　杨加友

　　　　汪　敏　余荷香　赵益明　徐　蓉

　　　　蔡风仙　蔡旭东　蔡景辉　潘　燕

湖南教育出版社

内容提要

　　本书是高职高专"十二五"规划教材，是根据《高职高专教育高等数学课程教学基本要求》和《高职高专教育专业人才培养目标及规格》，并根据当前高职实际编写的．全书分上、下两册，本书是上册，内容包括函数、极限和连续，导数与微分，积分，级数及微分方程初步，多元微积分共 5 章，书末附有部分习题的答案．

　　本书适用于高职高专工科类或经济管理类各专业，也可作为"专升本"、自学考试的教材或参考书．

前 言

本教材作为高职高专"十二五"规划教材，是根据教育部最新制定的《高职高专教育高等数学课程教学基本要求》，在认真总结全国高职高专数学教改经验的基础上，分析国内同类教材的发展趋势，吸收国际国内同类教材的精髓编写而成的，适用于高职高专工科类或经济管理类各专业，也可作为"专升本"、自学考试的教材或参考书.

目前，很多高职高专院校的数学教学都面临课时相对减少，学生文化素质参差不齐，第二课堂无法开展等困境. 为了改变这一不利的局面，很多学校和老师在如何更好地提高教学质量、提升学生的数学素养上做了大量的探索工作，也取得了一些进展和成效. 但是，如何更好地实现"教学"与"育人"的有机结合，仍是需要不断探索的一个课题. 基于此，根据教育部最新制定的《高职高专教育高等数学课程教学基本要求》和《高职高专教育专业人才培养目标及规格》的要求，我们组织具有丰富教学经验的一线资深教师和有关专家，在学习国内同类教材版本的基础上，提出了本教材的编写思想，希望通过编写本教材，力争做到将数学知识与文化知识同时提高的效果.

本教材遵循"循序渐进、由浅入深"的教学规律，完成了初等数学与高等数学的紧密衔接. 以"必须、够用、实用"为原则，淡化数学理论，重点突出数学应用，结合数学素质教育，坚持在相关知识点穿插有针对性的"案例"，适应了高职高专院校对技术应用型人才的培养目标，并把知识分为必修、选修、拓展三个层次进行编写.

本教材共分三部分内容：一、高等数学的基础，为必学. 二、可以供不同的专业（矿业、经管、机电、人文）选学的应用数学，为专业选修. 三、数学讲堂以讲座的形式进行数学文化教育，开展素质教育，这部分为素质拓展模块.

本教材分上、下两册，内容包括函数、极限和连续，导数与微分，积分，级数及微分方程初步，多元微积分，线性代数与线性规划，概率论与统计初步，图论基础及其应用，数学讲座等. 每章后面配有复习题，非常适合学生巩固所学知识.

　　参加本教材编写的人员有云南能源职业技术学院的赵益明、潘燕、汪敏、徐蓉、蔡景辉、蔡风仙、李敏、冯国良、余荷香、蔡旭东、杨加友、李家其等. 在研究、编写的过程中，湖南教育出版社的编辑和以上老师付出了大量艰辛的劳动；同时我们也参考、借鉴了国内外许多的同类教材及著作，恕不一一列出，在此一并致谢！

　　由于成书仓促，编审人员水平有限，不足之处，请有关专家、学者及使用本教材的老师指正. 诚恳地希望各界同仁及广大教师关注并支持这套教材的建设，及时将教材使用过程中遇到的问题和改进意见反馈给我们. 以供修订时参考.

编者

2011 年 3 月

目　　录

第一章　函数、极限和连续

初等数学的研究对象基本上是不变的量,而高等数学的研究对象则是变动的量.所谓函数关系就是变量之间的依赖关系,极限方法是研究变量的一种基本方法.本章将在中学已学习过的函数基础上进行复习和补充,再介绍映射、函数、极限和函数的连续性等基本概念以及它们的一些性质,为以后的章节学习做铺垫.

§1.1　函　　数

1. 应用举例

在解决实际问题时,通常需要建立问题中变量之间的函数关系.下面举几个简单实例.

例 1　[自由落体运动方程]在自由落体运动中,物体下落的距离 s 随下落时间 t 的变化而变化,下落距离 s 与时间 t 之间的函数关系为

$$s = \frac{1}{2} g t^2$$

其中 g 为重力加速度.

例 2　[生产费用]某工厂生产计算机的日生产能力为 0 到 100 台,工厂维持生产的日固定费用为 4 万元,生产一台计算机的直接费用(含材料费和劳务费)是 4250 元.试建立该厂日生产 x 台计算机的总费用函数,并指出其定义域.

解　设该厂日生产 x 台计算机的总费用为 y(单位:元),则 y 为日固定费用和生产 x 台计算机所需总费用之和,即

$$f(x) = 40000 + 4250x$$

由于该厂每天最多能生产 100 台计算机,所以定义域为 $\{x \mid 0 \leqslant x \leqslant 100\}$.

例 3　[飞行距离]一架飞机 A 中午 12 时从某地以 400 km/h 的速度朝北飞

行,一小时后,另一架飞机 B 从同一地点起飞,速度为 $300~\mathrm{km/h}$,方向朝东.如果两架飞机飞行高度相同,不考虑地球表面的弧度和阻力.问这两架飞机在时刻 t (飞机 B 起飞的时刻为 0)相距多远?

解　设两架飞机在 t 时刻相距 $y~\mathrm{km}$,由于两架飞机分别向北向东飞行,所以 t 时刻两架飞机所在地点的连线和各自飞行的路线组成一个直角三角形,如图 1.1 - 1 所示. t 时刻飞机 B 飞行的距离为 $300t$,飞机 A 早出发 1 小时,飞行的距离为 $400(t+1)$,由勾股定理,有

$$y=\sqrt{400^2(t+1)^2+300^2t^2}\,,\text{其中 }t\geqslant0.$$

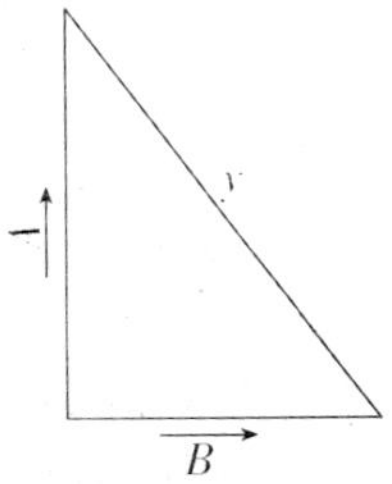

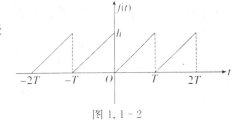

图 1.1 - 1

例 4　[波形函数]在电子科学中,有大量波形函数.图 1.1 - 2 为一周期为 T 的锯齿形波的图形.

此函数在一个周期 $[0,T)$ 上可表示为

$$y=\frac{h}{T}x\,,(0\leqslant x<T).$$

图 1.1 - 2

2. 函数的概念与表示

2.1　集合的概念

一般地我们把研究对象统称为元素,把一些元素组成的总体叫集合(简称集).集合具有确定性(给定集合的元素必须是确定的)、互异性(给定集合中的元素是互不相同的)和无序性(给定集合的元素无顺序要求).比如"较大的树"不能构成集合,因为它的元素不是确定的.

我们通常用大字拉丁字母 A、B、C、……表示集合.用小写拉丁字母 a、b、c……表示集合中的元素.如果 a 是集合 A 中的元素.就说 a 属于 A.记作: $a\in A$,否则就说 a 不属于 A,记作: $a\in A$.

(1)全体非负整数组成的集合叫做非负整数集(或自然数集).记作 **N**.

(2)所有正整数组成的集合叫做正整数集.记作 **N** 或 **N** .

(3)全体整数组成的集合叫做整数集.记作 **Z**.

(4)全体有理数组成的集合叫做有理数集.记作 **Q**.

(5)全体实数组成的集合叫做实数集.记作 **R**.

2.1.1　集合的表示方法

(1)**列举法**　把集合的元素一一列举出来,并用"{}"括起来表示集合.

(2)**描述法**　用集合所有元素的共同特征来表示集合.

2.1.2　集合间的基本关系

(1)**子集**　一般地,对于两个集合 A、B,如果集合 A 中的任意一个元素都是

集合 B 的元素,我们就说 A、B 有包含关系,称集合 A 为集合 B 的子集,记作 $A \subseteq B$(或 $B \supseteq A$).

(2)**相等**　如何集合 A 是集合 B 的子集,且集合 B 是集合 A 的子集,此时集合 A 中的元素与集合 B 中的元素完全一样,因此集合 A 与集合 B 相等,记作 $A = B$.

(3)**真子集**　如何集合 A 是集合 B 的子集,但存在一个元素属于 B 但不属于 A,我们称集合 A 是集合 B 的真子集.

(4)**空集**　我们把不含任何元素的集合叫做空集.记作,并规定,空集是任何集合的子集.

(5)由上述集合之间的基本关系,可以得到下面的结论:

①任何一个集合是它本身的子集.即 $A \subseteq A$.

②对于集合 A、B、C,如果 A 是 B 的子集,B 是 C 的子集,则 A 是 C 的子集.

③我们可以把相等的集合叫做"等集",这样的话子集包括"真子集"和"等集".

2.1.3　集合的基本运算

(1)**并集**　一般地,由所有属于集合 A 或属于集合 B 的元素组成的集合称为 A 与 B 的并集.记作 $A \cup B$.(在求并集时,它们的公共元素在并集中只能出现一次.)即 $A \cup B = \{x \mid x \in A, 或 x \in B\}$.

(2)**交集**　一般地,由所有属于集合 A 且属于集合 B 的元素组成的集合称为 A 与 B 的交集.记作 $A \cap B$.即 $A \cap B = \{x \mid x \in A, 且 x \in B\}$.

(3)**补集**

①**全集**　一般地,如果一个集合含有我们所研究问题中所涉及的所有元素,那么就称这个集合为全集.通常记作 U.

②**补集**　对于一个集合 A,由全集 U 中不属于集合 A 的所有元素组成的集合称为集合 A 相对于全集 U 的补集.简称为集合 A 的补集,记作 $\complement_U A$.即 $\complement_U A = \{x \mid x \in U, 且 x \notin A\}$.

2.1.4　集合中元素的个数

(1)有限集:我们把含有有限个元素的集合叫做有限集,含有无限个元素的集合叫做无限集.

(2)用 card 来表示有限集中元素的个数.例如 $A = \{a, b, c\}$,则 $\mathrm{card}(A) = 3$.

(3)一般地,对任意两个集合 A、B,有 $\mathrm{card}(A) + \mathrm{card}(B) = \mathrm{card}(A \cup B) + \mathrm{card}(A \cap B)$.

2.2　常量与变量

(1)**变量的定义**　我们在观察某一现象的过程时,常常会遇到各种不同的量,其中有的量在过程中保持不变,我们把其称之为常量;有的量在过程中是变化的,也就是可以取不同的数值,我们则把其称之为变量.

注　在过程中还有一种量,它虽然是变化的,但是它的变化相对于所研究的对象是极其微小的,我们则把它看作常量.

(2)**变量的表示**　如果变量的变化是连续的,则常用区间来表示其变化范围.在数轴上来说,区间是指介于某两点之间的线段上点的全体.

表 1.1-1

区间的名称	区间的满足的不等式	区间的记号	区间在数轴上的表示
闭区间	$a \leqslant x \leqslant b$	$[a,b]$	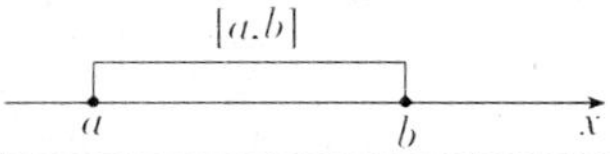 
开区间	$a < x < b$	(a,b)	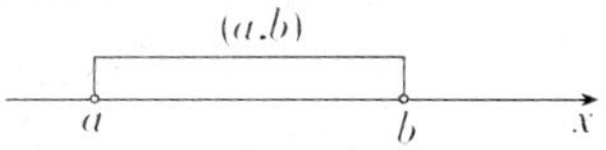
半开区间	$a < x \leqslant b$ 或 $a \leqslant x < b$	$(a,b]$ 或 $[a,b)$	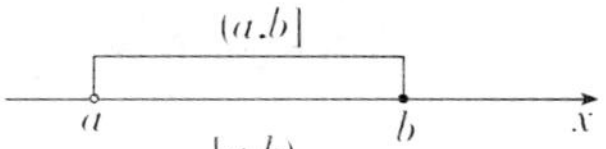 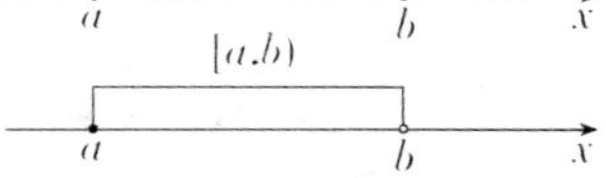

以上我们所述的都是有限区间,除此之外,还有无限区间:

$[a,+\infty)$:表示不小于 a 的实数的全体,也可记为:$a \leqslant x < +\infty$;

$(-\infty,b)$:表示小于 b 的实数的全体,也可记为:$-\infty < x < b$;

$(-\infty,+\infty)$:表示全体实数,也可记为:$-\infty < x < +\infty$.

注　其中 $-\infty$ 和 $+\infty$,分别读作"负无穷大"和"正无穷大".它们不是数,仅仅是记号.

(3)**邻域**　将开区间 $(a-\delta,a+\delta)(\delta > 0)$ 叫做点 a 的 δ 邻域.a 叫做邻域的中心,δ 叫做邻域的半径.如图 1.1-3 所示.

如果在点 a 的 δ 邻域中去掉 a,所得集合为 $(a-\delta,a) \bigcup (a,a+\delta)$,则称它为点 a 的去心 δ 邻域.如图 1.1-4 所示.

图 1.1-3　　　　　　　　　　　　图 1.1-4

2.3　函数的概念

(1)**函数的定义**

定义 1　如果当变量 x 在实数集 D 内任意取定一个数值时,变量 y 按照一定的法则 f 总有确定的数值与它对应,则称 y 是 x 的函数.变量 x 的变化范围 D 叫做这个函数的定义域.通常 x 叫做自变量,y 叫做函数值(或因变量),变量 y 的变化范围叫做这个函数的值域.

注　为了表明 y 是 x 的函数,我们用记号 $y=f(x)$、$y=f(x)$ 等来表示.这里的字母"f"、"F"表示 y 与 x 之间的对应法则即函数关系,它们是可以任意采用不同的字母来表示还可用其他的英文字母或希腊字母,如"g"、"φ"等.相应的,函数可记作 $y=g(z)$,$y=\varphi(x)$ 等,但在同一个问题中,讨论到几个不同的函数时,为了表示区别,需用不同的记号来表示它们.

如果自变量在定义域内任取一个确定的值时,函数只有一个确定的值和它对应,这种函数叫做单值函数,否则叫做多值函数.这里我们只讨论单值函数.

(2)函数相等

由函数的定义可知,一个函数的构成要素为:定义域、对应关系和值域.由于值域是由定义域和对应关系决定的,所以,如果两个函数的定义域和对应关系完全一致,我们就称两个函数相等.

(3)函数的表示方法

①解析法:用数学式子表示自变量和因变量之间的对应关系的方法即是解析法.

举例　圆的面积与圆的半径的函数关系 $S=\pi r^2$.

②表格法:将一系列的自变量与对应的函数值列成表来表示函数关系的方法即是表格法.

举例　在实际应用中,我们经常会用到的平方表,三角函数表等都是用表格法表示的函数.

③图示法:用坐标平面上曲线来表示函数的方法即是图示法.一般用横坐标表示自变量,纵坐标表示因变量,就确定了平面上的一点 (x,y).当 x 遍取 D 上的数值时,就得到点 (x,y) 的一个集合 $G=\{(x,y)\mid y=f(x),x\in D\}$.这个点的集合 G 叫做函数 $y=f(x)$ 的图像.

举例　直角坐标系中,半径为 r、圆心在原点的圆用图示法表示为图 1.1-5 所示.

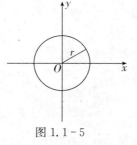

图 1.1-5

3. 函数的定义域

函数的定义域通常按以下两种情形来确定:一种是对有实际背景的函数,根据实际背景中变量的实际意义确定.例如,在自由落体运动中,设物体下落的时间为 t,下落的距离为 s,开始下落的时刻 $t=0$,落地的时刻 $t=T$,则 s 与 t 之间的函数关系是

$$s=\frac{1}{2}gt^2,t\in[0,T].$$

这个函数的定义域就是区间 $[0,T]$;另一种是对抽象地用算式表达的函数,通

常约定这种函数的定义域是使得算式有意义的一切实数组成的集合.这种定义域称为函数的自然定义域.在这种约定之下,一般的用算式表达的函数可用"$y=f(x)$"表达,而不必再表出 D_f.例如,函数 $y=\sqrt{1-x^2}$ 的定义域是闭区间 $[-1,1]$.

求定义域的原则是:

①表达式含有分式,分母不能为零.

②表达式含有零次方根,根号下表达式不等于零.

③表达式含有偶次方根,根号下表达式必须大于或等于零.

④表达式含有对数,真数必须大于零.

⑤表达式含有正切或余切函数,必须符合正切或余切函数的定义.

⑥表达式含有反正弦或反余弦函数,必须符合反正弦、反余弦函数的定义.

⑦分段函数的定义域是各段函数定义域的并集;

例 5 求下列函数的定义域

(1) $y=\sqrt{x^2-9}+(x-4)^0$;

(2) $y=\ln(x+3)=\arcsin\left(\dfrac{1}{2}x-1\right)$.

解 (1)要使函数有意义,必有

$$\begin{cases} x^2-9\geqslant 0 \\ x-4\neq 0 \end{cases} \quad 解之得\ x\leqslant-3\ 或\ 3\leqslant 4\ 或\ x>4$$

即该函数的定义域为 $(-\infty,-3]\cup[3,4)\cup(4,+\infty)$

(2)要使函数有意义,必有

$$\begin{cases} x+3>0 \\ -1\leqslant\dfrac{1}{2}x-1\leqslant 1 \end{cases}$$

解之得:$0\leqslant x\leqslant 4$

即该函数的定义域为 $[0,4]$

4. 函数的几种特性

4.1 函数的有界性

定义 2 设函数 $y=f(x)$ 的定义域为 D,区间 $I\subseteq D$.如果存在正数 M,使得对任一 $x\in I$,都有 $|f(x)|\leqslant M$ 则称函数 $y=f(x)$ 在区间 I 内**有界**.如果不存在这样的正数 M,则称函数 $y=f(x)$ 在区间 I 内**无界**.

注 一个函数,如果在其整个定义域内有界.则称为有界函数.

举例 函数 $y=\cos x$ 在 $(-\infty,+\infty)$ 内是有界的.

4.2 函数的单调性

定义 3 设函数 $y=f(x)$ 的定义域为 D.区间 $I\subseteq D$.如果对于区间 I 内任意

两点 x_1、x_2.

(1)若当 $x_1 < x_2$ 时，$f(x_1) < f(x_2)$，则称函数 $y = f(x)$ 在区间 I 内**单调增加**，区间 I 称为**单调增加区间**.

(2)若当 $x_1 < x_2$ 时，$f(x_1) > f(x_2)$，则称函数 $y = f(x)$ 在区间 I 内**单调减少**，区间 I 称为**单调减少区间**.

函数的单调增加、单调减少统称函数是单调的.

单调增加和单调减少区间称为单调区间.

如图 1.1-6 所示.

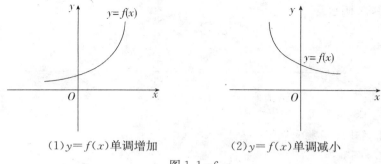

(1) $y = f(x)$ 单调增加　　　　(2) $y = f(x)$ 单调减小

图 1.1-6

单调增加：即当自左向右变化时，函数图像上升.

单调减少：即当自左向右变化时，函数图像下降.

举例　函数 $f(x) = x^2$ 在区间 $(-\infty, 0)$ 上是单调减小的，在区间 $(0, +\infty)$ 上是单调增加的.

4.3　函数的奇偶性

定义 4　如果函数 $y = f(x)$ 对于定义域内的任意 x 都满足 $f(-x) = f(x)$，则 $y = f(x)$ 叫做**偶函数**；如果函数 $y = f(x)$ 对于定义域内的任意 x 都满足 $f(-x) = -f(x)$，则 $y = f(x)$ 叫做**奇函数**.

注　偶函数的图形关于 y 轴对称，奇函数的图形关于原点对称.

例 6　判断函数 $f(x) = \lg(x + \sqrt{1 + x^2})$ 的奇偶性.

解　因为　函数 $f(x) = \lg x + \sqrt{1 + x^2}$ 的定义域是 $(-\infty, +\infty)$，关于原点对称.

又 $f(-x) = \lg[-x + \sqrt{1 + (-x)^2}] = \lg(-x + \sqrt{1 + x^2})$

$$= \lg \frac{(-x + \sqrt{1 + x^2})(x + \sqrt{1 + x^2})}{x + \sqrt{1 + x^2}} = \lg(x + \sqrt{1 + x^2})^{-1}$$

$$= -\lg(x + \sqrt{1 + x^2}) = -f(x)$$

所以　函数为奇函数.

4.4　函数的周期性

定义 5　对于函数 $y=f(x)$，若存在一个不为零的数 l，使得关系式 $f(x+l)=f(x)$ 对于定义域内任何 x 值都成立，则 $y=f(x)$ 叫做**周期函数**，l 是 $y=f(x)$ 的周期.

注　我们说的周期函数的周期是指最小正周期.

举例　函数是以 2π 为周期的周期函数；函数 $y=\tan x$ 是以 π 为周期的周期函数.

以 l 为周期的周期函数的图像在每个长度等于 l 的区间上的图像都相同. 如图 1.1-7 所示.

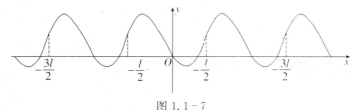

图 1.1-7

下面举几个函数的例子

例 7　函数

$$y=2$$

的定义域 $D=(-\infty,+\infty)$，值域 $W=\{2\}$，它的图形 是一条平行于 x 轴的直线，如图 1.1-8 所示.

图 1.1-8

例 8　函数

$$y=|x|=\begin{cases} x, & x\geqslant 0, \\ -x, & x<0 \end{cases}$$

的定义域 $D=(-\infty,+\infty)$，值域 $W=[0,+\infty)$，它的图形如图 1.1-9 所示. 这函数称为绝对值函数.

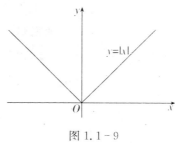

图 1.1-9

例 9　函数

$$y=\operatorname{sgn} x=\begin{cases} 1, & x>0, \\ 0, & x=0, \\ -1, & x<0 \end{cases}$$

称为符号函数,它的定义域 $D=(-\infty,+\infty)$,值域 $R_f=\{-1,0,1\}$,它的图形如图 1.1-10 所示.对于任何实数 x,下列关系成立:

$$x=\operatorname{sgn} x=|x|.$$

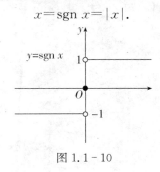

图 1.1-10

例 10　设 x 为任一实数.不超过 x 的最大整数称为 x 的整数部分,记作 $[x]$.例如,$\left[\dfrac{5}{7}=0\right],[\sqrt{2}]=1,[\pi]=3,[-1]=-1,[-3.5]=-4$.把 x 看作变量,则函数

$$y=[x]$$

的定义域 $D=(-\infty,+\infty)$,值域 $R_f=\mathbf{Z}$.它的图形如图 1.1-11 所示,这图形称为阶梯曲线,在 x 为整数值处,图形发生跳跃,跃度为 1.这函数称为取整函数.

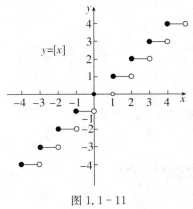

图 1.1-11

在例 9 和例 10 中看到,有时一个函数要用几个式子表示.这种在自变量的不同变化范围中,对应法则用不同式子来表示的函数,通常称为分段函数.

习题 1.1

1.设 $A=(-\infty,-5)\cup(5,+\infty),B=[-10,3)$,写出 $A\cup B,A\cap B$.

2.下列各题中,函数 $f(x)$ 是 $g(x)$ 否相同? 为什么?

$(1)f(x)=\lg x^2,g(x)=2\lg x$；　　　　$(2)f(x)=x,g(x)=\sqrt{x^2}$；

$(3)f(x)=\sqrt[3]{x^4-x^3},g(x)=x\sqrt[3]{x-1}$；　　$(4)f(x)=x-1,g(x)=\dfrac{x^2-1}{x+1}$.

3.求下列函数的定义域：

$(1)y=\sqrt{2x-1}$；　　　　　　　　$(2)y=\dfrac{1}{1-x^2}$；

$(3)y=\dfrac{1}{\sqrt{9-x^2}}$；　　　　　　　$(4)y=\sin\sqrt{x}$；

$(5)y=\tan(x+1)$；　　　　　　　$(6)y=\ln(x-3)+\dfrac{1}{x-5}$.

4.设

$$\varphi(x)=\begin{cases}|\sin x|,|x|<\dfrac{\pi}{3}.\\[2mm]0,|x|\geqslant\dfrac{\pi}{3}.\end{cases}$$

求$\varphi\left(\dfrac{\pi}{6}\right),\varphi\left(\dfrac{\pi}{4}\right),\varphi\left(-\dfrac{\pi}{4}\right),\varphi(-2)$.并作函数$y=\varphi(x)$的图像.

5.下列各函数中哪些是偶函数,哪些是奇函数.哪些是非偶函数又非奇函数?

$(1)y=x^2(2-x^2)$；　　　　　　　$(2)y=3x^2+x^3$；

$(3)y=\dfrac{1+x^2}{1-x^2}$；　　　　　　　$(4)y=x(x-1)(x+1)$；

$(5)y=\sin x+\cos x$；　　　　　　$(6)y=\dfrac{a^x+a^{-x}}{2}$.

6.试证下列函数在指定区间内的单调性：

$(1)y=\dfrac{x}{1-x},(-\infty,1)$；　　　　　$(2)y=x+\ln x,(0,+\infty)$.

7.下列各函数中哪些是周期函数? 对于周期函数.指出周期：

$(1)y=\cos(x+2)$；　　　　　　　$(2)y=\cos 3x$；

$(3)y=1+\sin \pi x$；　　　　　　　$(4)y=x\sin x$；

$(5)y=\cos^2 x$；　　　　　　　　$(6)y=\tan 2x+1$.

8.设$f(x)$为定义在$(-l,l)$内的奇函数.若$f(x)$在$(0,l)$内单调增加.证明$f(x)$在$(-l,0)$内也单调增加.

9.下列函数中哪些函数在区间$(-\infty,+\infty)$内是有界的?

$(1)y=3\sin 2x$；　　　　　　　　$(2)y=1+\tan x$.

10.设下面所考虑的函数是定义在区间$(-l,l)$上的.证明：

(1)两个偶函数的和是偶函数,两个奇函数的和是奇函数；

(2)两个偶函数的积是偶函数,两个奇函数的积是偶函数,偶函数与奇函数的乘积是奇函数;

(3)定义在区间$(-l,l)$上的任意函数可表示为一个奇函数与一个偶函数的和.

§1.2 初等函数

1. 反函数

在研究两个变量之间的函数关系时,常根据问题的实际需要选定其中的一个作为自变量,另一个为函数的情况.

1.1 反函数的定义

设有函数$y=f(x)$,若变量y在函数的值域M内任取一值y_0时,变量x在函数的定义域D内必有一值x_0与之对应,即$y_0=f(x_0)$,那么变量x是变量y的函数.这个函数用$x=\varphi(y)$来表示,称为函数$y=f(x)$的反函数,常记作$x=f^{-1}(y)$.这个函数的定义域为M,值域为D.

注 由此定义可知,函数$y=f(x)$也是函数$x=\varphi(y)$的反函数,叫做直接函数.习惯上,函数的自变量都用x表示,因变量用y表示,所以,反函数通常表示为$y=f^{-1}(x)$.

例1 求函数$y=\begin{cases}1+x,x\geq 0,\\ \ln(x+1),1<x<0\end{cases}$的反函数.

解 当$x\geq 0$时,$y=1+x$解得$x=y-1$

当$-1<x<0$时,$y=\ln(x+1)$解得$x+1=e^y$,$x=e^y-1$.

即函数$y=\begin{cases}1+x,x\geq 0,\\ \ln(x+1),1<x<0\end{cases}$的反函数为$y=\begin{cases}x-1,x\geq 1,\\ e^x-1,-\infty<x<0.\end{cases}$

1.2 反函数的存在定理

若函数$y=f(x)$在(a,b)上严格增(减),其值域为M,则它的反函数必然在M上确定,且严格增(减).

注 严格增(减)即是单调增(减).

例2 讨论函数$y=x^2$的反函数.

解 函数$y=x^2$的定义域为$(-\infty,+\infty)$,值域为$[0,+\infty)$.对于y取定的非负值,可求得$x=\pm\sqrt{y}$.若不加条件,由y的值就不能唯一确定x的值,也就是在区间$(-\infty,+\infty)$上,函数不是严格增(减),故其没有反函数.如果加上条件,

要求 $x \geqslant 0$，则对 $y \geqslant 0$、$x = \sqrt{y}$ 就是 $y = x^2$ 在要求 $x \geqslant 0$ 时的反函数. 即是：函数在此要求下严格增（减）.

1.3　反函数的性质

在同一坐标平面内，$y = f(x)$ 与 $x = \varphi(y)$ 的图形是关于直线 $y = x$ 对称的.

举例　函数 $y = 2^x$ 与函数 $y = \log_2 x$ 互为反函数，则它们的图形在同一直角坐标系中是关于直线 $y = x$ 对称的. 如图 1.2 - 1 所示.

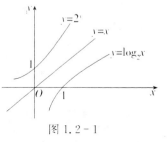

图 1.2 - 1

2. 基本初等函数

基本初等函数我们最常用的有五种基本初等函数，分别是：指数函数、对数函数、幂函数、三角函数及反三角函数. 下面我们用表格来把它们总结一下. 如表 1.2 - 1 所示.

表 1.2 - 1

函数名称	函数的记号	函数的图形	函数的性质
指数函数	$y = a^x(a > 0,$ $a \neq 1)$	$y = a^{-x}$　$y = a^x$	①不论 x 为何值，y 总为正数； ②当 $x = 0$ 时，$y = 1$.
对数函数	$y = \log_a x(a > 0,$ $a \neq 1)$	$a > 1$　$y = \log_a x$　$y = \log_{\frac{1}{a}} x$	①其图形总位于 y 轴右侧，并过 $(1,0)$ 点； ②当 $a > 1$ 时，在区间 $(0,1)$ 的值为负；在区间 $(1, +\infty)$ 的值为正；在定义域内单调增.
幂函数	$y = x^a$，a 为任意实数	$y = x^a$　$y = x$　$y = \sqrt{x}$ 这里只画出部分函数图形的一部分.	令 $a = \dfrac{m}{n}$ ①当 m 为偶数 n 为奇数时，y 是偶函数； ②当 m、n 都是奇数时，y 是奇函数； ③当 m 奇 n 偶时，y 在 $(-\infty, 0)$ 无意义.

续表

函数名称	函数的记号	函数的图形	函数的性质
三角函数	$y=\sin x$（正弦函数） 这里只写出了正弦函数		①正弦函数是以 2π 为周期的周期函数； ②正弦函数是奇函数且 $\lvert\sin x\rvert\leqslant 1$
反三角函数	$y=\arcsin x$（反正弦函数） 这里只写出了反正弦函数		由于此函数为多值函数，因此我们此函数值限制在 $\left[-\dfrac{\pi}{2},\dfrac{\pi}{2}\right]$ 上，并称其为反正弦函数的主值.

注 函数 $y=\sin x,y=\cos x,y=\tan x,y=\cot x,y=\sec x,y=\csc x$ 依次叫做正弦函数、余弦函数、正切函数、余切函数、正割函数、余割函数. 这 6 个函数统称为**三角函数**，其中自变量都以弧度制作单位来表示.

正弦函数和余弦函数的定义域都是 $D=(-\infty,+\infty)$，值域都是 $M=[-1,1]$，且都以 2π 为周期的周期函数，都在 D 是有界函数. 正弦函数是奇函数，余弦函数是偶函数.

正切函数的定义域 $D=\left\{x\,\middle|\,x\in\mathbf{R},x\neq n\pi+\dfrac{\pi}{2},n\in\mathbf{Z}\right\}$. 余切函数的定义域 $D=\{x\,|\,x\in\mathbf{R},x\neq n\pi,n\in\mathbf{Z}\}$. 这两个函数的值域都是 $(-\infty,+\infty)$，且都是以 π 为周期的周期函数，也都是奇函数，在 D 是无界函数.

正割函数和余割函数分别是余弦函数和正弦函数的倒数，即 $\sec x=\dfrac{1}{\cos x}$，$\csc x=\dfrac{1}{\sin x}$. 这两个函数都以 2π 为周期的周期函数.

正弦函数 $y=\sin x$ 在区间 $\left[-\dfrac{\pi}{2},\dfrac{\pi}{2}\right]$ 上的反函数叫做**反正弦函数**，记作 $y=\arcsin x$，其定义域是 $[-1,1]$，值域是 $\left[-\dfrac{\pi}{2},\dfrac{\pi}{2}\right]$ 在区间 $[-1,1]$ 上是单调增加的，是奇函数，在其定义域上是有界函数. 反正弦函数的自变量 x 表示正弦值，而函数 y 表示相应的角.

由反正弦函数的定义，可以得到 $\sin(\arcsin x)=x,(-1\leqslant x\leqslant 1)$.

例 3 求下列各式的值

(1) $\arcsin\dfrac{\sqrt{3}}{2}$；

(2) $\arcsin 0$；

(3) $\arcsin(-1)$；

(4) $\cos\left(\arcsin\dfrac{3}{5}\right)$.

解　(1)因为 $\dfrac{\pi}{3}\in\left[-\dfrac{\pi}{2},\dfrac{\pi}{2}\right]$，且 $\sin\dfrac{\pi}{2}=\dfrac{\sqrt{3}}{2}$，所以 $\arcsin\dfrac{\sqrt{3}}{3}=\dfrac{\pi}{3}$.

(2)因为 $0\in\left[-\dfrac{\pi}{2},\dfrac{\pi}{2}\right]$，且 $\sin 0=0$，所以 $\arcsin 0=0$.

(3)因为 $-\dfrac{\pi}{2}\in\left[-\dfrac{\pi}{2},\dfrac{\pi}{2}\right]$，且 $\sin\left(-\dfrac{\pi}{2}\right)=1$，所以 $\arcsin(-1)=-\dfrac{\pi}{2}$.

(4)设 $\arcsin\dfrac{3}{5}=\alpha$，则 $\sin\alpha=\dfrac{3}{5}$. 由 $\alpha\in\left[-\dfrac{\pi}{2},\dfrac{\pi}{2}\right]$，得 $\cos\alpha\geqslant0$，可知

$$\cos\alpha=\sqrt{1-\sin^2\alpha}=\sqrt{1-\left(\dfrac{3}{5}\right)^2}=\dfrac{4}{5}$$

所以 $\cos\left(\arcsin\dfrac{3}{5}\right)=\dfrac{4}{5}$.

余弦函数 $y=\cos x$ 在 $[0,\pi]$ 上的反函数叫做**反余弦函数**，记作 $y=\arccos x$，其定义域是 $[-1,1]$，值域是 $[0,\pi]$，在区间 $[-1,1]$ 上是单调减少的，是非奇非偶函数，在其定义域上是有界函数. 反余弦函数的自变量 x 表示余弦值，而函数 y 表示相应的角.

由反余弦函数的定义，可以得到 $\cos(\arccos x)=x$，$(-1\leqslant x\leqslant1)$.

正切函数 $y=\tan x$ 在 $\left(-\dfrac{\pi}{2},\dfrac{\pi}{2}\right)$ 上的反函数叫做**反正切函数**，记作 $y=\arctan x$，其定义域是 $(-\infty,+\infty)$，值域是 $\left(-\dfrac{\pi}{2},\dfrac{\pi}{2}\right)$，在区间 $(-\infty,+\infty)$ 上是单调增加的，是奇函数，在其定义域上是有界函数. 反正切函数的自变量 x 表示正切值，而函数 y 表示相应的角.

余切函数 $y=\cot x$ 在 $(0,\pi)$ 上的反函数叫做**反余切函数**，记作 $y=\mathrm{arccot}\,x$，其定义域是 $(-\infty,+\infty)$，值域是 $(0,\pi)$，在区间 $(-\infty,+\infty)$ 上是单调减少的，是非奇非偶函数，在其定义域上是有界函数. 反余切函数的自变量 x 表示余切值，而函数 y 表示相应的角.

例4　求下列各式的值

(1)$\arccos\left(-\dfrac{\sqrt{2}}{2}\right)$;　　　　　　　(2)$\tan(\arccos x)$，$x\in[-1,1]$，且 $x\neq0$;

(3)$\arctan\sqrt{3}$;　　　　　　　　(4)$\mathrm{arccot}\,0$.

解　(1)因为 $\dfrac{3\pi}{4}\in[0,\pi]$，且 $\cos\dfrac{3\pi}{4}=-\dfrac{\sqrt{2}}{2}$，所以 $\arccos\left(-\dfrac{\sqrt{2}}{2}\right)=\dfrac{3\pi}{4}$.

(2)由 $\arccos x\in[0,\pi]$，得 $\sin(\arccos x)\geqslant0$. 所以

$$\tan(\arccos x)=\dfrac{\sin(\arccos x)}{\cos(\arccos x)}=\dfrac{\sqrt{1-[\cos(\arccos x)]^2}}{\cos(\arccos x)}=\dfrac{\sqrt{1-x^2}}{x}$$

（3）由定义得 $\arctan\sqrt{3}=\dfrac{\pi}{3}$.

（4）由定义得 $\operatorname{arccot} 0=\dfrac{\pi}{2}$.

反正弦函数、反余弦函数、反正切函数与反余切函数统称为**反三角函数**.

3. 复合函数

函数 $y=\lg(2x+1)$，它不是基本初等函数. 但是，它可看做是由两个基本初等函数 $y=\lg u, u=2x+1$ 构成.

定义 2   若 y 是 u 的函数：$y=f(u)$，而 u 又是 x 的函数 $u=\varphi(x)$，且 $\varphi(x)$ 的函数值的全部或部分在 $f(u)$ 的定义域内，那么，y 通过 u 的联系也是 x 的函数，我们称后一个函数是由函数 $y=f(u)$ 及 $u=\varphi(x)$ 复合而成的函数，简称**复合函数**，记作 $y=f[\varphi(x)]$，其中 u 叫做**中间变量**.

注   并不是任意两个函数就能复合；复合函数还可以由更多函数构成.

例 5   函数 $y=\arcsin u$ 与函数 $u=2+x^2$ 是不能复合成一个函数的.

因为对于 $u=2+x^2$ 的定义域 $(-\infty,+\infty)$ 中的任何 x 值所对应的 u 值（都大于或等于 2），使 $y=\arcsin u$ 都没有定义.

例 6   求下列函数的定义域和值域

（1）$y=\arcsin(2x-1)$；   （2）$y=\lg(x^2-2x)$.

解   （1）$y=\arcsin(2x-1)$ 可看做是由 $y=\arcsin u, u=2x-1$ 复合而成的复合函数. 因为 $-1\leqslant u\leqslant 1$，所以 $-\leqslant 2x-1\leqslant 1$，解得 $0\leqslant x\leqslant 1$. 所以函数 $y=\arcsin(2x-1)$ 的定义域为 $[0,1]$，又 $-\dfrac{\pi}{2}\leqslant\arcsin u\leqslant\dfrac{\pi}{2}$，所以 $-\dfrac{\pi}{2}\leqslant\arcsin(2x-1)\leqslant\dfrac{\pi}{2}$，即 $y=\arcsin(2x-1)$ 的值域为 $\left[-\dfrac{\pi}{2},\dfrac{\pi}{2}\right]$.

（2）$y=\lg(x^2-2x)$ 可看做是由 $y=\lg u, u=x^2-2x$ 复合而成的复合函数. 因为 $u>0$，所以 $x^2-2x>0$，解得 $x>2$，或 $x<0$. 所以函数 $y=\lg(x^2-2x)$ 的定义域为 $(-\infty,0)\bigcup(2,+\infty)$，又 $u>0$ 时，$-\infty<\lg u<+\infty$，所以 $-\infty<\lg(x^2-2x)<\infty$，即 $y=\lg(x^2-2x)$ 的值域为 $(-\infty,+\infty)$.

例 7   设函数 $f(x)=\dfrac{1}{1+x}$，求 $f[f(x)]$，$f\{f[f(x)]\}$.

解 $f[f(x)]=\dfrac{1}{1+f(x)}=\dfrac{1}{1+\dfrac{1}{1+x}}=\dfrac{1+x}{2+x}$，

$$f\{f[f(x)]\}=\dfrac{1}{1+f[f(x)]}=\dfrac{1}{1+\dfrac{1}{1+f(x)}}=\dfrac{1}{1+\dfrac{1}{1+\dfrac{1}{x}}}=\dfrac{2+x}{3+2x}.$$

例 8　设函数 $f(x)$ 的定义域是 $(0,1)$，求 $f(x+1)$ 和 $f(x^2)$ 的定义域.

解　因为 $f(x+1)$ 由 $f(u),u=x+1$ 复合而成. $f(u)$ 的定义域为 $(0,1)$，所以 $u=x+1$ 的值域为 $(0,1)$. 于是由 $0<x+1<1$ 得 $-1<x<0$. 即 $f(x+1)$ 的定义域为 $(-1,0)$.

同理，由 $0<x^2<1$ 得 $-1<x<0$ 或 $0<x<1$，即 $f(x^2)$ 的定义域为 $(-1,0) \bigcup (0,1)$.

4. 初等函数

由基本初等函数和常数经过有限次的四则运算和有限次复合步骤所构成，并能用一个解析式表示的函数称初等函数.

举例　$y=\sqrt{1-x^2}+\lg(2x+1),y=e^x-\arcsin(2x+1)$ 等都是初等函数.

注　分段函数不一定是初等函数. 例如，分段函数

$$y=\begin{cases}1,x>0,\\-1,x<0\end{cases}$$

就不是初等函数，因为它不可以由基本初等函数经过有限次的四则运算和有限次复合得到. 但分段函数 $y=\begin{cases}x,x\geqslant0,\\-x,x<0\end{cases}$ 可以表示为 $y=\sqrt{x^2}$. 它可看做 $y=\sqrt{u}$ 和 $u=x^2$ 复合而成的复合函数，因此它是初等函数.

5. 函数的应用

例 9　将直径为 d 的圆木料锯成截面为矩形的木料. 矩形截面的一边长 y 随着另一边长 x 的变化而变化，两条边长之间的函数关系为

$$y=\sqrt{d^2-x^2}$$

其中定义域为 $(0,d)$.

例 10　某一玩具公司生产 x 件玩具将花费 $400+5\sqrt{x(x-4)}$ 元. 如果每件玩具卖 48 元，那么公司生产 x 件玩具获得的净利润是多少？

解　经过简单的分析，可以得到该公司生产件玩具获得的净利润 y 为 $48x-[400+5\sqrt{x(x-4)}]$.

例 11　在机械中常用一种曲柄连杆机构，如图 1.2-2 所示. 当主动轮匀速转动时，连杆 AB 带动滑块 B 作往复直线运动. 设主动轮半径为 r，转动角速度为 ω，连杆长度为 l，求滑块 B 的运动规律.

解　设经过时间 t，滑块 B 离点 O 的距离为 s.

假设主动轮开始转动时，OB 到 OA 的转角为 ω_0. 则经过时间 t 后，OB 到 OA 的转角为 $\varphi=\omega t+\omega_0$

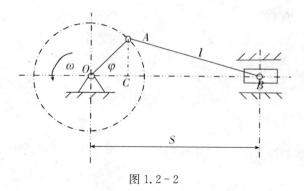

图 1.2 - 2

因为 $s = OC + CB$

$OC = r\cos(\omega t + \omega_0)$

$CB = \sqrt{AB^2 - CA^2} = \sqrt{l^2 - r^2\sin^2(\omega t + \omega_0)}$

所以 $s = r\cos(\omega t + \omega_0) + \sqrt{l^2 - r^2\sin^2(\omega t + \omega_0)}$.

例 12 长为 l 的弦两端固定,在点 $A(a,0)$ 处将弦向上拉起到点 $B(a,h)$ 处后呈图 1.2 - 3 形状,假定当弦在向上拉起的过程中,弦上各点只是沿着垂直于两端连线方向移动的,以 x 表示弦上各点的位置,y 表示点 x 上升的高度,试建立 x 与 y 的函数关系式.

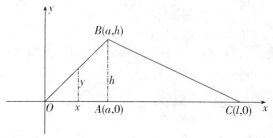

图 1.2 - 3

解 其方程为

$$y = \begin{cases} \dfrac{h}{a}x, & 0 \leqslant x \leqslant a, \\ \dfrac{h}{a-l}(x-l), & a \leqslant x \leqslant l. \end{cases}$$

习题 1.2

1.求下列函数的反函数:

(1) $y=3x+1$；

(2) $y=\sqrt[3]{x+1}$；

(3) $y=\dfrac{x-1}{x+1}$；

$y=\dfrac{ax+b}{cx+d}(ad-bc\neq 0)$；

(5) $y=\sin 2x\left(-\dfrac{\pi}{6}\leqslant x\leqslant\dfrac{\pi}{6}\right)$；

(6) $y=1+\log_2(x-2)$；

(7) $y=\mathrm{e}^{x+1}$；

(8) $y=\dfrac{2^x}{2^x+1}$．

2. 画出函数 $y=x^2,x\in(-\infty,0)$ 的图像，再利用对称关系画出它的反函数的图像．

3. 求函数 $y=\begin{cases}x,&-\infty<x<x0,\\x^2,&0\leqslant x\leqslant 2,\\2^x,&2<x<+\infty\end{cases}$　的反函数及其定义域．

4. 求下列各式的值：

(1) $\arcsin 1$；

(2) $\arcsin\left(-\dfrac{\sqrt{2}}{2}\right)$；

(3) $\arccos 0$；

(4) $\arccos\dfrac{1}{2}$；

(5) $\arctan(-1)$；

(6) $\sin\left(\arcsin\dfrac{1}{3}\right)$；

(7) $\cos\left(\arcsin\dfrac{4}{5}\right)$；

(8) $\tan\left(\arccos\dfrac{12}{13}\right)$．

5. 在下列各题中，求由所给函数构成的复合函数，并求这还是分别对应于给定自变量 x_1 和 x_2 的函数值：

(1) $y=u^2,u=\sin x,x_1=\dfrac{\pi}{6},x_2=\dfrac{\pi}{3}$；

(2) $y=\cos u,u=2x,x_1=\dfrac{\pi}{12},x_2=\dfrac{\pi}{4}$；

(3) $y=\sqrt{u},u=4-x^2,x_1=1,x_2=2$；

(4) $y=\mathrm{e}^u,u=x^2,x_1=0,x_2=1$；

(5) $y=\log_2 u,u=3x+1,x_1=1,x_2=5$．

6. 求下列函数的定义域和值域：

(1) $y=\arcsin 3x$；

(2) $y=\arcsin(2x-1)$；

(3) $y=\arccos(x^2-3)$；

(4) $y=2\arccos\dfrac{x+1}{2}$；

(5) $y=\arctan(x+1)$；

(6) $y=\mathrm{arccot}\dfrac{x}{3}$．

7. 设 $f(x)$ 的定义域 $D=[0,1]$，求下列各函数的定义域：

(1) $f(x-2)$；　　　　　　　　　(2) $f(x^2)$；

(3) $f(\sin x)$；　　　　　　　　(4) $f(x+a)+f(x-a)(a>0)$.

8. 电风扇每台售价为 90 元，成本为 60 元. 厂方为鼓励销售商大量采购，决定凡是定购量超过 100 台以上的，每多订购 1 台，售价就降低 1 分，但最低价为每台 75 元.

(1) 将每台的实际售价 p 表示为订购量 x 的函数；

(2) 将厂方所获的利润 q 表示为订购量 x 的函数；

(3) 某一销售商订购了 1000 台，厂方可获利润多少？

9. 利用以下联合国统计办公室提供的世界人口数据以及指数模型来推测 2015 年的世界人口.

表 1.2 - 2

年份	人口数（百万）	当年人口数与上一年人口数的比值
1986	4936	
1987	5023	1.0176
1988	5111	1.0175
1989	5201	1.0176
1990	5329	1.0246
1991	5422	1.0175

§1.3 极 限

1. 数列的极限

我们先来回忆一下初等数学中学习的数列的概念.

1.1 数列定义

若按照一定的法则，有第一个数 a_1，第二个数 a_2，$\cdots$，依次排列下去，使得任何一个正整数 n 对应着一个确定的数 a_n，那么，我们称这列有次序的数 a_1, a_2，$\cdots, a_n, \cdots$ 为数列. 数列中的每一个数叫做数列的项. 第 n 项 a_n 叫做数列的一般项或通项. 即，数列一般可以写成形式

$$a_1, a_2, \cdots, a_n, \cdots$$

并记作 $\{a_n\}$，有时也简记作 a_n

注 我们也可以把数列 a_n 看作自变量为正整数 n 的函数.即:$a_n=f(n)$.它的定义域是全体正整数 n.

如:$3,6,12,24,\cdots,3\times2^{n-1},\cdots$

$2,\dfrac{1}{2},\dfrac{4}{3},\cdots,\dfrac{n+(-1)^{n-1}}{n},\cdots$

1.2 极限

极限的概念是求实际问题的精确解答而产生的.

举例 我们可通过作圆的内接正多边形,近似求出圆的面积.

设有一圆,首先作圆内接正六边形,把它的面积记为 A_1;再作圆的内接正十二边形,其面积记为 A_2;再作圆的内接正二十四边形,其面积记为 A_3;依次循环下去(一般把内接正 $6\times2^{n-1}$ 边形的面积记为 A_n)可得一系列内接正多边形的面积:A_1,A_2,A_3,$\cdots$,A_n,$\cdots$,它们就构成一列有序数列.我们可以发现,当内接正多边形的边数无限增加时,A_n 也无限接近某一确定的数值(圆的面积),这个确定的数值在数学上被称为数列 $A_1,A_2,A_3,\cdots,A_n,\cdots$当 $n\to\infty$(读作 n 趋近于无穷大)的极限.

注 上面这个例子就是我国古代数学家刘徽(公元三世纪)的割圆术.

1.3 数列极限定义

如果当 n 无限增大时,数列 $\{a_n\}$ 无限地接近一个确定的常数 A,则称**常数 A 是数列 $\{a_n\}$ 的极限**,或者称数列 $\{a_n\}$ 收敛于 A.

记作:$\lim\limits_{n\to\infty}a_n=A$ 或 $a_n\to A(n\to\infty)$.

如果数列 $\{a_n\}$ 没有极限,则称这个数列是发散的,也说数列的极限不存在.

数列极限定义的精确描述一般地,对于数列 $x_1,x_2,x_3,\cdots,x_n\cdots$ 来说,若存在任意给定的正数 ε(不论其多么小),总存在正整数 N,使得对于 $n>N$ 时的一切 x_n 不等式 $|x_n-a|<\varepsilon$ 都成立,那么就称**常数 a 是数列 x_n 的极限**,或者称数列 x_n 收敛于 a.

记作:$\lim\limits_{n\to\infty}x_n=a$ 或 $x_n\to a(n\to\infty)$

注 此定义中的正数 ε 只有任意给定,不等式 $|x_n-a|<\varepsilon$ 才能表达出 x_n 与 a 无限接近的意思.且定义中的正整数 N 与任意给定的正数 ε 是有关的,它是随着 ε 的给定而选定的.

如,当 $n\to\infty$ 时,数列 $\left\{(-n)^{n-1}\dfrac{1}{n}\right\}$ 的极限是 0.记作

$$\lim\limits_{n\to\infty}(-1)^{n-1}\frac{1}{n}=0,\text{或}(-1)^{n-1}\frac{1}{n}\to1(n-\infty).$$

当 $n\to\infty$ 时,数列 $\{(-1)^n\}$ 没有极限,即数列 $\{(-1)^n\}$ 是分散的.

例 1 观察下列数列的变化趋势,写出它们的极限:

$(1)a_n=\dfrac{2}{n}$;　　　　　　　　$(2)a_n=1+\dfrac{1}{n^2}$;

$(3) a_n = \left(-\dfrac{1}{2}\right)^n$; $\qquad\qquad (4) a_n = 5.$

解 计算出数列的前几项,考察当 $n \to \infty$ 时数列的变化趋势如表 1.3－1 所示.

表 1.3－1

n	1	2	3	4	5	$\cdots$	$\to \infty$
$(1) a_n = \dfrac{2}{n}$	2	1	$\dfrac{2}{3}$	$\dfrac{1}{2}$	$\dfrac{2}{5}$	$\cdots$	$\to 0$
$(2) a_n = 1 + \dfrac{1}{n^2}$	$1 + \dfrac{1}{1}$	$1 + \dfrac{1}{4}$	$1 + \dfrac{1}{9}$	$1 + \dfrac{1}{16}$	$1 + \dfrac{1}{25}$	$\cdots$	$\to 1$
$(3) a_n = \left(-\dfrac{1}{2}\right)^n$	$-\dfrac{1}{2}$	$\dfrac{1}{4}$	$-\dfrac{1}{8}$	$\dfrac{1}{16}$	$-\dfrac{1}{32}$	$\cdots$	$\to 0$
$a_n = 5$	5	5	5	5	5	$\cdots$	$\to 5$

可以看出,它们的极限分别是:

$(1) \lim\limits_{n\to\infty} a_n = \lim\limits_{n\to\infty} \dfrac{2}{n} = 0$; $\qquad (2) \lim\limits_{n\to\infty} a_n = \lim\limits_{n\to\infty}\left(1 + \dfrac{1}{n^2}\right) = 1$;

$(3) \lim\limits_{n\to\infty} a_n = \lim\limits_{n\to\infty}\left(-\dfrac{1}{2}\right)^n = 0$; $\qquad (4) \lim\limits_{n\to\infty} a_n = \lim\limits_{n\to\infty} 5 = 5.$

一般地,有下列结论:

$\lim\limits_{n\to\infty} \dfrac{1}{n^\alpha} = 0 \quad (\alpha > 0)$

$\lim\limits_{n\to\infty} q^n = 0 \quad (|q| < 1)$

$\lim\limits_{n\to\infty} C = C \quad (C \text{ 为常数})$

定理 1 (唯一性)如果数列 $\{a_n\}$ 收敛,则数列 $\{a_n\}$ 的极限是唯一的.

1.4 数列的极限的几何解释

在此我们可能不易理解数列极限的概念,下面我们再给出它的一个几何解释,以便我们能理解它. 数列 x_n 极限为 a 的一个几何解释:将常数 a 及数列 x_1, $x_2, x_3, \cdots, x_n \cdots$ 在数轴上用它们的对应点表示出来,再在数轴上作点 a 的 ε 邻域即开区间 $(a-\varepsilon, a+\varepsilon)$,如图 1.3－1 所示.

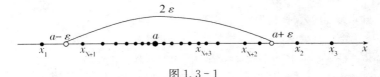

图 1.3－1

因不等式 $|x_n - a| < \varepsilon$ 与不等式 $a-\varepsilon < x_n < a+\varepsilon$ 等价,故当 $n > N$ 时,所有的点 x_n 都落在开区间 $(a-\varepsilon, a+\varepsilon)$ 内,而只有有限个(至多只有 N 个)在此区间以外.

注　至于如何求数列的极限,我们在以后会学习到.这里我们不作讨论.

1.5　数列的有界性

对于数列 a_n,若存在着正数 M,使得一切 a_n 都满足不等式 $|a_n| \leqslant M$,则称数列 a_n 是有界的,若正数 M 不存在,则可说数列 a_n 是无界的.

定理 2　如果数列 $\{a_n\}$ 收敛,则数列 $\{a_n\}$ 一定有界.

注　有界的数列不一定收敛,即:数列有界是数列收敛的必要条件.但不是充分条件.如数列 $1, -1, 1, -1, \cdots, (-1)^{n+1} \cdots$ 是有界的.但它是发散的.

2. 函数的极限

前面我们学习了数列的极限,已经知道数列可看作一类特殊的函数.即自变量取 $1 \to \infty$ 内的正整数,若自变量不再限于正整数的顺序.而是连续变化的,就成了函数.下面我们来学习函数的极限.

函数的极值有两种情况:①自变量无限增大;②自变量无限接近某一定点 x_0,如果在这时,函数值无限接近于某一常数 A.就叫做函数存在极值.我们已知道函数的极值的情况,那么函数的极限如何呢?

下面我们结合着数列的极限来学习一下函数极限的概念!

2.1　函数的极限(分两种情况)

2.1.1　自变量趋向无穷大时函数的极限(即当 $x \to \infty$ 时.函数 $f(x)$ 的极限)

定义 3　设函数 $y = f(x)$ 在 $|x|$ 充分大时有定义.如果当 x 的绝对值无限增大(即 $x \to \infty$)时,函数 $f(x)$ 无限接近一个确定的常数 A.那么 A 就**叫做函数 $f(x)$ 当 $x \to \infty$ 时的极限**.

记作: $\lim\limits_{x \to \infty} f(x) = A$ 或 $f(x) \to A (x \to \infty)$

定义 4　如果当 $x \to +\infty$(或 $x \to -\infty$)时,函数 $f(x)$ 无限接近一个确定的常数 A,那么 A 就叫做函数 $f(x)$ 当 $x \to +\infty$(或 $x \to -\infty$)时的极限.

记作 $\lim\limits_{\substack{x \to +\infty \\ (x \to -\infty)}} f(x) = A$ 或 $f(x) \to A (x \to \pm\infty)$

下面我们用表格把函数的极限与数列的极限对比一下.如表 1.3-2 所示.

表 1.3-2

数列的极限的定义	函数的极限的定义
如果当 n 无限增大时,数列 $\{a_n\}$ 无限地接近一个确定的常数 A,则称常数 A 是数列 $\{a_n\}$ 的极限,或者称数列 $\{a_n\}$ 收敛于 A. 记作: $\lim\limits_{n \to \infty} a_n = A$ 或 $a_n \to A (n \to \infty)$	设函数 $y = f(x)$ 在 $|x|$ 充分大时有定义.如果当 x 的绝对值无限增大(即 $x \to \infty$)时.函数 $f(x)$ 无限接近一个确定的常数 A.那么 A 就叫做函数 $f(x)$ 当 $x \to \infty$ 时的极限. 记作: $\lim\limits_{x \to \infty} f(x) = A$ 或 $f(x) \to A (x \to \infty)$

续表

数列的极限的定义	函数的极限的定义
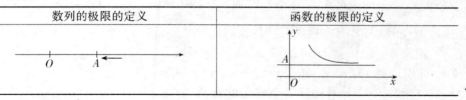	

从上表我们发现了什么？试思考之？

定理 3 $\lim\limits_{x\to\infty}f(x)$ 存在的充分必要条件是

(1) $\lim\limits_{x\to+\infty}f(x)$、$\lim\limits_{x\to-\infty}f(x)$ 存在.

(2) $\lim\limits_{x\to+\infty}f(x)=\lim\limits_{x\to-\infty}f(x)$.

即 $\lim\limits_{x\to+\infty}f(x)=\lim\limits_{x\to-\infty}f(x)=A\Leftrightarrow\lim\limits_{x\to\infty}f(x)=A.$

例 2 讨论极限 $\lim\limits_{x\to\infty}e^x$

解 由图 1.3 - 2 可知：

$\lim\limits_{x\to+\infty}e^x=+\infty$(或不存在)

$\lim\limits_{x\to-\infty}e^x=0$

所以 $\lim\limits_{x\to\infty}e^x$ 不存在.

当 $x\to\infty$ 时,函数 $f(x)$ 极限的精确定义：

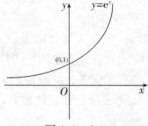

图 1.3 - 2

定义 5 设函数 $y=f(x)$,若对于任意给定的正数 ε(不论其多么小),总存在着正数 X,使得对于适合不等式 $|x|>X$ 的一切 x,所对应的函数值 $f(x)$ 都满足不等式

$$|f(x)-A|<\varepsilon$$

那么常数 A 就叫做函数 $y=f(x)$ 当 $x\to\infty$ 时的极限,记作：$\lim\limits_{x\to\infty}f(x)=A.$

2.1.2 自变量趋向有限值时函数的极限.

我们先来看一个例子.

例 3 函数 $f(x)=\dfrac{x^2-1}{x-1}$,当 $x\to1$ 时函数值的变化趋势如何?

解 函数在 $x=1$ 处无定义.我们知道对实数来讲,在数轴上任何一个有限的范围内,都有无穷多个点,为此我们把 $x\to1$ 时函数值的变化趋势用表列出,如表 1.3 - 3 所示.

表 1.3 - 3

x	$\cdots$	0.9	0.99	0.999	$\cdots$	1$\cdots$	1.001	1.01	1.1	$\cdots$
$f(x)\cdots$		1.9	1.9	1.999	$\cdots$	2	$\cdots$	2.001	2.01	1.1	$\cdots$

从中我们可以看出当 x 无论从 1 的右边(还是左边)无限接近于 1 时,函数

$f(x)=\dfrac{x^2-1}{x-1}$ 的值都无限接近于 2,即 $x \to 1$ 时,$f(x) \to 2$.而且只要 x 与 1 有多接近,$f(x)$ 就与 2 有多接近.这时,我们把数 2 叫做 $f(x)$ 当 $x \to 1$ 时的极限.

定义 6　设函数 $f(x)$ 在点 x_0 的某一邻域内 $(x_0$ 可以除外)有定义,如果当 $x \to x_0$(x 不等于 x_0)时,函数 $f(x)$ 无限接近一个确定的常数 A,那么 A 就叫做函数 $f(x)$ 当 $x \to x_0$ 时的极限.如图 1.3-3 所示.

记作 $\lim\limits_{x \to x_0} f(x) = A$ 或 $f(x) \to A (x \to x_0)$

我们先来看一个例子

例 4　符号函数为 $f(x) = \operatorname{sgn} x = \begin{cases} 1, & x > 0, \\ 0, & x = 0, \\ -1, & x < 0 \end{cases}$

对于这个分段函数,x 从左趋于 0 和从右趋于 0 时函数极限是不相同的.分段函数在 x 趋近于 0 时不存在极限.为此我们定义了左、右极限的概念.

定义 7　设函数 $f(x)$ 在 x_0 的左侧有定义,如果当 $x \to x_0 - 0$ 时,函数 $f(x)$ 无限接近一个确定的常数 A,那么 A 就叫做函数 $f(x)$ 在点 x_0 的左极限.

记作　$\lim\limits_{x \to x_0^{-0}} f(x) = A$ 或 $f(x_0 - 0) = A$.

定义 8　设函数 $f(x)$ 在 x_0 的右侧有定义,如果当 $x \to x_0 + 0$ 时,函数 $f(x)$ 无限接近一个确定的常数 A,那么 A 就叫做函数 $f(x)$ 在点 x_0 的右极限.

记作　$\lim\limits_{x \to x_0^{+0}} f(x) = A$ 或 $f(x_0 + 0) = A$.

定理 4　$\lim\limits_{x \to x_0} f(x)$ 存在的充分必要条件是

(1) $\lim\limits_{x \to x_0^{-0}} f(x)$、$\lim\limits_{x \to x_0^{+0}} f(x)$ 存在.

(2) $\lim\limits_{x \to x_0^{-0}} f(x) = \lim\limits_{x \to x_0^{+0}} f(x)$.

即　$\lim\limits_{x \to x_0^{-0}} f(x) = \lim\limits_{x \to x_0^{+0}} f(x) = A \Leftrightarrow \lim\limits_{x \to x_0} f(x) = A$

若 $\lim\limits_{x \to x_0 - 0} f(x)$、$\lim\limits_{x \to x_0 + 0} f(x)$ 存在但不相等或至少有一个不存在,则 $\lim\limits_{x \to x_0} f(x)$ 不存在.

例 5　讨论函数 $f(x) = \begin{cases} 1, & x > 1, \\ x, & x \leq 1 \end{cases}$ 当 $x \to 1$ 时的极限.

解　由 $f(x)$ 的图像(图 1.3-4)知:

$\lim\limits_{x \to 1-0} f(x) = \lim\limits_{x \to 1-0} x = 1$

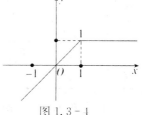

图 1.3-4

$$\lim_{x\to 1+0} f(x) = \lim_{x\to 1+0} 1 = 1$$

因为 $\quad\lim_{x\to 1-0} f(x) = \lim_{x\to 1+0} f(x) = 1$

所以 $\quad\lim_{x\to 1} f(x) = 1.$

例 6 讨论函数 $f(x) = \dfrac{x^2}{x}$ 当 $x\to 0$ 时的极限.

解 因为 $x\to 0$,所以 $x\neq 0$.因此,有 $f(x) = \dfrac{x^2}{x} = x.$ 于是

$$\lim_{x\to 0} f(x) = \lim_{x\to 0} \frac{x^2}{x} = \lim_{x\to 0} x = 0.$$

注 例 6 中,函数 $f(x) = \dfrac{x^2}{x}$ 在 $x = 0$ 点没有定义,但很少在 $x = 0$ 点有极限.这就是说,函数在 $x = x_0$ 点是否有极限与函数在 $x = x_0$ 点是否有定义无关.

当 $x\to x_0$ 时,函数 $f(x)$ 极限的精确定义

定义 9 设函数 $f(x)$ 在某点 x_0 的某个去心邻域内有定义,且存在数 A,如果对任意给定的 ε(不论其多么小),总存在正数 δ,当 $0 < |x - x_0| < \delta$ 时,$|f(x) - A| < \varepsilon$ 则称函数 $f(x)$ 当 $x\to x_0$ 时存在极限,且极限为 A,记:$\lim_{x\to x_0} f(x) = A.$

注 在定义中为什么是在去心邻域内呢?这是因为我们只讨论 $x\to x_0$ 的过程,与 $x = x_0$ 出的情况无关.此定义的核心问题是:对给出的 ε,是否存在正数 δ,使其在去心邻域内的 x 均满足不等式.

3. 极限的运算法则

3.1 极限的四则运算法则

定理 5 如果 $\lim_{x\to x_0} f(x) = A$、$\lim_{x\to x_0} g(x) = B$,则有

(1) $\lim\limits_{x\to x_0} [f(x)\pm g(x)] = \lim\limits_{x\to x_0} f(x) \pm \lim\limits_{x\to x_0} g(x) = A\pm B.$

(2) $\lim\limits_{x\to x_0} [f(x)g(x)] = \lim\limits_{x\to x_0} f(x) \lim\limits_{x\to x_0} g(x) = AB.$

(3) $\lim\limits_{x\to x_0} \dfrac{f(x)}{g(x)} = \dfrac{\lim\limits_{x\to x_0} f(x)}{\lim\limits_{x\to x_0} g(x)} = \dfrac{A}{B} \quad (B\neq 0).$

推广 (1)上述法则对 $x\to\infty$ 仍成立.

(2)法则(1)、(2)对多个函数仍成立.

在求函数的极限时,利用上述规则就可把一个复杂的函数化为若干个简单的函数来求极限.

推论 1 如果 $\lim\limits_{x\to x_0} f(x)$ 存在,C 为常数,则

$$\lim_{x \to x_0} \left[C f(x) \right] = C \lim_{x \to x_0} f(x).$$

推论 2 如果 $\lim_{x \to x_0} f(x)$ 存在，n 为正整数，则

$$\lim_{x \to x_0} \left[f(x) \right]^n = \lim_{x \to x_0} f(x) \lim_{x \to x_0} f(x) \cdots \lim_{x \to x_0} f(x)$$
$$= \left[\lim_{x \to x_0} f(x) \right]^n.$$

例 7 求 $\lim_{x \to 1} (3x^2 - 2x + 1)$.

解 $\lim_{x \to 1} (3x^2 - 2x + 1) = \lim_{x \to 1} 3x^2 - \lim_{x \to 1} 2x + \lim_{x \to 1} 1$
$$= 3 \lim_{x \to 1} x^2 - 2 \lim_{x \to 1} x + 1 = 3 \times 1^2 - 2 \times 1 + 1 = 2.$$

例 8 求 $\lim_{x \to 3} \dfrac{x-2}{x-1}$.

解 当 $x \to 3$ 时，分母的极限不为 0，所以应用商的极限运算法则，得

$$\lim_{x \to 3} \frac{x-2}{x-1} = \frac{\lim_{x \to 3}(x-2)}{\lim_{x \to 3}(x-1)} = \frac{\lim_{x \to 3} x - \lim_{x \to 3} 2}{\lim_{x \to 3} x - \lim_{x \to 3} 1} = \frac{3-2}{3-1} = \frac{1}{2}.$$

例 9 求 $\lim_{x \to 2} \dfrac{x^2 - 2x}{x - 2}$.

解 当 $x \to 2$ 时，分母的极限为 0，这时不能直接应用极限的运算法则. 但同时发现，它的分母的极限也为 0，即分子分母都有一个公因式 $x-2$. 因为 $x \to 2$，所以 $x \neq 2$，即 $x - 2 \neq 0$. 因此，我们可以先消去为零的因子，再求极限. 于是有

$$\lim_{x \to 2} \frac{x^2 - 2x}{x - 2} = \lim_{x \to 2} \frac{x(x-2)}{x-2} = \lim_{x \to 2} x = 2.$$

注 通过此例题我们可以发现：当分式的分子和分母都没有极限时就不能运用商的极限的运算规则了，应先把分式的分子分母转化为存在极限的情形，然后运用规则求之.

例 10 求 $\lim_{x \to 0} \dfrac{\sqrt{x^2 + 1} - 1}{x}$.

解 原式 $= \lim_{x \to 0} \dfrac{(\sqrt{x^2+1}-1)(\sqrt{x^2+1}+1)}{x(\sqrt{x^2+1}+1)} = \lim_{x \to 0} \dfrac{x^2}{x(\sqrt{x^2+1}+1)}$

$$= \lim_{x \to 0} \frac{x}{\sqrt{x^2+1}+1}$$
$$= \frac{0}{\sqrt{0+1}+1} = \frac{0}{2} = 0.$$

例 11 求 $\lim_{x \to \infty} \dfrac{3x^3 - x^2 + 2x}{5x^3 + 2x^2 + 1}$.

解 原式 $= \lim_{x \to \infty} \dfrac{3 - \dfrac{1}{x} + \dfrac{2}{x^2}}{5 + \dfrac{2}{x} + \dfrac{1}{x^3}} = \dfrac{3 - 0 + 0}{5 + 0 + 0} = \dfrac{3}{5}.$

例 12　求 $\lim\limits_{x\to\infty}\dfrac{2x^3+4x^2+2x}{3x^4-x^3-3}$.

解　原式 $=\lim\limits_{x\to\infty}\dfrac{\dfrac{2}{x}+\dfrac{4}{x^2}+\dfrac{2}{x^3}}{3-\dfrac{1}{x}-\dfrac{3}{x^4}}=\dfrac{0+0+0}{3-0-0}=0.$

例 13　求 $\lim\limits_{n\to\infty}\left(\dfrac{1+2+3+\cdots\cdots+n}{n^2}\right)$.

解　原式 $=\lim\limits_{n\to\infty}\dfrac{\dfrac{1}{2}n(n+1)}{n^2}=\lim\limits_{n\to\infty}\dfrac{1}{2}\left(1+\dfrac{1}{n}\right)=\dfrac{1}{2}.$

形如 $\lim\limits_{x\to\infty}\dfrac{a_0x^n+a_1x^{n-1}+\cdots\cdots+a_n}{b_0x^m+b_1x^{m-1}+\cdots\cdots+b_m}$ 的极限可采用无穷小量分除法,
具体步骤是:

(1)在分式的分子、分母上同除分母未知数的最高次方.

(2)由法则求出极限值.

3.2　复合函数的极限法则

定理 6　设函数 $y=f(u)$ 与 $u=\varphi(x)$ 满足条件:

(1)$\lim\limits_{u\to a}f(u)=A$

(2)当 $x\neq x_0$ 时,$\varphi(x)\neq a$,且 $\lim\limits_{x\to x_0}\varphi(x)=a$

则复合函数 $f[\varphi(x)]$ 当 $x\to x_0$ 时的极限存在,且
$$\lim_{x\to x_0}f[\varphi(x)]=\lim_{u\to a}f(u)=A$$

例 14　求 $\lim\limits_{x\to 8}\dfrac{\sqrt[3]{x}-2}{x-8}$.

解　$\lim\limits_{x\to 8}\dfrac{\sqrt[3]{x}-2}{x-8}\overset{u=\sqrt[3]{x}}{=\!=\!=\!=}\lim\limits_{u\to 2}\dfrac{u-2}{u^3-8}=\lim\limits_{u\to 2}\dfrac{u-2}{(u-2)(u^2+2u+4)}$
$=\lim\limits_{u\to 2}\dfrac{1}{u^2+2u+4}=\dfrac{1}{12}.$

4. 无穷大与无穷小

我们先来看一个例子:

已知函数 $f(x)=\dfrac{1}{x}$,当 $x\to\infty$ 时,可知 $|f(x)|\to 0$;而 $x\to 0$ 时,有 $|f(x)|\to\infty$,这两种情况分别称为无穷小与无穷大.

4.1　无穷小

定义 10　如果当 $x\to x_0$（或 $x\to\infty$）时,函数 $f(x)$ 的极限为零,那么函数 $f(x)$ 叫做当 $x\to x_0$（或 $x\to\infty$）时的无穷小量,简称无穷小.

注　(1)无穷小是有条件的.即一个函数 $f(x)$ 是无穷小.必须指明自变量 x 变化趋向,如函数 $f(x)=x$ 是当 $x\to 0$ 时的无穷小.但当 $x\to 1$ 时.就不是无穷小.

(2)无穷小是变量,不能将绝对值很小的常量当做无穷小(如 0.0000001 是常量,其极限不等于 0).

(3)常量中仅有"0"是无穷小.

无穷小量的有限运算性质:

性质 1　有限个无穷小量的代数和仍是无穷小量.

即　$\lim\limits_{\substack{x\to x_0 \\ (x\to\infty)}}[f_1(x)\pm f_2(x)\pm\cdots\cdots\pm f_n(x)]=0$　其中 $\lim\limits_{\substack{x\to x_0 \\ (x\to\infty)}}f_i(x)=0$

$(i=1,2,\cdots\cdots n)$.

性质 2　有限个无穷小量的积仍是无穷量.

即　$\lim\limits_{\substack{x\to x_0 \\ (x\to\infty)}}[f_1(x)\cdot f_2(x)\cdots\cdot f_n(x)]=0$　其中 $\lim\limits_{\substack{x\to x_0 \\ (x\to\infty)}}f_i(x)=0$.

$(i=1,2,\cdots\cdots n)$.

无穷小量的运算性质:

性质 3　有界函数与无穷小的乘积是无穷小.

即　$\lim\limits_{\substack{x\to x_0 \\ (x\to\infty)}}[f(x)\alpha]=0$　其中 $|f(x)|\leqslant M$ $\lim\limits_{\substack{x\to x_0 \\ (x\to\infty)}}\alpha=0$.

性质 4　常数与无穷小量的积也是无穷小量.

即　$\lim[C\alpha]=0$　其中 $\lim\limits_{\substack{x\to x_0 \\ (x\to\infty)}}\alpha=0,C=$常量.

例 15　求 $\lim\limits_{x\to\infty}\dfrac{\sin x}{x^3}$

解　因为 $|\sin x|\leqslant 1$

$\lim\limits_{x\to\infty}\dfrac{1}{x^3}=0$

所以　$\lim\limits_{x\to\infty}\dfrac{\sin x}{x^3}=\lim\limits_{x\to\infty}\left(\sin x\cdot\dfrac{1}{x^3}\right)=0$.

定理 7　如果函数 $f(x)$ 在 $x\to x_0$(或 $x\to\infty$)时有极限 A.则差 $f(x)-A=\varphi(x)$ 是当 $x\to x_0$(或 $x\to\infty$)时的无穷小量,反之亦成立.

定理 8　在自变量的同一变化过程中,具有极限的函数等于它的极限与一个无穷小之和;反之,如果函数可表示为常数与一个无穷小之和.那么该常数就是这个函数的极限.

即　$\lim\limits_{\substack{x\to x_0 \\ (x\to\infty)}}f(x)=A\Leftrightarrow f(x)=A+\alpha$　其中 $\lim\limits_{\substack{x\to x_0 \\ (x\to\infty)}}\alpha=0$.

4.2　无穷大

定义 11　如果当 $x\to x_0$(或 $x\to\infty$)时.函数 $f(x)$ 的绝对值无限增大.那么函

数 $f(x)$ 叫做当 $x \to x_0$ (或 $x \to \infty$)时的无穷大.

如果函数 $f(x)$ 当 $x \to x_0$ (或 $x \to \infty$)时是无穷大,则它的极限是不存在的,但为了便于描述函数的这种变化趋势,我们也说"函数的极限是无穷大",并记作

$$\lim_{\substack{x \to x_0 \\ (x \to \infty)}} f(x) = \infty$$

注 (1)无穷大是有条件的. 即一个函数 $f(x)$ 是无穷大,必须指明自变量 x 变化趋向,如函数 $f(x) = \dfrac{1}{x}$ 是当 $x \to 0$ 时的无穷大,但当 $x \to 1$ 时,就不是无穷大.

(2)无穷大是变量,不能将绝对值很大的常量当做无穷大(如 1000000 是常量,其绝对值不能无限地增大).

举例 $f(x) = \dfrac{1}{x}$ 是 $\lim\limits_{x \to 0+0} \dfrac{1}{x} = +\infty$, $\lim\limits_{x \to 0-0} \dfrac{1}{x} = -\infty$. 即 $\lim\limits_{x \to 0} \dfrac{1}{x} = \infty$.

$f(x) = e^x$ 是当 $x \to \infty$ 的无穷大,记作 $\lim\limits_{x \to +\infty} e^x = \infty$;

$f(x) = \ln x$ 是当 $x \to 0+0$ 的无穷大,记作 $\lim\limits_{x \to 0+0} \ln x = -\infty$.

4.3　无穷小与无穷大的关系

定理 9 在自变量的同一变化过程中,如果 $f(x)$ 是无穷大,则 $\dfrac{1}{f(x)}$ 是无穷小;反之如果 $f(x)$ 是无穷小且 $f(x) \neq 0$,则 $\dfrac{1}{f(x)}$ 是无穷大.

例 16 求 $\lim\limits_{x \to \infty} \dfrac{2x^4 + x^2 - 2x}{x^3 - 3x + 1}$

解 因为 $\lim\limits_{x \to \infty} \dfrac{x^3 - 3x + 1}{2x^4 + x^2 - 2x} = \lim\limits_{x \to \infty} \dfrac{\dfrac{1}{x} - \dfrac{3}{x^3} + \dfrac{2}{x^4}}{2 + \dfrac{1}{x^2} - \dfrac{2}{x^3}} = 0$

所以 $\lim\limits_{x \to \infty} \dfrac{2x^4 + x^2 - 2x}{x^3 - 3x + 1} = \infty$.

一般地当 $a_0 \neq 0$、$b_0 \neq 0$ 时,有:

$$\lim_{x \to \infty} \frac{a_0 x^n + a_1 x^{n-1} + \cdots\cdots + a_n}{b_0 x^m + b_1 x^{m-1} + \cdots\cdots + b_m} = \begin{cases} \dfrac{a_0}{b_0}, & n = m, \\ 0, & n < m, \\ \infty, & n > m. \end{cases}$$

4.4　无穷小的比较

定义 12 设 α、β 是在同一自变量变化过程中的无穷小,则有:

(1)如果 $\lim \dfrac{\beta}{\alpha} = 0$,则称 β 是比 α 较高阶的无穷小.

(2)如果 $\lim \dfrac{\beta}{\alpha}=\infty$,则称 β 是比 α 较低阶的无穷小.

(3)如果 $\lim \dfrac{\beta}{\alpha}=C(C\neq 0,1)$,则称 β 是与 α 同阶的无穷小.

特别:

若 $C=1$,即 $\lim \dfrac{\beta}{\alpha}=1$,则称 β 是与 α 等价的无穷小.

记作: $\beta\sim\alpha$

例 17　证明:当 $x\to 0$ 时

(1) $\mathrm{tg}\ x\sim x$;

(2) $1-\cos x\sim\dfrac{x^2}{2}$.

证明　(1)因为　$\lim\limits_{x\to 0}\dfrac{\mathrm{tg}\ x}{x}=\lim\limits_{x\to 0}\left(\dfrac{\sin x}{x}\cdot\dfrac{1}{\cos x}\right)=\lim\limits_{x\to 0}\dfrac{\sin x}{x}\cdot\lim\limits_{x\to 0}\dfrac{1}{\cos x}=1$

所以　$\mathrm{tg}\ x\sim x.$

(2)因为 $\lim\limits_{x\to 0}\dfrac{1-\cos x}{\dfrac{x^2}{2}}=\lim\limits_{x\to 0}\dfrac{2\sin^2\dfrac{x}{2}}{\dfrac{x^2}{2}}=\left[\lim\limits_{x\to 0}\dfrac{\sin\dfrac{x}{2}}{\dfrac{x}{2}}\right]^2=1$

所以　$1-\cos x\sim\dfrac{x^2}{2}.$

定理 10　(等价无穷小代换定理)设在自变量的同一变化过程中, $\alpha\sim\alpha'$, $\beta\sim\beta'$,且 $\lim\dfrac{\beta'}{\alpha'}$ 存在,则有

$$\lim\frac{\beta}{\alpha}=\lim\frac{\beta'}{\alpha'}.$$

例 18　用等价无穷小代换求下列极限

(1) $\lim\limits_{x\to 0}\dfrac{\sin 3x}{\mathrm{tg}\ 5x}$;

(2) $\lim\limits_{x\to 0}\dfrac{\mathrm{tg}\ x-\sin x}{x^3}$.

解　(1)因为当 $x\to 0$ 时

$\sin 3x\sim 3x$

$\mathrm{tg}\ 5x\sim 5x$

所以 $\lim\limits_{x\to 0}\dfrac{\sin 3x}{\mathrm{tg}\ 5x}=\lim\limits_{x\to 0}\dfrac{3x}{5x}=\dfrac{3}{5}.$

(2)原式 $=\lim\limits_{x\to 0}\dfrac{\mathrm{tg}\ x-\mathrm{tg}\ x\cos x}{x^3}=\lim\limits_{x\to 0}\dfrac{\mathrm{tg}\ x}{x}\cdot\lim\limits_{x\to 0}\dfrac{1-\cos x}{x}$

$$=\lim_{x\to0}\frac{x}{x}\cdot\lim_{x\to0}\frac{\frac{x^2}{2}}{x^2}=\frac{1}{2}.$$

习题 1.3

1. 下列各题中,哪些数列收敛? 哪些数列发散? 对收敛数列,通过观察 $\{x_n\}$ 的变化趋势,写出它们的极限:

(1) $x_n=\dfrac{1}{3^n}$;

(2) $x_n=(-1)^n\dfrac{1}{n}$;

(3) $x_n=1-\dfrac{1}{n^2}$;

(4) $x_n=\dfrac{n-1}{n+1}$;

(5) $x_n=(-1)^n n$;

(6) $x_n=\dfrac{2^n-1}{3^n}$.

2. 对于图 1.3-5 所示的函数 $f(x)$,求下列极限,如果极限不存在,说明理由.

(1) $\lim\limits_{x\to-2}f(x)$;

(2) $\lim\limits_{x\to-1}f(x)$;

(3) $\lim\limits_{x\to0}f(x)$.

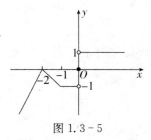

图 1.3-5

3. 利用函数图像,求下列极限.

(1) $\lim\limits_{x\to1}(2x-1)$;

(2) $\lim\limits_{x\to-1}2^x$;

(3) $\lim\limits_{x\to0}(x^2-2x-1)$;

(4) $\lim\limits_{x\to\frac{\pi}{3}}\sin x$.

4. 求函数 $f(x)=\dfrac{x}{x}$,$\varphi(x)=\dfrac{|x|}{x}$ 当 $x\to0$ 时的左、右极限,并说明它们在 $x\to0$ 时的极限是否存在.

5. 求下列极限:

(1) $\lim\limits_{x\to3}(2x-3)$;

(2) $\lim\limits_{x\to-1}(5x+1)$;

(3) $\lim\limits_{x\to-2}\dfrac{x^2-4}{x+2}$;

(4) $\lim\limits_{x\to1}\dfrac{x^3-1}{x-1}$.

6. 求下列极限:

$(1)\lim\limits_{x\to\infty}\dfrac{1-x^3}{x^3}$；

$(2)\lim\limits_{x\to}\dfrac{\sin x}{\sqrt{x}}$.

7. 求下列极限：

$(1)\lim\limits_{x\to1}\dfrac{x^2+2}{x-3}$；

$(2)\lim\limits_{x\to\sqrt{2}}\dfrac{x^2-2}{x+1}$；

$(3)\lim\limits_{x\to0}\dfrac{x^3-2x}{x}$；

$(4)\lim\limits_{h\to0}\dfrac{(x+h)^2-x^2}{h}$；

$(5)\lim\limits_{x\to\infty}\left(2+\dfrac{1}{x}-\dfrac{1}{x^2}\right)$；

$(6)\lim\limits_{x\to}\dfrac{x^2-3}{2x^2+x-1}$；

$(7)\lim\limits_{x\to\infty}\dfrac{x^2+x}{x^3-3x^2+1}$；

$(8)\lim\limits_{x\to}\left[\left(1-\dfrac{1}{x}\right)\left(2+\dfrac{3}{x^2}\right)\right]$；

$(9)\lim\limits_{n\to\infty}\left(1+\dfrac{1}{2}+\dfrac{1}{4}+\cdots+\dfrac{1}{2^n}\right)$；

$(10)\lim\limits_{n\to}\dfrac{1+2+\cdots+(n-1)}{n^2}$；

$(11)\lim\limits_{n\to\infty}\dfrac{(n+1)(n+2)(n+3)}{n^3}$；

$(12)\lim\limits_{x\to1}\left(\dfrac{1}{1-x}-\dfrac{3}{1-x^3}\right)$.

8. 当 $x\to0$ 时，下列函数中哪些是无穷小，哪些是无穷大？

$(1)y=3x^2$；　　$(2)y=\dfrac{1}{x}$；　　$(3)y=\sqrt[3]{x^2}$.

$(4)y=\dfrac{5x}{x^3}$；　　$(5)y=\sin x$；　　$(6)y=\dfrac{1}{\tan x}$.

9. 下列函数在自变量怎样变化时是无穷小？无穷大？

$(1)y=3x-1$；　　$(2)y=\dfrac{x}{x+1}$；

$(3)y=\sin x$；　　$(4)y=\ln x$.

10. 求下列极限：

$(1)\lim\limits_{x\to2}\dfrac{x^3-x^2}{x-2}$；　　$(2)\lim\limits_{x\to\infty}\dfrac{x^2}{x+1}$；　　$(3)\lim\limits_{x\to}(x^3+2x-1)$.

11. 比较下列无穷小阶数的高低：

(1)当 $x\to0$ 时，$3x^2$ 与 $2x$；

(2)当 $x\to\infty$ 时，$\dfrac{2}{x^3}$ 与 $\dfrac{1}{x^4}$；

(3)当 $x\to1$ 时，$1-x$ 与 $\dfrac{1}{2}(1-x^2)$；

12. 证明：当 $x\to0$ 时，$2x-x^2$ 是比 x^2-x^3 低阶的无穷小.

§1.4　两个重要极限

1.极限存在准则Ⅰ与重要极限 $\lim\limits_{x\to0}\dfrac{\sin x}{x}=1$

准则Ⅰ　如果 $g(x),f(x),h(x)$ 对于点 x_0 的某一邻域内的一切 x（点 x_0 可以除外）都有不等式

$$g(x)\leqslant f(x)\leqslant h(x)$$

成立,且 $\lim\limits_{x\to x_0}g(x)=A,\lim\limits_{x\to x_0}h(x)=A,$ 则 $\lim\limits_{x\to x_0}f(x)=A.$

作为准则Ⅰ的应用,得**重要极限** $\lim\limits_{x\to0}\dfrac{\sin x}{x}=1.$

因为　当 $x\to0+0$ 时,有关系 $\sin x<x<\tan x$,两边同除以 $\sin x$,得

$$1<\frac{x}{\sin x}<\frac{1}{\cos x},$$

即　　　　　　　　　　$\cos x<\dfrac{\sin x}{x}<1,$

当 $x\to0-0$ 时,有关系 $\tan x<x<\sin x$,两边同除以 $\sin x$,得

$$1<\frac{x}{\sin x}<\frac{1}{\cos x},$$

即　　　　　　　　　　$\cos x<\dfrac{\sin x}{x}<1,$

又因为 $\lim\limits_{x\to0}\cos x=1,\lim\limits_{x\to0}1=1,$ 所以根据准则Ⅰ,得

$$\lim_{x\to0}\frac{\sin x}{x}=1$$

由此还可以得

$$\lim_{\varphi(x)\to0}\frac{\sin \varphi(x)}{\varphi(x)}=1$$

或: $\lim\limits_{\varphi(x)\to0}\dfrac{\text{tg }\varphi(x)}{\varphi(x)}=1.$

该极限具有以下特征:

(1)分母 $\to0$.

(2)分子是正弦或正切函数.

(3)正弦或正切函数的角度表达式与分母相同.

例1　求 $\lim\limits_{x\to0}\dfrac{\tan 2x}{2x}.$

解　$\lim\limits_{x\to 0}\dfrac{\tan 2x}{2x}=\lim\limits_{x\to 0}\left(\dfrac{\sin 2x}{2x}\cdot\dfrac{1}{\cos 2x}\right)=\lim\limits_{x\to 0}\dfrac{\sin 2x}{2x}\cdot\lim\limits_{x\to 0}\dfrac{1}{\cos 2x}=1\times 1=1.$

例 2　求 $\lim\limits_{x\to 0}\dfrac{\sin 2x}{x}.$

解　$\lim\limits_{x\to 0}\dfrac{\sin 2x}{x}=\lim\limits_{x\to 0}\left(\dfrac{\sin 2x}{2x}\cdot 2\right)=\lim\limits_{x\to 0}\dfrac{\sin 2x}{2x}\cdot\lim\limits_{x\to 0}2=1\times 2=2.$

例 3　求 $\lim\limits_{x\to 0}x\cdot\cot 2x.$

解　$\lim\limits_{x\to 0}x\cdot\cot 2x=\lim\limits_{x\to 0}\left(x\cdot\dfrac{\cos 2x}{\sin 2x}\right)=\lim\limits_{x\to 0}\dfrac{2x}{\sin 2x}\cdot\lim\limits_{x\to 0}2\lim\limits_{x\to 0}\cos 2x=1\times 2\times$
$1=2.$

例 4　求 $\lim\limits_{x\to 0}\dfrac{\sin 3x}{\sin 2x}.$

解　$\lim\limits_{x\to 0}\dfrac{\sin 3x}{\sin 2x}=\lim\limits_{x\to 0}\left(\dfrac{\sin 3x}{3x}\cdot\dfrac{2x}{\sin 2x}\cdot\dfrac{3}{2}\right)=\lim\limits_{x\to 0}\dfrac{\sin 3x}{3x}\lim\limits_{x\to 0}\dfrac{2x}{\sin 2x}\lim\limits_{x\to 0}\dfrac{3}{2}$

$$=1\times 1\times\dfrac{3}{2}=\dfrac{3}{2}.$$

例 5　求 $\lim\limits_{x\to 0}\dfrac{1-\cos x}{x^2}.$

解　原式 $=\lim\limits_{x\to 0}\dfrac{2\sin^2\dfrac{x}{2}}{x^2}=\lim\limits_{x\to 0}\left\{\left[\dfrac{\sin\dfrac{x}{2}}{\dfrac{x}{2}}\right]^2\times\dfrac{1}{2}\right\}=\dfrac{1}{2}\left[\lim\limits_{x\to 0}\dfrac{\sin\dfrac{x}{2}}{\dfrac{x}{2}}\right]^2=\dfrac{1}{2}.$

例 6　求 $\lim\limits_{x\to 0}\dfrac{\arcsin x}{x}.$

解令 $t=\arcsin x$，则 $x=\sin t$. 当 $x\to 0$ 时,有 $t\to 0$. 于是由复合函数的极限运算法则得

$$\lim\limits_{x\to 0}\dfrac{\arcsin x}{x}=\lim\limits_{t\to 0}\dfrac{t}{\sin t}=1.$$

2. 极限存在准则Ⅱ与重要极限 $\lim\limits_{x\to\infty}\left(1+\dfrac{1}{x}\right)^x=\mathrm{e}$

准则Ⅱ　单调有界数列必有极限.

举例　数列

$$0,\dfrac{1}{2},\dfrac{2}{3},\dfrac{3}{4},\cdots,1-\dfrac{1}{n},\cdots$$

是单调增加的,且对一切正整数 n 有

$$a_n=1-\dfrac{1}{n}<1.$$

即数列有界,因此该数列一定有极限. 即它的极限为

$$\lim_{x\to\infty}\left(1-\frac{1}{n}\right)=1$$

作为准则 Ⅱ 的应用,得

重要极限　$\lim\limits_{x\to\infty}\left(1+\dfrac{1}{x}\right)^{x}=\mathrm{e}$

一般地:

$$\lim_{\varphi(x)\to\infty}\left[1+\frac{1}{\varphi(x)}\right]^{\varphi(x)}=\mathrm{e}$$

或:$\lim\limits_{\varphi(x)\to0}\left[1+\varphi(x)\right]^{\frac{1}{\varphi(x)}}=\mathrm{e}.$

该极限具有以下特征:

(1)指数$\to\infty$.

(2)底数的第一项为"1".

(3)底数的第二项与指数互为倒数.

(4)底数的两项相"$+$".

例 7　求极限$\lim\limits_{x\to\infty}\left(1-\dfrac{1}{x}\right)^{-x}$.

解　$\lim\limits_{x\to\infty}\left(1-\dfrac{1}{x}\right)^{-x}=\lim\limits_{x\to\infty}\left(1+\dfrac{-1}{x}\right)^{-x}$

当$x\to\infty$时,有$-x\to\infty$,即

$$\lim_{x\to\infty}\left(1-\frac{1}{x}\right)^{-x}=\lim_{x\to\infty}\left(1+\frac{-1}{x}\right)^{-x}=\mathrm{e}.$$

例 8　求极限$\lim\limits_{x\to\infty}\left(1-\dfrac{1}{x}\right)^{x}$.

解　$\lim\limits_{x\to\infty}\left(1-\dfrac{1}{x}\right)^{x}=\lim\limits_{x\to\infty}\left[\left(1+\dfrac{-1}{x}\right)^{-x}\right]^{-1}=\mathrm{e}^{-1}=\dfrac{1}{\mathrm{e}}.$

例 9　求极限$\lim\limits_{x\to\infty}\left(1+\dfrac{1}{3x}\right)^{x}$.

解　$\lim\limits_{x\to\infty}\left(1+\dfrac{1}{3x}\right)^{x}=\lim\limits_{x\to\infty}\left[\left(1+\dfrac{1}{3x}\right)^{3x}\right]^{\frac{1}{3}}=\mathrm{e}^{\frac{1}{3}}$

当$x\to\infty$时,有$3x\to\infty$,即$\lim\limits_{x\to\infty}\left(1+\dfrac{1}{3x}\right)^{3x}=\mathrm{e}$

得　$\lim\limits_{x\to\infty}\left(1+\dfrac{1}{3x}\right)^{x}=\lim\limits_{x\to\infty}\left[\left(1+\dfrac{1}{3x}\right)^{3x}\right]^{\frac{1}{3}}=\mathrm{e}^{\frac{1}{3}}.$

例 10　求极限$\lim\limits_{x\to0}(1+x)^{\frac{1}{x}}$.

解　因为$x\to0$时,有$\dfrac{1}{x}\to\infty$,所以设$t=\dfrac{1}{x}$,则当$x\to0$时,有$t\to\infty$

即　$\lim\limits_{x\to0}(1+x)^{\frac{1}{x}}=\lim\limits_{t\to\infty}\left(1+\dfrac{1}{t}\right)^{t}=\mathrm{e}.$

例 11　求极限 $\lim\limits_{\alpha\to 0}(1+\sin 2\alpha)^{\csc 2\alpha}$.

解　设 $t=\sin 2\alpha$, 当 $\alpha\to 0$ 时, $\sin 2\alpha\to 0$, $\csc 2\alpha=\dfrac{1}{\sin 2\alpha}\to\infty$. 得

$$\lim_{\alpha\to 0}(1+\sin 2\alpha)^{\csc 2\alpha}=\mathrm{e}.$$

例 12　求 $\lim\limits_{x\to\infty}\left(\dfrac{2x+1}{2x-2}\right)^{x+2}$.

解　原式 $=\lim\limits_{x\to\infty}\left(\dfrac{1+\frac{1}{2x}}{1-\frac{1}{x}}\right)^{x+2}=\lim\limits_{x\to\infty}\left(\dfrac{1+\frac{1}{2x}}{1-\frac{1}{x}}\right)^{x}\cdot\lim\limits_{x\to\infty}\left(\dfrac{1+\frac{1}{2x}}{1-\frac{1}{x}}\right)^{2}$

$$=\frac{\left[\lim\limits_{x\to\infty}\left(1+\frac{1}{2x}\right)^{2x}\right]^{\frac{1}{2}}}{\left[\lim\limits_{x\to\infty}\left(1+\frac{1}{-x}\right)^{-x}\right]^{-1}}=\mathrm{e}\sqrt{\mathrm{e}}.$$

习题 1.4

1. 填空题:

(1) $\lim\limits_{x\to 0}\dfrac{\sin 5x}{x}=$ _____ ;

(2) $\lim\limits_{x\to\infty}\dfrac{\sin 5x}{x}=$ _____ ;

(3) $\lim\limits_{x\to\infty}\left(1+\dfrac{2}{x}\right)^{x}=$ _____ ;

(4) $\lim\limits_{x\to\infty}\left(1-\dfrac{1}{x}\right)^{x-1}=$ _____ .

2. 求下列极限:

(1) $\lim\limits_{x\to 0}\dfrac{x}{\sin ax}$;

(2) $\lim\limits_{x\to 0}\dfrac{\tan 5x}{x}$;

(3) $\lim\limits_{x\to 0}\dfrac{\sin 2x}{\sin 5x}$;

(4) $\lim\limits_{x\to 0}x\cot x$;

(5) $\lim\limits_{x\to 0}\dfrac{1-\cos 2x}{x\sin x}$;

(6) $\lim\limits_{n\to\infty}2^{n}\sin\dfrac{x}{2^{n}}$ (x 为不等于零的常数).

3. 计算下列极限:

(1) $\lim\limits_{x\to 0}(1-2x)^{\frac{1}{x}}$;

(2) $\lim\limits_{x\to\infty}\left(1+\dfrac{3}{x}\right)^{x}$;

(3) $\lim\limits_{x\to\infty}\left(\dfrac{1+x}{x}\right)^{2x}$;

(4) $\lim\limits_{x\to\infty}\left(1+\dfrac{1}{x}\right)^{kx}$ (k 为正整数);

(5) $\lim\limits_{x\to\frac{\pi}{2}}(1+\cos x)^{2\sec x}$;

(6) $\lim\limits_{x\to\infty}\left(\dfrac{2x+3}{2x+1}\right)^{x}$.

§1.5 连 续

在自然界中,许多量都是连续变化的,如时间的变化,汽车的速度变化,植物的生长,气温度的变化等,这些变化在数学中的体现就是函数的连续性. 函数的连续性是与极限密切相关的另一个概念.

1. 函数的连续性

1.1 函数的增量

如果变量 u 从初值 u_0 变到终值 u_1,那么终值与初值之差 $u_1 - u_0$ 称变量 u 的增量(或改变量).

记作:Δu 即 $\Delta u = u_1 - u_0$

定义 1 如果函数 $y = f(x)$ 在点 x_0 的某一邻域内有定义,当自变量 x 由 x_0 变到 x_1 时,对应的函数值由 $f(x_0)$ 变到 $f(x_1)$,则差 $x_1 - x_0$ 叫做**自变量 x 的增量**(或改变量),记作 Δx,即

$$\Delta x = x_1 - x_0$$

而差 $f(x_1) - f(x_0)$ 叫做**函数 $y = f(x)$ 在 x_0 处的增量**,记作 Δy,即

$$\Delta y = f(x_0 + \Delta x) - f(x_0)$$

如图 1.5 - 1 所示.

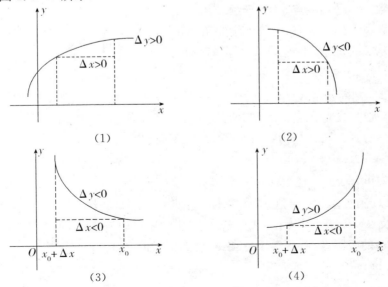

图 1.5 - 1

由上图得

(1)Δy 是一个整体记号,不能看做是 Δ 与 y 的乘积.

(2)Δy 可正可负,不一定是"增加的"量.

例 1　设 $y = f(x) = x^2 + 1$,求适合下列条件的自变量的增量 Δx 和函数的增量 Δy:

(1)x 由 1 变化到 0.5.

(2)x 由 1 变化到 $1 + \Delta x$.

(3)x 由 x_0 变化到 $x_0 + \Delta x$.

解　(1)$\Delta x = 0.5 - 1 = -0.5$,

$\qquad \Delta y = f(0.5) - f(1) = (0.5^2 + 1) - (1^2 + 1) = -0.75$.

(2)$\Delta x = 1 + \Delta x - 1 = \Delta x$,

$\qquad \Delta y = f(1 + \Delta x) - f(1) = [(1 + \Delta x)^2 + 1] - (1^2 + 1)$

$\qquad\qquad = 1 + 2\Delta x + (\Delta x)^2 - 1 = 2\Delta x + (\Delta x)^2$.

(3)$\Delta x = x_0 + \Delta x - x_0 = \Delta x$,

$\qquad \Delta y = f(x_0 + \Delta x) - f(x_0) = [(x_0 + \Delta x)^2 + 1] - (x_0^2 + 1)$

$\qquad\qquad = x_0^2 + 2x_0\Delta x + (\Delta x)^2 - x_0^2 = 2x_0\Delta x + (\Delta x)^2$.

1.2　函数连续的定义

定义 2　设函数 $y = f(x)$ 在点 x_0 的某一邻域内有定义.如果当自变量 x 在 x_0 处的增量 $\Delta x \to 0$ 时,函数 $y = f(x)$ 相应的增量 Δy 也趋于零.

即:$\lim\limits_{\Delta x \to 0} \Delta y = \lim\limits_{\Delta x \to 0} [f(x_0 + \Delta x) - f(x_0)] = 0$

则称函数 $y = f(x)$ 在点 x_0 处连续.

故　函数 $y = f(x)$ 在点 x_0 处连续的条件是:

(1)$y = f(x)$ 在点 x_0 的某个邻域内有定义.

(2)$\lim\limits_{\Delta x \to 0} \Delta y = 0$.

例 2　判断函数 $y = f(x) = x^2 - 2x$ 在点 $x = x_0$ 处是否连续.

解　设自变量在点 $x = x_0$ 处有增量 Δx,则函数相应的增量是

$\Delta y = f(x_0 + \Delta x) - f(x_0) = [(x_0 + \Delta x)^2 - 2(x_0 + \Delta x)] - (x_0^2 - 2x_0)$

$\qquad = (\Delta x)^2 + 2x_0\Delta x - 2\Delta x$.

因为 $\lim\limits_{\Delta x \to 0} \Delta y = \lim\limits_{\Delta x \to 0} [(\Delta x)^2 + 2x_0\Delta x - 2\Delta x] = 0$

所以,函数函数 $y = f(x) = x^2 - 2x$ 在点 $x = x_0$ 处连续.

定义 3　设函数 $y = f(x)$ 在点 x_0 的某个邻域内有定义.如果当 $x \to x_0$ 时,函数 $f(x)$ 的极限存在,且等于它在 x_0 处的函数值 $f(x_0)$

即:$\lim\limits_{x \to x_0} f(x) = f(x_0)$

则称函数 $y = f(x)$ 在点 x_0 处连续.

故　函数 $y=f(x)$ 在点 x_0 处连续的条件是：

(1) $y=f(x)$ 在点 x_0 的某个邻域内有定义.

(2) $\lim\limits_{x\to x_0} f(x)$ 存在.

(3) $\lim\limits_{x\to x_0} f(x)=f(x_0)$.

例 3　证明函数 $y=f(x)=\sin x$ 在 $x=\dfrac{\pi}{3}$ 处连续.

证明　因为 $y=\sin x$ 的定义域为 $(-\infty,+\infty)$，所以 $y=\sin x$ 在 $\left(\dfrac{\pi}{3}-\delta,\dfrac{\pi}{3}+\delta\right)$ 内有定义，且 $\lim\limits_{x\to\frac{\pi}{3}} f(x)=\lim\limits_{x\to\frac{\pi}{3}}\sin x=\dfrac{\sqrt{3}}{2}=\sin\dfrac{\pi}{3}=f\left(\dfrac{\pi}{3}\right)$

得　函数 $y=f(x)=\sin x$ 在 $x=\dfrac{\pi}{3}$ 处连续

定义 4　如果函数 $y=f(x)$ 在点 x_0 处的左极限 $\lim\limits_{x\to x_0-0} f(x)$ 存在且等于 $f(x_0)$

即 $\lim\limits_{x\to x_0-0} f(x)=f(x_0)$，则称函数 $y=f(x)$**在点 x_0 处左连续**. 如果函数 $y=f(x)$ 在点 x_0 处的右极限 $\lim\limits_{x\to x_0+0} f(x)$ 存在且等于 $f(x_0)$，即 $\lim\limits_{x\to x_0+0} f(x)=f(x_0)$. 则称函数 $y=f(x)$**在点 x_0 处右连续**.

根据极限存在的充要条件，得下面的结论：

一个函数若在定义域内某一点左、右都连续，则称函数在此点连续，否则在此点不连续.

如果函数 $y=f(x)$ 在区间 (a,b) 内每一点都连续，则称 $y=f(x)$**在区间 (a,b) 内连续**，区间 (a,b) 称函数的**连续区间**.

如果函数 $y=f(x)$ 在区间 (a,b) 内连续，且在左端点 a 处右连续，在右端点 b 处左连续.

即：$\lim\limits_{x\to a+0} f(x)=f(a)$

$\lim\limits_{x\to b-0} f(x)=f(b)$

则称函数 $y=f(x)$**在区间 $[a,b]$ 上连续**.

注　连续函数图形是一条连续而不间断的曲线.

例 4　证明函数 $y=f(x)=x^2$ 在区间 $(-\infty,+\infty)$ 内连续.

证明　设 x_0 是区间 $(-\infty,+\infty)$ 内的任意一点，当自变量 x 在点 x_0 处有增量 Δx 时，对应的函数的增量为

$$\Delta y=f(x_0+\Delta x)-f(x_0)=(x_0+\Delta x)^2-x_0^2=(\Delta x)^2+2x_0\Delta x.$$

因为　$\lim\limits_{\Delta x\to 0}\Delta y=\lim\limits_{\Delta x\to 0}\left[(\Delta x)^2+2x_0\Delta x\right]=0$，

所以，$y=f(x)=x^2$ 在点 x_0 处连续，又因为 x_0 是区间 $(-\infty,+\infty)$ 内的任

意一点,所以,

函数 $y=f(x)=x^2$ 在区间 $(-\infty,+\infty)$ 内连续.

2. 函数的间断点

通过上面的学习我们已经知道函数的连续性了,同时我们可以想到若函数在某一点要是不连续会出现什么情形呢? 接着我们就来学习这个问题:函数的间断点.

定义 5 如果函数 $y=f(x)$ 在点 x_0 处不连续,则称在点 x_0 为函数 $y=f(x)$ 的间断点.

举例 函数 $y=\dfrac{1}{x}$ 在点 $x=0$ 处没有定义,所以函数 $y=\dfrac{1}{x}$ 在点 $x=0$ 不连续,即点 $x=0$ 是函数的间断点,因为 $\lim\limits_{x\to 0}\dfrac{1}{x}=\infty$,所以这类间断点又称**无穷间断点**.

函数 $f(x)=\begin{cases}1, & x>0 \\ 0, & x=0 \\ -1, & x<0\end{cases}$ 在点 $x=0$ 的左右极限都存在但不相等,所以点 $x=0$ 是函数的间断点,因为曲线在间断点处发生了跳跃,所以这类间断点又称**跳跃间断点**.

函数 $f(x)=\begin{cases}x+1, & x\neq 1 \\ 0, & x=1\end{cases}$ 在点 $x=1$ 的极限 $\lim\limits_{x\to 1}f(x)=\lim\limits_{x\to 1}(x+1)=2$,因为 $f(1)=0$,所以点 $x=1$ 是函数的间断点,但如果改变定义或补充定义,则可使函数在该点连续,所以这类间断点又称可去间断点.

定义 6 设 x_0 是函数 $f(x)$ 的间断点,如果左极限 $f(x_0-0)$ 及右极限 $f(x_0+0)$ 都存在,则 x_0 称为**第一类间断点**;如果左极限 $f(x_0-0)$ 及右极限 $f(x_0+0)$ 至少有一个不存在,则 x_0 称为**第二类间断点**.

有定义得,无穷间断点是第二类间断点,跳跃间断点和可去间断点是第一类间断点.

例 5 求函数 $f(x)=\dfrac{\tan x}{x}$ 的间断点,并指出间断点的类型.

解 因为函数 $f(x)=\dfrac{\tan x}{x}$ 在 $x=0$ 处无定义,所以 $x=0$ 是函数的间断点.又因为

$\lim\limits_{x\to 0}\dfrac{\tan x}{x}=1$,所以 $x=0$ 是函数的可去间断点;又 $f(0+0)=f(0-0)=1$ 都存在,所以 $x=0$ 是函数的第一类间断点.

3. 连续函数的运算法则及初等函数的连续性

定理 1 如果 $f(x)$、$g(x)$ 在点 x_0 处连续,则 $f(x) \pm g(x)$、$f(x) \cdot g(x)$、$\dfrac{f(x)}{g(x)}(g(x_0) \neq 0)$ 也都在点 x_0 处连续.

定理 2 如果函数 $u = \varphi(x)$ 在点 x_0 处连续,即:$\lim\limits_{x \to x_0} \varphi(x) = \varphi(x_0) = u_0$

又函数 $y = f(u)$ 在点 u_0 处连续,即:$\lim\limits_{u \to u_0} f(u) = f(u_0)$

则复合函数 $y = f[\varphi(x)]$ 在点 x_0 处连续.

即:$\lim\limits_{x \to x_0} f[\varphi(x)] = f[\varphi(x_0)]$.

例 6 求 $\lim\limits_{x \to 3} \sqrt{\dfrac{x-3}{x^2-9}}$.

解 $y = \sqrt{\dfrac{x-3}{x^2-9}}$ 可以看成由 $u = \dfrac{x-3}{x^2-9}$,$y = \sqrt{u}$ 复合而成的.

因为 $\lim\limits_{x \to 3} \dfrac{x-3}{x^2-9} = \lim\limits_{x \to 3} \dfrac{1}{x+3} = \dfrac{1}{6}$,而 $y = \sqrt{u}$,当 $u = \dfrac{1}{6}$ 时是连续的,

所以 $\lim\limits_{x \to 3} \sqrt{\dfrac{x-3}{x^2-9}} = \sqrt{\lim\limits_{x \to 3} \dfrac{x-3}{x^2-9}} = \sqrt{\dfrac{1}{6}} = \dfrac{\sqrt{6}}{6}$.

例 7 求 $\lim\limits_{x \to 0} \cos(1+x)^{\frac{1}{x}}$.

解 $\lim\limits_{x \to 0} \cos(1+x)^{\frac{1}{x}} = \cos\left[\lim\limits_{x \to 0}(1+x)^{\frac{1}{x}}\right] = \cos \mathrm{e}$.

定理 3 一切初等函数在其定义域内都是连续的.

例 8 求函数 $y = \dfrac{x+1}{(x-2)(x^2-9)}$ 的连续区间.

解 因为函数 $f(x)$ 是初等函数,所以根据定理 3,函数的连续区间就是它的定义域区间.故所求函数的连续区间为 $(-\infty, -3) \cup (-3, 2) \cup (2, 3) \cup (3, +\infty)$.

注 因为分段函数一般不是初等函数,所以定理 3 对分段函数一般不成立.在讨论分段函数的连续性时,要根据连续的定义讨论分段点的连续性.

例 9 设 $f(x) = \begin{cases} \dfrac{1}{x}\sin x + b, & x < 0 \\ a, & x = 0 \\ x\sin\dfrac{1}{x} + 2, & x > 0 \end{cases}$,问 a、b 取何值时,$f(x)$ 在点 $x = 0$ 处连续?

解 因为 $\lim\limits_{x \to 0-0} f(x) = \lim\limits_{x \to 0-0}\left(\dfrac{1}{x}\sin x + b\right) = 1 + b$

$$\lim_{x\to 0+0} f(x)=\lim_{x\to 0+0}\left(x\sin\frac{1}{x}+2\right)=2$$

$$f(0)=a$$

要使 $f(x)$ 在点 $x=0$ 处连续,必有:

$$\lim_{x\to 0-0} f(x)=\lim_{x\to 0+0} f(x)=f(0)$$

即 $1+b=2=a$

解之得:

$$\begin{cases}a=2\\b=1\end{cases}$$

即当 $a=2,b=1$ 时函数 $f(x)$ 在点 $x=0$ 处连续.

4. 闭区间上连续函数的性质

定理 4　（最大值与最小值性质）如果函数 $f(x)$ 在闭区间 $[a,b]$ 上连续,则 $f(x)$ 在 $[a,b]$ 上必有最大值和最小值.

定理 5　（介值性质）如果函数 $y=f(x)$ 在闭区间 $[a,b]$ 上连续,且在区间的端点处取得不同的函数值,

即: $f(a)=A$　$f(b)=B$

则对于 A、B 之间的任意一个数 C,在开区间 (a,b) 内至少有一点 ξ.使得:

$$f(\xi)=C\quad (a<\xi<b)$$

推论　如果函数 $y=f(x)$ 在闭区间 $[a,b]$ 上连续,且 $f(a)$ 与 $f(b)$ 异号,则在 (a,b) 内至少有一点 ξ,使得:

$$f(\xi)=0\quad (a<\xi<b)$$

例 10　证明方程 $x^3-4x^2+1=0$ 在 $(0,1)$ 内至少有一个根.

证明　设 $f(x)=x^3-4x^2+1$

因为　其定义域为 $(-\infty,+\infty)$

所以　$f(x)$ 在区间 $[0,1]$ 上连续

又因为　$f(0)=1>0$

$$f(1)=-2<0$$

则在 $(0,1)$ 内至少存在一点 ξ,使得

$$f(\xi)=0$$

即 $\xi^3-4\xi^2+1=0$　$(0<\xi<1)$

也即方程 $x^3-4x^2+1=0$ 在 $(0,1)$ 内至少有一个根 ξ.

习题 1.5

1. 设函数 $y=f(x)=x^2-x$,求适合下列条件的自变量的增量和对应的函数

的增量：

(1)当 x 由 1 变到 3；　　　　　　(2)当 x 由 3 变到 2；

(3)当 x 由 3 变到 $3+\Delta x$；　　　　(4)当 x 由 x_0 变到 $x_0+\Delta x$.

2.证明函数 $y=f(x)=2x-3$ 在点 $x=0$ 处连续.

3.研究下列函数的连续性,并画出函数的图形：

(1) $f(x)=\begin{cases}x^2; & 0\leqslant x\leqslant 1,\\ 3-2x, & 1<x<2;\end{cases}$

(2) $f(x)=\begin{cases}x, & -2\leqslant x\leqslant 2,\\ 2, & x<-2 \text{ 或 } x>2.\end{cases}$

4.求函数 $f(x)=\dfrac{x^2-4}{x^2-2x}$ 的连续区间,并求极限 $\lim\limits_{x\to 0}f(x)$, $\lim\limits_{x\to -1}f(x)$ 及 $\lim\limits_{x\to 2}f(x)$.

5.设函数

$$f(x)=\begin{cases}3^x, & x<0,\\ a+x, & x\geqslant 0.\end{cases}$$

当 a 为何值时,才能使 $f(x)$ 在点 $x=0$ 处连续?

6.求下列函数的间断点,并指出间断点的类型：

(1) $f(x)=\dfrac{x+1}{x^3-1}$；　　　　　　(2) $f(x)=\dfrac{x-2}{x^2-4}$；

(3) $f(x)=\dfrac{\cos x}{x}$；　　　　　　　(4) $f(x)=\dfrac{\tan x}{x^2}$.

(5) $f(x)=\begin{cases}x-1, & x\leqslant 1,\\ 2-x, & x>1.\end{cases}$　　(6) $f(x)=\begin{cases}\dfrac{1}{x}, & x>0,\\ 3-x, & x\leqslant 0.\end{cases}$

7.下列陈述中,哪些是对的,哪些是错的? 如果是对的,说明理由;如果是错的,试给出一个反例.

(1)如果函数 $f(x)$ 在 a 连续,那么 $|f(x)|$ 也在 a 连续；

(2)如果函数 $|f(x)|$ 在 a 连续,那么 $f(x)$ 也在 a 连续.

8.求下列极限：

(1) $\lim\limits_{x\to 0}\sqrt{x^2-2x+5}$；　　　　(2) $\lim\limits_{x\to \frac{\pi}{12}}\ln(2\sin 2x)$；

(3) $\lim\limits_{x\to \infty}e^{\frac{1}{x}}$；　　　　　　　(4) $\lim\limits_{x\to 0}\dfrac{\sqrt{x+1}-1}{x}$；

(5) $\lim\limits_{x\to +\infty}(\sqrt{x^2+x}-\sqrt{x^2-x})$；

(6) $\lim\limits_{x\to 0}\dfrac{e^x-1}{x}$ (提示:令 $t=e^x-1$).

9. 指出函数 $y = \sin x$ 在 $\left[-\dfrac{\pi}{4}, \pi\right]$ 上的最大值和最小值.

10. 指出函数 $y = \log_2 x$ 在 $[1, 8]$ 上的最大值和最小值.

11. 证明方程 $x^4 = 3x + 1$ 至少有一根介于 1 和 2 之间.

12. 证明方程 $5^x - 2 = 0$ 在区间 $(0, 1)$ 内必定有根.

学习指导

一、内容提要

本章的主要内容有函数的定义,函数的几种特性;复合函数、反函数与初等函数的概念;数列与函数极限的定义;极限的运算法则;无穷小与无穷大的概念;两个重要极限;无穷小的比较;函数在点与区间的连续性及间断性;闭区间上连续函数的性质.

二、基本要求

1. 理解函数的定义,掌握决定函数关系的两要素(定义域和对应法则),会求函数的定义域,掌握函数的几种特性(有界性、奇偶性、单调性、周期性).

2. 理解复合函数的概念,会正确地分析复合函数的复合过程. 了解反函数的概念,会求简单函数的反函数.

3. 掌握基本初等函数的表达式、定义域、值域、图像和性质. 理解初等函数的概念,能建立简单实际问题中变量的函数关系.

4. 理解极限概念及其运算法则,了解极限的性质和极限存在的两个准则,掌握两个重要极限.

5. 理解无穷小的定义及无穷小的运算法则,理解无穷小与极限的关系,了解无穷小的比较. 了解无穷大的定义及无穷小与无穷大的关系.

6. 理解函数连续的概念,会求函数的间断点,了解连续函数的运算法则,了解初等函数的连续性和闭区间上连续函数的性质.

三、几个常用的基本极限

(1) $\lim\limits_{x \to x_0} C = C$,($C$ 为常数).　　　　(2) $\lim\limits_{x \to \infty} C = C$,($C$ 为常数).

(3) $\lim\limits_{x \to x_0} x = x_0$.

(4) $\lim\limits_{x \to \infty} \dfrac{1}{x} = 0$.

(5) $\lim\limits_{x \to \infty} \dfrac{1}{x^a} = 0$, ($a$ 为正常数).

(6) $\lim\limits_{x \to \infty} \dfrac{a_0 x^m + a_1 x^{m-1} + \cdots + a_m}{b_0 x^n + b_1 x^{n-1} + \cdots b_n} = \begin{cases} \dfrac{a_0}{b_0}, & \text{当 } m = n \\[2mm] 0, & \text{当 } m < n \\[2mm] \infty, & \text{当 } m > n \end{cases}$ ．

（其中 a_0、a_1、$\cdots$、a_m 和 b_0、b、$\cdots$、b_n 都是常数, 且 $a_0 \neq 0, b_0 \neq 0$）.

(7) $\lim\limits_{x \to 0} \dfrac{\sin x}{x} = 1$.

(8) $\lim\limits_{x \to \infty} \left(1 + \dfrac{1}{x}\right)^x = \mathrm{e}$.

(9) $\lim\limits_{x \to +\infty} q^x = 0$, ($|q| < 1$).

四、几个充要条件

(1) $\lim\limits_{x \to x_0} f(x) = A \Leftrightarrow f(x) = A + a$, (当 $x \to x_0$ 时, $a \to 0$).

(2) $\lim\limits_{x \to \infty} f(x) = A \Leftrightarrow f(x) = A + a$, (当 $x \to \infty$ 时, $a \to 0$).

(3) $\lim\limits_{x \to x_0} f(x) = A \Leftrightarrow \lim\limits_{x \to x_0 + 0} f(x) = \lim\limits_{x \to x_0 - 0} f(x) = A$.

(4) $\lim\limits_{x \to \infty} f(x) = A \Leftrightarrow \lim\limits_{x \to +\infty} f(x) = \lim\limits_{x \to -\infty} f(x) = A$.

五、例题选讲

1. 求函数的定义域

通常讨论的定义域是指函数解析式有意义的所有实数集合, 注意下列四种情况:

(1) $\dfrac{f(x)}{g(x)}$, 要求分母 $g(x) \neq 0$;

(2) $\sqrt[2n]{f(x)}$, n 为正整数, 要求 $f(x) \geqslant 0$;

(3) $\log_a f(x)$, 要求 $a > 0, a \neq 1, f(x) > 0$;

(4) $\arcsin f(x)$, $\arccos f(x)$, 要求 $|f(x)| \leqslant 1$.

对于实际问题所建立的函数的定义域, 还要考虑变量的实际意义.

例 1 求下列函数的定义域:

(1) $y = \dfrac{1}{\sqrt{x^2 - 3x}} + \arcsin(2x + 1)$;

(2) $y = \dfrac{\ln(5x - 2)}{x^2 - 7x + 10} + \sqrt{10 - x}$.

解 (1) 要使函数有意义, 得

$$\begin{cases} x^2-3x>0 \\ -1\leqslant 2x+1\leqslant 1 \end{cases}, 解得 \begin{cases} x>3 \text{ 或 } x<0 \\ -1\leqslant x\leqslant 0 \end{cases}$$

故所求函数的定义域为 $[-1,0)$.

(2)要使函数有意义,得

$$\begin{cases} 5x-2>0 \\ x^2-7x+10\neq 0, 解得 \\ 10-x\geqslant 0 \end{cases} \begin{cases} x>\dfrac{2}{5} \\ x\neq 2, x\neq 5, \\ x\leqslant 10 \end{cases}$$

故所求函数的定义域为 $\left(\dfrac{2}{5},2\right)\bigcup(2,5)\bigcup(5,10]$.

例 2 已知函数 $f(2x-1)$ 的定义域为 $[-1,2]$.求 $f(x)$ 的定义域.

解 由函数 $f(2x-1)$ 的定义域为 $[-1,2]$,即 $-1\leqslant x\leqslant 2$ 得

$$-3\leqslant 2x-1\leqslant 3$$

故函数 $f(x)$ 的定义域为 $[-3,3]$.

2.判断函数的奇偶性

判断函数的奇偶性,主要的方法是利用定义,其次是利用奇偶的性质,即奇(偶)函数之和仍为奇(偶)函数;奇(偶)函数之差仍为奇(偶)函数;奇函数与奇函数之积为偶函数;偶函数与偶函数之积为偶函数,还可以观察图像,当图像关于原点对称时是奇函数;当图像关于原点对称时是偶函数.

例 3 判断下列函数的奇偶性:

(1) $f(x)=\dfrac{a^x+1}{a^x-1}(a>0$ 且 $a\neq 1)$;

(2) $f(x)=x^2(x^3+\sin x)$.

解 (1)用定义判断

因为函数的定义域为 $(-\infty,0)\bigcup(0,+\infty)$ 且

$$f(-x)=\dfrac{a^{-x}+1}{a^{-x}-1}=\dfrac{1+a^x}{1-a^x}=-f(x)$$

所以 $f(x)=\dfrac{a^x+1}{a^x-1}$ 为奇函数.

(2)用性质判断

因为 x^2 为偶函数, $x^3+\sin x$ 是奇函数,所以 $f(x)=x^2(x^3+\sin x)$.是奇函数.

3.求极限

通常利用极限的四则运算法则、性质以及已知极限求极限.

(1)利用四则运算求极限

例 4 求极限 $\lim\limits_{x\to 1}\dfrac{x^2+x-3}{x^2-2}$

解 $\lim\limits_{x\to 1}\dfrac{x^2+x-3}{x^2-2}=\dfrac{\lim\limits_{x\to 1}(x^2+x-3)}{\lim\limits_{x\to 1}(x^2-2)}=\dfrac{\lim\limits_{x\to 1}x^2+\lim\limits_{x\to 1}x-\lim\limits_{x\to 1}3}{\lim\limits_{x\to 1}x^2-\lim\limits_{x\to 1}2}=\dfrac{1+1-3}{1-2}=1.$

注 用运算法则求极限时,各函数极限必须存在.

举例 该题做法是错误的:

$$\lim_{x\to 0}x\cos\frac{1}{x^2}=\lim_{x\to 0}x\cdot\lim_{x\to 0}\cos\frac{1}{x^2}=0\cdot\lim_{x\to 0}\cos\frac{1}{x^2}=0$$

事实上,极限$\lim\limits_{x\to 0}\cos\dfrac{1}{x^2}$不存在,所以$\lim\limits_{x\to 0}x\cos\dfrac{1}{x^2}\neq\lim\limits_{x\to 0}x\cdot\lim\limits_{x\to 0}\cos\dfrac{1}{x^2}.$

(2)利用初等变换求极限

初等变换求极限的方法有约简分式、根式有理化、换元法等.

例 5 求$\lim\limits_{x\to 0}\dfrac{\sqrt[3]{x+1}-1}{x}.$

解法一 设$u=\sqrt[3]{x+1}$,则$x=u^3-1.$当$x\to 0$时,$u\to 1.$于是

$$\lim_{x\to 0}\frac{\sqrt[3]{x+1}-1}{x}=\lim_{u\to 1}\frac{u-1}{u^3-1}=\lim_{u\to 1}\frac{1}{u^2+u+1}=\frac{1}{3}.$$

解法二

$$\lim_{x\to 0}\frac{\sqrt[3]{x+1}-1}{x}=\lim_{x\to 0}\frac{(\sqrt[3]{x+1}-1)(\sqrt[3]{(x+1)^2}+\sqrt[3]{x+1}+1)}{x(\sqrt[3]{(x+1)^2}+\sqrt[3]{x+1}+1)}$$

$$=\lim_{x\to 0}\frac{x}{x(\sqrt[3]{(x+1)^2}+\sqrt[3]{x+1}+1)}$$

$$=\lim_{x\to 0}\frac{1}{\sqrt[3]{(x+1)^2}+\sqrt[3]{x+1}+1}=\frac{1}{3}.$$

例 6 求$\lim\limits_{x\to\infty}(\sqrt{x^2+x}-\sqrt{x^2-1}).$

解 $\lim\limits_{x\to\infty}(\sqrt{x^2+x}-\sqrt{x^2-1})=\lim\limits_{x\to\infty}\dfrac{(\sqrt{x^2+x}-\sqrt{x^2-1})(\sqrt{x^2+x}+\sqrt{x^2-1})}{\sqrt{x^2+x}+\sqrt{x^2-1}}$

$$=\lim_{x\to\infty}\frac{x+1}{\sqrt{x^2+x}+\sqrt{x^2-1}}=\lim_{x\to\infty}\frac{1+\dfrac{1}{x}}{\sqrt{1+\dfrac{1}{x}}+\sqrt{1-\dfrac{1}{x^2}}}=\frac{1}{1+1}=\frac{1}{2}.$$

(3)利用无穷小的性质求极限

例 7 求$\lim\limits_{x\to 0}x\cos\dfrac{1}{x}.$

解 因为当$x\to 0$时x是无穷小,而$\left|\cos\dfrac{1}{x}\right|\leqslant 1$是有界函数,所以$x\cdot\cos$

$\dfrac{1}{x}$是当$x\to 0$时的无穷小,故$\lim\limits_{x\to 0}x\cos\dfrac{1}{x}=0.$

（4）利用等价无穷小求极限

如果在自变量的同一变化过程中，α,α' 都是无穷小，且 $\lim\dfrac{\alpha}{\alpha'}=1$，则称 α 与 α' 是等价无穷小，记作 $\alpha\sim\alpha'$．容易证明，当 $x\to0$ 时，有

$$\sin x\sim x,\sin kx\sim kx\,(k\neq0),\tan kx\sim kx\,(k\neq0),$$
$$\mathrm{e}^x-1\sim x,\ln(1+x)\sim x,\arcsin x\sim x,\cdots$$

设在自变量的同一变化过程中，$\alpha,\alpha',\beta,\beta'$ 都是无穷小，且 $\alpha\sim\alpha'$，$\beta\sim\beta'$，如果 $\lim\dfrac{\alpha'}{\beta'}$ 存在，那么

$$\lim\frac{\alpha}{\beta}=\lim\frac{\alpha}{\alpha'}\cdot\frac{\alpha'}{\beta'}\cdot\frac{\beta'}{\beta}=\lim\frac{\alpha}{\alpha'}\lim\frac{\alpha'}{\beta'}\lim\frac{\beta'}{\beta}=\lim\frac{\alpha'}{\beta'}.$$

这就是说，用等价无穷小代替原来的变量，极限值不变．利用这个特点，可求解一类极限问题．

例 8 求下列极限：

$(1)\lim\limits_{x\to0}\dfrac{\sin 2x}{\arcsin x}.$ $(2)\lim\limits_{x\to0}\dfrac{\tan\dfrac{x}{\sqrt{1+x}}}{\ln(1-2x)}.$

解 （1）当 $x\to0$ 时，$\sin 2x\sim 2x$，$\arcsin x\sim x$，所以

$$\lim_{x\to0}\frac{\sin 2x}{\arcsin x}=\lim_{x\to0}\frac{2x}{x}=2.$$

（2）当 $x\to0$ 时，$\tan\dfrac{x}{\sqrt{1+x}}\sim\dfrac{x}{\sqrt{1+x}}$，$\ln(1-2x)\sim-2x$．所以

$$\lim_{x\to0}\frac{\tan\dfrac{x}{\sqrt{1+x}}}{\ln(1-2x)}=\lim_{x\to0}\frac{\dfrac{x}{\sqrt{1+x}}}{-2x}=-\frac{1}{2}.$$

（5）利用常用的基本极限求极限

如 $\lim\limits_{x\to\infty}\dfrac{a_0x^m+a_1x^{m-1}+\cdots+a_m}{b_0x^n+b_1x^{n-1}+\cdots b_n}=\begin{cases}\dfrac{a_0}{b_0},&\text{当 }m=n,\\[2mm]0,&\text{当 }m<n,\\[2mm]\infty,&\text{当 }m>n\end{cases}$

（其中 a_0、a_1、$\cdots$、a_m 和 b_0、b、$\cdots$、b_n 都是常数，且 $a_0\neq0,b_0\neq0$）．

例 9 求 $\lim\limits_{x\to\infty}\dfrac{(2x-1)^{10}(x+1)^{20}}{(x+5)^{30}}.$

解 这类问题只需考虑分子分母的最高次幂，可以看出：分子的最高次幂为 $(2x)^{10}x^{20}$，分母的最高次幂为 x^{30}．所以

$$\lim_{x\to\infty}\frac{(2x-1)^{10}(x+1)^{20}}{(x+5)^{30}}=2^{10}.$$

(6)利用两个重要极限去极限

两个重要极限是：$\lim\limits_{x\to 0}\dfrac{\sin x}{x}=1,\lim\limits_{x\to\infty}\left(1+\dfrac{1}{x}\right)^{x}=\mathrm{e}.$

例 10　求 $\lim\limits_{x\to 1}(1-x)\tan\dfrac{\pi}{2}x.$

解　设 $u=1-x$，则 $x=1-u$，当 $x\to 1$ 时，$u\to 0$，所以

$$\lim\limits_{x\to 1}(1-x)\tan\dfrac{\pi}{2}x=\lim\limits_{u\to 0}u\tan\dfrac{\pi}{2}(1-u)=\lim\limits_{u\to 0}u\cot\dfrac{\pi}{2}u$$

$$=\lim\limits_{u\to 0}\dfrac{u}{\sin\dfrac{\pi}{2}u}\cos\dfrac{\pi}{2}u=\lim\limits_{u\to 0}\dfrac{\dfrac{\pi}{2}u}{\sin\dfrac{\pi}{2}u}\dfrac{\cos\dfrac{\pi}{2}u}{\dfrac{\pi}{2}}=\dfrac{2}{\pi}.$$

例 11　求 $\lim\limits_{x\to 0}\dfrac{\lg(1+x)}{x}.$

解　$\lim\limits_{x\to 0}\dfrac{\lg(1+x)}{x}=\lim\limits_{x\to 0}\dfrac{1}{x}\lg(1+x)=\lim\limits_{x\to 0}\lg(1+x)^{\frac{1}{x}}=\lg\mathrm{e}.$

例 12　求 $\lim\limits_{x\to 0}\dfrac{a^{x}-1}{x}.$

解　设 $t=a^{x}-1$，则 $x=\log_{a}(t+1)$。当 $x\to 0$ 时，$t\to 0$. 所以

$$\lim\limits_{x\to 0}\dfrac{a^{x}-1}{x}=\lim\limits_{t\to 0}\dfrac{t}{\log_{a}(t+1)}=\lim\limits_{t\to 0}\dfrac{1}{\dfrac{1}{t}\log_{a}(1+t)}=\dfrac{1}{\log_{a}\mathrm{e}}=\ln a.$$

(7)利用函数的连续性求极限

例 13　求下列极限：

(1)$\lim\limits_{x\to 1}\dfrac{x^{4}+3x^{2}-1}{x+1}$;　　　　(2)$\lim\limits_{x\to 0}\dfrac{\ln(2x+1)}{\arccos x}.$

解(1)因为 $f(x)=\dfrac{x^{4}+3x^{2}-1}{x+1}$ 的定义域为 $(-\infty,-1)\bigcup(-1,+\infty)$，$x=1$ 是定义域内的一点，且 $f(x)$ 为初等函数，所以 $f(x)$ 在点 $x=1$ 处连续. 因此，

$$\lim\limits_{x\to 1}f(x)=f(1).$$

又 $f(1)=\dfrac{3}{2}$，所以

$$\lim\limits_{x\to 1}\dfrac{x^{4}+3x^{2}-1}{x+1}=\dfrac{3}{2}.$$

(2)因为 $f(x)=\dfrac{\ln(2x+1)}{\arccos x}$ 在 $x=0$ 处连续，所以 $\lim\limits_{x\to 0}f(x)=f(0)$. 又 $f(0)=0$，所以 $\lim\limits_{x\to 0}\dfrac{\ln(2x+1)}{\arccos x}=0.$

4.连续性问题

利用函数连续性的等价定义,对于分段函数在分界点的连续性,可用函数在某点连续的充要条件以及初等函数在其定义域内是连续函数的结论等来讨论函数的连续性.

例 14 讨论 $f(x)=\begin{cases}2-e^{-x}, & x<0, \\ 2x+1, & 0\leqslant x\leqslant 2, \\ x^2-3x+5, & x>2.\end{cases}$ 在 $x=0,x=2$ 处的连续性,若有间断点,判别其类型.

解 由已知 $x=0,x=2$ 均是分界点.

在 $x=0$ 处, $\lim\limits_{x\to 0-0}f(x)=\lim\limits_{x\to 0-0}(2-e^{-x})=1$, $\lim\limits_{x\to 0+0}f(x)=\lim\limits_{x\to 0+0}(2x+1)=1$,

而 $f(0)=1$,所以 $f(x)$ 在 $x=0$ 处连续.

在 $x=2$ 处, $\lim\limits_{x\to 2-0}f(x)=\lim\limits_{x\to 2-0}(2x+1)=5$, $\lim\limits_{x\to 2+0}f(x)=\lim\limits_{x\to 2+0}(x^2-3x+5)=3$,所以 $f(x)$ 在 $x=2$ 处不连续,得 $x=2$ 为第一类间断点.

例 15 讨论当 a,b 为何值时,函数

$$f(x)=\begin{cases}\dfrac{1}{x}\sin x, & x<0, \\ a, & x=0, \\ x\sin\dfrac{1}{x}+b, & x>0.\end{cases}$$ 在 $x=0$ 处连续.

解 在分界点 $x=0$ 处

$$\lim\limits_{x\to 0-0}f(x)=\lim\limits_{x\to 0-0}\frac{1}{x}\sin x=1, \lim\limits_{x\to 0+0}f(x)=\lim\limits_{x\to 0+0}\left(x\sin\frac{1}{x}+b\right)=b,$$

$f(0)=a$,若使 $f(x)$ 在 $x=0$ 处连续,必须使

$$\lim\limits_{x\to 0+0}f(x)=\lim\limits_{x\to 0-0}f(x)=f(0)成立.$$

所以当 $a=b=1$ 时,函数在 $x=0$ 处连续.

复习题一

1. 填空:

(1)函数 $y=\ln(2x+1)+\arcsin x$ 的定义域是 _____ ;

(2)函数 $y=(1+\sin 2x)^{10}$ 的复合过程是 _____ ;

(3)$\lim\limits_{x\to\infty}\dfrac{\sin x}{x}=$ _____ , $\lim\limits_{x\to\infty}\left(1-\dfrac{1}{x}\right)^x=$ _____ ;

(4)当 $x\to 0$ 时,$\tan 2x$ 与 $3x$ 是 _____ 无穷小;

(5)$\lim\limits_{x\to 0}\dfrac{\sqrt{x^2+x}-x}{2x}=$ _____ ;

(6)函数 $y=\arcsin(1-\ln x)$ 的连续区间.

2.说明函数

$$y=\begin{cases} x, & x\geqslant 0, \\ -x, & x<0 \end{cases} \quad 与 \quad y=|x|$$

表示同一函数的理由,这个函数是初等函数吗?

3.设 $f(x)$ 的定义域是 $[0,1]$,求下列函数的定义域:

(1) $f(x^2-1)$;　　　　　　　　(2) $f(\sin x)$.

4.求下列极限:

(1) $\lim\limits_{x\to 1}\dfrac{x^2+x+1}{x-1}$;　　　　　(2) $\lim\limits_{x\to 0}\dfrac{\sqrt{x+1}-1}{x}$.

(3) $\lim\limits_{x\to\infty}\left(\dfrac{x-2}{x}\right)^x$;　　　　　(4) $\lim\limits_{x\to 0}\dfrac{\tan x-\sin x}{x^2}$;

(5) $\lim\limits_{n\to\infty}\dfrac{n^3+2n^2-4}{n^4+1}$;　　　　(6) $\lim\limits_{x\to 1}\dfrac{\sqrt{3-x}-\sqrt{x+1}}{x^2-x}$.

5.讨论函数 $f(x)=\begin{cases} 2x-1, & x>1, \\ x, & x\leqslant 1 \end{cases}$ 在点 $x=1$ 处的连续性,并作出它的图像.

6.设

$$f(x)=\begin{cases} x\sin\dfrac{1}{x}, & x<0, \\ 2a+x, & x\geqslant 0. \end{cases}$$

要使 $f(x)$ 在 $(-\infty,+\infty)$ 内连续,求 a 的值.

7.设

$$f(x)=\begin{cases} \mathrm{e}^{\frac{1}{x-1}}, & x>0, \\ \ln(x+1), & -1<x\leqslant 0 \end{cases}$$

求函数 $f(x)$ 的间断点,并说明间断点的类型.

8.证明方程 $x=a\sin x+b$ $(a>0,b>0)$ 至少有一个正根,并且它不超过 $a+b$.

第二章　导数与微分

　　微分学是微积分的重要组成部分,它的基本概念是导数与微分.其中导数反映出函数相对于自变量的变化快慢的程度,而微分则指明当自变量有微小变化时,函数大体上变化多少.

　　本章将介绍导数和微分的概念、计算方法以及导数的应用.

§2.1　导数的概念

1. 问题的引入

　　在解决实际问题时,常要研究一个变量随着另一个变量的变化而变化的快慢程度,即速度问题.如:物体运动的速度、国民经济发展的速度、劳动生产率等,为更好地解决这类问题,本节将引入导数的概念.先看一个实例.

　　例 1　已知自由落体运动规律: $s = s(t) = \frac{1}{2} g t^2$,求其在 t_0 时的瞬时速度 $v(t_0)$.

　　物体作变速直线运动,不能直接用公式"速度 $= \dfrac{距离}{时间}$"计算.

　　如图 2.1-1 所示,当时间由 t_0 变到 $t_0 + \Delta t$ 时,物体所经过的距离为

$$\Delta s = s(t_0 + \Delta t) - s(t_0) = \frac{1}{2} g (t_0 + \Delta t)^2 - \frac{1}{2} g t_0^2$$

$$= g t_0 \Delta t + \frac{1}{2} g (\Delta t)^2$$

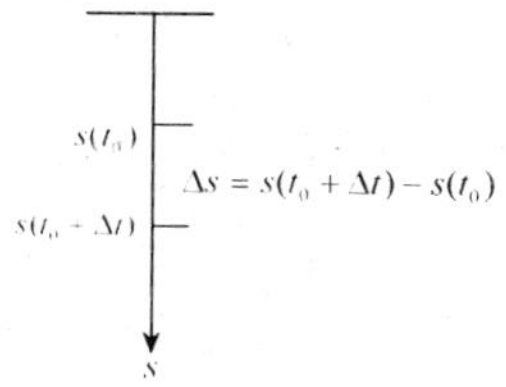

图 2.1-1

　　在这段时间内物体运动的平均速度 $\bar{v} = \dfrac{\Delta s}{\Delta t} = g t_0 + \dfrac{1}{2} g \Delta t$.当 Δt 很小时

$$v(t_0) \approx \bar{v} = \frac{\Delta s}{\Delta t} = gt_0 + \frac{1}{2}g\Delta t$$

所以 $v(t_0) = \lim\limits_{\Delta t \to 0} \bar{v} = \lim\limits_{\Delta t \to 0} \frac{\Delta s}{\Delta t} = \lim\limits_{\Delta t \to 0}[gt_0 + \frac{1}{2}g\Delta t] = gt_0$.

一般的,物体作变速直线运动,若运动方程 $s = s(t)$,则其在 t_0 时的速度为

$$v(t_0) = \lim\limits_{\Delta t \to 0} \frac{\Delta s}{\Delta t} = \lim\limits_{\Delta t \to 0} \frac{s(t_0 + \Delta t) - s(t_0)}{\Delta t}.$$

这是一个特殊的极限,若不考虑问题的实际意义,其解法和结论可归结为:已知一个函数 $y = f(x)$,求这个函数在某点 x_0 处函数值的改变量 Δy 与自变量改变量 Δx 的比,在自变量的改变量 Δx 趋向于 0 时的极限 $\lim\limits_{\Delta x \to 0} \frac{\Delta y}{\Delta x}$,这一特殊形式的极限,称为函数的导数.

2. 导数的概念

定义 1 设函数 $y = f(x)$ 在点 x_0 及近旁有定义,在 x_0 处当自变量有改变量 Δx 时,相应函数值的改变量为:$\Delta y = f(x_0 + \Delta x) - f(x_0)$,若极限 $\lim\limits_{\Delta x \to 0} \frac{\Delta y}{\Delta x}$ 存在,则此极限值称为函数 $y = f(x)$ 在点 x_0 处的导数,记为 $f'(x_0)$ 或 $y'|_{x=x_0}$、$\frac{\mathrm{d}y}{\mathrm{d}x}\Big|_{x=x_0}$.

即 $f'(x_0) = \lim\limits_{\Delta x \to 0} \frac{\Delta y}{\Delta x} = \lim\limits_{\Delta x \to 0} \frac{f(x_0 + \Delta x) - f(x_0)}{\Delta x}$.

若极限 $\lim\limits_{\Delta x \to 0} \frac{\Delta y}{\Delta x}$ 存在,称函数 $f(x)$ 在点 x_0 处可导,否则称函数 $f(x)$ 在点 x_0 处不可导;若函数 $y = f(x)$ 在区间 (a,b) 内每一点都可导,则说 $f(x)$ 在区间 (a,b) 内可导.

由导数的定义,运动方程为 $s = s(t)$ 的物体在 t_0 时刻的速度 $v(t_0) = s'(t_0)$,它反映了 t_0 时刻物体的位移随时间的变化而变化的速度. 类似的,导数 $f'(x_0)$ 表示的是函数 $y = f(x)$ 在点 x_0 处函数值随着自变量的变化而变化的速度,也称为函数在点 x_0 处的变化率.

用定义来求导数时,可分为三个步骤:

第一步求函数在 x_0 处函数值的改变量 Δy;

第二步求 $\frac{\Delta y}{\Delta x}$;

第三步求 $\lim\limits_{\Delta x \to 0} \frac{\Delta y}{\Delta x}$.

例 2 已知函数 $f(x) = x^2$,求其在点 x_0 处的导数 $f'(x_0)$.

解　因为在 x_0 处，函数值的改变量

$$\Delta y=f(x_0+\Delta x)-f(x_0)=(x_0+\Delta x)^2-x_0{}^2=2x_0\Delta x+(\Delta x)^2$$

于是 $\dfrac{\Delta y}{\Delta x}=\dfrac{2x_0\Delta x+(\Delta x)^2}{\Delta x}=2x_0+\Delta x$

所以 $f'(x_0)=\lim\limits_{\Delta x\to0}\dfrac{\Delta y}{\Delta x}=\lim\limits_{\Delta x\to0}(2x_0+\Delta x)=2x_0.$

显然 $y=x^2$ 在 R 内可导，且 $x\in\mathbf{R}$ 时，函数在 x 处的导数为：$f'(x)=2x$. 这是一个以 x 为自变量的函数，称为 $f(x)$ 的导函数.

一般的，$y=f(x)$ 在 D 可导，当 $x\in D$ 时，$f'(x)=\lim\limits_{\Delta x\to0}\dfrac{\Delta y}{\Delta x}=\lim\limits_{\Delta x\to0}\dfrac{f(x+\Delta x)-f(x)}{\Delta x}$ 是以 x 为自变量的函数，称为函数 $y=f(x)$ 的**导函数**，在不引起混淆的情况下简称**导数**，记为：$y'=f'(x)$ 或 $\dfrac{\mathrm{d}y}{\mathrm{d}x}=f'(x).$

通常所说的导数是指导函数.

$f'(x)$ 与 $f'(x_0)$ 是函数与函数值的关系，运算时应先求导函数，再求"函数值".

例 3　已知函数 $y=x^{\frac{1}{2}}$，求 y'.

解　$y'=\lim\limits_{\Delta x\to0}\dfrac{\Delta y}{\Delta x}=\lim\limits_{\Delta x\to0}\dfrac{f(x+\Delta x)-f(x)}{\Delta x}=\lim\limits_{\Delta x\to0}\dfrac{\sqrt{x+\Delta x}-\sqrt{x}}{\Delta x}$

$\qquad\quad=\lim\limits_{\Delta x\to0}\dfrac{\Delta x}{\Delta x(\sqrt{x+\Delta x}+\sqrt{x})}=\dfrac{1}{2\sqrt{x}}$

即　$(x^{\frac{1}{2}})'=\dfrac{1}{2}x^{-\frac{1}{2}}.$

观察例 2、例 3 的结果，易知幂函数的导数：$(x^a)'=ax^{a-1}.$

例 4　求下列函数的导数：

$(1)y=\dfrac{1}{x}$；　　　　　$(2)y=x\sqrt{x}.$

解　(1)和(2)都可化为幂函数，利用上面的结果，得

$(1)y'=\left(\dfrac{1}{x}\right)'=(x^{-1})'=-1\cdot x^{-1-1}=-x^{-2}.$

$(2)y'=(x\sqrt{x})'=(x^{\frac{3}{2}})'=\dfrac{3}{2}x^{\frac{3}{2}-1}=\dfrac{3}{2}x^{\frac{1}{2}}.$

例 5　已知函数 $y=\sin x$，求 y'.

解　$y'=\lim\limits_{\Delta x\to0}\dfrac{\Delta y}{\Delta x}=\lim\limits_{\Delta x\to0}\dfrac{f(x+\Delta x)-f(x)}{\Delta x}$

$\qquad\quad=\lim\limits_{\Delta x\to0}\dfrac{\sin(x+\Delta x)-\sin x}{\Delta x}$

$$=\lim_{\Delta x \to 0}\frac{2\cos\dfrac{2x+\Delta x}{2}\sin\dfrac{\Delta x}{2}}{\Delta x}=\cos x$$

即　$(\sin x)'=\cos x$.

基本初等函数的导数,有下面的公式,见表 2.1-1 所示.

表 2.1-1

幂函数的导数	$(x^a)'=\alpha x^{\alpha-1}$　(α 为常数)　$C'=0$　(C 为常数)
指数函数的导数	$(a^x)'=a^x\ln a$　$(e^x)'=e^x$　$(a>0,a\neq1)$
对数函数的导数	$(\log_a x)'=\dfrac{1}{x\ln a}$　$(\ln x)'=\dfrac{1}{x}$　$(a>0,a\neq1)$
三角函数的导数	$(\sin x)'=\cos x$　$(\cos x)'=-\sin x$　$(\tan x)'=\sec^2 x$, $(\cot x)'=-\csc^2 x$　$(\sec x)'=\sec x\tan x$　$(\csc x)'=-\csc x\cot x$
反三角函数的导数	$(\arcsin x)'=\dfrac{1}{\sqrt{1-x^2}}$　$(\arccos x)'=-\dfrac{1}{\sqrt{1-x^2}}$ $(\arctan x)'=\dfrac{1}{1+x^2}$　$(\text{arccot } x)'=-\dfrac{1}{1+x^2}$

3. 导数的几何意义

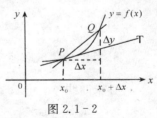

图 2.1-2

曲线的切线　如图 2.1-2 所示,设 P 是曲线 $y=f(x)$ 上一点,过 P 作割线 PQ,当 PQ 绕 P 转动,点 Q 沿曲线趋向于 P,把割线 PQ 的极限位置 PT,称为**曲线在 P 点的切线**.

为求切线 PT 的斜率 K,不妨设 $P(x_0,f(x_0))$,$Q(x_0+\Delta x,f(x_0+\Delta x))$,当 Δx 很小时:

割线 PQ 的斜率 $K_{PQ}=\dfrac{\Delta y}{\Delta x}=\dfrac{f(x_0+\Delta x)-f(x_0)}{\Delta x}\approx K$

所以 $K=\lim_{P\to Q}K_{PQ}=\lim_{\Delta x\to 0}\dfrac{f(x_0+\Delta x)-f(x_0)}{\Delta x}=f'(x_0)$.

导数的几何意义

若函数 $y=f(x)$ 在 x_0 可导,则曲线 $y=f(x)$ 在点 x_0 处切线的斜率 $K=f'(x_0)$.

例 6　求曲线 $y=\sqrt{x}$ 在点 $(1,1)$ 处的切线方程.

解　由 $y'=(x^{\frac{1}{2}})'=\dfrac{1}{2}x^{-\frac{1}{2}}=\dfrac{1}{2\sqrt{x}}$,

得切线斜率 $K=y'\big|_{x=1}=\dfrac{1}{2\sqrt{x}}\bigg|_{x=1}=\dfrac{1}{2}$.

所求切线方程为 $y-1=\dfrac{1}{2}(x-1)$，即 $x-2y+1=0$.

4. 可导与连续的关系

设函数 $y=f(x)$ 在点 x 可导，即极限的 $\lim\limits_{\Delta x \to 0}\dfrac{\Delta y}{\Delta x}=f'(x)$ 存在，则根据具有极限的函数与无穷小的关系有：$\dfrac{\Delta y}{\Delta x}=f'(x)+\alpha$（$\alpha$ 为当 $\Delta x \to 0$ 时的无穷小）

则有 $\Delta y=f'(x)\Delta x+\alpha \cdot \Delta x$ 当 $\Delta x \to 0$ 时，$\Delta y \to 0$，即函数 $y=f(x)$ 在点 x 连续.

定理　**如果函数 $y=f(x)$ 在 x 点处可导，则 $f(x)$ 在点 x 处必连续.**

但反之不成立，即函数在点 x 处连续，它在该点不一定可导.

习题 2. 1

1. 已知 $\lim\limits_{x \to 0}\dfrac{f(0)-f(x)}{x}=1$，求 $f'(0)$.

2. 设 $y=\ln x$，用导数的定义证明：$y'=\dfrac{1}{x}$.

3. 当自变量 x 取何值时，曲线 $y=x^2$ 与 $y=x^3$ 的切线互相平行.

4. 求曲线 $y=\sin x$ 在点 $(\dfrac{\pi}{4}, \dfrac{\sqrt{2}}{2})$ 处的切线方程.

5. 一汽车起步时位移与时间的关系是 $s=t^3$ m，求汽车在 $t=2$ s 时的速度.

§2. 2　求导法则

为能正确而迅速地求出初等函数的导数，本节将给出函数和、差、积、商及复合函数的求导法则，以便把初等函数的求导问题转化为基本初等函数的导数来求.

1. 函数和、差、积、商求导法则

定理 1：设函数 $u=u(x)$，$v=v(x)$ 可导，则有：

法则 1：$(u\pm v)'=u'\pm v'$

法则 2：$(uv)'=u'v+uv'$ 特别的：$(cu)'=cu'$（其中 c 是常数）

法则 3：$\left(\dfrac{u}{v}\right)' = \dfrac{u'v - uv'}{v^2}$ 其中：$v \neq 0$

说明：法则 1 可推广到任意有限多个函数代数和的情况，即

$$(u_1 + u_2 + \cdots + u_n)' = u'_1 + u'_2 + \cdots + u'_n.$$

例 1 求 $(6a^x - 3\cos x + 5)'$.

解 $(6a^x - 3\cos x + 5)' = (6a^x)' - (3\cos x)' + 5' = 6(a^x)' - 3(\cos x)'$
$\qquad\qquad\qquad\qquad\qquad\quad = 6a^x \ln a + 3\sin x.$

例 2 求 $(\sqrt{x}\cos x)'$.

解 $(\sqrt{x}\cos x)' = (\sqrt{x})'\cos x + \sqrt{x}(\cos x)' = \dfrac{1}{2\sqrt{x}}\cos x - \sqrt{x}\sin x.$

例 3 已知函数 $y = \sin 2x$，求 y'.

解 $y' = (2\sin x \cdot \cos x)' = 2(\sin x)'\cos x + 2\sin x(\cos x)'$
$\qquad = 2\cos^2 x - 2\sin^2 x = 2\cos 2x.$

例 4 已知函数 $y = \dfrac{\ln x}{x}$，求 y'.

解 $y' = \left(\dfrac{\ln x}{x}\right)' = \dfrac{(\ln x)' \cdot x - \ln x \cdot x'}{x^2} = \dfrac{\dfrac{1}{x} \cdot x - \ln x}{x^2} = \dfrac{1 - \ln x}{x^2}.$

例 5 求下列函数的导数：

$(1)\, y = x\sin x \ln x;$ $\qquad\qquad\qquad (2)\, y = \dfrac{x\cos x}{1 + \sin x}.$

解 $(1)\, y' = (x\sin x \ln x)' = (x\sin x)'\ln x + (x\sin x)(\ln x)'$
$\qquad = (\sin x + x\cos x)\ln x + \sin x = \sin x + \sin x \ln x + x\cos x \ln x.$

$(2)\, y' = \left(\dfrac{x\cos x}{1 + \sin x}\right)' = \dfrac{(x\cos x)'(1 + \sin x) - x\cos x(1 + \sin x)'}{(1 + \sin x)^2}$

$\qquad = \dfrac{(\cos x - x\sin x)(1 + \sin x) - x\cos x\cos x}{(1 + \sin x)^2} = \dfrac{\cos x - x}{1 + \sin x}.$

2. 复合函数求导法则

定理 2 若函数 $y = f(u)$ 对 u 可导，$u = \varphi(x)$ 对 x 可导，则复合函数 $y = f[\varphi(x)]$ 对自变量 x 可导且

$$\dfrac{\mathrm{d}y}{\mathrm{d}x} = \dfrac{\mathrm{d}y}{\mathrm{d}u} \cdot \dfrac{\mathrm{d}u}{\mathrm{d}x} \ \text{或} \ y'_x = y'_u \cdot u'_x.$$

如例 3 中函数 $y = \sin 2x$ 由 $y = \sin u$，$u = 2x$ 复合而成，根据定理 2.2.2，有

$$y'_x = y'_u \cdot u'_x = (\sin u)'_u (2x)'_x = \cos u \cdot 2 = 2\cos 2x.$$

例 6 已知 $y = \ln\cos x$，求 y'.

解 因为 $y = \ln u$，$u = \cos x$，而 $(\ln u)'_u = \dfrac{1}{u}$，$(\cos x)'_x = -\sin x$，所以

$$y'_x = y'_u \cdot u'_x = \frac{1}{u} \cdot (-\sin x) = -\frac{\sin x}{\cos x} = -\tan x.$$

例 7　已知 $y = (1+2x)^{10}$，求 y'.

解　因为 $y = u^{10}, u = 1+2x$，而 $(u^{10})'_u = 10u^9$，$(1+2x)'_x = 2$，所以

$$y'_x = y'_u \cdot u'_x = 10u^9 \cdot 2 = 20(1+2x)^9.$$

例 8　已知 $y = \arcsin(3x^2)$，求 y'.

解　因为 $y = \arcsin u, u = 3x^2$，而 $(\arcsin u)'_u = \frac{1}{\sqrt{1-u^2}}$，$(3x^2)'_x = 6x$

所以 $y'_x = y'_u \cdot u'_x = \frac{1}{\sqrt{1-u^2}} \cdot 6x = \frac{6x}{\sqrt{1-9x^4}}.$

熟练后，在复合函数求导过程中，可以把中间变量 u "默记" 心中，逐次应用复合函数的求导法则，从外到里，逐层求导. 如：

$$(\ln \underline{\cos x})' = \frac{1}{\cos x} \cdot (\cos x)' = \frac{1}{\cos x} \cdot (-\sin x) = -\tan x.$$

例 9　求 $[\sin \ln(1+x^2)]'$.

解
$$[\sin \underline{\ln(1+x^2)}]' = \cos[\ln(1+x^2)] \cdot [\ln \underline{(1+x^2)}]'$$
$$= \cos[\ln(1+x^2)] \cdot \frac{1}{1+x^2} \cdot (1+x^2)'$$
$$= \cos[\ln(1+x^2)] \cdot \frac{1}{1+x^2} \cdot 2x$$
$$= \frac{2x\cos[\ln(1+x^2)]}{1+x^2}.$$

例 10　求下列函数的导数：

$(1) y = \dfrac{x}{\sqrt{1-x^2}};$ 　　　　　$(2) y = \ln(x+\sqrt{a^2+x^2}).$

解　$(1) y' = \left(\dfrac{x}{\sqrt{1-x^2}}\right)' = \dfrac{x'\sqrt{1-x^2} - x(\sqrt{1-x^2})'}{(\sqrt{1-x^2})^2}$

$$= \frac{\sqrt{1-x^2} - x\dfrac{1}{2\sqrt{1-x^2}} \cdot (-2x)}{1-x^2} = \frac{1}{\sqrt{(1-x^2)^3}}.$$

$(2) y' = \dfrac{1}{x+\sqrt{a^2+x^2}}(x+\sqrt{a^2+x^2})'$

$$= \frac{1}{x+\sqrt{a^2+x^2}} \cdot \left[1 + \frac{1}{2\sqrt{a^2+x^2}} \cdot (a^2+x^2)'\right]$$

$$= \frac{1}{x+\sqrt{a^2+x^2}} \cdot \left[1 + \frac{1}{2\sqrt{a^2+x^2}} \cdot 2x\right] = \frac{1}{\sqrt{a^2+x^2}}.$$

习题 2. 2

1.求下列函数的导数:

(1)$y=x^2(2+\sqrt{x})$;

(2)$y=\dfrac{x^4+x^2+x+1}{\sqrt{x}}$

(3)$y=(1-2x)^3$;

(4)$y=3\ln x-\dfrac{2}{x}$;

(5)$y=xe^x$;

(6)$y=\dfrac{\cos x}{1+\sin x}$;

(7)$y=(x^2-3x+2)(x^4+x^2-1)$;

(8)$y=\dfrac{1+\cos x}{1-\cos x}$;

(9)$f(x)=e^{x^2}\arctan\sqrt{x}$;

(10)$y=e^{-x^2}$;

(11)$y=\sin\sqrt{x}$;

(12)$y=\ln[\ln(\ln x)]$;

(13)$\varphi(t)=\ln(\sin t^2)$;

(14)$g(x)=e^{\sin x}$;

(15)$y=x^2+\tan 2x$;

(16)$y=(\ln 2x)(\sin 3x)$;

(17)$y=\dfrac{x}{\sqrt{1+x^2}}$;

(18)$g(t)=\dfrac{1}{1+\sqrt{t}}+\dfrac{1}{1-\sqrt{t}}$.

2.求曲线 $y=(x+1)\sqrt{3-x}$ 在点 $A(-1,0)$ 处切线方程.

3.已知生产某种产品 x 件时,总成本 $c(x)=200+0.03x^2$ 元,求 $x=100$ 时总成本的变化率.

4.一球以 75 m/s 的初速度垂直上抛,经 t 秒后,高度为 $h,h=75t-16t^2$ m,求 $t=1.5$ s 时球的瞬时速度.

§2.3 几类求导问题

1. 隐函数的导数

前面学习中,函数 y 常可用一个关于自变量 x 的关系式表示,如函数 $y=x^2-3$,这样表示的函数称为显函数. 其实,在很多时候,函数 y 与自变量 x 间的对应关系也可通过方程来描述.

如方程 $x^2-y-3=0$ 中,每给定一个 x,都有唯一确定的 y 值与其对应,因此,方程 $x^2-y-3=0$ 确定了 y 是 x 的函数,记为 $y=f(x)$,由于 y 与 x 间的对应关系隐藏在方程中,因此这种由方程所确定的函数,称为隐函数.

定义 1　由方程 $F(x,y)=0$ 所确定的函数 $y=f(x)$ 称为**隐函数**.

如:方程 $\dfrac{x^2}{5^2}+\dfrac{y^2}{4^2}=1$, $\ln x+\mathrm{e}^y=1$, $x\cos y=\sin(x+y)$ 等都分别确定一个隐函数.下面通过例子来说明隐函数的求导方法.

例 1　求由方程 $x^2-y-3=0$ 所确定的隐函数 $y=f(x)$ 的导数.

解法一　化为显函数

由方程 $x^2-y-3=0$,得:$y=x^2-3$,所以 $y'=(x^2-3)'=2x$.

解法二　方程两边对 x 求导 $(x^2-y-3)'_x=0'_x$

于是 $(x^2)'_x-y'_x-3'_x=0'_x$,所以 $2x-y'_x=0$,即 $y'_x=2x$.

两种解法所得结果一样,由于有的隐函数不易化为显函数.因此在求隐函数的导数时,常用第二种方法求解,可分为两个步骤:

第一步:方程 $F(x,y)=0$ 两边对 x 求导;

第二步:解出 y'_x.

例 2　求由方程 $\ln x+\mathrm{e}^y=1$ 所确定的隐函数 $y=f(x)$ 的导数.

解　方程两边对 x 求导,得 $(\ln x)'_x+(\mathrm{e}^y)'_x=1'_x$

所以 $\dfrac{1}{x}+\mathrm{e}^y\cdot y'_x=0$,故 $y'_x=-\dfrac{1}{x\mathrm{e}^y}$.

例 3　求由方程 $\dfrac{x^2}{5^2}+\dfrac{y^2}{4^2}=1$ 所确定的隐函数 $y=f(x)$ 的导数.

解　方程两边对 x 求导,得 $\left(\dfrac{x^2}{5^2}\right)'_x+\left(\dfrac{y^2}{4^2}\right)'_x=1'_x$

所以 $\dfrac{2x}{5^2}+\dfrac{2y\cdot y'_x}{4^2}=0$,故 $y'_x=-\dfrac{16x}{25y}$.

2. 参数方程所确定的函数的导数

函数除了显函数与隐函数两种表示形式外,变量 x 与 y 之间的对应关系还可通过第三个变量来表示,如方程组 $\begin{cases} y=t^2 \\ x=2t \end{cases}$ 中,消去变量 t,得:$y=\dfrac{x^2}{4}$.这表明方程组确定了 y 是 x 的函数.

一般的,方程组 $\begin{cases} y=y(t) \\ x=x(t) \end{cases}$,(其中变量 t 为参数)所确定的函数 $y=f(x)$ 称为由参数方程所确定的函数,对参数方程所确定的函数,有如下求导法则:

$$\boxed{\dfrac{\mathrm{d}y}{\mathrm{d}x}=\dfrac{\dfrac{\mathrm{d}y}{\mathrm{d}t}}{\dfrac{\mathrm{d}x}{\mathrm{d}t}}}\quad 或 \quad \boxed{y'_x=\dfrac{y'_t}{x'_t}}$$

例 4 求由参数方程 $\begin{cases} y = t - \dfrac{1}{t} \\ x = t + \dfrac{1}{t} \end{cases}$ 所确定的函数 $y = f(x)$ 的导数 $\dfrac{\mathrm{d}y}{\mathrm{d}x}$.

解 由参数方程的求导法则,有: $\dfrac{\mathrm{d}y}{\mathrm{d}x} = \dfrac{y'_t}{x'_t} = \dfrac{\left(t - \dfrac{1}{t}\right)'_t}{\left(t + \dfrac{1}{t}\right)'_t} = \dfrac{1 + \dfrac{1}{t^2}}{1 - \dfrac{1}{t^2}} = \dfrac{t^2 + 1}{t^2 - 1}$.

3. 高阶导数

函数 $y = f(x)$ 的导数 $y' = f'(x)$ 是以 x 为自变量的函数,若它可导,则其导数 $(y')'$ 称为函数 $y = f(x)$ 的二阶导数.

定义 2 函数 $y = f(x)$ 的导数 y' 的导数,称为 $y = f(x)$ 的**二阶导数**,记为 y''、$f''(x)$ 或 $\dfrac{d^2 y}{\mathrm{d}x^2}$.

类似的,函数 $y = f(x)$ 的三阶导数记为 y''' 且规定 $y''' = (y'')'$,$\cdots$,函数 $y = f(x)$ 的 n 阶导数记为 $y^{(n)}$ 且规定 $y^{(n)} = (y^{(n-1)})'$.

二阶以上的导数称为**高阶导数**,其计算方法是从低到高,逐阶求导.

例 5 已知函数 $y = 2x^3 - 3x + 2$,求 y''.

解 因为 $y' = 6x^2 - 3$,所以 $y'' = 12x$.

例 6 求函数 $y = \mathrm{e}^x$ 的 n 阶导数 $y^{(n)}$.

解 $y' = (\mathrm{e}^x)' = \mathrm{e}^x$,$y'' = (y')' = (\mathrm{e}^x)' = \mathrm{e}^x$,$\cdots$,$y^{(n)} = (y^{(n-1)})' = (\mathrm{e}^x)' = \mathrm{e}^x$.

习题 2.3

1. 求下列方程所确定的隐函数 y 的导数 $\dfrac{\mathrm{d}y}{\mathrm{d}x}$.

(1) $xy - \mathrm{e}^x + \mathrm{e}^y = 0$; (2) $y\mathrm{e}^x + \ln y = 1$;

(3) $y + x - \mathrm{e}^{xy} = 0$; (4) $x^3 + y^3 = 3xy$.

2. 求下列参数方程所确定的函数 y 的导数 $\dfrac{\mathrm{d}y}{\mathrm{d}x}$.

(1) $\begin{cases} x = \sin t \\ y = 2t \end{cases}$; (2) $\begin{cases} x = 5\cos\theta \\ y = 4\sin\theta \end{cases}$.

3. 求抛物线 $y^2 + 10x - 2y - 18 = 0$ 在点 $A(1,4)$ 处切线的方程.

4. 求曲线 $\begin{cases} x = a\cos^3 t \\ y = a\sin^3 t \end{cases}$ 在 $t = \dfrac{\pi}{4}$ 的点处切线的方程.

5. 求下列函数的二阶导数.

(1)$y=x^3+\sin x$;

(2)$y=xe^{-x}$;

(3)$y=\sqrt{1-x^2}$.

§2.4 微 分

1.微分的定义

在对函数的讨论中我们曾经遇到计算函数值改变量 Δy 的问题,当函数 y 较为复杂时,计算 Δy 往往比较麻烦,因此,在许多实际应用中,在自变量的改变量 Δx 比较微小时.通常只要求其近似值,为解决好这一问题,需引入微分的概念,先看一个例子.

例1 一块正方形金属薄片,受温度变化影响,其边长由 x 变到 $x+\Delta x$,如图 2.4 - 1 所示,求此薄片面积的改变量.

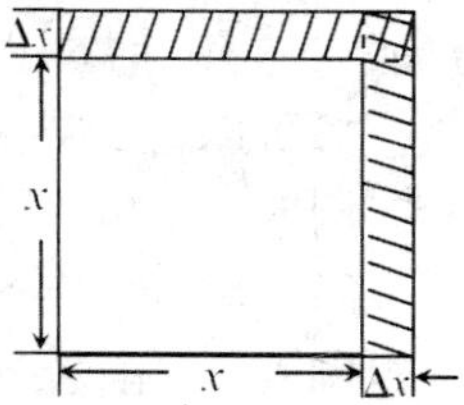

解设正方形边长为 x 时,面积为 A,则

$A=x^2$

当正方形边长由 x 变到 $x+\Delta x$ 时,面积的改变量

图 2.4 - 1

$\Delta A=A(x+\Delta x)-A(x)=(x+\Delta x)^2-x^2=2x\Delta x+(\Delta x)^2$

显然,当 $|\Delta x|$ 很小时,$\Delta A\approx2x\cdot\Delta x$. 注意到 $A'(x)=2x$,故 $\Delta A\approx A'(x)$ $\cdot\Delta x$.

一般的,若函数 $y=f(x)$ 在 x 处可导,则当自变量有微小的改变量 Δx 时,相应函数值的改变量 $\Delta y\approx f'(x)\Delta x$,算式 $f'(x)\Delta x$ 称为函数 $y=f(x)$ 在 x 处的微分.

定义1 设函数 $y=f(x)$ 在 x 处可导,则算式 $f'(x)\Delta x$ 称为函数 y 在 x 处的**微分**,记为 dy 或 d$f(x)$.

即 $\mathrm{d}y=f'(x)\Delta x$ 或 $\mathrm{d}f(x)=f'(x)\Delta x$.

例2 求下列函数的微分.

(1)$y=x^3$;　　　　(2)$y=\ln(1+2x)$;　　　　(3)$y=x$.

解 (1)因为 $y'=3x^2$,所以 $\mathrm{d}y=y'\Delta x=3x^2\Delta x$.

(2)因为 $y'=\dfrac{1}{1+2x}\cdot(1+2x)'=\dfrac{2}{1+2x}$,所以 $\mathrm{d}y=y'\Delta x=\dfrac{2}{1+2x}\Delta x$.

(3)因为 $y'=1$,所以 $\mathrm{d}y=\mathrm{d}x=y'\Delta x=\Delta x$.

注意到当 $y=x$ 时，$dx=\Delta x$，这表明自变量的微分等于自变量的改变量，所以函数的微分又可记为

$$dy = y'dx \text{ 或 } df(x)=f'(x)dx.$$

这说明函数的微分是函数的导数与自变量微分的乘积.

由 $dy=y'dx$，可得 $\dfrac{dy}{dx}=y'$，所以导数又称为微商.

2. 微分计算

根据微分的定义，要求函数的微分，可分为两步骤：

第一步求函数的导数；

第二步写出函数的微分.

例 3　已知 $y=e^x\cos x$，求 dy.

解　因为 $y'=(e^x\cos x)'=e^x\cos x+e^x(-\sin x)=e^x(\cos x-\sin x)$

所以 $dy=y'dx=e^x(\cos x-\sin x)dx.$

例 4　已知 $y=\tan(1+x^2)$，求 dy.

解　因为 $y'=[\tan(1+x^2)]'=\sec^2(1+x^2)\cdot(1+x^2)'=2x\sec^2(1+x^2)$

所以 $dy=y'dx=2x\sec^2(1+x^2)dx.$

3. 微分形式不变性

若函数 $y=f(u)$ 是 u 的函数，则由微分定义，有：$dy=y'_u du$.

若函数 $y=f(u)$，而 $u=\varphi(x)$，则 $y=f[\varphi(x)]$ 是 x 的复合函数，由微分的定义及复合函数的求导法则，有：$dy=y'_x dx=y'_u u'_x dx=y'_u du$.

这表明无论 u 是自变量还是中间变量，函数 $y=f(u)$ 的微分 dy 总可用 $y'_u du$ 表示，微分的这个性质称为**微分形式不变性**.

利用这一性质可对复合函数进行逐层求微.

举例　$d[\tan(1+x^2)]=\sec^2(1+x^2)d(1+x^2)=2x\sec^2(1+x^2)dx.$

4. 微分应用举例

从前面的讨论可知，函数 $y=f(x)$ 在点 x 处，当自变量有微小改变量 Δx 时，对相应的函数值的改变量 Δy，有近似计算公式：

$$\boxed{\Delta y \approx f'(x)\Delta x} \tag{公式 1}$$

由 $\Delta y=f(x+\Delta x)-f(x)$，又有：

$$\boxed{f(x+\Delta x)\approx f(x)+f'(x)\Delta x} \tag{公式 2}$$

这两个近似计算公式，可分别用于计算函数 $y=f(x)$ 在点 x 处当自变量有微小改变量 Δx 时，相应的函数值的改变量 Δy 的近似值和函数在 x 附近点处函

数值的近似值.

例 5 半径为 10 cm 的金属球受热后半径增加了 0.1 cm,求其体积增量的近似值.

解 设球的半径为 r 时,体积为 V,则 $V = \dfrac{4}{3}\pi r^3$,$V' = 4\pi r^2$

所以由公式(1),有

$$\Delta V \Big|_{\substack{r=10 \\ \Delta r=0.1}} \approx V'\Delta r \Big|_{\substack{r=10 \\ \Delta r=0.1}} = 4\pi r^2 \Delta r \Big|_{\substack{r=10 \\ \Delta r=0.1}} \approx 125.6\,(\text{cm})^3.$$

答:球的体积约增加了 $125.6\,(\text{cm})^3$.

例 6 求 $\sqrt{0.99}$ 的近似值.

解 设 $f(x) = \sqrt{x}$,则

$$f'(x) = \frac{1}{2\sqrt{x}},\ \text{由公式(2)有}\ f(x+\Delta x) \approx \sqrt{x} + \frac{1}{2\sqrt{x}}\Delta x$$

所以 $\sqrt{0.99} = f(0.99) = f[1+(-0.01)] \approx \sqrt{1} + \dfrac{1}{2\sqrt{1}} \times (-0.01) = 0.995.$

习题 2.4

1. 将适当函数填入各括号内,使等式成立

(1) d(   ) = 2dx;

(2) d(   ) = xdx;

(3) d(   ) = sin xdx;

(4) d(   ) = $\dfrac{1}{x}$ dx;

(5) d(   ) = $\dfrac{1}{\sqrt{1-x^2}}$ dx;

(6) dsin 2x = cos 2xd(   );

(7) e^x dx = d(   );

(8) $\dfrac{1}{\sqrt{x}}$ dx = d(   ).

2. 求下列函数的微分

(1) $y = \sin\sqrt{x}$;

(2) $y = 2x^3 + \ln x$;

(3) $y = xe^x$;

(4) $y = x\sqrt{1-x^2}$;

(5) $y = e^{-x}\cos x$;

(6) $y = \dfrac{1}{\sqrt{x+1}+\sqrt{x}}$.

§2.5 导数的应用

1. 中值定理

1.1 罗尔定理

定理 1 如果函数 $f(x)$ 满足条件:

(1)在闭区间上连续.

(2)在开区间 (a,b) 内可导.

(3) $f(a)=f(b)$.

则至少存在一点 $\xi\in(a,b)$,使得: $f'(\xi)=0$,如图 2.5-1 所示.

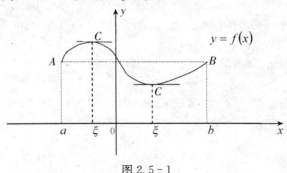

图 2.5-1

罗尔定理的几何意义是:如果连续曲线的弧 AB 上除端点外处处具有不垂直于 x 轴的切线,且两端点的纵坐标相等,那么这弧上至少有一点 C,使曲线在 C 点的切线平行于 x 轴.

例 1 设函数,$x\in\left[\dfrac{\pi}{6},\dfrac{5\pi}{6}\right]$,验证罗尔定理的正确性.

解 函数 $f(x)=\ln\sin x$ 在 $x\in\left[\dfrac{\pi}{6},\dfrac{5\pi}{6}\right]$ 上连续,且在 $(\dfrac{\pi}{6},\dfrac{5\pi}{6})$ 内具有导数,又 $f\left(\dfrac{\pi}{6}\right)=f(\dfrac{5\pi}{6})=-\ln2$,即满足了罗尔定理的三个条件,因此在该区间内至少存在一点 ξ,使 $f'(\xi)=0$.

事实上,由 $f'(x)=\cot x=0$ 可得 $\xi=\dfrac{\pi}{2}\in\left[\dfrac{\pi}{6},\dfrac{5\pi}{6}\right]$,因此罗尔定理成立.

1.2 拉格朗日中值定理

定理 2 如果函数 $y=f(x)$ 满足条件:

(1)在闭区间上连续.

(2)在开区间(a,b)内可导.

则至少存在一点 $\xi \in (a,b)$,使得:

$f(b)-f(a)=f'(\xi)(b-a)$,如图 2.5-2 所示.

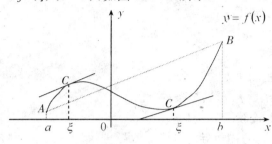

图 2.5-2

拉格朗日定理的几何意义是:如果连续曲线 $y=f(x)$ 的弧 AB 上除端点外处处具有不垂直于 x 轴的切线,那么这弧上至少有一点 C,使曲线在点 C 处的切线平行于弦 AB.

即:$f'(\xi)=\dfrac{f(b)-f(a)}{b-a}$

推论 1   如果函数 $f(x)$ 在区间 (a,b) 内的导数恒为零,那么 $f(x)$ 在区间 (a,b) 内是一个常数.

例 2   证明 $\arcsin x + \arccos x = \dfrac{\pi}{2}$

证明   设 $f(x)=\arcsin x + \arccos x$

因为当 $-1 \leqslant x \leqslant 1$ 时

$$F'(x)=\frac{1}{\sqrt{1-x^2}}+\left(-\frac{1}{\sqrt{1-x^2}}\right)=0$$

所以 $f(x)$ 在 $(-1,+1)$ 内是常函数

即:$\arcsin x + \arccos x = C$

取 $x=0 \in (-1,+1)$ 得:

$$C=F(0)=\arcsin 0 + \arccos 0 = \frac{\pi}{2}$$

所以 $\arcsin x + \arccos x = \dfrac{\pi}{2}$ $x \in [-1,1]$.

推论 2   如果函数 $f(x)$ 和 $g(x)$ 在区间 (a,b) 内可导,且 $f'(x)=g'(x)$,则在区间 (a,b) 内两个函数至多相差一个常数. 即

$$f(x)=g(x)+C.$$

1.3 柯西定理

定理 3 设函数 $f(x)$、$f(x)$ 满足条件：

(1)在闭区间上连续.

(2)在开区间 (a,b) 内可导,且 $F'(x)$ 在 (a,b) 内各点处均不为零.

则至少存在一点 $\xi \in (a,b)$,使得：

$$\frac{f(b)-f(a)}{F(b)-F(a)} = \frac{f'(\xi)}{F'(\xi)}.$$

2. 罗必达法则

如果当 $x \to x_0$（或 $x \to \infty$）时,函数 $f(x)$ 与 $f(x)$ 都趋于零或无穷大,那么 $\lim\limits_{\substack{x \to x_0 \\ (x \to \infty)}} \frac{f(x)}{f(x)}$ 可能存在,也可能不存在. 这种极限称未定式.

并分别称为 $\frac{0}{0}$ 型、$\frac{\infty}{\infty}$ 型未定式.

2.1 $\frac{0}{0}$ 型未定式

罗必达法则 1 如果

(1)当 $x \to x_0$ 时,函数 $f(x)$ 与 $f(x)$ 都趋于零.

(2)在点 x_0 的某邻域内,$f'(x)$、$F'(x)$ 都存在且 $F'(x) \neq 0$.

(3) $\lim\limits_{x \to x_0} \frac{f'(x)}{F'(x)}$ 存在（或为无穷大）.

那么：

$$\lim_{x \to x_0} \frac{f(x)}{f(x)} = \lim_{x \to x_0} \frac{f'(x)}{F'(x)}.$$

推广：

(1)上述法则对在 $x \to \infty$ 时 $\frac{0}{0}$ 型未定式仍成立.

(2)如果 $\lim\limits_{\substack{x \to x_0 \\ (x \to \infty)}} \frac{f'(x)}{F'(x)}$ 还是 $\frac{0}{0}$ 型未定式,此法则可继续使用.

即 $\lim\limits_{\substack{x \to x_0 \\ (x \to \infty)}} \frac{f(x)}{f(x)} \overset{\frac{0}{0}}{=} \lim\limits_{\substack{x \to x_0 \\ (x \to \infty)}} \frac{f'(x)}{F'(x)} \overset{\frac{0}{0}}{=} \lim\limits_{\substack{x \to x_0 \\ (x \to \infty)}} \frac{f''(x)}{F''(x)} \overset{\frac{0}{0}}{=} \cdots\cdots$

例 3 求 $\lim\limits_{x \to 1} \dfrac{x^3-3x+2}{x^3-x^2-x+1}$

解 原式 $\overset{\frac{0}{0}}{=} \lim\limits_{x \to 1} \dfrac{3x^2-3}{3x^2-2x-1}$

$$\overset{\frac{0}{0}}{=}\lim_{x\to 1}\frac{6x}{6x-2}$$

$$=\frac{3}{2}.$$

例 4 求 $\lim\limits_{x\to+\infty}\dfrac{\dfrac{\pi}{2}-\mathrm{arctg}\,x}{\dfrac{1}{x}}$.

解 原式 $\overset{\frac{0}{0}}{=}\lim\limits_{x\to+\infty}\dfrac{-\dfrac{1}{1+x^2}}{-\dfrac{1}{x^2}}$

$$\overset{\frac{0}{0}}{=}\lim_{x\to+\infty}\frac{x^2}{1+x^2}$$

$$=1.$$

2.2 $\dfrac{\infty}{\infty}$ 型未定式

罗必达法则 2 如果

(1)当 $x\to x_0$ 时,函数 $f(x)$ 与 $f(x)$ 都趋于无穷大.

(2)在点 x_0 的某邻域内,$f'(x)$、$F'(x)$ 都存在且 $F'(x)\neq 0$.

(3)$\lim\limits_{x\to x_0}\dfrac{f'(x)}{F'(x)}$ 存在(或为无穷大).

那么:

$$\lim_{x\to x_0}\frac{f(x)}{f(x)}=\lim_{x\to x_0}\frac{f'(x)}{F'(x)}$$

推广:

(1)上述法则对在 $x\to\infty$ 时 $\dfrac{\infty}{\infty}$ 型未定式仍成立.

(2)如果 $\lim\limits_{\substack{x\to x_0\\(x\to\infty)}}\dfrac{f'(x)}{F'(x)}$ 还是 $\dfrac{\infty}{\infty}$ 型未定式,此法则可继续使用.

即 $\lim\limits_{\substack{x\to x_0\\(x\to\infty)}}\dfrac{f(x)}{f(x)}\overset{\frac{\infty}{\infty}}{=}\lim\limits_{\substack{x\to x_0\\(x\to\infty)}}\dfrac{f'(x)}{F'(x)}\overset{\frac{\infty}{\infty}}{=}\lim\limits_{\substack{x\to x_0\\(x\to\infty)}}\dfrac{f''(x)}{F'(x)}\overset{\frac{\infty}{\infty}}{=}\cdots\cdots$

例 5 $\lim\limits_{x\to+\infty}\dfrac{\ln(x^2+1)}{x^2}$.

解 原式 $\overset{\frac{\infty}{\infty}}{=}\lim\limits_{x\to+\infty}\dfrac{\dfrac{2x}{x^2+1}}{2x}$

$$= \lim_{x \to +\infty} \frac{1}{x^2+1}$$

$$=0.$$

例 6 求 $\lim\limits_{x \to +\infty} \dfrac{x^n}{e^x}$ （n 为正整数）.

解 原式 $\overset{\frac{\infty}{\infty}}{=} \lim\limits_{x \to +\infty} \dfrac{n \cdot x^{n-1}}{e^x}$

$$\overset{\frac{\infty}{\infty}}{=} \lim_{x \to +\infty} \frac{n \cdot (n-1)x^{n-2}}{e^x}$$

$$\overset{\frac{\infty}{\infty}}{=} \cdots\cdots \overset{\frac{\infty}{\infty}}{=} \lim_{x \to +\infty} \frac{n!}{e^x}$$

$$=0.$$

2.3 其他类型未定式

另五类未定式：$0 \cdot \infty$、$\infty - \infty$、1^∞、∞^0、0^0 均可化为 $\dfrac{0}{0}$ 型或 $\dfrac{\infty}{\infty}$ 型未定式求解.

例 7 求 $\lim\limits_{x \to 0} x\left(\dfrac{\pi}{2} - \arctan x\right)$.

解 这个极限属于 $0 \cdot \infty$ 型未定式

$$原式 = \lim_{x \to +\infty} \frac{\frac{\pi}{2} - \arctan x}{\frac{1}{x}}$$

$$\overset{\frac{0}{0}}{=} \lim_{x \to +\infty} \frac{-\frac{1}{1+x^2}}{-\frac{1}{x^2}}$$

$$\overset{\frac{\infty}{\infty}}{=} \lim_{x \to 0} \frac{x^2}{x^2+1}$$

$$=1.$$

例 8 求 $\lim\limits_{x \to 0}\left(\dfrac{1}{x} - \dfrac{1}{e^x-1}\right)$.

解 原式 $\overset{\infty-\infty}{=} \lim\limits_{x \to 0} \dfrac{e^x-1-x}{x(e^x-1)}$

$$\overset{\frac{0}{0}}{=} \lim_{x \to 0} \frac{e^x-1}{e^x-1+xe^x}$$

$$\overset{\frac{0}{0}}{=}\lim_{x\to 0}\frac{\mathrm{e}^x}{\mathrm{e}^x+\mathrm{e}^x+x\mathrm{e}^x}$$

$$=\lim_{x\to 0}\frac{1}{2+x}$$

$$=\frac{1}{2}.$$

例 9 求 $\lim\limits_{x\to 0+0}x^x$.

解 原式 $\overset{0^0}{=}\lim\limits_{x\to 0+0}\mathrm{e}^{x\ln x}=\mathrm{e}^{\lim\limits_{x\to 0+0}x\ln x}$

$$\overset{0\cdot\infty}{=}\mathrm{e}^{\lim\limits_{x\to 0+0}\frac{\ln x}{\frac{1}{x}}}\overset{\frac{\infty}{\infty}}{=}\mathrm{e}^{\lim\limits_{x\to 0+0}\frac{\frac{1}{x}}{-\frac{1}{x^2}}}$$

$$=\mathrm{e}^{\lim\limits_{x\to 0+0}-x}=1.$$

在应用洛必达法则时,应注意以下几点:

(1)必须是未定式,不是未定式不能用洛必达法则;

(2)必须每一步都满足洛必达法则的条件,否则不能用;

(3)用洛必达法求未定式极限虽然十分方便,但它不是万能的,有些未定式满足洛必达法则条件,极限也是存在,但用洛必达法则无法求出.

举例 $\lim\limits_{x\to +\infty}\dfrac{\mathrm{e}^x-\mathrm{e}^{-x}}{\mathrm{e}^x+\mathrm{e}^{-x}}$ 是 $\dfrac{\infty}{\infty}$ 型,但是不能用洛必达法则,如果用洛必达法则即:

$$\overset{\frac{\infty}{\infty}}{=}\lim_{x\to 0}\frac{\mathrm{e}^x+\mathrm{e}^{-x}}{\mathrm{e}^x-\mathrm{e}^{-x}}$$

$$\overset{\frac{\infty}{\infty}}{=}\lim_{x\to 0}\frac{\mathrm{e}^x-\mathrm{e}^{-x}}{\mathrm{e}^x+\mathrm{e}^{-x}}$$

出现了循环,但它的极限是存在的.

$$原式=\lim_{x\to 0}\frac{\mathrm{e}^x-\dfrac{1}{\mathrm{e}^x}}{\mathrm{e}^x+\dfrac{1}{\mathrm{e}^x}}$$

$$=\lim_{x\to 0}\frac{(\mathrm{e}^x-\dfrac{1}{\mathrm{e}^x})\mathrm{e}^x}{(\mathrm{e}^x+\dfrac{1}{\mathrm{e}^x})\mathrm{e}^x}$$

$$=\lim_{x\to 0}\frac{\mathrm{e}^{2x}-1}{\mathrm{e}^{2x}+1}$$

$$\overset{\frac{\infty}{\infty}}{=}\lim_{x\to 0}\frac{2\mathrm{e}^{2x}}{2\mathrm{e}^{2x}}$$

$$=1.$$

（4）在用洛必达法则求未定式极限时,最好能与第一章中求极限的方法结合起来使用.使如,能简化时先尽量化简,非零因子单独求极限,不要参与洛必达法则运算.能应用重要极限时,应尽可能应用,这样可以使运算简捷,减少计算量.

3. 函数单调性判定和极值求法

前面我们学习过函数的单调性,用定义去判定函数的单调性比较困难,利用导数为工具可判定函数的单调性,观察图 2.5－3 和图 2.5－4：

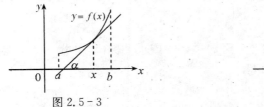

图 2.5－3

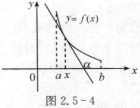

图 2.5－4

图 2.5－3 中,函数 $y=f(x)$ 在区间 (a,b) 内单调增加,此时其上任意点 x 处切线的倾斜角 α 是锐角,因此切线的斜率 $K=f'(x)=\tan\alpha>0$. 图 2.5－4 中,函数 $y=f(x)$ 在区间 (a,b) 内单调减少,此时其上任意点 x 处切线的倾斜角 α 是钝角,因此切线的斜率 $K=f'(x)=\tan\alpha<0$,由此可见,函数的增减与函数导数的符号有关,对此,我们有如下定理.

定理 4　设函数 $y=f(x)$ 在区间 (a,b) 内可导,则

（1）在 (a,b) 内,若 $y'>0$,则函数 $y=f(x)$ 在区间 (a,b) 内单调增加;

（2）在 (a,b) 内,若 $y'<0$,则函数 $y=f(x)$ 在区间 (a,b) 内单调减少.

如函数 $y=x^2$,因为 $y'=2x$,所以当 $x\in(0,+\infty)$ 时,$y'>0$,函数 y 单调增加,而当 $x\in(-\infty,0)$ 时,$y'<0$,函数 y 单调减少(如图 2.5－5). 其中 $x=0$ 点是函数单调区间的转折点. 要确定一个函数的单调性,求出它的转折点是关键.

观察图 2.5－6,点 x_1,x_2,x_3,x_4 分别是函数单调区间的转折点,其中 x_1,x_3 是函数由增到减的转折点(即左增右减↗↘),分别处于函数图形中的相对高点,因此又把它们称为函数的**极大值点**,与它们相对应的函数值 $f(x_1),f(x_3)$ 称为函数的**极大值**;而 x_2,x_4 是函数由减到增的转折点(即左减右增↘↗),分别处于

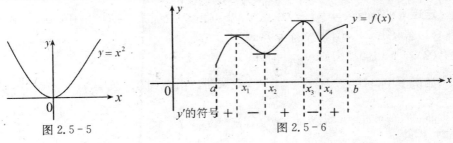

图 2.5－5　　　图 2.5－6

函数图形中的相对低点,这些点又称为函数的**极小值点**,$f(x_2)$,$f(x_1)$称为函数的**极小值**. 函数的极大与极小值统称为函数的**极值**. 取得极值的这些点是曲线上切线平行 x 轴的点或曲线上的"尖点",因此其导数为 0 或不存在,一般的,有:

定理 5　若 x_0 是函数 $y=f(x)$ 的极值点,则 $f'(x_0)=0$ 或 $f'(x_0)$ 不存在.

定理 2 说明了点 x_0 为极值点的必要条件是 $f'(x_0)=0$ 或 $f'(x_0)$ 不存在,但这条件不是充分的,即 $f'(x_0)=0$ 或 $f'(x_0)$ 不存在的点 x_0 不一定是极值点. 如函数 $y=x^3$ 中,$f'(0)=0$,但 $x=0$ 不是函数单调区间的转折点,因此不是极值点.

导数为 0 的点称为**驻点**.

根据以上分析,判别函数 $y=f(x)$ 单调性或求其极值,可分三个步骤:

第一步:求函数的定义域 D;

第二步:求函数的导数 y',求出 $y'=0$ 或 $y'=0$ 不存在的点:x_1,x_2,$\cdots x_n$;

第三步:点 x_1,x_2,$\cdots x_n$ 将函数的定义域分成若干小区间,列表根据点 x_i 两旁区间内 y' 的符号判别函数的单调性并求函数的极值.

例 10　讨论函数 $y=\dfrac{1}{3}x^3-4x+4$ 的单调性,求其极值.

解　函数的定义域是 $(-\infty,+\infty)$

因为 $y'=x^2-4$,令 $y'=0$ 得函数的驻点:$x=-2$ 或 $x=2$,函数没有不可导的点,列表讨论如表 2.5-1 所示.

表 2.5-1

x	$(-\infty,-2)$	-2	$(-2,2)$	2	$(2,+\infty)$
y'	$+$	0	$-$	0	$+$
y	↗	极大值	↘	极小值	↗

由表可知,当 $x=-2$ 时,$y_{极大}=f(-2)=\dfrac{28}{3}$;当 $x=2$ 时,$y_{极小}=f(2)=-\dfrac{4}{3}$

当函数在驻点处有二阶导数时,还有如下判别极值的定理:

定理 6　若函数 $y=f(x)$ 在点 x_0 处,$f'(x_0)=0$ 且 $f''(x_0)$ 存在,则:

(1)若 $f''(x_0)>0$,则 $y_{极小}=f(x_0)$;

(2)若 $f''(x_0)<0$,则 $y_{极大}=f(x_0)$.

如例 1 中,$y''=2x$,$y''|_{x=-2}=-4<0$,所以由定理 3,$y_{极大}=f(-2)=\dfrac{28}{3}$;

而 $y''|_{x=2}=4>0$,所以 $y_{极小}=f(2)=-\dfrac{4}{3}$.

4. 函数的最大值与最小值

在图 2.5-6 中,对于任意 $x \in [a,b]$,都有 $f(x) < f(x_3)$,$f(x) > f(a)$因此 $f(x_3)$是函数 $y = f(x)$在区间$[a,b]$内的最大值. $f(a)$是函数 $y = f(x)$在区间$[a,b]$内的最小值.

对于闭区间上连续的函数 $f(x)$,其最大值和最小值在极值点或区间端点处取到,而函数的极值点是其导数为 0 或导数不存在的点,因此,闭区间上连续的函数,其最大值与最小值,可按如下步骤求:

第一步:求函数 $y = f(x)$的导数 y',在(a,b)内求出 $y' = 0$ 和 y'不存在的点:$x_1, x_2, \cdots x_n$

第二步:比较 $f(a), f(x_1), f(x_2), \cdots f(x_n), f(b)$的大小,最大者为最大值,最小者为最小值.

例 11 求函数 $f(x) = x^3 - 6x^2 + 10$ 在$[-1,5]$内的最大值与最小值.

解 因为 $f'(x) = 3x^2 - 12x$,令 $f'(x) = 0$,得 $x = 0, x = 4$,所以 $f(0) = 10$,$f(4) = -22$,又 $f(-1) = 3, f(5) = -15$,故 $y_{最大} = f(0) = 10, y_{最小} = f(4) = -22$.

开区间上函数的最大最小值情况比较复杂,在此只给出一个结论:

若$f(x)$在开区间(a,b)内连续且有唯一的极大(小)值点,则其在这唯一的极值点处取得最大(小)值.

在现实生活中,我们常遇到怎样才能使成本最低,利润最大,效率最高等问题,在数学上可归结为求函数最大最小值的问题. 在解应用题时,若函数只有唯一的驻点,则函数在这唯一的驻点处将取得所要求的最值.

例 12 把一块边长为 10 cm 的正方形纸板从四角剪去四个小正方形,如图 2.5-7 所示,做成底为正方形的开口盒子,应怎样剪裁,才能使这盒子体积最大?

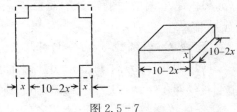

图 2.5-7

解 设剪裁的小正方形的边长为 x 时,所做成的盒子体积为V,依题意,得:

$$V = x(10 - 2x)^2 \qquad \text{其中} \quad 0 < x < 5$$

所以 $V' = (10 - 2x)^2 + x \cdot 2(10 - 2x) \cdot (-2) = 4(5 - x)(5 - 3x)$

令 $V' = 0$,得 $x = \dfrac{5}{3}$,因为驻点唯一,故当 $x = \dfrac{5}{3}$ cm 时,V 最大.

答:当剪裁的小正方形的边长为 $\dfrac{5}{3}$ cm 时,所做成的盒子体积为 V 最大.

例 13　生产某种型号的汽车 x 台的成本是 $C=5000000+25000x-0.01x^2$ 元,销售收入 $R=40000x-0.02x^2$ 元,假定生产的汽车都能销出,问生产该型号汽车多少台才能获最大的利润?

解　设生产该型号汽车 x 台时,所获利润为 L,依题意,得
$$L=R-C=-5000000+15000x-0.01x^2$$
所以 $L'=15000-0.02x$,令 $L'=0$,得 $x=750000$ 是唯一驻点,故产量 $x=750000$ 台时利润最大.

答:当生产该型号汽车 750000 台时获得的利润最大.

5. 曲线的弯曲性

利用导数这一工具还可研究曲线的弯曲方向和曲线的弯曲程度问题,观察图 2.5-8 中曲线 $y=f(x)$,其在区间 (a,b) 内的图形称为凹的,此时曲线弧 AB 位于其上任意点的切线的上方,在区间 (b,c) 内的图形称为凸的,此时曲线弧 BC 位于其上任意点的切线的下方. 点 B 是曲线

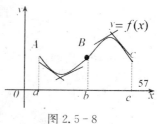

图 2.5-8

凹凸区间的转折点,称为曲线的**拐点**.

定义 1　曲线凹与凸的转折点称为曲线的**拐点**.

曲线 $y=f(x)$ 的凹凸与曲线上点的切线有关,因而与其导数有关,观察图 2.5-9,曲线在区间 (a,b) 内是凹的,此时曲线弧上的点,其切线的斜率随 x 的增大而增大,即函数 $y'=f'(x)$ 在区间

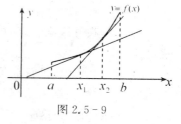

图 2.5-9

(a,b) 内是单调增加的,因此 $(y')'=y''>0$. 这表明曲线的凹凸与其二阶导数的符号有关.

定理 7　设函数 $y=f(x)$ 在区间 (a,b) 有二阶导数.

(1)如在 (a,b) 内 $f''(x)>0$,那么曲线在 (a,b) 内是凹的;

(2)如在 (a,b) 内 $f''(x)<0$,那么曲线在 (a,b) 内是凸的.

要确定函数的凹凸性,求出它的拐点是关键. 在拐点处,$f''(x)=0$ 或 $f''(x)$ 不存在,但二阶导数为 0 或不存在的点是否为拐点,还要根据在该点的左右两旁函数的凹凸性是否改变来确定,因此,求拐点与讨论函数的凹凸性的步骤可归结为:

第一步:确定函数 $y=f(x)$ 的定义域;

第二步:求函数的二阶导数 $f''(x)$,求出 $f''(x)=0$ 或 $f''(x)$ 不存在的点:x_1,x_2,…x_n;

第三步:点 x_1,x_2,…x_n 将函数的定义域分为若干个小区间. 列表根据点 x_i

$(i=1,2,\cdots,n)$ 两旁区间内二阶导数 $f''(x)$ 的符号判别函数的凹凸性并求拐点.

例 14 讨论曲线 $y=x^4-2x^3+1$ 的凹凸性,求其拐点.

解 函数 $y=x^4-2x^3+1$ 的定义域是 $(-\infty,+\infty)$

$y'=4x^3-6x^2$

$y''=12x^2-12x=12x(x-1)$,令 $y''=0$ 得:$x=0,x=1$,列表讨论如下:

x	$(-\infty,0)$	0	$(0,1)$	1	$(1,+\infty)$
y''	$+$	0	$-$	0	$+$
y	$\cup$	拐点$(0,1)$	$\cap$	拐点$(1,0)$	$\cup$

以上我们研究了曲线的弯曲方向,以导数为工具,还可研究曲线的弯曲程度,先从几何图形直观地分析曲线的弯曲程度由那些量来确定. 图 2.5-10 中,设曲线弧 MN 与 MN_1 的长度相同,切线的转角分别为 α 与 α_1,转角 $\alpha>\alpha_1$,曲线弧 MN 的弯曲程度较 MN_1 大,这表明曲线的弯曲程度与切线转角成正比;另一方面,图 2.5-11 中,曲线弧 MN 与 M_1N_1 的切线转角相同,但 MN 的弯曲程度不如 M_1N_1,这表明曲线的弯曲程度与曲线的长度成反比. 所以曲线的弯曲程度与两端切线转角的大小及曲线弧的长度有关,可用切线转角与弧长的比

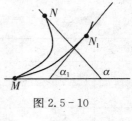

图 2.5-10

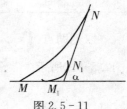

图 2.5-11

$\dfrac{\alpha}{\overset{\frown}{MN}}$ 来描述,这比值越大,曲线弧 MN 的弯曲程度越大,这比值越小,曲线弧 MN 的弯曲程度越小.

定义 2 (1)曲线弧 MN 两端切线转角(与曲线弧长度的比,称为曲线弧) MN 的**平均曲率**,记为:$\bar{k}=\dfrac{\alpha}{\overset{\frown}{MN}}$.

(2)当点 N 沿曲线趋向于点 M 时,曲线弧 MN 平均曲率的极限,称为曲线在点 M 处的**曲率**,记为 K,即

$$K=\lim_{N\to M}\frac{\alpha}{\overset{\frown}{MN}}.$$

曲线上任意点的曲率有计算公式:$\boxed{K=\dfrac{|y''|}{\sqrt{(1+y'^2)^3}}}$

例 15 求等边双曲线 $xy=1$ 在点 $(1,1)$ 处的曲率.

解 因为 $y=\dfrac{1}{x}$,所以 $y'=-\dfrac{1}{x^2},y''=\dfrac{2}{x^3}$,因此 $y'|_{x=1}=-1,y''|_{x=1}=2$

所以 $K=\dfrac{|y''|}{\sqrt{(1+y'^2)^3}}=\dfrac{2}{\sqrt{[1+(-1)^2]^3}}=\dfrac{1}{\sqrt{2}}=\dfrac{\sqrt{2}}{2}.$

6. 函数图形的描绘

掌握了函数的单调性与弯曲性后,我们可利用导数为工具先确定函数的性质,然后再根据函数的性态描点作图.

例 16 作函数 $y=\dfrac{1}{3}x^3-x$ 的图像.

解 函数的定义域是:$(-\infty,+\infty)$

$y'=x^2-1$,由 $y'=0$,得 $x=-1,x=1$

$y''=2x$,由 $y''=0$,得 $x=0$,列表讨论曲线的单调性、凹凸性,求极值、拐点.

x	$(-\infty,-1)$	-1	$(-1,0)$	0	$(0,1)$	1	$(1,+\infty)$
y'	$+$	0	$-$	$-$	$-$	0	$+$
y''	$-$	$-$	$-$	0	$+$	$+$	$+$
y	↗ ∪	极大值 $\frac{2}{3}$	↘ ∩	拐点$(0,0)$	↘ ∩	极小值 $-\frac{2}{3}$	↗ ∩

取辅助点:$\left(-2,-\dfrac{2}{3}\right)$,$(-\sqrt{3},0)$,$(\sqrt{3},0)$,$\left(2,\dfrac{2}{3}\right)$.描点作出曲线的图,如图2.5-12所示.

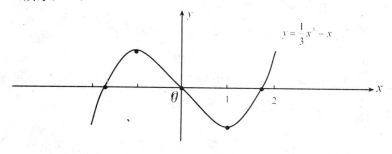

图 2.5-12

7. 变化率问题举例

函数的导数 $y'=f'(x)$,反映了在点 x 处函数值随自变量的变化而变化的速度,也称为函数在点 x 处的变化率,因此在实际应用中,导数被广泛用于解决速度(变化率)问题,以下通过例子说明其在求变化率问题上的应用.

例 17 某物体由 O 点作直线运动,经过 t 秒后它和 O 点的距离是 $s=\dfrac{1}{4}t^4-t^3-2t^2$ m,求:

(1)什么时刻它的速度为 0?

(2)什么时刻它的加速度为 5 m/s²?

解 (1)因为 $s=\frac{1}{4}t^4-t^3-2t^2$,所以物体运动的速度 $v=s'=t^3-3t^2-4t$

当 $v=0$ 时,$t^3-3t^2-4t=0$,所以 $t=0$,$t=4$,$t=-1$(舍去).

即 $t=0$ 或 $t=4$ s 时,物体的速度为 0.

(2)因为 $v=s'=t^3-3t^2-4t$,所以物体运动的加速度 $a=v'=s''=3t^2-6t-4$

当 $a=5$ 时,$3t^2-6t-4=5$,所以 $t=3$,$t=-1$(舍去).

即当 $t=3$ s 时,物体的加速度为 5 m/s².

例 18 生产某种产品 x 个单位时总收入为 $R=200x-0.01x^2$,求总收入的变化率.

解 因为函数的导数又称为函数的变化率,所以总收入导数就是总收入的变化率

$$R'=200-0.02x.$$

习题 2.5

1.下列函数在指定的区间上是否满足拉格朗日中值定理的条件? 如果满足,找出使定理结论成立 ξ 的值:

(1)$f(x)=2x^2+x+1$,$[-1,3]$;

(2)$f(x)=\ln x$,$[1,e]$;

(3)$f(x)=\arctan x$,$[0,1]$.

2.证明恒等式 $\arctan x+\operatorname{arccot} x=\frac{\pi}{2}$,$x\in\mathbf{R}.$

3.求下列函数的极限:

(1)$\lim\limits_{x\to 0}\dfrac{\sin ax}{\sin bx}$ $(b\neq 0)$;

(2)$\lim\limits_{x\to\pi}\dfrac{\sin 3x}{\tan 5x}$;

(3)$\lim\limits_{x\to 0}\dfrac{e^x-1}{xe^x+e^x-1}$;

(4)$\lim\limits_{x\to 0}\dfrac{\sin(\sin x)}{x}$;

(5)$\lim\limits_{x\to 0}\dfrac{x}{\tan x-\sin x}$;

(6)$\lim\limits_{x\to\frac{\pi}{4}}\dfrac{\sin x-\cos x}{\tan^2 x-1}$;

(7)$\lim\limits_{x\to+\infty}\dfrac{\ln(1+\frac{1}{x})}{\operatorname{arccot} x}$;

(8)$\lim\limits_{x\to 0}\dfrac{\ln\sin x}{(\pi-2x)^2}$;

(9)$\lim\limits_{x\to 0}\dfrac{x^3}{e^{x^2}}$;

(10)$\lim\limits_{x\to\frac{\pi}{2}}\dfrac{x-\sin x}{x+\sin x}$.

4.求下列函数的单调区间:

(1) $y = x^4 - 8x^2 + 2$；　　　　　　　　　(2) $y = (x-1)(x+3)^3$.

5. 求下列函数的极值：

(1) $f(x) = 2x^3 - 3x^2$；　　　　　　　　　(2) $f(x) = \sqrt{2x - x^2}$.

6. 求下列函数在给定区间上的最大最小值：

(1) $y = x^4 - 2x^2 + 5$，$[-2,2]$；　　　　　(2) $y = x + \sqrt{1-x}$，$[-5,1]$.

7. 求下列函数图形的凹凸区间和拐点：

(1) $y = 2x^3 + 3x^2 + x + 2$；　　　　　　　(2) $y = xe^{-x}$.

8. 欲用围墙围成面积为 256 m² 的一块矩形土地，并在此矩形土地的正中央用一堵墙将其分成相等的两块，问这块土地的长与宽的尺寸应如何选取时，才能使建筑材料最省？

9. 设有一半径为 R 的球，作内接于此球的圆柱体，问圆柱体的高 h 取何值时，圆柱体的体积最大？

学习指导

一、导数与微分

1. 导数：$y = f(x)$ 在 x 处的导数　$f'(x) = \lim_{\Delta x \to 0} \dfrac{\Delta y}{\Delta x} = \lim_{\Delta x \to 0} \dfrac{f(x + \Delta x) - f(x)}{\Delta x}$.

2. 微分：$y = f(x)$ 在 x 处的微分　$dy = f'(x)dx$.

二、求导公式、法则及方法

1. 基本求导公式：见表 2.1-1.

2. 四则运算法则：$(u \pm v)' = u' \pm v'$，$(uv)' = u'v + uv'$，$\left(\dfrac{u}{v}\right)' = \dfrac{u'v - uv'}{v^2}$（$v \neq 0$）.

3. 复合函数求导法则：$y = f(u)$ 与 $u = \varphi(x)$ 的复合函数 $y = f[\varphi(x)]$ 的导数
$$y'_x = y'_u \cdot u'_x.$$

4. 参数方程所确定的函数求导法则：

参数方程 $\begin{cases} y = y(t) \\ x = x(t) \end{cases}$ 确定的函数 $y = f(x)$ 的导数：$y'_x = \dfrac{y'_t}{x'_t}$.

5. 高阶导数：$y^{(n)} = (y^{(n-1)})'$.

6. 隐函数求导方法：(1) 方程 $F(x, y) = 0$ 两边对 x 求导；(2) 解出 y'_x.

三、导数的应用

1.求曲线切线斜率:曲线 $y=f(x)$ 在点 x_0 处切线斜率 $K=f'(x_0)$.

2.求函数的变化率(函数值随自变量的变化而变化的瞬时速度):

函数 $y=f(x)$ 的变化率为: $y'=f'(x)$.

在经济学中,经济函数 $y=f(x)$ 的变化率 $y'=f'(x)$ 也称为 y 的边际函数.

3.微分中值定理,洛必达法则:

理解罗尔定理,拉格朗日中值定理及它们的几何意义.

熟练掌握用洛必达法求 $\dfrac{0}{0}$、$\dfrac{\infty}{\infty}$、$\infty-\infty$、1^{∞}、0^0、∞^0 型未定式的极限的方法.

4.判断函数单调性,求函数极值:

第一步:求 $y=f(x)$ 的定义域;

第二步:求 $y'=f'(x)$,求 $y'=0$ 或 $y'=0$ 不存在的点: $x_1,x_2,\cdots x_n$;

第三步:点 $x_1,x_2,\cdots x_n$ 将函数的定义域分为若干个小区间,列表根据 x_i 两边区间内 y' 的符号判别函数的单调性,求极值.

5.判断函数凹凸性,求函数拐点:

第一步:确定函数 $y=f(x)$ 的定义域;

第二步:求函数的二阶导数 $f''(x)$,求 $f''(x)=0$ 或 $f''(x)$ 不存在的点: $x_1,x_2,\cdots x_n$;

第三步:点 $x_1,x_2,\cdots x_n$ 将函数的定义域分为若干个小区间,列表根据点 x_i $(i=1,2,\cdots,n)$ 两旁区间内二阶导数 $f''(x)$ 的符号判别函数的凹凸性并求拐点.

6.求函数的最大值和最小值:

(1)求函数 $y=f(x)$ 的导数 y',在 (a,b) 内求出 $y'=0$ 和 y' 不存在的点: $x_1,\cdots,x_n$.

(2)比较 $f(a),f(x_1),\cdots,f(x_n),f(b)$ 的大小,最大者为最大值,最小者为最小值.

复习题二

1.填空题:

(1)设函数 $f(x)$ 在 $x=1$ 可导,且 $f'(1)=1$,求 $\lim\limits_{x\to0}\dfrac{f(1+x)-f(1)}{x}=$ ＿＿＿＿.

(2)已知 $y=x\mathrm{e}^x$,则 $y''(0)=$ ＿＿＿＿.

(3)已知 $y=\dfrac{1}{1+\sin x}$,则 $\mathrm{d}y=$ ＿＿＿＿.

(4)已知 $f(x)=\mathrm{e}^{-x^2}$,则 $f'(x)=$ ＿＿＿＿.

(5)曲线 $y=x^3-3x^2$ 的拐点坐标为_____.

(6)$f(x)=3^x \cdot x^3$,则 $f'(1)=$_____.

(7)d( ) $=\left(\sqrt{x}-\dfrac{1}{x}\right)\mathrm{d}x.$

(8)设 $y=x^2\ln x$,则 $y'=$_____.

(9)曲线 $y=1+\sin x$ 在点$(0,1)$处切线斜率 $K=$_____.

(10)设 $y=f(x)$满足 $f'(0)=1$,则极限$\lim\limits_{h\to 0}\dfrac{f(h)-f(0)}{h}=$_____.

(11)函数 $y=\pi-\dfrac{1}{x^2}$,则 $y'=$_____.

(12)曲线 $y=\mathrm{e}^{-x}$在点$(0,1)$处切线的斜率 $K=$_____.

2.选择题:

(1)曲线 $y=x^2+x-2$ 在点 M 处切线斜率为 3,则 M 点的坐标为_____.

A.$(0,1)$ B.$(1,0)$ C.$(0,0)$ D.$(1,1)$

(2)函数 $f(x)=\ln 2+\sqrt{x}$,则 $f'(x)=$_____.

A.$\ln 2+\dfrac{1}{2\sqrt{x}}$ B.$\dfrac{1}{2\sqrt{x}}$ C.$\dfrac{2}{\sqrt{x}}$ D.$\dfrac{1}{2}+\dfrac{1}{2\sqrt{x}}$

(3)函数 $f'(x_0)=0$,则 x_0 是函数$f(x)$的_____.

A.极大值点   B.最大值点   C.极值点   D.驻点

(4)$y=\sin\left(3x+\dfrac{\pi}{4}\right)$,则 $f'(\pi)=$_____.

A.0 B.3 C.-3 D.1

(5)函数 $y=x^3-3x$ 的单调减区间为_____.

A.$(-\infty,-1]$ B.$[-1,1]$ C.$[1,+\infty)$ D.$(-\infty,+\infty)$

(6)函数 $y=f(x)$在点 $x=0$ 处的二阶导数存在且 $f'(0)=0$,$f''(0)>0$,则_____.

    A. $x=0$ 不是函数$f(x)$的驻点

    B. $x=0$ 不是函数 $y=f(x)$的极值点

    C. $x=0$ 是函数 $y=f(x)$的极小值点

    D. $x=0$ 是函数 $y=f(x)$的极大值点

3.求下列函数的导数:

(1)$y=\cos^2(2x-1)$;   (2)$y=\mathrm{e}^{-x}\ln(2x)$;

(3)$y=x\ln x$;   (4)$f(x)=1+\sin 2x$,求 $f'(0)$.

4.求下列函数的微分 $\mathrm{d}y$

(1)$y=x^2(1+\sqrt{x})$;   (2)$y=\mathrm{e}^x+\arctan x+\pi^2$.

5.设 $y=y(x)$由方程 $y+\arcsin x=\mathrm{e}^{x+y}$确定,求 $\mathrm{d}y$.

6.设函数 $y=y(x)$ 由方程 $\cos (x+y)+y=1$ 确定,求 $\dfrac{\mathrm{d}y}{\mathrm{d}x}$.

7.求下列参数方程所确定的函数 $y=y(x)$ 的导数 $\dfrac{\mathrm{d}y}{\mathrm{d}x}$

(1) $\begin{cases} x=3t^2 \\ y=\sin^2 t \end{cases}$, t 为参数;　　　　　(2) $\begin{cases} x=4t \\ y=t^2+1 \end{cases}$, t 为参数.

8.求下列函数的极值.

(1) $f(x)=x\mathrm{e}^{-x}$;　　　　　　(2) $y=x^3-3x^2-9x+5$.

9.欲做一容积为 $300\ \mathrm{m}^3$ 无盖圆柱形蓄水池,已知池底单位造价为周围单位造价的两倍,问蓄水池的底面半径和高各是多少时,才能使总造价最低?

第三章 积 分

前面我们已经研究了一元函数的微分学,但在实际问题中,常常需要研究与它相反的问题,这就是一元函数积分学. 一元函数积分学包括不定积分与定积分两大部分,本章将在分析实例的基础上介绍不定积分与定积分的概念、性质、计算方法及简单应用.

§3.1 不定积的概念

1. 原函数

例1 设曲线上任一点 $M(x,y)$ 处切线斜率为 $k=f(x)=2x$,若曲线过原点,求曲线的方程.

解 设所救曲线的方程为 $y=f(x)$,由导数几何意义,曲线上任意一点 $M(x,y)$ 的切线斜率

$$k=F'(x)=f(x)=2x.$$

因为 $(x^2+C)'=2x$,所以 $f(x)=x^2+C$,

又曲线过原点,由 $F(0)=0$ 得 $C=0$,

因此所求曲线的方程为 $y=x^2$.

定义1 已知函数 $f(x)$ 在某区间上有定义,如果存在函数 $f(x)$,使得该区间任一点处都有关系式 $F'(x)=f(x)$ 或 $\mathrm{d}\,f(x)=f(x)\mathrm{d}x$ 成立. 则称函数 $f(x)$ 是函数 $f(x)$ 在该区间上的一个原函数.

举例 因为 $(x^2)'=2x$ 或 $\mathrm{d}(x^2)=2x\mathrm{d}x$,所以函数 x^2 是函数 $2x$ 的一个原函数,又因为 $(x^2+1)'=2x$,$(x^2-5)'=2x$,$(x^2+c)'=2x$(其中 c 为任意常数). 所以 x^2+1,x^2-3,x^2+c 等都是 $2x$ 的原函数. 由此可见,若函数 $f(x)$ 有原函数,那么它就有无限多个原函数,并且其中任意两个原函数之间相差一个常数,这表明如果 $f(x)$ 是 $f(x)$ 的一个原函数,则 $f(x)$ 的所有原函数可表示为

$$f(x)+C.$$

定理 1 如果函数 $f(x)$ 有原函数,那么它就有无限多个原函数,并且其中任意两个原函数的差是一个常数.

如果函数 $f(x)$ 是函数 $f(x)$ 的一个原函数,那么 $f(x)+C$ 就是 $f(x)$ 的全体原函数(称为原函数族),其中 c 为任意常数.

定理 2　如果函数 $f(x)$ 在闭区间 $[a,b]$ 上连续,则函数 $f(x)$ 在该区间上的原函数必定存在.

2. 不定积分

定义 2　函数 $f(x)$ 的全部原函数 $f(x)+C$ 称为函数 $f(x)$ 的不定积分. 记为
$$\int f(x)\mathrm{d}x,$$

即 $\int f(x)\mathrm{d}x = f(x)+C$　　其中:$F'(x) = f(x).$

其中" $\int$ "称为积分号、$f(x)$ 称为被积函数、$f(x)\mathrm{d}x$ 称为被积表达式、x 称为积分变量、C 称为积分常数.

举例　因为 $(x^2)'=2x$,所以 $\int 2x\mathrm{d}x = x^2 +C.$

为了简便起见,在不致发生混淆的情况下,不定积分也简称为积分,求不定积分的运算和方法分别称为积分运算和积分法.

3. 不定积分的性质

$$\left(\int (fx)\mathrm{d}x\right)'=f(x) \text{ 或 } \mathrm{d}\left(\int f(x)\mathrm{d}x\right)=f(x)\mathrm{d}x$$

$$\int f'(x)\mathrm{d}x=f(x)+c \text{ 或 } \int \mathrm{d}f(x)=f(x)+C$$

上述性质说明,求不定积分与求导数(或微分)互为逆运算,这就是说:若先积分后微分,则两者的作用相互抵消反过来若先微分后积分,则应该在抵消后加上任意常数 C.

4. 不定积分的几何意义

求不定积分 $\int f(x)\mathrm{d}x$ 就是求函数 $f(x)$ 的全体原函数. 为此,只要先求出函数 $f(x)$ 的一个原函数 $f(x)$,则 $f(x)+C$ 就是 $f(x)$ 的全体原函数.

求函数 $f(x)$ 的一个原函数 $f(x)$,在几何上就是要找一条曲线 $y=f(x)$,使其曲线上任意一点 $(x,f(x))$ 处的切线斜率刚好等于 $f(x)$,称 $y=f(x)$ 为 $f(x)$ 的一条积分曲线. 而全体原函数 $y=f(x)+C$ 表示一族平行曲线,也叫一族积分

曲线. 在积分曲线族上横坐标相同的点 x_0 处,各条积分曲线的切线斜率都相等,其值等于 $f(x_0)$,即

$$[f(x)+c]'\big|_{x=x_0}=f(x_0).$$

这就是不定积分的几何意义,如图 3.1-1 所示

举例 $\displaystyle\int 2x\mathrm{d}x=x^2+c$,函数 $y=x^2+c$ 的图形是由抛物线 $y=x^2$ 沿 y 轴上下平移 C 个单位形成的一族平行抛物线. 在 $x=\dfrac{1}{2}$ 点处,曲线上各对应点的切线斜率都上 1,且切线相互平行. 如图 3.1-2 所示.

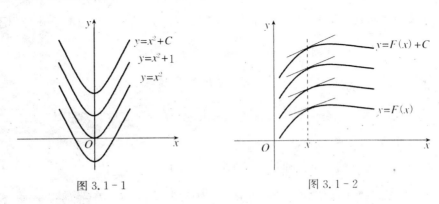

图 3.1-1　　　　　　　　　　图 3.1-2

习题 3.1

1.求下列函数的一个原函数:

(1)$f(x)=x^5$;

(2)$f(x)=\mathrm{e}^{2x}$;

(3)$f(x)=\cos 3x$;

(4)$f(x)=\dfrac{1}{\sqrt{x}}$.

2.用微分法验证下列各等式:

(1)$\displaystyle\int (3x^2+2x+2)\mathrm{d}x=x^3+x^2+2x+C$;

(2)$\displaystyle\int \frac{1}{x^2}\mathrm{d}x=-\frac{1}{x}+C$;

(3)$\displaystyle\int \cos (2x+3)\mathrm{d}x=\frac{1}{2}\sin (2x+3)+C$;

(4)$\displaystyle\int \frac{1}{\sin x}\mathrm{d}x=\ln\left(\tan\frac{x}{2}\right)+C$.

3.已知某曲线上任意一点切线的斜率等于 x,且曲线通过点 $M(0,1)$,求曲线的方程.

4. 设物体运动的速度为

$$v = \cos t (\text{m/s})$$

当 $t = \dfrac{\pi}{2}$ 秒时，物体所经过的路程 $s = 10$ m，求物体的运动规律.

§3. 2 积分的基本公式、基本运算法则和直接积分法

1. 积分基本公式

由于积分是微分的逆运算，所以由基本求导公式可以相应地得到基本积分公式：

表 3. 2 - 1

导数公式	积分公式
$F'(x) = f(x)$	$\displaystyle\int f(x)\mathrm{d}x = f(x) + C$
$x' = 1$	$\displaystyle\int \mathrm{d}x = x + C$
$(x^{a+1})' = (a+1)x^a$	$\displaystyle\int x^a \mathrm{d}x = \dfrac{1}{a+1}x^{a+1} + C$
$(\ln x)' = \dfrac{1}{x}$	$\displaystyle\int \dfrac{1}{x}\mathrm{d}x = \ln|x| + C$
$(\mathrm{e}^x)' = \mathrm{e}^x$	$\displaystyle\int \mathrm{e}^x \mathrm{d}x = \mathrm{e}^x + C$
$(a^x)' = a^x \ln a$	$\displaystyle\int a^x \mathrm{d}x = \dfrac{a^x}{\ln a} + C$
$(\sin x)' = \cos x$	$\displaystyle\int \cos x \mathrm{d}x = \sin x + C$
$(\cos x)' = -\sin x$	$\displaystyle\int \sin x \mathrm{d}x = -\cos x + C$
$(\tan x)' = \sec^2 x$	$\displaystyle\int \sec^2 x \mathrm{d}x = \tan x + C$
$(\cot x)' = -\csc^2 x$	$\displaystyle\int \csc^2 x \mathrm{d}x = -\cot x + C$
$(\sec x)' = \sec x \tan x$	$\displaystyle\int \sec x \tan x \mathrm{d}x = \sec x + C$
$(\csc x)' = -\csc x \cot x$	$\displaystyle\int \csc x \cot x \mathrm{d}x = -\csc x + C$
$(\arctan x)' = \dfrac{1}{1+x^2} = (-\operatorname{arccot} x)'$	$\displaystyle\int \dfrac{1}{1+x^2}\mathrm{d}x = \arctan x + C = -\operatorname{arccot} x + C$
$(\arcsin x)' = \dfrac{1}{\sqrt{1-x^2}} = (-\arccos x)'$	$\displaystyle\int \dfrac{1}{\sqrt{1-x^2}}\mathrm{d}x = \arcsin x + C = -\arccos x + C$

有了基本积分公式后,求不定积分就是要想办法把所给不定积分转化为基本积分表中的积分来求.

举例　求不定积分 $\int \dfrac{1}{x^2}\mathrm{d}x$.

解　$\displaystyle\int \dfrac{1}{x^2}\mathrm{d}x = \int x^{-2}\mathrm{d}x = \dfrac{1}{-2+1}x^{-2+1}+C = -\dfrac{1}{x}+C$

2. 积分的基本运算法则

法则 1　两个函数代数和的不定积分等于这两个函数不定积分的代数和,即:

$$\int (f(x))\pm g(x)\mathrm{d}x = \int f(x)\mathrm{d}x + \int g(x)\mathrm{d}x$$

该性质可以推广到任意有限多个函数的代数和的情形.

$$\int [f_1(x)\pm\cdots\pm f_n(x)]\mathrm{d}x = \int f_1(x)\mathrm{d}x \pm\cdots\pm \int f_n(x)\mathrm{d}x$$

法则 2　不为零的常数因子可以提到积分号之前. 即:

$$\int k f(x)\mathrm{d}x = k\int f(x)\mathrm{d}x$$

举例　计算 $\displaystyle\int \left(\dfrac{1}{x^3}-3\cos x+\dfrac{1}{x}\right)\mathrm{d}x$.

解　原式 $=\displaystyle\int \dfrac{1}{x^3}\mathrm{d}x - \int 3\cos x\mathrm{d}x + \int \dfrac{1}{x}\mathrm{d}x = \int x^{-3}\mathrm{d}x - 3\int \cos x\mathrm{d}x + \int \dfrac{1}{x}\mathrm{d}x$

$=-\dfrac{1}{2}x^{-2}-3\sin x+\ln x+C.$

3. 直接积分法

在求积分的问题中,可以直接按积分基本公式和基本运算法则求出结果,但有时被积函数需要经过简单的恒等变形后,再利用不定积分的基本公式和基本运算法则求出结果,这种积分方法通常叫做直接积分法.

例 1　求 $\displaystyle\int (x^2+2)\mathrm{d}x$.

解　$\displaystyle\int (x^2+2)\mathrm{d}x = \int (x^4+4x^2+4)\mathrm{d}x$

$=\displaystyle\int x^4\mathrm{d}x + 4\int x^2\mathrm{d}x + \int 4\mathrm{d}x$

$=\dfrac{1}{5}x^5+\dfrac{4}{3}x^3+4x+C.$

例 2　求 $\displaystyle\int \left(\dfrac{1}{2\sqrt{x}}-\dfrac{3}{\sqrt{1-x^2}}+2\mathrm{e}^x+\dfrac{1}{3}\cos x\right)\mathrm{d}x$.

解 $\int \left(\dfrac{1}{2\sqrt{x}} - \dfrac{3}{\sqrt{1-x^2}} + 2e^x + \dfrac{1}{3}\cos x \right) dx$

$= \dfrac{1}{2} \int x^{-\frac{1}{2}} dx - 3 \int \dfrac{1}{\sqrt{1-x^2}} dx + 2 \int e^x dx + \dfrac{1}{3} \int \cos x dx$

$= \sqrt{x} - 3\arcsin x + 2e^x + \dfrac{1}{3}\sin x + C.$

例 3 $\int \dfrac{x^4}{1+x^2} dx.$

解 $\int \dfrac{x^4}{1+x^2} dx = \int \dfrac{x^4-1+1}{1+x^2} dx$

$\qquad = \int \left[(x^2-1) + \dfrac{1}{1+x^2} \right] dx$

$\qquad = \int x^2 dx - \int dx + \int \dfrac{dx}{1+x^2}$

$\qquad = \dfrac{1}{3}x^3 - x + \arctan x + C.$

例 4 $\int \dfrac{2x^2+1}{x^2(x^2+1)} dx.$

解 $\int \dfrac{2x^2+1}{x^2(x^2+1)} dx = \int \dfrac{x^2+1+x^2}{x^2(x^2+1)} dx$

$\qquad = \int \dfrac{x^2+1}{x^2(x^2+1)} dx + \int \dfrac{x^2}{x^2(x^2+1)} dx$

$\qquad = \int \dfrac{1}{x^2} dx + \int \dfrac{1}{x^2+1} dx$

$\qquad = -\dfrac{1}{x} + \arctan x + C.$

例 5 $\int \tan^2 x dx.$

解 $\int \tan^2 x dx = \int (\sec^2 x - 1) dx$

$\qquad = \int \sec^2 x dx - \int dx$

$\qquad = \tan x - x + C.$

例 6 $\int \left(\sin \dfrac{x}{2} - \cos \dfrac{x}{2} \right)^2 dx.$

解 $\int \left(\sin \dfrac{x}{2} - \cos \dfrac{x}{2} \right)^2 dx = \int \left(\sin^2 \dfrac{x}{2} - 2\sin \dfrac{x}{2}\cos \dfrac{x}{2} + \cos^2 \dfrac{x}{2} \right) dx$

$\qquad = \int (1 - \sin x) dx$

$\qquad = x + \cos x + C.$

例 7　已知物体以速度 $v=2t^2+1$ m/s 沿 os 轴作直线运动. 当 $t=1$ s 时,物体经过的路程为 3 m,求物体的运动规律.

解　设所求物体的运动规律为 $s=s(t)$

于是有:$s'(t)=v=2t^2+1$

$$s(t)=\int (2t^2+1)\mathrm{d}t=\frac{2}{3}t^3+t+C$$

将初始条件 $s|_{t=1}=3$ 代入

$$3=\frac{2}{3}+1+C \text{ 即 } C=\frac{4}{3}$$

于是:$s(t)=\frac{2}{3}t^3+t+\frac{4}{3}$.

习题 3.2

1.求下列各式的不定积分:

(1) $\int x^6 \mathrm{d}x$;

(2) $\int 6^x \mathrm{d}x$;

(3) $\int (\mathrm{e}^x+1)\mathrm{d}x$;

(4) $\int a^x \mathrm{e}^x \mathrm{d}x$;

(5) $\int (ax^2+bx+c)\mathrm{d}x$;

(6) $\int \frac{1}{x^3}\mathrm{d}x$;

(7) $\int \frac{\mathrm{d}x}{x^2 \sqrt{x}}$;

(8) $\int \frac{\mathrm{d}h}{\sqrt{2gh}}$;

(9) $\int \frac{3x^3-2x^2+x+1}{x^3}\mathrm{d}x$;

(10) $\int \left(\frac{1}{x}+3^x+\frac{1}{\cos^2 x}-\mathrm{e}^x\right)\mathrm{d}x$;

(11) $\int \left(\frac{x+2}{x}\right)^2 \mathrm{d}x$;

(12) $\int \frac{(x+1)^2}{x(x^2+1)}\mathrm{d}x$;

(13) $\int \frac{x^2}{1+x^2}\mathrm{d}x$;

(14) $\int \frac{3x^4+3x^2+1}{x^2+1}\mathrm{d}x$;

(15) $\int \frac{\cos 2x}{\cos x-\sin x}\mathrm{d}x$;

(16) $\int \frac{\cos 2x}{\sin^2 x \cos^2 x}\mathrm{d}x$;

(17) $\int \cot^2 t \mathrm{d}t$;

(18) $\int \sin^2 \frac{x}{2}\mathrm{d}x$.

2.已知某曲线经过点 $(1,-5)$,并知曲线上每一点切线的斜率 $k=1-x$,求此曲线的方程.

3.一物体以速度 $v=3t^2+4t$(m/s)作直线运动,当 $t=2$ s 时,物体经过的路程 $s=16$ m,试求物体的运动规律.

§3.3　换元积分法

用直接积分法所能计算的不定积分是非常有限的,因此有必要进一步研究不定积分的求法.本节将介绍与微分学中复合函数求导法则相对应的换元积分法.

1. 第一类换元积分法(凑微分法)

例 1　计算 $\int 2\cos(2x)\mathrm{d}x$.

这积分不能直接用公式 $\int \cos x\mathrm{d}x = \sin x + C$ 来求,因为被积函数 $\cos(2x)$ 是一个复合函数,为能套用公式,需要将其先转化为基本初等函数形式,为此,将积分做如下变化

$$\int 2\cos(2x)\mathrm{d}x \xrightarrow{拆成} \int \cos(2x)\cdot 2\mathrm{d}x = \int \cos(2x)\cdot(2x)'\mathrm{d}x = \int \cos(2x)\mathrm{d}(2x)$$

$$\xrightarrow{令 u=2x} \int \cos u\mathrm{d}u = \sin u + C \xrightarrow{回代 u=2x} \sin(2x) + C.$$

检验: $[\sin(2x)+C]' = 2\cos(2x)$,运算结果正确.

例 1 中,我们通过将算式 $2x$ 代换为变量 u,把所求积分化为基本积分表中的积分来求,这样的积分方法称为**第一类换元积分法**,具体步骤如下:

$$\int g(x)\mathrm{d}x \xrightarrow{拆成} \int f[\varphi(x)]\varphi'(x)\mathrm{d}x = \int f[\varphi(x)]\mathrm{d}\varphi(x) \xrightarrow{令 u=(\varphi)} \int f(u)\mathrm{d}u$$

$$= F(u) + C \xrightarrow{回代 u=\varphi(x)} F[\varphi(x)] + C.$$

例 2　计算 $\int (3x-1)^{10}\mathrm{d}x$

解　因为 $\int x^a \mathrm{d}x = \dfrac{x^{a+1}}{a+1} + C (a \neq -1)$

又因为 $3\mathrm{d}x = \mathrm{d}(3x-1)$

所以 $\int (3x-1)^{10}\mathrm{d}x = \dfrac{1}{3}\int (3x-1)^{10}\mathrm{d}(3x-1)$

$$\xrightarrow{令 3x-1=u} \dfrac{1}{3}\int u^{10}\mathrm{d}u = \dfrac{1}{33}u^{11} + C.$$

例 3　计算 $\int \dfrac{1}{\sqrt{ax+b}}\mathrm{d}x$.

解　$\displaystyle\int\frac{1}{\sqrt{ax+b}}\mathrm{d}x=\frac{1}{a}\int\frac{\mathrm{d}(ax+b)}{\sqrt{ax+b}}\underline{\underline{\diamondsuit\,u=ax+b}}\frac{1}{a}\int\frac{1}{\sqrt{u}}\mathrm{d}u$

$\qquad\qquad=\frac{1}{a}2\sqrt{u}+C\underline{\underline{\text{回代}\,u=ax+b}}\frac{2\sqrt{ax+b}}{a}+C$

例 4　计算 $\displaystyle\int x\mathrm{e}^{x^2}\mathrm{d}x$.

解　$\displaystyle\int x\mathrm{e}^{x^2}\mathrm{d}x=\int\mathrm{e}^{x^2}\cdot x\mathrm{d}x=\frac{1}{2}\int\mathrm{e}^{x^2}\cdot(x^2)'\mathrm{d}x$

$\qquad\qquad=\frac{1}{2}\int\mathrm{e}^{x^2}\mathrm{d}x^2\underline{\underline{\diamondsuit\,u=x^2}}\frac{1}{2}\int\mathrm{e}^u\mathrm{d}u$

$\qquad\qquad=\frac{1}{2}\mathrm{e}^u+C\underline{\underline{\text{回代}\,u=x^2}}\frac{1}{2}\mathrm{e}^{x^2}+C.$

在运算熟练后,可把中间变量 u "默记" 心中,把 $\varphi(x)$ 看做一个变量直接求积分.

例 5　计算 $\displaystyle\int\frac{\ln x}{x}\mathrm{d}x$.

解　$\displaystyle\int\frac{\ln x}{x}\mathrm{d}x=\int\ln x\cdot\frac{1}{x}\mathrm{d}x=\int\ln x\cdot(\ln x)'\mathrm{d}x=\int\ln x\mathrm{d}(\ln x)$

$\qquad\qquad=\frac{1}{2}\ln^2 x+C.$

从以上例子看到,能用第一类换元法求解的积分,其被积函数定能拆成具有 "特殊关系" 的两个部分的乘积,一部分是关于 $\varphi(x)$ 的运算,另一部分是 $\varphi'(x)$,这样 $\varphi'(x)\mathrm{d}x$ 可凑成微分 $\mathrm{d}\varphi(x)$ 的形式,进而可将 $\varphi(x)$ 看作一个变量. 因此,第一类换元积分法的关键是找关系,凑微分,常见的凑微分关系与凑微分方法如表 3.3-1 所示.

表 3.3-1

关系: $\varphi'(x)$ 与 $\varphi(x)$	凑微方法: $\varphi'(x)\mathrm{d}x=\mathrm{d}\varphi(x)$	关系: $\varphi'(x)$ 与 $\varphi(x)$	凑微方法: $\varphi'(x)\mathrm{d}x=\mathrm{d}\varphi(x)$
1 与 $ax+b$	$1\cdot\mathrm{d}x=\frac{1}{a}\mathrm{d}(ax+b)$	e^x 与 e^x	$\mathrm{e}^x\mathrm{d}x=\mathrm{d}(\mathrm{e}^x)$
x^α 与 $x^{\alpha+1}(\alpha\neq-1)$	$x^\alpha\mathrm{d}x=\frac{1}{\alpha+1}\mathrm{d}(x^{\alpha+1})$	$\frac{1}{1+x^2}$ 与 $\arctan x$	$\frac{1}{1+x^2}\mathrm{d}x=\mathrm{d}(\arctan x)$
$\frac{1}{x}$ 与 $\ln x$	$\frac{1}{x}\mathrm{d}x=\mathrm{d}(\ln x)$	$\frac{1}{\sqrt{1-x^2}}$ 与 $\arcsin x$	$\frac{1}{\sqrt{1-x^2}}\mathrm{d}x=\mathrm{d}(\arcsin x)$
$\frac{1}{\sqrt{x}}$ 与 $\sqrt{x}$	$\frac{1}{\sqrt{x}}\mathrm{d}x=2\mathrm{d}\sqrt{x}$	$\cos x$ 与 $\sin x$	$\cos x\mathrm{d}x=\mathrm{d}(\sin x)$
$\frac{1}{x^2}$ 与 $\frac{1}{x}$	$\frac{1}{x^2}\mathrm{d}x=-\mathrm{d}\left(\frac{1}{x}\right)$	$\sin x$ 与 $\cos x$	$\sin x\mathrm{d}x=-\mathrm{d}(\cos x)$

例 6 计算 $\int \sin^2 x \cos x \mathrm{d}x$.

解 $\int \sin^2 x \cos x \mathrm{d}x = \int \sin^2 x \cdot (\sin x)' \mathrm{d}x = \int \sin^2 x \mathrm{d}(\sin x)$

$$= \frac{1}{3} \sin^3 x + C.$$

例 7 计算 $\int \dfrac{\mathrm{e}^x}{1+\mathrm{e}^x} \mathrm{d}x$.

解 $\int \dfrac{\mathrm{e}^x}{1+\mathrm{e}^x} \mathrm{d}x = \int \dfrac{1}{1+\mathrm{e}^x} \cdot \mathrm{e}^x \mathrm{d}x = \int \dfrac{1}{1+\mathrm{e}^x} \cdot (1+\mathrm{e}^x)' \mathrm{d}x$

$$= \int \frac{1}{1+\mathrm{e}^x} \mathrm{d}(1+\mathrm{e}^x) = \ln(1+\mathrm{e}^x) + C.$$

例 8 计算 $\int x \sin(x^2+1) \mathrm{d}x$.

解 $\int x \sin(x^2+1) \mathrm{d}x = \dfrac{1}{2} \int \sin(x^2+1) \mathrm{d}(x^2+1)$

$$= -\frac{1}{2} \cos(x^2+1) + C.$$

例 9 计算 $\int \dfrac{\cos \sqrt{x}}{\sqrt{x}} \mathrm{d}x$.

解 $\int \dfrac{\cos \sqrt{x}}{\sqrt{x}} \mathrm{d}x = \int \cos \sqrt{x} \cdot \dfrac{1}{\sqrt{x}} \mathrm{d}x = 2 \int \cos \sqrt{x} \mathrm{d}(\sqrt{x}) = 2 \sin \sqrt{x} + C$

2. 第二类换元积分法

第一类换元积分法将 $\varphi(x)$ 看作一个变量,即通过代换 $u=\varphi(x)$ 求积分,在积分运算中,也可以把积分变量 x 看做是另外一个变量 t 的函数,即通过代换 $x=\varphi(t)$ 求积分,这样的代换方法称为第二类换元积分法,具体步骤如下:

$$\int f(x)\mathrm{d}x \xlongequal{\text{令}\,x=\varphi(t)} \int f[\varphi(t)]\varphi'(t)\mathrm{d}t = F(t)+C \xlongequal{\text{回代}\,t=\varphi^{-1}(x)} F[\varphi^{-1}(x)]+C$$

例 10 计算 $\int \dfrac{1}{1+\sqrt{x+1}} \mathrm{d}x$.

解 令 $\sqrt{x+1}=t$,则 $x=t^2-1$,$\mathrm{d}x=2t\mathrm{d}t$ 代入所给积分,得

$$\int \frac{1}{1+\sqrt{x+1}} \mathrm{d}x = 2 \int \frac{t}{t+1} \mathrm{d}t = 2 \int \left(1-\frac{1}{1+t}\right) \mathrm{d}t$$

$$= 2t - 2\ln(1+t) + C = 2\sqrt{1+x} - \ln(1+\sqrt{1+x}) + C.$$

被积函数中含有"根式"的积分,常可用第二类换元积分法进行去根号. 若被

积函数中含有形如 $\sqrt[n]{ax+b}$ 的根式,可通过代换 $\sqrt[n]{ax+b}=t$ 去掉根号后再求积分.

例 11　计算 $\int \dfrac{1}{\sqrt{x}+\sqrt[3]{x}}\mathrm{d}x$.

解　令 $x=t^6$,则 $\sqrt{x}=t^3,\sqrt[3]{x}=t^2,\mathrm{d}x=6t^5\mathrm{d}t$. 代入所给积分,得

$$\int \dfrac{1}{\sqrt{x}+\sqrt[3]{x}}\mathrm{d}x = \int \dfrac{6t^5}{t^3+t^2}\mathrm{d}t = 6\int \dfrac{t^3}{t+1}\mathrm{d}t$$

$$= 6\int \dfrac{(t^3+1)-1}{t+1}\mathrm{d}t = 6\int\left(t^2-t+1-\dfrac{1}{t+1}\right)\mathrm{d}t$$

$$= 6\left(\dfrac{t^3}{3}-\dfrac{t^2}{2}+t-\ln|t+1|\right)+C$$

$$= 2\sqrt{x}-3\sqrt[3]{x}+6\sqrt[6]{x}-6\ln(1+\sqrt[6]{x})+C.$$

例 12　计算 $\int \sqrt{a^2-x^2}\,\mathrm{d}x\,(a>0)$.

解　令 $x=a\sin t,t\in\left[-\dfrac{\pi}{2},\dfrac{\pi}{2}\right]$,则 $\mathrm{d}x=a\cos t\mathrm{d}t$.

$$\int \sqrt{a^2-x^2}\,\mathrm{d}x = \int \sqrt{a^2-a^2\sin^2 t}\cdot a\cos t\mathrm{d}t$$

$$= a^2\int \cos^2 t\mathrm{d}t = \dfrac{a^2}{2}\int(1+\cos 2t)\mathrm{d}t$$

$$= \dfrac{a^2}{2}\left(\int \mathrm{d}t+\int \cos 2t\mathrm{d}t\right) = \dfrac{a^2}{2}\left(t+\dfrac{1}{2}\sin 2t\right)+C.$$

为了使所得结果用变量 x 来表示,根据 $\sin t=\dfrac{x}{a}$.

作辅助直角三角形如图 3.3 - 1 所示,于是有 $t=$

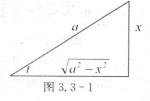

图 3.3 - 1

$\arcsin \dfrac{x}{a},\sin 2t=2\sin t\cos t=\dfrac{2x}{a}\cdot\dfrac{\sqrt{a^2-x^2}}{a}$

因此

$$\int \sqrt{a^2-x^2}\,\mathrm{d}x = \dfrac{a^2}{2}\arcsin \dfrac{x}{a}+\dfrac{x}{2}\sqrt{a^2-x^2}+C$$

例 13　计算 $\int \dfrac{1}{\sqrt{a^2+x^2}}\mathrm{d}x\,(a>0)$.

解　令 $x=a\tan t,t\in\left(-\dfrac{\pi}{2},\dfrac{\pi}{2}\right)$,则 $\mathrm{d}x=a\sec^2 t\mathrm{d}t$.

$$\int \dfrac{1}{\sqrt{a^2+x^2}}\mathrm{d}x = \int \dfrac{1}{a\sec t}a\sec^2 t\mathrm{d}t$$

$$= \ln|\sec t+\tan t|+c_1$$

根据 $\tan t = \dfrac{x}{a}$，作辅助直角三角形，如图 3.3-2 所

示，于是有

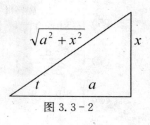

图 3.3-2

$$\int \frac{1}{\sqrt{a^2+x^2}}\mathrm{d}x = \ln\left|\frac{\sqrt{a^2+x^2}}{a}+\frac{x}{a}\right|+c_1$$
$$= \ln\left|x+\sqrt{a^2+x^2}\right|+c\,(\text{其中}:c=c_1$$
$$-\ln a).$$

例 14 $\displaystyle\int \frac{\sqrt{x^2-9}}{x}\mathrm{d}x.$

解：令 $x=3\sec t, t\in\left(0,\dfrac{\pi}{2}\right)$，则 $\mathrm{d}x=3\sec t\tan t\mathrm{d}t.$

$$\int \frac{\sqrt{x^2-9}}{x}\mathrm{d}x = \int \frac{3\tan t}{3\sec t}\cdot 3\sec t\tan t\mathrm{d}t$$
$$= 3\int \tan^2 t\mathrm{d}t = 3\int (\sec^2 t-1)\mathrm{d}t$$
$$= 3\tan t - 3t + C.$$

根据 $\sec t = \dfrac{x}{3}$，作辅助直角三角形，如图 3.3-3

所示，于是有

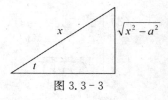

图 3.3-3

$$\int \frac{\sqrt{x^2-9}}{x}\mathrm{d}x = \sqrt{x^2-9}-3\arccos\frac{3}{|x|}+C$$

当被积函数含有根式 $\sqrt{a^2-x^2}$ 或 $\sqrt{x^2\pm a^2}$ 时，可将被积表达式作如下的

变换：

①含有 $\sqrt{a^2-x^2}$ 时，令 $x=a\sin t$；

②含有 $\sqrt{x^2+a^2}$ 时，令 $x=a\tan t$；

③含有 $\sqrt{x^2-a^2}$ 时，令 $x=a\sec t$；

这三种变换叫做三角代换.

习题 3.3

1. 用第一类换元积分法求下列不定积分：

(1) $\displaystyle\int (3-5x)^3\mathrm{d}x$；

(2) $\displaystyle\int \frac{1}{3-2x}\mathrm{d}x$；

(3) $\displaystyle\int \frac{1}{\sqrt[3]{5-3x}}\mathrm{d}x$；

(4) $\displaystyle\int e^{3t}\mathrm{d}t$；

(5) $\int (\sin ax - e^{\frac{x}{b}}) dx$;　　　　　　　(6) $\int x\cos (x^2) dx$;

(7) $\int \dfrac{x dx}{\sqrt{2-3x^2}}$;　　　　　　　　(8) $\int \dfrac{\cos \sqrt{t}}{\sqrt{t}} dt$;

(9) $\int \dfrac{\sin x}{\cos^3 x} dx$;　　　　　　　　(10) $\int \cos^3 x dx$;

(11) $\int \tan^{10} x\sec^2 x dx$;　　　　　(12) $\int \cos^2 x dx$;

(13) $\int \sec^4 x dx$;　　　　　　　　(14) $\int \dfrac{e^{2x}}{1+e^{2x}} dx$;

(15) $\int \dfrac{\ln^3 x}{x} dx$;　　　　　　　　(16) $\int \dfrac{(\arctan x)^2}{1+x^2} dx$.

(17) $\int \dfrac{1}{25+9x^2} dx$;　　　　　　(18) $\int \dfrac{1}{x^2-9} dx$.

2. 用第二类换元积分法求下列不定积分：

(1) $\int \dfrac{\sqrt{x}}{1+\sqrt{x}}$;　　　　　　　　(2) $\int \dfrac{\sqrt{x-1}}{x}$;

(3) $\int \dfrac{dx}{1+\sqrt{1-x^2}}$;　　　　　　(4) $\int \dfrac{\sqrt{x^2-a^2}}{x} dx$;

(5) $\int \dfrac{dx}{\sqrt{(x^2+1)^3}}$;　　　　　　(6) $\int \sqrt{e^x-1} dx$.

§3.4　分部积分法

前两节我们在复合函数求导法则的基础上，得到了换元积分法，这是一个重要的积分法，但是对某些类型的积分，换元积分法往往不能奏效，如 $\int x\cos x dx$、$\int e^x \sin x dx$、$\int \ln x dx$、$\int \arcsin x dx$ 等等. 为此，我们将引入另一种基本积分方法：分部积分法.

设函数 $u=u(x)$ 及 $v=v(x)$ 具有连续导数，根据乘积的微分法则，有

$$d(uv) = u dv + v du$$

移项得　　　　　　　　　　$$u dv = d(uv) - v du.$$

两边积分，得

$$\boxed{\int u dv = uv - \int v du}$$

上式叫做分部积分公式,这个公式可将积分 $\int u\mathrm{d}v$ 转化为积分 $\int v\mathrm{d}u$ 来求,若积分 $\int v\mathrm{d}u$ 比积分 $\int u\mathrm{d}v$ 简单,则公式起到化难为易的作用.用分部积分公式去求积分的方法称为分部积分法,主要用于解决某些被积函数是两类不同函数乘积的不定积分,这种积分方法首先是将被

积式分为 u 与 $\mathrm{d}v$ 两部分,然后套用分部积分公式.

例 1 计算 $\int x\mathrm{e}^x\mathrm{d}x$.

解 设 $u=x,\mathrm{d}v=\mathrm{e}^x\mathrm{d}x=\mathrm{d}(\mathrm{e}^x)$,得 $\mathrm{d}u=\mathrm{d}x,v=\mathrm{e}^x$.

$$\int x\mathrm{e}^x\mathrm{d}x=\int x\mathrm{d}\mathrm{e}^x=x\mathrm{e}^x-\int \mathrm{e}^x\mathrm{d}x=x\mathrm{e}^x-\mathrm{e}^x+C.$$

分部积分法的关键在于将被积式分解成 u 与 $\mathrm{d}v$ 两部分的乘积,从例 1 看到,求 $\mathrm{d}v$ 的过程是一个凑微分的过程,因此,选择 u 与 $\mathrm{d}v$ 进行分部时,可考虑以下两个方面:

(1)由 $\mathrm{d}v$ 容易求出 v;

(2)新积分 $\int v\mathrm{d}u$ 要比原积分 $\int u\mathrm{d}v$ 简单易求.

例 2 计算 $\int x\cos x\mathrm{d}x$.

解 $$\int x\cos x\mathrm{d}x=\int \underset{u}{x}\underset{\mathrm{d}v}{\mathrm{d}(\sin x)}=x\sin x-\int \sin x\mathrm{d}x=x\sin x+\cos x+C$$

例 3 计算 $\int x\ln x\mathrm{d}x$.

解 $$\int x\ln x\mathrm{d}x=\frac{1}{2}\int \underset{u}{\ln x}\underset{\mathrm{d}v}{\mathrm{d}(x^2)}=\frac{1}{2}x^2\ln x-\frac{1}{2}\int x^2\mathrm{d}(\ln x)$$

$$=\frac{1}{2}x^2\ln x-\frac{1}{2}\int x\mathrm{d}x$$

$$=\frac{1}{2}x^2\ln x-\frac{1}{4}x^2+C.$$

例 4 计算 $\int \arcsin x\mathrm{d}x$.

解 $$\int \arcsin x\mathrm{d}x=x\arcsin x-\int x\mathrm{d}(\arcsin x)$$

$$=x\arcsin x-\int \frac{x}{\sqrt{1-x^2}}\mathrm{d}x$$

$$=x\arcsin x+\frac{1}{2}\int \frac{\mathrm{d}(1-x^2)}{\sqrt{1-x^2}}$$

$$=x\arcsin x+\sqrt{1-x^2}+C.$$

例 5　计算 $\int x\arctan x\,\mathrm{d}x$.

解　$\int x\arctan x\,\mathrm{d}x = \dfrac{1}{2}\int \underset{u}{\underline{\arctan x}}\underset{\mathrm{d}v}{\underline{\dfrac{\mathrm{d}(x^2)}{}}} = \dfrac{1}{2}x^2\arctan x - \dfrac{1}{2}\int x^2\,\mathrm{d}(\arctan x)$

$$= \dfrac{x^2}{2}\arctan x - \dfrac{1}{2}\int \dfrac{x^2}{1+x^2}\,\mathrm{d}x$$

$$= \dfrac{x^2}{2}\arctan x - \dfrac{1}{2}\int \left[1 - \dfrac{1}{1+x^2}\right]\mathrm{d}x$$

$$= \dfrac{x^2}{2}\arctan x - \dfrac{x}{2} + \dfrac{1}{2}\arctan x + C.$$

从这些例子得到如下四种用分部积分法求解的积分类型及其分部方法：

类型一：$\int \underset{u}{\underline{幂函数}} \times \underset{\mathrm{d}v}{\underline{指数函数}}\,\mathrm{d}x$；类型二：$\int \underset{u}{\underline{幂函数}} \times \underset{\mathrm{d}v}{\underline{三角函数}}\,\mathrm{d}x$；

类型三：$\int \underset{\mathrm{d}v}{\underline{\underset{u}{\underline{幂函数} \times 对数函数}}}\,\mathrm{d}x$；类型四：$\int \underset{\mathrm{d}v}{\underline{\underset{u}{\underline{幂函数 \times 反三角函数}}}}\,\mathrm{d}x$.

例 6　计算 $\int x^2\mathrm{e}^x\,\mathrm{d}x$.

解　$\int x^2\mathrm{e}^x\,\mathrm{d}x = \int x^2\,\mathrm{d}(\mathrm{e}^x) = x^2\mathrm{e}^x - \int \mathrm{e}^x\,\mathrm{d}(x^2) = x^2\mathrm{e}^x - 2\int x\mathrm{e}^x\,\mathrm{d}x$

$$= x^2\mathrm{e}^x - 2\int x\,\mathrm{d}\mathrm{e}^x = x^2\mathrm{e}^x - 2x\mathrm{e}^x + 2\int \mathrm{e}^x\,\mathrm{d}x$$

$$= x^2\mathrm{e}^x - 2x\mathrm{e}^x + 2\mathrm{e}^x + C.$$

这例子表明,有时要多次使用分部积分公式,才能求出结果.

例 7　计算 $\int \mathrm{e}^x\cos x\,\mathrm{d}x$.

解　$\int \mathrm{e}^x\cos x\,\mathrm{d}x = \int \cos x\,\mathrm{d}(\mathrm{e}^x)$

$$= \mathrm{e}^x\cos x + \int \mathrm{e}^x\sin x\,\mathrm{d}x$$

$$= \mathrm{e}^x\cos x + \int \sin x\,\mathrm{d}(\mathrm{e}^x)$$

$$= \mathrm{e}^x\cos x + \mathrm{e}^x\sin x - \int \mathrm{e}^x\cos x\,\mathrm{d}x$$

移项,并合并得

$$2\int \mathrm{e}^x\cos x\,\mathrm{d}x = \mathrm{e}^x(\cos x + \sin x) + C_1$$

$$\int \mathrm{e}^x\cos x\,\mathrm{d}x = \dfrac{1}{2}\mathrm{e}^x(\cos x + \sin x) + C\left(C = \dfrac{1}{2}C_1\right).$$

习题 3.4

求下列不定积分：

(1) $\displaystyle\int x\sin 2x\mathrm{d}x$；

(2) $\displaystyle\int x\mathrm{e}^{-2x}\mathrm{d}x$；

(3) $\displaystyle\int x\ln x\mathrm{d}x$；

(4) $\displaystyle\int x^2\cos x\mathrm{d}x$；

(5) $\displaystyle\int \arccos x\mathrm{d}x$；

(6) $\displaystyle\int x\cos\frac{x}{2}\mathrm{d}x$；

(7) $\displaystyle\int \ln(1+x^2)\mathrm{d}x$；

(8) $\displaystyle\int \frac{\ln x}{\sqrt{x}}\mathrm{d}x$；

(9) $\displaystyle\int x\sin x\cos x\mathrm{d}x$；

(10) $\displaystyle\int \sec^3 x\mathrm{d}x$；

(11) $\displaystyle\int \sin \ln x\mathrm{d}x$；

(12) $\displaystyle\int \mathrm{e}^{-x}\cos x\mathrm{d}x$；

(13) $\displaystyle\int \ln^2 x\mathrm{d}x$；

(14) $\sqrt{\mathrm{e}^x-1}\mathrm{d}x$.

*§3.5 几种初等函数的积分

前面我们已经讨论了求不定积分的四种方法——直接积分法，第一类换元法，第二类换元法和分部积分法. 本节将进一步讨论被积函数是有理函数及三角函数有理式的不定积分.

1. 有理函数的积分

两个多项项式 $p(x)$ 与 $Q(x)$ 的商

$$R(x)=\frac{P(x)}{Q(x)}=\frac{a_0 x^m+a_1 x^{m-1}+\cdots+a_{m-1}x+a_m}{b_0 x^n+b_1 x^{n-1}+\cdots+b_{n-1}x+b}$$

称为**有理函数**，其中 m 和 n 是非负数，$a_i(i=0,1,2,\cdots,m)$ 和 $b_j(j=0,1,2,\cdots,n)$ 都是实数，而且 $a_0\neq 0,b_0\neq 0$. 并且假定 $P(x)$ 与 $Q(x)$ 之间没有公因子，当 $m<n$ 时，$R(x)$ 称为**真分式**；当 $m\geqslant n$ 时，$R(x)$ 称为**假分式**.

当 $R(x)$ 为假分式时，总可以根据多项式的除法法则使它化为一个多项式与一个真分式之和的形式，举例

$$\frac{x^2}{x^2-1}=1+\frac{1}{x^2-1}$$

$$\frac{x^3-4x^2+2x+9}{x^2-5x+6}=x+1+\frac{x+3}{x^2-5x+6}$$

由于多项式的积分只要逐项积分就可以求得,因此要求有理分式的不定积分,只需讨论真分式的不定积分的求法. 我们已经学过比较简单的真分式的积分,如

$$\int \frac{1}{x-a}\mathrm{d}x=\int \frac{1}{x-a}\mathrm{d}(x-a)=\ln|x-a|+C$$

$$\int \frac{1}{(x-a)^2}\mathrm{d}x=\int (x-a)^{-2}\mathrm{d}(x-a)$$

$$=-\frac{1}{x-a}+C$$

$$\int \frac{x+3}{x^2-5x+6}\mathrm{d}x=\int \left[\frac{6}{x-3}-\frac{5}{x-2}\right]\mathrm{d}x$$

$$=6\ln|x-3|-5\ln|x-2|+C$$

一般地,对于真分式若分母有一次因式 $x-a$,则分解后有形如

$$\frac{A}{x-a}$$

的部分分式.

若分母含有 k 重一次因式 $(x-a)^k$,则分解后有下列 k 个部分分式之和

$$\frac{A_1}{x-a}+\frac{A_2}{(x-a)^2}+\cdots+\frac{A_k}{(x-a)^k}$$

其中 $A_i(i=1,2,\cdots,k)$ 都是常数.

类似地,若真分式的分母对应有不可分解的二次因式 $x^2+px+q(p^2-4q<0)$,则分解后有形如

$$\frac{Bx+C}{x^2+px+q}$$

的部分分式,其中 B、C、p、q 均为常数.

例 1　计算 $\int \frac{x^3}{x+3}\mathrm{d}x$.

解　因为 $\dfrac{x^3}{x+3}=\dfrac{x^3+27-27}{x+3}=x^2-3x+9-\dfrac{27}{x+3}$

所以 $\int \dfrac{x^3}{x+3}\mathrm{d}x=\int (x^2-3x+9-\dfrac{27}{x+3})\mathrm{d}x$

$$=\int (x^2-3x+9)\mathrm{d}x-\int \frac{27}{x+3}\mathrm{d}x$$

$$=\frac{1}{3}x^3-\frac{3}{2}x^2+9x-27\ln|x+3|+C.$$

例 2　计算 $\int \dfrac{x+1}{(x-1)^3}\mathrm{d}x$.

解 令 $\dfrac{x+1}{(x-1)^3}=\dfrac{A}{x-1}+\dfrac{B}{(x-1)^2}+\dfrac{C}{(x-1)^3}$,

等式右边通分后比较两边分子 x 的同次项的系数得:

$$A=0,B-2A=1,A-B+C=1,$$

解此方程组得:$A=0,B=1,C=2$.

所以 $\dfrac{x+1}{(x-1)^3}=\dfrac{1}{(x-1)^2}+\dfrac{2}{(x-1)^3}$

所以 $\displaystyle\int\dfrac{x+1}{(x-1)^3}\mathrm{d}x=\int\dfrac{1}{(x-1)^2}\mathrm{d}x+\int\dfrac{2}{(x-1)^3}\mathrm{d}x$

$$=-\dfrac{1}{x-1}-\dfrac{1}{(x-1)^2}+C$$

$$=-\dfrac{x}{(x-1)^2}+C.$$

例 3 计算 $\displaystyle\int\dfrac{x\mathrm{d}x}{(x+2)(x+3)^2}$.

解 因为 $\dfrac{x}{(x+2)(x+3)^2}=\dfrac{x+2-2}{(x+2)(x+3)^2}$

$$=\dfrac{x+2}{(x+2)(x+3)^2}-\dfrac{2}{(x+2)(x+3)^2}$$

$$=\dfrac{1}{(x+3)^2}-\dfrac{2}{(x+2)(x+3)^2};$$

令 $\dfrac{2}{(x+2)(x+3)^2}=\dfrac{A}{x+2}+\dfrac{B}{x+3}+\dfrac{C}{(x+3)^2}$,

等式右边通分后比较两边分子 x 的同次项的系数得:

$$\begin{cases}A+B=0\\6A+5B+C=0\\9A+6B+2C=2\end{cases}$$

解此方程组得:$\begin{cases}A=2\\B=-2\\C=-2\end{cases}$

所以 $\dfrac{2}{(x+2)(x+3)^2}=\dfrac{2}{x+2}-\dfrac{2}{x+3}-\dfrac{2}{(x+3)^2}$

所以 $\dfrac{x}{(x+2)(x+3)^2}=\dfrac{1}{(x+3)^2}-\left(\dfrac{2}{x+2}-\dfrac{2}{x+3}-\dfrac{2}{(x+3)^2}\right)$

$$=\dfrac{3}{(x+3)^2}-\dfrac{2}{x+2}+\dfrac{2}{x+3}$$

所以 $\displaystyle\int\dfrac{x\mathrm{d}x}{(x+2)(x+3)^2}=\int\dfrac{3}{(x+3)^2}\mathrm{d}x-\int\dfrac{2}{x+2}\mathrm{d}x+\int\dfrac{2}{x+3}\mathrm{d}x$

$$= -\frac{3}{x+3} - 2\ln|x+2| + 2\ln|x+3| + C$$

$$= \ln\left(\frac{x+3}{x+2}\right)^2 - \frac{3}{x+3} + C.$$

例 4 计算 $\int \frac{x^5 + x^4 - 8}{x^3 - x} dx$.

解 令 $\frac{x^2 + x - 8}{x^3 - x} = \frac{A}{x} + \frac{B}{x+1} + \frac{C}{x-1}$,

等式右边通分后比较两边分子 x 的同次项的系数得：

$$\begin{cases} A+B+C=1 \\ C-B=1 \\ A=8 \end{cases}$$

解此方程组得：$\begin{cases} A=8 \\ B=-4 \\ C=-3 \end{cases}$

所以 $\frac{x^5 + x^4 - 8}{x^3 - x} = x^2 + x + 1 + \frac{8}{x} - \frac{4}{x+1} - \frac{3}{x-1}$

所以 $\int \frac{x^5 + x^4 - 8}{x^3 - x} dx = \int \left(x^2 + x + 1 + \frac{8}{x} - \frac{4}{x+1} - \frac{3}{x-1}\right) dx$

$$= \frac{1}{3}x^3 + \frac{1}{2}x^2 + x + 8\ln|x| - 4\ln|x+1| - 3\ln|x-1| + C.$$

例 5 计算 $\int \frac{1}{x(x^2+1)} dx$.

解 令 $\frac{1}{x(x^2+1)} = \frac{A}{x} + \frac{Bx+C}{x^2+1}$,

等式右边通分后比较两边分子 x 的同次项的系数得：

$$\begin{cases} A+B=0 \\ C=0 \\ A=1 \end{cases}$$

解此方程组得：$\begin{cases} A=1 \\ B=-1 \\ C=0 \end{cases}$, 所以 $\frac{1}{x(x^2+1)} = \frac{1}{x} - \frac{x}{x^2+1}$

所以 $\int \frac{1}{x(x^2+1)} dx = \int \frac{1}{x} dx - \int \frac{x}{x^2+1} dx$

$$= \ln|x| - \frac{1}{2} \int \frac{1}{x^2+1} d(x^2+1)$$

$$= \ln|x| - \frac{1}{2}\ln(x^2+1) + C$$

$$=\ln \frac{|x|}{\sqrt{x^2+1}}+C.$$

例 6　计算 $\displaystyle\int \frac{\mathrm{d}x}{(x^2+x)(x^2+1)}$.

解　因为 $\displaystyle\frac{1}{(x^2+x)(x^2+1)}=\frac{1}{x(x+1)(x^2+1)}$

令 $\displaystyle\frac{1}{(x^2+x)(x^2+1)}=\frac{A}{x}+\frac{B}{x+1}+\frac{Cx+D}{x^2+1}$,

等式右边通分后比较两边分子 x 的同次项的系数得:

$$\begin{cases} A+B+C=0 \\ A+C+D=0 \\ A+B+D=0 \\ A+1 \end{cases}$$

解之得: $A=1, B=-\dfrac{1}{2}, C=-\dfrac{1}{2}, D=-\dfrac{1}{2}.$

所以 $\displaystyle\frac{1}{(x^2+x)(x^2+1)}=\frac{1}{x}-\frac{1}{2}\cdot\frac{1}{x+1}-\frac{1}{2}\cdot\frac{x+1}{x^2+1}$

所以 $\displaystyle\frac{1}{(x^2+x)(x^2+1)}=\frac{1}{x}-\frac{1}{2}\cdot\frac{1}{x+1}-\frac{1}{2}\cdot\frac{x}{x^2+1}-\frac{1}{2}\cdot\frac{1}{x^2+1}$

所以 $\displaystyle\int \frac{\mathrm{d}x}{(x^2+x)(x^2+1)}=\int \frac{1}{x}\mathrm{d}x-\frac{1}{2}\int \frac{1}{x+1}\mathrm{d}x-\frac{1}{2}\int \frac{x}{x^2+1}\mathrm{d}x-\frac{1}{2}\int \frac{\mathrm{d}x}{x^2+1}$

$$=\ln|x|-\frac{1}{2}\ln|x+1|-\frac{1}{4}\int \frac{1}{x^2+1}\mathrm{d}(x^2+1)-\frac{1}{2}\arctan x$$

$$=\ln|x|-\frac{1}{2}\ln|x+1|-\frac{1}{4}\ln(x^2+1)-\frac{1}{2}\arctan x+C.$$

2. 三角函数有理式的积分

由三角函数和常数经过有限次四则运算构成的函数叫做三角函数有理式. 因为任何三角函数都可以用正弦函数与余弦函数表示,所以通常把三角函数有理式记为

$$R(\sin x,\cos x).$$

由三角学知道,$\sin x$ 和 $\cos x$ 都可以用 $\tan \dfrac{x}{2}$ 的有理式表示,即

$$\sin x=\frac{2\sin \dfrac{x}{2}\cos \dfrac{x}{2}}{\sin^2 \dfrac{x}{2}+\cos^2 \dfrac{x}{2}}=\frac{2\tan \dfrac{x}{2}}{1+\tan^2 \dfrac{x}{2}},$$

$$\cos x = \frac{\cos^2\frac{x}{2}-\sin^2\frac{x}{2}}{\sin^2\frac{x}{2}+\cos^2\frac{x}{2}} = \frac{1-\tan^2\frac{x}{2}}{1+\tan^2\frac{x}{2}}.$$

所以,如果令 $\tan\frac{x}{2}=u$,则 $x=2\arctan u$ 得

$$\sin x = \frac{2x}{1+u^2},$$

$$\cos x = \frac{1-u^2}{1+u^2},$$

$$\mathrm{d}x = \frac{2\mathrm{d}u}{1+u^2}.$$

那么三角函数有理式的积分可化为

$$\int R(\sin x,\cos x)\mathrm{d}x = \int R\Big(\frac{2u}{1+u^2},\frac{1-u^2}{1+u^2}\Big)\frac{2}{1+u^2}\mathrm{d}u$$

变量代换 $\tan\frac{x}{2}=u$,通常称为万能代换,利用万能代换得到的关于 u 的有理函数一般相当复杂,因此这种方法不是求积分的最有效的方法,对于某些特殊的三角函数有理式的积分,应当考虑更为简便的方法.

例 7 计算 $\int \frac{1+\sin x}{\sin x(1+\cos x)}\mathrm{d}x$.

解 令 $\tan\frac{x}{2}=u$,则 $x=2\arctan u$ 得

$$\sin x = \frac{2x}{1+u^2},\ \cos x = \frac{1-u^2}{1+u^2},\ \mathrm{d}x = \frac{2\mathrm{d}u}{1+u^2}.$$

$$\int \frac{1+\sin x}{\sin x(1+\cos x)}\mathrm{d}x = \int \frac{1+\frac{2u}{1+u^2}}{\frac{2u}{1+u^2}\Big(1+\frac{1-u^2}{1+u^2}\Big)}\cdot\frac{2}{1+u^2}\mathrm{d}u$$

$$= \int \frac{2(1+u^2+2u)}{2u(1+u^2+1-u^2)}\mathrm{d}u$$

$$= \frac{1}{2}\int \Big(\frac{1}{u}+u+2\Big)\mathrm{d}u$$

$$= \frac{1}{2}\ln|u|+\frac{1}{4}u^2+u+C$$

$$= \frac{1}{2}\ln\Big|\tan\frac{x}{2}\Big|+\frac{1}{4}\tan^2\frac{x}{2}+\tan\frac{x}{2}+C.$$

例 8 计算 $\int \frac{\mathrm{d}x}{1+\sin x+\cos x}$.

解:令 $t=\tan\frac{x}{2}$,则 $\sin x=\frac{2t}{1+t^2}$,$\cos x=\frac{1-t^2}{1+t^2}$,$\mathrm{d}x=\frac{2\mathrm{d}t}{1+t^2}$;

所以 $\int \dfrac{\dfrac{2\mathrm{d}t}{1+t^2}}{1+\dfrac{2t}{1+t^2}+\dfrac{1-t^2}{1+t^2}} = \int \dfrac{\mathrm{d}t}{1+t} = \ln|1+t|+C$

$$= \ln\left|1+\tan\dfrac{x}{2}\right|+C.$$

习题 3.5

求下列不定积分：

(1) $\int \dfrac{x^2}{x+4}\mathrm{d}x$;

(2) $\int \dfrac{x^3}{x+3}\mathrm{d}x$;

(3) $\int \dfrac{x-2}{x^2+2x+3}\mathrm{d}x$;

(4) $\int \dfrac{1}{(x+1)(x+2)^2}\mathrm{d}x$;

(5) $\int \dfrac{3}{x^3+1}\mathrm{d}x$;

(6) $\int \dfrac{x^5+x^4-8}{x^3-x}\mathrm{d}x$;

(7) $\int \dfrac{1}{3+\cos x}\mathrm{d}x$;

(8) $\int \dfrac{\mathrm{d}x}{\sin x+\cos x}$;

(9) $\int \dfrac{\sin x}{1+\sin x}\mathrm{d}x$;

(10) $\int \sin^3 x\cos^2 x\mathrm{d}x$.

§3.6　简易积分表及其使用

不定积分表［基本积分表］：

$\int f(x)\mathrm{d}x = f(x)+C$ 表中略去积分常数，$\ln g(x)$ 是指 $\ln|g(x)|$

$f(x)$	$f(x)$
k（常数）	kx
$x^n\,(n\neq-1)$	$\dfrac{x^{n+1}}{n+1}$
$\dfrac{1}{x}$	$\ln x$
e^x	e^x
$a^x\,(a>0)$	$\dfrac{a^x}{\ln a}$

$\sin x$	$-\cos x$
$\cos x$	$\sin x$
$\tan x$	$-\ln \cos x$
$\cot x$	$\ln \sin x$
$\sec x$	$\ln \tan\left(\dfrac{x}{2}+\dfrac{\pi}{4}\right)$ 或 $\ln(\sec x+\tan x)$
$\sin^2 x$	$\dfrac{x}{2}-\dfrac{1}{2}\sin x\cos x$
$\cos^2 x$	$\dfrac{x}{2}+\dfrac{1}{2}\sin x\cos x$
$\tan^2 x$	$\tan x-x$
$\cot^2 x$	$-\cot x-x$
$\sec^2 x$	$\tan x$
$\csc^2 x$	$-\cot x$
$\dfrac{1}{a^2+x^2}\,(a>0)$	$\dfrac{1}{a}\arctan\dfrac{x}{a}$
$\dfrac{1}{a^2-x^2}\,(|x|<|a|)$	$\dfrac{1}{a}\arctan\dfrac{x}{a}$ 或 $\dfrac{1}{2a}\ln\dfrac{a+x}{a-x}$
$\dfrac{1}{x^2-a^2}\,(|x|>|a|)$	$\dfrac{1}{a}\operatorname{arccot}\dfrac{x}{a}$ 或 $\dfrac{1}{2a}\ln\dfrac{x-a}{x+a}$
$\dfrac{1}{\sqrt{a^2-x^2}}$	$\arcsin\dfrac{x}{a}$
$\sqrt{a^2-x^2}$	$\dfrac{x}{2}\sqrt{a^2-x^2}+\dfrac{a^2}{2}\arcsin\dfrac{x}{a}$
$\dfrac{1}{\sqrt{x^2+a^2}}$	$\operatorname{Arsh}\dfrac{x}{a}$ 或 $\ln(x+\sqrt{x^2+a^2})$
$\sqrt{x^2+a^2}$	$\dfrac{x}{2}\sqrt{x^2+a^2}+\dfrac{a^2}{2}\operatorname{Arsh}\dfrac{x}{a}$　　　　　或 $\dfrac{x}{2}\sqrt{x^2+a^2}+\dfrac{a^2}{2}\ln(x+\sqrt{x^2+a^2})$
$\dfrac{1}{\sqrt{x^2-a^2}}$	$\operatorname{Arch}\dfrac{x}{a}$ 或 $\ln(x+\sqrt{x^2-a^2})$
$\sqrt{x^2-a^2}$	$\dfrac{x}{2}\sqrt{x^2-a^2}-\dfrac{a^2}{2}\operatorname{Arch}\dfrac{x}{a}$　　　　　或 $\dfrac{x}{2}\sqrt{x^2-a^2}-\dfrac{a^2}{2}\ln(x+\sqrt{x^2-a^2})$
$\dfrac{1}{\sqrt{2ax-x^2}}$	$\arccos(1-\dfrac{x}{a})$ 或 $\arcsin(\dfrac{x}{a}-1)$

$(ax+b)^n \, (n \neq -1)$	$\dfrac{(ax+b)^{(x+1)}}{a(n+1)}$
$\dfrac{1}{ax+b}$	$\dfrac{1}{a}\ln(ax+b)$
$\dfrac{1}{(ax+b)^2}$	$-\dfrac{1}{a(ax+b)}$
$\dfrac{1}{(ax+b)^3}$	$-\dfrac{1}{2a(ax+b)^2}$
$x(ax+b)^n$ $(n \neq -1, -2)$	$\dfrac{(ax+b)^{x+2}}{a^2(n+2)} - \dfrac{b(ax+b)^{x+1}}{a^2(n+1)}$
$\dfrac{x}{ax+b}$	$\dfrac{x}{a} - \dfrac{b}{a^2}\ln(ax+b)$
$\dfrac{x}{(ax+b)^2}$	$\dfrac{b}{a^2(ax+b)} + \dfrac{1}{a^2}\ln(ax+b)$
$\dfrac{x}{(ax+b)^3}$	$\dfrac{b}{2a^2(ax+b)^2} - \dfrac{1}{a^2(ax+b)}$
$x^2(ax+b)^n$ $(n \neq -1, -2, -3)$	$\dfrac{1}{a^3}\left[\dfrac{(ax+b)^{x+3}}{n+3} - 2b\dfrac{(ax+b)^{x+2}}{n+2} + b^2\dfrac{(ax+b)^{x+1}}{n+1}\right]$
$\dfrac{x^2}{ax+b}$	$\dfrac{1}{a^3}\left[\dfrac{1}{2}(ax+b)^2 - 2b(ax+b) + b^2\ln(ax+b)\right]$
$\dfrac{x^2}{(ax+b)^2}$	$\dfrac{1}{a^3}\left[ax+b - 2b\ln(ax+b) - \dfrac{b^2}{ax+b}\right]$
$\dfrac{x^2}{(ax+b)^3}$	$\dfrac{1}{a^3}\left[\ln(ax+b) + \dfrac{2b}{ax+b} - \dfrac{b^2}{2(ax+b)^2}\right]$
$\dfrac{1}{x^3(ax+b)}$	$\dfrac{2ax-b}{2b^2x^2} - \dfrac{a^2}{b^3}\ln\dfrac{ax+b}{x}$
$\dfrac{1}{x(ax+b)^2}$	$\dfrac{1}{b(ax+b)} - \dfrac{1}{b^2}\ln\dfrac{ax+b}{x}$
$\dfrac{1}{x(ax+b)^2}$	$\dfrac{1}{b^3}\left[\dfrac{1}{2}\left(\dfrac{ax+2b}{ax+b}\right)^2 - \ln\dfrac{ax+b}{x}\right]$
$\dfrac{1}{x^2(ax+b)^2}$	$-\dfrac{2ax+b}{b^2x(ax+b)} + \dfrac{2a}{b^3}\ln\dfrac{ax+b}{x}$
$\sqrt{ax+b}$	$\dfrac{2}{3a}\sqrt{(ax+b)^3}$
$x\sqrt{ax+b}$	$\dfrac{2(3ax-2b)}{15a^2}\sqrt{(ax+b)^3}$
$x^2\sqrt{ax+b}$	$\dfrac{2(15^2x^2 - 12abx + 8b^2)}{105a^3}\sqrt{(ax+b)^3}$
$x^3\sqrt{ax+b}$	$\dfrac{2(35a^3x^3 - 30a^2bx^2 + 24ab^2x - 16b^3)}{315a^4}\sqrt{(ax+b)^3}$

$$\frac{1}{\sqrt{ax+b}}$$

$$\frac{2}{a}\sqrt{ax+b}$$

$$\frac{x}{\sqrt{ax+b}}$$

$$\frac{2(ax-2b)}{3a^2}\sqrt{ax+b}$$

$$\frac{x^2}{\sqrt{ax+b}}$$

$$\frac{2(3a^2x^2-4abx+8b^2)}{15a^3}\sqrt{ax+b}$$

$$\frac{x^3}{\sqrt{ax+b}}$$

$$\frac{2(5a^3x^3-6a^2bx^2+8ab^2x-16b^3)}{35a^4}\sqrt{ax+b}$$

$$\frac{1}{(ax+b)(cx+d)}$$
$$(ad\neq bc)$$

$$\frac{1}{ad-bc}\ln\frac{ax+b}{cx+d}$$

$$\frac{1}{(ax+b)^2(cx+d)}$$
$$(ad\neq bc)$$

$$\frac{-1}{ad-bc}\left(\frac{1}{ax+b}+\frac{c}{ad-bc}\ln\frac{ax+b}{cx+d}\right)$$

$$(ax+b)^n(cx+d)^n$$

$$\frac{1}{(m+n+1)a}\Big[(ax+t)^{n+1}(cx+d)^n+n(ad-bc)$$
$$\int(ax+b)^n(cx+d)^{n-1}\mathrm{d}x\Big]$$

$$\frac{1}{ax^2+bx+c}$$
$$(b^2>4ac)$$

$$\frac{1}{\sqrt{b^2-4ac}}\ln\frac{2ax+b-\sqrt{b^2-4ac}}{2ax+b+\sqrt{b^2-4ac}}$$

$$\sin ax$$

$$-\frac{1}{a}\cos ax$$

$$\sin^2 ax$$

$$\frac{x}{2}-\frac{1}{4a}\sin 2ax$$

$$\sin^3 ax$$

$$-\frac{1}{a}\cos ax+\frac{1}{3a}\cos^3 ax$$

$$\sin^4 ax$$

$$\frac{3x}{8}-\frac{3}{16a}\sin 2ax-\frac{1}{4a}\sin ax\cos ax$$

$$\sin^n ax\,(n\ \text{为正整数})$$

$$-\frac{1}{na}\sin^{n-3}ax\cos ax+\frac{n-1}{n}\int\sin^{n-2}ax\,\mathrm{d}x$$

$$\sin^{2n}ax\,(n\ \text{为正整数})$$

$$-\frac{\cos ax}{a}\sum_{r=0}^{n-1}\frac{(2n)!(r!)^2\sin^{2r+1}ax}{2^{2n-2r}(2r+1)!(n!)^2}+\frac{(2n)!}{2^{2n}(n)!}x$$

$$\sin^{2n+1}ax\,(n\ \text{为正整数})$$

$$-\frac{\cos ax}{a}\sum_{r=0}^{n}\frac{2^{2n-2r}(n!)^2(2r)!}{(2n+1)!(r!)^2}\sin^{2r}ax$$

$$\frac{1}{\sin ax}$$

$$\frac{1}{a}\ln\tan\frac{ax}{2}\ \text{或}\ \frac{1}{a}\ln(\csc ax-\cot ax)$$

$$\frac{1}{\sin^2 ax}$$

$$-\frac{1}{a}\cot ax$$

$\cos ax$	$\dfrac{1}{a}\sin ax$
$\cos^2 ax$	$\dfrac{x}{2}+\dfrac{1}{4a}\sin 2ax$
$\cos^3 ax$	$\dfrac{1}{a}\sin ax-\dfrac{1}{3a}\sin^3 ax$
$\cos^4 ax$	$\dfrac{3x}{8}+\dfrac{3}{16a}\sin 2ax+\dfrac{1}{4a}\cos^3 ax\sin ax$
$\cos^n ax$（n 为正整数）	$\dfrac{1}{na}\cos^{n-1}ax\sin ax+\dfrac{n-1}{n}\int\cos^{n-2}ax\,\mathrm{d}x$
$\cos^{2n}ax$（n 为正整数）	$\dfrac{\sin ax}{a}\sum_{r=0}^{n-1}\dfrac{(2n)!(r!)^2\cos^{2r+1}ax}{2^{2n-2r}(2r+1)!(n!)^2}+\dfrac{(2n)!}{2^{2n}(n!)^2}x$
$\sqrt{1+\cos x}$	$\pm 2\sqrt{2}\sin\dfrac{x}{2}$（当$(45-1)\pi<x\leqslant(4k+1)\pi$时，取正号；否则取负号，$k$ 为整数）
$\sqrt{1-\cos x}$	$\mp 2\sqrt{2}\cos\dfrac{x}{2}$（当$4k\pi<x\leqslant(4k+2)\pi$时，取负号；否则取正号，$k$ 为整数）
$\dfrac{1}{b+c\cos ax}$ $\mid b\mid>\mid c\mid$	$\dfrac{1}{a\sqrt{b^2-c^2}}\arctan\dfrac{\sqrt{b^2-c^2}\sin ax}{c+b\cos ax}$
$\dfrac{1}{b+c\cos ax}$ $\mid b\mid<\mid c\mid$	$\dfrac{1}{a\sqrt{c^2-b^2}}\mathrm{Arth}\dfrac{\sqrt{c^2-b^2}\sin ax}{c+b\cos ax}$
$\cos ax\cos bx$ $(\mid a\mid\neq\mid b\mid)$	$\dfrac{\sin(a-b)x}{2(a-b)}+\dfrac{\sin(a+b)x}{2(a+b)}$
$\sin ax\cos bx$ $(\mid a\mid\neq\mid b\mid)$	$-\dfrac{\cos(a-b)x}{2(a-b)}-\dfrac{\cos(a+b)x}{2(a+b)}$
$\sin^n ax\cos ax$（$n\neq-1$）	$\dfrac{1}{(n+1)a}\sin^{n+1}ax$
$\sin ax\cos^n ax$（$n\neq-1$）	$-\dfrac{1}{(n+1)a}\cos^{n+1}ax$
$\dfrac{\sin ax}{\cos ax}$	$-\dfrac{1}{a}\ln\cos ax$
$\dfrac{\cos ax}{\sin ax}$	$\dfrac{1}{a}\ln\sin ax$
$\dfrac{1}{b^2\cos^2 ax+c^2\sin^2 ax}$	$\dfrac{1}{abc}\arctan\dfrac{c\tan ax}{b}$
$\sin^2 ax\cos^2 ax$	$\dfrac{x}{8}-\dfrac{1}{32a}\sin 4ax$

$\dfrac{1}{\sin ax \cos ax}$	$\dfrac{1}{a}\ln\tan ax$
$\dfrac{1}{\sin ax \cos ax}$	$\dfrac{1}{a}\ln\tan ax$
$\dfrac{1}{\sin^2 ax \cos^2 ax}$	$\dfrac{1}{a}(\tan ax - \cot ax)$
$\dfrac{\sin^2 ax}{\cos ax}$	$-\dfrac{1}{a}\sin ax + \dfrac{1}{a}\ln\tan\left(\dfrac{\pi}{4}+\dfrac{ax}{2}\right)$
$\dfrac{\cos^2 ax}{\sin ax}$	$\dfrac{1}{a}\cos ax + \dfrac{1}{a}\ln\tan\dfrac{ax}{2}$
$\dfrac{\cos ax}{b + c\sin ax}$	$\dfrac{1}{ac}\ln(b + c\sin ax)$
$\tan ax$	$-\dfrac{1}{a}\ln\cos ax$
$\tan^2 ax$	$\dfrac{1}{a}\tan ax - x$
$\tan^3 ax$	$\dfrac{1}{2a}\tan^2 ax + \dfrac{1}{a}\ln\cos ax$
$\tan^n ax$（n 为 $\geqslant 2$ 的整数）	$\dfrac{1}{(n-1)a}\tan^{n-1} ax - \int \tan^{n-2} ax\,\mathrm{d}x$
$\cot ax$	$\dfrac{1}{a}\ln\sin ax$
$\cot^2 ax$	$-\dfrac{1}{a}\cot ax - x$
$\cot^3 ax$	$-\dfrac{1}{2a}\cot^2 ax - \dfrac{1}{a}\ln\sin ax$
$\cot^n ax$（n 为 $\geqslant 2$ 的整数）	$-\dfrac{1}{(n-1)a}\cot^{n-1} ax - \int \cot^{n-2} ax\,\mathrm{d}\mathrm{d}x$
$\dfrac{1}{b + c\tan ax}$	$\dfrac{bx}{b^2 + c^2} + \dfrac{c}{a(b^2 + c^2)}\ln(b\cos ax + c\sin ax)$
$\dfrac{1}{b + c\cot ax}$	$\dfrac{bx}{b^2 + c^2} + \dfrac{c}{a(b^2 + c^2)}\ln(c\cos ax + b\sin ax)$
$\tan ax \sec ax$	$\dfrac{1}{a}\sec ax$
$\tan^n ax \sec^2 ax$ $(n \neq -1)$	$\dfrac{1}{(n+1)a}\tan^{n+1} ax$
$\tan ax \sec^n ax$ $(n \neq 0)$	$\dfrac{1}{na}\sec^n ax$
$\cot ax \csc ax$	$\dfrac{1}{a}\csc ax$

$\cot^n ax \ \csc^2 ax \ (n \neq -1)$	$-\dfrac{1}{(n+1)a}\cot^{n+1} ax$
$\cot ax \ \csc^n ax \ (n \neq 0)$	$-\dfrac{1}{na}\csc^n ax$
$\dfrac{\csc^2 ax}{\cot ax}$	$-\dfrac{1}{a}\text{lncot } ax$
$x\sin ax$	$\dfrac{1}{a^2}\sin ax - \dfrac{1}{a}x\cos ax$
$x^2 \sin ax$	$\dfrac{2x}{a^2}\sin ax + \dfrac{2}{a^3}\cos ax - \dfrac{x^2}{a}cos\ ax$
$x^3 \sin ax$	$\dfrac{3x^2}{a^2}\sin ax - \dfrac{6}{a^4}\sin ax - \dfrac{x^3}{a}\cos ax + \dfrac{6x}{a^3}\cos ax$
$x\sin^2 ax$	$\dfrac{x^2}{4} - \dfrac{x}{4a}\sin 2ax - \dfrac{1}{8a^2}\cos 2ax$
$x^2 \sin^2 ax$	$\dfrac{x^3}{6} - \left(\dfrac{x^2}{4a} - \dfrac{1}{8a^3}\right)\sin 2ax - \dfrac{x}{4a^2}\cos 2ax$
$x^3 \sin^2 ax$	$\dfrac{x^4}{8} - \left(\dfrac{x^3}{4a} - \dfrac{3x}{8a^3}\right)\sin 2ax - \left(\dfrac{3x^2}{8a} - \dfrac{3}{16a^4}\right)\cos 2ax$
$x\sin^3 ax$	$\dfrac{x}{12a}\cos 3ax - \dfrac{1}{36a^2}\sin 3ax - \dfrac{3x}{4a}\cos ax + \dfrac{3}{4a^2}\sin ax$
$x\cos ax$	$\dfrac{1}{a^2}\cos ax + \dfrac{x}{a}\sin ax$
$x^2 \cos ax$	$\dfrac{2x}{a^2}\cos ax - \dfrac{2}{a^3}\sin ax + \dfrac{x^2}{a}\sin ax$
$x^3 \cos ax$	$\dfrac{3a^2 x^2 - 6}{a^4}\cos ax + \dfrac{a^2 x^2 - 6x}{a^3}\sin ax$
$x\cos^2 ax$	$\dfrac{x^2}{4} + \dfrac{x}{4a}\sin 2ax + \dfrac{1}{8a^2}\cos 2ax$
e^{ax}	$\dfrac{1}{a}e^{ax}$
b^{ax}	$\dfrac{b^{ax}}{a\,\text{ln}b}$
xe^{ax}	$\dfrac{e^{ax}}{a^2}(ax - 1)$
xb^{ax}	$\dfrac{xb^{ax}}{a\,\text{ln}b} - \dfrac{b^{ax}}{a^2(\text{ln}b)^2}$
$x^2 e^{ax}$	$\dfrac{e^{ax}}{a^3}(a^2 x^2 - 2ax + 2)$
$x^n e^{ax} \ (n > 0)$	$\dfrac{x^a}{a}e^{ax} - \dfrac{n}{a}\displaystyle\int x^{n-11}e^{ax}\,\text{d}x$

$x^n e^{ax}$（n 为正整数）	$\dfrac{e^{ax}}{a^{n+1}}\big[(ax)^x - n(ax)^{n-1} + n(n-1)(ax)^{n-2} - \cdots + (-1)^n n!\big]$
$x^n b^{ax}$（$n > 0$）	$\dfrac{x^n b^{ax}}{a\ln b} - \dfrac{n}{a\ln b} - \dfrac{n}{a\ln b}\displaystyle\int x^{n-1} b^{ax}\,dx$
$\dfrac{xe^{ax}}{(1+ax)^2}$	$\dfrac{e^{ax}}{a^2(1+ax)}$
$\dfrac{1}{b+ce^{ax}}$	$\dfrac{x}{b} - \dfrac{1}{ab}\ln(b+ce^{ax})$
$\dfrac{e^{ax}}{b+ce^{ax}}$	$\dfrac{1}{ac}\ln(b+ce^{ax})$
$\dfrac{1}{be^{ax}+ce^{-ax}}$ $(b,c>0)$	$\dfrac{1}{a\sqrt{bc}}\arctan\left(\sqrt{\dfrac{b}{c}}\,e^{ax}\right)$
$\ln ax$	$x\ln ax - x$
$x\ln ax$	$\dfrac{x^2}{2}\ln ax - \dfrac{x^2}{4}$
$x^2\ln ax$	$\dfrac{x^3}{3}\ln ax - \dfrac{x^3}{9}$
$(\ln ax)^2$	$x(\ln ax)^2 - 2x\ln ax + 2x$
$(\ln ax)^n$（$n \neq -1$）	$x(\ln ax)^n - n\displaystyle\int(\ln ax)^{n-1}\,dx$　或 $(-1)^n n!$
	$x\displaystyle\sum_{r=0}^{n}(-1)^r\dfrac{(\ln x)^r}{r!}$
$x^n\ln ax$ （$n \neq -1$）	$\dfrac{x^{n+1}}{1+1}\ln ax - \dfrac{x^{n+1}}{(n+1)^2}$
$x^n(\ln ax)^m$（$n \neq -1$）	$\dfrac{x^{n+1}}{n+1}(\ln ax)^m - \dfrac{m}{n+1}\displaystyle\int x^n(\ln ax)^{m-1}\,dx$　或
	$(-1)^m\dfrac{m!}{n+1}x^{n+1}\displaystyle\sum_{r=0}^{m}\dfrac{(-1)^r(\ln x)^r}{r!(n+1)^{m-r}}$
$\arcsin ax$	$x\arcsin ax + \dfrac{1}{a}\sqrt{1-a^2x^2}$
$(\arcsin ax)^2$	$x(\arcsin ax)^2 - 2x + \dfrac{2}{a}\sqrt{1-a^2x^2}\arcsin ax$
$x\arcsin ax$	$\left(\dfrac{x^2}{2} - \dfrac{1}{4a^2}\right)\arcsin ax + \dfrac{x}{4a}\sqrt{1-a^2x^2}$
$x^n\arcsin ax$（$n \neq -1$）	$\dfrac{x^{n+1}}{n+1}\arcsin ax - \dfrac{a}{n+1}\displaystyle\int\dfrac{x^{n+1}}{\sqrt{1-a^2x^2}}\,dx$
$\arccos ax$	$x\arccos ax - \dfrac{1}{a}\sqrt{1-a^2x^2}$

$(\arccos ax)^2$	$x(\arccos ax)^2 - 2x - \dfrac{2}{a}\sqrt{1-a^2x^2}\arccos ax$
$\text{arccot } ax$	$x\,\text{arccot } ax + \dfrac{1}{2a}\ln(1+a^2x^2)$
$x^n\,\text{arccot } ax\,(n\neq -1)$	$\dfrac{x^{n+1}}{n+1}\text{arccot } ax + \dfrac{a}{n+1}\displaystyle\int \dfrac{x^{n+1}}{1+a^2x^2}\mathrm{d}x$
$\dfrac{\text{arccot } ax}{x^2}$	$-\dfrac{1}{x}\text{arccot } ax + \dfrac{a}{2}\ln\dfrac{1+a^2x^2}{a^2x^2}$
$\text{arcsec } ax$	$x\,\text{arcsec } ax \pm \dfrac{1}{a}\ln(ax + \sqrt{a^2x^2-1})$

习题 3.6

利用简易积分表求下列各不定积分:

(1) $\displaystyle\int \dfrac{1}{x(x+2)^2}\mathrm{d}x$;

(2) $\displaystyle\int \dfrac{1}{2+\sin 2x}\mathrm{d}x$;

(3) $\displaystyle\int x\arcsin\dfrac{x}{2}\mathrm{d}x$;

(4) $\displaystyle\int \dfrac{\mathrm{d}x}{x^2+2x+5}$;

(5) $\displaystyle\int \dfrac{\mathrm{d}x}{5-4\cos x}$;

(6) $\displaystyle\int \sqrt{3x^2+2}\,\mathrm{d}x$;

(7) $\displaystyle\int \mathrm{e}^{2x}\cos x\,\mathrm{d}x$;

(8) $\displaystyle\int \dfrac{\mathrm{d}x}{\sin^3 x}$;

(9) $\displaystyle\int \mathrm{e}^{-2x}\sin 3x\,\mathrm{d}x$;

(10) $\displaystyle\int \dfrac{\mathrm{d}x}{x^2(1-x)}$;

(11) $\displaystyle\int \dfrac{\mathrm{d}x}{4-9x^2}$;

(12) $\displaystyle\int \sin^4 x\cos^3 x\,\mathrm{d}x$;

(13) $\displaystyle\int \sin^4 x\,\mathrm{d}x$;

(14) $\displaystyle\int \sqrt{x^2-4x+8}\,\mathrm{d}x$;

(15) $\displaystyle\int \dfrac{\mathrm{d}x}{(x^2+2)^3}$;

(16) $\displaystyle\int \mathrm{e}^{\sqrt{x}}\mathrm{d}x$;

(17) $\displaystyle\int \dfrac{\sqrt{x-1}}{x}\mathrm{d}x\,(x\geqslant 0)$;

(18) $\displaystyle\int (\ln x)^3\mathrm{d}x$;

(19) $\displaystyle\int \dfrac{x}{\sqrt{1+x-x^2}}\mathrm{d}x$;

(20) $\displaystyle\int \dfrac{x+5}{x^2-2x-1}\mathrm{d}x$.

§3.7　定积分的概念

1. 两个实例

1.1　曲边梯形的面积

由连续曲线 $y = f(x)$ 和三条直线 $x = a, x = b, y = 0(x$ 轴$)$ 所围成的平面图形称为曲边梯形(如图 3.7-1). 下面求如图 3.7-1 所示曲边梯形的面积 A.

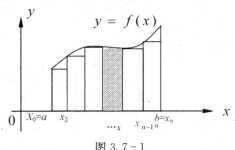

图 3.7-1

(1) 分割:如图 3.7-1 所示,任取分点

$$a = x_0 < x_1 < x_2 < \cdots < x_{n-1} < x_n = b,$$

将区间 $[a, b]$ 分为 n 个小区间:$[x_0, x_1], \cdots, [x_{i-1}, x_i], \cdots, [x_{n-1}, x_n]$,这些小区间的长度记为:$\triangle x_i = x_i - x_{i-1}(i = 1, 2, \cdots n)$,过每个分点作 x 轴的垂线,将所给曲边梯形分为 n 个小曲边梯形,设第 i 个小曲边梯形的面积为 $\triangle A_i(i = 1, 2, \cdots n)$.

(2) 近似代替:用 $[x_{i-1}, x_i]$ 为底,任取一点 $\xi_i \in (x_{i-1}, x_i)$,以 $f(\xi_i)$ 为高作小矩形,用小矩形的面积近似代替第 i 个小曲边梯形的面积,可得

$$\triangle A_i \approx f(\xi_i)\triangle x_i \quad (i = 1、2、3\cdots\cdots n)$$

(3) 求和:将 n 个小矩形面积相加得大曲边梯形面积 A 的近似值. 即:

$$A = \triangle A_1 + \triangle A_2 + \cdots\cdots + \triangle A_n$$

$$\approx f(\xi_1)\triangle x_1 + f(\xi_2)\triangle x_2 + \cdots\cdots + f(\xi_n)\triangle x_n$$

$$= \sum_{i=1}^{n} f(\xi_i)\triangle x_i$$

(4) 取极限::记 $\triangle x = \max_{i}\{\triangle x_i\}(i = 1、2、3\cdots\cdots n)$,表示 n 个小区间中最大区间的长度则当 $\triangle x \rightarrow 0$ 时,

$$\sum_{i=1}^{n} f(\xi_i)\triangle x_i \rightarrow A.$$

所以 $A = \lim\limits_{\Delta x \to 0} \sum\limits_{i=1}^{n} f(\xi_i) \Delta x_i$.

1.2 变速直线运动的位移

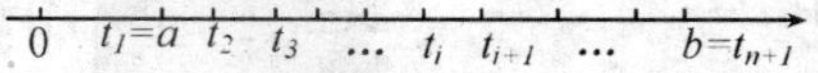

图 3.7-2

如图 3.7-2 所示,已知物体作变速直线运动,运动速度 $v = v(t)$,求其在时间区间 $[a,b]$ 内所经过的路程 S.

变速直线运动的路程,不能直接使用公式"路程 = 速度 × 时间"计算.

(1) 分割:任取分点.

$a = t_0 < \cdots < t_{n-1} < t_n = b$

将时间区间 $[a,b]$ 分为 n 个小区间:$[t_0, t_1], \cdots, [t_{n-1}, t_n]$,

第 i 个小区间的长度为 $\Delta t_i = t_i - t_{i-1}, (i = 1, 2, \cdots, n)$,

Δs_i 为第 i 个小时间区间内物体所经过的路程.

(2) 近似代替:在第 i 个小时间区间内任取一点 $\xi_i \in (t_{i-1}, t_i)$,

则物体在 $[t_{i-1}, t_i]$ 通过的路程为:

$\Delta S_i \approx v(\xi_i) \Delta t_i \quad (i = 1、2、3 \cdots\cdots n)$

(3) 求和:将 n 个小区间的路程相加得路程 S 的近似值.

$$\begin{aligned} 即:S &= \Delta S_1 + \Delta S_2 + \cdots\cdots + \Delta S_n \\ &\approx v(\xi_1) \Delta t_1 + v(\xi_2) \Delta t_2 + \cdots\cdots + v(\xi_n) \Delta t_n \\ &= \sum_{i=1}^{n} v(\xi_i) \Delta t_i \end{aligned}$$

(4) 取极限:用 $\Delta t = \max\limits_{i} \{\Delta t_i\} (i = 1、2、3 \cdots\cdots n)$ 表示 n 个小区间中最大区间的长度,则:当 $\Delta t \to 0$ 时,$\sum\limits_{i=1}^{n} v(\xi_i) \Delta t_i \to s$

所以 $s = \lim\limits_{\Delta t \to 0} \sum\limits_{i=1}^{n} v(\xi_i) \Delta t_i$

以上两个例子,虽然问题不同,但解决问题的方法是相同的,都经历了"分割、近似代替、求和、取极限"四个步骤,并得到了同一结构的特殊和式的极限.若抛开例子的实际意义,则我们解决以上两个具体问题的方法与结论可归结为:已知区间 $[a,b]$ 上的函数 $f(x)$:先将区间 $[a,b]$ 任意细分为 n 个小区间,然后在每个小区间上作"函数值与小区间长度的乘积",将这些乘积"累加"后取极限,得到了一个"特殊和式"的极限,这一特殊和式的极限,称为函数 $f(x)$ 在区间 $[a, b]$ 上的定积分.

2. 定积分的定义

定义 设函数 $y = f(x)$ 在区间 $[a,b]$ 上有定义,任取分点

$$a = x_0 < x_1 < x_2 < \cdots\cdots < x_{n-1} < x_n = b$$

将区间 $[a,b]$ 分成 n 个小区间 $[x_{i-1}, x_i]$，其长度 $\Delta x_i = x_i - x_{i-1}(i = 1、2、3\cdots\cdots n)$，任取一点 $\xi_i \in [x_{i-1}, x_i]$，作乘积 $f(\xi_i)\Delta x_i$ 总和 $S_n = \sum\limits_{i=1}^{n} f(\xi_i)\Delta x_i(i = 1、2、3\cdots\cdots n)$，当 n 无限增大，且最大的小区间长度 $\Delta x = \max\{\Delta x_i\} \to 0$ 时，如果总和 S_n 的极限存在，且此极限值与 $[a,b]$ 的分法及 ξ_i 的取法无关，则称函数 $f(x)$ 在区间 $[a,b]$ 上是可积的，并将此极限称为函数 $f(x)$ 在区间 $[a,b]$ 上的定积分，

记作：$\int_a^b f(x)\mathrm{d}x$　　即 $\int_a^b f(x)\mathrm{d}x = \lim\limits_{\lambda \to 0} \sum\limits_{i=1}^{n} f(\xi_i)\Delta x_i$

其中 $f(x)$ 称为被积函数，$f(x)\mathrm{d}x$ 称为被积式，x 称为积分变量，$[a,b]$ 称为积分区间，a 称为积分下限、b 称为积分上限.

根据定积分的定义，曲边梯形面积可用其曲边函数 $y = f(x)$ 在区间 $[a,b]$ 上的定积分来表示.

即　　$A = \int_a^b f(x)\mathrm{d}x.$

变速直线运动的距离可用其速度函数 $v = v(t)$ 在区间 $[a,b]$ 上的定积分来表示.

即　　$v = \int_a^b v(t)\mathrm{d}t.$

注　（1）当和式 $\sum\limits_{i=1}^{n} f(\xi_i)\Delta x_i$ 的极限存在时，其极限值只与被积函数 $f(x)$ 及积分区间 $[a,b]$ 有关，而与区间 $[a,b]$ 的分法及点 ξ_i 的取法无关，也与与积分变量的记号无关.

$$\int_a^b f(x)\mathrm{d}x = \int_a^b f(u)\mathrm{d}u = \int_a^b f(t)\mathrm{d}t$$

（2）在定积分的定义中，a 总是小于 b 的. 如果 $a > b$ 及 $a = b$ 我们规定

$$\int_a^b f(x)\mathrm{d}x = -\int_b^a f(x)\mathrm{d}x$$

$$\int_a^a f(x)\mathrm{d}x = 0.$$

如果函数 $f(x)$ 在区间 $[a,b]$ 上的定积分存在，我们说函数 $f(x)$ 就在区间 $[a,b]$ 上可积.

一般地，闭区间上的连续函数在该区间上可积.

3. 定积分的几何意义

（1）如果 $f(x) \geqslant 0$，图形在 x 轴的上方，由前面曲边梯形面积的讨论可知定积分的值为正，且

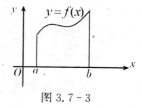

图 3.7 - 3

$\int_a^b f(x)\mathrm{d}x = A$，如图 3.7 - 3 所示.

(2) 如果 $f(x) \leqslant 0$,图形在 x 轴的下方,积分的值为负,且

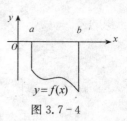

$\int_a^b f(x)\mathrm{d}x = -A$,如图 3.7-4 所示.

(3) 如果 $f(x)$ 在 $[a,b]$ 上有正有负时,如图 3.7-5 所示,定积分就等于曲线 $y = f(x)$ 在 x 轴的上方与下方部分面积的代数和.

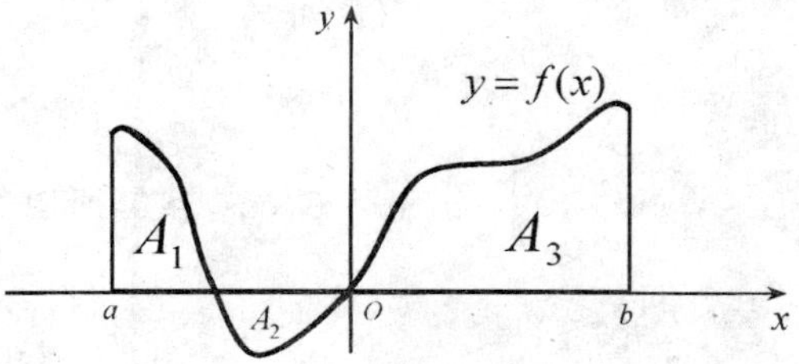

图 3.7-4

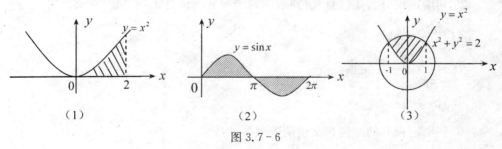

图 3.7-5

$$\int_a^b f(x)\mathrm{d}x = A_1 - A_2 + A_3.$$

总之,定积分 $\int_a^b f(x)\mathrm{d}x$ 在各种实际问题中所代表的实际意义虽然不同,但它的数值在几何上都可用曲边梯形面积的代数和来表示,这就是定积分的几何意义.

例1 用定积分表示下列阴影部分图形的面积 A,如图 3.7-6 所示.

$y = x^2$

0   2

（1）

$y = \sin x$

0   π 2π

（2）

$y = x^2$

$x^2 + y^2 = 2$

-1   0   1

（3）

图 3.7-6

解 （1）因为曲边梯形的曲边方程为 $y = x^2$、底为 $[0,2]$,所以其面积为

$$A = \int_0^2 x^2 \mathrm{d}x.$$

（2）所求图形可看作两个曲边梯形面积的和,其面积为

$$A = \int_0^\pi \sin x\mathrm{d}x - \int_\pi^{2\pi} \sin x\mathrm{d}x.$$

（3）过两曲线交点作 x 轴的垂线,则阴影部分的面积可看作两个曲边梯形面

积的差.

由 $\begin{cases} y = x^2 \\ x^2 + y^2 = 2 \end{cases}$,得 $x = -1, x = 1$,

所以 $A = \int_{-1}^{1} \sqrt{2 - x^2}\,\mathrm{d}x - \int_{-1}^{1} x^2\,\mathrm{d}x$.

例 2 利用定积分的几何意义,判断下列定积分的值是正还是负?

(1) $\int_{-\frac{\pi}{2}}^{0} \sin x \cdot \cos x\,\mathrm{d}x$;

(2) $\int_{0}^{2} \mathrm{e}^{-x}\,\mathrm{d}x$.

解 (1) 由于 $x \in \left[-\dfrac{\pi}{2}, 0\right]$,$\sin x \leqslant 0, \cos \geqslant 0$,所以 $\sin x \cdot \cos x\,\mathrm{d}x \leqslant 0$

因此 $\int_{-\frac{\pi}{2}}^{0} \sin x \cdot \cos x\,\mathrm{d}x \leqslant 0$.

(2) 由于 $x \in [0, 2]$,$\mathrm{e}^{-x} > 0$

因此 $\int_{0}^{2} \mathrm{e}^{-x}\,\mathrm{d}x > 0$.

习题 3.7

1. 用定积分表示曲线 $y = x^2 + 1$ 与直线 $x = 1, x = 3$ 及 x 轴所围成的曲边梯形的面积.

2. 利用定积分的几何意义,判断下列定积分的值是正还是负(不必计算):

(1) $\int_{0}^{\frac{\pi}{2}} \sin x\,\mathrm{d}x$;

(2) $\int_{-\frac{\pi}{2}}^{0} \sin x \cos x\,\mathrm{d}x$;

(3) $\int_{-1}^{2} x^2\,\mathrm{d}x$.

3. 利用定积分的几何意义说明下列各式成立:

(1) $\int_{0}^{2\pi} \sin x\,\mathrm{d}x = 0$;

(2) $\int_{0}^{\pi} \sin x\,\mathrm{d}x = 2\int_{0}^{\frac{\pi}{2}} \sin x\,\mathrm{d}x$;

(3) $\int_{-a}^{a} f(x)\,\mathrm{d}x = \begin{cases} 0, & \text{当 } f(x) \text{ 为奇函数} \\ 2\int_{0}^{a} f(x)\,\mathrm{d}x, & \text{当 } f(x) \text{ 为偶函数} \end{cases}$.

§3.8 定积分的性质和定积分的基本公式

1.定积分的性质

假定函数 $f(x)$ 和 $g(x)$ 在 $[a,b]$ 上都是连续的.

性质 1 有限个函数代数和的定积分,等于各函数定积分的代数和,即

$$\int_a^b [f_1(x) \pm f_2(x) \pm \cdots \pm f_n(x)] \mathrm{d}x$$
$$= \int_a^b f_1(x)\mathrm{d}x \pm \int_a^b f_2(x)\mathrm{d}x \pm \cdots \pm \int_a^b f_n(x)\mathrm{d}x.$$

性质 2 被积函数中不为零的常数因子可提到积分号外,即

$$\int_a^b k\,f(x)\mathrm{d}x = k\int_a^b f(x)\mathrm{d}x(k\text{ 是常数}.)$$

性质 3 (可加性)不论 a,b,c 三点相互位置如何,恒有

$$\int_a^b f(x)\mathrm{d}x = \int_a^c f(x)\mathrm{d}x + \int_c^b f(x)\mathrm{d}x,\text{如图 } 3.8\text{-}1 \text{ 所示.}$$

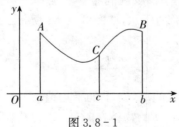

图 3.8 - 1

性质 4 被积函数 $f(x) = 1$ 时 $\int_a^b \mathrm{d}x = b - a$.

性质 5 (保号性)若 $f(x) \geqslant 0, x \in [a,b]$,则 $\int_a^b f(x)\mathrm{d}x \geqslant 0$.

注 若 $f(x)$ 在 $[a,b]$ 连续非负且不恒为零,则 $\int_a^b f(x)\mathrm{d}x > 0$.

推论 1 若 $f(x) \leqslant g(x), x \in [a,b]$,则 $\int_a^b f(x)\mathrm{d}x \leqslant \int_a^b g(x)\mathrm{d}x$.

推论 2 $\left| \int_a^b f(x)\mathrm{d}x \right| \leqslant \int_a^b | f(x) | \,\mathrm{d}x$.

性质 6 (估值性质)如果函数 $f(x)$ 在 $[a,b]$ 上的最大值为 M,最小值为 m,则

$$m(b-a) \leqslant \int_a^b f(x)\mathrm{d}x \leqslant M(b-a)$$

例 1　比较积分值 $\int_0^1 x^2 \mathrm{d}x$ 和 $\int_0^1 x^3 \mathrm{d}x$ 的大小.

解　因为 $x^2 > x^3, x \in (0,1)$

所以 $\int_0^1 x^2 \mathrm{d}x > \int_0^1 x^3 \mathrm{d}x$. 例 2 估计积分 $\int_0^\pi \dfrac{1}{3+\sin^3 x}\mathrm{d}x$ 的值.

解　$f(x) = \dfrac{1}{3+\sin^3 x}, x \in [0,\pi], 0 \leqslant \sin^3 x \leqslant 1$.

$\dfrac{1}{4} \leqslant \dfrac{1}{3+\sin^3 x} \leqslant \dfrac{1}{3}, \int_0^\pi \dfrac{1}{4}\mathrm{d}x \leqslant \int_0^\pi \dfrac{1}{3+\sin^3 x}\mathrm{d}x \leqslant \int_0^\pi \dfrac{1}{3}\mathrm{d}x$,

所以 $\dfrac{\pi}{4} \leqslant \int_0^\pi \dfrac{1}{3+\sin^3 x}\mathrm{d}x \leqslant \dfrac{\pi}{3}$.

性质 7　(积分中值定理)如果函数 $f(x)$ 在 $[a,b]$ 上连续,则至少存在一点 $\xi \in [a,b]$,使得:

$$\int_a^b f(x)\mathrm{d}x = f(\xi) \cdot (b-a)$$

积分中值定理的几何解释:由曲线 $y = f(x)$,
直线 $x = a, x = b, y = 0$ 所围成的曲边梯形的面
积,等于以区间 $[a,b]$ 为底,以该区间上某一点处
的函数值 $f(\xi)$ 为高的矩形的面积,如图 3.8-2 所
示.通常我们称

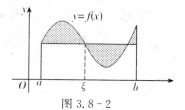

图 3.8-2

$$\bar{y} = \frac{1}{b-a}\int_a^b f(x)\mathrm{d}x$$

为函数 $y = f(x)$ 在区间 $[a,b]$ 上的平均值.

举例　速度为 $v = v(t)$ 的物体在时间间隔 $[T_1, T_2]$ 上的平均速度为

$$\bar{v} = \frac{1}{T_2 - T_1}\int_{T_1}^{T_2} v(t)\mathrm{d}t.$$

2. 定积分的基本公式

求变速直线运动的路程.

方法一:在上一节的实例中,如果已知物体以速度 $v(t)$ 作直线运动,那么,
物体从 $t = a$ 到 $t = b$ 所经过的路程 S 可用定积分表示,即

$$S = \int_a^b v(t)\mathrm{d}t.$$

方法二:如果已知物体经过的路程 S 是时间 t 的函数 $S(t)$.那么物体从 $t = a$
到 $t = b$ 所经过的路程应该是路程函数 $S(t)$ 的改变量.即

$$S = S(b) - S(a).$$

从而可得：$\int_a^b v(t)\mathrm{d}t = S(b) - S(a)$.

上式说明,速度函数 $v(t)$ 在区间 $[a,b]$ 上的积分等于路程函数 $S(t)$ 在区间端点处函数值之差,即路程函数在该区间上的改变量.

由导数的物理意义可知

$S'(t) = v(t)$.

这一事实启示我们来考察一般情况,如果 $f(x)$ 在 $[a,b]$ 上连续,且 $F'(x) = f(x)$,那么定积分

$$\int_a^b f(x)\mathrm{d}x = F(b) - F(a).$$

是否成立?回答是肯定的.

牛顿-莱布尼兹公式设函数 $f(x)$ 是连续函数 $f(x)$ 在区间 $[a,b]$ 上的一个原函数,则

$$\int_a^b f(x)\mathrm{d}x = F(b) - F(a).$$

上式称为牛顿—莱布尼兹公式,也称微积分基本公式. 为方便起见,公式中的 $F(b) - F(a)$ 通常记为 $[f(x)]\big|_a^b$ 或 $f(x)\big|_a^b$. 因此上述公式也可以记为

$$\int_a^b f(x)\mathrm{d}x = [f(x)]\big|_a^b \text{ 或} \int_a^b f(x)\mathrm{d}x = f(x)\big|_a^b.$$

由牛顿-莱布尼兹公式可知,求 $f(x)$ 在区间 $[a,b]$ 上的定积分,只需求出 $f(x)$ 在区间 $[a,b]$ 上的任意一个原函数 $f(x)$,并计算它在两端点处的函数值之差 $F(b) - F(a)$ 即可.

例 3 计算 $\int_0^1 x^2 \mathrm{d}x$.

解 因 $\int x^2 \mathrm{d}x = \dfrac{x^3}{3} + C$,因此 $\dfrac{x^3}{3}$ 是 x^2 的一个原函数,所以

$$\int_0^1 x^2 \mathrm{d}x = \frac{x^3}{3}\bigg|_0^1 = \frac{1^3}{3} - \frac{0^3}{3} = \frac{1}{3}.$$

例 4 计算 $\int_{-1}^{\sqrt{3}} \dfrac{\mathrm{d}x}{1 + x^2}$.

解 $\int_{-1}^{\sqrt{3}} \dfrac{\mathrm{d}x}{1 + x^2} = \arctan x\big|_{-1}^{\sqrt{3}} = \arctan\sqrt{3} - \arctan(-1)$

$$= \frac{\pi}{3} - \left(-\frac{\pi}{4}\right) = \frac{7\pi}{12}.$$

例 5 计算 $\int_{-2}^{-1} \dfrac{\mathrm{d}x}{x}$.

解 $\int_{-2}^{-1} \dfrac{\mathrm{d}x}{x} = \ln|x|\,\big|_{-2}^{-1} = \ln|-1| - \ln|-2| = -\ln 2.$

例6 计算 $\int_0^1 (x+1)^2 \mathrm{d}x$

解 $\int_0^1 (x+1)^2 \mathrm{d}x = \int_0^1 (x^2+2x+1)\mathrm{d}x$

$$= \int_0^1 x^2 \mathrm{d}x + \int_0^1 2x \mathrm{d}x + \int_0^1 \mathrm{d}x$$

$$= \frac{1}{3}x^3 \Big|_0^1 + x^2 \Big|_0^1 + x \Big|_0^1 = \frac{1}{3} + 1 + 1 = 2\frac{1}{3}.$$

例7 已知函数 $f(x) = \begin{cases} x^2 & -1 \leqslant x \leqslant 0 \\ x-1 & 0 < x \leqslant 1 \end{cases}$，求 $\int_{-1}^1 f(x)\mathrm{d}x$.

解 根据定积分性质3，得

$$\int_{-1}^1 f(x)\mathrm{d}x = \int_{-1}^0 f(x)\mathrm{d}x + \int_0^1 f(x)\mathrm{d}x$$

$$= \int_{-1}^0 x^2 \mathrm{d}x + \int_0^1 (x-1)\mathrm{d}x$$

$$= \frac{x^3}{3}\Big|_{-1}^0 + \frac{(x-1)^2}{2}\Big|_0^1 = -\frac{1}{6}$$

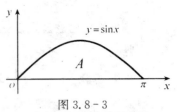

图 3.8-3

例8 计算曲线 $y = \sin x$ 在 $[0, \pi]$ 上与 x 轴所围成的平面图形的面积 A，如图 3.8-3 所示.

解 $A = \int_0^\pi \sin x \mathrm{d}x = -\cos x \Big|_0^\pi$

$$= -\cos \pi - (-\cos 0) = 1 + 1 = 2.$$

习题 3.8

1.利用定积分的性质，判断下列定积分的值的符号：

(1) $\int_0^2 \mathrm{e}^{-x}\mathrm{d}x$;　　　　　　　　(2) $\int_{\frac{\pi}{2}}^\pi \cos x \mathrm{d}x$.

2.估计下列定积分的值.

(1) $\int_{-1}^2 (x^2+1)\mathrm{d}x$;　　　　　　　(2) $\int_0^1 \frac{\mathrm{d}x}{1+x^2}$.

3.计算下列定积分：

(1) $\int_0^1 \mathrm{e}^x \mathrm{d}x$;　　　　　　　　　(2) $\int_0^1 \frac{1}{1+x^2}\mathrm{d}x$;

(3) $\int_{-1}^1 \frac{3x^4+3x^2+1}{x^2+1}\mathrm{d}x$;　　　　(4) $\int_0^{\frac{\pi}{2}} \sqrt{1-\sin 2x}\,\mathrm{d}x$.

4.计算由曲线 $y = 2\sqrt{x}$ 与直线 $x=4, x=9, y=0$ 所围成图形的面积.

§3.9 定积分的换元积分法和分部积分法

1. 定积分的换元积分法

定理 1 设函数 $f(x)$ 在区间 $[a,b]$ 上连续,令 $x = \varphi(t)$,且满足

(1) $\varphi(\alpha) = a, \varphi(\beta) = b$;

(2) 当 t 从 α 变到 β 时,$\varphi(t)$ 单调地从 a 变到 b;

(3) $\varphi'(t)$ 在 $[\alpha, \beta]$ 上连续;

则有

$$\int_a^b f(x)\mathrm{d}x = \int_\alpha^\beta f[\varphi(t)] \cdot \varphi'(t)\mathrm{d}t$$

例 1 计算 $\int_0^1 \sqrt{1-x^2}\,\mathrm{d}x$.

解 令 $x = \sin t, 0 \leqslant t \leqslant \dfrac{\pi}{2}$,则 $\mathrm{d}x = \cos t\mathrm{d}t$,

当 $x = 0$ 时 $t = 0$;当 $x = 1$ 时 $t = \dfrac{\pi}{2}$ 于是

$$\int_0^1 \sqrt{1-x^2}\,\mathrm{d}x = \int_0^{\frac{\pi}{2}} \cos^2 t\mathrm{d}t = \frac{1}{2}\int_0^{\frac{\pi}{2}} (1 + \cos 2t)\mathrm{d}t$$

$$= \frac{1}{2}(t + \frac{1}{2}\sin 2t)\Big|_0^{\frac{\pi}{2}} = \frac{1}{2}\left[(\frac{\pi}{2} + 0) - (0 + 0)\right] = \frac{\pi}{4}.$$

例 2 计算 $\int_1^{16} \dfrac{1}{2 + \sqrt[4]{x}}\mathrm{d}x$.

解 令 $\sqrt[4]{x} = t, x = t^4$,则 $\mathrm{d}x = 4t^3\mathrm{d}t$

当 $x = 1$;当,$t = 1$;当 $x = 16$ 时,$t = 2$ 于是

$$\int_1^{16} \frac{1}{2 + \sqrt[4]{x}}\mathrm{d}x = 4\int_1^2 \frac{t^3}{2 + t}\mathrm{d}t = 4\int_1^2 (t^2 - 2t + 4 - \frac{8}{2 + t})\mathrm{d}t$$

$$= 4\left[\int_1^2 t^2\mathrm{d}t - \int_1^2 2t\mathrm{d}t + \int_1^2 4\mathrm{d}t - \int_1^2 \frac{8}{2 + t}\mathrm{d}t\right]$$

$$= 4\left[\frac{t^3}{3}\Big|_1^2 + - t^2\Big|_1^2 + 4t\Big|_1^2 - 8\ln|2 + t|\Big|_1^2\right]$$

$$= \frac{40}{3} - 32\ln\frac{4}{3}.$$

定积分的换元公式也可以反过来用,即

$$\int_a^\beta f[\varphi(x)]\varphi'(t)\,dt \underline{\varphi(t)=x} \int_a^b f(x)\,dx.$$

为了便于应用,可将上述公式中的积分变量 t 换成 x,x 换成 u,得

$$\int_a^\beta f[\varphi(x)]\varphi'(x)\,dx \underline{\varphi(x)=u} \int_a^b f(u)\,du.$$

例3　求定积分 $\int_0^1 xe^{-\frac{x^2}{2}}\,dx$.

解　因为

$$\int_0^1 xe^{-\frac{x^2}{2}}\,dx =-\int_0^1 e^{-\frac{x^2}{2}}\,d\left(-\frac{1}{2}x^2\right)$$

所以,令 $u=-\dfrac{x^2}{2}$.当 $x=0$ 时,$u=0$;当 $x=1$ 时,$u=-\dfrac{1}{2}$.于是

$$\int_0^1 xe^{-\frac{x^2}{2}}\,dx =-\int_0^{-\frac{1}{2}} e^u\,du =\left[-e^u\right]_0^{-\frac{1}{2}} =e^0-e^{-\frac{1}{2}} =1-e^{-\frac{1}{2}}.$$

上例中,也可以不写出所引进的新变量 u,而写作

$$\int_0^1 xe^{-\frac{x^2}{2}}\,dx =-\int_0^1 e^{-\frac{x^2}{2}}\,d\left(-\frac{1}{2}x^2\right)$$

$$=-e^{-\frac{x^2}{2}}\Big|_0^1 =e^0-e^{-\frac{1}{2}} =1-e^{-\frac{1}{2}}.$$

可以看到,当我们在定积分中引进新变量时,就必须相应地把积分上下限同时更换,即"换元必换限";如果没有引进新变量,则不要更换定积分的上、下限.

例4　计算 $\int_0^{\frac{\pi}{2}} \cos^5 x\sin x\,dx$.

解法一　令 $t=\cos x,0\leqslant t\leqslant\dfrac{\pi}{2}$,则 $dt=-\sin x\,dx$,

当 $x=0$ 时 $t=1$;当 $x=\dfrac{\pi}{2}$ 时 $t=0$ 于是

$$\int_0^{\frac{\pi}{2}} \cos^5 x\sin x\,dx =-\int_1^0 t^5\,dt =\int_0^1 t^5\,dt =\frac{t^6}{6}\Big|_0^1$$

$$=\frac{1^6}{6}-\frac{0^6}{6} =\frac{1}{6}.$$

解法二　$\int_0^{\frac{\pi}{2}} \cos^5 x\sin x\,dx =-\int_0^{\frac{\pi}{2}} \cos^5 x\,d\cos x$

$$=-\frac{1}{6}\cos^6 x\Big|_0^{\frac{\pi}{2}}$$

$$=-\frac{1}{6}\left[\cos^6\frac{\pi}{2}-\cos^6 0\right]$$

$$=\frac{1}{6}.$$

例 5　设 $f(x)$ 在区间 $[-a,a]$ 上连续,证明:

(1) 当 $f(x)$ 为奇函数时,$\displaystyle\int_{-a}^{a} f(x)\mathrm{d}x = 0$.

(2) 当 $f(x)$ 为偶函数时,$\displaystyle\int_{-a}^{a} f(x)\mathrm{d}x = 2\int_{0}^{a} f(x)\mathrm{d}x$.

证明　因为 $\displaystyle\int_{-a}^{a} f(x)\mathrm{d}x = \int_{-a}^{0} f(x)\mathrm{d}x + \int_{0}^{a} f(x)\mathrm{d}x$

又 $\displaystyle\int_{-a}^{0} f(x)\mathrm{d}x \xlongequal{x=-t} -\int_{a}^{0} f(-t)\mathrm{d}t = \int_{0}^{a} f(-t)\mathrm{d}t$

$$= \begin{cases} \displaystyle\int_{0}^{a} f(t)\mathrm{d}t, & f(x) \text{ 为奇函数} \\[2mm] -\displaystyle\int_{0}^{a} f(t)\mathrm{d}t, & f(x) \text{ 为偶函数} \end{cases}$$

所以 $\displaystyle\int_{-a}^{a} f(x)\mathrm{d}x = \begin{cases} 0, & f(x) \text{ 为奇函数}, \\[2mm] 2\displaystyle\int_{0}^{a} f(x)\mathrm{d}x, & f(x) \text{ 为偶函数}. \end{cases}$

因为奇函数图像关于原点对称,偶函数图像关于 y 轴对称,如图 3.9 − 1 所示,所以几何上例 5 的结论是明显的.

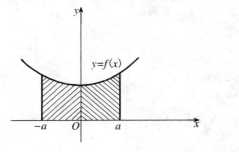

图 3.9 − 1

例 6　计算下列定积分

$(1)\displaystyle\int_{-\pi}^{\pi} \frac{\sin x}{1+\cos^{2}x}\mathrm{d}x$;　　　　　　　$(2)\displaystyle\int_{-1}^{1} \mathrm{e}^{|x|}\mathrm{d}x$.

解　(1) 因为被积函数 $y = \dfrac{\sin x}{1+\cos^{2}x}$ 在区间 $[-\pi,\pi]$ 上是奇函数,

所以 $\displaystyle\int_{-\pi}^{\pi} \frac{\sin x}{1+\cos^{2}x}\mathrm{d}x = 0$.

(2) 因为被积函数 $y = \mathrm{e}^{|x|}$ 在区间 $[-1,1]$ 是偶函数,

所以 $\displaystyle\int_{-1}^{1} \mathrm{e}^{|x|}\mathrm{d}x = 2\int_{0}^{1} \mathrm{e}^{|x|}\mathrm{d}x = 2\int_{0}^{1} \mathrm{e}^{x}\mathrm{d}x$

$$= 2\mathrm{e}^{x}\big|_{0}^{1} = 2(\mathrm{e}-1).$$

2. 定积分的分部积分法

定理2 设函数 $u = u(x)$ 与 $v = v(x)$ 在区间 $[a,b]$ 上有连续的导数,则有:

$$\int_a^b u\,\mathrm{d}v = uv\,\big|_a^b - \int_a^b v\,\mathrm{d}u$$

上式称为定积分的分部积分公式.

例7 计算 $\int_0^{\pi} x\cos x\,\mathrm{d}x$.

解
$$\int_0^{\pi} x\cos x\,\mathrm{d}x = \int_0^{\pi} x\,\mathrm{d}(\sin x)$$
$$= [x\sin x]_0^{\pi} - \int_0^{\pi} \sin x\,\mathrm{d}x$$
$$= 0 - \int_0^{\pi} \sin x\,\mathrm{d}x$$
$$= [\cos x]_0^{\pi} = -2.$$

例8 计算 $\int_0^{\frac{1}{2}} \arcsin x\,\mathrm{d}x$.

解
$$\int_0^{\frac{1}{2}} \arcsin x\,\mathrm{d}x = x\arcsin x\,\big|_0^{\frac{1}{2}} - \int_0^{\frac{1}{2}} x\,\mathrm{d}\arcsin x$$
$$= \left(\frac{1}{2}\arcsin\frac{1}{2} - 0\right) - \int_0^{\frac{1}{2}} \frac{x}{\sqrt{1-x^2}}\,\mathrm{d}x$$
$$= \frac{1}{2}\cdot\frac{\pi}{6} + \frac{1}{2}\int_0^{\frac{1}{2}} (1-x^2)^{-\frac{1}{2}}\,\mathrm{d}(1-x^2)$$
$$= \frac{\pi}{12} + (1-x^2)^{\frac{1}{2}}\,\big|_0^{\frac{1}{2}}$$
$$= \frac{\pi}{12} + \left(\sqrt{1-\frac{1}{4}} - 1\right).$$
$$= \frac{\pi}{12} + \frac{\sqrt{3}}{2} - 1.$$

例9 计算 $\int_0^{e-1} \ln(1+x)\,\mathrm{d}x$.

解
$$\int_0^{e-1} \ln(1+x)\,\mathrm{d}x = x\ln(1+x)\,\bigg|_0^{e-1} - \int_0^{e-1} \frac{x}{1+x}\,\mathrm{d}x$$
$$= (e-1)\ln e - \int_0^{e-1} \left(1 - \frac{x}{1+x}\right)\mathrm{d}x$$
$$= (e-1) - [x - \ln(1+x)]\,\big|_0^{e-1}$$
$$= e-1 - (e-1-\ln e) = 1.$$

例10 计算 $\int_0^1 e^{\sqrt{x}}\,\mathrm{d}x$.

解 令 $\sqrt{x} = t$, 则 $x = t^2$, $dx = 2tdt$

当 $x = 0$ 时, $t = 0$; 当 $x = 1$ 时 $t = 1$. 于是

$$原式 = 2\int_0^1 t e^t dt = 2\int_0^1 t de^t = 2te^t \Big|_0^1 - 2\int_0^1 e^t dt$$

$$= 2(e - 0) - 2e^t \Big|_0^1 = 2e - 2(e - 1) = 2.$$

习题 3.9

1. 用换元积分法求下列定积分:

(1) $\displaystyle\int_0^1 \frac{x^2}{1 + x^6} dx$;

(2) $\displaystyle\int_0^{\sqrt{\frac{\pi}{2}}} x \sin x^2 dx$;

(3) $\displaystyle\int_1^{e^2} \frac{1}{x\sqrt{1 + \ln x}} dx$;

(4) $\displaystyle\int_0^{\frac{\pi}{2}} \cos^4 x \sin x dx$;

(5) $\displaystyle\int_0^{\sqrt{3}} \frac{\arctan x}{1 + x^2} dx$;

(6) $\displaystyle\int \frac{e^x}{1 + e^x} dx$;

(7) $\displaystyle\int_0^4 \frac{\sqrt{x}}{1 + \sqrt{x}} dx$;

(8) $\displaystyle\int_0^2 \sqrt{4 - x^2} dx$.

2. 用分步积分法求下列定积分:

(1) $\displaystyle\int_0^{\frac{\pi}{2}} x \sin x dx$;

(2) $\displaystyle\int_1^e \ln x dx$;

(3) $\displaystyle\int_0^1 x \arctan x dx$;

(4) $\displaystyle\int_0^1 x^2 e^{x^3} dx$;

(5) $\displaystyle\int_0^{2\pi} e^x \cos x dx$;

(6) $\displaystyle\int_1^e \cos \ln x dx$.

3. 求下列定积分:

(1) $\displaystyle\int_{-\pi}^{\pi} x^4 \sin x dx$;

(2) $\displaystyle\int_{-5}^5 \frac{x^3 \sin^2 x}{x^4 + 2x^2 + 1} dx$;

(3) $\displaystyle\int_{-\pi}^{\pi} \frac{x + \sin x}{1 + \cos x} dx$;

(4) $\displaystyle\int_{-1}^1 (2e^x - 3\sin^5 x) dx$.

§3.10 广义积分

前面所讨论的定积分,积分区间都是有限的,且被积函数在积分区间上是连续的,但在实际问题中,我们还会遇到积分区间是无限的或者被积函数是无界函数的情形,这两类积分都叫做广义积分.

1. 积分区间为无限的广义积分

求曲线 $y = \dfrac{1}{x^2}$，x 轴及直线 $x = 1$ 右边所围成的"开

口曲边梯形"的面积，如图 3.10 - 1 所示.

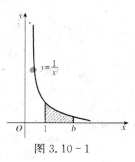

说明：这个图形不是封闭的曲边梯形，它在 X 轴的正
方向是开口的，这时积分区间是无限区间 $[1, \infty)$，不能用
前面所学的定积分来计算它的面积.

任意取一个大于 1 的数 b，在 $[1, b]$ 上，曲线 $y = \dfrac{1}{x^2}$，

图 3.10 - 1

x 轴及直线 $x = 1$ 围成的曲边梯形面积为

$$\int_1^b \frac{1}{x^2}\mathrm{d}x = \left[-\frac{1}{x}\right]_1^b = 1 - \frac{1}{b}$$

显然：当 b 改变时，曲边梯形的面积也随之改变，当 $b \to +\infty$ 时

$$\lim_{b \to +\infty} \int_1^b \frac{1}{x^2}\mathrm{d}x = \lim_{b \to +\infty}\left(1 - \frac{1}{t}\right) = 1$$

此极限值就是所求"开口曲边梯形"的面积.

定义 1　设函数 $f(x)$ 在区间 $[a, +\infty)$ 上连续，任取 $b \in [a, +\infty)$，如果

$\lim\limits_{b \to +\infty} \int_a^b f(x)\mathrm{d}x$ 存在，则称此极限为函数 $f(x)$ 在区间 $[a, +\infty)$ 上的广义

积分.

记作：$\displaystyle\int_a^{+\infty} f(x)\mathrm{d}x$　　即 $\displaystyle\int_a^{+\infty} f(x)\mathrm{d}x = \lim_{b \to +\infty} \int_a^b f(x)\mathrm{d}x$

此时也称广义积分是收敛的，否则称广义积分是发散的.

同理可定义：

$$\int_{-\infty}^b f(x)\mathrm{d}x = \lim_{a \to -\infty} \int_a^b f(x)\mathrm{d}x$$

$$\int_{-\infty}^{+\infty} f(x)\mathrm{d}x = \int_{-\infty}^c f(x)\mathrm{d}x + \int_c^{+\infty} f(x)\mathrm{d}x$$

$$= \lim_{a \to -\infty} \int_a^c f(x)\mathrm{d}x + \lim_{b \to +\infty} \int_c^b f(x)\mathrm{d}x$$

为方便：

若 $F'(x) = f(x)$，则可将 $f(x)$ 在无穷区间的广义积分表示为：

$$\int_a^{+\infty} f(x)\mathrm{d}x = f(x)\big|_a^{+\infty} = \lim_{x \to +\infty} f(x) - F(a)$$

$$\int_{-\infty}^b f(x)\mathrm{d}x = f(x)\big|_{-\infty}^b = F(b) - \lim_{x \to -\infty} f(x)$$

$$\int_{-\infty}^{+\infty} f(x)\mathrm{d}x = f(x)\big|_{-\infty}^{+\infty} = \lim_{x \to +\infty} f(x) - \lim_{x \to -\infty} f(x)$$

例 1 计算 $\displaystyle\int_{-\infty}^{+\infty}\dfrac{1}{1+x^2}\mathrm{d}x=\int_{-\infty}^{0}\dfrac{1}{1+x^2}+$

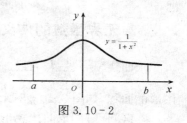

图 3.10 - 2

$\displaystyle\int_{0}^{+\infty}\dfrac{1}{1+x^2}$，如图 3.10 - 2 所示.

$\displaystyle=\lim_{a\to-\infty}\int_{a}^{0}\dfrac{1}{1+x^2}\mathrm{d}x+\lim_{b\to+\infty}\int_{0}^{b}\dfrac{1}{1+x^2}\mathrm{d}x$

$\displaystyle=\lim_{a\to-\infty}(-\arctan a)+\lim_{b\to\infty}\arctan b.$

$\displaystyle=-\left(-\dfrac{\pi}{2}\right)+\dfrac{\pi}{2}=\pi$

解答可简写为：$\displaystyle\int_{-\infty}^{+\infty}\dfrac{1}{1+x^2}\mathrm{d}x=\arctan x\Big|_{-\infty}^{+\infty}=\dfrac{\pi}{2}-\left(-\dfrac{\pi}{2}\right)=\pi.$

例 2 证明：$\displaystyle\int_{a}^{+\infty}\dfrac{\mathrm{d}x}{x^p},(a>0)$，(1) 当 $p>1$ 时收敛；(2) 当 $p\leqslant 1$ 时发散.

证明 (1) 当 $p=1$ 时，

$$\int_{a}^{+\infty}\dfrac{\mathrm{d}x}{x}=\lim_{b\to+\infty}\ln|x|\Big|_{a}^{b}=\lim_{b\to+\infty}[\ln|b|-\ln|a|]=+\infty;$$

(2) 当 $p\neq 1$ 时，

$$\int_{a}^{+\infty}\dfrac{\mathrm{d}x}{x^p}=\lim_{b\to+\infty}\dfrac{x^{1-p}}{1-p}\Big|_{a}^{b}=\lim_{b\to+\infty}\dfrac{b^{1-p}-a^{1-p}}{1-p}=\begin{cases}+\infty,&p<1,\\[2mm]\dfrac{a^{1-p}}{p-1},&p>1.\end{cases}$$

所以 (1) 当 $p>1$ 时收敛；(2) 当 $p\leqslant 1$ 时发散.

例 3 计算 $\displaystyle\int_{0}^{+\infty}\mathrm{e}^{-pt}\mathrm{d}t.$

解 当 $p\neq 0$ 时

$$原式=-\dfrac{1}{p}\int_{0}^{+\infty}\mathrm{e}^{-pt}\mathrm{d}(-pt)$$

$$=-\dfrac{1}{p}\mathrm{e}^{-pt}\Big|_{0}^{+\infty}$$

$$=-\dfrac{1}{p}\left[\lim_{t\to+\infty}\mathrm{e}^{-pt}-\mathrm{e}^{0}\right]$$

$$=\begin{cases}\dfrac{1}{p}&p>0\text{ 时}\\[2mm]+\infty&p<0\text{ 时}\end{cases}$$

当 $p=0$ 时

$$原式=\int_{0}^{+\infty}\mathrm{d}t=t\Big|_{0}^{+\infty}=+\infty$$

所以 $\displaystyle\int_{0}^{+\infty}\mathrm{e}^{-pt}\mathrm{d}t=\begin{cases}\dfrac{1}{p}&p>0\text{ 时收敛}\\[2mm]+\infty&p\leqslant 0\text{ 时发散}\end{cases}$

*2. 无界函数的广义积分

求曲线 $y = \dfrac{1}{\sqrt{x}}$ 与直线 $x = 0, x = 1, y = 0$ 所围成

图形的面积,如图 3.10 - 3 所示.

在区间 $[\varepsilon, 1]$ 上曲边梯形的面积为,如图 3.10 - 3
所示.

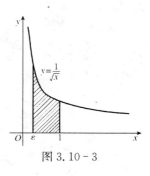

图 3.10 - 3

$$\int_{\varepsilon}^{1} \frac{1}{\sqrt{x}} \mathrm{d}x = \left[2\sqrt{x} \right]_{\varepsilon}^{1} = 2(1 - \sqrt{\varepsilon})$$

$$\lim_{\varepsilon \to 0+0} \int_{\varepsilon}^{1} \frac{1}{\sqrt{x}} \mathrm{d}x = \lim_{\varepsilon \to 0+0} 2(1 - \sqrt{\varepsilon}) = 2$$

定义 2　设函数 $f(x)$ 在区间 $(a, b]$ 上连续,且 $\lim\limits_{x \to a+0} f(x) = \infty$,取 $\varepsilon > 0$,如果极

限 $\lim\limits_{\varepsilon \to 0} \int_{a+\varepsilon}^{b} f(x)\mathrm{d}x$ 存在,则称此极限为函数 $f(x)$ 在区间 $(a, b]$ 上的广义积分,

记作 $\int_{a}^{b} f(x)\mathrm{d}x$　即 $\int_{a}^{b} f(x)\mathrm{d}x = \lim\limits_{\varepsilon \to 0} \int_{a+\varepsilon}^{b} f(x)\mathrm{d}x$

此时称广义积分 $\int_{a}^{b} f(x)\mathrm{d}x$ 收敛;如果极限不存在,则称广义积分 $\int_{a}^{b} f(x)\mathrm{d}x$
发散.

点 $x = a$ 称函数 $f(x)$ 的瑕点,广义积分也称瑕积分.

类似地,可定义 $x = b$ 及点 $c \in (a, b)$ 且 $x = c$ 为 $f(x)$ 的瑕点的广义积分:

$$\int_{a}^{b} f(x)\mathrm{d}x = \lim\limits_{\varepsilon \to 0} \int_{a}^{b-\varepsilon} f(x)\mathrm{d}x$$

$$\int_{a}^{b} f(x)\mathrm{d}x = \int_{a}^{c} f(x)\mathrm{d}x + \int_{c}^{b} f(x)\mathrm{d}x$$

$$= \lim\limits_{\varepsilon_1 \to 0} \int_{a}^{c-\varepsilon_1} f(x)\mathrm{d}x + \lim\limits_{\varepsilon_2 \to 0} \int_{c+\varepsilon_2}^{b} f(x)\mathrm{d}x.$$

例 4　讨论广义积分 $\int_{-1}^{1} \dfrac{1}{x^2} \mathrm{d}x$ 的收敛性.

解　因为 $\lim\limits_{x \to 0} \dfrac{1}{x^2} = +\infty$

所以点 $x = 0$ 是函数 $f(x) = \dfrac{1}{x^2}$ 的瑕点

则 $\int_{-1}^{1} \dfrac{1}{x^2} \mathrm{d}x = \int_{-1}^{0} \dfrac{1}{x^2} \mathrm{d}x + \int_{0}^{1} \dfrac{1}{x^2} \mathrm{d}x$

因为 $\int_{0}^{1} \dfrac{1}{x^2} \mathrm{d}x = \lim\limits_{\varepsilon \to 0} \int_{\varepsilon}^{1} \dfrac{1}{x^2} \mathrm{d}x = \lim\limits_{\varepsilon \to 0} \left[-\dfrac{1}{x} \right]_{\varepsilon}^{1} = +\infty$

所以广义积分 $\int_{0}^{1} \dfrac{1}{x^2} \mathrm{d}x$ 发散

故广义积分 $\int_{-1}^{1} \frac{1}{x^2}\mathrm{d}x$ 发散.

习题 3.10

1. 下列广义积分是否收敛?若收敛,求出它的值:

(1) $\int_{1}^{+\infty} \frac{1}{x^4}\mathrm{d}x$；

(2) $\int_{1}^{+\infty} \frac{1}{\sqrt{x}}\mathrm{d}x$；

(3) $\int_{e}^{+\infty} \frac{1}{x\ln^2 x}\mathrm{d}x$；

(4) $\int_{-\infty}^{0} \frac{2}{1+x^2}\mathrm{d}x$；

(5) $\int_{-\infty}^{0} x\mathrm{e}^x\mathrm{d}x$；

(6) $\int_{-\infty}^{+\infty} \frac{1}{x^2+2x+2}\mathrm{d}x$.

*2. 计算下列广义积分:

(1) $\int_{0}^{1} \frac{x}{\sqrt{1-x^2}}\mathrm{d}x$；

(2) $\int_{0}^{2} x\ln^2 x\mathrm{d}x$；

(3) $\int_{\frac{\pi}{4}}^{\frac{\pi}{2}} \frac{1}{\cos^2 x}\mathrm{d}x$；

(4) $\int_{1}^{e} \frac{1}{x\sqrt{1-\ln^2 x}}\mathrm{d}x$.

§3.11 定积分的应用

我们从分析曲边梯形的面积和变速直线运动的路程等问题引入定积分的概念,为了进一步掌握用定积分解决实际问题的方法,这里将介绍用定积分的微元法解决定积分在几何和物理等其他方面的一些应用.

1. 定积分的元素法

元素法是定积分运用中常采用的一种重要分析方法. 为了更好的说明这种方法,我们首先来回顾一下曲边梯形的面积问题.

设 $y=f(x)$ 在区间 $[a,b]$ 上连续且 $f(x)\geqslant 0$,则以曲线 $y=f(x)$ 为曲边、$[a,b]$ 为底的曲边梯形的面积 A 时,如图 3.11-1 所示,我们用"分割 — 取近似 — 求和 — 限极限"的方法,得

$$A = \lim_{\Delta x \to 0} \sum_{i=1}^{n} f(\xi_i)\Delta x_i = \int_{a}^{b} f(x)$$

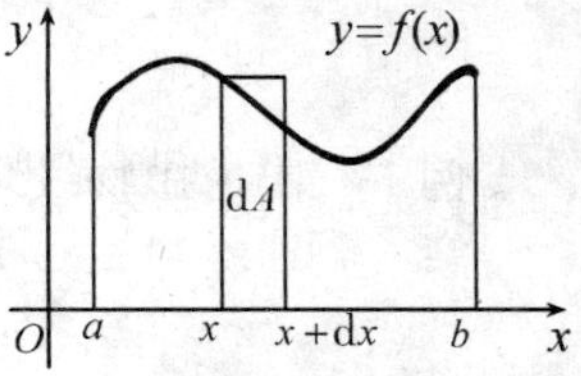

为方便起见我们将以上四步简化为:

把区间 $[a,b]$ 任意分割成无限细密(即 $|\Delta x| \to$

图 3.11-1

0),如果用 ΔA 表示任一具有代表性的小区间$[x,x+\mathrm{d}x]$上的小曲边梯形的面积,那么

$$\Delta A \approx f(x)\mathrm{d}x$$

其中$f(x)\mathrm{d}x$是以 $\mathrm{d}x$ 为底,$f(x)$ 为高的小矩形的面积,我们把$f(x)\mathrm{d}x$ 称为面积元素,记为 $\mathrm{d}A$,即

$$\mathrm{d}A = f(x)\mathrm{d}x$$

因为$A = \sum \Delta A \approx \sum f(x)\mathrm{d}x$

所以 $A = \int_a^b \mathrm{d}A = \int_a^b f(x)\mathrm{d}x,$

通过上面的分析,我们可以把定积分$\int_a^b f(x)\mathrm{d}x$ 看做是微分$f(x)\mathrm{d}x$ 在区间$[a,b]$上的无限累加.

根据这一思想,一般的,用定积分解决应用问题时,最要紧的是列出所求量 $\mathrm{d}A$ 的定积分表达式. 其基本步骤是:

(1)确定积分变量 x 和积分区间$[a,b]$;

(2)求微元 $\mathrm{d}A$:在区间$[a,b]$的任一子区间$[x,x+\mathrm{d}x]$上,找出局部量 ΔA 的近似值,即 ΔA 的微分 $\mathrm{d}A = f(x)\mathrm{d}x$;

(3)求积分:写出所求量 A 的定积分表达式$A = \int_a^b \mathrm{d}A = \int_a^b f(x)\mathrm{d}x$,然后计算其值.

通常把这种方法叫做微元法.

2. 定积分在几何上的应用

2.1　平面图形的面积

若图形由 $y = f(x) \geqslant 0, x = a, x = b$ 及 $y = 0$ 围成,如图 $3.11-2$ 所示,则所围成不面图形的面积为:

$$A = \int_a^b f(x)\mathrm{d}x.$$

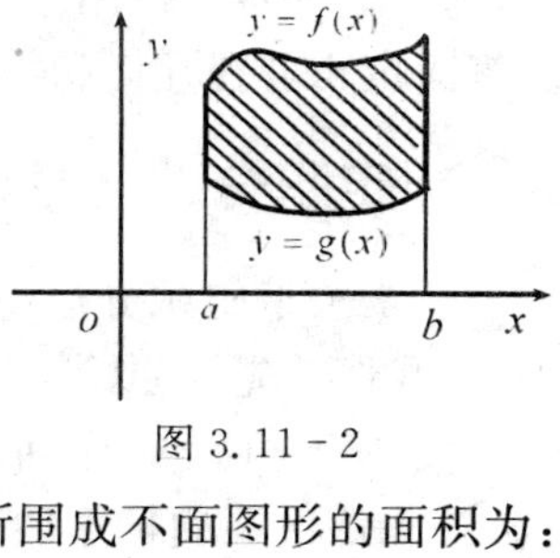

若图形由 $y = f(x), y = g(x)$

图 $3.11-2$

且$f(x) \geqslant g(x), x \in [a,b], x = a$ 及 $x = b$ 围成,则所围成不面图形的面积为:

$$A = \int_a^b [f(x) - g(x)]\mathrm{d}x.$$

例 1　求由抛物线 $y = x^2$ 与直线 $x = 1, x = 2$ 及 x 轴所围成图形的面积.

解　(图 $3.11-3$)可知,所求图形的面积为:

$$A = \int_1^2 x^2\mathrm{d}x = \frac{1}{3}x^3 \Big|_1^2 = \frac{7}{3}$$

例 2 求由 $y^2 = x, y = x^2$ 所围成的图形的面积 A.

解 由两曲线所围图形如图 3.11-4 所示.

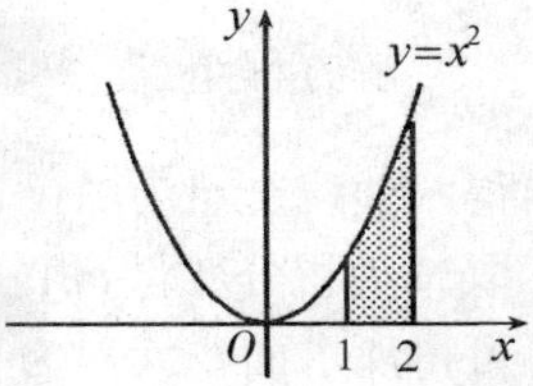

解方程组 $W = \dfrac{kq}{a}$ 得两曲线交点为 $(0,0)$ 和 $(1,1)$,

取 x 为积分变量,积分区间为 $[0,1]$,可得所求面积元素为

$$\mathrm{d}A = (\sqrt{x} - x^2)\mathrm{d}x$$

故所求面积为

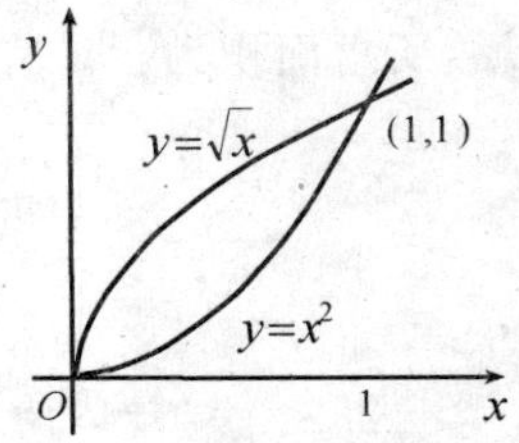

$$A = \int_0^1 (\sqrt{x} - x^2)\mathrm{d}x = \left[\frac{2}{3}x^{\frac{3}{2}} - \frac{x^3}{3} \right]_0^1$$

$$= \frac{2}{3} - \frac{1}{3} = \frac{1}{3}.$$

图 3.11-3

图 3.11-4

例 3 求椭圆 $\dfrac{x^2}{a^2} + \dfrac{y^2}{b^2} = 1$ 的面积,如图 3.11-5 所示.

解 由 $\dfrac{x^2}{a^2} + \dfrac{y^2}{b^2} = 1$,得

$$y = \pm \frac{b}{a}\sqrt{a^2 - x^2}$$

根据椭圆的对称性,得

$$A = 4\int_0^a \frac{b}{a}\sqrt{a^2 - x^2}\,\mathrm{d}x = \frac{4b}{a}\int_0^a \sqrt{a^2 - x^2}\,\mathrm{d}x$$

令 $x = a\sin t$,则 $\mathrm{d}x = a\cos t\mathrm{d}t$,且当 $x = 0$ 时,$t = 0$;当 $x = a$ 时,$t = \dfrac{\pi}{2}$. 代入上式,得

图 3.11-5

$$A = \frac{4b}{a}\int_0^{\frac{\pi}{2}} a^2\cos^2 t\mathrm{d}t = 4ab\int_0^{\frac{\pi}{2}}\cos^2 t\mathrm{d}t$$

$$= 2ab\int_0^{\frac{\pi}{2}}(1 + \cos 2t)\mathrm{d}t = 2ab\left[t + \frac{1}{2}\sin 2t \right]_0^{\frac{\pi}{2}} = \pi ab.$$

特别,当 $a = b = r$ 时,得圆的面积公式:$A = \pi r^2$.

若图形图形由 $x = \varphi_2(y), x = \varphi_1(y)$ 且 $\varphi_2(y) \geqslant \varphi_1(y), y \in [c,d], y = c$ 及 $y = d$ 围成,如图 3.11-6,则所围成图形的面积为:

$$A = \int_c^d [\varphi_2(y) - \varphi_1(y)]\mathrm{d}y.$$

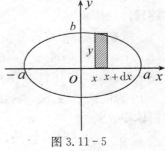

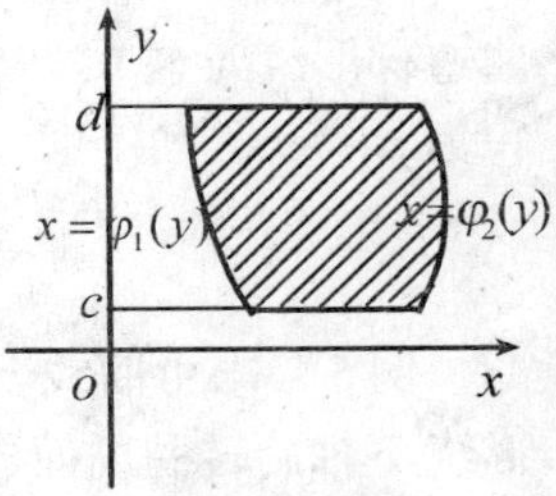

图 3.11-6

例 4 求由抛物线 $y^2 = x+2$ 与直线 $x - y = 0$ 所围图形的面积.

解 两曲线所围图形如图 3.11-7 所示.

解方程组 $\begin{cases} y^2 = x + 2 \\ x - y = 0 \end{cases}$

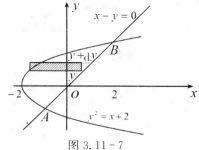

得两曲线交点为 $A(-1,-1)$ 和 $B(2,2)$，
取 y 为积分变量，积分区间为 $[-1,2]$，
可得所求面积元素为

$$dA = (y - y^2 + 2)dy$$

故所求面积为

$$A = \int_{-1}^{2} (y - y^2 + 2)dy$$
$$= \left[\frac{1}{2}y^2 - \frac{1}{3}y^3 + 2y \right]_{-1}^{2} = \frac{9}{2}.$$

图 3.11 - 7

2.2 旋转体的体积

旋转体就是由一个平面图形绕该平面内的一条直线旋转一周而成的立体．以前接触过的一些立体（如圆柱、圆锥、球体等）都是旋转体．

在直角坐标平面上，以连续曲线 $y = f(x)$ 为曲边、$[a,b]$ 为底的曲边梯形绕 x 轴旋转一周得一旋转体如图 3.11 - 8 所示，我们用定积分的元素法来计算这种旋转体的体积 V．

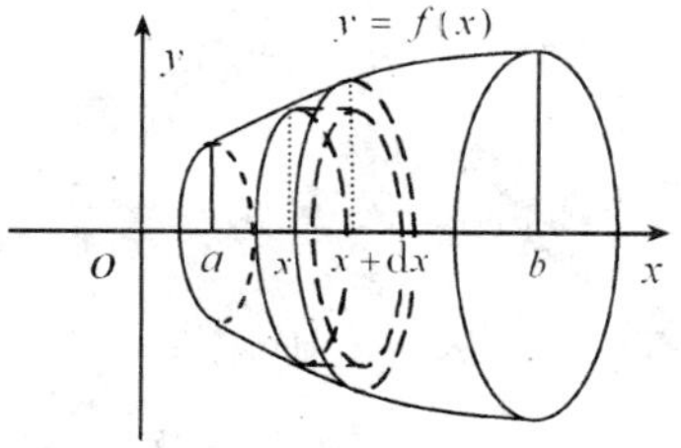

取横坐标 x 为积分变量，它的变化区间为 $[a,b]$．如图，对于 $[a,b]$ 上的任一小区间 $[x, x+dx]$，相应部分图形的体积近似等于以 $f(x)$ 为底面半径、dx 为高的圆柱体的体积，从而得体积元素

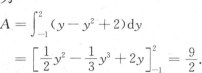

$$dv = \pi \cdot [f(x)]^2 dx$$

因此，所求旋转体的体积为

$$V = \int_{b}^{a} \pi [f(x)]^2 dx$$

图 3.11 - 8

同理可得，以连续曲线 $x = \varphi(y)$ 为曲边、$[c,d]$ 为底的曲边梯形绕 y 轴旋转一周得旋转体如图 3.11 - 9 所示体积为

$$V = \int_{c}^{d} \pi [\varphi(y)]^2 dy$$

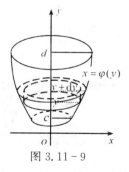

图 3.11 - 9

例 5　求由曲线 $y = \sqrt{x}$ 直线 $x = 1$ 及 x 轴所围成的图形绕 x 轴旋转一周而成的旋转体体积．

解　由曲线 $y = \sqrt{x}$、直线 $x = 1$ 及 x 轴所围成的曲边梯形绕 x 轴旋转一周而成的旋转体如图 3.11 - 10 所示．

故由上面公式可得，该旋转体的体积为

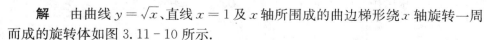

$$V = \int_0^1 \pi \left[f(x) \right]^2 \mathrm{d}x = \int_0^1 \pi \, x \mathrm{d}x = \frac{\pi}{2}.$$

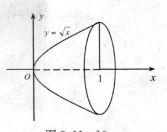

图 3.11 - 10

例6 求由椭圆 $\dfrac{x^2}{a^2} + \dfrac{y^2}{b^2} = 1$ 所围成的图形绕 x 轴旋转一周而成的旋转体(旋转椭球体)的体积.

解 如图 3.11-11 所示,取 x 为积分变量,积分区间为 $[-a, a]$. 对于 $[-a, a]$ 上的任意小区间 $[x, x + \mathrm{d}x]$,对应部分图形旋转体的体积近似等于以

$$y = \frac{b}{a} \sqrt{a^2 - x^2}$$

为底面半径、$\mathrm{d}x$ 为高的圆柱体的体积,从而得所求旋转椭球体的体积为

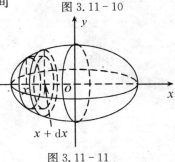

图 3.11 - 11

$$V = \int_{-a}^{a} \frac{\pi \, b^2}{a^2} (a^2 - x^2) \mathrm{d}x$$

$$= \pi \frac{b^2}{a^2} \left[a^2 x - \frac{x^3}{3} \right]_{-a}^{a} = \frac{4}{3} \pi \, ab^2.$$

特别地,当 $a = b$ 时,即得半径是 a 的球体的体积为 $\dfrac{4}{3} \pi \, a^3$.

一般地,有如下的结论:

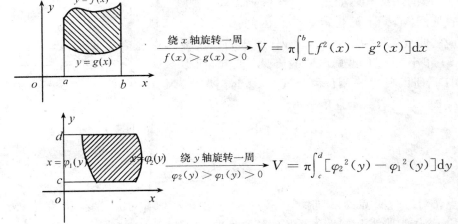

例7 求由曲线 $y = x^2, y = x$ 所围成的平面图形绕 x 轴旋转所得旋转体的体积 V.

解 如图 3.11-12,过两曲线交点作 x 轴的垂线,则所求旋转体可看作两个曲边梯形分别绕 x 轴旋转所得旋转体体积的差.

由 $\begin{cases} y = x^2 \\ y = x \end{cases}$ 得：$x = 0$ 或 $x = 1$

所以 $V = \pi \displaystyle\int_0^1 x^2 \mathrm{d}x - \pi \displaystyle\int_0^1 (x^2)^2 \mathrm{d}x$

$\qquad = \dfrac{\pi}{3} x^3 \big|_0^1 - \dfrac{\pi}{5} x^5 \big|_0^1 = \dfrac{2\pi}{15}.$

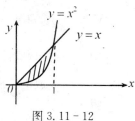

图 3.11 - 12

例 8　求由曲线 $y = \sqrt{x}, x^2 + y^2 = 2$ 所围成的平面图形绕 x 轴旋转所得旋转体的体积.

解　如图 3.11 - 13，过两曲线交点作 x 轴的垂线，则所求旋转体可看作两个曲边梯形分别绕 x 轴旋转所得旋转体体积的和.

由 $\begin{cases} y = \sqrt{x} \\ x^2 + y^2 = 2 \end{cases}$，得 $x = 0$ 或 $x = 1$. 所以

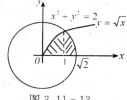

图 3.11 - 13

$V = \pi \displaystyle\int_0^1 (\sqrt{x})^2 \mathrm{d}x + \pi \displaystyle\int_1^{\sqrt{2}} (2 - x^2) \mathrm{d}x$

$\quad = \dfrac{1}{2}\pi x^2 \big|_0^1 + 2\pi x \big|_1^{\sqrt{2}} - \dfrac{1}{3}\pi x^3 \big|_1^{\sqrt{2}} = \dfrac{8\sqrt{2} - 7}{6}\pi.$

*2.3　平面曲线的弧长

在平面直角坐标系下，求曲线 $y = f(x)$ 上 $x \in [a, b]$ 一段的弧长 AB，如图 3.11 - 14 所示.

在区间 $[a, b]$ 上的任取一个小区间 $[x, x + \mathrm{d}x]$，其对应的曲线弧长为 $\overset{\frown}{MN}$，过点 M 作曲线的切线 MT，由于 $\mathrm{d}x$ 很小，于是曲线弧 $\overset{\frown}{MN}$ 的长度近似的等于切线段 $|MT|$，所以我们把 MT 称为弧长微元，记作 $\mathrm{d}s$. 其中 $\mathrm{d}x, \mathrm{d}y, \mathrm{d}s$ 构成一个直角三角形，因此有

图 3.11 - 14

$$\mathrm{d}s = \sqrt{(\mathrm{d}x)^2 + (\mathrm{d}y)^2} = \sqrt{1 + (y')^2} \mathrm{d}x$$

对其积分，则得所求弧长为

$$s = \int_a^b \sqrt{1 + (y')^2} \mathrm{d}x$$

点 x 对应的 M 点处，作曲线 $y = f(x)$ 的切线 T，取其对应自变量增量为 $\mathrm{d}x$ 的一段 $\mathrm{d}s$ 作为曲线弧 MN 的近似值（"直代曲"），即 $MN \approx \mathrm{d}s$.

$\mathrm{d}s$ 称为弧长微元，$\mathrm{d}s = \sqrt{(\mathrm{d}x)^2 + (\mathrm{d}y)^2} = \sqrt{1 + (y')^2} \mathrm{d}x$

对其积分，则得所求弧长 $s = \displaystyle\int_a^b \sqrt{1 + (y')^2} \mathrm{d}x$

例 9　求曲线 $y = \dfrac{2}{3} x^{\frac{3}{2}}$ 上从 $x = 0$ 到 $x = 3$ 之间的一段弧长.

解 $y' = \left(\dfrac{2}{3}x^{\frac{3}{2}}\right)' = \sqrt{x}$

$$\mathrm{d}s = \sqrt{1+(y')^2}\,\mathrm{d}x = \sqrt{1+x}\,\mathrm{d}x$$

$$s = \int_0^3 \sqrt{1+x}\,\mathrm{d}x = \int_0^3 (1+x)^{\frac{1}{2}}d(1+x) = \frac{2}{3}(1+x)^{\frac{3}{2}}\Bigg|_0^3 = \frac{14}{3}.$$

*3. 定积分在物理上的应用

定积分在物理学中有着广泛的应用,这里只介绍定积分在物理上的几类简单应用.

3.1 变力沿直线所做的功

中学物理学给出了常力沿直线作功的计算公式

$$W = F \cdot S$$

但在实际问题中常会遇到变力作功问题,上面的公式就不能应用.下面通过举例说明如何计算变力所作的功.

例 10 已知弹簧每拉长 0.02 m 要用 908 N 的力,求把弹簧拉长 0.1 m 所作的功.

解 取弹簧端点的平衡位置作为原点 O,建立如图 3.11-15 所示的坐标系.由物理学可知,当端点位于点 x 处时,所需力为

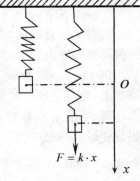

图 3.11-15

$F = k \cdot x$(k 为比例常数)

由题意知,$x = 0.02$ m 时 $F = 9.8$N,

所以 $k = 4.9 \times 10^2$,

这样得到变力函数为

$F = 4.9 \times 10^2 x$

取 x 为积分变量,积分区间为 $[0,0.1]$.在 $[0,0.1]$ 上任取一小区间 $[x,x+\mathrm{d}x]$,与它对应的变力 F 所作的功近似于把变力 F 看作常力所作的功,从而得功元素为

$\mathrm{d}W = 4.9 \times 10^2 x\,\mathrm{d}x$

所以,把弹簧拉长 0.1 m 所作的功为

$$W = \int_0^{0.1} 4.9 \times 10^2 x\,\mathrm{d}x = 2.45 \text{ J}$$

例 11 如图 3.11-16 所示,把一个带 $+q$ 电量的点电荷放在 r 轴上的坐标原点处,它产生一个电场.求单位正电荷在电场中沿 r 轴的方向从 $r = a$ 处移动到 $r = b (a < b)$ 处时,电场力 F 对它所作的功.

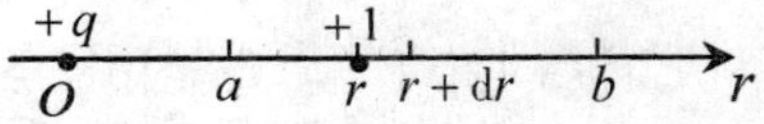

图 3.11-16

解 根据物理学,如果有一单位正电荷放在电场中距离原点为 r,则电荷对它的作用力的大小为

$$F = k\frac{q}{r^2}(k \text{ 为常数})$$

取 r 为积分变量,积分区间为 $[a,b]$. 在 $[a,b]$ 上的任一小区间 $[r,r+dr]$ 上,与它对应的电场力 F 所作的功近似于把变力 F 看作常力所作的功,从而得功元素为

$$dW = k\frac{q}{r^2}dr$$

故所以由定积分的元素法得所求的功为

$$W = \int_a^b k\frac{q}{r^2}dr = kq\left(\frac{1}{a} - \frac{1}{b}\right)$$

3.2 液体压力的计算

由物理学知,一水平放置在液体中的薄片,如果其面积为 A,距离液体表面的深度为 h,那么该薄片的一侧所受的压力为

$$P = p \cdot A = \gamma \cdot h \cdot A(\text{其中 } p \text{ 为压强}, \gamma \text{ 为液体比重})$$

若薄片铅直的放置在液体中,由于不同深度的点压强不一样.此时,薄片的一侧所受的压力就不能利用上述方法计算.下面通过举例说明其计算方法.

例 12 一底为 8 m,高为 6 m 的等腰三角形钢性薄板,垂直地沉没在水中,顶在上,底在下且与水面平行,而顶离水面 3 m,求它一侧所受水的压力.

解 建立如图 3.11-17 所示的坐标系,取为 x 积分变量,则积分区间为 $[3,9]$.

AB 边所在的直线方程为 $y = \frac{2}{3}x - 2$. 设 $[x, x+dx]$ 为 $[3,9]$ 上任一小区间,三角形薄板上与之相应的窄条可近似看做是水平放置在距水面深度为 x 的位置上,且面积近似等 $4(\frac{x}{3}-1)dx$,于是得压力元素为

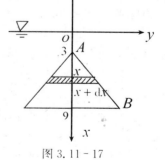

图 3.11-17

$$dp = 4\gamma x\left(\frac{x}{3} - 1\right)dx$$

因此,所求压力为

$$P = 4\gamma \int_3^9 \left(\frac{1}{3}x^2 - x\right)dx = 4\gamma\left[\frac{1}{9}x^3 - \frac{1}{2}x^2\right]_3^9$$

$$\approx 1.65 \times 10^6 (\text{N})$$

习题·3.11

1. 求曲线 $y = \dfrac{1}{3}\sqrt{x}(3-x)$ 上 $x \in [1,3]$ 一段的弧长.

2. 求由 $y = e^x$ 与 $y = e^{-x}$ 及 $x = 1$ 所围成的平面图形的面积.

3. 求由 $y = x^2$ 与 $y = \sqrt{x}$ 及 $x = 4$ 围成的平面图形的面积.

4. 求由 $y = \sqrt{x}$ 与 $y = \dfrac{x}{2}$ 围成的平面图形的面积.

5. 求由 $y^2 = 2x$ 与 $y = x - 4$ 所围成的平面图形的面积.

6. 求由 $y = 2x$ 与 $2y = x$ 及 $xy = 1$ 围成的平面图形的面积.

7. 计算曲线 $y = \dfrac{2}{3}x^{\frac{3}{2}}$ 对应 $0 \leqslant x \leqslant 1$ 上一段的弧长.

8. 一圆柱形的贮水桶高为 5 m，底圆半径为 3 m，桶内盛满了水，试问要把桶内的水全部吸出需作多少功？

9. 一个横放着的圆柱形水桶，桶内盛有半桶水，设桶的底半径为 R，水的密度为．计算桶的一个端面上所受的压力 P.

学习指导

一、目的要求

1. 理解原函数和不定积分的概念、掌握不定积分的性质和运算；理解定积分和概念及其几何意义、了解定积分的性质.

2. 掌握基本积分公式，掌握牛顿－莱布尼兹公式.

3. 掌握第一、第二类换元积分法，掌握分步积分法.

4. 了解广义积分的概念并会进行简单的计算.

5. 会用定积分求解平面图形的面积问题，了解微元法，并能求解有关几何、物理和经济问题.

二、基本内容

1. 积分的概念

(1) 不定积分：$\displaystyle\int f(x)\mathrm{d}x = f(x) + C$　　　其中 $F'(x) = f(x)$.

(2) 定积分：函数 $y = f(x)$ 在区间 $[a,b]$ 上的定积分 $\int_a^b f(x)\mathrm{d}x$

$= \lim\limits_{\Delta x \to 0} \sum\limits_{i=1}^{n} f(x_i)\Delta x_i.$

2. 基本积分公式：见表 3-1

3. 积分的运算性质

(1) 不定积分：$\int [f(x) \pm g(x)]\mathrm{d}x = \int f(x)\mathrm{d}x \pm \int g(x)\mathrm{d}x;\int k f(x)\mathrm{d}x$

$= k \int f(x)\mathrm{d}x.$

(2) 定积分：$\int_a^b [f(x) \pm g(x)]\mathrm{d}x = \int_a^b f(x)\mathrm{d}x \pm \int_a^b g(x)\mathrm{d}x;$

$\int_a^b k f(x)\mathrm{d}x = k \int_a^b f(x)\mathrm{d}x;$

$\int_a^b f(x)\mathrm{d}x = \int_a^c f(x)\mathrm{d}x + \int_c^b f(x)\mathrm{d}x;$

$\int_a^b f(x)\mathrm{d}x = -\int_b^a f(x)\mathrm{d}x.$

4. 不定积分运算

(1) 第一换元积分法：

$\int g(x)\mathrm{d}x \underline{\text{拆成}} \int f[\varphi(x)]\varphi'(x)\mathrm{d}x \underline{\text{凑成}} \int f[\varphi(x)]\mathrm{d}\varphi(x) \text{ 令 } u = \varphi(x) \int f(u)\mathrm{d}u$

$= F(u) + C \underline{\text{回代 } u = \varphi(x)} F[\varphi(x)] + C.$

常用凑微分关系：

$\mathrm{d}x = \dfrac{1}{a}\mathrm{d}(ax + b);$ $\qquad\qquad x^\alpha \mathrm{d}x = \dfrac{1}{\alpha + 1}\mathrm{d}(x^{\alpha+1});$

$\dfrac{1}{x}\mathrm{d}x = \mathrm{d}(\ln x);$ $\qquad\qquad \dfrac{1}{\sqrt{x}}\mathrm{d}x = 2\mathrm{d}\sqrt{x};$

$\dfrac{1}{x^2}\mathrm{d}x = -\mathrm{d}(\dfrac{1}{x});$ $\qquad\qquad \mathrm{e}^x \mathrm{d}x = \mathrm{d}(\mathrm{e}^x);$

$\sin x\mathrm{d}x = -\mathrm{d}(\cos x);$ $\qquad\qquad \cos x\mathrm{d}x = \mathrm{d}(\sin x);$

$\dfrac{1}{\sqrt{1-x^2}}\mathrm{d}x = \mathrm{d}(\arcsin x);$ $\qquad \dfrac{1}{1+x^2}\mathrm{d}x = \mathrm{d}(\arctan x).$

(2) 第二换元积分法：

$\int f(x)\mathrm{d}x \underline{\text{令 } x = \varphi(t)} \int f[\varphi(t)]\varphi'(t)\mathrm{d}t = F(t) + C \underline{t = \varphi^{-1}(x)} F[\varphi^{-1}(x)] + C.$

若被积函数中含有根式 $\sqrt[n]{ax + b}$，可通过代换 $\sqrt[n]{ax + b} = t$ 去掉根号后再求积分.

(3) 分部积分法：$\int u\mathrm{d}v = uv - \int v\mathrm{d}u$.

类型一：$\int \underset{u}{\underline{幂函数}} \times \underset{\mathrm{d}v}{\underline{指数函数}}\mathrm{d}x$；类型二：$\int \underset{u}{\underline{幂函数}} \times \underset{\mathrm{d}v}{\underline{三角函数}}\mathrm{d}x$；

类型三：$\int \underset{\underset{\mathrm{d}v}{\underline{}}}{\underline{幂函数}\times\underset{u}{\underline{对数函数}}}\mathrm{d}x$；类型四：$\int \underset{\underset{\mathrm{d}v}{\underline{}}}{\underline{幂函数}\times\underset{u}{\underline{反三角函数}}}\mathrm{d}x$.

5. 定积分运算：

(1) 牛顿－莱布尼兹公式：$\int_a^b f(x)\mathrm{d}x = F(b) - F(a) \overset{记为}{=} f(x)\big|_a^b$.

(2) 定积分换元法：$\int_a^b f(x)\mathrm{d}x \overset{令 x=\varphi(t)}{=\!=\!=} \int_\alpha^\beta f[\varphi(t)] \cdot \varphi'(t)\mathrm{d}t$. 其中 $\varphi(\alpha) = a$, $\varphi(\beta) = b$.

(3) 定积分分部积分法：$\int_a^b u\mathrm{d}v = uv\big|_a^b - \int_a^b v\mathrm{d}u$.

6. 积分的应用：

(1) 已知 $F'(x) = f(x)$，则 $f(x) = \int f(x)\mathrm{d}x$.

(2) 曲边梯形的面积：

$A = \int_a^b f(x)\mathrm{d}x(f(x) \geqslant 0)$. 或 $A = -\int_a^b f(x)\mathrm{d}x \quad (f(x) \leqslant 0)$

(3) 曲边梯形绕 x 轴所得旋转体的体积：$V = \pi\int_a^b f^2(x)\mathrm{d}x$.

复习题三

1. 填空题：

(1) 定积分 $\int_{-1}^3 (x^2 + 2x + 1)\mathrm{d}x$ 中，积分上限是 _____，积分下限是 _____，积分区间是 _____，被积函数是 _____，积分变量为 _____，被积表达示为 _____；

(2) 已知变速直线运动的速度为 $v(t) = 3 + 2t$，则物体从第 2 秒开始，经过 3 秒后所经过的路程用定积分表示为 $s = $ _____；

(3) 曲线 $y = \cos x$，在 $[0, \pi]$ 上和 x 轴围成图形的面积用定积分表示为 $A = $ _____；

(4) $\int_{-1}^1 (x - \sin x)^3\mathrm{d}x = $ _____；

(5) 设 $f(x), G(x)$ 都是函数 $f(x)$ 在区间 I 上的原函数，若 $f(x) = x^2$，则

$G(x) = $ _____ ;

(6) $\left(\int e^{x^2} dx\right)' = $ _____ , $\int d(e^{x^2}) = $ _____ , $d\left(\int e^{x^2} dx\right) = $ _____ ;

(7) 若 $f(x)$ 是 $f(x)$ 的一个原函数，则 $\int x f(x^2) dx = $ _____ ;

(8) 若 $\int_a^1 \frac{1}{x^2} dx = -\frac{1}{2}$ ，则 $a = $ _____ ;

(9) 由曲线 $y = \sin x$ 、$x = 0$ 、$x = \pi$ 及 $y = 0$ 围成的平面图形绕 x 轴旋转所围成旋转体体积用定积分可表示为 $V_x = $ _____ .

2. 选择题：

(1) 下列不定积分中正确的是 _____ .

A. $\int x^2 dx = x^2 + C$ 　　　　　　　　B. $\int \frac{1}{x^2} dx = \frac{1}{x} + C$

C. $\int \sin x dx = \cos x + C$ 　　　　　　D. $\int \cos x dx = \sin x + C$

(2) $\frac{d}{dx} \int f(x) dx = $ _____ .

A. $f(x) + C$ 　　　B. $f'(x) + C$ 　　　C. $f(x)$ 　　　　　D. $f'(x)$

(3) 设 $f(x) = e^{2x}$ ，则不定积分 $\int f\left(\frac{x}{2}\right) dx = $ _____ .

A. $2e^x + C$ 　　　B. $e^x + C$ 　　　C. $2e^{2x} + C$ 　　　D. $e^{2x} + C$

(4) 函数 $f(x) = e^{2x}$ ，则不定积分 $\int f'(x) dx = $ _____ .

A. $\frac{1}{2} e^{2x} + C$ 　　B. $2e^{2x} + C$ 　　　C. $-e^{2x} + C$ 　　　D. $e^{2x} + C$

(5) 在下列因素中，不影响定积分 $\int_a^b f(x) dx$ 的值的因素是 _____ .

A. 被积函数 $f(x)$ 　　　　　　　　B. 积分区间 $[a, b]$

C. 被积表达示 $f(x) dx$ 　　　　　　D. 积分变量 x

(6) 根据定积分的几何意义，求由曲线 $y = f(x)$ 以及 $x = a$ 、$x = b$ 、$y = 0$ 所围成的平面图形的积分表达示为 _____ .

A. $\int_a^b f(x) dx$ 　　　　　　　　B. $\int_a^b |f(x)| dx$

C. $\int_a^b f(x) dx$ 　　　　　　　　D. $\int_a^b f(x) dx$ 或 $\left| \int_a^b f(x) dx \right|$

(7) 已知 $\int_0^1 x(a - x) dx = 1$ ，常数 $a = $ _____ .

A. $\frac{8}{3}$ 　　　　　　B. $\frac{1}{3}$ 　　　　　　C. $\frac{4}{3}$ 　　　　　　D. $\frac{2}{3}$

(8) 若 $f(x)$ 和 $G(x)$ 都是 $f(x)$ 的原函数，则 $\int[f(x)-G(x)]\mathrm{d}x$ 是_____.

A. $f(x+c)$ 　　B. 0 　　C. 一次函数 　　D. 常数

(9) 设 $I=\int_{\pi}^{\frac{3\pi}{2}}(a\sin x+b\cos x)\mathrm{d}x$，则 $I=$_____.

A. $a+b$ 　　B. $a-b$ 　　C. $-a-b$ 　　D. $-a+b$

3. 求下列各不积分：

(1) $\int\dfrac{2x}{1+x^2}\mathrm{d}x$；　　(2) $\int\cos(3x+2)\mathrm{d}x$；

(3) $\int\tan^3 x\mathrm{d}x$；　　(4) $\int\dfrac{\mathrm{e}^x}{1+\mathrm{e}^x}\mathrm{d}x$；

(5) $\int\dfrac{\mathrm{d}x}{\sqrt{x}(2+x)}$；　　(6) $\int x\mathrm{e}^{-2x}\mathrm{d}x$；

(7) $\int\dfrac{1+\ln^2 x}{x}\mathrm{d}x$；　　(8) $\int x\sin(2x)\mathrm{d}x$；

(9) $\int\dfrac{\mathrm{d}x}{1+\sqrt[3]{x}}$；　　(10) $\int\sqrt{\mathrm{e}^x-1}\mathrm{d}x$.

4. 求下列各定积分：

(1) $\int_3^4\dfrac{x^2+x-6}{x-2}\mathrm{d}x$；　　(2) $\int_a^b(x-a)(x-b)\mathrm{d}x$；

(3) $\int_{-2}^{-1}\dfrac{1}{(11+5x)^3}\mathrm{d}x$；　　(4) $\int_0^{\frac{\pi}{2}}\cos^3 x\sin 2x\mathrm{d}x$；

(5) $\int_1^0\dfrac{1+\ln x}{x}\mathrm{d}x$；　　(6) $\int_0^2 x\sqrt{4-x^2}\mathrm{d}x$；

(7) $\int_1^e\dfrac{\ln^3 x}{x}\mathrm{d}x$；　　(8) $\int_{-\pi}^{\pi}x\cos x\mathrm{d}x$；

(9) 已知 $f(x)=\begin{cases}x^2,0\leqslant x\leqslant 1\\2x,1\leqslant x\leqslant 2\end{cases}$，求 $\int_0^2 f(x)\mathrm{d}x$.

5. 设某函数的图像上有拐点 $P(2,4)$，在拐点处曲线的切线的斜率为 -3；又知这个函数的二阶导数具有形状 $y''=6x+C$，求此函数并作图.

6. 物体由静止开始运动，在任意时刻 t 的速度 $v=5t^2(\mathrm{m/s})$，求在 $3\,\mathrm{s}$ 末时物体离开出发点的距离. 又问需要多少时间，物体才能离开出发点 $360\,\mathrm{s}$.

7. 一物体以速度 $v=3t^2+2t$ 作直线运动，算出它在 $t=0$ 秒至 $t=3\,\mathrm{s}$ 一段时间内的平均速度.

8. 求抛物线 $y^2=x$ 与圆 $x^2+y^2=2$ 所围成图形的面积.

9. 求抛物线 $y=-x^2+4x-3$ 及其在点 $(0,-3)$ 和点 $(3,0)$ 处的切线所围

成图形的面积.

10. 设平面图形是由曲线 $y = \dfrac{3}{x}$ 和 $x + y = 4$ 围成.

(1) 求此平面图形的面积;

(2) 求此图形绕 x 轴旋转所生成的旋转体的体积.

11. 已知由 $y = x$ 和 $y^2 = ax$ 所围成的图形绕 x 轴旋转而成的旋转体的体积为 $V_x = \dfrac{9}{2}\pi$(体积单位),求 a 的值.

第四章 级数及微分方程初步

§4.1 常数项级数

1. 常数项级数的概念

定义 1 设给定数列 $u_1, u_2, u_3 \cdots u_n \cdots$，则和式 $u_1 + u_2 + \cdots + u_n + \cdots$

称常数项无穷级数，简称数项级数或级数，记作 $\sum\limits_{n=1}^{\infty} u_n$，即

$$\sum_{n=1}^{\infty} u_n = u_1 + u_2 + \cdots + u_n + \cdots$$

其中第 n 项 u_n 称级数的通项或一般项.

如：$\sum\limits_{n=1}^{\infty} \dfrac{1}{n} = 1 + \dfrac{1}{2} + \dfrac{1}{3} + \cdots + \dfrac{1}{n} + \cdots$ —— 调和级数

$\sum\limits_{n=2}^{\infty} ar^{n-1} = a + ar + ar^2 + \cdots + ar^{n-1} + \cdots$ —— 等比级数（几何级数）

定义 2 对级数 $\sum\limits_{n=1}^{\infty} u_n$，它的前 n 项的和：

$$S_n = u_1 + u_2 + \cdots + u_n = \sum_{k=1}^{n} u_k$$

称级数 $\sum\limits_{n=1}^{\infty} u_n$ 的部分和或前 n 项和. 当 $n \to \infty$ 时，如果数列 S_n 有极限 S，

即：$\lim\limits_{n \to \infty} S_n = S$

则称级数 $\sum\limits_{n=1}^{\infty} u_n$ 是收敛的，并称 S 为该级数的和.

记作：$S = \sum\limits_{n=1}^{\infty} u_n = u_1 + u_2 + \cdots + u_n + \cdots$

当 $n \to \infty$ 时,如果数列 S_n 没有级限,

即:$\lim\limits_{n\to\infty} S_n$ 不存在

则称级数 $\sum\limits_{n=1}^{\infty} u_n$ 是发散的.

当级数收敛时,其和与部分和之差:

$$R_n = S - S_n = u_{n+1} + u_{n+2} + \cdots = \sum_{i=n+1}^{\infty} u_i \quad - 称级数 \sum_{n=1}^{\infty} u_n 的余项.$$

例 1 证明 $\sum\limits_{n=1}^{\infty} \dfrac{1}{n(n+1)} = \dfrac{1}{1 \cdot 2} + \dfrac{1}{2 \cdot 3} + \cdots + \dfrac{1}{n(n+1)} + \cdots = 1.$

证明 因为 $S_n = \dfrac{1}{1 \cdot 2} + \dfrac{1}{2 \cdot 3} + \cdots + \dfrac{1}{n(n+1)}$

$$= \left(1 - \frac{1}{2}\right) + \left(\frac{1}{2} - \frac{1}{3}\right) + \cdots + \left(\frac{1}{n} - \frac{1}{n+1}\right)$$

$$= 1 - \frac{1}{n+1}$$

$$\lim_{n\to\infty} S_n = \lim_{n\to\infty} \left(1 - \frac{1}{n+1}\right) = 1$$

所以 $\sum\limits_{n=1}^{\infty} \dfrac{1}{n(n+1)} = \dfrac{1}{1 \cdot 2} + \dfrac{1}{2 \cdot 3} + \cdots + \dfrac{1}{n(n+1)} + \cdots = 1.$

例 2 讨论等比级数(几何级数)

$\sum\limits_{n=2}^{\infty} ar^{n-1} = a + ar + ar^2 + \cdots + ar^{n-1} + \cdots$ 的敛散性.

解 因为 $S_n = a + ar + ar^2 + \cdots + ar^{n-1}$

$$= \begin{cases} \dfrac{a(1-r^n)}{1-r} & r \neq 1 \\ na & r = 1 \end{cases}$$

当 $|r| < 1$ 时:

$$\lim_{n\to\infty} S_n = \lim_{n\to\infty} \frac{a(1-r^n)}{1-r} = \frac{a}{1-r}$$

当 $|r| > 1$ 时:

$$\lim_{n\to\infty} S_n = \lim_{n\to\infty} \frac{a(1-r^n)}{1-r} = \infty$$

当 $r = 1$ 时:

$$\lim_{n\to\infty} S_n = \lim_{n\to\infty} na = \infty$$

当 $r = -1$ 时:

因为 $S_n = \begin{cases} 0 & n \text{ 为偶数} \\ a & n \text{ 为奇数} \end{cases}$

所以 $\lim\limits_{n\to\infty}S_n$ 不存在

故等比级数：$\sum\limits_{n=2}^{\infty}ar^{n-1}=a+ar+ar^2+\cdots+ar^{n-1}+\cdots$

当 $|r|<1$ 时收敛，其和 $S=\dfrac{a}{1-r}$

当 $|r|\geqslant 1$ 时发散.

例3　讨论调和级数：

$\sum\limits_{n=1}^{\infty}\dfrac{1}{n}=1+\dfrac{1}{2}+\dfrac{1}{3}+\cdots+\dfrac{1}{n}+\cdots$ 的敛散性.

解　如图 4.1-1 所示：

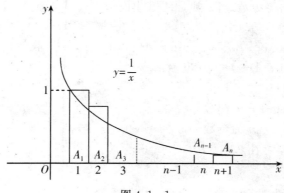

图 4.1-1

因为 $S_n=1+\dfrac{1}{2}+\dfrac{1}{3}+\cdots+\dfrac{1}{n}$

$$=\sum_{i=1}^{n}A_i$$

$$>\int_{1}^{n+1}\dfrac{1}{x}\mathrm{d}x=\ln(n+1)$$

而 $\lim\limits_{n\to\infty}\ln(n+1)=\infty$ 所以 $\lim\limits_{n\to\infty}S_n=\infty$

即：调和级数：

$$\sum_{n=1}^{\infty}\dfrac{1}{n}=1+\dfrac{1}{2}+\dfrac{1}{3}+\cdots+\dfrac{1}{n}+\cdots \text{ 发散}$$

2. 无穷级数的性质

性质1　在级数 $\sum\limits_{n=1}^{\infty}u_n$ 中删去或添加有限多项，不会改变其敛散性.

性质 2 $\displaystyle\sum_{n=1}^{\infty} u_n$ 收敛时，$\displaystyle\sum_{n=1}^{\infty} ku_n$ 也收敛. 且

$$\sum_{n=1}^{\infty} ku_n = k\sum_{n=1}^{\infty} u_n \quad (k = 常量)$$

性质 3 如果 $\displaystyle\sum_{n=1}^{\infty} u_n$ 与 $\displaystyle\sum_{n=1}^{\infty} v_n$ 都收敛，则 $\displaystyle\sum_{n=1}^{\infty}(u_n \pm v_n)$ 也收敛. 且

$$\sum_{n=1}^{\infty}(u_n \pm v_n) = \sum_{n=1}^{\infty} u_n \pm \sum_{n=1}^{\infty} v_n$$

性质 4 若级数 $\displaystyle\sum_{n=1}^{\infty} u_n$ 收敛，则在其各项间任意加括号后仍收敛，且其和不变. 若加括号后所得级数发散，则原级数也发散.

注   加括号后的级数收敛，则原级数不一定收敛.

举例   级数 $(1-1)+(1-1)+\cdots+(1-1)+\cdots$ 收敛，其和 $S=0$.

而级数 $1-1+1-1+\cdots$ 发散.

因为 $S_n = 1-1+1-1+\cdots$

$$= \begin{cases} 0 & n \text{ 为偶数} \\ 1 & n \text{ 为奇数} \end{cases}$$

所以 $\displaystyle\lim_{n\to\infty} S_n$ 不存在

即级数发散.

性质 5 （级数收敛的必要条件）

如果级数 $\displaystyle\sum_{n=1}^{\infty} u_n$ 收敛，则其通项必趋于零.

即：$\displaystyle\lim_{n\to\infty} u_n = 0$.

推论   若 $\displaystyle\lim_{n\to\infty} u_n \neq 0$，则级数 $\displaystyle\sum_{n=1}^{\infty} u_n$ 发散.

习题 4.1

1. 写出下列级数的前三项：

(1) $\displaystyle\sum_{n=1}^{\infty} \frac{5n-3}{n^2+3n-2}$;

(2) $\displaystyle\sum_{n=1}^{\infty} \frac{n!}{5^n}$;

(3) $\displaystyle\sum_{n=1}^{\infty} \frac{3^n \cdot n!}{n^n}$;

(4) $\displaystyle\sum_{n=1}^{\infty} (-1)^n \frac{1}{n^n}$.

2. 写出下列级数的第五项和一般项：

(1) $\dfrac{1}{2} + \dfrac{3}{4} + \dfrac{5}{6} + \cdots$;

(2) $\dfrac{1}{2\ln 2} + \dfrac{1}{3\ln 3} + \dfrac{1}{4\ln 4} + \cdots$;

(3) $\dfrac{2}{1}+\dfrac{1}{2}+\dfrac{4}{3}+\dfrac{3}{4}\cdots$.

3. 用级数收敛与发散的定义,判定下列级数的收敛性. 若收敛,则求其和:

(1) $\dfrac{1}{1\cdot 3}+\dfrac{1}{2\cdot 4}+\dfrac{1}{3\cdot 5}+\cdots \dfrac{1}{n(n+2)}+\cdots$;

(2) $\ln\dfrac{2}{1}+\ln\dfrac{3}{2}+\ln\dfrac{4}{3}+\cdots \ln\dfrac{n+1}{n}+\cdots$;

(3) $1+\dfrac{1}{3}+\dfrac{1}{9}+\cdots+\dfrac{1}{3^{n-1}}+\cdots$;

(4) $1^2+2^2+3^2+\cdots+n^2+\cdots$.

4. 用级数收敛的性质,判定下列级数的收敛性. 若收敛,则求其和:

(1) $\left(\dfrac{1}{3}+\dfrac{1}{4}\right)+\left(\dfrac{1}{3^3}+\dfrac{1}{4^2}\right)+\left(\dfrac{1}{3^5}+\dfrac{1}{4^3}\right)+\left(\dfrac{1}{3^7}+\dfrac{1}{4^4}\right)+\cdots$;

(2) $\dfrac{1}{2}+\dfrac{1}{\sqrt{2}}+\dfrac{1}{\sqrt[3]{2}}+\dfrac{1}{\sqrt[4]{2}}+\cdots$;

(3) $\sin\dfrac{\pi}{5}+\sin\dfrac{2\pi}{5}+\sin\dfrac{3\pi}{5}+\sin\dfrac{4\pi}{5}+\cdots$;

5. 判定下列级数的收敛性:

(1) $\displaystyle\sum_{n=1}^{\infty}\dfrac{5}{(5n+1)(5n+6)}$;

(2) $\displaystyle\sum_{n=1}^{\infty}\dfrac{1+2^n}{3^n}$;

(3) $\displaystyle\sum_{n=1}^{\infty}\dfrac{2+(-1)^n}{3}$;

(4) $\displaystyle\sum_{n=1}^{\infty}\dfrac{1}{10\cdot n}$;

(5) $\displaystyle\sum_{n=1}^{\infty}\dfrac{1}{\sqrt[n]{3}}$;

(6) $\displaystyle\sum_{n=1}^{\infty}\left(\dfrac{1}{n}-\dfrac{1}{2^n}\right)$.

§4.2　数项级数的审敛法

1. 正项级数的审敛法

定义 1　如果级数 $\displaystyle\sum_{n=1}^{\infty}u_n$ 的每一项 $u_n\geqslant 0$,则称此级数为正项级数.

设正项级数的部分和数列 $\{S_n\}$ 是单调递增数列,即:$S_1\leqslant S_2\leqslant S_3\leqslant\cdots\leqslant S_n\leqslant\cdots$

定理 1　正项级数收敛的充分必要条件是其部分和数列 $\{S_n\}$ 有界.

定理 2 （比较审敛法）如果两个正项级数 $\sum\limits_{n=1}^{\infty} u_n$ 及 $\sum\limits_{n=1} v_n$ 满足关系：

$u_n \leqslant v_n \quad (n = 1, 2, 3 \cdots)$

那么：1) 当 $\sum\limits_{n=1}^{\infty} v_n$ 收敛时, $\sum\limits_{n=1}^{\infty} u_n$ 也收敛.

2) 当 $\sum\limits_{n=1}^{\infty} u_n$ 发散时, $\sum\limits_{n=1}^{\infty} v_n$ 也发散.

例 1 试证 P— 级数（广义调和级数）.

$\sum\limits_{n=1}^{\infty} \dfrac{1}{n^p} = \dfrac{1}{1} + \dfrac{1}{2^p} + \cdots + \dfrac{1}{n^p} + \cdots (p > 0$ 的常数$)$, 当 $p \leqslant 1$ 时发散, 当 $p > 1$ 时收敛.

证明 当 $p \leqslant 1$ 时 因为 $\dfrac{1}{n^p} \geqslant \dfrac{1}{n}$ 又因为级数 $\sum\limits_{n=1}^{\infty} \dfrac{1}{n}$ 发散 所以 $\sum\limits_{n=1}^{\infty} \dfrac{1}{n^p}$ 也发散.

当 $p > 1$ 时

因为 $\sum\limits_{n=1}^{\infty} \dfrac{1}{n^p} = 1 + \left(\dfrac{1}{2^p} + \dfrac{1}{3^p} \right) + \left(\dfrac{1}{4^p} + \dfrac{1}{5^p} + \dfrac{1}{6^p} + \dfrac{1}{7^p} \right) + \cdots$

$\leqslant 1 + \left(\dfrac{1}{2^p} + \dfrac{1}{2^p} \right) + \left(\dfrac{1}{4^p} + \dfrac{1}{4^p} + \dfrac{1}{4^p} + \dfrac{1}{4^p} \right) + \left(\dfrac{1}{8^p} + \cdots + \dfrac{1}{8^p} \right) + \cdots$

$= 1 + \dfrac{1}{2^{p-1}} + \dfrac{1}{4^{p-1}} + \dfrac{1}{8^{p-1}} + \cdots$

而级数 $1 + \dfrac{1}{2^{p-1}} + \dfrac{1}{4^{p-1}} + \dfrac{1}{8^{p-1}} + \cdots$ 是公比 $r = 2^{\frac{1}{p-1}} < 1$ 的等比级数是收敛的.

所以 $\sum\limits_{n=1}^{\infty} \dfrac{1}{n^p}$ 收敛.

例 2 判定级数 $\sum\limits_{n=1}^{\infty} \dfrac{1}{2n-1}$ 的敛散性.

解 因为 $u_n = \dfrac{1}{2n-1} > \dfrac{1}{2n}$ 又因为 $\sum\limits_{n=1}^{\infty} \dfrac{1}{2n} = \dfrac{1}{2} \sum\limits_{n=1}^{\infty} \dfrac{1}{n}$ 发散

所以级数 $\sum\limits_{n=1}^{\infty} \dfrac{1}{2n-1}$ 也发散.

定理 3 （比值审敛法）如果正项级数 $\sum\limits_{n=1}^{\infty} u_n$ 满足条件：$\lim\limits_{n \to \infty} \dfrac{u_{n+1}}{u_n} = l$, 则：

(1) 当 $l < 1$ 时, 级数收敛.

(2) 当 $l > 1$ 时, 级数发散.

(3) 当 $l = 1$ 时, 该判别法失效.

例 3 判定下列级数的敛散性.

$$(1)\sum_{n=1}^{\infty}\frac{n\cos^2\frac{n}{3}\pi}{2^n};\qquad\qquad(2)\sum_{n=1}^{\infty}\frac{n+1}{n(n+2)}.$$

解 (1) 因为 $u_n=\dfrac{n\cos^2\frac{n}{3}\pi}{2^n}\leqslant\dfrac{n}{2^n}$ $(n=1,2,3\cdots)$

而对级数 $\sum\limits_{n=1}^{\infty}\dfrac{n}{2^n}$ 而言因为 $\lim\limits_{n\to\infty}\dfrac{u_{n+1}}{u_n}=\lim\limits_{n\to\infty}\dfrac{\dfrac{n+1}{2^{n+1}}}{\dfrac{n}{2^n}}=\lim\limits_{n\to\infty}\dfrac{1}{2}\left(\dfrac{n+1}{n}\right)=\dfrac{1}{2}<1$

所以 $\sum\limits_{n=1}^{\infty}\dfrac{n}{2^n}$ 收敛,故 $\sum\limits_{n=1}^{\infty}\dfrac{n\cos^2\frac{n}{3}\pi}{2^n}$ 也收敛.

(2) 因为 $u_n=\dfrac{n+1}{n(n+2)}>\dfrac{1}{n+2}$,而级数 $\sum\limits_{n=1}^{\infty}\dfrac{1}{n+2}$ 发散,所以 $\sum\limits_{n=1}^{\infty}\dfrac{n+1}{n(n+2)}$ 也发散.

故判定正项级数敛散性的一般步骤是:

第一步:检验 u_n 是否趋于零.

若 $\lim\limits_{n\to\infty}u_n\neq0$,则级数发散.

若 $\lim\limits_{n\to\infty}u_n=0$,试用比值判别法.

第二步:用比值判别法.

设 $\lim\limits_{n\to\infty}\dfrac{u_{n+1}}{u_n}=l$,当 $l<1$ 时,级数收敛. 当 $l>1$ 时,级数发散. 当 $l=1$ 时,用比较判别法.

第三步:用比较判别法.

若 $u_n\leqslant v_n$ 且 $\sum\limits_{n=1}^{\infty}v_n$ 收敛,则 $\sum\limits_{n=1}^{\infty}u_n$ 也收敛.

若 $u_n\leqslant v_n$ 且 $\sum\limits_{n=1}^{\infty}u_n$ 发散,则 $\sum\limits_{n=1}^{\infty}v_n$ 也发散.

2. 交错级数的审敛法

定义 2 正负项相间的级数,即:$\sum\limits_{n=1}^{\infty}(-1)^{n-1}u_n=u_1-u_2+u_3-u_4+\cdots+(-1)^{n-1}u_n+\cdots$

(其中 $u_n>0,n=1,2,\cdots$) 称交错级数.

定理 4 (莱布尼茨判别法) 如果交错级数 $\sum\limits_{n=1}^{\infty}(-1)^{n-1}u_n$ 满足条件:

(1) $u_n \geqslant u_{n+1}$ $(n=1,,2,\cdots)$;

(2) $\lim\limits_{n\to\infty} u_n = 0.$

那么级数收敛,其和 $S \leqslant u_1$,余项的绝对值 $|R_n| \leqslant u_{n+1}$.

例 4 判定交错级数:

$$\sum_{n=1}^{\infty} (-1)^{n-1} \frac{1}{n} = 1 - \frac{1}{2} + \frac{1}{3} - \frac{1}{4} + \cdots + (-1)^{n-1} \frac{1}{n} + \cdots \text{ 的敛散性.}$$

解 因为 $u_n = \frac{1}{n} > u_{n+1} = \frac{1}{n+1}$

$\lim\limits_{n\to\infty} u_n = \lim\limits_{n\to\infty} \frac{1}{n} = 0$,所以该级数收敛.

3. 绝对收敛与条件收敛

定理 5 如果任意项级数 $\sum\limits_{n=1}^{\infty} u_n$ 各项绝对值组成的级数 $\sum\limits_{n=1}^{\infty} |u_n|$ 收敛,那么原级数 $\sum\limits_{n=1}^{\infty} u_n$ 也收敛.

定义 3 若级数 $\sum\limits_{n=1}^{\infty} |u_n|$ 收敛,则称级数 $\sum\limits_{n=1}^{\infty} u_n$ 绝对收敛. 若级数 $\sum\limits_{n=1}^{\infty} u_n$ 收敛,而 $\sum\limits_{n=1}^{\infty} |u_n|$ 发散,则称级数 $\sum\limits_{n=1}^{\infty} u_n$ 条件收敛.

例 5 判定下列级数是绝对收敛还是条件收敛

(1) $\sum\limits_{n=1}^{\infty} (-1)^{n-1} \frac{1}{n!}$;

(2) $\sum\limits_{n=1}^{\infty} (-1)^{n+1} \frac{5n}{2^n - 1}$;

(3) $\sum\limits_{n=1}^{\infty} \left(1 - \cos\frac{\pi}{n}\right)$;

(4) $\sum\limits_{n=1}^{\infty} (-1)^{n-1} (\sqrt{n+1} - \sqrt{n})$.

解 (1) $\sum\limits_{n=1}^{\infty} (-1)^{n-1} \frac{1}{n!}$ 各项绝对值组成的级数为:$\sum\limits_{n=1}^{\infty} \frac{1}{n!}$

对级数 $\sum\limits_{n=1}^{\infty} \frac{1}{n!}$ 而言

因为 $\lim\limits_{n\to\infty} \frac{u_{n+1}}{u_n} = \lim\limits_{n\to\infty} \frac{\frac{1}{(n+1)!}}{\frac{1}{n!}} = \lim\limits_{n\to\infty} \frac{n!}{(n+1)!} = 0 < 1$

所以级数 $\sum\limits_{n=1}^{\infty} \frac{1}{n!}$ 收敛,故级数 $\sum\limits_{n=1}^{\infty} (-1)^{n-1} \frac{1}{n!}$ 绝对收敛.

(2) $\sum\limits_{n=1}^{\infty} (-1)^{n+1} \frac{5n}{2^n - 1}$ 各项绝对值组成的级数为:$\sum\limits_{n=1}^{\infty} \frac{5n}{2^n - 1}$

而对级数 $\sum\limits_{n=1}^{\infty} \dfrac{5n}{2^n-1}$ 而言

因为 $\lim\limits_{n\to\infty}\dfrac{u_{n+1}}{u_n}=\lim\limits_{n\to\infty}\dfrac{\dfrac{5(n+1)}{2^{n+1}-1}}{\dfrac{5n}{2^n-1}}=\lim\limits_{n\to\infty}\dfrac{(n+1)(2^n-1)}{n(2^{n+1}-1)}=\dfrac{1}{2}<1$

所以级数 $\sum\limits_{n=1}^{\infty}\dfrac{5n}{2^n-1}$ 收敛,故级数 $\sum\limits_{n=1}^{\infty}(-1)^{n+1}\dfrac{5n}{2^n-1}$ 绝对收敛.

(3) 因为 $u_n=1-\cos\dfrac{\pi}{n}$

$$=2\sin^2\dfrac{\pi}{2n}\leqslant 2\left(\dfrac{\pi}{2n}\right)^2=\dfrac{\pi^2}{2n^2}$$

而级数 $\sum\limits_{n=1}^{\infty}\dfrac{\pi^2}{2n^2}=\dfrac{\pi^2}{2}\sum\limits_{n=1}^{\infty}\dfrac{1}{n^2}$ 收敛

所以级数 $\sum\limits_{n=1}^{\infty}\left(1-\cos\dfrac{\pi}{n}\right)$ 绝对收敛.

(4) $\sum\limits_{n=1}^{\infty}(-1)^{n+1}(\sqrt{n+1}-\sqrt{n})$ 各项绝对值组成的级数为:$\sum\limits_{n=1}^{\infty}(\sqrt{n+1}-\sqrt{n})$

对级数 $\sum\limits_{n=1}^{\infty}(\sqrt{n+1}-\sqrt{n})$ 而言

因为 $u_n=\sqrt{n+1}-\sqrt{n}$

$$=\dfrac{1}{\sqrt{n+1}+\sqrt{n}}>\dfrac{1}{2\sqrt{n+1}}$$

而级数 $\sum\limits_{n=1}^{\infty}\dfrac{1}{2\sqrt{n+1}}=\dfrac{1}{2}\sum\limits_{n=2}^{\infty}\dfrac{1}{\sqrt{n}}$ 发散

所以级数 $\sum\limits_{n=1}^{\infty}(\sqrt{n+1}-\sqrt{n})$ 发散

又对级数 $\sum\limits_{n=1}^{\infty}(-1)^{n+1}(\sqrt{n+1}-\sqrt{n})$ 而言

因为 $u_n=\sqrt{n+1}-\sqrt{n}=\dfrac{1}{\sqrt{n+1}+\sqrt{n}}$

$$>\dfrac{1}{\sqrt{n+2}+\sqrt{n+1}}$$

$$=\sqrt{n+2}-\sqrt{n+1}=u_{n+1}$$

$\lim\limits_{n\to\infty}u_n=\lim\limits_{n\to\infty}(\sqrt{n+1}-\sqrt{n})$

$$=\lim\limits_{n\to\infty}\dfrac{1}{\sqrt{n+1}+\sqrt{n}}=0$$

所以级数 $\sum\limits_{n=1}^{\infty}(-1)^{n+1}(\sqrt{n+1}-\sqrt{n})$ 条件收敛.

习题 4. 2

1. 用比较审敛法判定下列级数的收敛性:

$(1)1+\dfrac{1}{3}+\dfrac{1}{5}+\cdots\dfrac{1}{2n-1}+\cdots$;

$(2)\dfrac{1}{2\cdot5}+\dfrac{1}{3\cdot6}+\cdots+\dfrac{1}{(n+1)(n+4)}+\cdots$;

$(3)\dfrac{1}{1^2+1}+\dfrac{1}{2^2+1}+\cdots+\dfrac{1}{n^2+1}+\cdots$.

2. 用比值审敛法判定下列级数的收敛性:

$(1)\dfrac{2}{3}+\dfrac{2^2}{6}+\cdots+\dfrac{2^n}{3n}+\cdots$;

$(2)\dfrac{1}{3}+\dfrac{2^2}{3^2}+\cdots+\dfrac{n^2}{3^n}+\cdots$;

$(3)1+\dfrac{2!}{2^2}+\cdots+\dfrac{n!}{n^n}+\cdots$.

3. 判定下列级数的收敛性:

$(1)\dfrac{1^4}{1!}+\dfrac{2^4}{2!}+\dfrac{3^4}{3!}+\cdots+\dfrac{n^4}{n!}+\cdots$;

$(2)\dfrac{1}{1\cdot2}+\dfrac{3}{2\cdot2^2}+\dfrac{3^2}{3\cdot2^3}+\cdots\dfrac{3^{n-1}}{n\cdot2^n}+\cdots$;

$(3)\dfrac{2}{1\cdot3}+\dfrac{3}{2\cdot4}+\dfrac{4}{3\cdot5}+\cdots+\dfrac{n+1}{n(n+2)}+\cdots$;

$(4)\dfrac{1}{a+b}+\dfrac{1}{a+2b}+\cdots+\dfrac{1}{a+nb}+\cdots(a,b>0)$.

4. 判定下列级数的收敛性,如果收敛,是绝对收敛还是条件收敛?

$(1)1-\dfrac{1}{\sqrt{2}}+\dfrac{1}{\sqrt{3}}-\cdots+(-1)^{n-1}\cdot\dfrac{1}{\sqrt{n}}+\cdots$;

$(2)1-\dfrac{2}{3}+\dfrac{3}{3^2}-+(-1)^{n-1}\cdot\dfrac{n}{3^{n-1}}+\cdots$;

$(3)1-\dfrac{1}{2!}+\dfrac{1}{3!}-\cdots+(-1)^{n-1}\dfrac{1}{n!}+\cdots$;

$(4)2\sin\dfrac{\pi}{3}-2^2\sin\dfrac{\pi}{3^2}+2^3\sin\dfrac{\pi}{3^3}-2^4\sin\dfrac{\pi}{3^4}+\cdots$;

$(5)(\sqrt{2}-1)-(\sqrt{3}-\sqrt{2})+(\sqrt{4}-\sqrt{3})-(\sqrt{5}-\sqrt{4})+\cdots$.

§4.3　幂级数

1. 幂级数的概念

定义 1　　如果级数 $u_1(x) + u_2(x) + \cdots + u_n(x) + \cdots$　　①
的各项都是定义在某个区间 I 上的函数，则称这个级数为函数项级数.

当 x 在区间 I 中取某个特定值 x_0 时，则函数项级数①成为数项级数：$u_1(x_0) + u_2(x_0) + \cdots + u_n(x_0) + \cdots$

如果这个数项级数收敛，则称 x_0 为函数项级数①的收敛点；反之称 x_0 为函数项级数①的发散点.

函数项级数①的全体收敛点组成的集合称它的收敛域.

在收敛域上，函数项级数①的和 S 是 x 的函数，称为函数项级数①的和函数，记作 $S(x)$

即：$S(x) = u_1(x_0) + u_2(x_0) + \cdots + u_n(x_0) + \cdots$
如果 $S_n(x)$ 表示函数项级数①的前 n 项和，即：$S_n(x) = u_1(x_0) + u_2(x_0) + \cdots + u_n(x_0)$

则在收敛域上有：$\lim\limits_{n\to\infty} S_n(x) = S(x)$

如果记 $R_n(x) = S(x) - S_n(x)$，则称 $R_n(x)$ 为函数项级数①的余项，且在收敛域上有：

$\lim\limits_{n\to\infty} R_n(x) = 0$

定义 2　　形如：$\sum\limits_{n=0}^{\infty} a_n x^n = a_0 + a_1 x + a_2 x^2 + \cdots + a_n x^n + \cdots$

或：$\sum\limits_{n=0}^{\infty} a_n (x - x_0)^n = a_0 + a_1(x - x_0) + a_2(x - x_0)^2 + \cdots + a_n(x - x_0)^n + \cdots$

的级数称 x 的幂级数或 $(x - x_0)$ 的幂级数.

其中：$a_0, a_1, a_2, \cdots a_n \cdots$ 为常数，称为幂级数的系数.

定理 1　　设幂级数 $\sum\limits_{n=0}^{\infty} a_n x^n$ 相邻两项系数之比的极限为：$\lim\limits_{n\to\infty} \left| \dfrac{a_{n+1}}{a_n} \right| = \rho$

（1）如果 $0 < \rho < +\infty$，则当 $|x| < \dfrac{1}{\rho}$ 时，幂级数 $\sum\limits_{n=0}^{\infty} a_n x^n$ 收敛，当 $|x| > \dfrac{1}{\rho}$ 时，幂级数 $\sum\limits_{n=0}^{\infty} a_n x^n$ 发散.

(2) 如果 $\rho = 0$,则对任意 $x \in (-\infty, +\infty)$,幂级数 $\sum\limits_{n=0}^{\infty} a_n x^n$ 收敛.

(3) 如果 $\rho = +\infty$,则幂级数 $\sum\limits_{n=0}^{\infty} a_n x^n$ 仅在 $x = 0$ 处收敛.

定理1 表明,当 $0 < \rho < +\infty$ 时,$\dfrac{1}{\rho}$ 为幂级数 $\sum\limits_{n=0}^{\infty} a_n x^n$ 的收敛半径,记作 R,即 $R = \dfrac{1}{\rho}$;当 $\rho = 0$ 时,规定 $R = +\infty$;当 $\rho = +\infty$ 时,规定 $R = 0$.

定理2 设幂级数 $\sum\limits_{n=0}^{\infty} a_n x^n$ 相邻两项系数之比的极限为:$\lim\limits_{n \to \infty} \left| \dfrac{a_{n+1}}{a_n} \right| = \rho$

则幂级数 $\sum\limits_{n=0}^{\infty} a_n x^n$ 的收敛半径:$R = \begin{cases} \dfrac{1}{\rho}, & \rho \neq 0 \\ +\infty, & \rho = 0 \\ 0, & \rho = +\infty \end{cases}$

故幂级数 $\sum\limits_{n=0}^{\infty} a_n x^n$ 的收敛域可能是区间 $(-R, R)$、$[-R, +R)$ 或 $[-R, R]$,称此区间为幂级数的收敛区间.

例1 求幂级数 $\sum\limits_{n=1}^{\infty} (-1)^{n-1} x^{n-1}$ 的收敛半径与收敛区间.

解 因为 $\lim\limits_{n \to \infty} \left| \dfrac{a_{n+1}}{a_n} \right| = \lim\limits_{n \to \infty} \left| \dfrac{(-1)^n}{(-1)^{n-1}} \right| = 1$ 所以 $R = 1$

又因为 $x = \pm 1$ 时

级数 $\sum\limits_{n=1}^{\infty} (-1)^{n-1} x^{n-1} = \pm 1 \mp 1 \pm 1 \mp 1 \pm \cdots + (-1)^{n-1} (\pm 1)^{n-1} + \cdots$ 发散

所以收敛域为 $(-1, 1)$,该级数是首项为 1,公比为 $-x$ 的等比级数

所以当 $|x| \geqslant 1$ 时发散,当 $|x| < 1$ 时收敛且收敛于 $\dfrac{1}{1+x}$

即:在收敛域 $(-1, 1)$ 内级数的和是 x 的函数 $\dfrac{1}{1+x}$,称该函数为级数的和函数.

记作:$S(x)$,即:$S(x) = \dfrac{1}{1+x} = \sum\limits_{n=1}^{\infty} (-1)^{n-1} x^{n-1}$ $(-1 < x < 1)$

2. 幂级数的运算性质

性质1 如果 $f(x) = \sum\limits_{n=0}^{\infty} a_n x^n$, $x \in (-R_1, R_1)$

$$g(x) = \sum\limits_{n=0}^{\infty} b_n x^n, x \in (-R_2, R_2)$$

则：$\displaystyle\sum_{n=0}^{\infty} a_n x^n \pm \sum_{n=0}^{\infty} b_n x^n = \sum_{n=0}^{\infty} (a_n \pm b_n) x^n$

$$= f(x) \pm g(x) \quad x \in (-R,R).$$

其中：$R = \min(R_1, R_2)$.

性质2　设 $S(x) = \displaystyle\sum_{n=0}^{\infty} a_n x^n, x \in (-R,R)$，则 $S(x)$ 在 $(-R,R)$ 内连续.

性质3　设 $S(x) = \displaystyle\sum_{n=0}^{\infty} a_n x^n, x \in (-R,R)$，则对于 $(-R,R)$ 内任一点 x，有：

$$S(x)' = (\sum_{n=0}^{\infty} a_n x^n)' = \sum_{n=0}^{\infty} (a_n x^n)' = \sum_{n=0}^{\infty} n a_n x^{n-1} \quad x \in (-R,R)$$

即：幂级数在其收敛区间内可逐项微分，且微分后的级数的收敛半径不变.

性质4　设 $S(x) = \displaystyle\sum_{n=0}^{\infty} a_n x^n, x \in (-R,R)$，则对于 $(-R,R)$ 内任一点 x，有：

$$\int_0^x S(x)\mathrm{d}x = \int_0^x (\sum_{n=0}^{\infty} a_n x^n)\mathrm{d}x = \sum_{n=0}^{\infty} \int_0^x a_n x^n \mathrm{d}x = \sum_{n=0}^{\infty} \frac{a_n}{n+1} x^{n+1} \quad x \in (-R,R)$$

即：幂级数在其收敛区间内可逐项积分，且积分后的级数的收敛半径不变.

例2　求幂级数 $\displaystyle\sum_{n=0}^{\infty} \frac{x^n}{n!}$ 的和函数.

解　因为 $\displaystyle\lim_{n\to\infty} \left| \frac{a_{n+1}}{a_n} \right| = \lim_{n\to\infty} \frac{\dfrac{1}{(n+1)!}}{\dfrac{1}{n!}} = \lim_{n\to\infty} \frac{n!}{(n+1)!} = 0$

所以该级数的收敛半径 $R = +\infty$，收敛区间为 $(-\infty, +\infty)$

设级数 $\displaystyle\sum_{n=0}^{\infty} \frac{x^n}{n!}$ 在 $(-\infty, +\infty)$ 内的和函数为 $S(x)$

即：$S(x) = 1 + x + \dfrac{x^2}{2!} + \dfrac{x^3}{3!} + \cdots + \dfrac{x^n}{n!} + \cdots \quad x \in (-\infty, +\infty)$

上式两边求导得：$S(x)' = 1 + x + \dfrac{x^2}{2!} + \dfrac{x^3}{3!} + \cdots + \dfrac{x^n}{n!} + \cdots = S(x)$

即：$\dfrac{\mathrm{d}S(x)}{S(x)} = \mathrm{d}x$

两边积分得：$\ln S(x) = x + \ln c$，即：$S(x) = c e^x$

代入初始条件：$S(0) = 1$ 得 $c = 1$，所以 $S(x) = \mathrm{e}^x$

即：$\mathrm{e}^x = 1 + x + \dfrac{x^2}{2!} + \dfrac{x^3}{3!} + \cdots + \dfrac{x^n}{n!} + \cdots \quad x \in (-\infty, +\infty)$.

例 3 求幂级数 $\sum_{n=1}^{\infty} nx^{n-1}$ 的收敛区间及和函数. 并求级数 $\sum_{n=1} \dfrac{n}{2^n}$ 的和.

解 因为 $\lim\limits_{n\to\infty}\left|\dfrac{a_{n+1}}{a_n}\right| = \lim\limits_{n\to\infty}\dfrac{n+1}{n} = 1$

所以该级数的收敛半径 $R = 1$

而当 $x = \pm 1$ 时

$$\sum_{n=1}^{\infty} nx^{n-1} = 1 \pm 2 + 3 \pm 4 + \cdots + (\pm 1)^{n-1}n + \cdots$$

因为 $\lim\limits_{n\to\infty} u_n \neq 0$, 所以级数发散, 即: 收敛区间为 (-1.1).

设级数 $\sum_{n=1}^{\infty} nx^{n-1}$ 在 $(-1,1)$ 内的和函数为 $S(x)$

即: $S(x) = 1 + 2x + 3x^2 + \cdots + nx^{n-1} + \cdots \quad x \in (-1.1)$

两边积分得:

$$\int_0^x S(x)\mathrm{d}x = \int_0^x (1 + 2x + 3x^2 + \cdots + nx^{n-1} + \cdots)\mathrm{d}x$$

$$= x + x^2 + x^3 + \cdots + x^n + \cdots = \frac{x}{1-x} \quad x \in (-1.1)$$

两边求导得: $\left[\int_0^x S(x)\mathrm{d}x\right]' = \left(\dfrac{x}{1-x}\right)'$

即: $S(x) = \sum_{n=1}^{\infty} nx^{n-1} = \dfrac{1}{(1-x)^2} \quad x \in (-1.1)$

因为 $S\left(\dfrac{1}{2}\right) = \sum_{n=1}^{\infty} n \cdot \left(\dfrac{1}{2}\right)^{n-1} = \dfrac{1}{\left(1-\dfrac{1}{2}\right)^2} = 4$

所以 $\sum_{n=1}^{\infty} \dfrac{n}{2^n} = \sum_{n=1}^{\infty} n \cdot \left(\dfrac{1}{2}\right)^{n-1} \cdot \dfrac{1}{2} = \dfrac{1}{2}\sum_{n=1}^{\infty} n \cdot \left(\dfrac{1}{2}\right)^{n-1} = \dfrac{1}{2} \times 4 = 2.$

3. 函数展开成幂级数

将函数 $f(x)$ 展开成幂级数

即: $f(x) = a_0 + a_1 x + a_2 x^2 + \cdots + a_n x^n + \cdots \quad$ ①

需要解决以下两个问题:

(1) 系数 $a_0, a_1, a_2, \cdots a_n, \cdots$ 如何确定?

(2) 系数确定后, 在什么范围内 ① 成立?

解析: (1) 确定系数 $a_0, a_1, a_2, \cdots a_n, \cdots$

设 $f(x)$ 具有任意阶导数, 对 ① 逐项求导得:

$f(x)' = a_1 + 2a_2 x + 3a_3 x^2 + \cdots + na_n x^{n-1} + \cdots$

$f(x)'' = 2a_2 x + 3 \cdot 2a_3 x + 4 \cdot 3a_4 x^2 \cdots + n(n-1)a_n x^{n-2} + \cdots$

$\cdots\cdots\cdots$

$$f^{(n)}(x) = n!a_n + \cdots$$

$\cdots\cdots\cdots$

将 $x = 0$ 代入上述各式得：

$$a_0 = f(0) \quad a_1 = f'(0) \quad a_2 = \frac{f''(0)}{2!}$$

$$a_3 = \frac{f^?(0)}{3!} \quad \cdots \quad a_n = \frac{f^{(n)}(0)}{n!} \quad \cdots$$

故：$f(x) = f(0) + \frac{f'(0)}{1!}x + \frac{f''(0)}{2!}x^2 + \cdots + \frac{f^{(n)}(0)}{n!}x^n + \cdots$

$$f(x) \text{ 在 } x = 0 \text{ 的麦克劳林级数}$$

同理：

若 $f(x)$ 在包含 $x = x_0$ 的某区间内可展开成幂级数,则：

$$f(x) = f(x_0) + \frac{f'(x_0)}{1!}(x - x_0) + \frac{f''(x_0)}{2!}(x - x_0)^2 + \cdots + \frac{f^{(n)}(x_0)}{n!}(x -$$

$x_0)^n + \cdots - f(x)$ 在 $x = x_0$ 的泰勒级数.

(2) $f(x)$ 满足什么条件 ① 成立？

令：$f(x) = f(0) + \frac{f'(0)}{1!}x + \frac{f''(0)}{2!}x^2 + \cdots + \frac{f^{(n)}(0)}{n!}x^n + R_n(x)$

$$\left(R_n(x) = \frac{f^{(n+1)}(\theta x)}{(n+1)!}x^{n+1}, 0 < \theta < 1\right)$$

或：

$$f(x) = f(x_0) + \frac{f'(x_0)}{1!}(x - x_0) + \frac{f''(x_0)}{2!}(x - x_0)^2 + \cdots + \frac{f^{(n)}(x_0)}{n!}(x -$$

$x_0)^n + R_n(x) \quad \left(R_n(x) = \frac{f^{(n+1)}[x_0 + \theta(x - x_0)]}{(n+1)!}(x - x_0)^{n+1}, 0 < \theta < 1\right)$

其中：$R_n(x)$ 为展开式的余项.

定理　设 $f(x)$ 在点 x_0 的某邻域内具有任意阶导数,$f(x)$ 在其收敛区间内可展开成幂级数的充要条件是：

$$\lim_{n \to \infty} R_n(x) = 0 \text{ 即：如果 } \lim_{n \to \infty} R_n(x) = 0, \text{则在收敛区间内：}$$

$$f(x) = f(x_0) + \frac{f'(x_0)}{1!}(x - x_0) + \frac{f''(x_0)}{2!}(x - x_0)^2 + \cdots + \frac{f^{(n)}(x_0)}{n!}(x -$$

$x_0)^n + \cdots$　当 $x_0 = 0$ 时：

$$f(x) = f(0) + \frac{f'(0)}{1!}x + \frac{f''(0)}{2!}x^2 + \cdots + \frac{f^{(n)}(0)}{n!}x^n + \cdots$$

4. 初等函数的幂级数展开式

4.1 直接展开法

用直接展开法将 $f(x)$ 展开成 x 的幂级数的步骤是：

(1) 求出 $f^{(n)}(x)$，$(n=1,2,3\cdots)$.

(2) 求出 $f(0)$、$f^{(n)}(0)$，$(n=1,2,3\cdots)$.

(3) 写出幂级数：

$$f(x_0)+\frac{f'(x_0)}{1!}(x-x_0)+\frac{f''(x_0)}{2!}(x-x_0)^2+\cdots+\frac{f^{(n)}(x_0)}{n!}(x-x_0)^n+\cdots$$

并求出收敛半径 R.

(4) 在收敛区间 $(-R,+R)$ 内，证明：$\lim\limits_{n\to\infty}R_n(x)=0$

如果 $\lim\limits_{n\to\infty}R_n(x)=0$，则：

$$f(x)=f(0)+\frac{f'(0)}{1!}x+\frac{f''(0)}{2!}x^2+\cdots+\frac{f^{(n)}(0)}{n!}x^n+\cdots(-R<x<R)$$

例 4 将 $f(x)=\sin x$ 展开成 x 的幂级数.

解 因为 $f^{(n)}(x)=\sin\left(n\cdot\frac{\pi}{2}+x\right)$ $(n=1,2,3\cdots)$

因为 $f(0)=0$ $f'(0)=1$

$f''(0)=0$ $f'''(0)=-1\cdots$

$f^{(2k)}(0)=0$ $f^{(2k+1)}(0)=(-1)^k\cdots$

故：$\displaystyle\sum_{n=0}^{\infty}\frac{f^{(n)}(0)}{n!}x^n=\sum_{k=0}^{\infty}(-1)^k\cdot\frac{1}{(2k+1)!}x^{2k+1}$

$$=x-\frac{1}{3!}x^3+\frac{1}{5!}x^5+\cdots+(-1)^k\frac{1}{(2k+1)!}x^{2k+1}+\cdots$$

又因为 $\lim\limits_{n\to\infty}\left|\dfrac{a_{n+1}}{a_n}\right|=\lim\limits_{n\to\infty}\dfrac{(2n-1)!}{(2n+1)!}=0$

所以 $R=+\infty$ 即：收敛区间为 $(-\infty,+\infty)$

又因为 $\lim\limits_{n\to\infty}|R_n(x)|=\lim\limits_{n\to\infty}\left|\sin\left(\dfrac{(2n+3)\pi}{2}+\theta x\right)\cdot\dfrac{x^{2n+3}}{(2n+3)!}\right|$

$$\leqslant\lim_{n\to\infty}\frac{|x|^{2n+3}}{(2n+3)!}=0$$

所以 $\sin x=\displaystyle\sum_{n=0}^{\infty}(-1)^n\frac{1}{(2n+1)!}x^{2n+1}$

$$=x-\frac{1}{3!}x^3+\frac{1}{5!}x^5+\cdots+(-1)^n\frac{1}{(2n+1)!}x^{2n+1}+\cdots$$

$$(-\infty<x<+\infty).$$

同理可得：

$(1) e^x = 1 + x + \dfrac{1}{2!}x^2 + \dfrac{1}{3!}x^3 + \cdots + \dfrac{1}{n!}x^n + \cdots (-\infty < x < +\infty)$

$(2) \cos x = 1 - \dfrac{1}{2!}x^2 + \dfrac{1}{4!}x^4 - \dfrac{1}{6!}x^6 + \cdots + (-1)^n \dfrac{1}{(2n)!}x^{2n}$

$+ \cdots (-\infty < x < +\infty).$

$(3)(1+x)^\alpha = 1 + \alpha x + \dfrac{\alpha(\alpha-1)}{2!}x^2 + \cdots + \dfrac{\alpha(\alpha-1)\cdots(\alpha-n+1)}{n!}x^n + \cdots$

$(\alpha \in \mathbf{R}, -1 < x < 1).$

特别：

当 $\alpha = n$ 为正整数时：

$(1+x)^n = 1 + nx + \dfrac{n(n-1)}{2!}x^2 + \cdots + nx^{n-1} + x^n.$

4.2　间接展开法

以一些函数的幂级数展开式为基础,利用幂级数的性质、变量代换等方法,求出函数的幂级数展开式的方法称间接展开法.

如：由几何级数知：

$\dfrac{1}{1-r} = 1 + r + r^2 + r^3 + \cdots + r^n + \cdots (-1 < r < 1)$

令得：

$\dfrac{1}{1+x} = 1 - x + x^2 - x^3 + \cdots + (-1)^{n-1}x^{n-1} + \cdots (-1 < r < 1)$

令得：

$\dfrac{1}{1+x^2} = 1 - x^2 + x^4 - x^6 + \cdots + (-1)^n x^{2n} + \cdots (-1 < r < 1)$

将上述两式从 0 到 x 积分得：

$\ln(1+x) = x - \dfrac{1}{2}x^2 + \dfrac{1}{3}x^3 - \dfrac{1}{4}x^4 + \cdots + (-1)^{n+1}\dfrac{1}{n}x^n$

$+ \cdots (-1 < x \leqslant 1)$

$\operatorname{arctg} x = x - \dfrac{1}{3}x^3 + \dfrac{1}{5}x^5 - \dfrac{1}{7}x^7 + \cdots + (-1)^n \dfrac{1}{2n+1}x^{2n+1}$

$+ \cdots (-1 \leqslant x \leqslant 1)$

$\cos x = (\sin x)' = \left[\displaystyle\sum_{n=0}^{\infty} (-1)^n \cdot \dfrac{x^{2n+1}}{(2n+1)!} \right]'$

$= \displaystyle\sum_{n=0}^{\infty} (-1)^n \cdot \dfrac{x^{2n}}{(2n)!} \quad (-\infty < x < +\infty).$

例 5　将 $f(x) = e^{-\frac{x^2}{2}}$ 展开成 x 的幂级数.

解　因为 $e^x = 1 + x + \dfrac{1}{2!}x^2 + \dfrac{1}{3!}x^3 + \cdots + \dfrac{1}{n!}x^n + \cdots (-\infty < x < +\infty)$

用 $-\dfrac{x^2}{2}$ 代换 x 得：

$$\mathrm{e}^{-\frac{x^2}{2}} = 1 + \left(-\dfrac{x^2}{2}\right) + \dfrac{1}{2!}\left(-\dfrac{x^2}{2}\right)^2 + \dfrac{1}{3!}\left(-\dfrac{x^2}{2}\right)^3 + \cdots + \dfrac{1}{n!}\left(-\dfrac{x^2}{2}\right)^n + \cdots$$

$$= 1 - \dfrac{x^2}{2} + \dfrac{x^4}{2! \cdot 2^2} - \dfrac{x^6}{3! \cdot 2^3} + \cdots + (-1)^n \dfrac{x^{2n}}{n! \cdot 2^n}$$

$+\cdots(-\infty < x < +\infty)$.

例 6 将 $f(x) = \ln x$ 展开成 $x - 2$ 的幂级数.

解 因为 $\ln(1+x) = x - \dfrac{1}{2}x^2 + \dfrac{1}{3}x^3 - \dfrac{1}{4}x^4 + \cdots + (-1)^{n+1}\dfrac{1}{n}x^n$

$+\cdots(-1 < x \leqslant 1)$

所以 $\ln x = \ln[2 + (x-2)] = \ln 2 + \ln\left(1 + \dfrac{x-2}{2}\right)$

$$= \ln 2 + \left(\dfrac{x-2}{2}\right) - \dfrac{1}{2}\left(\dfrac{x-2}{2}\right)^2 + \dfrac{1}{3}\left(\dfrac{x-2}{2}\right)^3 + \cdots + (-1)^{n-1}\dfrac{1}{n}\left(\dfrac{x-2}{2}\right)^n$$

$+\cdots$

$$= \ln 2 + \dfrac{1}{2}(x-2) - \dfrac{1}{2 \cdot 2^2}(x-2)^2 + \dfrac{1}{3 \cdot 2^3}(x-2)^3 + \cdots + (-1)^{n+1}$$

$\dfrac{1}{n \cdot 2^n}(x-2)^n + \cdots$

$(0 < x \leqslant 4)$.

4.3　幂级数展开式在近似计算上的应用举例

例 7 计算 e 的近似值.

解 因为 $\mathrm{e}^x = 1 + x + \dfrac{1}{2!}x^2 + \dfrac{1}{3!}x^3 + \cdots + \dfrac{1}{n!}x^n + \cdots(-\infty < x < +\infty)$

令 $x = 1$ 得：$\mathrm{e} = 1 + 1 + \dfrac{1}{2!} + \dfrac{1}{3!} + \cdots + \dfrac{1}{n!} + \cdots$

若取前 8 项作为 e 的近似值，则

$\mathrm{e} \approx 1 + 1 + \dfrac{1}{2!} + \dfrac{1}{3!} + \dfrac{1}{4!} + \dfrac{1}{5!} + \dfrac{1}{6!} + \dfrac{1}{7!} \approx 2.71826$.

例 8 求 $\sqrt[5]{245}$ 的近似值.

解 $(1+x)^{\alpha} = 1 + \alpha x + \dfrac{\alpha(\alpha-1)}{2!}x^2 + \cdots + \dfrac{\alpha(\alpha-1)\cdots(\alpha-n+1)}{n!}x^n + \cdots$

$(\alpha \in \mathbf{R}, -1 < x < 1)$

所以 $\sqrt[5]{245} = \sqrt[5]{3^5 + 2} = \sqrt[5]{3^5\left(1 + \dfrac{2}{3^5}\right)} = 3\left(1 + \dfrac{2}{3^5}\right)^{\frac{1}{5}}$

$$= 3\left[1 + \frac{1}{5} \cdot \frac{2}{3^5} + \frac{1}{5} \cdot \left(\frac{1}{5} - 1\right) \cdot \frac{1}{2!} \cdot \left(\frac{2}{3^5}\right)^2 + \cdots\right]$$

$$= 3\left(1 + \frac{1}{5} \cdot \frac{2}{3^5} + \frac{1}{5} \cdot \frac{4}{5} \cdot \frac{1}{2!} \cdot \frac{4}{3^{10}} + \cdots\right)$$

若取前 2 项求近似值得：$\sqrt[5]{245} \approx 3\left(1 + \frac{1}{5} \cdot \frac{2}{3^5}\right) \approx 3.0049$

例 9　求积分 $\int_0^{0.2} e^{-x^2} dx$ 的近似值.

解　因为 $e^x = \sum_{n=0}^{\infty} \frac{x^n}{n!}$　$(-\infty < x < +\infty)$

所以 $e^{-x^2} = \sum_{n=0}^{\infty} (-1)^n \frac{x^{2n}}{n!}$ $(-\infty < x < +\infty)$

故：$\int_0^x e^{-x^2} dx = \int_0^x \left[\sum_{n=0}^{\infty} (-1)^n \frac{x^{2n}}{n!}\right] dx = \sum_{n=0}^{\infty} \frac{(-1)^n}{n!} \int_0^x x^{2n} dx$

$$= \sum_{n=0}^{\infty} \frac{(-1)^n}{(2n+1) \cdot n!} x^{2n+1} = x - \frac{x^3}{3 \cdot 1!} + \frac{x^5}{5 \cdot 2!} - \frac{x^7}{7 \cdot 3!}$$

$+\cdots(-\infty < x < +\infty)$

令 $x = 0.2$ 得：

$$\int_0^{0.2} e^{-x^2} dx = 0.2 - \frac{(0.2)^3}{3} + \frac{(0.2)^5}{10} - \frac{(0.2)^7}{42} + \cdots$$

$$\approx 0.2 - 0.00263$$

$$\approx 0.19737.$$

习题 4.3

1.求下列幂级数的收敛半径和收敛区间：

(1) $\sum_{n=1}^{\infty} n^n x^n$；

(2) $\sum_{n=1}^{\infty} \frac{1}{n \cdot 3^n} x^n$；

(3) $\sum_{n=1}^{\infty} \frac{n^2}{n!} x^n$；

(4) $\sum_{n=1}^{\infty} (-1)^{n-1} \frac{x^n}{n^2}$.

2.求下列幂级数的收敛区间：

(1) $\sum_{n=1}^{\infty} \frac{n}{3^n} x^n$；

(2) $\sum_{n=1}^{\infty} \frac{2^n - 1}{2^n} x^{2n-2}$；

(3) $\sum_{n=1}^{\infty} \frac{2^n}{n^2+1} x^n$；

(4) $\sum_{n=1}^{\infty} (-1)^{n-1} \frac{(x+1)^n}{n \cdot 3^n}$.

3.用逐项求导数或逐项求积分的方法求下列级数在收敛区间上的和函数：

(1) $1 - 2x + 3x^2 - 4x^3 + \cdots + (-1)^{n-1} nx^{n-1} + \cdots$；

$(2) x + \dfrac{x^3}{3} + \dfrac{x^5}{5} + \dfrac{x^7}{7} + \cdots \dfrac{x^{2n+1}}{2n+1} + \cdots.$

4. 求下列幂级数的和函数：

$(1) \dfrac{x^5}{5} + \dfrac{x^9}{9} + \dfrac{x^{13}}{13} + \dfrac{x^{17}}{17} + \cdots;$

$(2) 1 \cdot 2 + 2 \cdot 3x + 3 \cdot 4x^2 + 4 \cdot 5x^3 + \cdots;$

$(3) \dfrac{x^2}{1 \cdot 2} + \dfrac{x^3}{2 \cdot 3} + \dfrac{x^4}{3 \cdot 4} + \dfrac{x^5}{4 \cdot 5} + \cdots.$

5. 将下列函数展开成幂级数：

$(1) \sin \dfrac{x}{2};$ $(2) e^{2t};$

$(3) \ln(2 + x);$ $(4) \cos^2 x.$

6. 利用函数 $f(x) = \cos x$ 的 4 次近似多项式计算 $\cos 18°$ 的近似值,并估计误差. 所以得

$$f(x) = \dfrac{1}{x} = \dfrac{1}{1 + (x-1)} = 1 - (x-1) + (x-1)^2 - \cdots + (-1)^n (x-1)^n$$
$$+ \cdots x \in (0,2).$$

§4.4　傅立叶级数

1. 三角级数

$$f(x) = \dfrac{a_0}{2} + \sum_{n=1}^{\infty} (a_n \cos n\omega x + b_n \sin n\omega x)$$

其中: a_0、a_n、$b_n (n = 1,2,3\cdots)$ 称三角级数的系数

$1, \cos x, \sin x, \cos 2x, \sin 2x, \cdots \cos nx, \sin nx \cdots$ 称三角函数系.

三角函数系中任意两个不同的函数的乘积在 $[-\pi, \pi]$ 上的积分必为零. 即:

$$\int_{-\pi}^{\pi} 1 \cdot \cos nx \, dx = 0 \qquad (n = 1,2,3\cdots)$$

$$\int_{-\pi}^{\pi} 1 \cdot \sin nx \, dx = 0 \qquad (n = 1,2,3\cdots)$$

$$\int_{-\pi}^{\pi} \sin kx \cdot \cos nx \, dx = 0 \qquad (k, n = 1,2,3\cdots)$$

$$\int_{-\pi}^{\pi} \cos kx \cdot \cos nx \, dx = 0 \qquad (k, n = 1,2,3\cdots, k \neq n)$$

$$\int_{-\pi}^{\pi} \sin kx \cdot \sin nx \, dx = 0 \quad (k, n = 1, 2, 3 \cdots, k \neq n)$$

这一特性称三角函数系的正交性.

2. 周期为 2π 的函数展开为傅立叶级数

设周期为 2π 的函数 $f(x)$ 能展开成三角级数,

即: $f(x) = \dfrac{a_0}{2} + \sum_{n=1}^{\infty} (a_n \cos nx + b_n \sin nx)$　①

则需解决以下两个问题:

(1) 系数 a_0, a_n, b_n 如何确定?

(2) $f(x)$ 应满足什么条件才能展开?

解　(1) 系数 a_0, a_n, b_n 的确定

① 两边同乘 $\cos kx$,并逐项在 $[-\pi, \pi]$ 上积分得:

$$\int_{-\pi}^{\pi} f(x) \cos kx \, dx = \frac{a_0}{2} \int_{-\pi}^{\pi} \cos kx \, dx +$$

$$\sum_{n=1}^{\infty} \left[a_n \int_{-\pi}^{\pi} \cos kx \cos nx \, dx + b_n \int_{-\pi}^{\pi} \cos kx \sin nx \, dx \right]$$

当 $k = 0$ 时,右端仅有第一项不为零

即: $\displaystyle\int_{-\pi}^{\pi} f(x) \, dx = \frac{a_0}{2} \int_{-\pi}^{\pi} dx = a_0 \pi$

所以 $a_0 = \dfrac{1}{\pi} \displaystyle\int_{-\pi}^{\pi} f(x) \, dx$

(2) 当 $k \neq 0$ 时,右端仅有 $k = n$ 一项不为零

即: $\displaystyle\int_{-\pi}^{\pi} f(x) \cos nx \, dx = a_n \int_{-\pi}^{\pi} \cos^2 nx \, dx = a_n \pi$

所以 $a_n = \dfrac{1}{\pi} \displaystyle\int_{-\pi}^{\pi} f(x) \cos nx \, dx (n = 1, 2, 3 \cdots)$

同理可得:

$$b_n = \frac{1}{\pi} \int_{-\pi}^{\pi} f(x) \sin nx \, dx (n = 1, 2, 3 \cdots)$$

即: $\begin{cases} a_n = \dfrac{1}{\pi} \displaystyle\int_{-\pi}^{\pi} f(x) \cos nx \, dx, & (n = 0, 1, 2, 3 \cdots) \\ b_n = \dfrac{1}{\pi} \displaystyle\int_{-\pi}^{\pi} f(x) \sin nx \, dx, & (n = 1, 2, 3 \cdots) \end{cases}$

由傅氏系数所确定的三角级数:

$$f(x) = \frac{a_0}{2} + \sum_{n=1}^{\infty} (a_n \cos nx + b_n \sin nx).$$

(2) $f(x)$ 应满足什么条件才能展开成 ①

定理(收敛定理)　设 $f(x)$ 是以 2π 为周期的函数.如果它满足狄利克雷条件:在一个周期内连续或至多只有有限个第一类间断点,并且至多只有有限个极值点,则函数 $f(x)$ 的傅立叶级数收敛,并且:

(1) 当 x 是 $f(x)$ 的连续点时,收敛于 $f(x)$.

(2) 当 x 是 $f(x)$ 的间断点时,收敛于 $\frac{1}{2}[f(x+0)+f(x-0)]$.

例1　设 $f(x)$ 是以 2π 为周期的函数,它在 $[-\pi,\pi]$ 上的表达式为:
$$f(x) = \begin{cases} -1, & -\pi \leqslant x < 0, \\ 1, & 0 \leqslant x < \pi \end{cases}$$

试将 $f(x)$ 展开成傅立叶级数.

解　$f(x)$ 的图像如图 4.4-1 所示:

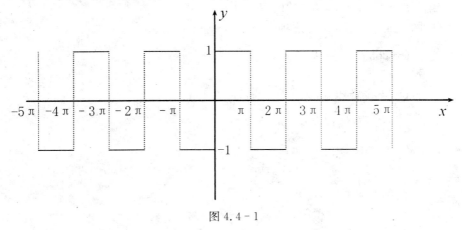

图 4.4-1

因为 $a_0 = \dfrac{1}{\pi}\displaystyle\int_{-\pi}^{\pi} f(x)\mathrm{d}x = 0$

$a_n = \dfrac{1}{\pi}\displaystyle\int_{-\pi}^{\pi} f(x)\cos nx\,\mathrm{d}x = 0$

$b_n = \dfrac{1}{\pi}\displaystyle\int_{-\pi}^{\pi} f(x)\mathrm{d}x = 0$

$= \dfrac{1}{\pi}\left[\displaystyle\int_{-\pi}^{0}(-1)\sin nx\,\mathrm{d}x + \int_{0}^{\pi} 1 \cdot \sin nx\,\mathrm{d}x\right]$

$= \dfrac{2}{\pi}\left[\displaystyle\int_{0}^{\pi}\sin nx\,\mathrm{d}x\right]$

$= \dfrac{2}{n\pi}\left[-\cos nx\right]_{0}^{\pi}$

$= \dfrac{2}{n\pi}\left[1-(-1)^n\right]$

$$= \begin{cases} \dfrac{4}{n\pi} & \text{当 } n = 1,3,5,7\cdots \\ 0 & \text{当 } n = 2,4,6,8\cdots \end{cases}$$

所以

$$f(x) = \frac{4}{\pi}\left[\sin x + \frac{1}{3}\sin 3x + \frac{1}{5}\sin 5x + \cdots + \frac{1}{2k-1}\sin(2k-1)x + \cdots\right]$$

又因为函数 $f(x)$ 在一个周期内满足收敛定理条件

所以该傅立叶级数在 $f(x)$ 的间断点 $x = k\pi\ (k \in \mathbf{Z})$ 处收敛于：

$$\frac{1}{2}\left[f(k\pi - 0) + f(k\pi + 0)\right] = \frac{1}{2}\left[1 + (-1)\right] = 0$$

在 $f(x)$ 的连续点 $x \neq k\pi\ (k \in \mathbf{Z})$ 处收敛于 $f(x)$

故：$f(x) = \dfrac{4}{\pi}\left[\sin x + \dfrac{1}{3}\sin 3x + \dfrac{1}{5}\sin 5x + \cdots + \dfrac{1}{2k-1}\sin(2k-1)x + \cdots\right]$

$(-\infty < x < +\infty, x \neq k\pi, k \in \mathbf{Z})$

例 2 以 2π 为周期的脉冲电压（电流）函数 $f(x)$ 在 $[-\pi, \pi]$ 上的表达式为：

$$f(x) = \begin{cases} 0, -\pi \leqslant x < 0 \\ x, 0 \leqslant x < \pi \end{cases}$$

试将 $f(x)$ 展开成傅立叶级数.

解 $f(x)$ 的图形如图 4.4 - 2 所示：

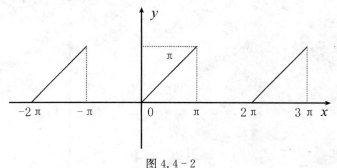

图 4.4 - 2

因为 $a_0 = \dfrac{1}{\pi}\displaystyle\int_{-\pi}^{\pi} f(x)\mathrm{d}x = \dfrac{1}{\pi}\displaystyle\int_0^{\pi} x\mathrm{d}x$

$= \dfrac{1}{\pi}\left[\dfrac{x^2}{2}\right]_0^{\pi} = \dfrac{\pi}{2}$

$a_n = \dfrac{1}{\pi}\displaystyle\int_{-\pi}^{\pi} f(x)\cos nx\,\mathrm{d}x = \dfrac{1}{\pi}\displaystyle\int_0^{\pi} x\cos nx\,\mathrm{d}x$

$= \dfrac{1}{n^2\pi}(\cos n\pi - 1)$

$$= \begin{cases} -\dfrac{2}{n^2\pi} & n = 1,3,5\cdots \\ 0 & n = 2,4,6\cdots \end{cases}$$

$$b_n = \frac{1}{\pi}\int_{-\pi}^{\pi} f(x)\sin nx \, \mathrm{d}x$$

$$= \frac{1}{\pi}\int_0^{\pi} x\sin nx \, \mathrm{d}x$$

$$= -\frac{1}{n}\cos n\pi$$

$$= (-1)^{n+1}\frac{1}{n}$$

所以

$$f(x) = \frac{\pi}{4} - \frac{\pi}{2}\left[\cos x + \frac{1}{3^2}\cos 3x + \cdots + \frac{1}{(2k-1)^2}\cos (2k-1)x + \cdots\right] +$$
$$\left[\sin x - \frac{1}{2}\sin 2x + \frac{1}{3}\sin 3x + \cdots + (-1)^{k+1}\frac{1}{k}\sin kx + \cdots\right]$$

根据收敛定理：

在间断点 $x = (2k+1)\pi$ $(k = 0, \pm1, \pm2\cdots)$ 处级数收敛于：

$$\frac{1}{2}\{f[(2k+1)\pi+0] + f[(2k+1)\pi-0]\} = \frac{\pi}{2}$$

在连续点 $x \neq (2k+1)\pi$ $(k = 0, \pm1, \pm2, \cdots)$ 处级数收敛于 $f(x)$
即有展开式：

$$f(x) = \frac{\pi}{4} - \frac{\pi}{2}\left[\cos x + \frac{1}{3^2}\cos 3x + \cdots + \frac{1}{(2k-1)^2}\cos (2k-1)x + \cdots\right] +$$
$$\left[\sin x - \frac{1}{2}\sin 2x + \frac{1}{3}\sin 3x + \cdots + (-1)^{k+1}\frac{1}{k}\sin kx + \cdots\right]$$

$$(-\infty < x < +\infty, x \neq \pm\pi, \pm3\pi, \pm5\pi\cdots).$$

习题 4.4

1. 用积分验证三角函数系的正交性.

2. 将下列周期为 2π 的函数 $f(x)$ 展开为傅立叶级数. 其中 $f(x)$ 在 $[-\pi, \pi)$ 上的表示为：

(1) $f(x) = \begin{cases} 1, & -\pi \leqslant x < 0, \\ 2, & 0 \leqslant x < \pi. \end{cases}$

(2) $f(x) = x, -\pi \leqslant x < \pi$.

3. 将下列周期为 2π 的函数 $f(x)$ 展开为傅立叶级数, 并作出傅立叶级数的

和函数的图像,其中 $f(x)$ 在 $[-\pi,\pi)$ 上的表达式为:

(1) $f(x) = |\sin x|$,$(-\pi \leqslant x < \pi)$;

(2) $f(x) = 2x^2$,$(-\pi \leqslant x < \pi)$;

(3) $f(x) = \begin{cases} -\dfrac{\pi}{2}, & -\pi \leqslant x < -\dfrac{\pi}{2}, \\ x, & -\dfrac{\pi}{2} \leqslant x < \dfrac{\pi}{2}, \\ \dfrac{\pi}{2}, & \dfrac{\pi}{2} \leqslant x < \pi. \end{cases}$

§4.5　微分方程

1. 微分方程的概念

定义 1　联系自变量、未知函数及其导数或微分的方程称微分方程.

如: $y' - y = 0$

$\quad x^3 y''' + x^2 y'' - 4xy' = 3x^2$

$\quad \dfrac{\mathrm{d}^2 x}{\mathrm{d}t^2} + \dfrac{\mathrm{d}x}{\mathrm{d}t} + x = 0$

强调:在微分方程中,可以不出现自变量和未知函数,但必须有未知函数的导数或微分.

定义 2　微分方程中出现的未知函数的最高阶导数的阶数称微分方程的阶.

定义 3　如果将函数 $y = f(x)$ 及其导数代入微分方程,能使方程成为恒等式,则称 $y = f(x)$ 是微分方程的解.

定义 4　如果微分方程的解中含有任意常数,且独立任意常数的个数正好与微分方程的阶数相同,这样的解称微分方程的通解.

不含任意常数的解称特解.

用来确定特解的条件称初始条件.

微分方程的解所对应的几何曲线称积分曲线.

2. 可分离变量的微分方程

形如: $\dfrac{\mathrm{d}y}{\mathrm{d}x} = f(x)g(y)$ 或 $M_1(x)M_2(y)\mathrm{d}x + N_1(x)N_2(y)\mathrm{d}y = 0$ 的方程称

可分离变量的一阶微分方程.

其解的步骤是:

(1) 分离变量 $\dfrac{\mathrm{d}y}{g(y)} = f(x)\mathrm{d}x$

(2) 两边积分 $\displaystyle\int \dfrac{\mathrm{d}y}{g(y)} = \int f(x)\mathrm{d}x$

(3) 求出积分 $G(y) = f(x) + C$

例 1   求方程 $\dfrac{\mathrm{d}y}{\mathrm{d}x} = 10^{x+y}$ 满足初始条件 $y|_{x=1} = 0$ 的特解.

解   因为 $\dfrac{\mathrm{d}y}{\mathrm{d}x} = 10^{x+y}$

所以 $10^{-y}\mathrm{d}y = 10^{x}\mathrm{d}x$

$\displaystyle\int 10^{-y}\mathrm{d}y = \int 10^{x}\mathrm{d}x$

$-10^{-y} \cdot \dfrac{1}{\ln 10} = 10^{x} \cdot \dfrac{1}{\ln 10} + c_1$

$10^{x} + 10^{-y} = c_1 \ln 10 = c\,(c = c_1 \ln 10)$

又因为 $y|_{x=1} = 0$

所以 $c = 11$

故 $10^{x} + 10^{-y} = 11$ 为该微分方程满足初始条件 $y|_{x=1} = 0$ 的特解.

3. 一阶线性微分方程

定义   形如 $\dfrac{\mathrm{d}y}{\mathrm{d}x} + P(x)y = Q(x)$ 的方程称一阶线性微分方程(其中: $P(x)$、$Q(x)$ 为已知函数)

当 $Q(x) \neq 0$ 时称一阶线性非齐次微分方程.

当 $Q(x) = 0$ 时称一阶线性齐次微分方程.

(1) 一阶线性齐次微分方程的解

因为 $\dfrac{\mathrm{d}y}{\mathrm{d}x} + P(x)y = 0$

所以 $\dfrac{\mathrm{d}y}{y} = -P(x)\mathrm{d}x$

$\displaystyle\int \dfrac{\mathrm{d}y}{y} = \int -P(x)\mathrm{d}x$

$y = c \cdot \mathrm{e}^{-\int P(x)\mathrm{d}x}$ (通解)

(2) 一阶线性非齐次微分方程的解

将齐次方程通解中的 c 换成函数 $u(x)$,即设 $y = u(x)\mathrm{e}^{-\int P(x)\mathrm{d}x}$ 为非齐次方程

的通解.（常数变易法）

将 $y = u(x)e^{-\int P(x)dx}$

代入方程得：$u(x) = \int Q(x)e^{\int P(x)dx}dx + c$

所以 $y = \underbrace{e^{-\int P(x)dx} \cdot \int Q(x)e^{\int P(x)dx}dx}_{\text{非齐次方程的一个特解}} + \underbrace{ce^{-\int P(x)dx}}_{\text{对应齐次方程的通解}}$ （非齐次方程的通解）

即：一阶线性非齐次方程的通解等于对应齐次方程的通解与非齐次方程的一个特解之和.

举例　解微分方程 $\dfrac{dy}{dx} + 2xy = 2xe^{-x^2}$

解　因为 $P(x) = 2x$　$Q(x) = 2xe^{-x^2}$

所以 $y = e^{-\int 2xdx}\left[\int 2xe^{-x^2}e^{\int 2xdx}dx + c\right]$

$\qquad = e^{-x^2}\left[\int 2xe^{-x^2}e^{x^2}dx + c\right]$

$\qquad = e^{-x^2}\left[\int 2xdx + c\right]$

$\qquad = e^{-x^2}(x^2 + c)$—　原方程的通解

4. 可降阶的二阶微分方程

二阶及二阶以上的微分方程称高阶微分方程.

(1) $y'' = f(x, y')$ 型的微分方程

一般的二阶微分方程可表示为：$F(x, y, y', y'') = 0$

而形如 $y'' = f(x, y')$ 的称不显含 y 的微分方程.

对不显含 y 的微分方程可令 $y' = p$，则 $y'' = p'$，

原方程化为：$p' = f(x, p)$

其通解为：$y' = p = \varphi(x, C_1)$

对通解两端积分得原方程的通解：$y = \int \varphi(x, C_1)dx$

这种解微分方程的方法称降阶法.

例 2　求微分方程 $(1 + x^2)y'' = 2xy'$ 满足初始条件 $y|_{x=0} = 1$，$y'|_{x=0} = 3$ 的特解.

解　令 $y' = p$，则 $y'' = p'$

代入原方程得：$(1 + x^2)p' = 2xp$

分离变量得：$\dfrac{1}{p}dp = \dfrac{2x}{1 + x^2}dx$

两端积分得：$\ln p = \ln(1 + x^2) + \ln C_1$

即：$p = C_1(1+x^2)$，$y' = C_1(1+x^2)$

由条件 $y'|_{x=0} = 3$ 得 $C_1 = 3$

则 $y' = 3(1+x^2)$

两端积分得：$y = x^3 + 3x + C_2$，

由条件 $y|_{x=0} = 1$ 得 $C_2 = 1$

故所求特解 $y = x^3 + 3x + 1$.

（2）$y'' = f(y, y')$ 型的微分方程

形如 $y'' = f(y, y')$ 的方程称不显含 x 的微分方程.

令 $y' = p$，

则 $y'' = \dfrac{\mathrm{d}p}{\mathrm{d}x} = \dfrac{\mathrm{d}p}{\mathrm{d}y} \dfrac{\mathrm{d}y}{\mathrm{d}x} = p\dfrac{\mathrm{d}p}{\mathrm{d}y}$

代入原方程得：$p\dfrac{\mathrm{d}p}{\mathrm{d}y} = f(y, p)$

若其通解为：$p = \varphi(y, C_1)$

即：$y' = \varphi(y, C_1)$

对上式分离变量并积分得原方程的通解为：$\displaystyle\int \dfrac{1}{\varphi(y, C_1)}\mathrm{d}y = x + C_2$

例 3　求微分方程 $yy'' - y'^2 = 0$ 的通解.

解　令 $y' = p$，

则 $y'' = p\dfrac{\mathrm{d}p}{\mathrm{d}y}$

代入原方程得：$yp\dfrac{\mathrm{d}p}{\mathrm{d}y} - p^2 = 0$

分离变量得：$\dfrac{\mathrm{d}p}{p} = \dfrac{\mathrm{d}y}{y}$，

两端积分得：$\ln p = \ln y + \ln C_1$

即：$p = C_1 y$ 或 $y' = C_1 y$

再分离变量并积分得原方程通解：$y = C_2 \mathrm{e}^{C_1 x}$.

5. 二阶常系数线性微分方程

（1）线性微分方程解的结构

定义 1　形如 $y'' + P(x)y' + Q(x)y = f(x)$　①

的方程称二阶线性微分方程.

当 $f(x) = 0$ 时，方程 ① 简化为：$y'' + P(x)y' + Q(x)y = 0$　②

方程 ① 称二阶非齐次线性微分方程，方程 ② 称二阶齐次线性微分方程.

定理 1　如果函数 y_1 与 y_2 是方程 ② 两个解，则 $y = c_1 y_1 + c_2 y_2$ 也是方程

② 的解,其中 c_1、c_2 是任意常数.

定义 2　对于两个不恒等于零的函数 y_1 与 y_2,如果存在一个常数 C,使 $y_2 = Cy_1$,则称函数 y_1 与 y_2 线性相关;否则,称函数 y_1 与 y_2 线性无关.

定理 2　(二阶齐次线性微分方程解的结构定理)如果函数 y_1 与 y_2 是方程② 的两个线性无关的解,则 $y = c_1 y_1 + c_2 y_2$ 是方程② 的通解,其中 c_1、c_2 是任意常数.

定理 3　(二阶非齐次线性微分方程解的结构定理)设 y^* 是二阶非齐次线性微分方程① 的一个特解,Y 是它对应的齐次方程② 的通解,则:$y = Y + y^*$ 是二阶非齐次线性微分方程① 的通解.

(2)二阶常系数齐次线性微分方程

形如 $y'' + py' + qy = 0$(p、q 为常数)的方程称二阶常系数齐次线性微分方程.

解二阶常系数线性齐次微分方程的步骤是:

① 写出特征方程:$r^2 + pr + q = 0$,2)求出特征根:r_1、r_2

② 根据 r_1、r_2 按表 4.5-1 得其通解.

表 4.5-1

特征方程 $r^2 + pr + q = 0$ 的根 r_1、r_2	微分方程 $y'' + py' + qy = 0$ 的通解
两个不相等的实根 $r_1 \neq r_2$	$y = c_1 \mathrm{e}^{r_1 x} + c_2 \mathrm{e}^{r_2 x}$
两个相等的实根 $r_1 = r_2$	$y = (c_1 + c_2 x)\mathrm{e}^{rx}$
一对共轭复根 $r_{1,2} = \alpha \pm i\beta$	$y = \mathrm{e}^{\alpha x}(c_1 \cos \beta x + c_2 \sin \beta x)$

例 4　求方程 $\dfrac{\mathrm{d}^2 S}{\mathrm{d}t^2} + 2\dfrac{\mathrm{d}S}{\mathrm{d}t} + S = 0$ 满足初始条件:$S|_{t=0} = 4$、$S'|_{t=0} = -2$ 的特解.

解　该微分方程的特征方程为:$r^2 + 2r + 1 = 0$

其特征根为:$r_1 = r_2 = -1$

故微分方程的通解为:$S = \mathrm{e}^{-t}(c_1 + c_2 t)$

代入初始条件:$\begin{cases} S|_{t=0} = 4 \\ S'|_{T=0} = -2 \end{cases}$

即:$\begin{cases} \mathrm{e}^{-0}(c_1 + c_2 \times 0) = 4 \\ \mathrm{e}^{-0}(c_2 - 4 - c_2 \times 0) = -2 \end{cases}$　解得:$\begin{cases} c_1 = 4 \\ c_2 = 2 \end{cases}$

故:$S = (4 + 2t)\mathrm{e}^{-t}$ 为微分方程满足初始条件:$S|_{t=0} = 4$、$S'|_{t=0} = -2$ 的特解.

(3)二阶常系数非齐次线性微分方程

形如:$y'' + py' + qy = f(x)$ 其中:p、q 为常数,$f(x) \neq 0$ 的方程称二阶常系

数非齐次线性微分方程.

① $f(x) = e^{\lambda x} P_m(x)$,其中:$P_m(x)$ 是 x 的 m 次多项式.此时方程 ① 为:

$y'' + py' + qy = e^{\lambda x} P_m(x)$ 其特解为:$y^* = x^k e^{\lambda x} Q_m(x)$

其中:$Q_m(x)$ 是与 $P_m(x)$ 同次的多项式.

而:$k = \begin{cases} 0 & \lambda \text{ 不是特征根时} \\ 1 & \lambda \text{ 是特征单实根时} \\ 2 & \lambda \text{ 是特征重实根时} \end{cases}$

例 5　求方程 $y'' - 3y' + 2y = xe^{2x}$ 的一个特解.

解　因为特征方程 $r^2 - 3r + 2 = 0$ 的根为:$\begin{cases} r_1 = 1 \\ r_2 = 2 \end{cases}$

而 $\lambda = 2$ 是特征方程的单实根

所以设 $y^* = xe^{2x}(b_0 x + b_1)$

代入原方程得:$\begin{cases} b_0 = \dfrac{1}{2} \\ b_1 = -1 \end{cases}$

故该方程的一个特解为:$y^* = xe^{2x}\left(\dfrac{1}{2}x - 1\right)$.

② $f(x) = e^{\lambda x}(a\cos \omega x + b\sin \omega x)$

此时方程 ① 为:$y'' + py' + qy = e^{\lambda x}(a\cos \omega x + b\sin \omega x)$

其特解为:$y^* = x^k e^{\lambda x}(A\cos \omega x + B\sin \omega x)$

而:$k = \begin{cases} 0 & \lambda \pm \omega i \text{ 不是特征根时} \\ 1 & \lambda \pm \omega i \text{ 是特征根时} \end{cases}$

例 6　解方程 $y'' - 5y' - 6y = 3\sin 2x$.

解　因为特征方程 $r^2 - 5r - 6 = 0$ 的根为:$\begin{cases} r_1 = -1 \\ r_2 = 6 \end{cases}$

所以对应齐次方程 $y'' - 5y' - 6y = 0$ 的通解为:$\bar{y} = c_1 e^{-x} + c_2 e^{6x}$

又因为 $f(x) = 3\sin 2x$ 而 $\pm 2i$ 不是特征根

所以设 $y^* = A\cos 2x + B\sin 2x$ 代入原方程得:$\begin{cases} A = \dfrac{3}{20} \\ B = -\dfrac{3}{20} \end{cases}$

即特解 $y^* = \dfrac{3}{20}\cos 2x - \dfrac{3}{20}\sin 2x$

故原方程的通解为:$y = \bar{y} + y^* = c_1 e^{-x} + c_2 e^{6x} + \dfrac{3}{20}\cos 2x - \dfrac{3}{20}\sin 2x$.

习题 4.5

1. 下列方程中,哪些是微分方程?哪些不是微分方程?是微分方程的说出微分方程的阶数:

(1) $y'' + 4y' - 3y = 0$;　　　　(2) $y^2 + 4y - 3 = 0$;

(3) $x(y')^2 - 2yy' + x = 0$;　　　(4) $y'''y'' + 2y^4 - xy = 0$;

(5) $\mathrm{d}y = \cos x \mathrm{d}x$;　　　　　(6) $\dfrac{\mathrm{d}^2}{\mathrm{d}x^2} = 1 + x$.

2. 解下列微分方程:

(1) $\dfrac{\mathrm{d}y}{\mathrm{d}x} = \dfrac{1}{x}$;　　　　　(2) $y''' = \mathrm{e}^x$;

(3) $y' + y = \mathrm{e}^{-2x}$;　　　　(4) $(1+y)\mathrm{d}x - (1-x)\mathrm{d}y = 0$;

(5) $y' = (\dfrac{x}{y})^2$;　　　　　(6) $(1+x^2)y' - y\ln y = 0$;

(7) $y' + \dfrac{2y}{x} = \dfrac{\mathrm{e}^{-x^2}}{x}$;　　　　(8) $y'' - y' - 2y = 0$.

3. 求下列微分方程的特解:

(1) $y''' = \mathrm{e}^{2x}, x = 0, y = \dfrac{1}{8}, y' = 0, y'' = \dfrac{1}{2}$;

(2) $xy' - y = 0, x = 1, y = 2$;

(3) $y' + 2xy = x\mathrm{e}^{-x^2}, x = 0, y = 1$;

(4) $y'' - 4y' + 3y = 0, x = 0, y = 6, y' = 0$.

4. 已知曲线在任意一点处的切线斜率等于这个点的纵坐标,且曲线通过点 $(1,0)$,求该曲线的方程.

5. 一质点运动的加速度为 $a = -2v - 5g$. 如果该质点以初速度 $v_0 = 12 \ \mathrm{m/s}$ 由原点出发,试求质点的运动方程.

学习指导

一、内容提要

本章主要内容有无穷级数的概念，常用级数及其审敛法，幂级数和傅立叶级数，微分方程的概念，可分离变量的微分方程、一阶线性微分方程、二阶常系数线性微分方程的解法等.

二、基本要求

本章的基本要求是：

1. 理解常数项级数收敛、发散及收敛级数和的概念，会根据级数收敛的定义判定简单的级数的收敛性.

2. 理解级数的基本性质，会用级数收敛的必要条件判定级数发散.

3. 理解正项级数的比较审敛法和比值审敛法.

4. 理解幂级数的收敛半径、收敛域及和函数概念，掌握收敛半径及收敛域的求法，了解幂级数的运算性质，会将简单函数展开成麦克劳林级数，知道幂级数在近似计算中的简单应用.

5. 理解微分方程、微分方程的阶、解、通解、初始条件和特解等概念.

6. 掌握可分离变量的微分方程及已阶线性微分方程的解法.

7. 了解二阶微分方程、二阶常系数齐次线性微分方程的解法.

三、例题选讲

1. 利用数项级数收敛的定义和性质讨论级数的收敛性

例 1 判定下列级数的收敛性：

(1) $\sum_{n=1}^{\infty} (\sqrt{n+2} - 2\sqrt{n+1} + \sqrt{n})$；

(2) $\sum_{n=1}^{\infty} (\frac{1}{3n} - \frac{1}{2^n})$；

(3) $\sum_{n=1}^{\infty} (\frac{n-1}{n})^n$.

解 (1) 因为级数的一般项可写成 $u_n = (\sqrt{n+2} - \sqrt{n+1}) - (\sqrt{n+1} - \sqrt{n})$，

所以,级数的前 n 项部分和为

$s_n = u_1 + u_2 + u_3 + \cdots + u_n$

$\quad = [(\sqrt{3}-\sqrt{2})-(\sqrt{2}-\sqrt{1})] + [(\sqrt{4}-\sqrt{3})-(\sqrt{3}-\sqrt{2})] + \cdots + [(\sqrt{n+1}-\sqrt{n})-(\sqrt{n}-\sqrt{n-1})] + [(\sqrt{n+2}-\sqrt{n+1})-(\sqrt{n+1}-\sqrt{n})]$

$\quad = [(\sqrt{n+2}-\sqrt{n+1})-(\sqrt{2}-\sqrt{1})]$

所以

$$\lim_{n\to\infty} s_n = [(\sqrt{n+2}-\sqrt{n+1})-(\sqrt{2}-\sqrt{1})]$$

$$= \lim_{n\to\infty}(\sqrt{n+2}-\sqrt{n+1})-(\sqrt{2}-\sqrt{1})$$

$$= \lim_{n\to\infty}\frac{1}{\sqrt{n+2}+\sqrt{n+1}}-(\sqrt{2}-\sqrt{1}) = 1-\sqrt{2}$$

故,由定义知,级数 $\sum\limits_{n=1}^{\infty}(\sqrt{n+2}-2\sqrt{n+1}+\sqrt{n})$ 收敛.

(2) 因为级数 $\sum\limits_{n=1}^{\infty}\dfrac{1}{3n} = \dfrac{1}{3}\sum\limits_{n=1}^{\infty}\dfrac{1}{n}$ 发散,而级数 $\sum\limits_{n=1}^{\infty}\dfrac{1}{2^n}$ 收敛,所以由数项级数收敛的运算性质知,级数 $\sum\limits_{n=1}^{\infty}\left(\dfrac{1}{3n}-\dfrac{1}{2^n}\right)$ 发散.

(3) 因为级数的一般项的极限

$$\lim_{n\to\infty}\left(\frac{n-1}{n}\right)^n = \lim_{n\to\infty}\left(1-\frac{1}{n}\right)^n = e^{-1} \neq 0,$$

所以,根据收敛级数的必要条件知,级数 $\sum\limits_{n=1}^{\infty}\left(\dfrac{n-1}{n}\right)^n$ 发散.

注 在讨论数项级数的收敛性时,一般先用必要条件判别是否发散,然后再用其他方法判别是否收敛.

2.利用级数的审敛法判定级数的收敛性

例 2 判断题:

(1) 若级数 $\sum\limits_{n=1}^{\infty}u_n$ 收敛,则级数 $\sum\limits_{n=1}^{\infty}u_n^2$ 收敛.

(2) 若级数 $\sum\limits_{n=1}^{\infty}u_n$ 收敛,且 $u_n \geqslant v_n$,则级数 $\sum\limits_{n=1}^{\infty}v_n$ 收敛.

(3) 若级数 $\sum\limits_{n=1}^{\infty}u_n^2$ 收敛,则级数 $\sum\limits_{n=1}^{\infty}u_n$ 收敛.

(4) 若正项级数 $\sum\limits_{n=1}^{\infty}u_n$ 收敛,则级数 $\sum\limits_{n=1}^{\infty}u_n^2$ 收敛.

解 (1)错.例如,设 $u_n = (-1)^{n-1}\dfrac{1}{\sqrt{n}}$ 则级数 $\sum\limits_{n=1}^{\infty}(-1)^{n-1}\dfrac{1}{\sqrt{n}}$ 是收敛的交错

级数,但级数 $\sum\limits_{n=1}^{\infty} u_n{}^2 = \sum\limits_{n=1}^{\infty} \dfrac{1}{n}$ 发散.

(2) 错. 如设 $u_n = (-1)^{n-1} \dfrac{1}{\sqrt{n}}$, $v_n = -\dfrac{1}{\sqrt{n}}$, 则有 $u_n \geqslant v_n$. 且级数 $\sum\limits_{n=1}^{\infty} (-1)^{n-1}$ $\dfrac{1}{\sqrt{n}}$ 收敛,但级数 $\sum\limits_{n=1}^{\infty} \left(-\dfrac{1}{\sqrt{n}}\right)$ 发散.

(3) 错. 如设 $u_n = \dfrac{1}{n}$, 则 $\sum\limits_{n=1}^{\infty} u_n{}^2 = \sum\limits_{n=1}^{\infty} \dfrac{1}{n^2}$ 收敛,但 $\sum\limits_{n=1}^{\infty} u_n = \sum\limits_{n=1}^{\infty} \dfrac{1}{n}$ 发散.

(4) 正确. 因为 $\sum\limits_{n=1}^{\infty} u_n$ 收敛,所以 $\lim\limits_{n\to\infty} u_n = 0$,所以存在正整数 N,当 $n > N$ 时,又因为级数 $\sum\limits_{n=1}^{\infty} u_n$ 为正项级数,所以 $0 \leqslant u_n$. 于是,当 $n > N$ 时,有 $u_n^2 < u_n$.

由正项级数的比较审敛法知,级数 $\sum\limits_{n=1}^{\infty} u_n{}^2$ 收敛.故由级数收敛的性质知,级数 $\sum\limits_{n=1}^{\infty} u_n{}^2$ 收敛.

注　上例表明,在用比较审敛法与比值审敛法判定级数是收敛性时,要注意所给级数是否为正项级数,否则将会得到错误是结论.

例3　判定下列级数的收敛性:

(1) $\sum\limits_{n=1}^{\infty} \dfrac{1+n}{1+n^2}$;　　　　　　(2) $\sum\limits_{n=1}^{\infty} \dfrac{n}{4^n}$;

(3) $\sum\limits_{n=1}^{\infty} (-1)^{n-1} \dfrac{1+n}{1+n^2}$;　　　(4) $\sum\limits_{n=1}^{\infty} \dfrac{(-1)^{n-1}}{\pi^n} \sin n\alpha$.

解　(1) 因为 $\sum\limits_{n=1}^{\infty} \dfrac{1+n}{1+n^2}$ 为正项级数,且 $\dfrac{1+n}{1+n^2} > \dfrac{n}{1+n^2} = \dfrac{1}{2n}$

而级数 $\sum\limits_{n=1}^{\infty} \dfrac{1}{2n}$ 发散,所以由比较审敛法知,级数 $\sum\limits_{n=1}^{\infty} \dfrac{1+n}{1+n^2}$ 发散.

(2) 因为级数 $\sum\limits_{n=1}^{\infty} \dfrac{n}{4^n}$ 为正项级数,且

$\lim\limits_{n\to\infty} \dfrac{u_{n+1}}{u_n} = \lim\limits_{n\to\infty} \dfrac{n+1}{4^{n+1}} \cdot \dfrac{4^n}{n} = \lim\limits_{n\to\infty} \dfrac{1}{4} \cdot \dfrac{n+1}{n} = \dfrac{1}{4} < 1$

所以,由比值审敛法知,级数 $\sum\limits_{n=1}^{\infty} \dfrac{n}{4^n}$ 收敛.

(3) $\sum\limits_{n=1}^{\infty} (-1)^{n-1} \dfrac{1+n}{1+n^2}$ 是交错级数,且

$u_{n+1} = \dfrac{2+n}{1+(n+1)^2} < \dfrac{1+n}{1+n^2} = u_n$,

$$\lim_{n\to\infty}u_n = \lim_{n\to\infty}\frac{1+n}{1+n^2} = \lim_{n\to\infty}\frac{\dfrac{1}{n^2}+\dfrac{1}{n}}{\dfrac{1}{n^2}+1} = 0,$$

所以,由莱布尼茨判别法知,级数 $\sum\limits_{n=1}^{\infty}(-1)^{n-1}\dfrac{1+n}{1+n^2}$ 收敛.

(4) 级数 $\sum\limits_{n=1}^{\infty}\dfrac{(-1)^{n-1}}{\pi^n}\sin n\alpha$ 的各项绝对值组成的级数为 $\sum\limits_{n=1}^{\infty}\dfrac{1}{\pi^n}|\sin n\alpha|$,它是

一个正项级数. 因为 $\dfrac{1}{\pi^n}|\sin n\alpha| \leqslant \dfrac{1}{\pi^n}$,且级数 $\sum\limits_{n=1}^{\infty}\dfrac{1}{\pi^n}$ 收敛,所以由比较判别法知,

级数 $\sum\limits_{n=1}^{\infty}\dfrac{1}{\pi^n}|\sin n\alpha|$ 收敛,从而级数 $\sum\limits_{n=1}^{\infty}\dfrac{(-1)^{n-1}}{\pi^n}\sin n\alpha$ 绝对收敛,故级数 $\sum\limits_{n=1}^{\infty}(-$

$1)^{n-1}\dfrac{1+n}{1+n^2}$ 收敛.

注　判别正项级数 $\sum\limits_{n=1}^{\infty}u_n$ 的收敛性时,何时用比较审敛法,何时用比值审敛

法呢?一般地,有下述结论:

(1) 如果 $u_n\to0(n\to\infty)$ 的速度与 $\dfrac{1}{n^p}\to0(n\to\infty)$ 相同,即 $\lim\limits_{n\to\infty}\dfrac{u_n}{\dfrac{1}{n^p}} = A(A$

$\neq0)$,

则级数 $\sum\limits_{n=1}^{\infty}u_n$ 的收敛性与 $p-$级数 $\sum\limits_{n=1}^{\infty}\dfrac{1}{n^p}$ 相同,且不能用比值审敛法判定其

收敛性,这时宜用比较审敛法或其他方法.

(2) 如果 $u_n\to0(n\to\infty)$ 的速度与 $r^n\to0(n\to\infty,0<r<1)$ 相同,即

$\lim\limits_{n\to\infty}\dfrac{u_n}{r^n} = A(A\neq0)$,则级数 $\sum\limits_{n=1}^{\infty}u_n$ 收敛,且可用比值审敛法判定其收敛性.

3. 幂级数的收敛半径、收敛区间及和函数

例 4　求幂级数 $\sum\limits_{n=1}^{\infty}\dfrac{2^n+3^n}{n}x^n$ 的收敛半径.

解　因为 $\rho = \lim\limits_{n\to\infty}\left|\dfrac{u_{n+1}}{u_n}\right| = \lim\limits_{n\to\infty}\dfrac{2^{n+1}+3^{n+1}}{n+1}\cdot\dfrac{n}{2^n+3^n}$

$$= \lim_{n\to\infty}\frac{n}{n+1}\cdot\frac{2\left(\dfrac{2}{3}\right)^n+3}{\left(\dfrac{2}{3}\right)^n+1} = 3,$$

所以幂级数 $\sum\limits_{n=1}^{\infty}\dfrac{2^n+3^n}{n}x^n$ 的收敛半径为 $R = \dfrac{1}{3}$.

例5 求幂级数 $\sum\limits_{n=1}^{\infty} \dfrac{1}{n^p} x^n (p > 0)$ 的收敛区间.

解 因为 $\rho = \lim\limits_{n\to\infty} \left| \dfrac{u_{n+1}}{u_n} \right| = \lim\limits_{n\to\infty} \dfrac{\dfrac{1}{(n+1)^p}}{\dfrac{1}{n^p}} = \lim\limits_{n\to\infty} \dfrac{n^p}{(n+1)^p} = 1.$

所以幂级数 $\sum\limits_{n=1}^{\infty} \dfrac{1}{n^p} x^n$ 的收敛半径为 1，即当 $|x| < 1$ 时，幂级数 $\sum\limits_{n=1}^{\infty} \dfrac{1}{n^p} x^n$ 收敛.

当 $x = 1$ 时，幂级数 $\sum\limits_{n=1}^{\infty} \dfrac{1}{n^p} x^n$ 成为 $\sum\limits_{n=1}^{\infty} \dfrac{1}{n^p}$，则当 $p > 1$ 时收敛，当 $p \leqslant 1$ 时发散；当 $x = -1$ 时，幂级数 $\sum\limits_{n=1}^{\infty} \dfrac{1}{n^p} x^n$ 成为 $\sum\limits_{n=1}^{\infty} \dfrac{(-1)^n}{n^p}$，这是交错级数. 由莱布尼茨判别法知，级数 $\sum\limits_{n=1}^{\infty} \dfrac{(-1)^n}{n^p}$ 收敛.

综上，当 $p \leqslant 1$ 时，幂级数 $\sum\limits_{n=1}^{\infty} \dfrac{1}{n^p} x^n$ 的收敛区间为 $[-1,1)$；当 $p > 1$ 时，幂级数 $\sum\limits_{n=1}^{\infty} \dfrac{1}{n^p} x^n$ 的收敛区间为 $[-1,1]$.

例6 求数项级数 $\sum\limits_{n=1}^{\infty} \dfrac{n}{2^n}$ 的和.

解 级数 $\sum\limits_{n=1}^{\infty} \dfrac{n}{2^n}$ 可看作幂级数 $\sum\limits_{n=1}^{\infty} nx^n$ 在 $x = \dfrac{1}{2}$ 时所对应的级数. 设 $\sum\limits_{n=1}^{\infty} nx^n$ 的和函数为 $s(x)$，则 $s(x) = \sum\limits_{n=1}^{\infty} nx^n = x \sum\limits_{n=1}^{\infty} nx^{n-1}.$

记 $\sigma(x) = \sum\limits_{n=1}^{\infty} nx^{n-1}$，

对上式两端求积分，得

$$\int_0^x \omega(x) \mathrm{d}x = \sum_{n=1}^{\infty} \int_0^x nx^{n-1} \mathrm{d}x = \sum_{n=1}^{\infty} x^n = \dfrac{x}{1-x}.$$

再求导，得

$$\sigma(x) = \dfrac{1}{(1-x)^2}, x \in (-1,1).$$

所以，有

$$s(x) = x\sigma(x) = \dfrac{x}{(1-x)^2}, x \in (-1,1).$$

于是，将 $x = \dfrac{1}{2}$ 代入上式，得

$$\sum_{n=1}^{\infty}\frac{n}{2^{n}}=s\left(\frac{1}{2}\right)=\frac{\frac{1}{2}}{\left(1-\frac{1}{2}\right)^{2}}=2.$$

4. 函数展开成幂级数

例7　将函数 $f(x)=\ln(1-x-2x^{2})$ 展开成麦克劳林级数.

解　因为 $f(x)=\ln(1-x-2x^{2})=\ln(1+x)(1-2x)=\ln(1+x)+\ln(1-2x)$,

而 $\ln(1+x)=x-\dfrac{x^{2}}{2}+\dfrac{x^{3}}{3}-\cdots+(-1)^{n}\dfrac{x^{n+1}}{n+1}+\cdots,x\in(-1,1]$;

在上式中,用 $-2x$ 替换 x,得

$$\ln(1-2x)=(-2x)-\frac{(-2x)^{2}}{2}+\frac{(-2x)^{3}}{3}-\cdots+(-1)^{n}\frac{(-2x)^{n+1}}{n+1}+\cdots,$$

$x\in\left[-\dfrac{1}{2},\dfrac{1}{2}\right)$,

所以,得

$$f(x)=\ln(1-x-2x^{2})=\sum_{n=1}^{\infty}(-1)^{n}\frac{1+(-2)^{n+1}}{n+1}x^{n+1}=\sum_{n=1}^{\infty}\frac{(-1)^{n}-2^{n+1}}{n+1},$$

$x\in\left[-\dfrac{1}{2},\dfrac{1}{2}\right)$.

5. 一阶微分方程

例8　求微分方程 $y\mathrm{d}x+\sqrt{1-x^{2}}\,\mathrm{d}y=0$ 的通解.

解　原方程是可分离变量的微分方程,分离变量,得

$$\frac{1}{\sqrt{1-x^{2}}}\mathrm{d}x+\frac{1}{y}\mathrm{d}y=0$$

积分,得 $\displaystyle\int\frac{1}{\sqrt{1-x^{2}}}\,\mathrm{d}x+\int\frac{1}{y}\,\mathrm{d}y=0$

即 $\arcsin x+\ln|y|=C$,

这就是所求微分方程的通解.

注　微分方程的解可以用隐函数形式表示.

例9　求微分方程 $(1-x)y'+y=x$ 满足初始条件 $y|_{x=0}=2$ 的特解.

解法一　(常数变易法)原方程为一阶线性微分方程,对应轨道齐次线性方程为

$(1-x)y'+y=0$ 分离变量,得 $\dfrac{\mathrm{d}y}{y}+\dfrac{\mathrm{d}x}{1-x}=0$

积分,得齐次线性方程的通解为 $\ln y-\ln(1-x)=\ln C$,

即 $\dfrac{y}{1-x}=C$,或 $y=C(1-x)$

令 $C = u(x)$,得 $y = u(x)(1-x)$. 求导,得 $y' = u'(1-x) - u$.

将上式代入原方程,得 $(1-x)[u'(1-x) - u] + u(1-x) = x$.

即 $u' = \dfrac{x}{(1-x)^2}$. 积分,得 $u = \ln(1-x) - \dfrac{1}{1-x} + C$.

于是得原方程的通解为 $y = (1-x)\left[\ln(1-x) - \dfrac{1}{1-x}\right] + C$.

解法二 (公式法)将原方程化为标准形式,得

$$y' + \frac{1}{1-x}y = \frac{x}{1-x}.$$

因此有 $P(x) = \dfrac{1}{1-x}$,$Q(x) = \dfrac{x}{1-x}$. 将它们代入一阶线性微分方程的求

解公式,得通解为

$$y = e^{-\int \frac{1}{1-x}dx}\left(\int \frac{x}{1-x} e^{\int \frac{1}{1-x}dx} + C\right)$$

$$= e^{\ln(1-x)}\left(\int \frac{x}{1-x} e^{-\ln(1-x)} dx + C\right)$$

$$= (1-x)\left(\int \frac{x}{(1-x)^2}dx + C\right)$$

$$= (1-x)\left[\ln(1-x) - \frac{1}{1-x} + C\right]$$

将初始条件 $y|_{x=0} = 2$ 代入上式通解中,得 $C = 3$. 于是,所求特解为

$$y = (1-x)\left[\ln(1-x) - \frac{1}{1-x} + 3\right].$$

6. 二阶常系数线性微分方程

例 10 求微分方程 $y'' + y' = x$ 的通解.

解法一 (降阶法)原方程可看作是不显含 y 的二阶微分方程,因此可用降
阶法求解.

令 $y' = p$,则得 $y'' = p'$. 代入原方程,得 $p' + p = x$. 它是关于 p 的一阶线
性微分方程.

由求解公式,得 $p = e^{-\int dx}\left(\int x e^{\int dx} dx + C_1\right)$

$$= e^{-x}\left(\int x e^x dx + C_1\right)$$

$$= e^{-x}(x e^x - e^x + C_1)$$

$$= x - 1 + C_1 e^{-x}$$

即 $y' = x - 1 + C_1 e^{-x}$.

再对上式积分,得 $y = \dfrac{1}{2}x^2 - x - C_1 e^{-x} + C_2$.

解法二 （特征根法）原方程可看作二阶非齐次线性微分方程,因此可用特征根法求解.

原方程对应的齐次线性方程的特征方程为 $r^2 + r = 0$

解之,得 $r_1 = 0, r_2 = -1$. 所以,对应的齐次线性方程的通解为 $y = C_1 + C_2 \mathrm{e}^{-x}$

又因为非齐次线性方程的右端项 $f(x) = x = x\mathrm{e}^{0x}, \lambda = 0$ 是特征根,所以可设其特解为

$$y^* = x(Ax + B)$$

对上式求导,得 $y^{*'} = 2A + B, y^{*''} = 2A$

将它们代入原方程,得 $2A + B + 2Ax = x$

解之,得 $\quad A = \dfrac{1}{2}, B = -1$

于是,得 $\quad y^* = x(\dfrac{1}{2}x - 1)$

故,所求方程的通解为 $y = C_1 + C_2 \mathrm{e}^{-x} + x(\dfrac{1}{2}x - 1)$

复习题四

1. 判断下列各级数的收敛性

(1) $\dfrac{1}{1 \cdot 4} + \dfrac{1}{2 \cdot 5} + \dfrac{1}{3 \cdot 6} + \cdots + \dfrac{1}{n(n+3)} + \cdots$;

(2) $\sin \dfrac{\pi}{6} + \sin \dfrac{2\pi}{6} + \sin \dfrac{3\pi}{6} + \cdots + \sin \dfrac{n\pi}{6} + \cdots$;

(3) $\displaystyle\sum_{n=1}^{\infty} (-1)^{n-1} \cdot \dfrac{n}{\ln(n+1)}$;

(4) $\displaystyle\sum_{n=1}^{\infty} \dfrac{2n-1}{(\sqrt{2})^n}$;

(5) $\displaystyle\sum_{n=1}^{\infty} (-1)^{n-1} \cdot \dfrac{2n+1}{n(n+1)}$.

2. 求下列幂级数的收敛区间

(1) $\displaystyle\sum_{n=1}^{\infty} \dfrac{(-1)^n x^n}{3^{n-1} \cdot \sqrt{n}}$;

(2) $\displaystyle\sum_{n=1}^{\infty} \dfrac{n^2 + 1}{2^n \cdot n!} x^n$;

(3) $\displaystyle\sum_{n=1}^{\infty} \dfrac{(x-5)^n}{\ln(1+n)}$;

(4) $\displaystyle\sum_{n=1}^{\infty} (-1)^n \cdot \dfrac{x^{2n}}{n \cdot 4^n}$.

3. 求下列幂级数的和函数

(1) $\sum\limits_{n=1}^{\infty} \dfrac{(-1)^{n-1}}{n(2n-1)} x^{2n}$; $\qquad$ (2) $\sum\limits_{n=1} \dfrac{n^2 x^n}{n!}$.

4. 将下列函数展开成麦克劳林级数

(1) $f(x) = \dfrac{3x}{x^2 + x - 2}$; $\qquad$ (2) $f(x) = x^2 e^{x^2}$.

5. 求下列微分方程的通解

(1) $\dfrac{\mathrm{d}y}{\mathrm{d}x} = 3x^2$; $\qquad$ (2) $y' - 3xy = x$;

(3) $s''' = \cos t$; $\qquad$ (4) $2y\mathrm{d}x + x\mathrm{d}y - xy\mathrm{d}y = 0$;

(5) $y' + y = \cos x$; $\qquad$ (6) $y'' + y' - 2y = 0$.

6. 求下列微分方程的特解

(1) $y'' + 12y' + 36y = 0, x = 0, y = 4, y' = 2$;

(2) $y' - \dfrac{x}{1 + x^2} y = x + 1, x = 0, y = \dfrac{1}{2}$;

(3) $y' + 2xy = x e^{-x^2}, x = 0, y = 1$.

第五章 多元微积分

在学习平面解析几何和一元函数微积分时,平面坐标系是一个重要工具,它对研究平面图形的性质,理解一元函数微积分的一些基本概念是不可缺少的.同样,为了研究空间图形和二元函数微积分,空间坐标系也是一个重要工具.

§5.1 空间解析几何

1. 空间直角坐标系

平面上任一点 M 的位置,可以用两个有序实数 x 和 y 来确定,记作 $M(x,y)$. 这样,我们很自然地联想到,要确定空间中的点的位置,就需要用到三个数. 例如,要确定飞机在某一时刻的位置 P,不但要知道飞机到达地面某一处(这需要用两个数来表示)的上空,还需要知道飞机离地面的高度,因此需要三个数才能确定飞机在某一时刻的位置. 于是我们通过平面坐标系 xoy 的原点 o 添加一根和该坐标平面垂直的数轴 oz,那么点 p 的高度就可以用坐标 z 来表示,而点 p 的位置就可以用三个有序数 x、y 和 z 来确定,如图 5.1-1 所示,这三个数叫做 p 的坐标,记作 $p(x,y,z)$,其中 x 叫做横坐标,y 叫做纵坐标,z 叫做竖坐标. 数轴 ox、oy 和 oz 依次叫做横轴、纵轴和竖轴(z 轴),数轴的正向如图 5.1-2 所示,o 点叫做坐标原点. 以上建立起来的坐标系叫做空间直角坐标系.

在这三个坐标轴中,每两个坐标轴所决定的平面 xoy、yoz 和 xoz 叫做坐标平面,三个坐标平面中的任意两个是互相垂直的. 且三个坐标轴的方向关系由右手系确定,所谓右手系是指,伸出你的右手,将大拇指、食指、中指表示为两两垂直的形态,令它们依次表示 x,y,z 轴. 三个坐标平面把整个空间分成八个部分,每一个部分称为一个卦限. 我们把 xoy 平面的第一、二、三、四象限的上部分空间依次叫做第一、二、三、四卦限;四个象限的下部分空间依次叫做第五、六、七、八卦限,如图 5.1-3 所示.

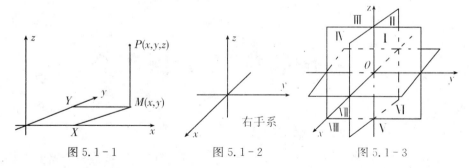

图 5.1-1　　　　　　　图 5.1-2　　　　　　　图 5.1-3

建立了空间直角坐标系以后,空间中的点 p 和作为坐标的三个有序数 x、y、z 之间就建立了一一对应的关系.

平面直角坐标系相关知识我们在中学已经学过. 下面由两个例子分析平面直角坐标系和空间直角坐标系的关系.

例1　怎样由平面上的圆周曲线,得到空间上的圆柱曲面.

我们知道,$x^2 + y^2 = 1$ 在平面上是一个圆周曲线.将圆周曲线向上拉伸,这样就形成了一个空间上的圆柱曲面,如图 5.1-4 所示,在空间直角坐标系中,方程 $x^2 + y^2 = 1$ 表示空间柱面,而不是平面中的一个圆.

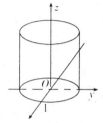

例2　怎样由空间曲面得到平面曲线.

图 5.1-4

假设有一个半径为 5 的球,这是一个空间曲面.以球心为原点构造一个空间直角坐标系.用 $z = 0$ 平面,即 xoy 平面,截球面得到一个平面上的圆,半径为 5;用 $z = 3$ 为平面截球面得到一个平面上的圆,半径为 4;用 $z = 4$ 平面截球面得到一个平面上的圆,半径为 3;…,如图 5.1 - 5 所示.

用"平行截面法"是研究空间曲面的一个重要方法,可以将空间曲面问题化为平面问题去分析、去认识,从而化难为易."用已知认识未知"是学习数学和其他学科的重要方法.

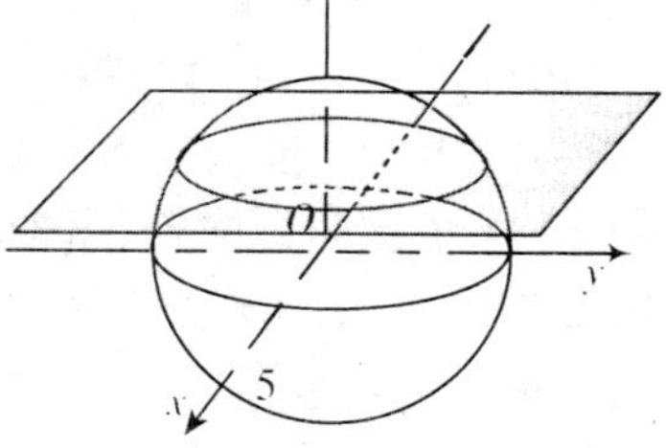

图 5.1 - 5

2. 空间两点间的距离

建立了空间直角坐标系,就可以用坐标来计算空间任意两点间的距离.

设 $M_1(x_1, y_1, z_1)$ 和 $M_2(x_2, y_2, z_2)$ 为空间两点. 过点各作三个分别垂直于三条坐标轴的平面,这六个平面围成一个以 M_1M_2 为对角线的长方体,如图 5.1-6 所示.

由勾股定理得 $M_1 M_2 = \sqrt{M_1 S^2 + SM_2^2}$

注意到 $M_1 S^2 = PQ^2 = PR^2 + RQ^2$

其中 $PR = x_2 - x_1$，$RQ = y_2 - y_1$，

$SM_2 = z_2 - z_1$，

因而 $|M_1 M_2|$

$= \sqrt{(x_2 - x_1)^2 + (y_2 - y_1)^2 + (z_2 - z_1)^2}$

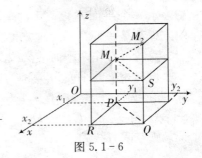

图 5.1-6

上式又称为**空间两点间的距离公式**.

例 3 设动点到两点 $M_1(1,1,2)$ 和 $M_2(1,3,2)$ 的距离相等,求动点的轨迹方程.

解 设动点为 $M(x,y,z)$,依题意有, $|MM_1| = |MM_2|$,即

$\sqrt{(x-1)^2 + (y-1)^2 + (z-2)^2} =$

$\sqrt{(x-1)^2 + (y-3)^2 + (z-2)^2}$ 两边平方、化简

得 $y = 2$.

这就是所求的方程,它代表的是一个平面(如

图 5.1-7).

一般地: $x = a$ 表示平行于 yoz 坐标面的平

面,与 yoz 坐标面的距离为 $|a|$.

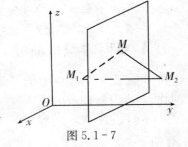

图 5.1-7

$y = b$ 表示平行于 xoz 坐标面的平面,且与 xoz 坐标面的距离为 $|b|$.

$z = c$ 表示平行于 xoy 坐标面的平面,且与 xoy 坐标面的距离为 $|c|$.

而 $x = 0, y = 0, z = 0$ 分别表示 yoz, xoz, xoy 三个坐标平面.

3. 平面方程与直线方程

由例 1 可知, $x = a$ 是特殊的平面方程,下面我们用例子讨论一般的平面方程.

例 4 设有点 $A(0,0,0)$ 和 $B(1,1,2)$,求线段 AB 的垂直平分面方程.

解 依题意,所求的平面是与 A 和 B 等距离的点的轨迹,设 $M(x,y,z)$ 为所求平面上任意一点,由于 $|AM| = |BM|$,所以

$\sqrt{(x-0)^2 + (y-0)^2 + (z-0)^2} = \sqrt{(x-1)^2 + (y-1)^2 + (z-2)^2}$,

等式两边平方,化简得所求的平面方程为

$x + y + 2z - 3 = 0$(如图 5.1-8).

这是一个三元一次方程.

一般地,在空间直角坐标系中,任意一个三元一次方程

$Ax + By + Cz + D = 0$,

(其中 A、B、C 不同时为零)

都表示一个**平面方程**；反过来，任意一个平面
的方程都是一个三元一次方程.

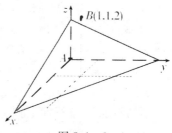

   直线可看作两平面的交线.

   设两相交的平面为

$$\pi_1: A_1 x + B_1 y + C_1 z + D_1 = 0,$$

$$\pi_2: A_2 x + B_2 y + C_2 z + D_2 = 0.$$

   则空间直线为

$$L: \begin{cases} A_1 x + B_1 y + C_1 z + D_1 = 0. \\ A_2 x + B_2 y + C_2 z + D_2 = 0. \end{cases}$$

图 5.1-8

上式称为**空间直线的一般方程**.

举例 Z 轴所在的直线方程为 $\begin{cases} x = 0, \\ y = 0. \end{cases}$

4. 曲面方程与曲线方程

   与平面解析几何中把平面曲线当作动点轨迹一样，在空间解析几何中，任何
曲面都可以看作点的轨迹. 在这样的意义下，如果曲面 S 与三元方程

$$F(x, y, z) = 0$$

有如下关系：

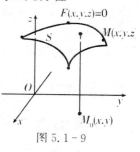

   (1) 曲面 S 上任一点的坐标都满足该三元方程.

   (2) 不在曲面 S 上的点的坐标都不满足该三元
方程.

   那么，这个方程就叫做**曲面 S 的方程**，而曲面 S 叫
做**这个方程的图形**，如图 5.1-9 所示.

图 5.1-9

   空间曲线可看作两曲面的交线.

   故空间曲线可用两相交的曲面方程组表示为

$$\Gamma: \begin{cases} F1(x, y, z) = 0 \\ F2(x, y, z) = 0 \end{cases}$$

上式称为**空间曲线的一般方程**.

   空间平面、直线可看作空间曲面、曲线的特殊
情况. 下面再介绍几种常见的曲面的方程：

   ① 球面

   例 5   建立球心为点 $M_0(x_0, y_0, z_0)$、半径为 R
的球面方程.

   解   设 $M(x, y, z)$ 是球面上的任意一点，如图
5.1-10 所示，那么

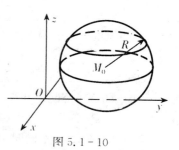

图 5.1-10

$$|M_0M| = R$$

即

$$\sqrt{(x-x_0)^2 + (y-y_0)^2 + (z-z_0)^2} = R,$$

整理得

$$(x-x_0)^2 + (y-y_0)^2 + (z-z_0)^2 = R^2.$$

这就是球面上的点的坐标所满足的方程. 而不在球面上的点的坐标都不满足这个方程. 所以

$$(x-x_0)^2 + (y-y_0)^2 + (z-z_0)^2 = R^2$$

就是球心为点 $M_0(x_0, y_0, z_0)$、半径为 R 的球面方程.

特殊地,球心在原点,那么 $x_0 = y_0 = z_0 = 0$,这时球面的方程为 $x^2 + y^2 + z^2 = R^2$.

② 柱面

平行于定直线(如 Z 轴)并沿定曲线 M 移动的直线 L 形成的轨迹叫做**柱面**,定曲线 M 叫做柱面的**准线**,动直线 L 叫做柱面的**母线**.

例 6 求作方程 $x^2 + y^2 = R^2$ 的图形.

解 方程 $x^2 + y^2 = R^2$ 在 xOy 平面上表示一个圆,但在空间直角坐标系中,它不含 z,这就意味着 z 可以任意取值,只要 x 与 y 能满足 $x^2 + y^2 = R^2$ 就行了. 因此,这个方程所表示的曲面,可以看成由平行于 z 轴的直线沿 xOy 平面上圆 $x^2 + y^2 = R^2$ 的移动而形成的圆柱面,如图 5.1-11 所示.

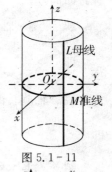

图 5.1-11

一般地,满足方程 $F(x, y) = 0$ 的图形是母线平行于 z 轴的柱面;满足方程 $F(y, z) = 0$ 的图形是母线平行于 x 轴的柱面;满足方程 $F(x, z) = 0$ 的图形是母线平行于 y 轴的柱面.

举例 方程 $\dfrac{x^2}{a^2} - \dfrac{y^2}{b^2} = 1$ 表示双曲柱面,如图 5.1-12 所示.

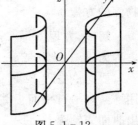

图 5.1-12

③ 旋转曲面

以一条平面曲线 C 绕其平面上的一条定直线 L 旋转一周所成的曲面叫做**旋转曲面**. 曲线 C 叫旋转曲面的**母线**,定直线叫叫旋转曲面的**轴**(或称旋转轴).

我们主要讨论母线是坐标平面上的平面曲线,旋转轴是该坐标面上的一条坐标轴的旋转曲面.

设旋转曲面 S 的母线是 yoz 面上的平面曲线 $C: \begin{cases} f(x, z) = 0 \\ x = 0 \end{cases}$ 旋转轴是 z 轴,点 $M(x, y, z)$ 是曲面 S 上任意一点,它是由曲线 C 上一点 $M_1(0, y_1, z_1)$ 旋转面来的,如图 5.1-13 所示. 显然,$z = z_1$,又点 M 到 z 轴的距离与点 M_1 到 z 轴的距离

相等，即有 $\sqrt{x^2+y^2}=|y_1|$. 由于点 $M_1(0,y_1,z_1)$ 在曲线 C 上，故

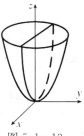

$$f(y_1,z_1)=0$$

所以，点 $M(x,y,z)$ 的坐标满足方程 $f(\pm\sqrt{x^2+y^2},z)=0$ (3)

显然，不在曲面 S 上的点的坐标不会满足(3)式，因此(3)式就是以曲线 C 为母线，z 轴为旋转轴的曲面 S 的方程.

图 5.1 - 13

类似地，在曲线 C 的方程中，变量 y 保持不变，将变量 z 换成 $\pm\sqrt{x^2+z^2}$，得到方程 $f(y,\pm\sqrt{x^2+z^2})=0$. 便是曲线 C 绕 y 轴旋转而成的曲面的方程.

其他坐标面上的曲线，绕该坐标面上的一条坐标轴旋转而成的旋转曲面的方程也可用类似的方法得到.

例 7　将 xoz 面上的椭圆 $\dfrac{x^2}{a^2}+\dfrac{z^2}{b^2}=1$ 分别绕 z 轴和 x 轴旋转，求所形成的旋转曲面方程.

解　绕 z 轴旋转而成的旋转曲面方程为 $\dfrac{x^2+y^2}{a^2}+\dfrac{z^2}{b^2}=1$

即

$$\frac{x^2}{a^2}+\frac{y^2}{a^2}+\frac{z^2}{b^2}=1$$

绕 x 轴旋转而成的旋转曲面方程为　$\dfrac{x^2}{a^2}+\dfrac{y^2+z^2}{b^2}=1$

即

$$\frac{x^2}{a^2}+\frac{y^2}{b^2}+\frac{z^2}{b^2}=1.$$

例 8　求 yoz 面上的抛物线 $y^2=2pz(p>0)$ 绕 z 轴旋转所形成的旋转抛物面的方程.

解　方程 $y^2=2pz$ 中的 z 不变，y 换成 $\pm\sqrt{x^2+y^2}$，便得到旋转抛物面的方程为 $x^2+y^2=2pz$.

要讨论方程 $F(x,y,z)=0$ 所表示的空间曲面，一般可用"**平行截面法**"，即用一系列平行平面去截曲面，求得一系列的交线，对这些交线进行分析，就可看出曲面的轮廓.

习题 5.1

1.设三点坐标分别为：$A(1,2,3),B(1,2,-3),C(-1,-2,3)$.

(1) 在空间直角坐标系上画出各点的坐标；

(2) 求 AC 的距离；

（3）求到点 A,B 等距离的点的轨迹方程.

2. 下面有四个方程,四个图形,四个曲面的名称,请指出方程对应的图形和名称.

方程:（1）$z = x^2$;（2）$z = x^2 + y^2$;（3）$z^2 + y^2 = 4$;（4）$\dfrac{x^2}{9} + \dfrac{y^2}{16} + \dfrac{z^2}{4} = 1.$

图形:(a)、(b)、(c)、(d) 如下:

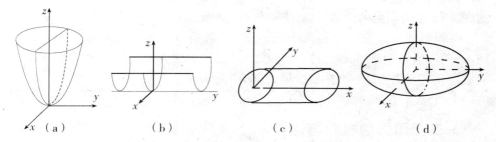

(a)　　　　　　(b)　　　　　　(c)　　　　　　(d)

曲面名称:(s) 椭球面;　(u) 圆柱面;　(v) 旋转抛物面;　(w) 抛物柱面.

3. 在 yoz 坐标平面中的直线 $z = y$ 绕 z 轴旋转一周,求旋转曲面的方程.

4. 已知球面方程为 $2x^2 + 2y^2 + 2z^2 - z = 0$,求它的球心坐标和半径.

5. 求 yoz 面上的曲线 $2y^2 + z = 1$ 绕 z 轴旋转一周所形成的曲面方程.

6. 求 zox 面上的抛物线 $z = x^2 + 1$ 绕 z 轴旋转一周所形成的旋转曲面方程.

7. 求 xoy 面上的直线 $x + y = 1$ 绕 y 轴旋转一周所形成的旋转曲面方程.

§5.2　二元函数及其极限

1. 二元函数定义

在实际问题中,经常会遇到多个变量之间的依赖关系.

例 1　圆柱体的体积和它的底半径 r、高 h 之间具有关系:

$$v = \pi r^2 h$$

这是一个以 r,h 为自变量,v 为因变量的二元函数.

定义 1　设有三个变量 x,y 和 z,如果当变量 x,y 在它们的变化范围 D 中任意取一对值时,变量 z 依照一定的对应规律,有唯一确定的值与之对应,则称 z 是变量 x,y 的**二元函数**,记为 $z = f(x,y)$. 变量 x,y 称为自变量;z 为函数;x,y 的变化范围 D 称为函数 z 的**定义域**.

二元函数 $z = f(x,y)$ 一般表示空间中的一个曲面,这一曲面是由点 $(x,y,$

$f(x,y)),(x,y)\in D$ 组成的点集,这一曲面称为 $z=$ $f(x,y)$ 的图形,如图 5.2-1 所示.

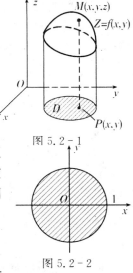

例 2　求函数 $z=\sqrt{1-x^2-y^2}$ 的定义域.

解　函数的自变量 x,y 应满足 $1-x^2-y^2\geqslant 0$. 于是定义域是 $x^2+y^2\leqslant 1$.

即函数的定义域 $D=\{(x,y)\mid x^2+y^2\leqslant 1\}$,可用 图 5.2-2 中带阴影的图形区域(连同圆周)表示.

一元函数的定义域是数轴上的点集,一般为直线区 间,其图形通常表示平面上的一条曲线.而二元函数的定 义域在几何上往往是一个平面区域,其图形通常表示空间 的一个曲面.

图 5.2-1

图 5.2-2

2. 二元函数的极限与连续

一元函数的极限和连续的概念可以推广到二元函数 的情形.

定义 2　如果函数 $z=f(x,y)$ 在点 (x_0,y_0) 的某一邻域内有定义(在 $(x_0,$ $y_0)$ 点可除外),当点 (x,y) 以任意方式趋近于点 (x_0,y_0) 时,对应的函数值 $f(x,$ $y)$ 就无限趋近于同一个常数 A,则称当 (x,y) 趋于 (x_0,y_0) 时函数 $f(x,y)$ 以 A 为**极限**.记作

$$\lim_{(x,y)\to(x_0,y_0)}f(x,y)=A.$$

当点 (x,y) 以任意方式无限趋于 (x_0,y_0),是指平面上的点 (x,y) 以任何路 径无限趋近 (x_0,y_0).这比一元函数极限概念中 x 趋于 x_0 要复杂得多.这里不作 讨论.

定义 3　设函数 $z=f(x,y)$ 在点 (x_0,y_0) 的某一邻域内有定义,并且

$$\lim_{(x,y)\to(x_0,y_0)}f(x,y)=f(x_0,y_0).$$

则称函数 $f(x,y)$ 在点 (x_0,y_0) 处**连续**,否则称函数 $f(x,y)$ 在点 (x_0,y_0) 处**间 断**.点 (x_0,y_0) 称为该函数的**间断点**.如果函数 $z=f(x,y)$ 在平面区域 D 内的每 一点都连续,则称该函数在**区域 D 内连续**.

二元函数的连续性概念与一元函数类似,并且具有类似的性质:

(1) 在区域 D 内连续的二元函数的图形是空间中的一个连续曲面;

(2) 二元连续函数经过有限次的四则运算后仍为二元连续函数;

(3) 定义在有界闭区域 D 上的连续函数 $f(x,y)$ 一定可以在 D 上取得最大 值和最小值.

例 3　求下列函数的极限

(1) $\lim\limits_{\substack{x\to 1\\y\to 0}}\dfrac{\ln(x+e^y)}{x^2+y^2}$;　　(2) $\lim\limits_{\substack{x\to 0\\y\to 1}}\dfrac{\sin(xy)}{xy}$;　　(3) $\lim\limits_{\substack{x\to 1\\y\to 3}}\dfrac{xy-3}{\sqrt{xy+1}-2}$.

解 (1) $f(x,y)=\dfrac{\ln(x+e^y)}{x^2+y^2}$ 是初等函数,且在点$(1,0)$有定义,所以在该点连续,所以

$$\lim\limits_{\substack{x\to 1\\y\to 0}}\dfrac{\ln(x+e^y)}{x^2+y^2}=\dfrac{\ln(1+1)}{1+0}=\ln2.$$

(2) $\lim\limits_{\substack{x\to 0\\y\to 1}}\dfrac{\sin(xy)}{xy}=1.$

(3) $\lim\limits_{\substack{x\to 1\\y\to 3}}\dfrac{xy-3}{\sqrt{xy+1}-2}=\lim\limits_{\substack{x\to 1\\y\to 3}}\dfrac{(xy-3)(\sqrt{xy+1}+2)}{xy+1-4}=4.$

例4 讨论极限 $\lim\limits_{\substack{x\to 0\\y\to 0}}\dfrac{xy}{x^2+y^2}$ 是否存在?

解 因为当$P(x,y)$沿直线$y=0$趋于点$(0,0)$时,有 $\lim\limits_{\substack{x\to 0\\y\to 0}}\dfrac{xy}{x^2+y^2}=\lim\limits_{\substack{x\to 0\\y\to 0}}\dfrac{x\cdot 0}{x^2+0^2}=0$

而当点$P(x,y)$沿直线$y=x$趋于点$(0,0)$时,有 $\lim\limits_{\substack{x\to 0\\y=x}}\dfrac{xy}{x^2+y^2}=\lim\limits_{\substack{x\to 0\\y=x}}\dfrac{x\cdot x}{x^2+x^2}=\dfrac{1}{2}$

所以,极限 $\lim\limits_{\substack{x\to 0\\y\to 0}}\dfrac{xy}{x^2+y^2}$ 不存在.

极限不存在的点称为间断点.

习题5.2

1.求极限.

(1) $\lim\limits_{\substack{x\to 0\\y\to 0}}\dfrac{\tan(x^2+y^2)}{x^2+y^2}$;　　(2) $\lim\limits_{\substack{x\to 0^-\\y\to 1}}\dfrac{e^{xy}\cos x}{2+x+y}$;

(3) $\lim\limits_{\substack{x\to 0\\y\to 0}}\dfrac{3-\sqrt{xy+9}}{xy}$;　　(4) $\lim\limits_{\substack{x\to\infty\\y\to 0}}(x\sin\dfrac{1}{y}+y\cos\dfrac{1}{x})$;

(5) $\lim\limits_{\substack{x\to 0\\y\to 0}}\left[\dfrac{\sin(xy)}{y}+(x^2+y^2)\right].$

2.证明极限 $\lim\limits_{\substack{x\to 0\\y\to 0}}\dfrac{x-y}{x+y}$ 不存在.

3.指出下列函数在何处是间断的.

$$(1)z = \frac{x+y}{y-2x^2};\qquad\qquad (2)z = \frac{\sin(xy)}{(x-y)^2}.$$

§5.3　偏导数

1. 偏导数定义与计算

定义 1　若二元函数 $z = f(x,y)$ 在点 (x_0, y_0) 的某一邻域内有定义,且只有自变量 x 变化,而自变量 y 固定(即看作常量),这时,$z = f(x,y)$ 就成了一元函数,这个函数对于 x 的导数,就称之为二元函数 $f(x,y)$ 在点 (x_0,y_0) 处**对 x 的偏导数**. 记作

$$f_x{}'(x_0,y_0) \text{ 或} \frac{\partial f(x_0,y_0)}{\partial x} \text{ 或} \frac{\partial z}{\partial x}\Big|_{\substack{x=x_0\\y=y_0}} \text{ 或} z_x'\Big|_{\substack{x=x_0\\y=y_0}}.$$

类似地,有 $f(x,y)$ **对 y 的偏导数**,记作

$$f_y{}'(x_0,y_0) \text{ 或} \frac{\partial f(x_0,y_0)}{\partial y} \text{ 或} \frac{\partial z}{\partial y}\Big|_{\substack{x=x_0\\y=y_0}} \text{ 或} z_y'\Big|_{\substack{x=x_0\\y=y_0}}.$$

如果函数 $z = f(x,y)$ 在平面区域 D 内的每一点 (x,y) 处都存在对 x(或 y)的偏导数,则称函数 $f(x,y)$ 在 D 内存在对 x(或 y)的**偏导函数**,记作

$$f_x{}'(x,y) \text{ 或} \frac{\partial f(x,y)}{\partial x} \text{ 或} \frac{\partial z}{\partial x} \text{ 或} z_x',$$

$$f_y{}'(x,y) \text{ 或} \frac{\partial f(x,y)}{\partial y} \text{ 或} \frac{\partial z}{\partial y} \text{ 或} z_y'.$$

求偏导数的方法与一元函数求导法类似. 求 $z = f(x,y)$ 对于自变量 x(或 y)的偏导数时,只需将另一自变量 y(或 x)看作常数,直接利用一元函数求导公式和四则运算法则计算. 求 $\frac{\partial z}{\partial x}$ 时,把 y 看作常数,而对 x 求导数;求 $\frac{\partial z}{\partial y}$ 时,把 x 看作常数,而对 y 求导数.

注　$f_x{}'(x,y)$ 和 $f_x{}'(x_0,y_0)$ 的区别,$f_x{}'(x,y)$ 表示函数,而 $f_x{}'(x_0,y_0)$ 表示函数值.

显然,偏导数的概念可推广到二元以上的函数情形.

例 1　设 $f(x,y) = x^3 - 2x^2y + 3y^4$,

求 $f_x{}'(x,y), f_y{}'(x,y), f_x{}'(1,1)$ 和 $f_y{}'(1,-1)$.

解　$f_x'(x,y) = (x^3 - 2x^2y + 3y^4)_x' = 3x^2 - 4xy$(把 y 看作常量),

$f_y'(x,y) = (x^3 - 2x^2y + 3y^4)_y' = -2x^2 + 12y^3$(把 x 看作常量).

$$f_x{}'(1,1) = 3 \times 1^2 - 4 \times 1 \times 1 = -1,$$

$$f_y{}'(1,-1) = -2 \times 1^2 + 12 \times (-1)^3 = -14.$$

例 2　设 $z = (x^2 + y^2)\ln(x^2 + y^2)$，求 $\dfrac{\partial z}{\partial x}, \dfrac{\partial z}{\partial y}$.

解
$$\frac{\partial z}{\partial x} = (x^2 + y^2)_x{}'\ln(x^2 + y^2) + (x^2 + y^2)[\ln(x^2 + y^2)]_x{}'$$

$$= 2x\ln(x^2 + y^2) + (x^2 + y^2) \cdot \frac{1}{x^2 + y^2} \cdot (x^2 + y^2)_x{}'$$

$$= 2x\ln(x^2 + y^2) + 2x = 2x[1 + \ln(x^2 + y^2)].$$

类似可得

$$\frac{\partial z}{\partial y} = 2y\ln(x^2 + y^2) + (x^2 + y^2) \cdot \frac{2y}{x^2 + y^2}.$$

例 3　求函数 $z = \dfrac{x^2 y^2}{x - y}$ 在点 $(2,1)$ 处的偏导数.

解　把 y 看成常数，对 x 求导，得

$$\frac{\partial z}{\partial x} = \frac{2xy^2(x-y) - x^2 y^2}{(x-y)^2} = \frac{x^2 y^2 - 2xy^3}{(x-y)^2},$$

所以
$$\left. \frac{\partial z}{\partial x} \right|_{\substack{x=2 \\ y=1}} = \frac{2^2 \times 1^2 - 2 \times 2 \times 1^3}{(2-1)^2} = 0$$

把 x 看成常数，对 y 求导，得

$$\frac{\partial z}{\partial y} = \frac{2x^2 y(x-y) - (-1)x^2 y^2}{(x-y)^2} = \frac{2x^3 y - x^2 y^2}{(x-y)^2},$$

所以
$$\left. \frac{\partial z}{\partial y} \right|_{\substack{x=2 \\ y=1}} = \frac{2 \times 2^3 \times 1 - 2^2 \times 1^2}{(2-1)^2} = 12.$$

2. 二阶偏导数定义与计算

由上面的例子可以看出：函数 $z = f(x,y)$ 对于 x 或 y 的偏导数仍是 x, y 的二元函数.

定义 2　如果 $\dfrac{\partial z}{\partial x}, \dfrac{\partial z}{\partial y}$ 对自变量 x 或 y 的偏导数也存在，则对偏导数的偏导数称为 $f(x,y)$ 的**二阶偏导数**，记为

$$\frac{\partial^2 z}{\partial x^2} = \frac{\partial}{\partial x}\left(\frac{\partial z}{\partial x}\right), \frac{\partial^2 z}{\partial x \partial y} = \frac{\partial}{\partial y}\left(\frac{\partial z}{\partial x}\right), \frac{\partial^2 z}{\partial y^2} = \frac{\partial}{\partial y}\left(\frac{\partial z}{\partial y}\right), \frac{\partial^2 z}{\partial y \partial x} = \frac{\partial}{\partial x}\left(\frac{\partial z}{\partial y}\right).$$

或简记为 $z''_{xx}, z''_{xy}, z''_{yy}, z''_{yx}$ 或 $f''_{xx}, f''_{xy}, f''_{yy}, f''_{yx}$.

例 4　求函数 $z = x^3 y^2 - 3xy^2 - xy + 1$ 的二阶偏导数.

解　$\dfrac{\partial z}{\partial x} = 3x^2 y^2 - 3y^2 - y, \qquad \dfrac{\partial z}{\partial y} = 2x^3 y - 6xy - x$

$$\frac{\partial^2 z}{\partial x^2} = 6xy^2, \frac{\partial^2 z}{\partial x \partial y} = 6x^2 y - 6y - 1$$

$$\frac{\partial^2 z}{\partial y \partial x} = 6x^2 y - 6y - 1, \frac{\partial^2 z}{\partial y^2} = 2x^3 - 6x.$$

例 5 设 $z = \arctan \dfrac{y}{x}$，求 $\dfrac{\partial^2 z}{\partial x^2}, \dfrac{\partial^2 z}{\partial x \partial y}, \dfrac{\partial^2 z}{\partial y \partial x}, \dfrac{\partial^2 z}{\partial y^2}.$

解 $\dfrac{\partial z}{\partial x} = \dfrac{1}{1 + \left(\dfrac{y}{x}\right)^2} \cdot \left(\dfrac{y}{x}\right)_x' = \dfrac{1}{1 + \left(\dfrac{y}{x}\right)^2} \cdot \left(-\dfrac{y}{x^2}\right) = \dfrac{-y}{x^2 + y^2};$

$$\frac{\partial z}{\partial y} = \frac{1}{1 + \left(\dfrac{y}{x}\right)^2} \cdot \frac{1}{x} = \frac{x}{x^2 + y^2};$$

$$\frac{\partial^2 z}{\partial x^2} = \frac{2xy}{(x^2 + y^2)^2}; \quad \frac{\partial^2 z}{\partial y^2} = \frac{-2xy}{(x^2 + y^2)^2}.$$

$$\frac{\partial^2 z}{\partial x \partial y} = \left(\frac{-y}{x^2 + y^2}\right)_y' = -\frac{(x^2 + y^2) - 2y^2}{(x^2 + y^2)^2} = \frac{y^2 - x^2}{(x^2 + y^2)^2};$$

$$\frac{\partial^2 z}{\partial y \partial x} = \left(\frac{x}{x^2 + y^2}\right)_x' = \frac{(x^2 + y^2) - x \cdot 2x}{(x^2 + y^2)^2} = \frac{y^2 - x^2}{(x^2 + y^2)^2}.$$

例 4 和例 5 中的两个二阶混合偏导数 $\dfrac{\partial^2 z}{\partial x \partial y}$ 及 $\dfrac{\partial^2 z}{\partial y \partial x}$ 相等.

一般地，如果函数 $z = f(x, y)$ 区间 D 内的两个二阶混合偏导数 $\dfrac{\partial^2 z}{\partial x \partial y}$ 及 $\dfrac{\partial^2 z}{\partial y \partial x}$ 连续，则 $\dfrac{\partial^2 z}{\partial x \partial y} = \dfrac{\partial^2 z}{\partial y \partial x}.$

习题 5.3

1. 求 $z = \sqrt{x - y}$ 的定义域.

2. 求 $z = \sqrt{x^2 + y^2 - 1} + \ln(9 - x^2 - y^2)$ 的定义域.

3. 设 $z = x^2 + y^2 - 3xy^3$，求在点 $(1, 2)$ 处的偏导数 $\dfrac{\partial z}{\partial x}$ 与 $\dfrac{\partial z}{\partial y}$ 的值.

4. 设 $z = \sin xy$，求 z'_x 与 z'_y.

5. 设 $u = x + \dfrac{x - y}{y - x}$，求证：$\dfrac{\partial u}{\partial x} + \dfrac{\partial u}{\partial y} + \dfrac{\partial u}{\partial z} = 1.$

6. 设 $f(x, y) = \ln(x + \dfrac{y}{2x})$，求 $f'_x(1, 0).$

7. 设 $f(x, y) = x + y - \sqrt{x^2 + y^2}$，求 $f'_x(3, 4).$

8. 设 $z = e^{-(\frac{1}{x} + \frac{1}{y})}$，求证：$x^2 \dfrac{\partial z}{\partial x} + y^2 \dfrac{\partial z}{\partial y} = 2z.$

9. 设 $z = \ln \sqrt{(x-a)^2 + (y-b)^2}$ (a, b 为常数)，求证：$\dfrac{\partial^2 z}{\partial x^2} + \dfrac{\partial^2 z}{\partial y^2} = 0$.

10. 设 $z = \mathrm{e}^x(\cos y + x \sin y)$，求 $\dfrac{\partial^2 z}{\partial x^2}\bigg|_{\substack{x=0 \\ y=\frac{\pi}{2}}}$，$\dfrac{\partial^2 z}{\partial x \partial y}\bigg|_{\substack{x=0 \\ y=\frac{\pi}{2}}}$.

11. 设 $z = y\mathrm{e}^x + x\mathrm{e}^y$，求 $\dfrac{\partial^2 z}{\partial x^2}$，$\dfrac{\partial^2 z}{\partial y \partial x}$，$\dfrac{\partial^2 z}{\partial x \partial y}$，$\dfrac{\partial^2 z}{\partial y^2}$.

12. 求函数 $z = \mathrm{e}^{-x} \cos y$ 的二阶偏导数.

§5.4　全微分

在一元函数微分学中，函数 $y = f(x)$ 的微分 $\mathrm{d}y = f'(x)\mathrm{d}x$，并且当自变量 x 的改变量 $|\Delta x|$ 很小时，函数相应的改变量 $\Delta y \approx \mathrm{d}y$，二元函数也有类似的结论，先看一个例子.

例 1　矩形铁片放在太阳下日晒，求"热涨"后面积的增加量.

设矩形的边长分别为 x, y. 则矩形面积 $S = xy$. 如果边长 x, y 分别取得改变量 $\Delta x, \Delta y$，则面积 S 的全增量：

$\Delta S = (x + \Delta x)(y + \Delta y) - xy = y\Delta x + x\Delta y + \Delta x$

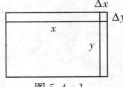

图 5.4 - 1

$\cdot \Delta y$.

当 $|\Delta x|$ 与 $|\Delta y|$ 很小时，$\Delta S \approx y\Delta x + x\Delta y$.

注意到式中 $y = S'_x$，　$x = S'_y$，所以 $\Delta S \approx S'_x \mathrm{d}x + S'_y \mathrm{d}y$，

算式 $S'_x \mathrm{d}x + S'_y \mathrm{d}y$ 称为函数的全微分.

定义 1　若函数 $z = f(x, y)$ 在点 (x, y) 的某一邻域内有连续偏导数 $f'_x(x, y)$ 和 $f'_y(x, y)$，则称算式 $f'_x(x, y)\mathrm{d}x + f'_y(x, y)\mathrm{d}y$ 为函数 $z = f(x, y)$ 在点 (x, y) 处的全微分. 记作 $\mathrm{d}z$ 或 $\mathrm{d}f(x, y)$，即 $\mathrm{d}z = f'_x(x, y)\mathrm{d}x + f'_y(x, y)\mathrm{d}y$

由于全微分 $\mathrm{d}z$ 可以近似地表示全增量 Δz，于是

$\Delta z = f(x + \Delta x, y + \Delta y) - f(x, y) \approx f'_x(x, y)\mathrm{d}x + f'_y(x, y)\mathrm{d}y$，或

$f(x + \Delta x, y + \Delta y) \approx f(x, y) + f'_x(x, y)\mathrm{d}x + f'_y(x, y)\mathrm{d}y$.

这一结论在近似计算中有一定的应用.

例 2　设 $z = \mathrm{e}^{xy}$，求 (1) $\mathrm{d}z$；(2) 当 $x = 1, y = 1$；$\Delta x = 0.01, \Delta y = 0.02$ 时，$\mathrm{d}z$ 的值.

解　(1) $\dfrac{\partial z}{\partial x} = y\mathrm{e}^{xy}$，$\dfrac{\partial z}{\partial y} = x\mathrm{e}^{xy}$，

所以 $dz = \dfrac{\partial z}{\partial x}dx + \dfrac{\partial z}{\partial y}dy = e^{xy}(ydx + xdy)$.

(2) 当 $x = 1, y = 1; \Delta x = 0.01, \Delta y = 0.02$ 时.

$dz = e(1 \times 0.01 + 1 \times 0.02) = 0.03e \approx 0.082$.

例 3 求函数 $u = x^3 + \sin\dfrac{y}{2} + e^{xy}$ 的全微分.

解 因 $\dfrac{\partial u}{\partial x} = 3x^2 + ye^{xy}, \dfrac{\partial u}{\partial y} = \dfrac{1}{2}\cos\dfrac{y}{2} + xe^{xy}$.

则 $du = \dfrac{\partial u}{\partial x}dx + \dfrac{\partial u}{\partial y}dy = (3x^2 + ye^{xy})dx + (\dfrac{1}{2}\cos\dfrac{y}{2} + xe^{xy})dy$.

例 4 计算 $2.02^{0.96}$ 的近似值.

解 设 $f(x, y) = x^y$, 只需计算 $f(2.02, 0.96)$ 由

$$\dfrac{\partial f}{\partial x} = yx^{y-1}, \dfrac{\partial f}{\partial y} = x^y\ln x$$

有 $df = yx^{y-1}dx + x^y\ln x dy$

当 $x = 2, y = 1; \Delta x = 0.02, \Delta y = -0.04$ 时.

$df = 1 \times 2^{1-1} \times 0.02 + 2 \times \ln 2 \times (-0.04) = 0.02 - 0.08\ln 2$.

于是, 由公式 $f(x + \Delta x, y + \Delta y) \approx f(x, y) + f'_x(x, y)dx + f'_y(x, y)dy$

有 $2.02^{0.96} = f(2.02, 0.96) \approx f(2, 1) + f'_x(2, 1)dx + f'_y(2, 1)dy$

$\qquad = 2 + (0.02 - 0.08\ln 2) \approx 1.964$

例 5 当正圆锥体变形时, 它的底面半径由 30 cm 增大到 30.1 cm, 高由 60 cm 减少到 59.5 cm, 求正圆锥体体积变化的近似值.

解 正圆锥体的体积为 $V = \dfrac{1}{3}\pi r^2 h$

由于 $dv = \dfrac{\partial V}{\partial r}\Delta r + \dfrac{\partial V}{\partial h}\Delta h = \dfrac{2}{3}\pi rh\Delta r + \dfrac{1}{3}\pi r^2\Delta h$

由公式 $\Delta z \approx f'_x(x, y)\Delta x + f'_y(x, y)\Delta y$

有 $\Delta V \approx \dfrac{2}{3}\pi rh\Delta r + \dfrac{1}{3}\pi r^2\Delta h$

把 $r = 30, \Delta r = 0.1, h = 60, \Delta h = -0.5$ 代入上式. 得到正圆锥体体积的变化的近似值 $\Delta V \approx \dfrac{2}{3}\pi \times 30 \times 60 \times 0.1 + \dfrac{1}{3}\pi \times 30^2 \times (-0.5) = -30\pi$ （cm³）

所以正圆锥体的体积约减少了 30π cm³.

习题 5.4

1. 填空题

(1) 设 $z = \sqrt{\dfrac{x}{y}}$，则 $\mathrm{d}z = $ _____ ;

(2) 设 $f(x,y) = x^3 y^3$，则 $\mathrm{d}f\big|_{\substack{x=1\\y=-2}} = $ _____ ;

(3) 设 $z = xy, x = 1, y = 2, \Delta x = 0.1, \Delta y = 0.2$，则 $\Delta z = $ _____ , $\mathrm{d}z = $ _____ .

2. 求 $z = \ln(x^2 + y^2)$ 的全微分.

3. 求 $z = \mathrm{e}^x \sin(x+y)$ 的全微分.

4. 求函数 $z = 2x^2 + 3y^2$ 当 $x = 10, y = 8, \Delta x = 0.2, \Delta y = 0.3$ 时的全微分和全增量.

5. 求函数 $z = \mathrm{e}^{y(x^2+y^2)}$ 当,,$\Delta x = 0.2, \Delta y = 0.1$ 时的全微分.

6. 设有一圆柱体，它经变形后，底面半径 r 由 2 cm 增加到 2.05 cm，高 h 由 10 cm 减少到 9.8 cm，求这个圆柱体体积变化的近似值.

7. 计算 $(1.04)^{2.02}$ 的近似值.

§5.5　多元复合函数的导数

1. 多元复合函数的求导法则

多元复合函数的导数是多元函数微分学中的一个重要内容. 由于多元复合函数的构成比较复杂，因此，我们需要分开不同的情形去研究多元复合函数的求导法则.

1.1　中间变量是一元函数的情形

设函数 $z = f(u,v)$ 是变量 u, v 的函数，而 $u = \varphi(t)\varphi(t), v = \psi(t)$ 又是变量 t 的函数 $z = f(u,v)$ 是 t 的复合函数，其中 $u = \varphi(t), v = \psi(t)$ 称为中间变量.

函数变量之间的关系可用图 5.5 - 1（称为函数结构图）表示.

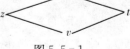

图 5.5 - 1

由函数结构图可以看到变量 t 的变化会使得变量 u 和 v 都发生变化，因此，变量 z 的变化应是两部分变化的叠加，一部分是由于 u 的变化引起的，另一部分是由于 v 的变化引起的. 因此，我们有下面的.

定理 1　如果函数 $u = \varphi(t), v = \psi(t)$ 均在点 t 处可导，函数 $z = f(u,v)$ 在对应点 (u,v) 为具有连续的偏导数 $\dfrac{\partial z}{\partial u}$ 和 $\dfrac{\partial z}{\partial v}$，则复合函数 $z = f[\varphi(t), \psi(t)]$ 在点 t

处可导,且它的导数为$\dfrac{\mathrm{d}z}{\mathrm{d}t} = \dfrac{\partial z}{\partial u} \cdot \dfrac{\mathrm{d}u}{\mathrm{d}t} + \dfrac{\partial z}{\partial v} \cdot \dfrac{\mathrm{d}v}{\mathrm{d}t}$

上式的导数称为全导数.

上述结论具有一般性. 只要画出函数结构图,就可直接写出其他复合函数的全导数公式.

举例 设$u = \varphi(t), v = \psi(t), w = \omega(t)$均在$t$处可导,$z = f(u,v,w)$在对应点$(u,v,w)$处具有连续的偏导数,求复合函数$z = f[\varphi(t), \psi(t), \omega(t)]$对$t$的全导数$\dfrac{\mathrm{d}z}{\mathrm{d}t}$ (1)

函数结构图如图 5.5 - 2 所示:

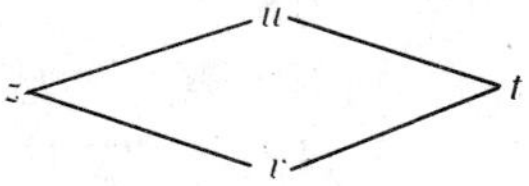

类似于上面的分析和结论,得

$$\dfrac{\mathrm{d}z}{\mathrm{d}t} = \dfrac{\partial z}{\partial u} \cdot \dfrac{\mathrm{d}u}{\mathrm{d}t} + \dfrac{\partial z}{\partial v} \cdot \dfrac{\mathrm{d}v}{\mathrm{d}t} + \dfrac{\partial z}{\partial w} \cdot \dfrac{\mathrm{d}w}{\mathrm{d}t} \quad (2)$$

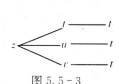

图 5.5 - 2

再如,设$u = \varphi(t), v = \psi(t)$均在$t$处可导,$z = f(u,v,t)$在对应点$(u,v,t)$处具有连续的偏导数,求复合函数$f[\varphi(t), \psi(t), t]$的全导数.

函数结构图如图 5.5 - 3 所示:

图 5.5 - 3

类似于上面的分析和结论,得

$$\dfrac{\mathrm{d}z}{\mathrm{d}t} = \dfrac{\partial z}{\partial u} \cdot \dfrac{\mathrm{d}u}{\mathrm{d}t} + \dfrac{\partial z}{\partial v} \cdot \dfrac{\mathrm{d}v}{\mathrm{d}t} + \dfrac{\partial z}{\partial t} \cdot \dfrac{\mathrm{d}t}{\mathrm{d}t}(\text{因为}\dfrac{\mathrm{d}t}{\mathrm{d}t} = 1)$$

所以$\dfrac{\mathrm{d}z}{\mathrm{d}t} = \dfrac{\partial z}{\partial u} \cdot \dfrac{\mathrm{d}u}{\mathrm{d}t} + \dfrac{\partial z}{\partial v} \cdot \dfrac{\mathrm{d}v}{\mathrm{d}t} + \dfrac{\partial z}{\partial t}$ (3)

例 1 设$z = \mathrm{e}^{uv}, u = \sin t, v = \cos t$,求全导数$\dfrac{\mathrm{d}z}{\mathrm{d}t}$.

解 由式(1),得

$$\dfrac{\mathrm{d}z}{\mathrm{d}t} = \dfrac{\partial z}{\partial u} \cdot \dfrac{\mathrm{d}u}{\mathrm{d}t} + \dfrac{\partial z}{\partial v} \cdot \dfrac{\mathrm{d}v}{\mathrm{d}t} = v \dfrac{\mathrm{d}z}{\mathrm{d}t}$$

$$= \dfrac{\partial z}{\partial u} \cdot \dfrac{\mathrm{d}u}{\mathrm{d}t} + \dfrac{\partial z}{\partial v} \cdot \dfrac{\mathrm{d}v}{\mathrm{d}t} = v\mathrm{e}^{uv} \cdot \cos t + u\mathrm{e}^{uv} \cdot (-\sin t)$$

$$= (\cos^2 t - \sin^2 t)\mathrm{e}^{\sin t\cos t} = \cos 2t\, \mathrm{e}^{\frac{1}{2}\sin 2t}.$$

例 2 设$z = \ln^{(x+y)} + \arctan t, x = 2t, y = 2t^3$,求全导数$\dfrac{\mathrm{d}z}{\mathrm{d}t}$.

解 由式(3),得

$$\dfrac{\mathrm{d}z}{\mathrm{d}t} = \dfrac{\partial z}{\partial x} \cdot \dfrac{\mathrm{d}x}{\mathrm{d}t} + \dfrac{\partial z}{\partial y} \cdot \dfrac{\mathrm{d}y}{\mathrm{d}t} + \dfrac{\partial z}{\partial t} = \dfrac{1}{1+t^2} + \dfrac{1}{x+y} \cdot 2 + \dfrac{1}{x+y} \cdot 6t^2$$

$$= \dfrac{1}{1+t^2} + \dfrac{2 + 6t^2}{2t + 2t^3} = \dfrac{3t^2 + t + 1}{t(1+t^2)}.$$

1.2　中间变量是多元函数的情形

我们先考察由函数 $z=f(u,v),u=\varphi(x,y),v=\psi(x,y)$ 复合而成的复合而成的复合函数 $z=f[\varphi(x,y),\psi(x,y)]$ 对 x 及对 y 的偏导数.

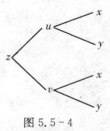

函数的结构图如图 5.5-4 所示:

类似于上面的分析和结论,得

图 5.5-4

定理 2　设函数 $u=\varphi(x,y)$ 及 $v=(x,y)$ 在点 (x,y) 处都有偏导数 $\dfrac{\partial u}{\partial x},\dfrac{\partial u}{\partial y}$ 及 $\dfrac{\partial v}{\partial x},\dfrac{\partial v}{\partial y}$ 函数 $z=f(u,v)$ 在对应点 (u,v) 处有连续的偏导数 $\dfrac{\partial z}{\partial u}$ 和 $\dfrac{\partial z}{\partial v}$,则复合函数 $z=f[\varphi(x,y),\psi(x,y)]$ 在点 (x,y) 处的两个偏导数存在,并有求导公式:

$$\frac{\partial z}{\partial x}=\frac{\partial z}{\partial u}\cdot\frac{\partial u}{\partial x}+\frac{\partial z}{\partial v}\cdot\frac{\partial v}{\partial x} \tag{4}$$

$$\frac{\partial z}{\partial y}=\frac{\partial z}{\partial u}\cdot\frac{\partial u}{\partial y}+\frac{\partial z}{\partial v}\cdot\frac{\partial v}{\partial y} \tag{5}$$

对于其他类型的复合函数,只要画出函数结构图,用上述的分析方法,就可直接写出偏导数的公式. 下面举几个例子.

(1) 设函数 $u=\varphi(x,y),v=\psi(x,y),w=\omega(x,y)$ 在点 (x,y) 处对 x 及对 y 均具有偏导数,函数 $z=f(u,v,w)$ 在对应点 (u,v,w) 处具有连续的偏导数,求复合函数 $z=f[\varphi(x,y),\psi(x,y),w(x,y)]$ 在 (x,y) 处的两个偏导数 $\dfrac{\partial z}{\partial x},\dfrac{\partial z}{\partial y}$.

函数结构图如图 5.5-5 所示:

则 $\dfrac{\partial z}{\partial x}=\dfrac{\partial z}{\partial u}\cdot\dfrac{\partial u}{\partial x}+\dfrac{\partial z}{\partial v}\cdot\dfrac{\partial v}{\partial x}+\dfrac{\partial z}{\partial w}\cdot\dfrac{\partial w}{\partial x}$　　(6)

$\dfrac{\partial z}{\partial y}=\dfrac{\partial z}{\partial u}\cdot\dfrac{\partial u}{\partial y}+\dfrac{\partial z}{\partial v}\cdot\dfrac{\partial v}{\partial y}+\dfrac{\partial z}{\partial w}\cdot\dfrac{\partial w}{\partial y}$　　(7)

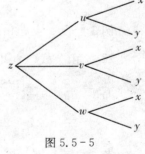

(2) 设函数 $u=\varphi(x,y)$ 在点 (x,y) 处对 x 及对 y 的偏导数都存在,函数 $z=f(u)$ 在对应点 u 处具有连续导数,求复合函数 $z=f[\varphi(x,y)]$ 在点 (x,y) 处的两个偏导数 $\dfrac{\partial z}{\partial x},\dfrac{\partial z}{\partial y}$.

图 5.5-5

由函数的结构图 5.5-6 所示:

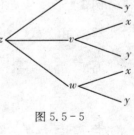

则　$\dfrac{\partial z}{\partial x}=\dfrac{\mathrm{d}z}{\mathrm{d}u}\cdot\dfrac{\partial u}{\partial x},\dfrac{\partial z}{\partial y}=\dfrac{\mathrm{d}z}{\mathrm{d}u}\cdot\dfrac{\partial u}{\partial y},$

图 5.5-6

或　$\dfrac{\partial z}{\partial x}=f'(u)\dfrac{\partial u}{\partial x},\dfrac{\partial z}{\partial y}=f'(u)\dfrac{\partial u}{\partial y},$　　(8)

注　由于函数 $z=f(u)$ 是一元函数,所以,它对 u 的导数应采用一元函数

的导数记号 $\dfrac{\mathrm{d}z}{\mathrm{d}u}$ 或 $f'(u)$.

（3）设函数 $u=\varphi(x,y),v=\psi(x,y)$ 在点 (x,y) 处对 x 及对 y 的偏导数都存在,函数 $z=f[x,y,u,v]$ 在对应点 (x,y,u,v) 处具有连续的偏导数,求复合函数 $z=f[x,y,\varphi(x,y),\psi(x,y)]$ 的两个偏导数 $\dfrac{\partial z}{\partial x},\dfrac{\partial z}{\partial y}$.

由函数的结构图,如图 5.5-7 所示:

易得 $\quad \dfrac{\partial z}{\partial x}=\dfrac{\partial f}{\partial x}+\dfrac{\partial f}{\partial u}\cdot\dfrac{\partial u}{\partial x}+\dfrac{\partial f}{\partial v}\cdot\dfrac{\partial v}{\partial x},$ (9)

$\quad\quad\quad \dfrac{\partial z}{\partial y}=\dfrac{\partial f}{\partial y}+\dfrac{\partial f}{\partial u}\cdot\dfrac{\partial u}{\partial y}+\dfrac{\partial f}{\partial v}\cdot\dfrac{\partial v}{\partial y}.$ (10)

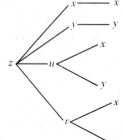

图 5.5-7

注 公式（9）和公式（10）中,左边和右边的偏导数 $\dfrac{\partial z}{\partial x}$ 和 $\dfrac{\partial f}{\partial x}$ 及 $\dfrac{\partial z}{\partial y}$ 和 $\dfrac{\partial f}{\partial y}$ 的含义是不同的. 左边的 $\dfrac{\partial z}{\partial x},\dfrac{\partial z}{\partial y}$ 是复合后的函数 $z=f[x,y,\varphi(x,y),\psi(x,y)]$ 对 x 或对 y 的偏导数. 而右边的 $\dfrac{\partial f}{\partial x},\dfrac{\partial f}{\partial y}$ 是复合前的函数 $z=f(x,y,u,v)$ 对 x 或对 y 的偏导数,这里,对 x（或对 y）求偏导数时,其余变量 y（或 x）,u,v 应看成常量. 此外,式（9）中的第一项本应是 $\dfrac{\partial f}{\partial x}\cdot\dfrac{\mathrm{d}x}{\mathrm{d}x}$,由于 $\dfrac{\mathrm{d}x}{\mathrm{d}x}=1$,所以省略为 $\dfrac{\partial f}{\partial x}$. 式（10）中的第一项本应是 $\dfrac{\partial f}{\partial y}\cdot\dfrac{\mathrm{d}y}{\mathrm{d}y}$,由于 $\dfrac{\mathrm{d}y}{\mathrm{d}y}=1$,所以省略为 $\dfrac{\partial f}{\partial y}$.

例3 设 $z=u^2\ln v$,而 $u=\dfrac{x}{y},v=3x-2y$,求 $\dfrac{\partial z}{\partial x},\dfrac{\partial z}{\partial y}$.

解 由公式（4）和公式（5）,得

$$\dfrac{\partial z}{\partial x}=\dfrac{\partial z}{\partial u}\cdot\dfrac{\partial u}{\partial x}+\dfrac{\partial z}{\partial v}\cdot\dfrac{\partial v}{\partial x}=2u\ln v\cdot\dfrac{1}{y}+\dfrac{u^2}{v}\cdot 3$$

$$=\dfrac{2x}{y^2}\ln(3x-2y)+\dfrac{3x^2}{(3x-2y)y^2}$$

$$\dfrac{\partial z}{\partial y}=\dfrac{\partial z}{\partial u}\cdot\dfrac{\partial u}{\partial y}+\dfrac{\partial z}{\partial v}\cdot\dfrac{\partial v}{\partial y}=2u\ln v\cdot\left(-\dfrac{x}{y^2}\right)+\dfrac{u^2}{v}\cdot(-2)$$

$$=-\dfrac{2x}{y^2}\ln(3x-2y)-\dfrac{3x^2}{(3x-2y)y^2}.$$

例4 设 $z=(x-y)^u$,而 $u=xy$,求 $\dfrac{\partial z}{\partial x},\dfrac{\partial z}{\partial y}$.

解 由函数的结构图,图 5.5-8 所示:

可得 $\quad \dfrac{\partial z}{\partial x}=\dfrac{\partial f}{\partial x}+\dfrac{\partial f}{\partial u}\dfrac{\partial u}{\partial x}$

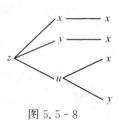

图 5.5-8

$$= u(x-y)^{u-1} + (x-y)^u \ln(x-y) \cdot y$$
$$= y(x-y)^{xy} \ln(x-y) + xy(x-y)^{xy-1}$$

$$\frac{\partial z}{\partial y} = \frac{\partial f}{\partial y} + \frac{\partial f}{\partial u} \cdot \frac{\partial u}{\partial y} = u(x-y)^{u-1}(-1) + (x-y)^u \ln(x-y)x$$
$$= x(x-y)^{xy} \ln(x-y) - xy(x-y)^{xy-1}.$$

例 5　设 $z = f(x^2-y^2, \mathrm{e}^{2x}, \sin y)$，求 $\dfrac{\partial z}{\partial x}, \dfrac{\partial z}{\partial y}$.

解　令 $u = x^2-y^2, v = \mathrm{e}^{2x}, w = \sin y$，则由函数结构图，图 5.5-9 所示：

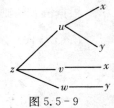

可得 $\dfrac{\partial z}{\partial x} = \dfrac{\partial z}{\partial u} \cdot \dfrac{\partial u}{\partial x} + \dfrac{\partial z}{\partial v} \cdot \dfrac{\mathrm{d}v}{\mathrm{d}x} = f'_u \cdot 2x + f'_v \cdot 2\mathrm{e}^{2x}$
$$= 2x f'_u + 2\mathrm{e}^{2x} f'_v$$

$$\frac{\partial z}{\partial y} = \frac{\partial z}{\partial u} \cdot \frac{\partial u}{\partial y} + \frac{\partial z}{\partial w} \cdot \frac{\mathrm{d}w}{\mathrm{d}y} = f'_u(-2y) + f'_w \cos y$$
$$= -2y f'_u + \cos y f'_v.$$

图 5.5-9

2. 隐函数的偏导数

2.1　由方程 $F(x,y) = 0$ 所确定的隐函数 $y = f(x)$ 的导数

在一元函数中，已介绍过用复合函数的求导法则求由方程 $F(x,y) = 0$ 所确定的隐函数 $y = f(x)$ 的导数的方法，现在我们来讨论它的求导公式.

把函数 $y = f(x)$ 代入方程 $F(x,y) = 0$，得恒等式 $F(x, f(x)) \equiv 0$，它的左端 $F(x, f(x))$ 是一个复合函数，其函数结构图如图 5.5-10 所示：

利用链式法则，方程 $F(x,y) = 0$ 两端对 x 求全导数，得

$$\frac{\partial F}{\partial x} + \frac{\partial F}{\partial y} \cdot \frac{\mathrm{d}y}{\mathrm{d}x} = 0.$$

图 5.5-10

如果　$\dfrac{\partial F}{\partial y} \neq 0$，则

$$\frac{\mathrm{d}y}{\mathrm{d}x} = -\frac{\dfrac{\partial F}{\partial x}}{\dfrac{\partial F}{\partial y}},$$

或　　$\dfrac{\mathrm{d}y}{\mathrm{d}x} = -\dfrac{F_x}{F_y}.$　　　　　　　　　　　　　　　　(11)

这就是由方程 $F(x,y) = 0$ 所确定的隐函数 $y = f(x)$ 的求导公式.

例 6　求由方程 $y - \dfrac{1}{2}\sin y - x = 0$ 所确定的隐函数 $y = f(x)$ 的导数 $\dfrac{\mathrm{d}y}{\mathrm{d}x}$.

解　$F(x,y) = y - \dfrac{1}{2}\sin y - x, F'_x = -1, F'_y = 1 - \dfrac{1}{2}\cos y.$ 由式(11)，可

得

$$\frac{\mathrm{d}y}{\mathrm{d}x} = -\frac{F'_x}{F'_y} = -\frac{-1}{1 - \frac{1}{2}\cos y} = \frac{2}{2 - \cos y}$$

2.2 由方程 $F(x,y,z) = 0$ 所确定的隐函数 $z = f(x,y)$ 的偏导数

把函数 $z = f(x,y)$ 代入方程 $F(x,y,z) = 0$ 得恒等式 $F(x,y,z(x,y)) = 0$.
它的左端是一个三元复合函数,其函数结构图如图 5.5－11 所示:

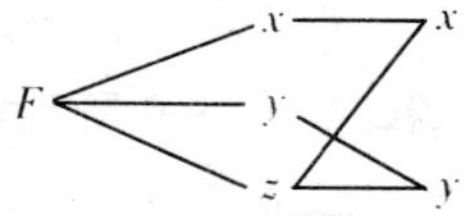

根据链式法则,恒等式两边对 x 和对 y 求偏导数,得

$$F_x(x,y,z) + F_z(x,y,z)\frac{\partial z}{\partial x} = 0,$$

图 5.5 - 11

$$F_y(x,y,z) + F_z(x,y,z)\frac{\partial z}{\partial y} = 0.$$

当 $F_z(x,y,z) \neq 0$ 时,得

$$\frac{\partial z}{\partial x} = -\frac{F_x(x,y,z)}{F_z(x,y,z)} = -\frac{F_x}{F_z}, \frac{\partial z}{\partial y} = -\frac{F_y(x,y,z)}{F_z(x,y,z)} = -\frac{F_y}{F_z}. \tag{12}$$

这就是二元隐函数的求导公式.

例 7   设由方程 $z^2 y - xz^3 - 1 = 0$ 确定隐函数 $z = f(x,y)$,求 $\dfrac{\partial z}{\partial x}$ 和 $\dfrac{\partial z}{\partial y}$.

解 $F(x,y,z) = z^2 y - xz^3 - 1, F'_x = -z^3, F'_y = z_2, F'_z = 2zy - 3xz^2.$
由式(12),得

$$\frac{\partial z}{\partial x} = -\frac{F'_x}{F'_z} = -\frac{-z^3}{2zy - 3xz^2} = \frac{z^2}{2y - 3xz},$$

$$\frac{\partial z}{\partial y} = -\frac{F'_y}{F'_z} = -\frac{z^2}{2zy - 3xz^2} = \frac{-z}{2y - 3xz}(2y - 3xz \neq 0).$$

例 8 $x + y + z = \mathrm{e}^{xyz}$,求 $\dfrac{\partial z}{\partial x}, \dfrac{\partial z}{\partial y}$.

解   设 $F(x,y,z) = x + y + z - \mathrm{e}^{xyz}$,则
$F'_x = 1 - yz\mathrm{e}^{xyz}, F'_y = 1 - xz\mathrm{e}^{xyz}, F'_z = 1 - xy\mathrm{e}^{xyz}.$
由(12),得

$$\frac{\partial z}{\partial x} = -\frac{F'_x}{F'_z} = -\frac{1 - yz\mathrm{e}^{xyz}}{1 - xy\mathrm{e}^{xyz}}, \frac{\partial z}{\partial y} = -\frac{F'_y}{F'_z} = -\frac{1 - xz\mathrm{e}^{xyz}}{1 - xy\mathrm{e}^{xyz}}.$$

习题 5.5

1.设 $z = u^2 v$,而 $u = \cos t, v = \sin t$,求 $\dfrac{\mathrm{d}z}{\mathrm{d}t}$.

2.设 $z = \arctan(xy)$,而 $y = \mathrm{e}^x$,求 $\dfrac{\mathrm{d}z}{\mathrm{d}x}$.

3. 设 $u = e^{2x}(3y - z)$，而 $y = 2\sin x, z = \cos x$，求 $\dfrac{\mathrm{d}u}{\mathrm{d}x}$.

4. 设 $z = \ln(e^u + v)$，而 $u = xy, v = x^2 - y^2$，求 $\dfrac{\partial z}{\partial x}, \dfrac{\partial z}{\partial y}$.

5. 设 $\sin y + e^x - xy^2 = 0$，求 $\dfrac{\mathrm{d}y}{\mathrm{d}x}$.

6. 设 $e^{xy} - \arctan z + xyz = 0$，求 $\dfrac{\partial z}{\partial x}, \dfrac{\partial z}{\partial y}$.

7. 设 $\dfrac{x}{z} = \ln \dfrac{z}{y}$，求 $\dfrac{\partial z}{\partial x}, \dfrac{\partial z}{\partial y}$.

8. 设 $2\sin(x + 2y - 3z) = x + 2y - 3z$，求证：$\dfrac{\partial z}{\partial x} + \dfrac{\partial z}{\partial y} = 1$.

§5.6　二元函数偏导数的应用

1. 二元函数的极值

在一元函数中，利用函数的导数讨论了函数的极值与最值问题，类似地利用偏导数可分析二元函数的极值和最大、最小值.

定义 1　设函数 $z = f(x, y)$ 在点 (x_0, y_0) 的某一邻域内有定义，如果对邻域内的任意异于 (x_0, y_0) 的点 (x, y)，总有 $f(x, y) < f(x_0, y_0)$，则称 $f(x_0, y_0)$ 是函数 $f(x, y)$ 的**极大值**；如果总有 $f(x, y) > f(x_0, y_0)$，则称 $f(x_0, y_0)$ 是函数 $f(x, y)$ 的**极小值**.

例 1　通过图像观察下述函数
在原点 $(0, 0)$ 是否取得极值.

(1) $z = x^2 + y^2$（如图 5.6 - 1 所示）

(2) $z = -\sqrt{x^2 + y^2}$（如图 5.6 - 2 所示）

(3) $z = -x^2 + y^2$（如图 5.6 - 3 所示）

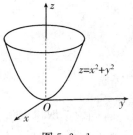

图 5.6 - 1

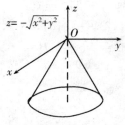

图 5.6 - 2

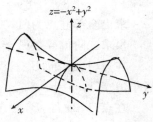

图 5.6 - 3

解 由它们的几何图形可知：

(1)$z = x^2 + y^2$ 是开口向上的旋转抛物面，

在$(0,0)$取得极小值；

(2)$z = -\sqrt{x^2 + y^2}$ 是开口向下的锥面，

在$(0,0)$取得极大值；

(3)$z = -x^2 + y^2$ 是双曲抛物面(也称马鞍面)，

在$(0,0)$不取得极值.

例2 求 $f(x,y) = \sqrt{4 - x^2 - y^2}$ 的极值.

解 $z = f(x,y)$ 在点$(0,0)$的某邻域内，对任意的点$(x,y) \neq (0,0)$,有

$$f(x,y) = \sqrt{4 - x^2 - y^2} < \sqrt{4} = 2 = f(0,0)$$

所以，函数 $f(x,y)$ 在$(0,0)$处有极大值 $f(0,0) = 2$. 这一结论的几何意义是上半球面的顶点.

当函数比较简单时，可以利用定义直接判断. 对于一般的二元函数极值问题，则可以利用下述定理进行计算. 这些定理是一元函数极值理论的推广.

定理1 （极值存在的充分条件）如果函数 $z = f(x,y)$ 在点(x_0, y_0)的某一邻域内有二阶连续偏导数，且 $f_x'(x_0, y_0) = 0, f_y'(x_0, y_0) = 0$, 此时称点$(x_0, y_0)$为驻点. 记

$A = f_{xx}''(x_0, y_0), B = f_{xy}''(x_0, y_0), C = f_{yy}''(x_0, y_0)$, 则

(1) 当 $B^2 - AC < 0$, 且 $A < 0$ 时，则 $f(x_0, y_0)$ 是极大值；

(2) 当 $B^2 - AC < 0$, 且 $A > 0$ 时，则 $f(x_0, y_0)$ 是极小值；

(3) 当 $B^2 - AC > 0$ 时，则 $f(x_0, y_0)$ 不取得极值；

(4) 当 $B^2 - AC = 0$ 时，不能判定 $f(x_0, y_0)$ 是否为极值.

注 此定理是充分条件，而偏导不存在的点也可能是极值点(如例1中第(2)小题).

例3 求函数 $f(x,y) = x^3 - y^3 + 3x^2 + 3y^2 - 9x$ 的极值.

解 先求偏导数，并解方程组找驻点,

$$\begin{cases} f_x' = 3x^2 + 6x - 9 = 3(x-1)(x+3) = 0, \\ f_y' = -3y^2 + 6y = -3y(y-2)? = 0. \end{cases}$$

求出全部驻点为$(1,0),(1,2),(-3,0),(-3,2)$,

再求二阶偏导数 $A = f_{xx}'' = 6x + 6, B = f_{xy}'' = 0, C = f_{yy}'' = -6y + 6$,

在点$(1,0)$处，$B^2 - AC = 0 - 12 \times 6 = -72 < 0$, $A = 12 > 0$, 函数取得极小值 $f(1,0) = -5$；

在点$(1,2)$处，$B^2 - AC = 0 - 12 \times (-6) = 72 > 0$, 函数不取得极值；

在点$(-3,0)$处，$B^2 - AC = 0 - (-12) \times 6 = 72 > 0$, 函数不取得极值；

在点 $(-3,2)$ 处,$B^2-AC=0-(-12)\times(-6)=-72<0$,$A=-12<0$,函数取得极大值 $f(-3,2)=31$.

2. 最大与最小值

极值是局部区域的概念,而最值是有界闭区域上的整体的概念.

二元函数在有界闭区域 D 上连续,则函数的最大与最小值求法如下:

(1) 在 D 的内部,求出使 $f_x{}'(x,y)$,$f_y{}'(x,y)$ 同时为零的点及使 $f_x{}'(x,y)$ 或 $f_y{}'(x,y)$ 不存在的点 $(x_1,y_1),\cdots,(x_n,y_n)$;

(2) 计算 $f(x_1,y_1),\cdots,f(x_n,y_n)$;

(3) 求出 $f(x,y)$ 在 D 的边界上的最值;

(4) 比较上述函数值的大小,最大者便是函数在 D 上的最大值;最小者便是函数在 D 上的最小值.

例 4 某厂要用铁板做成一个体积为 $2\ \mathrm{m}^3$ 的有盖长方体水箱,当长、宽、高各取怎样的尺寸时,才能用料最省?

解 设有盖长方体水箱的长、宽、高分别为 x,y,z

据已知条件有:$x\cdot y\cdot z=2$,$z=\dfrac{2}{xy}$,

设用料为 A,则 $A=2(xy+xz+yz)$,得

$$A=2\left(xy+x\frac{2}{xy}+y\frac{2}{xy}\right)=2\left(xy+\frac{2}{y}+\frac{2}{x}\right).$$

令
$$\begin{cases} A'_x=2\left(y-\dfrac{2}{x^2}\right)=0, \\ A'_y=2\left(x-\dfrac{2}{y^2}\right)=0. \end{cases}$$

解方程组得唯一驻点 $x=y=\sqrt[3]{2}$.

根据问题的实际背景,水箱所用材料面积的最小值一定存在,并在开区域 $D:x>0,y>0$ 内取得,又函数在 D 内只有唯一的驻点,因此,可断定当 $x=y=\sqrt[3]{2}$ 时,取得最小值.

故当水箱的长、宽、高分别为 $\sqrt[3]{2}$ 米时所用材料最省,此时的最小表面积为 $6(\sqrt[3]{2})^2$.

一般地,当实际应用问题只有唯一的驻点,我们即可由实际问题的背景判断是最大或最小值.

3. 条件极值、拉格朗日乘数法

上面讨论的极值问题,对于函数的自变量,除了限制在函数的定义域内以

外,并无其他条件,所以称为无条件极值.但在实际问题中,会遇到对函数的自变量附加约束条件的极值问题,这类极值称为条件极值.

对于条件极值,可以仿照例 4 的消元法转化为无条件极值解决.但很多情形下这种转化比较复杂.因此,需要寻求条件极值的一般解法.

在求解最大值或最小值的应用题时,一般是条件极值问题,可采用拉格朗日乘数法,其步骤如下:

(1) 建立目标函数 $f(x,y,z)$,找出条件 $\varphi(z,y,z) = 0$(f 也可能是二元函数,条件也可能多于一个,但以下步骤相仿);

(2) 作辅助函数(称为拉格朗日函数)

$F(x,y,z) = f(x,y,z) + \lambda\varphi(x,y,z)$($\lambda$ 称为拉格朗日乘子);

(3) 建立方程组

$F'_x = 0, F'_y = 0, F'_z = 0, \varphi = 0$;

(4) 解方程组,求出可能极值点.若只有一个可能极值点,便是取得最大值或最小值的点.

例 5 在球面 $x^2 + y^2 + z^2 = 1$ 内嵌入有最大体积的长方体,求它的体积.

解 设球面和长方体在第一卦限内的交点为 (x,y,z),则长方体的体积为

$$V = 8xyz,$$

条件方程为

$$x^2 + y^2 + z^2 - 1 = 0$$

作辅助函数:

$$F(x,y,z) = 8xyz + \lambda(x^2 + y^2 + z^2 - 1),$$

建立方程组:

$$\begin{cases} F'_x = 8yz + 2\lambda x \\ F'_y = 8xz + 2\lambda y = 0 \\ F'_z = 8xy + 2\lambda z = 0 \\ x^2 + y^2 + z^2 = 1 \end{cases}$$

由前三个方程,得 $x = y = z$,代入第 4 个方程,解得

$$x = \frac{1}{\sqrt{3}}, y = \frac{1}{\sqrt{3}}, z = \frac{1}{\sqrt{3}}.$$

所以,长方体的、宽、高均为 $\frac{1}{\sqrt{3}}$ 时体积最大,最大体积为

$$V = 8 \times \frac{1}{\sqrt{3}} \times \frac{1}{\sqrt{3}} \times \frac{1}{\sqrt{3}} = \frac{8}{9}\sqrt{3}.$$

习题 5.6

1. 求函数 $z = x^3 + y^3 - 3xy$ 的极值.

2. 求函数 $z = x^3 + 3xy^2 - 15x - 12y$ 的极值.

3. 验证函数 $z = y^2 - x^2$ 在 $(0,0)$ 处无极值点.

4. 求函数 $z = (x-1)^2 + (y-4)^2$ 的极值.

5. 求函数 $f(x,y) = (6x - x^2)(4y - y^2)$ 的极值.

6. 设某工厂生产甲、乙两种产品,其销售价格分别为 $p_1 = 12$(单位:万元),$p_2 = 18$(单位:万元),总成本 C 是两种产品的产量 x 和 y(单位:百台)的函数 $C(x,y) = 2x^2 + xy + 2y^2$,问当两种产品的产量为多少时,可获最大利润,最大利润是多少?

7. 把正数 a 分成三个正数之和,使它们的乘积为最大,求这三个正数.

8. 在直线 $\begin{cases} y + 2 = 0 \\ x + 2z = 7 \end{cases}$ 上找一点,使它到点 $(0, -1, 1)$ 的距离最短,并求最短距离.

9. 求对角线长度为 $2\sqrt{3}$,体积为最大的长方体的体积.

§5.7　二重积分

1. 二重积分的定义

在学习一元函数定积分时,我们了解到定积分的主要思想是将所求量细分为部分量,求各部分量的近似值,累积各部分量的近似值得整体近似值,取极限得整体的精确值.二重积分是定积分的推广,也是运用"分割,求近似值,累积和,取极限"的思想.

例1　如图 5.7-1 所示,求以曲面 $z = f(x, y)$ 为曲顶,以 D 为底的曲顶柱体的体积 V.

解　(1)细分曲顶柱体:如图 5.7-1,将区域 D 细分为 n 个面积分别为 $\Delta \sigma_1, \Delta \sigma_2, \cdots, \Delta \sigma_n$ 的小区域,相应的曲顶柱体被细分为 n 个小曲顶柱体,它们的体积分别记为 $\Delta V_1, \Delta V_2, \cdots, \Delta V_n$.

(2)求各小曲顶柱体体积 ΔV_i 的近似值:在

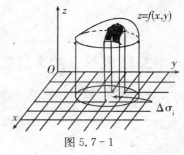

图 5.7-1

每个 $\Delta\sigma_i$ 中任取一点 (x_i,y_i),以 $f(x_i,y_i)$ 为高、$\Delta\sigma_i$ 为底的平顶柱体的体积作相应的小曲顶柱体体积的近似值,即 $\Delta V_i = f(x_i,y_i)\Delta\sigma_i(i=1,2,\cdots,n)$.

(3) 求曲顶柱体体积 V 的近似值: $V = \sum_{i=1}^{n}\Delta V_i \approx \sum_{i=1}^{n}f(x_i,y_i)\Delta\sigma_i$.

(4) 取极限,得 V 的精确值: $V = \lim_{\Delta\sigma\to 0}\sum_{i=1}^{n}f(x_i,y_i)\Delta\sigma_i$.

例子经历了将所求量细分、局部近似代替、整体近似代替、进而通过取极限求得其精确值四个步骤,并得到了一个结构特殊的和式的极限.若抛开例子的实际意义,则我们解决问题的方法及所得的结论可归结为:已知区域 D 上的函数 $f(x,y)$,将区域 D 细分为 n 个小区域,然后在每个小区域上作"函数值与小区域面积的乘积",将这些乘积"累加"后取极限,得到了一个"特殊和式"的极限,这一特殊和式的极限,称为函数 $f(x,y)$ 在区域 D 上的二重积分.

定义 1　设 $f(x,y)$ 是有界闭区域 D 上的有界函数,将区域 D 任意分割成 n 个小闭区域 $\Delta\sigma_1,\Delta\sigma_2,\cdots,\Delta\sigma_n$ 其中 $\Delta\sigma_i$ 表示第 i 个小闭区域,也表示它的面积.在每个 $\Delta\sigma_i$ 上任取一点 (x_i,y_i),作乘积 $f(x_i,y_i)\Delta\sigma_i(i=1,2,\cdots,n)$,得和式 $\sum_{i=1}^{n}f(x_i,y_i)\Delta\sigma_i$,若极限 $\lim_{\Delta\sigma\to 0}\sum_{i=1}^{n}f(x_i,y_i)\Delta\sigma_i$ 存在.则此极限值称为函数 $f(x,y)$ 在区域 D 上的**二重积分**,记为 $\iint\limits_{D}f(x,y)\mathrm{d}\sigma$ 或 $\iint\limits_{D}f(x,y)\mathrm{d}x\mathrm{d}y$

即: $\iint\limits_{D}f(x,y)\mathrm{d}\sigma = \lim_{\Delta\sigma\to 0}\sum_{i=1}^{n}f(x_i,y_i)\Delta\sigma_i$

其中 $\iint$ 是**二重积分号**,$f(x,y)$ 称为**被积函数**,$f(x,y)\mathrm{d}\sigma$ 称为**被积表达式**,x 与 y 称为**积分变量**,D 称为**积分区域**.

2. 二重积分的几何意义

由例 5.7.1 可知,二重积分 $\iint\limits_{D}f(x,y)\mathrm{d}\sigma$ 在几何上表示以区域 D 为底、曲面 $z=f(x,y)$ 为顶的曲顶柱体的体积.即:

$$V = \iint\limits_{D}f(x,y)\mathrm{d}\sigma$$

3. 二重积分的运算性质

性质 1　被积函数的常数因子可以提到二重积分号的外面,即

$$\iint\limits_{D}Kf(x,y)\mathrm{d}\sigma = K\iint\limits_{D}f(x,y)\mathrm{d}\sigma$$

性质 2 函数的和（或差）的二重积分等于各个函数的二重积分的和（或差），即

$$\iint\limits_{D}[f(x,y) \pm g(x,y)]\mathrm{d}\sigma = \iint\limits_{D}f(x,y)\mathrm{d}\sigma \pm \iint\limits_{D}g(x,y)\mathrm{d}\sigma$$

性质 3 如果闭区域 D 被曲线分为两个闭区域 D_1、D_2，则 D 上的二重积分等于闭区域 D_1、D_2 上的二重积分之和，即

$$\iint\limits_{D}[f(x,y) \pm g(x,y)]\mathrm{d}\sigma = \iint\limits_{D_1}f(x,y)\mathrm{d}\sigma \pm \iint\limits_{D_2}g(x,y)\mathrm{d}\sigma.$$

4. 二重积分的计算

二重积分的计算方法是把重积分转化为定积分来求，即把二重积分化为"先对 x 后对 y"或"先对 y 后对 x"的二次定积分来求. 具体先对哪个变量积分，视积分区域 D 而定，归纳如下.

（1）区域 D 由直线 $x = a$、$x = b$ 及曲线 $y = \varphi_1(x)$、$y = \varphi_2(x)$ 所围成（见图 5.7 - 2），即 $D = \left\{ (x,y) \mid \begin{cases} a \leqslant x \leqslant b \\ \varphi_1(x) \leqslant y \leqslant \varphi_2(x) \end{cases} \right\}$，则"先对 y 后对 x"求积：

$$\iint\limits_{D}f(x,y)\mathrm{d}x\mathrm{d}y = \int_a^b \left[\int_{\varphi_1(x)}^{\varphi_2(x)} f(x,y)\mathrm{d}y \right]\mathrm{d}x.$$

习惯上，可去掉方括号把 $\mathrm{d}x$ 写在前，记为

$$\iint\limits_{D}f(x,y)\mathrm{d}x\mathrm{d}y = \int_a^b \mathrm{d}x \int_{\varphi_1(x)}^{\varphi_2(x)} f(x,y)\mathrm{d}y$$

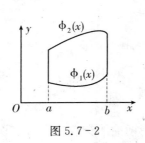

图 5.7 - 2

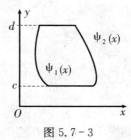

图 5.7 - 3

（2）区域 D 是由直线 $y = c$、$y = d$ 及曲线 $x = \psi_1(y)$、$x = \psi_2(y)$ 所围成，（见图 5.7 - 3），即 $D = \left\{ (x,y) \mid \begin{cases} \psi_1(y) \leqslant x \leqslant \psi_2(y) \\ c \leqslant y \leqslant d \end{cases} \right\}$，则"先对 x 后对 y"求积：

$$\iint\limits_{D}f(x,y)\mathrm{d}x\mathrm{d}y = \int_c^d \left[\int_{\psi_1(y)}^{\psi_2(y)} f(x,y)\mathrm{d}x \right]\mathrm{d}y = \int_c^d \mathrm{d}y \int_{\psi_1(y)}^{\psi_2(y)} f(x,y)\mathrm{d}x$$

（3）如果区域 D 不是以上两种情形（即有 $a \leqslant x \leqslant b$，或 $c \leqslant y \leqslant d$ 之一），可将 D 分割，使各部分符合以上两种情形后计算.

例 2　计算$\iint\limits_D \left(1-\frac{x}{4}-\frac{y}{3}\right)\mathrm{d}\sigma$,其中 D 是矩形区域：$-2\leqslant x\leqslant 2, -1\leqslant y\leqslant 1$.

解　因为$D=\left\{(x,y)\mid \begin{cases}-2\leqslant x\leqslant 2\\ -1\leqslant y\leqslant 1\end{cases}\right\}$,所以既可"先对 x 后对 y"积、也可"先对 y 后对 x"积.此处选择先对 y 积分.

$$\begin{aligned}\iint\limits_D \left(1-\frac{x}{4}-\frac{y}{3}\right)\mathrm{d}\sigma &= \int_{-2}^{2}\mathrm{d}x\int_{-1}^{1}\left(1-\frac{x}{4}-\frac{y}{3}\right)\mathrm{d}y\\ &= \int_{-2}^{2}\left[y-\frac{xy}{4}-\frac{y^2}{6}\right]_{-1}^{1}\mathrm{d}x = \int_{-2}^{2}\left(2-\frac{x}{2}\right)\mathrm{d}x\\ &= \left[2x-\frac{x^2}{4}\right]_{-2}^{2} = 8\end{aligned}$$

例 3　计算二重积分$\iint\limits_D xy^2\mathrm{d}x\mathrm{d}y$，其中区域 D 由 $x=0, x=1$ 和 $y=x^2, y=x$ 围成.

图 5.7－4

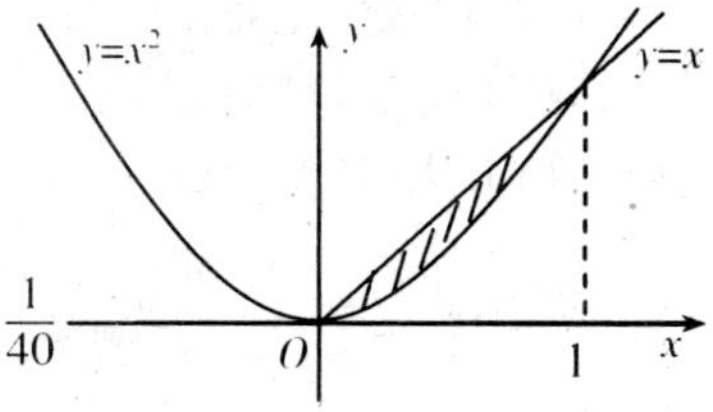

解　如图 5.7－4 所示，积分区域 $D=\left\{(x,y)\mid \begin{cases}0\leqslant x\leqslant 1\\ x^2\leqslant y\leqslant x\end{cases}\right\}$，于是先对 y 后对 x 积分.

$$\begin{aligned}\iint\limits_D xy^2\mathrm{d}x\mathrm{d}y &= \int_0^1\mathrm{d}x\int_{x^2}^{x}xy^2\mathrm{d}y = \int_0^1\left[\frac{xy^3}{3}\right]_{x^2}^{x}\mathrm{d}x\\ &= \int_0^1\frac{x^4-x^7}{3}\mathrm{d}x = \frac{1}{3}\left[\frac{x^4}{5}-\frac{x^8}{8}\right]_0^1\\ &= \frac{1}{3}\left(\frac{1}{5}-\frac{1}{8}\right) = \frac{1}{40}\end{aligned}$$

例 4　计算$\iint_{\mathrm{d}} xy\,\mathrm{d}\sigma$,其中 D 是由抛物线 $y^2=x$,和直线 $y=x-2$ 所围成的闭区域.

解　如图 5.7－5,解方程组$\begin{cases}y^2=x\\ y=x-2\end{cases}$,得两曲线交点$(1,-1)$和$(4,2)$,因此积分区域 $D=\left\{(x,y)\mid \begin{cases}y^2\leqslant x\leqslant y+2\\ -1\leqslant y\leqslant 2\end{cases}\right\}$，先对 x 积分

图 5.7－5

$$\begin{aligned}\iint\limits_D xy\,\mathrm{d}\sigma &= \int_{-1}^{2}\mathrm{d}y\int_{y^2}^{y+2}xy\,\mathrm{d}x = \int_{-1}^{2}\left[\frac{x^2y}{2}\right]_{y^2}^{y+2}\mathrm{d}y\\ &= \frac{1}{2}\int_{-1}^{2}y[(y+2)^2-y^4]\mathrm{d}y\end{aligned}$$

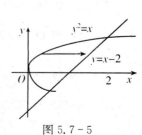

$$= \frac{1}{2}\left[\frac{y^4}{4} + \frac{4}{3}y^3 + 2y^2 - \frac{y^6}{6}\right]_{-1}^{2} = 5\frac{5}{8}$$

此例若将积分区域 D 适当进行分割后,也可先对 y 积分.

5. 利用极坐标把二重积分化为两次定积分

有些二重积分利用极坐标计算比较方便. 在极坐标系中,平面内的点可用极坐标表示(如图 5.7-6),如 $M(r,\theta)$. 平面曲线可用极坐标方程 $r = r(\theta)$ 表示. 如图 5.7-6 所示,直角坐标与极坐标之间具有关系 $\begin{cases} x = r\cos\theta \\ y = r\sin\theta \end{cases}$. 根据这一关系,

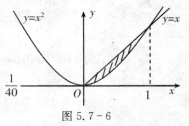

图 5.7-6

可将直角坐标系下的二重积分 $\iint\limits_D f(x,y)\mathrm{d}\sigma$ 化为极坐标系下的二重积分来求.

即:$\iint\limits_D f(x,y)\mathrm{d}\sigma = \iint\limits_D f(r\cos\theta, r\sin\theta)r\mathrm{d}r\mathrm{d}\theta$

极坐标系下二重积分的计算方法是将二重积分化"先对 r 后对 θ"的二次定积分来求. 下面就积分区域 D 的两种情况,说明如何将极坐标系下的二重积分化为二次积分.

(1) 极点 0 在区域 D 之外,D 由 $\theta = \alpha, \theta = \beta, r = r_1(\theta)$ 和 $r = r_2(\theta)$ 围成,如图 5.7-7 所示,即:

$$D = \left\{(r,\theta) \,\middle|\, \begin{array}{l} \alpha \leqslant \theta \leqslant \beta \\ r_1(\theta) \leqslant r \leqslant r_2(\theta) \end{array}\right\}$$ 时,计算式为

$$\iint\limits_D f(r\cos\theta, r\sin\theta)r\mathrm{d}r\mathrm{d}\theta = \int_\alpha^\beta \mathrm{d}\theta \int_{r_1(\theta)}^{r_2(\theta)} f(r\cos\theta, r\sin\theta)r\mathrm{d}r$$

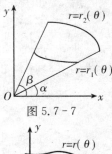

图 5.7-7

(2) 极点 0 在区域 D 之内. 区域由 $r = r(\theta)$ 所围成,如图 5.7-8 所示,即:

$$D = \left\{(r,\theta) \,\middle|\, \begin{array}{l} 0 \leqslant \theta \leqslant 2\pi \\ 0 \leqslant r \leqslant r(\theta) \end{array}\right\}$$ 时,计算式为

$$\iint\limits_D f(r\cos\theta, r\sin\theta)r\mathrm{d}r\mathrm{d}\theta = \int_0^{2\pi} \mathrm{d}\theta \int_0^{r(\theta)} f(r\cos\theta, r\sin\theta)r\mathrm{d}r$$

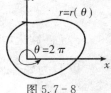

图 5.7-8

例5 将二重积分 $\iint\limits_D f(x,y)\mathrm{d}\sigma$ 化为二次积分,其中 D 为环形区域:$1 \leqslant x^2 + y^2 \leqslant 4$.

解 如图 5.7-9 所示,极点 0 在区域 D 之外,

$$D = \left\{(r,\theta) \,\middle|\, \begin{array}{l} 0 \leqslant \theta \leqslant 2\pi \\ 1 \leqslant r \leqslant 2 \end{array}\right\}.$$

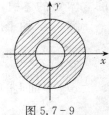

图 5.7-9

于是 $\iint\limits_{D} f(x,y)\mathrm{d}\sigma = \int_{0}^{2\pi}\mathrm{d}\theta\int_{1}^{2} f(r\cos\theta, r\sin\theta) r\mathrm{d}r.$

例 6　计算 $\iint\limits_{D} \mathrm{e}^{-x^{2}-y^{2}}\mathrm{d}\sigma$ 其中 D 为圆 $r = a$ 围成的平面区域.

解　如图 5.7-10 所示,极点 0 在区域 D 内. $D = \left\{(r,\theta)\;\middle|\;\begin{matrix}0 \leqslant \theta \leqslant 2\pi\\0 \leqslant r \leqslant a\end{matrix}\right\}$. 于是

$$\iint\limits_{D} \mathrm{e}^{-x^{2}-y^{2}}\mathrm{d}\sigma = \iint\limits_{D} \mathrm{e}^{-r^{2}} r\mathrm{d}r\mathrm{d}\theta$$

$$= \int_{0}^{2\pi}\mathrm{d}\theta\int_{0}^{a}\mathrm{e}^{-r^{2}} r\mathrm{d}r = \int_{0}^{2\pi} -\frac{1}{2}\left[\mathrm{e}^{-r^{2}}\right]_{0}^{a}\mathrm{d}\theta$$

$$= \int_{0}^{2\pi}\frac{1}{2}(1-\mathrm{e}^{-a^{2}})\mathrm{d}\theta = \pi(1-\mathrm{e}^{-a^{2}}).$$

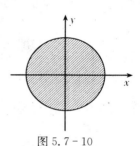

图 5.7-10

*6. 二重积分的简单应用

(1) 计算面积:xoy 平面区域 D 的面积 $A = \iint\limits_{D}\mathrm{d}x\mathrm{d}y$

例 7　求 xoy 平面上由曲线 $y = x^{2}$ 与 $y = 4x - x^{2}$ 所围成的区域 D 的面积.

解　如图 5.7-11 所示

$$D = \left\{(x,y)\;\middle|\;\begin{matrix}0 \leqslant x \leqslant 2\\x^{2} \leqslant y \leqslant 4x-x^{2}\end{matrix}\right\},$$

所以　$A = \iint\limits_{D}\mathrm{d}x\mathrm{d}y = \int_{0}^{2}\left[\int_{x^{2}}^{4x-x^{2}}\mathrm{d}y\right]\mathrm{d}x$

$$= \int_{0}^{2}[4x - 2x^{2}]\mathrm{d}x = (2x^{2}$$

$$-\frac{2}{3}x^{3})\Big|_{0}^{2} = \frac{8}{3}.$$

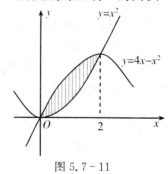

图 5.7-11

(2) 计算体积

以 D 为底,曲面 $z = f(x,y)$ 为曲顶的曲顶柱体的体积 $V = \iint\limits_{D} f(x,y)\mathrm{d}x\mathrm{d}y.$

例 8　求由曲面 $z = x^{2} + y^{2}$ 与平面 $z = 5$ 所围成的立体 Ω 的体积.

解　如图 5.7-12 所示,由方程组 $\begin{cases}z = x^{2} + y^{2}\\z = 5\end{cases}$ 解得立体 Ω 在

xoy 平面上的投影 $D: x^{2} + y^{2} = 5.$

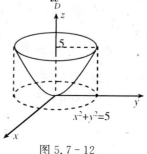

图 5.7-12

所以：$V = \pi (\sqrt{5})^2 \cdot 5 - \iint\limits_{D} (x^2 + y^2) \mathrm{d}x \mathrm{d}y$

$$= 25\pi - \iint\limits_{D} (x^2 + y^2) \mathrm{d}x \mathrm{d}y$$

$$= 25\pi - \iint\limits_{D} r^2 \cdot r \mathrm{d}r \mathrm{d}\theta = 25\pi - \int_0^{2\pi} \left[\int_0^{\sqrt{5}} r^3 \mathrm{d}r \right] \mathrm{d}\theta$$

$$= 25\pi - \frac{25}{4} \int_0^{2\pi} \mathrm{d}\theta = \frac{25}{2}\pi .$$

（3）求非均匀平面薄片的质量

密度不均匀的平面薄片，若其密度为 $\rho(x,y)$，在平面 xOy 上占有区域 D，则其质量 $M = \iint\limits_{D} \rho(x,y) \mathrm{d}x \mathrm{d}y$．

例 9　设平面薄板（如图 5.7-13）所占 xOy 平面区域 D 为：$0 \leqslant x^2 + y^2 \leqslant 4, x \geqslant 0, y \geqslant 0$，其密度为 $\rho(x,y) = x^2 + y^2$，且 $\rho(x,y) > 0$，求平面薄板的质量 M.

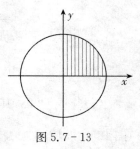

图 5.7-13

解　$M = \iint\limits_{D} \rho(x,y) \mathrm{d}x \mathrm{d}y = \iint\limits_{D} (x^2 + y^2) \mathrm{d}x \mathrm{d}y$

$$= \iint\limits_{D} r^2 \cdot r \mathrm{d}r \mathrm{d}\theta = \int_0^{\frac{\pi}{2}} \left[\int_0^2 r^3 \mathrm{d}r \right] \mathrm{d}\theta$$

$$= 4 \int_0^{\frac{\pi}{2}} \mathrm{d}\theta = 2\pi .$$

习题 5.7

1. 计算二重积分

（1）$\iint\limits_{D} (x^2 + y^2) \mathrm{d}\sigma$，其中 $D = \{(x,y) \mid |x| \leqslant 1, |y| \leqslant 1\}$；

（2）$\iint\limits_{D} (3x + 2y) \mathrm{d}\sigma$，其中 D 是由两坐标轴及直线 $x + y = 2$ 所围成的闭区域；

（3）$\iint\limits_{D} (x^3 + 3x^2 y + y^2) \mathrm{d}\sigma$，其中 $D = \{(x,y) \mid 0 \leqslant x \leqslant 1, 0 \leqslant y \leqslant 1\}$；

（4）$\iint\limits_{D} x \sqrt{y} \mathrm{d}\sigma$，其中 D 是由两条抛物线 $y = \sqrt{x}, y = x^2$ 所围成的区域；

（5）$\iint\limits_{D} xy^2 \mathrm{d}\sigma$，其中 D 是由圆周 $x^2 + y^2 = 4$ 及 Y 轴所围成的右半区域；

（6）$\iint\limits_{D} y \, \mathrm{e}^{xy} \mathrm{d}\sigma$，其中 D 是由曲线 $xy = 1$ 及直线 $x = 2, y = 1$ 所围成的区域．

2.画出积分区域的图形,交换二次积分的次序

$(1)\displaystyle\int_0^1 dy\int_y^{\sqrt{y}}f(x,y)dx$ ；　　　　　　　　$(2)\displaystyle\int_1^c dx\int_0^{\ln x}f(x,y)dy$

$(3)\displaystyle\int_1^2 dx\int_x^{2x}f(x,y)dy$ ；　　　　　　　　$(4)\displaystyle\int_1^2 dx\int_{\frac{1}{x}}^{x}f(x,y)dy$ ；

$(5)\displaystyle\int_0^1 dy\int_0^{2y}f(x,y)dx+\int_1^3 dy\int_0^{3-y}f(x,y)dx$.

3.利用极坐标计算二重积分

$(1)\displaystyle\iint_D \ln(1+x^2+y^2)d\sigma$,其中 D 是由圆周 $x^2+y^2=1$ 及坐标轴所围成的在第一象限内的区域；

$(2)\displaystyle\iint_D e^{x^2+y^2}d\sigma,D:x^2+y^2\leqslant a^2$ ；

$(3)\displaystyle\iint_D \sqrt{x^2+y^2}d\sigma,D:a^2\leqslant x^2+y^2\leqslant b^2(0<a<b)$ ；

$(4)\displaystyle\iint_d y^2 d\sigma$,其中 D 是由圆 $x^2+y^2=1$ 所围成的闭区域；

$(5)\displaystyle\iint_D e^{-x^2-y^2}d\sigma$,其中 D 是由两坐标轴及圆 $x^2+y^2\leqslant R^2$ 所围成的在第二象限内的闭区域.

4.计算以 $z=xy$ 为曲顶(以 D 为底的曲顶)柱体的体积.其中 D 是由直线 $y=1$、$x=2$ 及 $y=x$ 所围成的闭区域.

学习指导

一、基本要求及重点

理解多元函数的概念,会求多元函数的定义域和多元函数的值.

(1)了解二元函数的极限和连续的概念,了解有界闭区域上二元连续函数的性质.

(2)理解偏导数和全微分的概念,掌握多元复合函数的求导方法.会求隐函数的导数和偏导数.

(3)理解二元函数极值与条件极值的概念,会求二元函数的极值；了解求条件极值的拉格朗日乘数法,会求解一些简单的最大值与最小值的应用问题.

(4)理解二重积分的概念和简单性质.

（5）掌握二重积分在直角坐标系与极坐标系中的计算.

（6）了解二重积分的简单应用.

本章重点:(1) 二元函数的概念,偏导数和全微分,多元复合函数的求导法则和二元函数的极值.

（2）二重积分的概念及计算方法.

二、内容小结与例题分析

1. 多元函数的概念、极限与连续

多元函数、极限、连续均是一元函数相应概念的推广和发展. 学习时,应注意与一元函数相对照,比较它们之间的异同.

怎样去判断二元函数的极限不存在?如果点 $P(x,y)$ 以两种特定的方式趋于点 $P_0(x_0,y_0)$ 时,函数 $f(x,y)$ 趋于不同的数值,则可判断 $f(x,y)$ 当点 $P \rightarrow P_0$ 时没有极限.

一元函数极限的许多计算方法,如极限的四则运算、两个重要极限等均可推广应用于二元函数.

例 1　求极限 $\lim\limits_{\substack{x \to 0 \\ y \to 0}} \dfrac{2(x^2+y^2)}{1-\sqrt{1+x^2+y^2}}$.

解　这是"$\dfrac{0}{0}$"型未定式,可采用分母有理化的方法先化简.

$$\lim\limits_{\substack{x \to 0 \\ y \to 0}} \frac{2(x^2+y^2)}{1-\sqrt{1+x^2+y^2}} = \lim\limits_{\substack{x \to 0 \\ y \to 0}} \frac{2(x^2+y^2)(1+\sqrt{1+x^2+y^2})}{-(x^2+y^2)} = -\lim\limits_{\substack{x \to 0 \\ y \to 0}} 2(1+$$

$$\sqrt{1+x^2+y^2}) = -4.$$

例 2　证明 $\lim\limits_{\substack{x \to 0 \\ y \to 0}} \dfrac{x^2 y}{x^4+y^2}$ 不存在.

证　取特殊路径 $y = kx^2$,则

$$\lim\limits_{\substack{x \to 0 \\ y = kx^2}} \frac{x^2 y}{x^4+y^2} = \lim\limits_{x \to 0} \frac{kx^4}{x^4+k^2 x^4} = \frac{k}{1+k^2}.$$

上式的极限值随着 k 的不同而改变,所以,$\lim\limits_{\substack{x \to 0 \\ y \to 0}} \dfrac{x^2 y}{x^4+y^2}$ 不存在.

注　不能取路径 $y = kx$,因为当 $y = kx$ 时,极限都是零,即

$$\lim\limits_{\substack{x \to 0 \\ y = kx \to 0}} \frac{x^2 y}{x^4+y^2} = \lim\limits_{x \to 0} \frac{kx^3}{x^4+k^2 x^2} = \lim\limits_{x \to 0} \frac{kx}{x^2+k^2} = 0.$$

这样即不能说明极限不存在,也不能说明极限存在.

2. 偏导数、全微分

从研究多元函数中只有一个自变量变化(其他自变量看成常数)时的函数

的变化率,得到了偏导数的概念. 这时,多元函数实质上成为一元函数. 因为,多元函数的偏导数与一元函数的导数无论是在定义的形式上,还是在求导公式和求导方式上,都是相同的.

二元函数 $z = f(x, y)$ 的全微分公式 $dz = \dfrac{\partial z}{\partial x}dx + \dfrac{\partial z}{\partial y}dy$,也是一元函数微分公式的推广.

二元函数在一点的偏导数存在与函数在这点的连续性没有必然的联系. 若函数 $z = f(x, y)$ 在某点处是可微分的(即 dz 存在),则在该点处函数必连续且偏导数存在,反之不然.

例 3 设 $z = \arctan \sqrt{x^y}$,求 $\dfrac{\partial z}{\partial x}, \dfrac{\partial z}{\partial y}, dz$.

解 $\dfrac{\partial z}{\partial x} = \dfrac{1}{1 + (\sqrt{x^y})^2} \cdot \dfrac{\partial \sqrt{x^y}}{\partial x} = \dfrac{1}{1 + x^y} \cdot \dfrac{1}{2\sqrt{x^y}} \cdot \dfrac{\partial x^y}{\partial x} = \dfrac{yx^{y-1}}{2\sqrt{x^y}(1 + x^y)}$,

$\dfrac{\partial z}{\partial y} = \dfrac{1}{1 + (\sqrt{x^y})^2} \cdot \dfrac{\partial \sqrt{x^y}}{\partial y} = \dfrac{1}{1 + x^y} \cdot \dfrac{1}{2\sqrt{x^y}} \cdot \dfrac{\partial x^y}{\partial y} = \dfrac{x^y \ln x}{2\sqrt{x^y}(1 + x^y)}$,

$dz = \dfrac{\partial z}{\partial x}dx + \dfrac{\partial z}{\partial y}dy = \dfrac{yx^{y-1}dx + x^y \ln x dy}{2\sqrt{x^y}(1 + x^y)}$.

3. 多元复合函数的导数

认清复合函数的结构,使用合适的复合函数求导公式,是求复合函数导数的关键. 求导公式很多,不易记忆,也不用记忆. 只要掌握其规律,利用函数结构图,可直接推出. 例如,要求 $\dfrac{\partial z}{\partial x}$,只要看清结构图上由 z 经中间变量到 x 有几条途径,那么,求 $\dfrac{\partial z}{\partial x}$ 的结果就有几项相加,而和式中的每一项是同一条途径上的两个偏导数或导数的乘积.

例 4 设 $u = f(x, y, z). y = \Phi(x. t). t = \Psi(x. z)$,其中 f、Φ、Ψ 都可微,求 $\dfrac{\partial u}{\partial x}, \dfrac{\partial u}{\partial z}$.

解 函数 $u = f(x, y, z)$ 的构图为图 1:

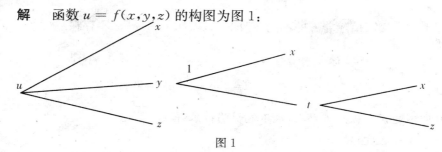

图 1

所以,u 是 x 和 z 的二元函数,且 x 即是自变量,又是中间变量,由函数结构图,可得

$$\frac{\partial u}{\partial x} = \frac{\partial f}{\partial x} + \frac{\partial f}{\partial y}\left(\frac{\partial y}{\partial x} + \frac{\partial y}{\partial t} \cdot \frac{\partial t}{\partial x}\right) = f'_x + f'_y(\Phi'_x + \Phi'_x \Psi'_x)$$

$$\frac{\partial u}{\partial z} = \frac{\partial f}{\partial y} \cdot \frac{\partial y}{\partial t} \cdot \frac{\partial t}{\partial z} + \frac{\partial f}{\partial z} = f'_y \Phi'_t \Psi'_z + f'_z$$

例 5　设 $w = f(x+y+z, xyz)$,f 具有二阶连续偏导数,求 $\dfrac{\partial w}{\partial x}$ 和 $\dfrac{\partial^2 w}{\partial x \partial z}$.

解　令 $u = x+y+z, v = xyz$,则 $w = f(u, v)$

则　$w = f(u, v)$ 的函数结构图为图 2:

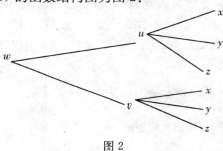

图 2

为表达简便起见,引入以下记号

$$f'_1 = \frac{\partial f(u, v)}{\partial u}, \quad f''_{12} = \frac{\partial^2 f(u \cdot v)}{\partial u \partial v}.$$

这里下标 1 表示对第一个变量 u 求偏导数,下标 2 表示对第二个变量 v 求偏导数,同理有 f'_2, f''_{11}, f''_{22},等等.

则 $\dfrac{\partial w}{\partial x} = \dfrac{\partial f}{\partial u} \cdot \dfrac{\partial u}{\partial x} + \dfrac{\partial f}{\partial v} \cdot \dfrac{\partial v}{\partial x} = f'_1 + yz f'_2$

$$\frac{\partial^2 w}{\partial x \partial z} = \frac{\partial}{\partial z}(f'_1 + yz f'_2) = \frac{\partial f'_1}{\partial z} + yf'_2 + yz \frac{\partial f'_2}{\partial z}$$

求 $\dfrac{\partial f'_1}{\partial z}$ 及 $\dfrac{\partial f'_2}{\partial z}$ 时,应注意 f'_1 及 f_2' 仍旧是复合函数,根据复合函数等导法则,有

$$\frac{\partial f'_1}{\partial z} = \frac{\partial f'_1}{\partial \mu} \cdot \frac{\partial \mu}{\partial z} + \frac{\partial f'_1}{\partial v} \cdot \frac{\partial v}{\partial z} = f''_{11} + xy \cdot f''_{12}$$

$$\frac{\partial f'_2}{\partial z} = \frac{\partial f'_2}{\partial \mu} \cdot \frac{\partial \mu}{\partial Z} + \frac{\partial f'_2}{\partial v} \cdot \frac{\partial v}{\partial z} = f''_{21} + xy f''_{22}$$

于是 $\dfrac{\partial^2 \mu}{\partial x \partial z} = f''_{11} + xy f''_{12} + yf'_2 + yz f''_{21} + xy^2 z f''_{22}$

$$= f''_{11} + y(x+z) f''_{12} + xy^2 z f''_{22} + yf'_2.$$

最后一步利用了 $f''_{12} = f''_{21}$ 这里因为 f 是有二及阶连续偏导数,所以这两个混合偏导数相等.

4.隐函数的求导公式

(1) 若 $y = f(x)$ 是由方程 $F(x,y) = 0$ 所确定的一元隐函数

则 $\dfrac{\mathrm{d}y}{\mathrm{d}x} = -\dfrac{F'_x}{F'_y}(F'_y \neq 0)$

(2) 若 $z = f(x,y)$ 是由方程 $F(x,y,z) = 0$ 所确定的二元隐函数,则

$\dfrac{\partial z}{\partial x} = -\dfrac{F'_x}{F'_z}, \dfrac{\partial z}{zy} = \dfrac{F'_y}{F'_z}. (F'_z \neq 0)$

求隐函数的一阶偏导数或偏导数时,可以使用公式.使用时,首先要认清公式中 $F(x,y)$ 或 $F(x,y,z)$ 具体是什么函数,并正确求出它的偏导数,然后再套用公式.但是,求二阶偏导数不能用上面的公式,应采用方程两边求导或求偏导数的方法去做.

例 6　设由方程 $\sin z - xyz = a(a$ 为常数) 确定隐函数 $Z = Z(x,y)$,求 $\dfrac{\partial z}{\partial x}$, $\dfrac{\partial z}{\partial y}$, $\mathrm{d}z$ 及 $\dfrac{\partial^2 z}{\partial x \partial z}$ 解:设 $F(x,y,z) = \sin z - xyz - a$,则

$F'_x = -yz, F'_y = -xz, F'_z = \cos z - xy$

故得,$\dfrac{\partial z}{\partial x} = -\dfrac{-yz}{\cos z - xy} = \dfrac{yz}{\cos z - xy}, \dfrac{\partial z}{\partial y} = -\dfrac{-xz}{\cos z - xy} = \dfrac{xz}{\cos z - xy}$

所以,$\mathrm{d}z = \dfrac{yz}{\cos z - xy}\mathrm{d}x + \dfrac{xz}{\cos z - xy}\mathrm{d}y$

$\dfrac{\partial^2 z}{\partial x \partial y} = \dfrac{\partial}{\partial y}\left(\dfrac{\partial z}{\partial x}\right) = \dfrac{\partial}{\partial y}\left(\dfrac{yz}{\cos z - xy}\right)$

$= \dfrac{\left(z + y\dfrac{\partial z}{\partial y}\right)(\cos z - xy) - yx\left(-\sin z \cdot \dfrac{\partial z}{\partial y} - x\right)}{(\cos z - xy)^2}$

将 $\dfrac{\partial z}{\partial y} = \dfrac{xz}{\cos z - xy}$ 代入,整理后,最后得到

$\dfrac{\partial^2 z}{\partial x \partial y} = \dfrac{z\cos z + xyz}{(\cos z - xy)^2} + \dfrac{xyz^2 \sin z}{(\cos z - xy)^3}.$

例 7　设方程 $Z = f(xz, yz)$ 确定隐函数 $Z = Z(x,y)$,其中 f 具有一阶连续偏导数,求 $\dfrac{\partial z}{\partial x}, \dfrac{\partial z}{\partial y}.$

解　设 $F(x,y,z) = f(xz, yz) - z$,则

$F'_x = Zf'_1, F'_y = zf'_2, F'_z = xf'_1 + yf'_2 - 1$

所以,$\dfrac{\partial z}{\partial x} = -\dfrac{zf'_1}{xf'_1 + yf'_2 - 1}, \dfrac{\partial z}{\partial y} = -\dfrac{zf'_2}{zf'_1 + yf'_2 - 1}.$

5. 多元函数的极值

多元函数的极值问题中,有无条件极值和条件极值两类,具体解题时,应分清所给的问题属于哪一类极值,然后采用有关的解题方法.

在求最大值或最小值的应用题时,一般是条件极值问题,可采用拉格朗日乘数法.

例 8　求表面积为 $2a^2(a>0)$ 而体积为最大的长方体的体积.

解　设此长方体的长、宽、高分别为 x,y,z,则问题化为在条件 $xy+yz+xz=a^2$ 下,求函数

$u=xyz$ 的最大值,构造拉格朗日函数

$$L(x,y,z,\lambda)=xyz+\lambda(xy+yz+xz-a^2)$$

对上式求偏导数,得方程组:

$$yz+\lambda(y+z)=0$$
$$xz+\lambda(x+z)=0$$
$$xy+\lambda(x+y)=0$$
$$xy+yz+xz-a^2=0$$

解之得 $x=y=z=\dfrac{\sqrt{3}}{3}a$ 所以当长方体的长、宽、高分别为 $\dfrac{\sqrt{3}}{3}a$、$\dfrac{\sqrt{3}}{3}a$、$\dfrac{\sqrt{3}}{3}a$

时,长方体的体积最大,且最大体积为 $\dfrac{\sqrt{3}}{9}a^3$.

6. 二重积分的计算及应用

例 9　计算 $I=\displaystyle\iint\limits_{D}|y-x^2|\,\mathrm{d}x\mathrm{d}y$,其中,$D$ 是矩形区域:$-1\leqslant x\leqslant 1,0\leqslant y\leqslant 1$.

分析　因被积分函数中含有绝对值,故需要通过分割积分区域去掉被积分函数中的绝对值符号. 利用 = 重积分对区域的可加性,分成若干个部分区域上的积分后在相加.

解　画出区域的图形如图 3 所示,由于被积分函数

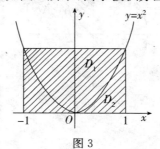

图 3

$$| y - x^2 | = \begin{cases} y - x^2 & \text{当 } y - x^2 \geqslant 0 \text{ 时} \\ -(y - x^2) & \text{当 } y - x^2 s \text{ 时} \end{cases}$$

所以,曲线 $y = x^2$ 把区域 D 的成分成 D_1,和 D_2 两部分:

$$D_1 : \begin{cases} -1 \leqslant x \leqslant 1 \\ x^2 \leqslant y \leqslant 1 \end{cases} D_2 \begin{cases} -1 \leqslant x \leqslant 1 \\ 0 \leqslant y \leqslant x^2 \end{cases}$$

于是,在 D_1 上 $| y - x^2 | = y - x^2$;在 D_2 上,上 $| y - x^2 | = x^2 - y$,

因此 $I = \iint\limits_{D} y - x^2 | \mathrm{d}x\mathrm{d}y = \iint\limits_{D_1} y - x^2 | \mathrm{d}x\mathrm{d}y + \iint\limits_{D_2} y - x^2 | \mathrm{d}x\mathrm{d}y$

$$= \iint\limits_{D_1} (y - x^2)\mathrm{d}x\mathrm{d}y + \iint\limits_{D_2} (x^2 - y)\mathrm{d}x\mathrm{d}y$$

$$= \int_{-1}^{1} \mathrm{d}x \int_{x^2}^{1} (y - x^2)\mathrm{d}y + \int_{-1}^{1} \mathrm{d}x \int_{0}^{x^2} (x^2 - y)\mathrm{d}y$$

$$= \int_{-1}^{1} \left[\frac{1}{2}y^2 - x^2 y \right]_{x^2}^{1} \mathrm{d}x + \int_{-1}^{1} \left[x^2 - y - \frac{1}{2}y^2 \right]_{0}^{x^2} \mathrm{d}x$$

$$= \int_{-1}^{1} \left(\frac{1}{2} - x^2 + \frac{1}{2}x^4 \right)\mathrm{d}x + \int_{-1}^{1} \frac{1}{2}x^4 \mathrm{d}x$$

$$= \int_{-1}^{1} \left(\frac{1}{2} - x^2 + x^4 \right)\mathrm{d}x = 2 \left[\frac{x}{2} - \frac{x^3}{3} + \frac{1}{5}x^5 \right]_{0}^{1} = \frac{11}{15}.$$

例 10 计算 $I = \iint\limits_{D} \sqrt{\dfrac{1 - x^2 - y^2}{1 + x^2 + y^2}}\mathrm{d}x\mathrm{d}y$ 其中,D 为圆域:$x^2 + y^2 \leqslant 1$

分析 由于被积函数中含有 $x^2 + y^2$,且关于 x 及 y 都是偶函数,而区域 D 是园域,它关于 x 及 y 轴都对称,因此,可选择极坐标,且可利用对称性简化计算.

解 画出区域 D,若记区域 D 在第一象限部分为 D_1,则利用极坐标及对称性,可得图 4

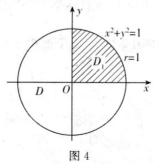

图 4

$$I = 4\iint\limits_{D_1} \sqrt{\frac{1-x^2-y^2}{1+x^2+y^2}}\mathrm{d}x\mathrm{d}y = 4\iint\limits_{D_1}\sqrt{\frac{1-r^2}{1+r^2}}r\mathrm{d}r\mathrm{d}\theta$$

$$= 4\int_0^{\frac{\pi}{2}}\mathrm{d}\theta\int_0^1\sqrt{\frac{1-r^2}{1+r^2}}r\mathrm{d}r = 2\pi\int_0^1\sqrt{\frac{1-r^2}{1+r^2}}r\mathrm{d}r(\text{令 }r^2=t)$$

$$= \pi\int_0^1\sqrt{\frac{1-t}{1+t}}\mathrm{d}t = \pi\int_0^1\frac{1-t}{\sqrt{1-t^2}}\mathrm{d}t = \pi\int_0^1\frac{1}{\sqrt{1-t^2}}\mathrm{d}t - \pi\int_0^1\frac{t}{\sqrt{1-t^2}}\mathrm{d}t$$

$$= \pi\left[\arcsin t\right]_0^1 + \frac{\pi}{2}\left[2\sqrt{1-t^2}\right]_0^1 = \pi\left(\frac{\pi}{2}-1\right)$$

例 11　求由平面 $Y=0, Y=kx(k>0), z=0$ 以及球心在原点,半径为 R 的上半球所围成的在第一象限内的立体的体积.

解　如图 5 所示:

$$V = \iint\limits_D \sqrt{R^2-x^2-y^2}\mathrm{d}\sigma$$

$$= \iint\limits_D \sqrt{R^2-r^2}r\mathrm{d}r\mathrm{d}\theta$$

$$= \int_0^{\arctan k}\mathrm{d}\theta\int_0^R\sqrt{R^2-r^2}r\mathrm{d}r$$

$$= \arctan k \cdot \left[-\frac{1}{2}\int_0^R\sqrt{R^2-r^2}\mathrm{d}(R^2-r^2)\right]$$

$$= \arctan k \cdot \left[-\frac{1}{3}(R^2-r^2)^{\frac{3}{2}}\right]_0^R = \frac{R^3}{3}\arctan k$$

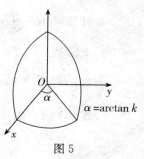

图 5

例 12　设平面薄片所占的闭区域 D 是由螺线 $V=2\theta$ 上的一段弧($0\leqslant\theta\leqslant\frac{\pi}{2}$)与直线 $\theta=\frac{\pi}{2}$ 所围成,它的面密度为 $\rho(x,y)=x^2+y^2$,求返薄片的质量.

解:如图 6 所示:

$$M = \iint\limits_D\rho\mathrm{d}\sigma = \int_0^{\frac{\pi}{2}}\mathrm{d}\theta\int_0^{2\theta}r^2\cdot r\mathrm{d}r$$

$$= \int_0^{\frac{\pi}{2}}\left[\frac{r^4}{4}\right]_0^{2\theta}\mathrm{d}\theta = 4\int_0^{\frac{\pi}{2}}\theta^4\mathrm{d}\theta = \frac{\pi^5}{40}$$

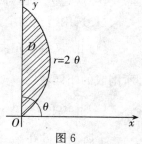

图 6

复习题五

1.填空题

(1) 在空间直角坐标系中,点 $A(1,-2,3)$ 在_____卦限;

(2) 写出球心在点 $(6,2,3)$ 半径为 2 的球面方程_____;

(3) 在 xoz 坐标面中的直线 $z=x$ 绕 z 轴旋转一周,求旋转曲面的方程_____；

(4) 二元函数的定义域在几何上是_____；

(5) 二元函数 $f(x,y) = \ln(x-y)$ 的定义域是：_____；

(6) $\lim\limits_{\substack{x \to 2 \\ y \to 2}} (x^2 + xy - y^2) = $ _____；

(7) 设 $z = \ln(xy)$，则 $\mathrm{d}z = $ _____；

(8) 设二元函数 $z = xy^2 + x^2 y$，则 $\dfrac{\partial^2 z}{\partial x \partial y} = $ _____．

2. 求下列函数的定义域

(1) $z = \ln(x^2 + y^2)$；   (2) $z = \ln(y-x) + \sqrt{1 - x^2 - y^2}$．

3. 计算：$\lim\limits_{\substack{x \to 1 \\ y \to 1}} \dfrac{2 - \sqrt{xy + 3}}{xy - 1}$

4. 求函数 $z = (x+y)\arctan xy$ 的一阶偏导数．

5. 设函数 $z = x^4 + y^4 - 4x^2 y^2$，求 $\dfrac{\partial z}{\partial x}, \dfrac{\partial^2 z}{\partial x^2}, \dfrac{\partial^2 z}{\partial x \partial y}$．

6. 求函数 $z = xy + \dfrac{x}{y}$ 的全微分．

7. 设 $z = u^2 \ln v, u = xy, v = 2x - 3y$，求 $\dfrac{\partial z}{\partial x}, \dfrac{\partial z}{\partial y}$．

8. 设 $2\sin(x + 2y - 3z) = x + 2y - 3z$，证明：$\dfrac{\partial z}{\partial x} + \dfrac{\partial z}{\partial y} = 1$．

9. 求函数 $f(x,y) = x^3 - y^3 - 3xy$ 的极值．

10. 从斜边之长为 l 的一切直角三角形中，求有最大周界的直角三角形．

11. 选用适当的坐标计算下列各题：

(1) $\iint\limits_{D} (x^2 + y^2)\mathrm{d}\sigma$，其中 D 是由直线 $y = x, y = x + a, y = a, y = 3a (a > 0)$ 所围成的闭区域．

(2) $\iint\limits_{D} \arctan \dfrac{y}{x} \mathrm{d}\sigma$，其中 D 是由圆周 $x^2 + y^2 = 4, x^2 + y^2 = 1$ 及直线 $y = 0$，$y = x$ 所围成的在第一象限内的闭区域．

12. 求由曲面 $z = \sqrt{2 - x^2 - y^2}$ 及 $x^2 + y^2 = z$ 所围成的立体的体积．

参考答案

第一章

习题 1.1

1. $A \bigcup B = (-\infty,3) \bigcup (5,+\infty)$；$A \bigcap B = [-10,-5]$

2. (1) 不相同,定义域不同　(2) 不相同,值域不同　(3) 相同　(4) 不相同,定义域不同

3. (1) $[1/2,+\infty)$　(2) $(-\infty,-1) \bigcup (-1,1) \bigcup (1,+\infty)$　(3) $(-3,3)$　(4) $[0,+\infty)$

(5) $\left(k\pi - \dfrac{\pi}{2} - 1, k\pi + \dfrac{\pi}{2} - 1\right), k \in \mathbf{Z}$　(6) $(3,5) \bigcup (5,+\infty)$

4. $\varphi\left(\dfrac{\pi}{6}\right) = \dfrac{1}{2}$；$\varphi\left(\dfrac{\pi}{4}\right) = \dfrac{\sqrt{2}}{2}$；$\varphi\left(-\dfrac{\pi}{4}\right) = \dfrac{\sqrt{2}}{2}$；$\varphi(-2) = 0$

5. (1) 偶　(2) 非奇非偶　(3) 偶　(4) 奇　(5) 非奇非偶　(6) 偶

6. (1) 增函数　(2) 增函数

7. (1) 周期函数,$l = 2\pi$　(2) 周期函数,$l = \dfrac{2\pi}{3}$　(3) 周期函数,$l = 2$

(4) 不是周期函数　(5) 周期函数,$l = \pi$　(6) 周期函数,$l = \dfrac{\pi}{2}$

8. 略

9. (1) 有界　(2) 无界

习题 1.2

1. $y = \dfrac{x-1}{3}, x \in \mathbf{R}$　(2) $y = x^3 - 1, x \in \mathbf{R}$　(3) $y = \dfrac{1+x}{1-x}, x \in (-\infty,1) \bigcup (1,+\infty)$

(4) $y = \dfrac{dx-b}{a-cx}, x \in \left(-\infty,\dfrac{a}{c}\right) \bigcup \left(\dfrac{a}{c},+\infty\right)$　(5) $y = \dfrac{1}{2}\arcsin x, x \in \left(-\dfrac{\sqrt{3}}{2},\dfrac{\sqrt{3}}{2}\right)$

(6) $y = 2^{x-1} + 2, x \in \mathbf{R}$　(7) $y = -1 + \ln x, x \in (0,+\infty)$

(8) $y = \log_2 \dfrac{x}{1-x}, x \in (0,1)$

2. 略

3. 反函数为 $y = \begin{cases} x, & -\infty < x < 0 \\ \sqrt{x}, & 0 \leqslant x \leqslant 4 \\ \log_2 x, & 4 < x < +\infty \end{cases}$；定义域为 $(-\infty,+\infty)$

4.(1) $\dfrac{\pi}{2}$ (2) $-\dfrac{\pi}{4}$ (3) $\dfrac{\pi}{2}$ (4) $\dfrac{\pi}{3}$ (5) $-\dfrac{\pi}{4}$ (6) $\dfrac{\pi}{3}$ (7) $\dfrac{3}{5}$ (8) $\dfrac{5}{12}$

5.(1) $y = \sin^2 x, f\left(\dfrac{\pi}{6}\right) = \dfrac{1}{4}, f\left(\dfrac{\pi}{3}\right) = \dfrac{3}{4}$ (2) $y = \cos 2x, f\left(\dfrac{\pi}{12}\right) = \dfrac{\sqrt{3}}{2}, f\left(\dfrac{\pi}{4}\right) = 0$

(3) $y = \sqrt{4 - x^2}, f(1) = \sqrt{3}, f(2) = 0$ (4) $y = \mathrm{e}^{x^2}, f(0) = 1, f(1) = \mathrm{e}$

(5) $y = \log_2(3x + 1), f(1) = 2, f(5) = 4$

6.(1) 定义域 $\left[-\dfrac{1}{3}, \dfrac{1}{3}\right]$，值域 $\left[-\dfrac{\pi}{2}, \dfrac{\pi}{2}\right]$ (2) 定义域 $[0,1]$，值域 $\left[-\dfrac{\pi}{2}, \dfrac{\pi}{2}\right]$

(3) 定义域 $[-2, -\sqrt{2}] \cup [\sqrt{2}, 2]$，值域 $[0, \pi]$ (4) 定义域 $[-3, 1]$，值域 $[0, 2\pi]$

(5) 定义域 $(-\infty, +\infty)$，值域 $\left(-\dfrac{\pi}{2}, \dfrac{\pi}{2}\right)$ (6) 定义域 $(-\infty, +\infty)$，值域 $(0, \pi)$

7.(1) 定义域 $[2,3]$ (2) 定义域 $[-1,1]$ (3) 定义域 $[2k\pi, \pi + 2k\pi], k \in \mathbf{Z}$

(4) $a > \dfrac{1}{2}$ 时，定义域为 $\boldsymbol{\varPhi}$；$0 < a \leqslant \dfrac{1}{2}$，定义域为 $[a, 1-a]$

8.(1) $p = \begin{cases} 90, 0 < x \leqslant 100; \\ 90 - 0.01 \cdot (x - 100), 100 < x \leqslant 1600; \\ 75, x > 1600 \end{cases}$

(2) $q = \begin{cases} 30x, 0 < x \leqslant 100; \\ 31x - 0.01x^2, 100 < x \leqslant 1600; \\ 15x, x > 1600 \end{cases}$

(3) $x = 1000$（台）时，$q = 21000$（元）

9. $1.0176^{29} \cdot 4936$

习题 1.3

1.(1) 收敛 $\lim\limits_{n \to \infty} \dfrac{1}{3^n} = 0$ (2) 收敛 $\lim\limits_{n \to \infty} (-1)^n \dfrac{1}{n} = 0$ (3) 收敛 $\lim\limits_{n \to \infty} \left(1 - \dfrac{1}{n^2}\right) = 1$

(4) 收敛 $\lim\limits_{n \to \infty} \dfrac{n-1}{n+1} = 1$ (5) 发散 (6) 收敛 $\lim\limits_{n \to \infty} \dfrac{2^n - 1}{3^n} = 0$

2.(1) 0 (2) -1 (3) 不存在

3.(1) 1 (2) $\dfrac{1}{2}$ (3) -1 (4) $\dfrac{1}{2}$

4. $f(0+0) = f(0-0) = 1, \lim\limits_{x \to 0} f(x) = 1$, 存在；

$g(0+0) = 1, g(0-0) = -1, \lim\limits_{x \to 0} g(x)$ 不存在

5.(1) 3 (2) -4 (3) -4 (4) 3

6.(1) -1 (2) 0

7.(1) $-\dfrac{3}{2}$ (2) 0 (3) -2 (4) $2x$ (5) 2 (6) $\dfrac{1}{2}$ (7) 0 (8) 2 (9) 2 (10) $\dfrac{1}{2}$

(11) 1 (12) -1

8.(1) 无穷小 (2) 无穷大 (3) 无穷小 (4) 无穷大 (5) 无穷小 (6) 无穷大

9.(1) $x \to \dfrac{1}{3}$，无穷小；$x \to \infty$，无穷大 (2) $x \to 0$，无穷小；$x \to -1$，无穷大

(3)$x \to k\pi$ $(k \in \mathbf{Z})$,无穷小;没有无穷大

(4)$x \to 1$,无穷小;$x \to \infty$,无穷大;$x \to 0+0$,无穷大

10.(1)∞ (2)∞ (3)∞

11.(1)高阶 (2)低阶 (3)等价

12.略

习题 1.4

1.(1)5 (2)0 (3)e^2 (4)e^{-1}

2.(1)$\dfrac{1}{a}$ (2)5 (3)$\dfrac{2}{5}$ (4)1 (5)2 (6)x

3.(1)e^{-2} (2)e^3 (3)e^2 (4)e^k (5)e^2 (6)e

习题 1.5

1.(1)$\Delta x = 2, \Delta y = 6$ (2)$\Delta x = -1, \Delta y = -4$ (3)$\Delta x, \Delta y = \Delta x^2 + 5\Delta x$

(4)$\Delta x, \Delta y = \Delta x^2 + (2x_0 - 1)\Delta x$

2.略

3.(1) 在 $x = 1$ 处连续 (2) 在 $x = -2$ 处不连续,在 $x = 2$ 处连续

4.(1)$(-\infty, 0) \bigcup (0, 2) \bigcup (2, +\infty)$,$\lim\limits_{x \to 0} f(x) = \infty$,$\lim\limits_{x \to 1} f(x) = -1$,$\lim\limits_{x \to 2} f(x) = 2$

5.$a = 1$

6.(1)$x = 1$,第二类间断点 (2)$x = 2$,第一类间断点;$x = -2$,第二类间断点

(3)$x = 0$,第二类间断点 (4)$x = 0$,第二类间断点 (5)$x = 1$,第一类间断点

(6)$x = 0$,第二类间断点

7.(1) 对 (2) 错

8.(1)$\sqrt{5}$ (2)0 (3)1 (4)$\dfrac{1}{2}$ (5)1 (6)1

9.$y_{\max} = 1, y_{\min} = -\dfrac{\pi}{2}$

10.$y_{\max} = 3, y_{\min} = 0$

11.略

12.略

复习题一

1.(1)$\left(-\dfrac{1}{2}, 1\right]$ (2)$y = u^{10}, u = 1 + v, v = \sin t, t = 2x$ (3)0,$\dfrac{1}{e}$ (4) 同阶 (5)∞ (6)$[1, e^2]$

2.是,因为 $y = \sqrt{x^2}$

3.(1)$[-\sqrt{2}, -1] \bigcup [1, \sqrt{2}]$ (2)$[2k\pi, 2k\pi + \pi](k \in \mathbf{Z})$

4.(1)∞ (2)$\dfrac{1}{2}$ (3)$\dfrac{1}{e^2}$ (4)0 (5)0 (6)$\dfrac{\sqrt{2}}{2}$

5.在 $x = 1$ 处连续

6. $a = 0$

7.第一类间断点；跳跃间断点

8.略.

第 二 章

习题 2.1

1. -1

2.略

3. $0, \dfrac{3}{2}$

4. $8y - 4\sqrt{2}x - 4\sqrt{2} + \sqrt{2}\pi = 0$

5. $v = 12 \text{ m/s}$

习题 2.2

1.(1) $4x + \dfrac{5}{2}x^{\frac{3}{2}}$　(2) $\dfrac{7}{2}x^{\frac{5}{2}} + \dfrac{3}{2}x^{\frac{1}{2}} + \dfrac{1}{2}x^{-\frac{1}{2}} - \dfrac{1}{2}x^{-\frac{3}{2}}$　(3) $-6(1-2x)^2$

(4) $\dfrac{3}{x} + \dfrac{2}{x^2}$　(5) $(1+x)e^x$　(6) $\dfrac{1 - \sin x}{(1 + \sin x)^2}$　(7) $6x^5 - 15x^4 + 12x^3 - 9x^2 + 2x + 3$

(8) $-\dfrac{2\sin x}{(1 - \cos x)^2}$　(9) $2xe^{x^2}\arctan\sqrt{x} + \dfrac{e^{x^2}}{2\sqrt{x}(1+x)}$　(10) $-2xe^{x^2}$　(11) $\dfrac{\cos\sqrt{x}}{2\sqrt{x}}$

(12) $\dfrac{1}{\ln(\ln x) \cdot \ln x \cdot x}$　(13) $2t\cot t^2$　(14) $e^{\sin x}\cos x$　(15) $2x + \dfrac{2}{1 + 4x^2}$

(16) $\dfrac{\sin 3x}{x} + 3\ln 2x\cos 3x$　(17) $\dfrac{1}{(1+x^2)\sqrt{1+x^2}}$　(18) $\dfrac{2}{(1-t)^2}$

2. $y - 2x - 2 = 0$

3.6

4.27 m/s

习题 2.3

1.(1) $\dfrac{e^x - y}{x - e^x}$　(2) $-\dfrac{y^2e^x}{1 + ye^x}$　(3) $-\dfrac{1 - ye^{xy}}{1 - xe^{xy}}$　(4) $-\dfrac{x^2 - y}{y^2 - x}$

2.(1) $\dfrac{2}{\cos t}$　(2) $-\dfrac{4}{5}\cot\theta$

3. $3y + 5x - 17 = 0$

4. $y + x - \dfrac{\sqrt{2}}{2}a = 0$

5. (1) $6x - \sin x$ (2) $(x-2)\mathrm{e}^{-x}$ (3) $\dfrac{1}{(x^2-1)\sqrt{1-x^2}}$

习题 2.4

1. (1) $2x + c$ (2) $\dfrac{1}{2}x^2 + c$ (3) $-\cos x + c$ (4) $\ln x + c$ (5) $\arcsin x + c$ (6) $2x$

(7) $\mathrm{e}^x + c$ (8) $2\sqrt{x} + c$

2. (1) $\dfrac{\cos \sqrt{x}}{2\sqrt{x}}\mathrm{d}x$ (2) $\left(6x^2 + \dfrac{1}{x}\right)\mathrm{d}x$ (3) $(1+x)\mathrm{e}^x\mathrm{d}x$ (4) $\dfrac{1-2x^2}{\sqrt{1-x^2}}\mathrm{d}x$

(5) $-\mathrm{e}^{-x}(\sin x + \cos x)\mathrm{d}x$ (6) $\dfrac{1}{2}\left(\dfrac{1}{\sqrt{x+1}} - \dfrac{1}{\sqrt{x}}\right)\mathrm{d}x$

习题 2.5

1. (1) $\zeta = 1$ (2) $\zeta = \mathrm{e} - 1$ (3) $\zeta = \sqrt{\dfrac{\pi}{4} - 1}$

2. 略

3. (1) $\dfrac{a}{b}$ (2) $-\dfrac{3}{5}$ (3) $\dfrac{1}{2}$ (4) 1   (5) ∞ (6) $\sqrt{2}$ (7) 1   (8) $-\dfrac{1}{8}$ (9) 0   (10) 0

4. (1) 单调递增区间 $(-2,0) \bigcup (2,\infty)$ 单调递减区间 $(-\infty,-2) \bigcup (0,2)$ (2) 单调递增区间 $\left(\dfrac{1}{2},+\infty\right)$ 单调递减区间 $\left(-\infty,\dfrac{1}{2}\right)$

5. (1) 极大值 $y(0) = 0$, 极小值 $y(0) = 0$ (2) 极大值 $y(1) = 1$, 极小值 $y(0) = 0$ 或 y (2) $= 0$

6. (1) 当 $x = -2$ 及 $x = 2$ 时, 函数有最大值 13; 当 $x = -1$ 及 $x = 1$ 时, 函数有最小值 4

(2) 当 $x = \dfrac{3}{4}$ 时, 函数有最大值 $\dfrac{5}{4}$; 当 $x = -5$ 时, 函数有最小值 $-5 + \sqrt{6}$

7. (1) 凸区间 $\left(-\infty,-\dfrac{1}{2}\right)$, 凹区间 $\left(-\dfrac{1}{2},+\infty\right)$, 拐点 $\left(-\dfrac{1}{2},2\right)$

(2) 凸区间 $(-\infty,2)$, 凹区间 $(2,+\infty)$, 拐点 $\left(2,\dfrac{2}{\mathrm{e}^2}\right)$

8. 长宽各 16 m   9. $h = \dfrac{2}{3}R^2$

复习题二

1. (1) 1   (2) 2   (3) $-\dfrac{\cos x}{(1+\sin x)^2}\mathrm{d}x$ (4) $-2x\mathrm{e}^{-x^2}$ (5) $(1,-2)$ (6) $3\ln 3 + 9$

(7) $\dfrac{2}{3}x^{\frac{3}{2}} - \ln x$ (8) $2x\ln x + x$ (9) 1   (10) 1   (11) $2x^{-3}$ (12) $-\mathrm{e}^{-1}$

2. (1) B   (2) B   (3) D   (4) C   (5) B   (6) C

3. (1) $-4\sin(2x-1)\cos(2x-1)$ (2) $-\mathrm{e}^{-x}\ln(2x) + \dfrac{1}{x}\mathrm{e}^{-x}$ (3) $1 + \ln x$ (4) 2

4. (1) $\left(2x+\dfrac{5}{2}x^{\frac{3}{2}}\right)\mathrm{d}x$　(2) $\left(\mathrm{e}^x+\dfrac{1}{1+x^2}\right)\mathrm{d}x$

5. $\dfrac{\mathrm{e}^{x+y}\ \sqrt{1-x^2}-1}{(1-\mathrm{e}^{x+y})\ \sqrt{1-x^2}}$

6. $\dfrac{\sin(x+y)}{1-\sin(x+y)}$

7. (1) $\dfrac{\sin 2t}{6t}$　(2) $\dfrac{t}{2}$

8. (1) 极大值 $f(1)=\mathrm{e}^{-1}$　(2) 极大值 $f(-1)=10$ 极小值 $f(3)=-22$

9. 蓄水池的底面半径为 $\sqrt[3]{\dfrac{150}{\pi}}$，高为 $2\sqrt[3]{\dfrac{150}{\pi}}$

第 三 章

习题 3.1

1. 略
2. 略
3. $y=\dfrac{x^2}{2}+1$
4. $y=\sin t+9$

习题 3.2

1. (1) $\dfrac{1}{7}x^7+C$　(2) $\dfrac{6^x}{\ln 6}+C$　(3) e^x+x+C　(4) $\dfrac{a^x\mathrm{e}^x}{1+\ln a}+C$

(5) $\dfrac{1}{3}ax^3+\dfrac{1}{2}bx^2+cx+C_1$　(6) $-\dfrac{1}{2x^2}+C$　(7) $-\dfrac{2}{3x\sqrt{x}}+C$　(8) $\dfrac{1}{g}\ \sqrt{2gh}+C$

(9) $3x-2\ln|x|-\dfrac{1}{x}-\dfrac{1}{2x^2}+C$　(10) $\ln|x|+\dfrac{3^x}{\ln 3}+\tan x-\mathrm{e}^x+C$

(11) $x+4\ln|x|-\dfrac{4}{x}+C$　(12) $2\arctan x+\ln|x|+C$　(13) $x-\arctan x+C$

(14) $x^3+\arctan x+C$　(15) $\sin x-\cos x+C$　(16) $-2\csc 2x+C$

(17) $-\cot t-t+C$　(18) $\displaystyle\int\dfrac{1}{2}(x-\sin x)+C$

2. $y=x-\dfrac{x^2}{2}-\dfrac{11}{2}$

3. $s=t^3+2t^2$

习题 3.3

1. (1) $-\dfrac{1}{20}(3-5x)^4+C$　(2) $-\dfrac{1}{2}\ln|3-2x|+C$　(3) $-\dfrac{1}{2}(5-3x)^{\frac{2}{3}}+C$

(4) $\frac{1}{3}e^{3x}+C$ (5) $-\frac{1}{a}\cos ax-be^{\frac{x}{b}}+C$ (6) $\frac{1}{2}\sin x^2+C$ (7) $-\frac{1}{3}\sqrt{2-3x^2}+C$

(8) $2\sin\sqrt{t}+C$ (9) $\frac{1}{2\cos^2 x}+C$ (10) $\sin x-\frac{1}{3}\sin^3 x+C$ (11) $\frac{1}{11}\tan^{11}x+C$

(12) $\frac{1}{2}x+\frac{1}{4}\sin 2x+C$ (13) $\tan x+\frac{1}{3}\tan^3 x+C$ (14) $\frac{1}{2}\ln(1+e^{2x})+C$

(15) $\frac{1}{4}\ln^4 x+C$ (16) $\frac{1}{3}\arctan^3 x+C$ (17) $\frac{1}{15}\arctan\frac{3}{5}x+C$ (18) $\frac{1}{6}\ln\left|\frac{x-3}{x+3}\right|+C$

2. (1) $2(\sqrt{x}-\arctan\sqrt{x})+C$ (2) $2\sqrt{x-1}-2\arctan\sqrt{x-1}+C$

(3) $\arcsin x-\frac{1-\sqrt{1-x^2}}{x}+C$ (4) $\sqrt{x^2-a^2}-a\arccos\frac{a}{x}+C$

(5) $\frac{x}{\sqrt{1+x^2}}+C$ (6) $2(\sqrt{e^x-1}-\arctan\sqrt{e^x-1})+C$

习题 3. 4

1. $-\frac{1}{2}x\cos 2x+\frac{1}{4}\sin 2x+C$

2. $-\frac{1}{4}e^{-2x}(2x+1)+C$

3. $\frac{1}{2}x^2\ln x-4x^2+C$

4. $x^2\sin x+2x\cos x-2\sin x+C$

5. $x\arccos x-\sqrt{1-x^2}+C$

6. $2x\sin\frac{x}{2}+4\cos\frac{x}{2}+C$

7. $x\ln(1+x^2)-2x+2\arctan x+C$

8. $2\sqrt{x}\ln x-4\sqrt{x}+C$

9. $-\frac{1}{4}x\cos 2x+\frac{1}{8}\sin 2x+C$

10. $\frac{1}{2}(\sec x\tan x+\ln|\sec x+\tan x|)+C$

11. $\frac{x}{2}(\sin\ln x-\cos\ln x)+C$

12. $\frac{1}{2}e^{-x}(\sin x-\cos x)+C$

13. $x\ln^2 x-2x\ln x+2x+C$

14. $2\sqrt{e^x-1}-2\arctan\sqrt{e^x-1}+C$

习题 3. 5

1. $\frac{1}{2}x^2-4x+16\ln|x+4|+C$

2. $\dfrac{1}{3}x^3-\dfrac{3}{2}x^2+9x-27\ln|x+3|+C$

3. $\dfrac{1}{2}\ln|x^2+2x+3|-\dfrac{3\sqrt{2}}{2}\arctan\dfrac{x+1}{\sqrt{2}}+C$

4. $\ln|x+1|-\ln|x+2|+\dfrac{1}{x+2}+C$

5. $\ln|x+1|-\dfrac{1}{2}\ln(x^2-x+1)+\sqrt{3}\arctan\dfrac{2x-1}{\sqrt{3}}+C$

6. $\dfrac{1}{3}x^3+\dfrac{1}{2}x^2+x+8\ln|x|-4\ln|x+1|-3\ln|x-1|+C$

7. $\dfrac{1}{\sqrt{2}}\arctan\dfrac{\tan\dfrac{x}{2}}{\sqrt{2}}+C$

8. $\dfrac{1}{\sqrt{2}}\ln\left|\tan(\dfrac{x}{2}+\dfrac{\pi}{8})\right|+C$

9. $x-\tan(\dfrac{x}{2}-\dfrac{\pi}{4})+C$

10. $-\dfrac{1}{3}\cos^3 x+\dfrac{1}{5}\cos^5 x+C$

习题 3.6

略

习题 3.7

1. $A=\displaystyle\int_1^3(x^2+1)\mathrm{d}x$

2. (1)$\displaystyle\int_0^{\frac{\pi}{2}}\sin x\mathrm{d}x>0$ (2)$\displaystyle\int_{-\frac{\pi}{2}}^{0}\sin x\cos x\mathrm{d}x<0$ (3)$\displaystyle\int_{-1}^{2}x^2\mathrm{d}x>0$

3. 略

习题 3.8

1. (1)>0 (2)<0

2. (1)$[3,15]$ (2)$(\dfrac{1}{2},1)$

3. (1)$e-1$ (2)$\dfrac{\pi}{4}$ (3)$2+\dfrac{\pi}{2}$ (4)$2(\sqrt{2}-1)$

4. $\dfrac{76}{3}$

习题 3.9

1. (1)$\dfrac{\pi}{12}$ (2)$\dfrac{1}{2}$ (3)$2(\sqrt{3}-1)$ (4)$\dfrac{1}{5}$ (5)$\dfrac{\pi^2}{18}$ (6)$\ln(1+e)-\ln2$ (7)$2\ln3$

(8)π

2. (1)1　(2)1　(3)$\dfrac{\pi}{4}-\dfrac{1}{2}$　(4)$\dfrac{1}{3}(e-1)$　(5)$\dfrac{1}{2}(e^{2\pi}-1)$　(6)$\dfrac{e}{2}(\cos 1+\sin 1)-\dfrac{1}{2}$

3. (1)0　(2)0　(3)0　(4)$2(e-e^{-1})$

习题 3.10

1. (1)$\dfrac{1}{3}$　(2)发　(3)1　(4)π　(5)-1　(6)π

1. (1)1　(2)$2\ln^2 2-2\ln 2+1$　(3)发　(4)$\dfrac{\pi}{2}$

习题 3.11

1. $2\sqrt{3}-\dfrac{4}{3}$

2. $e+e^{-1}-2$

3. $\dfrac{49}{3}$

4. $\dfrac{4}{3}$

5. 18

6. $2\ln 2$

7. $\dfrac{2}{3}(2\sqrt{2}-1)$

8. 3462

9. $\dfrac{2\rho g}{3}R^3$

复习题三

1. (1)$2,-1,[-1,2],x^2+2x+1,x,(x^2+2x+1)\mathrm{d}x$　(2)$\displaystyle\int_2^5(3+2t)\mathrm{d}t$

(3)$\displaystyle\int_0^\pi|\cos x|\,\mathrm{d}x$　(4)0　(5)x^2+C　(6)$e^{x^2},e^{x^2}+C,e^{x^2}\mathrm{d}x$　(7)$\dfrac{1}{2}F(x^2)+C$

(8)2　(9)$\pi\displaystyle\int_0^\pi\sin^2 x\mathrm{d}x$

2. (1)D　(2)C　(3)B　(4)D　(5)D　(6)B　(7)A　(8)C　(9)C

3. (1)$\ln(1+x^2)+C$　(2)$\dfrac{1}{3}\sin(3x+1)+C$　(3)$\dfrac{1}{2}\tan^2 x+\ln|\cos x|+C$

(4)$\ln(1+e^x)+C$　(5)$\dfrac{\sqrt{2}}{2}\arctan\sqrt{\dfrac{x}{2}}+C$　(6)$-\dfrac{1}{4}e^{-2t}(2t+1)+C$

(7)$\ln x+\dfrac{1}{3}\ln^3 x+C$　(8)$-\dfrac{1}{2}x\cos 2x+\dfrac{1}{4}\sin 2x+C$

(9)$3\left[\dfrac{t^2}{2}-t+\ln|1+t|\right]+C$　(10)$2\sqrt{e^x-1}-2\arctan\sqrt{e^x-1}+C$

4. (1) $\dfrac{13}{2}$ (2) $\dfrac{1}{6}(a-b)^3$ (3) $\dfrac{7}{72}$ (4) $\dfrac{2}{5}$ (5) $\dfrac{3}{2}$ (6) $\dfrac{8}{3}$ (7) $\dfrac{1}{4}$ (8)0   (9)$3\dfrac{1}{3}$

5. $y = x^3 - 6x^2 + 9x + 4$

6. 6

7. 12 m/s

8. $\dfrac{\pi}{2} + \dfrac{1}{3}$

9. $\dfrac{9}{4}$

10. (1)$4 - 3\ln 3$ (2) $\dfrac{8\pi}{3}$

11. 3.

第 四 章

习题 4.1

1.(1)$1, \dfrac{7}{8}, \dfrac{3}{4}$ (2) $\dfrac{1}{5}, \dfrac{2!}{5^2}, \dfrac{3!}{5^3}$ (3)$3, \dfrac{3^2 \cdot 2!}{2^2}, \dfrac{3^3 \cdot 3!}{3^3}$ (4)$-1, \dfrac{1}{2^2}, \dfrac{-1}{3^3}$

2.(1) $\dfrac{9}{10}, \dfrac{2n-1}{2n}$ (2) $\dfrac{1}{6\ln 6}, \dfrac{1}{(n+1)\ln(n+1)}$ (3) $\dfrac{6}{5}, \dfrac{n+(-1)^{n-1}}{n}$

3.(1) 收敛,$\dfrac{3}{4}$ (2) 发散   (3) 收敛,$\dfrac{3}{2}$ (4) 发散

4.(1) 收敛,$\dfrac{17}{24}$ (2) 发散   (3) 发散

5.(1) 收敛   (2) 收敛   (3) 发散   (4) 发散   (5) 发散   (6) 发散

习题 4.2

1.(1) 发散   (2) 收敛   (3) 收敛
2.(1) 发散   (2) 收敛   (3) 收敛
3.(1) 收敛   (2) 发散   (3) 发散   (4) 发散
4.(1) 条件收敛   (2) 绝对收敛   (3) 绝对收敛   (4) 绝对收敛   (5) 条件收敛

习题 4.3

1.(1)$R = 0,$只有 $x = 0$ 处收敛   (2)$R = +\infty, (-\infty, +\infty)$ (3)$R = 3, [-3,3)$
(4)$R = 1, [-1,1]$

2.(1)$(-3,3)$ (2)$\left[-\dfrac{1}{2}, \dfrac{1}{2}\right]$ (3)$(-\sqrt{2}, \sqrt{2})$ (4)$(-4,2]$

3.(1) $\dfrac{1}{(1+x)^2}, (-1,1)$ (2) $\dfrac{1}{2}\ln\dfrac{1+x}{1-x}, (-1,1)$

4. (1) $\dfrac{1}{4}\ln\dfrac{1+x}{1-x}+\dfrac{1}{2}\arctan x-x,(-1,1)$ (2) $\dfrac{2}{(1+x)^3},(-1,1)$

(3) $x+\ln(1-x)-x\ln(1-x),(-1,1)$

5. (1) $\sin\dfrac{x}{2}=\sum\limits_{n=1}^{\infty}\dfrac{(-1)^{n-1}}{(2n-1)!\,2^{2n-1}}\cdot x^{2n-1},x\in(-\infty,+\infty)$

(2) $e^{2t}=\sum\limits_{n=1}^{\infty}\dfrac{2^n}{n!}t^n,t\in(-\infty,+\infty)$

(3) $\ln(2+x)\ln2+\sum\limits_{n=1}^{\infty}(-1)^{n-1}\dfrac{1}{n\cdot 2^n}x^n,x\in(-2,2)$

(4) $\cos^2 x=1+\sum\limits_{n=1}^{\infty}(-1)^n\dfrac{(2x)^{2n}}{2(2n)!},x\in(-\infty,+\infty)$

6. 0.95106,误差不超过 10^{-5}

习题 4.4

1. 略

2. (1) $f(x)=\dfrac{3}{2}+\dfrac{2}{\pi}\left[\sin x+\dfrac{1}{3}\sin 3x+\cdots+\dfrac{1}{2k-1}\sin(2k-1)x+\cdots\right](-\infty<x<+\infty;\ x\neq 0,\pm 2\pi,\cdots)$

(2) $f(x)=2\sum\limits_{n=1}^{\infty}\dfrac{(-1)^{n-1}}{n}\sin nx,(-\infty<x<+\infty;\ x\neq 0,\pm\pi,\pm 3\pi,\cdots)$

3. (1) $f(x)=\dfrac{4}{\pi}(\dfrac{1}{2}-\dfrac{1}{3}\cos 2x-\dfrac{1}{15}\cos 4x-\dfrac{1}{35}\cos 6x\cdots),(-\infty<x<+\infty)$

(2) $f(x)=\dfrac{2}{3}\pi^2+8\sum\limits_{n=1}^{\infty}\dfrac{(-1)^n}{n^2}\cos nx,(-\infty<x<+\infty)$

(3) $f(x)=\dfrac{2}{\pi}\sum\limits_{n=1}^{\infty}\left[\dfrac{1}{n^2}\sin\dfrac{n\pi}{2}+(-1)^{n-1}\dfrac{\pi}{2n}\right]\sin nx,$

$(-\infty<x<+\infty;\ x\neq(2n+1)\pi,n=0,\pm 1,\pm 2,\cdots)$

习题 4.5

1. (1) 是,二阶 (2) 不是 (3) 是,一阶 (4) 是,三阶 (5) 是,一阶 (6) 是,二阶

2. (1) $y=\ln|x|+c$ (2) $y=e^x+C_1x^2+C_2x+C_3$ (3) $y=-e^{-2x}+Ce^{-x}$

(4) $y=C(1-x)-1$ (5) $y^3=x^3+C$ (6) $\ln y=Ce^{\arctan x}$ (7) $y=-\dfrac{e^{-2x}}{2x^2}+\dfrac{C}{x^2}$

(8) $y=C_1e^{2x}+C_2e^{-x}$

3. (1) $y=\dfrac{1}{8}e^{2x}-\dfrac{1}{4}x$ (2) $y=2x$ (3) $y=e^{-x^2}(\dfrac{1}{2}x^2+1)$ (4) $y=-3e^{3x}+9e^x$

4. $y=\dfrac{1}{2}x^2-\dfrac{1}{2}$

5. $s=\dfrac{29}{4}-\dfrac{29}{4}e^{-2t}-\dfrac{5}{2}t$

复习题四

1.(1) 收敛　(2) 发散　(3) 发散　(4) 收敛　(5) 条件收敛

2.(1)$(-3,3]$　(2)$(-\infty,+\infty)$　(3)$[4,6)$　(4)$[-2,2]$

3.(1)$2x\arctan x-\ln(1+x^2),x\in[-1,1]$　(2)$xe^x+x^2e^x,x\in(-\infty,+\infty)$

4.(1)$\sum\limits_{n=1}^{\infty}[(-\frac{1}{2})^{n-1}]x^n,x\in(-1,1)$　(2)$\sum\limits_{n=1}^{\infty}\frac{x^{2(n+1)}}{n!},x\in(-\infty,+\infty)$

5.(1)$y=x^3+C$　(2)$y=-\frac{1}{3}+Ce^{\frac{3}{2}x^2}$　(3)$s=-\sin t+C_1t^2+C_2t+C_3$

(4)$e^y=cx^2y$　(5)$y=\frac{1}{2}(\sin x+\cos x)+Ce^{-x}$　(6)$y=C_1e^{-2x}+C_2e^x.$

6.(1)$y=(4+26x)e^{-6x}$　(2)$y=(1+x^2)+\sqrt{1+x^2}[\ln(x+\sqrt{1+x^2}-\frac{1}{2}]$

(3)$y=e^{-x^2}(\frac{1}{2}x^2+1)$

第 五 章

习题 5.1

1.(1) 略　(2)$|AC|=2\sqrt{5}$　(3)$z=0$

2.(1) 图形为　(b) 抛物柱面　(2) 图形为(a) 旋转抛物面　(3) 图形为(c) 园柱面
(4) 图形为(d) 椭球面

3.$z^2=x^2+y^2$

4.$(0,0,\frac{1}{4})R=\frac{1}{4}$

5.$2(x^2+y^2)+z=1$

6.$z=(x^2+y^2)+1$

7.$x^2+z^2=(1-y)^2$

习题 5.2

1.(1)1　(2)$\frac{1}{3}$　(3)$-\frac{1}{6}$　(4)0　(5)0

2.略

3.(1) 在抛物线 $y=2x^2$ 的点是函数的间断点　(2) 在直线 $y=x$ 的点是函数的间断点

习题 5.3

1.$\{(x,y)\}\{(x,y)\,|\,x>y,x\in\mathbf{R},y\in\mathbf{R}\}$

2.$\{(x,y)\,|\,1<x^2+y^2<9\}$

3. $\dfrac{\partial z}{\partial x}\Big|_{(1,2)}=-23,\dfrac{\partial z}{\partial y}\Big|_{(1,2)}=-32$

4. $z'_x=y\cos xy,z'_y=x\cos xy$

5. 略

6. 1

7. $\dfrac{2}{5}$

8. 略

9. 略

10. $\dfrac{\partial^2 z}{\partial x^2}\Big|_{(0,\frac{\pi}{2})}=2,\dfrac{\partial^2 z}{\partial x\partial y}\Big|_{(0,\frac{\pi}{2})}=-1$

11. $\dfrac{\partial^2 z}{\partial x^2}=ye^x,\dfrac{\partial^2 z}{\partial x\partial y}=\dfrac{\partial^2 z}{\partial y\partial x}=e^x+e^y,\dfrac{\partial^2 z}{\partial y^2}=xe^y$

12. $\dfrac{\partial^2 z}{\partial x^2}=e^{-x}\cos y,\dfrac{\partial^2 z}{\partial y^2}=-e^{-x}\cos y,\dfrac{\partial^2 z}{\partial x\partial y}=\dfrac{\partial^2 z}{\partial y\partial x}=e^{-x}\sin y$

习题 5.4

1. (1) $\dfrac{2x}{y^2}\mathrm{d}x-\dfrac{2x^2}{y^3}\mathrm{d}y$　(2) $-24\mathrm{d}x+12\mathrm{d}y$　(3) $\Delta z=0.42,\mathrm{d}z=0.4$

2. $\mathrm{d}z=\dfrac{2x}{x^2+y^2}\mathrm{d}x+\dfrac{2y}{x^2+y^2}\mathrm{d}y$

3. $\mathrm{d}z=[e^x\sin(x+y)+e^x\cos(x+y)]\mathrm{d}x+e^x\cos(x+y)\mathrm{d}y$

4. $\mathrm{d}z=22.4,\Delta z=21,47$

5. $\mathrm{d}z=0.8e^2$

6. $\Delta v\approx1.2\pi(\mathrm{cm}^3)$

7. $(1.04)^{2.02}\approx1.08$

习题 5.5

1. $\dfrac{\mathrm{d}z}{\mathrm{d}t}=\cos t(\cos^2 t-2\sin t)$

2. $\dfrac{\mathrm{d}z}{\mathrm{d}x}=\dfrac{e^x(1+t)}{1+x^2 e^{2x}}$

3. $\dfrac{\mathrm{d}u}{\mathrm{d}x}=e^{2x}(13\sin x+4\cos x)$

4. $\dfrac{\partial z}{\partial x}=\dfrac{ye^{xy}+2x}{e^x+x^2-y^2},\dfrac{\partial z}{\partial y}=\dfrac{xe^{xy}-2y}{e^{xy}+x^2-y^2}$

5. $\dfrac{\mathrm{d}y}{\mathrm{d}x}=\dfrac{y^2-e^x}{\cos y-2xy}$

6. $\dfrac{\partial z}{\partial x}=\dfrac{y(1+z^2)(e^{xy}+z)}{1-xy(1+z^2)},\dfrac{\partial z}{\partial y}=\dfrac{x(1+z^2)(e^{xy}+z)}{1-xy(1+z^2)}$

7. $\dfrac{\partial z}{\partial x}=\dfrac{z}{z+x},\dfrac{\partial z}{\partial y}=\dfrac{z^2}{y(z+x)}$

8. 证略

习题 5.6

1. 点 $(1,1)$ 为极小值点, 极小值为 -1

2. 点 $(2,1)$ 为极小值点, 极小值为 -28　　点 $(-2,-1)$ 为极大值点, 极大值为 28

3. 略

4. 点 $(1,4)$ 为极小值点, 极小值为 0

5. 点 $(3,2)$ 为极大值点, 极大值为 36

6. 甲、乙分别生产 2 万台、4 万台时, 利润最大, 最大利润为 48 万元

7. $x = y = z = \dfrac{a}{3}$

8. $(1, -2, 3)$, $d_{\min} = \sqrt{6}$

9. 长、宽、高均为 2 时, 体积最大, 最大体积为 8

习题 5.7

1. (1) $\dfrac{8}{3}$　(2) $\dfrac{20}{3}$　(3) $\dfrac{13}{12}$　(4) $\dfrac{6}{55}$　(5) $\dfrac{64}{15}$　(6) $\dfrac{e^2}{2} - e$

2. (1) $\displaystyle\int_0^1 dx \int_{x^2}^x f(x,y) dy$　(2) $\displaystyle\int_0^1 dy \int_{e^y}^e f(x,y) dx$

(3) $\displaystyle\int_1^2 dy \int_1^y f(x,y) dx + \int_2^4 dy \int_{\frac{y}{2}}^2 f(x,y) dx$

(4) $\displaystyle\int_{\frac{1}{2}}^1 dy \int_{\frac{1}{x}}^2 f(x,y) dx + \int_1^2 dy \int_y^2 f(x,y) dx$

(5) $\displaystyle\int_0^2 dx \int_{\frac{x}{2}}^{3-x} f(x,y) dy$

3. (1) $\dfrac{\pi}{4}(2\ln 2 - 1)$　(2) $\pi(e^{a^2} - 1)$　(3) $\dfrac{2}{3}\pi(b^3 - a^3)$　(4) $\dfrac{\pi}{4}$　(5) $\dfrac{\pi}{4}(1 - e^{-R^2})$

4. $\dfrac{9}{8}$

复习题五

1. (1) 四　(2) $(x-6)^2 + (y-2)^2 + (z-3)^2 = 4$　(3) $z^2 = x^2 + y^2$　(4) 区域

(5) $\{(x,y) \mid x > y > 0\}$　(6) 4　(7) $\dfrac{1}{x} dx + \dfrac{1}{y} dy$　(8) $2y + 2x$

2. (1) $\{(x,y) \mid x \neq 0, y \neq 0\}$　(2) $\{(x,y) \mid y > x, x^2 + y^2 < 1\}$

3. $-\dfrac{1}{4}$

4. $\dfrac{\partial z}{\partial x} = \arctan xy + \dfrac{xy + y^2}{1 + x^2 y^2}$; $\dfrac{\partial z}{\partial y} = \arctan xy + \dfrac{x^2 + xy}{1 + x^2 y^2}$

5. $\dfrac{\partial z}{\partial x} = 4x^3 - 8xy^2$; $\dfrac{\partial^2 z}{\partial x^2} = 12x^2 - 8y^2$; $\dfrac{\partial^2 z}{\partial x \partial y} = -16y$

6. $dz = (y + \dfrac{1}{y})dx + (x - \dfrac{x}{y^2})dy$

7. $\dfrac{\partial z}{\partial x} = 2xy^2\ln(2x-3y) + \dfrac{2x^2y^2}{2x-3y}$; $\dfrac{\partial z}{\partial y} = x^2y\ln(2x-3y) - \dfrac{3x^2y^2}{2x-3y}$

8. 略

9. 极大值 $f(-1,1) = 1$

10. 周界最大的是等腰直角三角形,两腰长为 $\dfrac{l}{\sqrt{2}}$

11. (1) $14a^4$　(2) $\dfrac{3}{64}\pi^2$

12. $\dfrac{\pi}{6}$

图书在版编目（CIP）数据

高职高专通用高等数学/赵益明编. ——长沙：湖
南教育出版社，2011. 4
ISBN 978 - 7 - 5355 - 7726 - 9
Ⅰ. ①高… Ⅱ. ①赵… Ⅲ. ①高等数学—高等职业教
育—教材 Ⅳ. ①013
中国版本图书馆 CIP 数据核字（2011）第 064272 号

策划编辑 刘晓麟　　　　责任编辑 刘晓麟
封面设计 周　阳　　　　排版设计 求赢文化

书　　　名：高职高专通用高等数学
编　　　者：赵益明　潘　燕
出版发行：湖南教育出版社
地　　　址：长沙市韶山北路 443 号
网　　　址：http：//www. hneph. com
发 行 部：0731 - 85520531
编 辑 部：0731 - 85303015　csgaojiao@163. com
印　　　刷：湖南贝特尔印务有限公司
总 经 销：湖南天易创图文化有限公司

开　　　本：787×960　　　1/16
印　　　张：29. 5
字　　　数：566 千字
版　　　次：2011 年 5 月第 1 版　　2015 年 7 月第 4 次印刷

书　　　号：ISBN 978 - 7 - 5355 - 7726 - 9
定　　　价：上册定价：25. 00 元　下册定价：23. 80 元　全套定价：48. 80 元

高职高专"十二五"规划教材

（下册）

高职高专通用高等数学

Higher Mathematics

主　编：赵益明　潘　燕

副主编：汪　敏　徐　蓉　蔡景辉　李　敏

　　　　蔡风仙　冯国良

编　委：（按姓氏笔画排序）

　　　　冯国良　李　敏　李家其　杨加友

　　　　汪　敏　余荷香　赵益明　徐　蓉

　　　　蔡风仙　蔡旭东　蔡景辉　潘　燕

湖南教育出版社

内容提要

  本书是高职高专"十二五"规划教材,是根据《高职高专教育高等数学课程教学基本要求》和《高职高专教育专业人才培养目标及规格》,并根据当前高职实际编写的. 全书分上、下两册,本书是下册,内容包括线性代数与线性规划、概率论与统计初步、图论基础及其应用、数学讲座共 4 章,书末附有泊松分布表、标准正态分布表 χ^2 分布表、t 分布表、r 检验临界值表和初等数学常用公式,部分习题的答案.

  本书适用于高职高专工科类或经济管理类各专业,也可作为"专升本"、自学考试的教材或参考书.

前　　言

　　本教材作为高职高专"十二五"规划教材，是根据教育部最新制定的《高职高专教育高等数学课程教学基本要求》，在认真总结全国高职高专数学教改经验的基础上，分析国内同类教材的发展趋势，吸收国际国内同类教材的精髓编写而成的，适用于高职高专工科类或经济管理类各专业，也可作为"专升本"、自学考试的教材或参考书.

　　目前，很多高职高专院校的数学教学都面临课时相对减少，学生文化素质参差不齐，第二课堂无法开展等困境. 为了改变这一不利的局面，很多学校和老师在如何更好地提高教学质量、提升学生的数学素养上做了大量的探索工作，也取得了一些进展和成效. 但是，如何更好地实现"教学"与"育人"的有机结合，仍是需要不断探索的一个课题. 基于此，根据教育部最新制定的《高职高专教育高等数学课程教学基本要求》和《高职高专教育专业人才培养目标及规格》的要求，我们组织具有丰富教学经验的一线资深教师和有关专家，在学习国内同类教材版本的基础上，提出了本教材的编写思想，希望通过编写本教材，力争做到将数学知识与文化知识同时提高的效果.

　　本教材遵循"循序渐进、由浅入深"的教学规律，完成了初等数学与高等数学的紧密衔接. 以"必须、够用、实用"为原则，淡化数学理论，重点突出数学应用，结合数学素质教育，坚持在相关知识点穿插有针对性的"案例"，适应了高职高专院校对技术应用型人才的培养目标，并把知识分为必修、选修、拓展三个层次进行编写.

　　本教材共分三部分内容：一、高等数学的基础，为必学. 二、可以供不同的专业（矿业、经管、机电、人文）选学的应用数学，为专业选修. 三、数学讲堂以讲座的形式进行数学文化教育，开展素质教育，这部分为素质拓展模块.

　　本教材分上、下两册，内容包括函数、极限和连续，导数与微分，积分，级数及微分方程初步，多元微积分，线性代数与线性规划，概率论与统计初步，图论基础及其应用，数学讲座等. 每章后面配有复习题，非常适合学生巩固所学知识.

　　参加本教材编写的人员有云南能源职业技术学院的赵益明、潘燕、汪敏、徐蓉、蔡景辉、蔡风仙、李敏、冯国良、余荷香、蔡旭东、杨加友、李家其等. 在研究、编写的过程中, 湖南教育出版社的编辑和以上老师付出了大量艰辛的劳动; 同时我们也参考、借鉴了国内外许多的同类教材及著作, 恕不一一列出, 在此一并致谢!

　　由于成书仓促, 编审人员水平有限, 不足之处, 请有关专家、学者及使用本教材的老师指正. 诚恳地希望各界同仁及广大教师关注并支持这套教材的建设, 及时将教材使用过程中遇到的问题和改进意见反馈给我们, 以供修订时参考.

编者
2011 年 3 月

目　　录

第六章　　线性代数与线性规划

生产实践和理论研究中的许多问题都可以归结为线性方程组的求解问题，而行列式与矩阵则是求解线性方程组的重要工具. 本章将在介绍行列式、矩阵的概念、基本性质和计算方法的基础上，介绍如何用行列式、矩阵讨论和求解线性方程组，最后作为解线性方程组的具体应用引入线性规划问题.

§6.1　　行列式的概念

行列式概念是由消元法解线性方程组问题引入的，本节将分别利用二元、三元线性方程组的求解问题引入二阶行列式与三阶行列式的概念，并在此基础上拓展到高阶行列式.

1. 二阶行列式

在 $a_{11}a_{22} - a_{12}a_{21} \neq 0$ 时，由消元法可得二元线性方程组

$$\begin{cases} a_{11}x_1 + a_{12}x_2 = b_1 \\ a_{21}x_1 + a_{22}x_2 = b_2 \end{cases} \quad (\text{I})$$

的解为

$$\begin{cases} x_1 = \dfrac{b_1 a_{22} - a_{12} b_2}{a_{11}a_{22} - a_{12}a_{21}} \\ x_2 = \dfrac{a_{11} b_2 - b_1 a_{21}}{a_{11}a_{22} - a_{12}a_{21}} \end{cases}$$

为便于记忆，令上述解中的分母

$$a_{11}a_{22} - a_{12}a_{21} = \begin{vmatrix} a_{11} & a_{12} \\ a_{21} & a_{22} \end{vmatrix}$$

则上式右端称为二阶行列式，其中 $a_{ij}(i,j = 1,2)$ 称为行列式第 i 行第 j 列的元素（横排称行，竖排称列）；左端称为二阶行列式的展开式.

规定：从左上角 a_{11} 到右下角 a_{22} 的连线称为主对角线，从左下角 a_{21} 到右上

角 a_{12} 的连线称为次对角线.因此二阶行列式的展开式等于主对角线上两个元素的乘积与次对角线上两个元素的乘积之差.

一般地可得如下定义

定义1 由 $4(2^2)$ 个元素 $a_{ij}(i,j=1,2)$ 排成两行与两列所构成的数学表达式 $\begin{vmatrix} a_{11} & a_{12} \\ a_{21} & a_{22} \end{vmatrix}$ 称为二阶行列式,其值(展开式)等于主对角线上两个元素的乘积与次对角线上两个元素的乘积之差.

同理,可令上述解中的分子为如下二阶行列式

$$b_1 a_{22} - a_{12} b_2 = \begin{vmatrix} b_1 & a_{12} \\ b_2 & a_{22} \end{vmatrix}$$

$$a_{11} b_2 - b_1 a_{21} = \begin{vmatrix} a_{11} & b_1 \\ a_{21} & b_2 \end{vmatrix}$$

若记

$$\boldsymbol{D} = \begin{vmatrix} a_{11} & a_{12} \\ a_{21} & a_{22} \end{vmatrix} \quad \boldsymbol{D}_1 = \begin{vmatrix} b_1 & a_{12} \\ b_2 & a_{22} \end{vmatrix} \quad \boldsymbol{D}_2 = \begin{vmatrix} a_{11} & b_1 \\ a_{21} & b_2 \end{vmatrix}$$

则二元线性方程组(Ⅰ)的行列式解为

$$\begin{cases} x_1 = \dfrac{\begin{vmatrix} b_1 & a_{12} \\ b_2 & a_{22} \end{vmatrix}}{\begin{vmatrix} a_{11} & a_{12} \\ a_{21} & a_{22} \end{vmatrix}} = \dfrac{\boldsymbol{D}_1}{\boldsymbol{D}} \\ x_2 = \dfrac{\begin{vmatrix} a_{11} & b_1 \\ a_{21} & b_2 \end{vmatrix}}{\begin{vmatrix} a_{11} & a_{12} \\ a_{21} & a_{22} \end{vmatrix}} = \dfrac{\boldsymbol{D}_2}{\boldsymbol{D}} \end{cases} \quad (\boldsymbol{D} \neq 0)$$

其中行列式 $\boldsymbol{D}$ 是由方程组(Ⅰ)中未知数的系数按原来的位置构成,称其为该方程组的系数行列式,而 $\boldsymbol{D}_1$ 与 $\boldsymbol{D}_2$ 则是用方程组(Ⅰ)右端的常数 b_1,b_2 分别替换行列式 $\boldsymbol{D}$ 中的第一列(即 x_1 的系数)与第二列(即 x_2 的系数)的元素而得到的二阶行列式.

例1 用行列式解二元线性方程组 $\begin{cases} 2x - y - 5 = 0 \\ 3x + 2y - 11 = 0 \end{cases}$.

解 将此方程组化为标准形式 $\begin{cases} 2x - y = 5 \\ 3x + 2y = 11 \end{cases}$

因为 $\boldsymbol{D} = \begin{vmatrix} 2 & -1 \\ 3 & 2 \end{vmatrix} = 7 \neq 0$

$$D_1 = \begin{vmatrix} 5 & -1 \\ 11 & 2 \end{vmatrix} = 21$$

$$D_2 = \begin{vmatrix} 2 & 5 \\ 3 & 11 \end{vmatrix} = 7$$

所以该方程组的解为 $\begin{cases} x = \dfrac{D_1}{D} = \dfrac{21}{7} = 3 \\ y = \dfrac{D_2}{D} = \dfrac{7}{7} = 1 \end{cases}$.

2. 三阶行列式

在 $a_{11}a_{22}a_{33} + a_{12}a_{23}a_{31} + a_{13}a_{21}a_{32} - a_{11}a_{23}a_{32} - a_{12}a_{21}a_{33} - a_{13}a_{22}a_{31} \neq 0$ 时，由消元法可得三元线性方程组

$$\begin{cases} a_{11}x_1 + a_{12}x_2 + a_{13}x_3 = b_1 \\ a_{21}x_1 + a_{22}x_2 + a_{23}x_3 = b_2 \quad （Ⅱ）的解为 \\ a_{31}x_1 + a_{32}x_2 + a_{33}x_3 = b_3 \end{cases}$$

$$\begin{cases} x_1 = \dfrac{b_1a_{22}a_{33} + b_2a_{32}a_{13} + b_3a_{12}a_{23} - b_1a_{23}a_{32} - b_2a_{12}a_{33} - b_3a_{22}a_{13}}{a_{11}a_{22}a_{33} + a_{12}a_{23}a_{31} + a_{13}a_{21}a_{32} - a_{11}a_{23}a_{32} - a_{12}a_{21}a_{33} - a_{13}a_{22}a_{31}} \\[2mm] x_2 = \dfrac{b_1a_{31}a_{23} + b_2a_{11}a_{33} + b_3a_{21}a_{13} - b_1a_{21}a_{33} - b_2a_{13}a_{31} - b_3a_{23}a_{11}}{a_{11}a_{22}a_{33} + a_{12}a_{23}a_{31} + a_{13}a_{21}a_{32} - a_{11}a_{23}a_{32} - a_{12}a_{21}a_{33} - a_{13}a_{22}a_{31}} \\[2mm] x_3 = \dfrac{b_1a_{21}a_{32} + b_2a_{12}a_{31} + b_3a_{11}a_{22} - b_1a_{22}a_{31} - b_2a_{32}a_{11} - b_3a_{12}a_{21}}{a_{11}a_{22}a_{33} + a_{12}a_{23}a_{31} + a_{13}a_{21}a_{32} - a_{11}a_{23}a_{32} - a_{12}a_{21}a_{33} - a_{13}a_{22}a_{31}} \end{cases}$$

同理，令上述解的分母为

$$a_{11}a_{22}a_{33} + a_{12}a_{23}a_{31} + a_{13}a_{21}a_{32} - a_{11}a_{23}a_{32} - a_{12}a_{21}a_{33} - a_{13}a_{22}a_{31}$$

$$= \begin{vmatrix} a_{11} & a_{12} & a_{13} \\ a_{21} & a_{22} & a_{23} \\ a_{31} & a_{32} & a_{33} \end{vmatrix}$$

上式右端称为三阶行列式，左端称为三阶行列式的展开式．

一般地可得如下定义：

定义 2　由 $9(3^2)$ 个元素 $a_{ij}(i,j = 1,2,3)$ 排成三行与三列所构成的数学表

达式 $\begin{vmatrix} a_{11} & a_{12} & a_{13} \\ a_{21} & a_{22} & a_{23} \\ a_{31} & a_{32} & a_{33} \end{vmatrix}$ 称为三阶行列式，其值（展开式）等于各实线上三个元素的

乘积相加减去各虚线上三个元素的乘积，这种计算行列式的方法称为对角线法．（如图 6.1－1）即

$$\begin{vmatrix} a_{11} & a_{12} & a_{13} \\ a_{21} & a_{22} & a_{23} \\ a_{31} & a_{32} & a_{33} \end{vmatrix} = a_{11}a_{22}a_{33} + a_{21}a_{32}a_{13} + a_{31}a_{23}a_{12} - a_{31}a_{22}a_{13} - a_{23}a_{32}a_{11}$$

$$- a_{33}a_{21}a_{12}$$

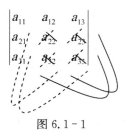

图 6.1-1

类似于二元线性方程组,对于三元线性方程组(Ⅱ)若记

$$\boldsymbol{D} = \begin{vmatrix} a_{11} & a_{12} & a_{13} \\ a_{21} & a_{22} & a_{23} \\ a_{31} & a_{32} & a_{33} \end{vmatrix} \quad \boldsymbol{D}_1 = \begin{vmatrix} b_1 & a_{12} & a_{13} \\ b_2 & a_{22} & a_{23} \\ b_3 & a_{32} & a_{33} \end{vmatrix}$$

$$\boldsymbol{D}_2 = \begin{vmatrix} a_{11} & b_1 & a_{13} \\ a_{21} & b_2 & a_{23} \\ a_{31} & b_3 & a_{33} \end{vmatrix} \quad \boldsymbol{D}_3 = \begin{vmatrix} a_{11} & a_{12} & b_1 \\ a_{21} & a_{22} & b_2 \\ a_{31} & a_{32} & b_3 \end{vmatrix}$$

则其行列式解为

$$\begin{cases} x_1 = \dfrac{\boldsymbol{D}_1}{\boldsymbol{D}} \\ x_2 = \dfrac{\boldsymbol{D}_2}{\boldsymbol{D}} \quad (\boldsymbol{D} \neq 0) \\ x_3 = \dfrac{\boldsymbol{D}_3}{\boldsymbol{D}} \end{cases}$$

例 2　用行列式解三元线性方程组

$$\begin{cases} x_1 + 2x_2 = 5 \\ 2x_1 - x_2 + x_3 = 3 \\ x_1 - 4x_2 + 2x_3 = -5 \end{cases}.$$

解　因为 $\boldsymbol{D} = \begin{vmatrix} 1 & 2 & 0 \\ 2 & -1 & 1 \\ 1 & -4 & 2 \end{vmatrix} = -2 + 0 + 2 - 0 + 4 - 8 = -4 \neq 0$

$$\boldsymbol{D}_1 = \begin{vmatrix} 5 & 2 & 0 \\ 3 & -1 & 1 \\ -5 & -4 & 2 \end{vmatrix} = -10 + 0 - 10 - 0 + 20 - 12 = -12$$

$$D_2 = \begin{vmatrix} 1 & 5 & 0 \\ 2 & 3 & 1 \\ 1 & -5 & 2 \end{vmatrix} = 6+0+5-0+5-20 = -4$$

$$D_3 = \begin{vmatrix} 1 & 2 & 5 \\ 2 & -1 & 3 \\ 1 & -4 & -5 \end{vmatrix} = 5-40+6+5+12+20 = 8$$

所以该方程组的解为

$$\begin{cases} x_1 = \dfrac{D_1}{D} = \dfrac{-12}{-4} = 3 \\[2mm] x_2 = \dfrac{D_2}{D} = \dfrac{-4}{-4} = 1 \\[2mm] x_3 = \dfrac{D_3}{D} = \dfrac{8}{-4} = -2 \end{cases} .$$

3. 高阶行列式

由二元、三元线性方程组的解法引入了二阶、三阶行列式的概念,因此为了求解 n 元线性方程组就需要将行列式的概念推广到 n 阶行列式,自然可得出如下定义.

定义 3　由 n^2 个元素 $a_{ij}(i,j=1,2,\cdots,n)$ 排成 n 行与 n 列所构成的数学表

达式 $\begin{vmatrix} a_{11} & a_{12} & \cdots & a_{1n} \\ a_{21} & a_{22} & \cdots & a_{2n} \\ \vdots & \vdots & & \vdots \\ a_{n1} & a_{n2} & \cdots & a_{nn} \end{vmatrix}$ 称为 n 阶行列式. 其中从左上角到右下角的元素 a_{11},

$a_{22},\cdots,a_{nn}$ 称为主对角线上元素,从左下角到右上角的元素

$a_{n1},a_{n-1,2},\cdots,a_{1n}$ 称为次对角线上元素.

举例 $\begin{vmatrix} a_{11} & a_{12} & a_{13} & a_{14} \\ a_{21} & a_{22} & a_{23} & a_{24} \\ a_{31} & a_{32} & a_{33} & a_{34} \\ a_{41} & a_{42} & a_{43} & a_{44} \end{vmatrix}$ 称为四阶行列式

$\begin{vmatrix} a_{11} & a_{12} & a_{13} & a_{14} & a_{15} \\ a_{21} & a_{22} & a_{23} & a_{24} & a_{25} \\ a_{31} & a_{32} & a_{33} & a_{34} & a_{35} \\ a_{41} & a_{42} & a_{43} & a_{44} & a_{45} \\ a_{51} & a_{52} & a_{53} & a_{54} & a_{55} \end{vmatrix}$ 称为五阶行列式

四阶及四阶以上的行列式统称为高阶行列式.

习题 6.1

1. 写出下列各线性方程组的系数行列式 D 及行列式 D_i

(1) $\begin{cases} 2x_1 - 3x_2 = -4 \\ -x_1 + 5x_2 = 9 \end{cases}$;

(2) $\begin{cases} 3x_1 - 2x_2 + 4x_3 = 7 \\ -2x_1 + 3x_2 + 5x_3 = 3 \\ x_1 - 4x_2 - 6x_3 = -5 \end{cases}$;

(3) $\begin{cases} 5x_1 + 2x_2 - 3x_3 - 6x_4 = 2 \\ x_1 - 4x_3 + 7x_4 = -3 \\ -3x_1 + 2x_3 = -1 \\ 2x_1 + 3x_2 + 5x_3 = 7 \end{cases}$

2. 写出下列各行列式主对角线与次对角线上的元素

(1) $\begin{vmatrix} 1 & 2 \\ 5 & 3 \end{vmatrix}$;

(2) $\begin{vmatrix} -3 & 2 & -2 \\ 2 & -1 & -3 \\ 1 & 4 & 4 \end{vmatrix}$;

(3) $\begin{vmatrix} -4 & 3 & 5 & 3 \\ 3 & 2 & -3 & 4 \\ -2 & -4 & 0 & 7 \\ 1 & 1 & 2 & -6 \end{vmatrix}$;

(4) $\begin{vmatrix} a_{11} & a_{12} & a_{13} & a_{14} & a_{15} \\ a_{21} & a_{22} & a_{23} & a_{24} & a_{25} \\ a_{31} & a_{32} & a_{33} & a_{34} & a_{35} \\ a_{41} & a_{42} & a_{43} & a_{44} & a_{45} \\ a_{51} & a_{52} & a_{53} & a_{54} & a_{55} \end{vmatrix}$.

§6.2　行列式的性质及其计算

本节首先介绍与行列式相关的几个基本概念,在此基础上重点讨论行列式的性质及行列式的计算方法.

1. 行列式的几个基本概念

1.1　三角行列式

主对角线一侧的元素都为零的行列式称为三角行列式,三角行列式可分为上三角行列式和下三角行列式,其中主对角线下方的元素都为零的三角行列式称上三角行列式;主对角线上方的元素都是零的三角行列式称为下三角行列式.

根据行列式的对角线法,三角行列式的值等于主对角线上元素的乘积. 即

$$\begin{vmatrix} a_{11} & a_{12} & \cdots & a_{1n} \\ 0 & a_{22} & \cdots & a_{2n} \\ \vdots & \vdots & & \vdots \\ 0 & 0 & \cdots & a_{nn} \end{vmatrix} = \begin{vmatrix} a_{11} & 0 & \cdots & 0 \\ a_{21} & a_{22} & \cdots & 0 \\ \vdots & \vdots & & \vdots \\ a_{n1} & a_{n2} & \cdots & a_{nn} \end{vmatrix} = a_{11}a_{22}\cdots a_{nn}$$

1.2　余子式与代数余子式

将 n 阶行列式 $\begin{vmatrix} a_{11} & a_{12} & \cdots & a_{1n} \\ a_{21} & a_{22} & \cdots & a_{2n} \\ \vdots & \vdots & & \vdots \\ a_{n1} & a_{n2} & \cdots & a_{nn} \end{vmatrix}$ 中任一元素 a_{ij} 所在第 i 行与第 j 列的元

素划去,剩下的元素按原来的位置排列构成的 $n-1$ 阶行列式称为元素 a_{ij} 的余子式,记作 M_{ij};元素 a_{ij} 的余子式 M_{ij} 与 $(-1)^{i+j}$ 之积称为元素 a_{ij} 的代数余子式,记作 A_{ij}. 即

$$A_{ij} = (-1)^{i+j}M_{ij}$$

例 1　求三阶行列式 $\begin{vmatrix} a_{11} & a_{12} & a_{13} \\ a_{21} & a_{22} & a_{23} \\ a_{31} & a_{32} & a_{33} \end{vmatrix}$ 中元素 a_{12} 与 a_{31} 的余子式和代数余子

式.

解　元素 a_{12} 的余子式和代数余子式分别为

$$M_{12} = \begin{vmatrix} a_{21} & a_{23} \\ a_{31} & a_{33} \end{vmatrix}, A_{12} = (-1)^{1+2}M_{12} = -\begin{vmatrix} a_{21} & a_{23} \\ a_{31} & a_{33} \end{vmatrix}.$$

元素 a_{31} 的余子式和代数余子式分别为

$$M_{31} = \begin{vmatrix} a_{12} & a_{13} \\ a_{22} & a_{23} \end{vmatrix}, A_{31} = (-1)^{3+1}M_{31} = \begin{vmatrix} a_{12} & a_{13} \\ a_{22} & a_{23} \end{vmatrix}.$$

由此例可知,对任一元素 a_{ij},当 $i+j=2n-1$ 时,$A_{ij} = -M_{ij}$;当 $i+j=2n$ 时,$A_{ij} = M_{ij}$.

1.3　转置行列式

将行列式 $D = \begin{vmatrix} a_{11} & a_{12} & \cdots & a_{1n} \\ a_{21} & a_{22} & \cdots & a_{2n} \\ \vdots & \vdots & & \vdots \\ a_{n1} & a_{n2} & \cdots & a_{nn} \end{vmatrix}$ 的行与列依次互换所得到的行列式

$$\begin{vmatrix} a_{11} & a_{21} & \cdots & a_{n1} \\ a_{12} & a_{22} & \cdots & a_{n2} \\ \vdots & \vdots & & \vdots \\ a_{1n} & a_{2n} & \cdots & a_{nn} \end{vmatrix}$$ 称为行列式 D 的转置行列式,记作 D'. 即

$$D' = \begin{vmatrix} a_{11} & a_{21} & \cdots & a_{n1} \\ a_{12} & a_{22} & \cdots & a_{n2} \\ \vdots & \vdots & & \vdots \\ a_{1n} & a_{2n} & \cdots & a_{nn} \end{vmatrix}$$

1.4 行列式的运算符号

为便于行列式计算的表述,约定以下行列式的运算符号

(1) 符号 $r_i \leftrightarrow r_j (c_i \leftrightarrow c_j)$ 表示互换行列式的第 i 行(列)与第 j 行(列);

(2) 符号 $r_i \times k (c_i \times k)$ 表示将行列式的第 i 行(列)乘以常数 k;

(3) 符号 $r_i + kr_j (c_i + kc_j)$ 表示将行列式的第 j 行(列)乘以常数 k 后加到第 i 行(列)上.

2. 行列式的性质

行列式的性质是简化行列式计算的基础,为了简单快捷地计算行列式,必须掌握行列式的以下七个基本性质.

性质 1 行列式与其转置行列式相等. 即

$$\begin{vmatrix} a_{11} & a_{12} & \cdots & a_{1n} \\ a_{21} & a_{22} & \cdots & a_{2n} \\ \vdots & \vdots & & \vdots \\ a_{n1} & a_{n2} & \cdots & a_{nn} \end{vmatrix} = \begin{vmatrix} a_{11} & a_{21} & \cdots & a_{n1} \\ a_{12} & a_{22} & \cdots & a_{n2} \\ \vdots & \vdots & & \vdots \\ a_{1n} & a_{2n} & \cdots & a_{nn} \end{vmatrix} \text{ 或 } D = D'$$

性质 2 互换行列式的某两行(列),行列式要变号. 举例

$$\begin{vmatrix} a_{11} & a_{12} & \cdots & a_{1n} \\ a_{21} & a_{22} & \cdots & a_{2n} \\ \vdots & \vdots & & \vdots \\ a_{n1} & a_{n2} & \cdots & a_{nn} \end{vmatrix} \overset{r_1 \leftrightarrow r_2}{=} - \begin{vmatrix} a_{21} & a_{22} & \cdots & a_{2n} \\ a_{11} & a_{12} & \cdots & a_{1n} \\ \vdots & \vdots & & \vdots \\ a_{n1} & a_{n2} & \cdots & a_{nn} \end{vmatrix}$$

推论 若行列式某两行(列)对应的元素相等,则此行列式之值等于零. 举例

$$\begin{vmatrix} a_{11} & a_{12} & \cdots & a_{1n} \\ a_{11} & a_{12} & \cdots & a_{1n} \\ \vdots & \vdots & & \vdots \\ a_{n1} & a_{n2} & \cdots & a_{nn} \end{vmatrix} = 0$$

性质 3 用常数 k 乘行列式某一行(列)的所有元素,等于用此常数 k 乘以该行列式. 举例

$$\begin{vmatrix} a_{11} & a_{12} & \cdots & a_{1n} \\ ka_{21} & ka_{22} & \cdots & ka_{2n} \\ \vdots & \vdots & & \vdots \\ a_{n1} & a_{n2} & \cdots & a_{m} \end{vmatrix} = k \begin{vmatrix} a_{11} & a_{12} & \cdots & a_{1n} \\ a_{21} & a_{22} & \cdots & a_{2n} \\ \vdots & \vdots & & \vdots \\ a_{n1} & a_{n2} & \cdots & a_{m} \end{vmatrix}$$

推论 1 行列式某一行（列）所有元素的公因子可以提到行列式的外面.
举例

$$\begin{vmatrix} a_{11} & a_{12} & \cdots & a_{1n} \\ ka_{21} & ka_{22} & \cdots & ka_{2n} \\ \vdots & \vdots & & \vdots \\ a_{n1} & a_{n2} & \cdots & a_{m} \end{vmatrix} = k \begin{vmatrix} a_{11} & a_{12} & \cdots & a_{1n} \\ a_{21} & a_{22} & \cdots & a_{2n} \\ \vdots & \vdots & & \vdots \\ a_{n1} & a_{n2} & \cdots & a_{m} \end{vmatrix}$$

推论 2 若行列式某一行（列）的所有元素全为零，则该行列式之值等于零.
举例

$$\begin{vmatrix} a_{11} & a_{12} & \cdots & a_{1n} \\ 0 & 0 & \cdots & 0 \\ \vdots & \vdots & & \vdots \\ a_{n1} & a_{n2} & \cdots & a_{m} \end{vmatrix} = 0$$

推论 3 若行列式某两行（列）对应的元素成比例，则该行列式之值等于零.
举例

$$\begin{vmatrix} a_{11} & a_{12} & \cdots & a_{1n} \\ ka_{11} & ka_{12} & \cdots & ka_{1n} \\ \vdots & \vdots & & \vdots \\ a_{n1} & a_{n2} & \cdots & a_{m} \end{vmatrix} = 0$$

性质 4 若行列式某一行（列）的各元素都是两个因子的代数和，则该行列式等于两个行列式的代数和. **举例**

$$\begin{vmatrix} a_{11} & a_{12} & \cdots & a_{1n} \\ a_{21} \pm b_1 & a_{22} \pm b_2 & \cdots & a_{2n} \pm b_n \\ \vdots & \vdots & & \vdots \\ a_{n1} & a_{n2} & \cdots & a_{m} \end{vmatrix} = \begin{vmatrix} a_{11} & a_{12} & \cdots & a_{1n} \\ a_{21} & a_{22} & \cdots & a_{2n} \\ \vdots & \vdots & & \vdots \\ a_{n1} & a_{n2} & \cdots & a_{m} \end{vmatrix}$$

$$\pm \begin{vmatrix} a_{11} & a_{12} & \cdots & a_{1n} \\ b_1 & b_2 & \cdots & b_n \\ \vdots & \vdots & & \vdots \\ a_{n1} & a_{n2} & \cdots & a_{m} \end{vmatrix}$$

性质 5 用常数 k 乘行列式某一行（列）的各元素加到另一行（列）对应的元素上，行列的值不变. **举例**

$$\begin{vmatrix} a_{11} & a_{12} & \cdots & a_{1n} \\ a_{21}+ka_{11} & a_{22}+ka_{12} & \cdots & a_{2n}+ka_{1n} \\ \vdots & \vdots & & \vdots \\ a_{n1} & a_{n2} & \cdots & a_{nn} \end{vmatrix} = \begin{vmatrix} a_{11} & a_{12} & \cdots & a_{1n} \\ a_{21} & a_{22} & \cdots & a_{2n} \\ \vdots & \vdots & & \vdots \\ a_{n1} & a_{n2} & \cdots & a_{nn} \end{vmatrix}$$

性质 6　行列式之值等于其任一行(列)的各元素与其对应的代数余子式的乘积之和. 举例

$$\begin{vmatrix} a_{11} & a_{12} & \cdots & a_{1n} \\ a_{21} & a_{22} & \cdots & a_{2n} \\ \vdots & \vdots & & \vdots \\ a_{n1} & a_{n2} & \cdots & a_{nn} \end{vmatrix} = a_{11}A_{11} + a_{12}A_{12} + \cdots + a_{1n}A_{1n} = \sum_{j=1}^{n} a_{1j}A_{1j}$$

性质 7　行列式某一行(列)的各元素与另一行(列)对应元素的代数余子式的乘积之和等于零. 即

$$a_{i1}A_{k1} + a_{i2}A_{k2} + \cdots + a_{in}A_{kn} = 0 \, (i \neq k)$$

3. 行列式的计算方法

行列式特别是高阶行列式的计算较为繁杂, 而熟练掌握并能灵活应用下述四种常用的行列式计算方法, 则可大大简化行列式的计算步骤.

3.1　特殊行列式的计算法

利用某一行(列)的元素全为零或某两行(列)的对应元素相等或成比例的行列式之值等于零计算行列式的方法称为特殊行列式的计算法.

例 2　计算行列式 $\begin{vmatrix} a & a^2 & a^3 \\ a+b & a^2+b^2 & a^3+b^3 \\ b & b^2 & b^3 \end{vmatrix}$

解　$\begin{vmatrix} a & a^2 & a^3 \\ a+b & a^2+b^2 & a^3+b^3 \\ b & b^2 & b^3 \end{vmatrix} = \begin{vmatrix} a & a^2 & a^3 \\ a & a^2 & a^3 \\ b & b^2 & b^3 \end{vmatrix} + \begin{vmatrix} a & a^2 & a^3 \\ b & b^2 & b^3 \\ b & b^2 & b^3 \end{vmatrix} = 0$

3.2　对角线法

利用各实线上元素的乘积相加减去各虚线上元素的乘积计算行列式的方法称为对角线法.

3.3　三角形法

利用行列式的性质将其化为三角行列式, 然后根据三角行列式之值等于主对角线上元素的乘积计算行列式的方法称为三角形法.

3.4　降阶法

利用行列式的性质将行列式按某一行(列)展开逐渐降阶计算行列式的方法称为降阶法. 为简化计算, 可先利用行列式的性质将行列式某一行(列)化成仅有一个元素不为零，然后再展开计算.

例 3　计算行列式 $\begin{vmatrix} 1 & 0 & 2 \\ 3 & -2 & 4 \\ 2 & 1 & -3 \end{vmatrix}$.

解　方法一（对角线法）

$$\begin{vmatrix} 1 & 0 & 2 \\ 3 & -2 & 4 \\ 2 & 1 & -3 \end{vmatrix} = 6 + 6 + 0 + 8 - 4 - 0 = 16.$$

方法二（三角形法）

$$\begin{vmatrix} 1 & 0 & 2 \\ 3 & -2 & 4 \\ 2 & 1 & -3 \end{vmatrix} \xrightarrow{c_3 - 2c_1} \begin{vmatrix} 1 & 0 & 0 \\ 3 & -2 & -2 \\ 2 & 1 & -7 \end{vmatrix} \xrightarrow{c_3 - c_2} \begin{vmatrix} 1 & 0 & 0 \\ 3 & -2 & 0 \\ 2 & 1 & -8 \end{vmatrix} = 16.$$

方法三（降阶法）

$$\begin{vmatrix} 1 & 0 & 2 \\ 3 & -2 & 4 \\ 2 & 1 & -3 \end{vmatrix} = 1 \times (-1)^{1+1} \begin{vmatrix} -2 & 4 \\ 1 & -3 \end{vmatrix} + 2 \times (-1)^{1+3} \begin{vmatrix} 3 & -2 \\ 2 & 1 \end{vmatrix} = 6 -$$

$4 + 2 \times (3 + 4) = 16.$

$$\text{或} \begin{vmatrix} 1 & 0 & 2 \\ 3 & -2 & 4 \\ 2 & 1 & -3 \end{vmatrix} \xrightarrow{c_3 - 2c_1} \begin{vmatrix} 1 & 0 & 0 \\ 3 & -2 & -2 \\ 2 & 1 & -7 \end{vmatrix} = 1 \times (-1)^{1+1} \begin{vmatrix} -2 & -2 \\ 1 & -7 \end{vmatrix} = 16.$$

例 4　计算行列式 $\begin{vmatrix} 1 & 0 & -1 & 3 & 0 \\ 0 & 2 & -5 & 1 & 1 \\ 2 & 4 & 0 & -3 & 1 \\ -3 & 3 & 0 & 1 & 2 \\ 1 & -2 & 3 & 0 & 0 \end{vmatrix}$.

解

$$\begin{vmatrix} 1 & 0 & -1 & 3 & 0 \\ 0 & 2 & -5 & 1 & 1 \\ 2 & 4 & 0 & -3 & 1 \\ -3 & 3 & 0 & 1 & 2 \\ 1 & -2 & 3 & 0 & 0 \end{vmatrix} \xrightarrow[c_4 - 3c_1]{c_3 + c_1} \begin{vmatrix} 1 & 0 & 0 & 0 & 0 \\ 0 & 2 & -5 & 1 & 1 \\ 2 & 4 & 2 & -9 & 1 \\ -3 & 3 & -3 & 10 & 2 \\ 1 & -2 & 4 & -3 & 0 \end{vmatrix}$$

$$= 1 \times (-1)^{1+1} \begin{vmatrix} 2 & -5 & 1 & 1 \\ 4 & 2 & -9 & 1 \\ 3 & -3 & 10 & 2 \\ -2 & 4 & -3 & 0 \end{vmatrix} \xrightarrow[r_3 - 2r_1]{r_2 - r_1} \begin{vmatrix} 2 & -5 & 1 & 1 \\ 2 & 7 & -10 & 0 \\ -1 & 7 & 8 & 0 \\ -2 & 4 & -3 & 0 \end{vmatrix}$$

$$= 1 \times (-1)^{1+4} \begin{vmatrix} 2 & 7 & -10 \\ -1 & 7 & 8 \\ -2 & 4 & -3 \end{vmatrix} \begin{matrix} r_1 + 2r_2 \\ \underline{r_3 - 2r_2} \end{matrix} - \begin{vmatrix} 0 & 21 & 6 \\ -1 & 7 & 8 \\ 0 & -10 & -19 \end{vmatrix}$$

$$= 1 \times (-1)^{2+1} \begin{vmatrix} 21 & 6 \\ -10 & -19 \end{vmatrix} = -(-399+60) = 339.$$

习题 6. 2

1. 在行列式 $\begin{vmatrix} a_{11} & a_{12} & a_{13} \\ a_{21} & a_{22} & a_{23} \\ a_{31} & a_{32} & a_{33} \end{vmatrix}$ 中,元素 a_{32} 的余子式 $M_{32} = $ _____ ,代

数余子式 $A_{32} = $ _____ ;

该行列式按第三行展开得 $\begin{vmatrix} a_{11} & a_{12} & a_{13} \\ a_{21} & a_{22} & a_{23} \\ a_{31} & a_{32} & a_{33} \end{vmatrix} = $ _____ ,按第三列

展开得 $\begin{vmatrix} a_{11} & a_{12} & a_{13} \\ a_{21} & a_{22} & a_{23} \\ a_{31} & a_{32} & a_{33} \end{vmatrix} = $ _____ .

2. (1) 若 $a_{11} = a_{12} = a_{13} = 0$,则行列式 $\begin{vmatrix} a_{11} & a_{12} & a_{13} \\ a_{21} & a_{22} & a_{23} \\ a_{31} & a_{32} & a_{33} \end{vmatrix} = $ _____ ;

(2) 若 $a_{11} = a_{13}, a_{21} = a_{23}, a_{31} = a_{33}$,则行列式 $\begin{vmatrix} a_{11} & a_{12} & a_{13} \\ a_{21} & a_{22} & a_{23} \\ a_{31} & a_{32} & a_{33} \end{vmatrix} = $ _____ ;

(3) 若 $\dfrac{a_{21}}{a_{31}} = \dfrac{a_{22}}{a_{32}} = \dfrac{a_{23}}{a_{33}}$,则行列式 $\begin{vmatrix} a_{11} & a_{12} & a_{13} \\ a_{21} & a_{22} & a_{23} \\ a_{31} & a_{32} & a_{33} \end{vmatrix} = $ _____ ;

(4) 若 $a_{11} = a_{22} = a_{33} = 0$,则行列式 $\begin{vmatrix} a_{11} & a_{12} & a_{13} \\ a_{21} & a_{22} & a_{23} \\ a_{31} & a_{32} & a_{33} \end{vmatrix} = $ _____ .

3. 计算下列各行列式

(1) $\begin{vmatrix} a & a^2 & a^3 \\ 0 & b & b^2 \\ 0 & 0 & c \end{vmatrix}$;

(2) $\begin{vmatrix} -a & -b & -c \\ a & b & c \\ b+c & a+c & a+b \end{vmatrix}$.

$$(3)\ \begin{vmatrix} a & a-d & d \\ b & b-e & e \\ c & c-f & f \end{vmatrix};$$

$$(4)\ \begin{vmatrix} b+c & a+c & a+b \\ b-c & a-c & a-b \\ 0 & 0 & 0 \end{vmatrix};$$

$$(5)\ \begin{vmatrix} -1 & 0 & 0 & 1 \\ 0 & 2 & 4 & 3 \\ 2 & -3 & 0 & -2 \\ 3 & 0 & 2 & -3 \end{vmatrix};$$

$$(6)\ \begin{vmatrix} 1 & 0 & -1 & 0 & 2 \\ 0 & 3 & 1 & -2 & 0 \\ -2 & 1 & 2 & 0 & -4 \\ 0 & -4 & 0 & 3 & -1 \\ 3 & 0 & -3 & 1 & 6 \end{vmatrix}.$$

§6.3　矩阵的概念及其运算

行列式只能求解未知量个数等于方程个数且系数行列式不等于零的特殊线性方程组,而矩阵则是求解线性方程组的通用工具.

1. 矩阵的概念

在线性方程组 $\begin{cases} a_{11}x_1 + a_{12}x_2 + \cdots + a_{1n}x_n = b_1 \\ a_{21}x_1 + a_{22}x_2 + \cdots + a_{2n}x_n = b_2 \\ \quad\cdots\cdots\cdots\cdots\cdots\cdots\cdots\cdots\cdots\cdots \\ a_{m1}x_1 + a_{m2}x_2 + \cdots + a_{mn}x_n = b_m \end{cases}$ 中,可将未知量的系数按

其在线性方程组中原来的位置顺序排成一个矩形数表

$$\begin{bmatrix} a_{11} & a_{12} & \cdots & a_{1n} \\ a_{21} & a_{22} & \cdots & a_{2n} \\ \vdots & \vdots & & \vdots \\ a_{m1} & a_{m2} & \cdots & a_{mn} \end{bmatrix}$$

对于这样的数表给出定义

定义 1　由 $m \times n$ 个数 $a_{ij}(i = 1, 2, \cdots, m; j = 1, 2, \cdots, n)$ 排成的 m 行 n 列的数表

$$\begin{bmatrix} a_{11} & a_{12} & \cdots & a_{1n} \\ a_{21} & a_{22} & \cdots & a_{2n} \\ \vdots & \vdots & & \vdots \\ a_{m1} & a_{m2} & \cdots & a_{mn} \end{bmatrix}$$

称为 m 行 n 列矩阵,简称 $m \times n$ 矩阵,常用大写字母 $A, B, C, \cdots$ 表示. 例如上述矩阵可以记作 A 或 $A_{m \times n}$,有时也简记为 $A = (a_{ij})_{m \times n}$

其中 a_{ij} 称为矩阵 $\boldsymbol{A}$ 第 i 行第 j 列的元素

几种特殊的矩阵

(1) 列矩阵当 $n = 1$ 时,矩阵 $\boldsymbol{A}$ 只有一列,称 $\boldsymbol{A} = \begin{pmatrix} a_{11} \\ a_{21} \\ \vdots \\ a_{m1} \end{pmatrix}$ 为列矩阵.

(2) 行矩阵当 $m = 1$ 时,矩阵 $\boldsymbol{A}$ 只有一行,称 $\boldsymbol{A} = (\begin{matrix} a_{11} & a_{12} & \cdots & a_{1n} \end{matrix})$ 为行矩阵.

(3) 零矩阵所有元素都是零的矩阵称为零矩阵,记作 $\boldsymbol{O}_{m \times n}$ 或 $\boldsymbol{O}$.

举例 $\boldsymbol{O}_{3 \times 5} = \begin{pmatrix} 0 & 0 & 0 & 0 & 0 \\ 0 & 0 & 0 & 0 & 0 \\ 0 & 0 & 0 & 0 & 0 \end{pmatrix}$

(4) 方阵当 $m = n$ 时,矩阵 $\boldsymbol{A}$ 的行数与列数相等,即

$$\boldsymbol{A} = \begin{pmatrix} a_{11} & a_{12} & \cdots & a_{1n} \\ a_{21} & a_{22} & \cdots & a_{2n} \\ \vdots & \vdots & & \vdots \\ a_{n1} & a_{n2} & \cdots & a_{nn} \end{pmatrix},$$ 称为 n 阶方阵.

在 n 阶方阵 $\boldsymbol{A}$ 中,元素 $a_{11}, a_{22}, \cdots, a_{nn}$ 称为主对角线上的元素.

特别

(1) 除主对角线上的元素外,其余的元素都为零的方阵 $\boldsymbol{A}$ 称为对角阵. **举例**

$$\boldsymbol{A} = \begin{pmatrix} a_{11} & 0 & \cdots & 0 \\ 0 & a_{22} & \cdots & 0 \\ \vdots & \vdots & & \vdots \\ 0 & 0 & \cdots & a_{nn} \end{pmatrix}$$

(2) 在对角阵 $\boldsymbol{A}$ 中,若主对角线上的元素是同一个不为零的常数,即 $a_{11} = a_{22} = \cdots = a_{nn} = a \neq 0$,则称 $\boldsymbol{A} = \begin{pmatrix} a & 0 & \cdots & 0 \\ 0 & a & \cdots & 0 \\ \vdots & \vdots & & \vdots \\ 0 & 0 & \cdots & a \end{pmatrix}$ 为数量阵.

(3) 在数量阵 $\boldsymbol{A}$ 中,若常数 $a = 1$,即 $\boldsymbol{A} = \begin{pmatrix} 1 & 0 & \cdots & 0 \\ 0 & 1 & \cdots & 0 \\ \vdots & \vdots & & \vdots \\ 0 & 0 & \cdots & 1 \end{pmatrix}$,则称 $\boldsymbol{A}$ 为单位

阵,记作 $\boldsymbol{E}_n$ 或 $\boldsymbol{E}$ 即

$$E = \begin{pmatrix} 1 & 0 & \cdots & 0 \\ 0 & 1 & \cdots & 0 \\ \vdots & \vdots & & \vdots \\ 0 & 0 & \cdots & 1 \end{pmatrix}$$

（4）主对角线下方的元素都是零的方阵 $\begin{pmatrix} a_{11} & a_{12} & \cdots & a_{1n} \\ 0 & a_{22} & \cdots & a_{2n} \\ \vdots & \vdots & & \vdots \\ 0 & 0 & \cdots & a_{nn} \end{pmatrix}$ ，称为上三

角阵.

（5）主对角线上方的元素都是零的方阵 $\begin{pmatrix} a_{11} & 0 & \cdots & 0 \\ a_{21} & a_{22} & \cdots & 0 \\ \vdots & \vdots & \vdots & \vdots \\ a_{n1} & a_{n2} & \cdots & a_{nn} \end{pmatrix}$ ，称为下三

角阵.

上三角阵和下三角阵统称为三角矩阵.

2. 矩阵的运算

2.1　矩阵相等

定义 2　如果矩阵 $A = (a_{ij})$ 与 $B = (b_{ij})$ 都是 $m \times n$ 矩阵，且它们的对应元素都相等，即

$a_{ij} = b_{ij} (i = 1,2,\cdots,m; \ j = 1,2,\cdots,n.)$

则称矩阵 A 与矩阵 B 相等. 记作 $A = B$.

注　只有当两个矩阵的行数与行数相等、列数与列数相等并且对应的元素也相等时两个矩阵才相等.

例 1　已知矩阵 $A = \begin{pmatrix} a-b & 6 \\ 0 & a+b \end{pmatrix}$ 与 $B = \begin{pmatrix} 3 & c-d \\ c+d & -5 \end{pmatrix}$ 相等，

求 a,b,c,d.

解　根据矩阵相等的定义得方程组

$$\begin{cases} a-b = 3 \\ a+b = -5 \\ c-d = 6 \\ c+d = 0 \end{cases} \quad \text{解之得} \quad \begin{cases} a = -1 \\ b = -4 \\ c = 3 \\ d = -3 \end{cases}.$$

2.2　矩阵的加法与减法

定义 3　两个 $m \times n$ 矩阵 $A = (a_{ij})$ 与 $B = (b_{ij})$ 对应的元素相加（减）得到的 $m \times n$ 矩阵称为矩阵 A 与 B 的和（差）. 记作 $A+B(A-B)$

即　　$\boldsymbol{A}+\boldsymbol{B}=(a_{ij}+b_{ij})_{m\times n}\left[\boldsymbol{A}-\boldsymbol{B}=(a_{ij}-b_{ij})_{m\times n}\right]$

注　只有当两个矩阵的行数与行数相等、列数与列数相等时才能进行加减运算.

矩阵的加法运算满足以下运算律

(1) 交换律　$\boldsymbol{A}+\boldsymbol{B}=\boldsymbol{B}+\boldsymbol{A}$

(2) 结合律　$(\boldsymbol{A}+\boldsymbol{B})+\boldsymbol{C}=\boldsymbol{A}+(\boldsymbol{B}+\boldsymbol{C})$

2.3　矩阵的数乘

定义 4　用常数 k 乘矩阵 $\boldsymbol{A}=(a_{ij})_{m\times n}$ 的每一个元素所得到的矩阵称为数 k 与矩阵 $\boldsymbol{A}$ 的乘积. 记作 $k\boldsymbol{A}$　　即

$$k\boldsymbol{A}=\begin{pmatrix} ka_{11} & ka_{12} & \cdots & ka_{1n} \\ ka_{21} & ka_{22} & \cdots & ka_{2n} \\ \vdots & \vdots & & \vdots \\ ka_{m1} & ka_{m2} & \cdots & ka_{mn} \end{pmatrix}=k\begin{pmatrix} a_{11} & a_{12} & \cdots & a_{1n} \\ a_{21} & a_{22} & \cdots & a_{2n} \\ \vdots & \vdots & & \vdots \\ a_{m1} & a_{m2} & \cdots & a_{mn} \end{pmatrix}$$

矩阵的数乘满足以下运算律

(1) 分配律 $k(\boldsymbol{A}+\boldsymbol{B})=k\boldsymbol{B}+k\boldsymbol{A}(k+l)\boldsymbol{A}=k\boldsymbol{A}+l\boldsymbol{A}$

(2) 结合律 $k(l\boldsymbol{A})=(kl)\boldsymbol{A}$

例 2　已知矩阵 $\boldsymbol{A}=\begin{pmatrix} 1 & 3 & 5 \\ -2 & 1 & 4 \end{pmatrix},\boldsymbol{B}=\begin{pmatrix} -1 & 6 & -9 \\ 2 & -7 & 4 \end{pmatrix}.$

求 (1)$3\boldsymbol{A}-\boldsymbol{B}$；(2)$2\boldsymbol{A}+3\boldsymbol{B}.$

解　(1)$3\boldsymbol{A}-\boldsymbol{B}=3\begin{pmatrix} 1 & 3 & 5 \\ -2 & 1 & 4 \end{pmatrix}-\begin{pmatrix} -1 & 6 & -9 \\ 2 & -7 & 4 \end{pmatrix}$

$$=\begin{pmatrix} 3+1 & 9-6 & 15+9 \\ -6-2 & 3+7 & 12-4 \end{pmatrix}=\begin{pmatrix} 4 & 3 & 24 \\ -8 & 10 & 8 \end{pmatrix}.$$

(2)$2\boldsymbol{A}+3\boldsymbol{B}=2\begin{pmatrix} 1 & 3 & 5 \\ -2 & 1 & 4 \end{pmatrix}+3\begin{pmatrix} -1 & 6 & -9 \\ 2 & -7 & 4 \end{pmatrix}$

$$=\begin{pmatrix} 2-3 & 6+18 & 10-27 \\ -4+6 & 2-21 & 8+12 \end{pmatrix}=\begin{pmatrix} -1 & 24 & -17 \\ 2 & -19 & 20 \end{pmatrix}.$$

2.4　矩阵的乘法

定义 5　设矩阵 $\boldsymbol{A}=(a_{ik})_{m\times s},\boldsymbol{B}=(b_{kj})_{s\times n}$，则由元素

$$c_{ij}=a_{i1}b_{1j}+a_{i2}b_{2j}+\cdots+a_{is}b_{sj}$$

$$=\sum_{k=1}^{s}a_{ik}b_{kj}\quad (i=1,2,\cdots,m;\ j=1,2,\cdots,n)$$

所构成的矩阵 $\boldsymbol{C}=(c_{ij})_{m\times n}=\begin{pmatrix} c_{11} & c_{12} & \cdots & c_{1n} \\ c_{21} & c_{22} & \cdots & c_{2n} \\ \vdots & \vdots & & \vdots \\ c_{m1} & c_{m2} & \cdots & c_{mn} \end{pmatrix}$ 称为矩阵 $\boldsymbol{A}$ 与 $\boldsymbol{B}$ 的乘

积. 记作 AB 即 $AB = C$

由定义可以看出

(1) 只有当左乘矩阵 A 的列数等于右乘矩阵 B 的行数时，矩阵 A 与 B 才能相乘.

(2) 矩阵 A 与 B 的乘积 C 仍是一个矩阵，且其行数与左乘矩阵的行数相同，列数与右乘矩阵的列数相同，任意元素 c_{ij} 等于左乘矩阵 A 的第 i 行元素与右乘矩阵 B 的第 j 列对应元素的乘积之和.

矩阵的乘法满足以下运算律

(1) 结合律　$(AB)C = A(BC) \quad k(AB) = (kA)B = A(kB)$.

(2) 分配律　$A(B+C) = AB + AC \quad (B+C)A = BA + CA$.

例 3　已知矩阵 $A = \begin{pmatrix} 1 & 2 & 3 \\ -2 & 5 & 4 \end{pmatrix}$，$B = \begin{bmatrix} 1 & 5 \\ 3 & 0 \\ 2 & -1 \end{bmatrix}$.

求 AB 与 BA.

解　$AB = \begin{pmatrix} 1 & 2 & 3 \\ -2 & 5 & 4 \end{pmatrix} \begin{bmatrix} 1 & 5 \\ 3 & 0 \\ 2 & -1 \end{bmatrix}$

$$= \begin{pmatrix} 1\times1+2\times3+3\times2 & 1\times5+2\times0+3\times(-1) \\ -2\times1+5\times3+4\times2 & -2\times5+5\times0+4\times(-1) \end{pmatrix}$$

$$= \begin{pmatrix} 13 & 2 \\ 21 & -14 \end{pmatrix}.$$

$BA = \begin{bmatrix} 1 & 5 \\ 3 & 0 \\ 2 & -1 \end{bmatrix} \begin{pmatrix} 1 & 2 & 3 \\ -2 & 5 & 4 \end{pmatrix}$

$$= \begin{bmatrix} 1\times1+5\times(-2) & 1\times2+5\times5 & 1\times3+5\times4 \\ 3\times1+0\times(-2) & 3\times2+0\times5 & 3\times3+0\times4 \\ 2\times1+(-1)\times(-2) & 2\times2+(-1)\times5 & 2\times3+(-1)\times4 \end{bmatrix}$$

$$= \begin{bmatrix} -9 & 27 & 23 \\ 3 & 6 & 9 \\ 4 & -1 & 2 \end{bmatrix}.$$

此例说明　**矩阵的乘法一般不满足交换律.**

例 4　求 $\begin{pmatrix} 2 & 1 \\ 4 & 2 \end{pmatrix} \begin{pmatrix} 1 & -2 \\ -2 & 4 \end{pmatrix}$.

解　$\begin{pmatrix} 2 & 1 \\ 4 & 2 \end{pmatrix} \begin{pmatrix} 1 & -2 \\ -2 & 4 \end{pmatrix} = \begin{pmatrix} 0 & 0 \\ 0 & 0 \end{pmatrix} = O_{2\times2}$.

此例说明　**两个非零矩阵的乘积可能是零矩阵.**

例5　已知 $\boldsymbol{A} = \begin{pmatrix} 1 & 3 & 2 \\ 3 & 0 & 6 \end{pmatrix}$,,$\boldsymbol{C} = \begin{pmatrix} 0 & 5 \\ 2 & 0 \\ 0 & 4 \end{pmatrix}$. 求 $\boldsymbol{AB}$ 和 $\boldsymbol{AC}$.

解　$\boldsymbol{AB} = \begin{pmatrix} 1 & 3 & 2 \\ 3 & 0 & 6 \end{pmatrix} \begin{pmatrix} 0 & 3 \\ 2 & 0 \\ 0 & 5 \end{pmatrix} = \begin{pmatrix} 6 & 13 \\ 0 & 39 \end{pmatrix}$.

$\boldsymbol{AC} = \begin{pmatrix} 1 & 3 & 2 \\ 3 & 0 & 6 \end{pmatrix} \begin{pmatrix} 0 & 5 \\ 2 & 0 \\ 0 & 4 \end{pmatrix} = \begin{pmatrix} 6 & 13 \\ 0 & 39 \end{pmatrix}$.

此例说明　**若 $\boldsymbol{AB} = \boldsymbol{AC}$,一般地 $\boldsymbol{B} \neq \boldsymbol{C}$,即矩阵乘法不满足消去律.**

例6　已知 $\boldsymbol{A} = \begin{pmatrix} a_{11} & a_{12} & a_{13} \\ a_{21} & a_{22} & a_{23} \\ a_{31} & a_{32} & a_{33} \end{pmatrix}$,$E = \begin{pmatrix} 1 & 0 & 0 \\ 0 & 1 & 0 \\ 0 & 0 & 1 \end{pmatrix}$. 求 $\boldsymbol{AE}$ 与 $\boldsymbol{EA}$.

解　$\boldsymbol{AE} = \begin{pmatrix} a_{11} & a_{12} & a_{13} \\ a_{21} & a_{22} & a_{23} \\ a_{31} & a_{32} & a_{33} \end{pmatrix} \begin{pmatrix} 1 & 0 & 0 \\ 0 & 1 & 0 \\ 0 & 0 & 1 \end{pmatrix} = \begin{pmatrix} a_{11} & a_{12} & a_{13} \\ a_{21} & a_{22} & a_{23} \\ a_{31} & a_{32} & a_{33} \end{pmatrix}$.

$\boldsymbol{EA} = \begin{pmatrix} 1 & 0 & 0 \\ 0 & 1 & 0 \\ 0 & 0 & 1 \end{pmatrix} \begin{pmatrix} a_{11} & a_{12} & a_{13} \\ a_{21} & a_{22} & a_{23} \\ a_{31} & a_{32} & a_{33} \end{pmatrix} = \begin{pmatrix} a_{11} & a_{12} & a_{13} \\ a_{21} & a_{22} & a_{23} \\ a_{31} & a_{32} & a_{33} \end{pmatrix}$.

此例说明　**单位矩阵 E 在矩阵乘法中所起的作用与数的乘法中数 1 所起的作用类似.**

　　上述例题说明:矩阵的乘法运算与实数的乘法运算有类似之处,但也有很大的差别,因此进行矩阵的乘法运算时必须严格遵循矩阵乘法的定义和所满足的运算律,切忌与实数的乘法运算相混淆.

　2.5　矩阵的转置

　　定义6　将矩阵 $\boldsymbol{A}$ 所有行换成相应的列所得到的矩阵称为矩阵 $\boldsymbol{A}$ 的转置矩阵,记作 $\boldsymbol{A}'$. 即

若 $\boldsymbol{A} = \begin{pmatrix} a_{11} & a_{12} & \cdots & a_{1n} \\ a_{21} & a_{22} & \cdots & a_{2n} \\ \vdots & \vdots & & \vdots \\ a_{m1} & a_{m2} & \cdots & a_{mn} \end{pmatrix}$ 则 $\boldsymbol{A}' = \begin{pmatrix} a_{11} & a_{21} & \cdots & a_{m1} \\ a_{12} & a_{22} & \cdots & a_{m2} \\ \vdots & \vdots & & \vdots \\ a_{1n} & a_{2n} & \cdots & a_{mn} \end{pmatrix}$

矩阵的转置满足以下运算律

(1) $(\boldsymbol{A}')' = \boldsymbol{A}$

(2) $(\boldsymbol{A} + \boldsymbol{B})' = \boldsymbol{A}' + \boldsymbol{B}'$

(3) $(AB)' = B'A'$

例 7   设 $A = \begin{pmatrix} 1 & 0 & 2 \\ 3 & -1 & 1 \end{pmatrix}, B = \begin{pmatrix} 1 & 0 \\ -1 & 2 \\ 0 & 3 \end{pmatrix}.$ 试验证 $(AB)' = B'A'.$

解   因为 $(AB)' = \left[\begin{pmatrix} 1 & 0 & 2 \\ 3 & -1 & 1 \end{pmatrix} \begin{pmatrix} 1 & 0 \\ -1 & 2 \\ 0 & 3 \end{pmatrix} \right]'$

$$= \begin{pmatrix} 1 & 6 \\ 4 & 1 \end{pmatrix}' = \begin{pmatrix} 1 & 4 \\ 6 & 1 \end{pmatrix}$$

$$B'A' = \begin{pmatrix} 1 & -1 & 0 \\ 0 & 2 & 3 \end{pmatrix} \begin{pmatrix} 1 & 3 \\ 0 & -1 \\ 2 & 1 \end{pmatrix} = \begin{pmatrix} 1 & 4 \\ 6 & 1 \end{pmatrix}$$

所以 $(AB)' = B'A'.$

2.6   矩阵的行列式

定义 7   由 n 阶方阵 A 的所有元素构成的行列式(所有元素的位置保持不变) 称为方阵 A 的行列式,记作 $|A|$. 即

若 $A = \begin{pmatrix} a_{11} & a_{12} & \cdots & a_{1n} \\ a_{21} & a_{22} & \cdots & a_{2n} \\ \vdots & \vdots & & \vdots \\ a_{n1} & a_{n2} & \cdots & a_{nn} \end{pmatrix}$ 则 $|A| = \begin{vmatrix} a_{11} & a_{12} & \cdots & a_{1n} \\ a_{21} & a_{22} & \cdots & a_{2n} \\ \vdots & \vdots & & \vdots \\ a_{n1} & a_{n2} & \cdots & a_{nn} \end{vmatrix}$

矩阵的行列式满足以下运算律

(1) $|A'| = |A|$

(2) $|AB| = |A| \cdot |B|$

(3) $|kA| = k^n |A|$

例 8   设 $A = \begin{pmatrix} 1 & 2 \\ 3 & -1 \end{pmatrix}, B = \begin{pmatrix} 5 & 3 \\ 0 & 4 \end{pmatrix}.$ 试验证 $|AB| = |A| \cdot |B|.$

解   因为 $|AB| = \left| \begin{pmatrix} 1 & 2 \\ 3 & -1 \end{pmatrix} \begin{pmatrix} 5 & 3 \\ 0 & 4 \end{pmatrix} \right| = \begin{vmatrix} 5 & 11 \\ 15 & 5 \end{vmatrix} = 25 - 165 = -140$

$|A| \cdot |B| = \begin{vmatrix} 1 & 2 \\ 3 & -1 \end{vmatrix} \cdot \begin{vmatrix} 5 & 3 \\ 0 & 4 \end{vmatrix} = (-1-6)(20-0) = -140$

所以 $|AB| = |A| \cdot |B|.$

习题 6.3

1. 已知矩阵 $A = \begin{pmatrix} a+b & -2 & 4 \\ 2 & 0 & a-b \end{pmatrix}, B = \begin{pmatrix} 5 & d-c \\ c-d & 0 \end{pmatrix},$ 且 $A = B,$ 则 a

$=\underline{\quad\quad},b=\underline{\quad\quad},c=\underline{\quad\quad},d=\underline{\quad\quad}.$

2.已知矩阵 $\boldsymbol{A}=\begin{pmatrix}-2&0\\0&1\\3&4\end{pmatrix},\boldsymbol{B}=\begin{pmatrix}1&-2\\2&3\\3&5\end{pmatrix},$求 $(1)2\boldsymbol{A}+3\boldsymbol{B};(2)5\boldsymbol{A}-2\boldsymbol{B}.$

3.已知矩阵 $\boldsymbol{A}=\begin{pmatrix}1&0&3\\0&2&1\\1&-1&0\end{pmatrix},\boldsymbol{B}=\begin{pmatrix}0&-1&4\\2&3&0\\1&0&-2\end{pmatrix},$求 $(1)\boldsymbol{A}'$ 与 $\boldsymbol{B}';(2)\boldsymbol{AB}$

与 $\boldsymbol{BA};(3)(\boldsymbol{AB})'$ 与 $\boldsymbol{A}'\boldsymbol{B}'$ 及 $\boldsymbol{B}'\boldsymbol{A}'.$

4.计算下列各式

$(1)\begin{pmatrix}1&2\\-2&0\end{pmatrix}\begin{pmatrix}1\\0\\-1\end{pmatrix};$　　　　　　$(2)\begin{pmatrix}1\\-1\\0\end{pmatrix}\begin{pmatrix}1&0\\0&1\end{pmatrix};$

$(3)\begin{pmatrix}3&-2\\-4&7\end{pmatrix}\begin{pmatrix}1&0\\0&1\\0&0\end{pmatrix};$　　　　$(4)\begin{pmatrix}1&0\\0&1\\0&0\end{pmatrix}\begin{pmatrix}-3\\4\\2\end{pmatrix}.$

5.设矩阵 $\boldsymbol{A}=\begin{pmatrix}1\\2\end{pmatrix},\boldsymbol{B}=\begin{pmatrix}-1\\1\end{pmatrix},$试论证

$(1)\boldsymbol{AB}=\boldsymbol{BA}$ 吗?

$(2)(\boldsymbol{AB})'=\boldsymbol{A}'\boldsymbol{B}'$ 吗?

$(3)(\boldsymbol{A}-\boldsymbol{B})^2=\boldsymbol{A}^2-2\boldsymbol{AB}+\boldsymbol{B}^2$ 吗?

$(4)\boldsymbol{A}^2-\boldsymbol{B}^2=(\boldsymbol{A}+\boldsymbol{B})(\boldsymbol{A}-\boldsymbol{B})$ 吗?

§6.4　矩阵的初等变换

1. 矩阵的初等变换

矩阵的初等变换是矩阵运算的常用方法,更是用矩阵求解线性方程组的关键.因为用消元法解线性方程组时常采用以下三种同解变形

(1) 交换某两个方程的位置;

(2) 用非零常数乘某一个方程;

(3) 用非零常数乘某一个方程后加到另一个方程上.

方程组的这三种同解变形实质上就是对相应的矩阵作变换,对于矩阵的此种变换给出如下定义

定义 1　以下三种变换称为矩阵的初等行(列)变换

(1) 交换矩阵的某两行(列)；

(2) 用非零常数 k 乘以矩阵的某一行(列)；

(3) 用非零常数 k 乘以矩阵的某一行(列)加到另一行(列)对应的元素上.

矩阵的初等行变换与初等列变换统称为矩阵的初等变换.

与行列式类似,为方便矩阵初等变换的表述约定以下运算符号

(1) 符号 $r_i \leftrightarrow r_j (c_i \leftrightarrow c_j)$ 表示互换矩阵的第 i 行(列)与第 j 行(列)；

(2) 符号 $r_i \times k (c_i \times k)$ 表示将矩阵的第 i 行(列)乘以常数 k；

(3) 符号 $r_i + kr_j (c_i + kc_j)$ 表示将矩阵的第 j 行(列)乘以常数 k 后加到第 i 行(列)上.

定义 2　如果矩阵 A 经过若干次初等变换后化为矩阵 B,则称矩阵 A 与矩阵 B 等价,记作 $A \sim B$ 或 $B \sim A$

可以证明,任意一个 $m \times n$ 矩阵 A 经过若干次初等变换都可以化为如下形式的 D 矩阵

$$D = \begin{pmatrix} E_r & 0 \\ 0 & 0 \end{pmatrix}$$

例 1　将矩阵 $A = \begin{bmatrix} 1 & 2 & 3 & 4 \\ 2 & -1 & 5 & 3 \\ 3 & 4 & 0 & 6 \end{bmatrix}$ 化为 D 矩阵.

解

$$A = \begin{bmatrix} 1 & 2 & 3 & 4 \\ 2 & -1 & 5 & 3 \\ 3 & 4 & 0 & 6 \end{bmatrix} \xrightarrow[r_3-3r_1]{r_2-2r_1} \begin{bmatrix} 1 & 2 & 3 & 4 \\ 0 & -5 & -1 & -5 \\ 0 & -2 & -9 & -6 \end{bmatrix}$$

$$\xrightarrow[c_4-4c_1]{\substack{c_2-2c_1 \\ c_3-3c_1}} \begin{bmatrix} 1 & 0 & 0 & 0 \\ 0 & -5 & -1 & -5 \\ 0 & -2 & -9 & -6 \end{bmatrix} \xrightarrow[c_2 \leftrightarrow c_3]{-1 \times r_2} \begin{bmatrix} 1 & 0 & 0 & 0 \\ 0 & 1 & 5 & 5 \\ 0 & -9 & -2 & -6 \end{bmatrix}$$

$$\xrightarrow{r_3+9r_2} \begin{bmatrix} 1 & 0 & 0 & 0 \\ 0 & 1 & 5 & 5 \\ 0 & 0 & 43 & 39 \end{bmatrix} \xrightarrow[c_4-5c_2]{c_3-5c_2} \begin{bmatrix} 1 & 0 & 0 & 0 \\ 0 & 1 & 0 & 0 \\ 0 & 0 & 43 & 39 \end{bmatrix}$$

$$\xrightarrow{\frac{1}{43}r_3} \begin{bmatrix} 1 & 0 & 0 & 0 \\ 0 & 1 & 0 & 0 \\ 0 & 0 & 1 & \frac{39}{43} \end{bmatrix} \xrightarrow{c_4-\frac{39}{43}c_3} \begin{bmatrix} 1 & 0 & 0 & 0 \\ 0 & 1 & 0 & 0 \\ 0 & 0 & 1 & 0 \end{bmatrix}$$

2. 初等矩阵

定义 3　对单位矩阵 E 作一次初等变换得到的矩阵称为初等矩阵.

因为矩阵的初等变换有三种,所以有下述三类初等矩阵

(1) 交换单位矩阵 $\boldsymbol{E}$ 的第 i 行(列)与第 j 行(列)得到的初等矩阵,记作 $\boldsymbol{E}(i,j)$ 即

$$\boldsymbol{E}(i,j) = \begin{pmatrix} 1 & & & & & & & & & \\ & \ddots & & & & & & & & \\ & & 1 & & & & & & & \\ & & & 0 & \cdots & \cdots & \cdots & 1 & & \\ & & & \vdots & 1 & & & \vdots & & \\ & & & \vdots & & \ddots & & \vdots & & \\ & & & \vdots & & & 1 & \vdots & & \\ & & & 1 & \cdots & \cdots & \cdots & 0 & & \\ & & & & & & & & 1 & \\ & & & & & & & & & \ddots \\ & & & & & & & & & & 1 \end{pmatrix} \begin{matrix} \\ \\ \\ \text{第 } i \text{ 行} \\ \\ \\ \\ \text{第 } j \text{ 行} \\ \\ \\ \\ \end{matrix}$$

举例　交换单位矩阵 $\boldsymbol{E} = \begin{pmatrix} 1 & 0 & 0 & 0 \\ 0 & 1 & 0 & 0 \\ 0 & 0 & 1 & 0 \\ 0 & 0 & 0 & 1 \end{pmatrix}$ 的第 1 行(列)与第 4 行(列)得到

的初等矩阵为 $\boldsymbol{E}(1,4) = \begin{pmatrix} 0 & 0 & 0 & 1 \\ 0 & 1 & 0 & 0 \\ 0 & 0 & 1 & 0 \\ 1 & 0 & 0 & 0 \end{pmatrix}$

(2) 用非零常数 k 乘单位矩阵 $\boldsymbol{E}$ 的第 i 行(列)得到的单位矩阵,记作 $\boldsymbol{E}(i(k))$ 即

$$\boldsymbol{E}(i(k)) = \begin{pmatrix} 1 & & & & & & \\ & \ddots & & & & & \\ & & 1 & & & & \\ & & & k & & & \\ & & & & 1 & & \\ & & & & & \ddots & \\ & & & & & & 1 \end{pmatrix} \begin{matrix} \\ \\ \\ \text{第 } i \text{ 行} \\ \\ \\ \\ \end{matrix}$$

举例　用非零常数 k 乘单位矩阵 $\boldsymbol{E} = \begin{pmatrix} 1 & 0 & 0 & 0 \\ 0 & 1 & 0 & 0 \\ 0 & 0 & 1 & 0 \\ 0 & 0 & 0 & 1 \end{pmatrix}$ 的第 2 行(列)得到的

初等矩阵为 $E(2(k))=\begin{pmatrix} 1 & 0 & 0 & 0 \\ 0 & k & 0 & 0 \\ 0 & 0 & 1 & 0 \\ 0 & 0 & 0 & 1 \end{pmatrix}$

（3）用非零常数 k 乘单位矩阵 E 的第 j 行（i 列）加到第 i 行（j 列）上得到的单位矩阵，记作 $E(i,j(k))$ 即

$$E(i,j(k))=\begin{pmatrix} 1 & & & & & & \\ & \ddots & & & & & \\ & & 1 & & k & & \\ & & & \ddots & & & \\ & & & & 1 & & \\ & & & & & \ddots & \\ & & & & & & 1 \end{pmatrix} \begin{matrix} \\ \\ \text{第 } i \text{ 行} \\ \\ \text{第 } j \text{ 行} \\ \\ \end{matrix}$$

举例 用非零常数 k 乘单位矩阵 $E=\begin{pmatrix} 1 & 0 & 0 & 0 \\ 0 & 1 & 0 & 0 \\ 0 & 0 & 1 & 0 \\ 0 & 0 & 0 & 1 \end{pmatrix}$ 的第 3 行（1 列）加到第

1 行（3 列）得到的初等矩阵为 $E(1,3(k))=\begin{pmatrix} 1 & 0 & k & 0 \\ 0 & 1 & 0 & 0 \\ 0 & 0 & 1 & 0 \\ 0 & 0 & 0 & 1 \end{pmatrix}$.

例 2 设 $A=\begin{pmatrix} a_{11} & a_{12} & a_{13} \\ a_{21} & a_{22} & a_{23} \\ a_{31} & a_{32} & a_{33} \end{pmatrix}$, $E(1,2)=\begin{pmatrix} 0 & 1 & 0 \\ 1 & 0 & 0 \\ 0 & 0 & 1 \end{pmatrix}$, $E(2,3(k))$.

$=\begin{pmatrix} 1 & 0 & 0 \\ 0 & 1 & k \\ 0 & 0 & 1 \end{pmatrix}$.

求 $E(1,2)A$ 与 $AE(2,3(k))$.

解 由矩阵的乘法得

$$E(1,2)A=\begin{pmatrix} 0 & 1 & 0 \\ 1 & 0 & 0 \\ 0 & 0 & 1 \end{pmatrix}\begin{pmatrix} a_{11} & a_{12} & a_{13} \\ a_{21} & a_{22} & a_{23} \\ a_{31} & a_{32} & a_{33} \end{pmatrix}=\begin{pmatrix} a_{21} & a_{22} & a_{23} \\ a_{11} & a_{12} & a_{13} \\ a_{31} & a_{32} & a_{33} \end{pmatrix}.$$

$$AE(2,3(k))=\begin{pmatrix} a_{11} & a_{12} & a_{13} \\ a_{21} & a_{22} & a_{23} \\ a_{31} & a_{32} & a_{33} \end{pmatrix}\begin{pmatrix} 1 & 0 & 0 \\ 0 & 1 & k \\ 0 & 0 & 1 \end{pmatrix}=\begin{pmatrix} a_{11} & a_{12} & a_{13}+ka_{12} \\ a_{21} & a_{22} & a_{23}+ka_{22} \\ a_{31} & a_{32} & a_{33}+ka_{32} \end{pmatrix}.$$

由上例可得如下重要结论

在满足矩阵乘法运算的条件下

（1）在任一矩阵 A 上左乘一个初等矩阵等于将该矩阵 A 作与所乘初等矩阵相同的行变换；

（2）在任一矩阵 A 上右乘一个初等矩阵等于将该矩阵 A 作与所乘初等矩阵相同的列变换.

习题 6.4

1. $\begin{pmatrix} 1 & -2 & 3 & -1 \\ 2 & 1 & -4 & 3 \end{pmatrix} \xrightarrow{c_2 \leftrightarrow c_4}$ _____.

2. $\begin{bmatrix} -1 & 0 & 1 \\ 0 & 2 & -5 \\ 2 & 3 & 0 \end{bmatrix} \xrightarrow{3r_1}$ _____.

3. $\begin{bmatrix} 2 & 4 & -8 & 6 \\ 1 & -3 & 5 & 2 \\ -1 & -2 & 4 & -3 \end{bmatrix} \xrightarrow{r_1 + 2r_3}$ _____.

4. 若 $E = \begin{pmatrix} 1 & 0 & 0 & 0 \\ 0 & 1 & 0 & 0 \\ 0 & 0 & 1 & 0 \\ 0 & 0 & 0 & 1 \end{pmatrix}$，则 $E(2,3) = $ _____, $E(3(2)) = $ _____, $E(1,4(3)) = $ _____.

5. 已知矩阵 $A = \begin{bmatrix} a_{11} & a_{12} & a_{13} \\ a_{21} & a_{22} & a_{23} \\ a_{31} & a_{32} & a_{33} \end{bmatrix}$, $E = \begin{bmatrix} 1 & 0 & 0 \\ 0 & 1 & 0 \\ 0 & 0 & 1 \end{bmatrix}$, 求 $(1)E(1,3)A$; $(2)AE(2(k))$; $(3)AE(2,3(k))$.

6. 用矩阵的初等变换将下列矩阵化为 D 阵

（1）$\begin{bmatrix} -2 & 0 & 1 & -3 \\ 1 & 2 & -3 & 0 \\ -3 & 4 & 2 & 6 \end{bmatrix}$;

（2）$\begin{bmatrix} 1 & 0 & -1 & 2 & 3 \\ 2 & 1 & 4 & 3 & 0 \\ -3 & 0 & 2 & 1 & 4 \end{bmatrix}$.

§6.5　逆矩阵的概念及其求法

1. 逆矩阵的概念

定义 1　设 A 是一个 n 阶方阵,如果存在另一个 n 阶方阵 B,使得

$AB = BA = E_n$,则称方阵 B 为方阵 A 的逆矩阵,记作 A^{-1}

即 $AA^{-1} = A^{-1}A = E_n$

此时称方阵 A 为可逆矩阵.

显然如果方阵 A 可逆且其逆矩阵为 B,则方阵 B 也可逆且其逆矩阵为 A,即方阵 A 与 B 互逆.

逆矩阵具有以下性质

性质 1　如果方阵 A 可逆,则其逆矩阵 A^{-1} 只有唯一一个.

性质 2　可逆矩阵 A 的逆矩阵 A^{-1} 也是可逆矩阵,且

$(A^{-1})^{-1} = A$.

性质 3　可逆矩阵 A 的转置矩阵 A' 也是可逆矩阵,且

$(A')^{-1} = (A^{-1})'$.

性质 4　两个同阶可逆矩阵 A 与 B 的乘积是可逆矩阵,且

$(AB)^{-1} = B^{-1}A^{-1}$

注　一般地 $(AB)^{-1} \neq A^{-1}B^{-1}$.

2. 逆矩阵的求法

并非所有方阵都有逆矩阵,我们可以根据下述定理来进行判定.

定义 2　若 n 阶方阵 A 的行列式 $|A| \neq 0$ 则称 A 为非奇异矩阵;反之若 $|A| = 0$ 则称 A 为奇异矩阵.

定理 1　若方阵 A 为非奇异矩阵即 $|A| \neq 0$,则方阵 A 必有逆矩阵;反之若方阵 A 为奇异矩阵即 $|A| = 0$,则方阵 A 没有逆矩阵,此时称方阵 A 不可逆.

2.1　用伴随矩阵求逆矩阵

定义 3　由 n 阶方阵 $A = \begin{bmatrix} a_{11} & a_{12} & \cdots & a_{1n} \\ a_{21} & a_{22} & \cdots & a_{2n} \\ \vdots & \vdots & & \vdots \\ a_{n1} & a_{n2} & \cdots & a_{nn} \end{bmatrix}$ 的行列式 $|A|$ 中各元素 a_{ij} 的

代数余子式 A_{ij} 所构成的 n 阶方阵 $\begin{pmatrix} A_{11} & A_{21} & \cdots & A_{n1} \\ A_{12} & A_{22} & \cdots & A_{n2} \\ \vdots & \vdots & & \vdots \\ A_{1n} & A_{2n} & \cdots & A_{nn} \end{pmatrix}$ 称为 A 的伴随矩阵,记作

A^* 即

$$A^* = \begin{pmatrix} A_{11} & A_{21} & \cdots & A_{n1} \\ A_{12} & A_{22} & \cdots & A_{n2} \\ \vdots & \vdots & & \vdots \\ A_{1n} & A_{2n} & \cdots & A_{nn} \end{pmatrix}$$

定理 2　若 n 阶方阵 A 可逆即 $|A| \neq 0$,且其伴随矩阵为 A^*,则其逆矩阵 A^{-1} $= \dfrac{1}{|A|} A^*$.

2.2　用矩阵的初等变换求逆矩阵

引例　用矩阵的初等行变换将可逆方阵 $A = \begin{pmatrix} 1 & 3 & 3 \\ 1 & 4 & 3 \\ 1 & 3 & 4 \end{pmatrix}$ 化为单位矩阵.

解　$A = \begin{pmatrix} 1 & 3 & 3 \\ 1 & 4 & 3 \\ 1 & 3 & 4 \end{pmatrix} \xrightarrow[r_3-r_1]{r_2-r_1} \begin{pmatrix} 1 & 3 & 3 \\ 0 & 1 & 0 \\ 0 & 0 & 1 \end{pmatrix} \xrightarrow[r_1-3r_3]{r_1-3r_2} \begin{pmatrix} 1 & 0 & 0 \\ 0 & 1 & 0 \\ 0 & 0 & 1 \end{pmatrix} = E_3$

上例表明,任何可逆方阵 A 经过若干次初等行变换一定可以化成同阶的单位矩阵,即一定存在 s 个初等矩阵 $P_1, P_2, \cdots, P_s$ 使下式成立

$P_s P_{s-1} \cdots P_2 P_1 A = E$

上式两端右乘 A^{-1} 得 $A^{-1} = P_s P_{s-1} \cdots P_2 P_1 E$

上述两式说明,在可逆方阵 A 经过若干次初等行变换化为单位矩阵 E 的同时,单位矩阵 E 则经过同样的初等行变换化成了方阵 A 的逆矩阵 A^{-1}.

据此可得用矩阵初等变换求 n 阶可逆方阵 A 的逆矩阵 A^{-1} 的步骤

第一步　构建一个 $n \times 2n$ 阶矩阵 $(A|E)_{n \times 2n}$;

第二步　对矩阵 $(A|E)_{n \times 2n}$ 进行若干次初等行变换将 A 化为 E 的同时 E 就化成了 A^{-1}.

说明　上述第二步也可进行若干次的初等列变换,但一个求逆矩阵的问题只能选择初等行变换或初等列变换中的某一种变换,切忌两种变换交替进行.

例　分别用伴随矩阵和矩阵的初等变换求下列方阵的逆矩阵

$(1) A = \begin{pmatrix} 1 & -1 & 1 \\ 3 & 0 & 5 \\ -1 & 2 & 0 \end{pmatrix}$;　　　　$(2) A = \begin{pmatrix} 0 & 0 & 1 & 2 \\ 1 & 0 & 2 & 0 \\ 0 & 1 & 0 & 2 \\ 2 & 1 & 0 & 0 \end{pmatrix}$.

解 （1）方法一（用伴随矩阵求 $\boldsymbol{A}^{-1}$）

因为 $|\boldsymbol{A}| = \begin{vmatrix} 1 & -1 & 1 \\ 3 & 0 & 5 \\ -1 & 2 & 0 \end{vmatrix} = 6 + 5 - 10 = 1 \neq 0$

所以该方阵可逆

又因为 $\boldsymbol{A}_{11} = \begin{vmatrix} 0 & 5 \\ 2 & 0 \end{vmatrix} = -10$ $\boldsymbol{A}_{12} = -\begin{vmatrix} 3 & 5 \\ -1 & 0 \end{vmatrix} = -5$ $\boldsymbol{A}_{13} = \begin{vmatrix} 3 & 0 \\ -1 & 2 \end{vmatrix} = 6$

$\boldsymbol{A}_{21} = -\begin{vmatrix} -1 & 1 \\ 2 & 0 \end{vmatrix} = 2$ $\boldsymbol{A}_{22} = \begin{vmatrix} 1 & 1 \\ -1 & 0 \end{vmatrix} = 1$ $\boldsymbol{A}_{23} = -\begin{vmatrix} 1 & -1 \\ -1 & 2 \end{vmatrix} = -1$

$\boldsymbol{A}_{31} = \begin{vmatrix} -1 & 1 \\ 0 & 5 \end{vmatrix} = -5$ $\boldsymbol{A}_{32} = -\begin{vmatrix} 1 & 1 \\ 3 & 5 \end{vmatrix} = -2$ $\boldsymbol{A}_{33} = \begin{vmatrix} 1 & -1 \\ 3 & 0 \end{vmatrix} = 3$

所以该方阵的伴随矩阵 $\boldsymbol{A}^* = \begin{pmatrix} -10 & 2 & -5 \\ -5 & 1 & -2 \\ 6 & -1 & 3 \end{pmatrix}$

故该方阵的逆矩阵为

$$\boldsymbol{A}^{-1} = \frac{1}{|\boldsymbol{A}|}\boldsymbol{A}^* = \frac{1}{1}\begin{pmatrix} -10 & 2 & -5 \\ -5 & 1 & -2 \\ 6 & -1 & 3 \end{pmatrix} = \begin{pmatrix} -10 & 2 & -5 \\ -5 & 1 & -2 \\ 6 & -1 & 3 \end{pmatrix}$$

方法二（用矩阵的初等变换求 $\boldsymbol{A}^{-1}$）

因为 $(\boldsymbol{A}|\boldsymbol{E}) = \begin{pmatrix} 1 & -1 & 1 & 1 & 0 & 0 \\ 3 & 0 & 5 & 0 & 1 & 0 \\ -1 & 2 & 0 & 0 & 0 & 1 \end{pmatrix} \xrightarrow[r_3+r_1]{r_2-3r_1} \begin{pmatrix} 1 & -1 & 1 & 1 & 0 & 0 \\ 0 & 3 & 2 & -3 & 1 & 0 \\ 0 & 1 & 1 & 1 & 0 & 1 \end{pmatrix}$

$\xrightarrow{r_2 \leftrightarrow r_3} \begin{pmatrix} 1 & -1 & 1 & 1 & 0 & 0 \\ 0 & 1 & 1 & 1 & 0 & 1 \\ 0 & 3 & 2 & -3 & 1 & 0 \end{pmatrix} \xrightarrow[-1\times r_3]{r_3-3r_2} \begin{pmatrix} 1 & -1 & 1 & 1 & 0 & 0 \\ 0 & 1 & 1 & 1 & 0 & 1 \\ 0 & 0 & 1 & 6 & -1 & 3 \end{pmatrix}$

$\xrightarrow[r_2-r_3]{r_1-r_3}$

$\begin{pmatrix} 1 & -1 & 0 & -5 & 1 & -3 \\ 0 & 1 & 0 & -5 & 1 & -2 \\ 0 & 0 & 1 & 6 & -1 & 3 \end{pmatrix} \xrightarrow{r_1+r_2} \begin{pmatrix} 1 & 0 & 0 & -10 & 2 & -5 \\ 0 & 1 & 0 & -5 & 1 & -2 \\ 0 & 0 & 1 & 6 & -1 & 3 \end{pmatrix}$

所以该方阵的逆矩阵为 $\boldsymbol{A}^{-1} = \begin{pmatrix} -10 & 2 & -5 \\ -5 & 1 & -2 \\ 6 & -1 & 3 \end{pmatrix}$

（2）方法一（用伴随矩阵求 $\boldsymbol{A}^{-1}$）

因为 $|\boldsymbol{A}| = \begin{vmatrix} 0 & 0 & 1 & 2 \\ 1 & 0 & 2 & 0 \\ 0 & 1 & 0 & 2 \\ 2 & 1 & 0 & 0 \end{vmatrix} = - \begin{vmatrix} 0 & 1 & 2 \\ 1 & 2 & 0 \\ 2 & 0 & 0 \end{vmatrix} + \begin{vmatrix} 0 & 1 & 2 \\ 1 & 2 & 0 \\ 0 & 0 & 2 \end{vmatrix} = 8 - 2 = 6 \neq 0$

所以该方阵可逆

又因为 $\boldsymbol{A}_{11} = \begin{vmatrix} 0 & 2 & 0 \\ 1 & 0 & 2 \\ 1 & 0 & 0 \end{vmatrix} = 4$ 　　 $\boldsymbol{A}_{12} = - \begin{vmatrix} 1 & 2 & 0 \\ 0 & 0 & 2 \\ 2 & 0 & 0 \end{vmatrix} = -8$

$\boldsymbol{A}_{13} = \begin{vmatrix} 1 & 0 & 0 \\ 0 & 1 & 2 \\ 2 & 1 & 0 \end{vmatrix} = -2$ 　　 $\boldsymbol{A}_{14} = - \begin{vmatrix} 1 & 0 & 2 \\ 0 & 1 & 0 \\ 2 & 1 & 0 \end{vmatrix} = 4$

$\boldsymbol{A}_{21} = - \begin{vmatrix} 0 & 1 & 2 \\ 1 & 0 & 2 \\ 1 & 0 & 0 \end{vmatrix} = -2$ 　　 $\boldsymbol{A}_{22} = \begin{vmatrix} 0 & 1 & 2 \\ 0 & 0 & 2 \\ 2 & 0 & 0 \end{vmatrix} = 4$

$\boldsymbol{A}_{23} = - \begin{vmatrix} 0 & 0 & 2 \\ 0 & 1 & 2 \\ 2 & 1 & 0 \end{vmatrix} = 4$ 　　 $\boldsymbol{A}_{24} = \begin{vmatrix} 0 & 0 & 1 \\ 0 & 1 & 0 \\ 2 & 1 & 0 \end{vmatrix} = -2$

$\boldsymbol{A}_{31} = \begin{vmatrix} 0 & 1 & 2 \\ 0 & 2 & 0 \\ 1 & 0 & 0 \end{vmatrix} = -4$ 　　 $\boldsymbol{A}_{32} = - \begin{vmatrix} 0 & 1 & 2 \\ 1 & 2 & 0 \\ 2 & 0 & 0 \end{vmatrix} = 8$

$\boldsymbol{A}_{33} = \begin{vmatrix} 0 & 0 & 2 \\ 1 & 0 & 0 \\ 2 & 1 & 0 \end{vmatrix} = 2$ 　　 $\boldsymbol{A}_{34} = - \begin{vmatrix} 0 & 0 & 1 \\ 1 & 0 & 2 \\ 2 & 1 & 0 \end{vmatrix} = -1$

$\boldsymbol{A}_{41} = - \begin{vmatrix} 0 & 1 & 2 \\ 0 & 2 & 0 \\ 1 & 0 & 2 \end{vmatrix} = 4$ 　　 $\boldsymbol{A}_{42} = \begin{vmatrix} 0 & 1 & 2 \\ 1 & 2 & 0 \\ 0 & 0 & 2 \end{vmatrix} = -2$

$\boldsymbol{A}_{43} = - \begin{vmatrix} 0 & 0 & 2 \\ 1 & 0 & 0 \\ 0 & 1 & 2 \end{vmatrix} = -2$ 　　 $\boldsymbol{A}_{44} = \begin{vmatrix} 0 & 0 & 1 \\ 1 & 0 & 2 \\ 0 & 1 & 0 \end{vmatrix} = 1$

所以该方阵的伴随矩阵 $\boldsymbol{A}^* = \begin{pmatrix} 4 & -2 & -4 & 4 \\ -8 & 4 & 8 & -2 \\ -2 & 4 & 2 & -2 \\ 4 & -2 & -1 & 1 \end{pmatrix}$

故该方阵的逆矩阵为

$$A^{-1} = \frac{1}{|A|}A^* = \frac{1}{6}\begin{pmatrix} 4 & -2 & -4 & 4 \\ -8 & 4 & 8 & -2 \\ -2 & 4 & 2 & -2 \\ 4 & -2 & -1 & 1 \end{pmatrix} = \begin{pmatrix} \dfrac{2}{3} & -\dfrac{1}{3} & -\dfrac{2}{3} & \dfrac{2}{3} \\[2mm] -\dfrac{4}{3} & \dfrac{2}{3} & \dfrac{4}{3} & -\dfrac{1}{3} \\[2mm] -\dfrac{1}{3} & \dfrac{2}{3} & \dfrac{1}{3} & -\dfrac{1}{3} \\[2mm] \dfrac{2}{3} & -\dfrac{1}{3} & -\dfrac{1}{6} & \dfrac{1}{6} \end{pmatrix}.$$

方法二（用矩阵的初等变换求 A^{-1}）

因为 $(A \mid E) = \begin{pmatrix} 0 & 0 & 1 & 2 & 1 & 0 & 0 & 0 \\ 1 & 0 & 2 & 0 & 0 & 1 & 0 & 0 \\ 0 & 1 & 0 & 2 & 0 & 0 & 1 & 0 \\ 2 & 1 & 0 & 0 & 0 & 0 & 0 & 1 \end{pmatrix}$

$\xrightarrow{r_1 \leftrightarrow r_2} \begin{pmatrix} 1 & 0 & 2 & 0 & 0 & 1 & 0 & 0 \\ 0 & 0 & 1 & 2 & 1 & 0 & 0 & 0 \\ 0 & 1 & 0 & 2 & 0 & 0 & 1 & 0 \\ 2 & 1 & 0 & 0 & 0 & 0 & 0 & 1 \end{pmatrix}$

$\xrightarrow[\frac{1}{6}r_4]{\substack{r_4 - r_2 \\ r_4 + 4r_3}} \begin{pmatrix} 1 & 0 & 2 & 0 & 0 & 1 & 0 & 0 \\ 0 & 1 & 0 & 2 & 0 & 0 & 1 & 0 \\ 0 & 0 & 1 & 2 & 1 & 0 & 0 & 0 \\ 0 & 0 & 0 & 1 & \dfrac{2}{3} & -\dfrac{1}{3} & -\dfrac{1}{6} & \dfrac{1}{6} \end{pmatrix}$

$\xrightarrow{\substack{r_2 - 2r_4 \\ r_3 - 2r_4}} \begin{pmatrix} 1 & 0 & 2 & 0 & 0 & 1 & 0 & 0 \\ 0 & 1 & 0 & 0 & -\dfrac{4}{3} & \dfrac{2}{3} & \dfrac{4}{3} & -\dfrac{1}{3} \\ 0 & 0 & 1 & 0 & -\dfrac{1}{3} & \dfrac{2}{3} & \dfrac{1}{3} & -\dfrac{1}{3} \\ 0 & 0 & 0 & 1 & \dfrac{2}{3} & -\dfrac{1}{3} & -\dfrac{1}{6} & \dfrac{1}{6} \end{pmatrix}$

$\xrightarrow{r_1 - 2r_3} \begin{pmatrix} 1 & 0 & 0 & 0 & \dfrac{2}{3} & -\dfrac{1}{3} & -\dfrac{2}{3} & \dfrac{2}{3} \\ 0 & 1 & 0 & 0 & -\dfrac{4}{3} & \dfrac{2}{3} & \dfrac{4}{3} & -\dfrac{1}{3} \\ 0 & 0 & 1 & 0 & -\dfrac{1}{3} & \dfrac{2}{3} & \dfrac{1}{3} & -\dfrac{1}{3} \\ 0 & 0 & 0 & 1 & \dfrac{2}{3} & -\dfrac{1}{3} & -\dfrac{1}{6} & \dfrac{1}{6} \end{pmatrix}$

所以该方阵的逆矩阵为 $A^{-1} = \begin{pmatrix} \dfrac{2}{3} & -\dfrac{1}{3} & -\dfrac{2}{3} & \dfrac{2}{3} \\ -\dfrac{4}{3} & \dfrac{2}{3} & \dfrac{4}{3} & -\dfrac{1}{3} \\ -\dfrac{1}{3} & \dfrac{2}{3} & \dfrac{1}{3} & -\dfrac{1}{3} \\ \dfrac{2}{3} & -\dfrac{1}{3} & -\dfrac{1}{6} & \dfrac{1}{6} \end{pmatrix}.$

习题 6.5

1.若方阵 A 的行列式 $|A| \neq 0$,则称该方阵为_____阵,反之若 $|A| = 0$, 则称该方阵为_____阵.

2.若方阵 A 的行列式 $|A| \neq 0$,则该方阵一定_____,反之若 $|A| = 0$,则该方阵一定_____.

3.方阵 $A = \begin{pmatrix} 1 & 0 & -3 \\ 0 & 2 & 0 \\ 2 & 0 & 1 \end{pmatrix}$ 的行列式 $|A| =$,伴随矩阵 $A^* =$ _____,逆矩阵 $A^{-1} =$ _____.

4.分别用伴随矩阵和矩阵的初等变换求下列各矩阵的逆矩阵

$(1)A = \begin{pmatrix} 1 & 3 \\ -2 & 4 \end{pmatrix}; (2)A = \begin{pmatrix} 1 & 0 & -1 \\ 2 & 1 & 0 \\ 0 & 3 & 2 \end{pmatrix}; (3)A = \begin{pmatrix} 1 & 0 & 0 & 0 \\ -1 & 1 & 0 & 1 \\ 0 & 3 & -1 & 0 \\ 1 & 0 & 2 & -3 \end{pmatrix}.$

§6.6　　特殊线性方程组的解法

线性方程组可分为特殊线性方程组和一般线性方程组,其中同时满足条件

(1) 未知量的个数等于方程的个数;

(2) 方程组的系数行列式 $D \neq 0$.

的线性方程组称为特殊线性方程组;不满足上述条件的线性方程组称为一般线性方程组.

特殊线性方程组可用下面两种方法求解,一般线性方程组的解法将在 §6.8 中作介绍.

1. 行列式解法（克莱姆法则）

对于 n 元线性方程组
$$\begin{cases} a_{11}x_1 + a_{12}x_2 + \cdots + a_{1n}x_n = b_1 \\ a_{21}x_1 + a_{22}x_2 + \cdots + a_{2n}x_n = b_2 \\ \cdots\cdots\cdots\cdots\cdots\cdots\cdots\cdots\cdots \\ a_{n1}x_1 + a_{n2}x_2 + \cdots + a_{nn}x_n = b_n \end{cases}　（Ⅰ）$$

若其系数行列式 $\boldsymbol{D} = \begin{vmatrix} a_{11} & a_{12} & \cdots & a_{1n} \\ a_{21} & a_{22} & \cdots & a_{2n} \\ \vdots & \vdots & & \vdots \\ a_{n1} & a_{n2} & \cdots & a_{nn} \end{vmatrix} \neq 0$，则其解满足

定理 1　（克莱姆法则）如果线性方程组（Ⅰ）的系数行列式 $\boldsymbol{D} \neq 0$，则该方程组有且只有唯一一组解　$x_i = \dfrac{\boldsymbol{D}_i}{\boldsymbol{D}}$　$(i = 1, 2, \cdots, n)$

其中 $\boldsymbol{D}_i (i = 1, 2, \cdots, n)$ 是将系数行列式 $\boldsymbol{D}$ 中第 i 列的元素依次用方程组（Ⅰ）中的常数 $b_1, b_2, \cdots, b_n$ 替换得到的行列式.

举例　$\boldsymbol{D}_2 = \begin{vmatrix} a_{11} & b_1 & a_{13} & \cdots & a_{1n} \\ a_{21} & b_2 & a_{23} & \cdots & a_{2n} \\ \vdots & \vdots & \vdots & & \vdots \\ a_{n1} & b_n & a_{n3} & \cdots & a_{nn} \end{vmatrix}$

2. 逆矩阵解法

在线性方程组（Ⅰ）中，若记

$$\boldsymbol{A} = \begin{bmatrix} a_{11} & a_{12} & \cdots & a_{1n} \\ a_{21} & a_{22} & \cdots & a_{2n} \\ \vdots & \vdots & & \vdots \\ a_{n1} & a_{n2} & \cdots & a_{nn} \end{bmatrix}, \boldsymbol{B} = \begin{bmatrix} b_1 \\ b_2 \\ \vdots \\ b_n \end{bmatrix}, \boldsymbol{X} = \begin{bmatrix} x_1 \\ x_2 \\ \vdots \\ x_n \end{bmatrix}$$

则可将此方程组化成矩阵方程 $\boldsymbol{AX} = \boldsymbol{B}$.

其中 $\boldsymbol{A}$、$\boldsymbol{B}$、$\boldsymbol{X}$ 分别称为线性方程组（Ⅰ）的系数矩阵、常数矩阵和未知量矩阵.

对于矩阵方程 $\boldsymbol{AX} = \boldsymbol{B}$，其解满足：

定理 2　　如果矩阵方程 $\boldsymbol{AX} = \boldsymbol{B}$ 的系数矩阵的行列式 $|\boldsymbol{A}| \neq 0$，则该矩阵方程有且只有唯一解 $\boldsymbol{X} = \boldsymbol{A}^{-1}\boldsymbol{B}$.

注　　若矩阵方程为 $\boldsymbol{XA} = \boldsymbol{B}$，则在系数矩阵的行列式 $|\boldsymbol{A}| \neq 0$ 时，该矩阵方程有且只有唯一解 $\boldsymbol{X} = \boldsymbol{BA}^{-1}$.

例　　分别用行列式与逆矩阵的方法解下列线性方程组

$$(1)\begin{cases}x_1+2x_2+x_3=0\\2x_1-x_2+x_3=1;\\x_1-x_2-2x_3=3\end{cases}\quad\quad(2)\begin{cases}x+2y-3z=0\\2x-y+4z=0.\\x+y+z=0\end{cases}$$

解　（1）方法一（行列式法）

因为 $D=\begin{vmatrix}1&2&1\\2&-1&1\\1&-1&-2\end{vmatrix}=2-2+2+1+1+8=12\neq0$

$D_1=\begin{vmatrix}0&2&1\\1&-1&1\\3&-1&-2\end{vmatrix}=-1+6+3+4=12$

$D_2=\begin{vmatrix}1&0&1\\2&1&1\\1&3&-2\end{vmatrix}=-2+6-1-3=0$

$D_3=\begin{vmatrix}1&2&0\\2&-1&1\\1&-1&3\end{vmatrix}=-3+2+1-12=-12$

所以该方程组的解为 $\begin{cases}x_1=\dfrac{D_1}{D}=\dfrac{12}{12}=1\\[2mm]x_2=\dfrac{D_2}{D}=\dfrac{0}{12}=0\\[2mm]x_3=\dfrac{D_3}{D}=\dfrac{-12}{12}=-1\end{cases}$ ．

方法二（逆矩阵法）

设　$A=\begin{pmatrix}1&2&1\\2&-1&1\\1&-1&-2\end{pmatrix}$，$B=\begin{pmatrix}0\\1\\3\end{pmatrix}$，$X=\begin{pmatrix}x_1\\x_2\\x_3\end{pmatrix}$

则该方程组可化成矩阵方程 $AX=B$

因为 $|A|=\begin{vmatrix}1&2&1\\2&-1&1\\1&-1&-2\end{vmatrix}=12\neq0$

所以 A^{-1} 存在

又因为　$A_{11}=3$　$A_{12}=5$　$A_{13}=-1$　$A_{21}=3$　$A_{22}=-3$

$A_{23}=3$　$A_{31}=3$　$A_{32}=1$　$A_{33}=-5$

所以 $A^{-1}=\dfrac{1}{12}\begin{pmatrix}3&3&3\\5&-3&1\\-1&3&-5\end{pmatrix}$

故方程组的解为

$$X = A^{-1}B = \frac{1}{12}\begin{pmatrix} 3 & 3 & 3 \\ 5 & -3 & 1 \\ -1 & 3 & -5 \end{pmatrix}\begin{pmatrix} 0 \\ 1 \\ 3 \end{pmatrix} = \frac{1}{12}\begin{pmatrix} 12 \\ 0 \\ -12 \end{pmatrix} = \begin{pmatrix} 1 \\ 0 \\ -1 \end{pmatrix}.$$

(2) 方法一(行列式法)

因为 $D = \begin{vmatrix} 1 & 2 & -3 \\ 2 & -1 & 4 \\ 1 & 1 & 1 \end{vmatrix} = -1 - 6 + 8 - 3 - 4 - 4 = -10 \neq 0$

$$D_1 = \begin{vmatrix} 0 & 2 & -3 \\ 0 & -1 & 4 \\ 0 & 1 & 1 \end{vmatrix} = 0$$

$$D_2 = \begin{vmatrix} 1 & 0 & -3 \\ 2 & 0 & 4 \\ 1 & 0 & 1 \end{vmatrix} = 0$$

$$D_3 = \begin{vmatrix} 1 & 2 & 0 \\ 2 & -1 & 0 \\ 1 & 1 & 0 \end{vmatrix} = 0$$

所以该方程组的解为 $\begin{cases} x = \dfrac{D_1}{D} = \dfrac{0}{-10} = 0 \\ y = \dfrac{D_2}{D} = \dfrac{0}{-10} = 0 \\ z = \dfrac{D_3}{D} = \dfrac{0}{-10} = 0 \end{cases}$.

方法二(逆矩阵法)

设 $A = \begin{pmatrix} 1 & 2 & -3 \\ 2 & -1 & 4 \\ 1 & 1 & 1 \end{pmatrix}$, $B = \begin{pmatrix} 0 \\ 0 \\ 0 \end{pmatrix}$, $X = \begin{pmatrix} x \\ y \\ z \end{pmatrix}$

则该方程组可化成矩阵方程 $AX = B$

因为 $|A| = \begin{vmatrix} 1 & 2 & -3 \\ 2 & -1 & 4 \\ 1 & 1 & 1 \end{vmatrix} = -10 \neq 0$

所以 A^{-1} 存在

又因为　$A_{11} = -5$　$A_{12} = 2$　$A_{13} = 3$　$A_{21} = -5$　$A_{22} = 4$

$A_{23} = 1$　$A_{31} = 5$　$A_{32} = -10$　$A_{33} = -5$

所以 $\boldsymbol{A}^{-1} = \dfrac{1}{-10}\begin{pmatrix} -5 & -5 & 5 \\ 2 & 4 & -10 \\ 3 & 1 & -5 \end{pmatrix}$

故方程组的解为

$$\boldsymbol{X} = \boldsymbol{A}^{-1}\boldsymbol{B} = \frac{1}{-10}\begin{pmatrix} -5 & -5 & 5 \\ 2 & 4 & -10 \\ 3 & 1 & -5 \end{pmatrix}\begin{pmatrix} 0 \\ 0 \\ 0 \end{pmatrix} = \frac{1}{-10}\begin{pmatrix} 0 \\ 0 \\ 0 \end{pmatrix} = \begin{pmatrix} 0 \\ 0 \\ 0 \end{pmatrix}.$$

习题 6.6

1. 若线性方程组 $\begin{cases} 2x_1 - 3x_2 + 4x_3 - 6 = 0 \\ -5x_1 + 4x_2 + x_3 + 4 = 0 \\ x_1 - 5x_2 + 2x_3 - 3 = 0 \end{cases}$ 的矩阵方程为 $\boldsymbol{AX} = \boldsymbol{B}$,则 $\boldsymbol{A} = $

_____ , $\boldsymbol{X} = $ _____ , $\boldsymbol{B} = $ _____ .

2. 若线性方程组 $\begin{cases} 2x_1 - 3x_2 + 4x_3 - 6 = 0 \\ -5x_1 + 4x_2 + x_3 + 4 = 0 \\ x_1 - 5x_2 + 2x_3 - 3 = 0 \end{cases}$ 的矩阵方程为 $\boldsymbol{XA} = \boldsymbol{B}$,则 $\boldsymbol{A} = $

_____ , $\boldsymbol{X} = $ _____ , $\boldsymbol{B} = $ _____ .

3. 若 $\boldsymbol{A}$ 的逆矩阵为 $\boldsymbol{A}^{-1}$,则矩阵方程 $\boldsymbol{AX} = \boldsymbol{B}$ 的解 $\boldsymbol{X} = $ _____ ,矩阵方程 $\boldsymbol{XA} = \boldsymbol{B}$ 的解 $\boldsymbol{X} = $ _____ .

4. 分别用行列式和逆矩阵的方法解下列线性方程组

(1) $\begin{cases} 2x_1 + 3x_2 = -5 \\ 4x_1 - x_2 = 11 \end{cases}$;　　　(2) $\begin{cases} x_1 + x_2 + 4x_3 = -1 \\ 2x_1 - x_2 - 5x_3 = 5 \\ 3x_1 + 2x_2 - x_3 = 8 \end{cases}$;

(3) $\begin{cases} x_1 + 2x_2 + x_3 + x_4 = 4 \\ 2x_1 - 3x_3 + 6x_4 = 10 \\ 3x_2 - 4x_3 + 5x_4 = 7 \\ -x_1 - 3x_2 + 7x_3 = 15 \end{cases}$.

§6.7　n 维向量及其线性关系

　　上节介绍了特殊线性方程组的行列式与逆矩阵解法,而要解决一般线性方程组的求解问题,则还需要掌握 n 维向量的相关知识.

1. n 维向量及其线性运算

1.1　n 维向量

定义 1　由 n 个数 $a_1, a_2, \cdots, a_n$ 组成的有序数组 $(a_1, a_2, \cdots, a_n)$ 称为一个 n 维向量(简称向量),常用 $\boldsymbol{\alpha}, \boldsymbol{\beta}, \boldsymbol{\gamma}$ 等希腊字母表示. 即

$$\boldsymbol{\alpha} = (a_1, a_2, \cdots, a_n)$$

其中 $a_1, a_2, \cdots, a_n$ 称为向量 α 的分量.

形如 $\boldsymbol{\alpha} = (a_1, a_2, \cdots, a_n)$ 的向量称作 n 维行向量,可视为 $1 \times n$ 矩阵.

形如 $\boldsymbol{\beta} = \begin{bmatrix} a_1 \\ a_2 \\ \vdots \\ a_n \end{bmatrix}$ 的向量称作 n 维列向量,可视为 $n \times 1$ 矩阵.

一个 n 维行向量的转置向量是 n 维列向量,一个 n 维列向量的转置向量是 n 维行向量.

一个向量 $\boldsymbol{\alpha}$ 的转置向量记作 $\boldsymbol{\alpha}'$

各分量全为零的向量称为零向量,记作 0. 即

$$0 = (0, 0, \cdots, 0) \text{ 或 } 0 = \begin{bmatrix} 0 \\ 0 \\ \vdots \\ 0 \end{bmatrix}.$$

1.2　向量的线性运算

定义 2　设向量 $\boldsymbol{\alpha} = (a_1, a_2, \cdots, a_n), \boldsymbol{\beta} = (b_1, b_2, \cdots, b_n)$,若 $a_i = b_i (i = 1, 2, \cdots, n)$,则称向量 $\boldsymbol{\alpha}$ 与 $\boldsymbol{\beta}$ 相等,记作 $\boldsymbol{\alpha} = \boldsymbol{\beta}.$

定义 3　设向量 $\boldsymbol{\alpha} = (a_1, a_2, \cdots, a_n), \beta = (b_1, b_2, \cdots, b_n)$,则称向量 $(a_1 + b_1, a_2 + b_2, \cdots, a_n + b_n)$ 为向量 $\boldsymbol{\alpha}$ 与 $\boldsymbol{\beta}$ 的和,记作 $\boldsymbol{\alpha} + \boldsymbol{\beta}$;称向量 $(a_1 - b_1, a_2 - b_2, \cdots, a_n - b_n)$ 为向量 $\boldsymbol{\alpha}$ 与 $\boldsymbol{\beta}$ 的差,记作 $\boldsymbol{\alpha} - \boldsymbol{\beta}$. 即

$$\boldsymbol{\alpha} + \boldsymbol{\beta} = (a_1 + b_1, a_2 + b_2, \cdots, a_n + b_n),$$
$$\boldsymbol{\alpha} - \boldsymbol{\beta} = (a_1 - b_1, a_2 - b_2, \cdots, a_n - b_n).$$

定义 4　设向量 $\boldsymbol{\alpha} = (a_1, a_2, \cdots, a_n), k$ 为常数,则称向量 $(ka_1, ka_2, \cdots, ka_n)$ 为向量 $\boldsymbol{\alpha}$ 与数 k 的乘积,记作 $k\boldsymbol{\alpha}$. 即

$$k\boldsymbol{\alpha} = (ka_1, ka_2, \cdots, ka_n).$$

向量的加法、减法与数乘运算统称为向量的线性运算.

例 1　设向量 $\alpha = (2, -1, 3, 0), \boldsymbol{\beta} = (1, 4, -2, 5)$,且 $5\boldsymbol{\alpha} - 3\boldsymbol{\beta} - 2\boldsymbol{\gamma} = 0$. 求向量 $\boldsymbol{\gamma}$.

解　因为 $5\boldsymbol{\alpha} - 3\boldsymbol{\beta} - 2\boldsymbol{\gamma} = 0$

所以 $\gamma = \dfrac{1}{2}(5\boldsymbol{\alpha} - 3\boldsymbol{\beta}) = \dfrac{1}{2}[5(2, -1, 3, 0) - 3(1, 4, -2, 5)]$

$\qquad = \dfrac{1}{2}(10 - 3, -5 - 12, 15 + 6, 0 - 15)$

$\qquad = \dfrac{1}{2}(7, -17, 21, -15)$

$\qquad = \left(\dfrac{7}{2}, -\dfrac{17}{2}, \dfrac{21}{2}, -\dfrac{15}{2}\right).$

2. 向量组的线性相关性

定义 5　设 $\boldsymbol{\alpha}_1, \boldsymbol{\alpha}_2, \cdots, \boldsymbol{\alpha}_m$ 为 m 个 n 维向量即向量组，$k_1, k_2, \cdots, k_m$ 为任意 m 个数，若一个 n 维向量 $\boldsymbol{\beta}$ 可写成

$$\boldsymbol{\beta} = k_1\boldsymbol{\alpha}_1 + k_2\boldsymbol{\alpha}_2 + \cdots + k_m\boldsymbol{\alpha}_m$$

则称向量 $\boldsymbol{\beta}$ 为向量组 $\boldsymbol{\alpha}_1, \boldsymbol{\alpha}_2, \cdots, \boldsymbol{\alpha}_m$ 的一个线性组合，或称向量 $\boldsymbol{\beta}$ 可由向量组 $\boldsymbol{\alpha}_1, \boldsymbol{\alpha}_2, \cdots, \boldsymbol{\alpha}_m$ 线性表示.

例 2　证明向量 $\boldsymbol{\alpha}_4 = (-3, 1, 3)$ 可由向量组 $\boldsymbol{\alpha}_1 = (2, 1, 5), \boldsymbol{\alpha}_2 = (-3, 0, 6), \boldsymbol{\alpha}_3 = (1, 1, 1)$ 线性表示.

证明　设 $\boldsymbol{\alpha}_4 = k_1\boldsymbol{\alpha}_1 + k_2\boldsymbol{\alpha}_2 + k_3\boldsymbol{\alpha}_3$ 即

$$(-3, 1, 3) = (2k_1 - 3k_2 + k_3, k_1 + k_3, 5k_1 + 6k_2 + k_3)$$

根据向量相等的定义得方程组

$$\begin{cases} 2k_1 - 3k_2 + k_3 = -3 \\ k_1 + k_3 = 1 \\ 5k_1 + 6k_2 + k_3 = 3 \end{cases} \quad 其解为 \begin{cases} k_1 = -1 \\ k_2 = 1 \\ k_3 = 2 \end{cases}$$

所以向量 $\boldsymbol{\alpha}_4$ 可由向量组 $\boldsymbol{\alpha}_1, \boldsymbol{\alpha}_2,$ 线性表示为

$$\boldsymbol{\alpha}_4 = -\boldsymbol{\alpha}_1 + \boldsymbol{\alpha}_2 + 2\boldsymbol{\alpha}_3 \text{ 或 } -\boldsymbol{\alpha}_1 + \boldsymbol{\alpha}_2 + 2\boldsymbol{\alpha}_3 - \boldsymbol{\alpha}_4 = 0.$$

上式表明　向量组 $\boldsymbol{\alpha}_1, \boldsymbol{\alpha}_2, \boldsymbol{\alpha}_3, \boldsymbol{\alpha}_4$ 的线性组合为零向量，对此有：

定义 6　设 $\boldsymbol{\alpha}_1, \boldsymbol{\alpha}_2, \cdots, \boldsymbol{\alpha}_m$ 为 m 个 n 维向量，若存在不全为零的常数 $k_1, k_2, \cdots, k_m$ 使得 $k_1\boldsymbol{\alpha}_1 + k_2\boldsymbol{\alpha}_2 + \cdots + k_m\boldsymbol{\alpha}_m = 0$，则称这 m 个向量 $\boldsymbol{\alpha}_1, \boldsymbol{\alpha}_2, \cdots, \boldsymbol{\alpha}_m$ 线性相关，否则称这 m 个向量 $\boldsymbol{\alpha}_1, \boldsymbol{\alpha}_2, \cdots, \boldsymbol{\alpha}_m$ 线性相无关.

定理 1　向量组 $\boldsymbol{\alpha}_1, \boldsymbol{\alpha}_2, \cdots, \boldsymbol{\alpha}_m$ 线性相关的充要条件是向量组中至少有一个向量可以用其他向量线性表示.

特别

(1) 一个零向量必线性相关，一个非零向量必线性无关.

(2) 含有零向量的向量组必线性相关.

(3) 向量组 $e_1 = (1, 0, \cdots, 0), e_2 = (0, 1, 0, \cdots, 0), \cdots, e_n = (0, 0, \cdots, 0, 1)$ 称为 n 维基本行向量组，该向量组线性无关.

向量组 $e_1 = \begin{pmatrix} 1 \\ 0 \\ \vdots \\ 0 \end{pmatrix}, e_2 = \begin{pmatrix} 0 \\ 1 \\ \vdots \\ 0 \end{pmatrix}, \cdots, e_n = \begin{pmatrix} 0 \\ 0 \\ \vdots \\ 1 \end{pmatrix}$ 称为 n 维基本列向量组,该向量

组线性无关.

3. 向量组的秩与矩阵的秩

3.1　向量组的秩

定义 7　若一个向量组中的 r 个向量 $\boldsymbol{\alpha}_1, \boldsymbol{\alpha}_2, \cdots, \boldsymbol{\alpha}_r$ 满足

(1) $\boldsymbol{\alpha}_1, \boldsymbol{\alpha}_2, \cdots, \boldsymbol{\alpha}_r$ 线性无关;

(2) 该向量组中任一其他向量 $\boldsymbol{\alpha}_{r+1} = k_1 \boldsymbol{\alpha}_1 + k_2 \boldsymbol{\alpha}_2 + \cdots + k_r \boldsymbol{\alpha}_r$,即向量组 $\alpha_1, \alpha_2, \cdots, \boldsymbol{\alpha}_r, \boldsymbol{\alpha}_{r+1}$ 线性相关.

则称 $\boldsymbol{\alpha}_1, \boldsymbol{\alpha}_2, \cdots, \boldsymbol{\alpha}_r$ 为该向量组的一个极大无关组.

定义 8　向量组 $\boldsymbol{\alpha}_1, \boldsymbol{\alpha}_2, \cdots, \boldsymbol{\alpha}_m$ 的极大无关组所含向量的个数称为该向量组的秩,记作 $r(\boldsymbol{\alpha}_1, \boldsymbol{\alpha}_2, \cdots, \boldsymbol{\alpha}_m)$

举例　n 维基本行向量组与 n 维基本列向量组的秩

$r(\mathrm{e}_1, \mathrm{e}_2, \cdots, \mathrm{e}_n) = n$

零向量组的秩 $r(0_1, 0_2, \cdots, 0_n) = 0$

3.2　矩阵的秩

定义 9　一个 $m \times n$ 矩阵

$$A = \begin{pmatrix} a_{11} & a_{12} & \cdots & a_{1n} \\ a_{21} & a_{22} & \cdots & a_{2n} \\ \vdots & \vdots & & \vdots \\ a_{m1} & a_{m2} & \cdots & a_{mn} \end{pmatrix}$$

的所有行构成的 m 个 n 维行向量 $\boldsymbol{\alpha}_i = (a_{i1}, a_{i2}, \cdots, a_{in})(i = 1, 2, \cdots, m)$ 称为矩阵 A 的行向量组,该行向量组的秩称为矩阵 A 的行秩;所有列构成的 n 个 m 维列

向量 $\boldsymbol{\beta}_j = \begin{pmatrix} a_{1j} \\ a_{2j} \\ \vdots \\ a_{mj} \end{pmatrix}(j = 1, 2, \cdots, n)$ 称为矩阵 A 的列向量组,该列向量组的秩称为

矩阵 A 的列秩.

定理 2　任意矩阵 A 的行秩与列秩都相等,统称为矩阵 A 的秩,记作 $r(A)$.

特别

(1) 单位阵 $E_n = \begin{pmatrix} 1 & 0 & \cdots & 0 \\ 0 & 1 & \cdots & 0 \\ \vdots & \vdots & & \vdots \\ 0 & 0 & \cdots & 1 \end{pmatrix}$ 的秩 $r(E_n) = n$

(2) D 阵 $D = \begin{pmatrix} E_r & 0 \\ 0 & 0 \end{pmatrix}$ 的秩 $r(D) = r(E_r) = r$

定理 3　矩阵的初等变换不会改变矩阵的秩.

据此可得求矩阵 A 的秩的方法是:将矩阵 A 经过若干次初等变换化成单位

阵 $E_n = \begin{pmatrix} 1 & 0 & \cdots & 0 \\ 0 & 1 & \cdots & 0 \\ \vdots & \vdots & & \vdots \\ 0 & 0 & \cdots & 1 \end{pmatrix}$ 或 D 阵 $D = \begin{pmatrix} E_r & 0 \\ 0 & 0 \end{pmatrix}$,则 $r(A) = r(E_n) = n$ 或

$r(A) = r(D) = r(E_r) = r.$

例 3　求矩阵 $A = \begin{pmatrix} 1 & 0 & 3 & 2 \\ 2 & 1 & 2 & -1 \\ 1 & -2 & -1 & 3 \end{pmatrix}$ 的秩.

解　因为 $A = \begin{pmatrix} 1 & 0 & 3 & 2 \\ 2 & 1 & 2 & -1 \\ 1 & -2 & -1 & 3 \end{pmatrix} \xrightarrow[r_3 - r_1]{r_2 - 2r_1} \begin{pmatrix} 1 & 0 & 3 & 2 \\ 0 & 1 & -4 & -5 \\ 0 & -2 & -4 & 1 \end{pmatrix}$

$\xrightarrow[-\frac{1}{12}r_3]{r_3 + 2r} \begin{pmatrix} 1 & 0 & 3 & 2 \\ 0 & 1 & -4 & -5 \\ 0 & 0 & 1 & \frac{3}{4} \end{pmatrix} \xrightarrow[c_4 - 2c_1]{c_3 - 3c_1} \begin{pmatrix} 1 & 0 & 0 & 0 \\ 0 & 1 & -4 & -5 \\ 0 & 0 & 1 & \frac{3}{4} \end{pmatrix}$

$\xrightarrow[c_4 + 5c_2]{c_3 + 4c_2} \begin{pmatrix} 1 & 0 & 0 & 0 \\ 0 & 1 & 0 & 0 \\ 0 & 0 & 1 & \frac{3}{4} \end{pmatrix} \xrightarrow{c_4 - \frac{3}{4}c_3} \begin{pmatrix} 1 & 0 & 0 & 0 \\ 0 & 1 & 0 & 0 \\ 0 & 0 & 1 & 0 \end{pmatrix}$

所以 $r(A) = 3$.

例 4　求向量组 $\boldsymbol{\alpha}_1 = (1, -1, 2, 0)$, $\boldsymbol{\alpha}_2 = (0, 1, 0, -1)$, $\boldsymbol{\alpha}_3 = (-2, 0, 3, 1)$, $\boldsymbol{\alpha}_4 = (-1, 2, 1, -3)$ 的秩.

解　将向量组写成矩阵形式 $\begin{pmatrix} 1 & -1 & 2 & 0 \\ 0 & 1 & 0 & -1 \\ -2 & 0 & 3 & 1 \\ -1 & 2 & 1 & -3 \end{pmatrix}$

因为 $\begin{pmatrix} 1 & -1 & 2 & 0 \\ 0 & 1 & 0 & -1 \\ -2 & 0 & 3 & 1 \\ -1 & 2 & 1 & -3 \end{pmatrix} \xrightarrow[r_4+r_1]{r_3+2r_1} \begin{pmatrix} 1 & -1 & 2 & 0 \\ 0 & 1 & 0 & -1 \\ 0 & -2 & 7 & 1 \\ 0 & 1 & 3 & -3 \end{pmatrix}$

$\xrightarrow[\substack{r_4-r_2 \\ -1\times r_3}]{r_3+2r_2} \begin{pmatrix} 1 & -1 & 2 & 0 \\ 0 & 1 & 0 & -1 \\ 0 & 0 & -7 & 1 \\ 0 & 0 & 3 & -2 \end{pmatrix} \xrightarrow[\substack{r_4+2r_3 \\ -\frac{1}{11}r_4}]{c_3\leftrightarrow c_4} \begin{pmatrix} 1 & -1 & 0 & 2 \\ 0 & 1 & -1 & 0 \\ 0 & 0 & 1 & -7 \\ 0 & 0 & 0 & 1 \end{pmatrix}$

$\xrightarrow[c_4-2c_1]{c_2+c_1} \begin{pmatrix} 1 & 0 & 0 & 0 \\ 0 & 1 & -1 & 0 \\ 0 & 0 & 1 & -7 \\ 0 & 0 & 0 & 1 \end{pmatrix} \xrightarrow[c_4+7c_3]{c_3+c_2} \begin{pmatrix} 1 & 0 & 0 & 0 \\ 0 & 1 & 0 & 0 \\ 0 & 0 & 1 & 0 \\ 0 & 0 & 0 & 1 \end{pmatrix}$

所以 $r(\alpha_1,\alpha_2,\alpha_3,\alpha_4)=4$

习题 6.7

1. 若向量 $\alpha=(2,-1,3,0)$，$\beta=(1,0,2,-1)$，则 $3\alpha+2\beta=$
_____，$5\alpha-\beta=$ _____.

2. 若向量 $\alpha=(1,3,5)$，$\beta=(2,4,6)$，且 $2\alpha+3\beta-2\gamma=0$，则向量 γ
$=$ _____.

3. 若向量 $\alpha=(a,1,c)$，$\beta=(1,a,b)$，$\gamma=(c,1,1)$，且 $3\alpha+2\beta-\gamma=0$，则
$a=$ ____，$b=$ ____，$c=$ ____.

4. 证明 n 维基本行向量组 $e_1=(1,0,0,\cdots,0)$，$e_2=(0,1,0,\cdots,0)$，$\cdots$，$e_n=$
$(0,0,\cdots,0,1)$ 线性无关.

5. 求下列矩阵的秩.

$(1)\boldsymbol{A}=\begin{pmatrix} 1 & 3 & 0 \\ -2 & 2 & 3 \\ -1 & 1 & 4 \end{pmatrix}$；　　　　$(2)\boldsymbol{A}=\begin{pmatrix} 1 & -2 & 3 & 4 \\ 2 & 3 & -1 & 6 \\ -3 & 6 & -9 & -12 \end{pmatrix}$；

$(3)\boldsymbol{A}=\begin{pmatrix} 1 & 2 & -1 & 1 \\ 0 & 1 & 3 & 2 \\ -1 & -2 & 1 & -1 \\ 2 & -1 & 3 & 5 \end{pmatrix}$.

6. 求下列各向量组的秩.

$(1)\alpha_1=(1,-2,3,-4)$，$\alpha_2=(0,1,-1,3)$，$\alpha_3=(2,0,1,5)$；

(2)$\boldsymbol{\alpha}_1 = (-1,0,2,3)$,$\boldsymbol{\alpha}_2 = (2,1,0,-1)$,$\boldsymbol{\alpha}_3 = (3,0,2,6)$，
$\boldsymbol{\alpha}_1 = (-2,-1,0,1)$

§6.8　线性方程组解的判定与解的结构

上节介绍了 n 维向量及矩阵的秩等基本知识,在此基础上本节将讨论一般线性方程组的矩阵解法,即用矩阵来解决求解线性方程组的以下三个问题

(1) 方程组是否有解?

(2) 方程组的解有多少个?

(3) 方程组的解是什么?

1. 高斯消元法

线性方程组的一般形式为
$$\begin{cases} a_{11}x_1 + a_{12}x_2 + \cdots + a_{1n}x_n = b_1 \\ a_{21}x_1 + a_{22}x_2 + \cdots + a_{2n}x_n = b_2 \\ \cdots\cdots\cdots\cdots\cdots\cdots\cdots\cdots\cdots\cdots\cdots\cdots \\ a_{m1}x_1 + a_{m2}x_2 + \cdots + a_{mn}x_n = b_m \end{cases} \quad (\text{I})$$

该方程组的系数矩阵、常数矩阵和未知量矩阵分别为

$$\boldsymbol{A} = \begin{bmatrix} a_{11} & a_{12} & \cdots & a_{1n} \\ a_{21} & a_{22} & \cdots & a_{2n} \\ \vdots & \vdots & & \vdots \\ a_{m1} & a_{m2} & \cdots & a_{mn} \end{bmatrix}, \quad \boldsymbol{B} = \begin{bmatrix} b_1 \\ b_2 \\ \vdots \\ b_m \end{bmatrix}, \quad \boldsymbol{X} = \begin{bmatrix} x_1 \\ x_2 \\ \vdots \\ x_n \end{bmatrix}$$

由系数矩阵和常数矩阵一起构成的矩阵

$$\widetilde{\boldsymbol{A}} = \begin{bmatrix} a_{11} & a_{12} & \cdots & a_{1n} & b_1 \\ a_{21} & a_{22} & \cdots & a_{2n} & b_2 \\ \vdots & \vdots & & \vdots & \vdots \\ a_{m1} & a_{m2} & \cdots & a_{mn} & b_m \end{bmatrix}$$

称该方程组的增广矩阵.

当常数 $b_1,b_2,\cdots,b_m$ 不全为零时,方程组（I）称为非齐次线性方程组. 当常数 $b_1 = b_2 = \cdots = b_m = 0$ 时,方程组（I）简化为

$$\begin{cases} a_{11}x_1 + a_{12}x_2 + \cdots + a_{1n}x_n = 0 \\ a_{21}x_1 + a_{22}x_2 + \cdots + a_{2n}x_n = 0 \\ \cdots\cdots\cdots\cdots\cdots\cdots\cdots\cdots\cdots\cdots\cdots\cdots \\ a_{m1}x_1 + a_{m2}x_2 + \cdots + a_{mn}x_n = 0 \end{cases} \quad (\text{II})$$

方程组（Ⅱ）称为齐次线性方程组.

如何求解上述线性方程组呢?

例 1　用消元法解线性方程组 $\begin{cases} x_1 + 2x_2 - x_3 = 6 & ① \\ 2x_1 - x_2 + 3x_3 = -3 & ② \\ 3x_1 + x_2 + x_3 = 4 & ③ \end{cases}$

解　②－①×2　③－①×3 得

$$\begin{cases} x_1 + 2x_2 - x_3 = 6 & ④ \\ -5x_2 + 5x_3 = -15 & ⑤ \\ -5x_2 + 4x_3 = -14 & ⑥ \end{cases}$$

$-\dfrac{1}{5}×⑤$ 得

$$\begin{cases} x_1 + 2x_2 - x_3 = 6 & ⑦ \\ x_2 - x_3 = 3 & ⑧ \\ -5x_2 + 4x_3 = -14 & ⑨ \end{cases}$$

⑦－⑧×2　⑨＋⑧×5 得

$$\begin{cases} x_1 + x_3 = 0 & ⑩ \\ x_2 - x_3 = 3 & ⑪ \\ -x_3 = 1 & ⑫ \end{cases}$$

$-1×⑫$ 得

$$\begin{cases} x_1 + x_3 = 0 & ⑬ \\ x_2 - x_3 = 3 & ⑭ \\ x_3 = -1 & ⑮ \end{cases}$$

⑬－⑮　⑭＋⑮ 得该方程组的解为

$$\begin{cases} x_1 = 1 \\ x_2 = 2 \\ x_3 = -1 \end{cases}.$$

分析上述消元法解方程组的过程,可归结为是对方程组的增广矩阵进行下述初等行变换的过程

$$\widetilde{A} = \begin{pmatrix} 1 & 2 & -1 & 6 \\ 2 & -1 & 3 & -3 \\ 3 & 1 & 1 & 4 \end{pmatrix} \xrightarrow[r_3 - 3r_1]{r_2 - 2r_1} \begin{pmatrix} 1 & 2 & -1 & 6 \\ 0 & -5 & 5 & -15 \\ 0 & -5 & 4 & -14 \end{pmatrix}$$

$$\xrightarrow{-\frac{1}{5}×r_2} \begin{pmatrix} 1 & 2 & -1 & 6 \\ 0 & 1 & -1 & 3 \\ 0 & -5 & 4 & -14 \end{pmatrix} \xrightarrow[r_3 + 5r_2]{r_1 - 2r_2} \begin{pmatrix} 1 & 0 & 1 & 0 \\ 0 & 1 & -1 & 3 \\ 0 & 0 & -1 & 1 \end{pmatrix}$$

$$\xrightarrow{-1\times r_3}\begin{pmatrix}1 & 0 & 1 & 0\\0 & 1 & -1 & 3\\0 & 0 & 1 & -1\end{pmatrix}\xrightarrow[r_2+r_3]{r_1-r_3}\begin{pmatrix}1 & 0 & 0 & 1\\0 & 1 & 0 & 2\\0 & 0 & 1 & -1\end{pmatrix}$$

最后一个矩阵对应的线性方程组为

$$\begin{cases}x_1 & = 1\\ & x_2 & = 2\\ & & x_3 = -1\end{cases}$$ 即该方程组的解为 $$\begin{cases}x_1 = 1\\ x_2 = 2\\ x_3 = -1\end{cases}.$$

上述用矩阵求解线性方程组的方法称为高斯消元法.

例2　用高斯消元法解线性方程组

$$\begin{cases}x_1 - x_2 - x_3 = 3\\ -x_1 + x_2 - x_3 = -1.\\ 2x_1 - 2x_2 - x_3 = 5\end{cases}$$

解　因为 $\tilde{\boldsymbol{A}} = \begin{pmatrix}1 & -1 & -1 & 3\\ -1 & 1 & -1 & -1\\ 2 & -2 & -1 & 5\end{pmatrix}\xrightarrow[r_3-2r_1]{r_2+r_1}\begin{pmatrix}1 & -1 & -1 & 3\\ 0 & 0 & -2 & 2\\ 0 & 0 & 1 & -1\end{pmatrix}$

$\xrightarrow[r_2+2r_3]{r_1+r_3}\begin{pmatrix}1 & -1 & 0 & 2\\ 0 & 0 & 0 & 0\\ 0 & 0 & 1 & -1\end{pmatrix}\xrightarrow{r_2\leftrightarrow r_3}\begin{pmatrix}1 & -1 & 0 & 2\\ 0 & 0 & 1 & -1\\ 0 & 0 & 0 & 0\end{pmatrix}$

最后一个矩阵对应的线性方程组为

$$\begin{cases}x_1 - x_2 = 2\\ x_3 = -1\end{cases}$$

所以该线性方程组的解为 $$\begin{cases}x_1 = 2 + \boldsymbol{C}\\ x_2 = \boldsymbol{C}\\ x_3 = -1\end{cases}.$$

其中 x_2 称自由未知量，C 为任意常数，由于 C 的任意性所以这样的解有无数多组.

例3　用高斯消元法解线性方程组

$$\begin{cases}-2x_1 - 6x_2 + 3x_3 = -5\\ x_1 + 3x_2 - 5x_3 = -1\\ 3x_1 + 9x_2 - 10x_3 = 4\end{cases}$$

解　因为

$$\xrightarrow[\;r_3-5r_2\;]{\;r_1+5r_2\;} \begin{bmatrix} 1 & 3 & 0 & 4 \\ 0 & 0 & 1 & 1 \\ 0 & 0 & 0 & 2 \end{bmatrix}$$

最后一个矩阵对应的线性方程组为

$$\begin{cases} x_1 + 3x_2 = 4 \\ x_3 = 1 \\ 0 = 2 \end{cases}$$

由于不论 x_1, x_2, x_3 取怎的一组数,方程 $0 = 2$ 都不成立
所以该线性方程组无解.

2. 线性方程组解的判定

由上述三例可知,对于 n 元线性方程组,当 $r(\boldsymbol{A}) = r(\widetilde{\boldsymbol{A}})$ 时方程组有解,且当 $r(\boldsymbol{A}) = r(\widetilde{\boldsymbol{A}}) = n$ 时方程组有唯一一组解(如例 1),而当 $r(\boldsymbol{A}) = r(\widetilde{\boldsymbol{A}}) < n$ 时方程组有无数多组解(如例 2);当 $r(\boldsymbol{A}) \neq r(\widetilde{\boldsymbol{A}})$ 时方程组无解(如例 3).据此可得线性方程组解的判定定理.

定理 1 对于 n 元齐次线性方程组(Ⅱ),因为 $r(\boldsymbol{A}) = r(\widetilde{\boldsymbol{A}})$,所以该方程组一定有解,且

(1) 当 $r(\boldsymbol{A}) = r(\widetilde{\boldsymbol{A}}) = n$ 时方程组只有唯一一组零解;

(2) 当 $r(\boldsymbol{A}) = r(\widetilde{\boldsymbol{A}}) < n$ 时方程组除有一组零解外,还有无数多组非零解.

定理 2 对于 n 元非齐次线性方程组(Ⅰ),

(1) 当 $r(\boldsymbol{A}) = r(\widetilde{\boldsymbol{A}})$ 时该方程组一定有解,且

① 当 $r(\boldsymbol{A}) = r(\widetilde{\boldsymbol{A}}) = n$ 时方程组只有唯一一组解;

② 当 $r(\boldsymbol{A}) = r(\widetilde{\boldsymbol{A}}) < n$ 时方程组有无数多组解.

(2) 当 $r(\boldsymbol{A}) \neq r(\widetilde{\boldsymbol{A}})$ 时该方程组无解.

例 4 试讨论下列方程组有没有解?若有解则有多少组解?

$$(1)\begin{cases} x_1 + 3x_2 - 2x_3 = 0 \\ -3x_1 + x_2 - 4x_3 = 0 \\ 6x_1 + 5x_2 + x_3 = 0 \end{cases}; \qquad (2)\begin{cases} x_1 - 2x_2 - x_3 = -2 \\ 2x_1 + x_2 - 3x_3 = 5 \\ 3x_1 - 4x_2 + x_3 = 2 \end{cases}.$$

解 (1)因为该方程组的系数矩阵

$$\boldsymbol{A} = \begin{bmatrix} 1 & 3 & -2 \\ -3 & 1 & -4 \\ 6 & 5 & 1 \end{bmatrix} \xrightarrow[\;r_3-6r_1\;]{\;r_2+3r_1\;} \begin{bmatrix} 1 & 3 & -2 \\ 0 & 10 & -10 \\ 0 & -13 & 13 \end{bmatrix}$$

$$\xrightarrow[\frac{1}{13}r_3]{\frac{1}{10}r_2} \begin{pmatrix} 1 & 3 & -2 \\ 0 & 1 & -1 \\ 0 & -1 & 1 \end{pmatrix} \xrightarrow[r_3+r_2]{r_1-3r_2} \begin{pmatrix} 1 & 0 & 1 \\ 0 & 1 & -1 \\ 0 & 0 & 0 \end{pmatrix}$$

其秩 $r(\boldsymbol{A}) = 2 < 3$

所以该齐次线性方程组有解且有无数多组非零解.

（2）因为该方程组的增广矩阵

$$\widetilde{\boldsymbol{A}} = \begin{pmatrix} 1 & -2 & -1 & -2 \\ 2 & 1 & -3 & 5 \\ 3 & -4 & 1 & 2 \end{pmatrix} \xrightarrow[r_3-3r_1]{r_2-2r_1} \begin{pmatrix} 1 & -2 & -1 & -2 \\ 0 & 5 & -1 & 9 \\ 0 & 2 & 4 & 8 \end{pmatrix}$$

$$\xrightarrow[r_2\leftrightarrow r_3]{\frac{1}{2}r_3} \begin{pmatrix} 1 & -2 & -1 & -2 \\ 0 & 1 & 2 & 4 \\ 0 & 5 & -1 & 9 \end{pmatrix} \xrightarrow[r_3-5r_2]{r_1+2r_2} \begin{pmatrix} 1 & 0 & 3 & 6 \\ 0 & 1 & 2 & 4 \\ 0 & 0 & -11 & -11 \end{pmatrix}$$

$$\xrightarrow{-\frac{1}{11}r_3} \begin{pmatrix} 1 & 0 & 3 & 6 \\ 0 & 1 & 2 & 4 \\ 0 & 0 & 1 & 1 \end{pmatrix} \xrightarrow[r_2-2r_3]{r_1-3r_3} \begin{pmatrix} 1 & 0 & 0 & 3 \\ 0 & 1 & 0 & 2 \\ 0 & 0 & 1 & 1 \end{pmatrix}$$

其秩 $r(\boldsymbol{A}) = r(\widetilde{\boldsymbol{A}}) = 3$

所以该非齐次线性方程组只有唯一一组解 $\begin{cases} x_1 = 3 \\ x_2 = 2. \\ x_3 = 1 \end{cases}$

3. 线性方程组解的结构

利用定理 1 和定理 2 可对 n 元线性方程组的解作出判定，即当 $r(\boldsymbol{A}) \neq r(\widetilde{\boldsymbol{A}})$ 时方程组无解，当 $r(\boldsymbol{A}) = r(\widetilde{\boldsymbol{A}})$ 时方程组有解，那么方程组的解是什么呢？这就是线性方程组解的结构问题.

3.1　齐次线性方程组解的结构

n 元齐次线性方程组（Ⅱ）的矩阵方程为 $\boldsymbol{AX} = 0$，其解具有如下性质

性质 1　若 X_1 是齐次线性方程组 $\boldsymbol{AX} = 0$ 的解，则 kX_1（k 为任意常数）也是该方程组的解.

性质 2　若 X_1, X_2 是齐次线性方程组 $\boldsymbol{AX} = 0$ 的解，则 $X_1 + X_2$ 也是该方程组的解.

性质 3　若 $X_1, X_2, \cdots, X_m$ 都是齐次线性方程组 $\boldsymbol{AX} = 0$ 的解，则 $k_1 X_1 + k_2 X_2 + \cdots + k_m X_m$（$k_1, k_2, \cdots, k_m$ 为任意常数）也是该方程组的解.

定义 1　如果 n 元齐次线性方程组 $\boldsymbol{AX} = 0$ 的解向量 $X_1, X_2, \cdots, X_s$ 满足

(1) $X_1, X_2, \cdots, X_s$ 线性无关；

(2) 方程组 $AX = 0$ 的任一解都可用 $X_1, X_2, \cdots, X_s$ 线性表示.

则称 $X_1, X_2, \cdots, X_s$ 为齐次线性方程组 $AX = 0$ 的一个基础解系,一个基础解系中所含解向量的个数 $s = n - r(A)$.

定理 3 在 n 元齐次线性方程组 $AX = 0$ 中,当 $r(A) < n$ 时该方程组有无数多组非零解,且这无数多组非零解(全部解)可表示为

$$X = k_1 X_1 + k_2 X_2 + \cdots + k_s X_s$$

其中 $X_1, X_2, \cdots, X_s$ 为方程组 $AX = 0$ 的一个基础解系,$k_1, k_2, \cdots, k_s$ 为任意常数.

据此解 n 元齐次线性方程组 $AX = 0$ 的步骤可归纳为

第一步 将方程组的系数矩阵 A 经过若干次初等行变换化为阶梯矩阵；

第二步 由阶梯矩阵对应的方程组求出齐次方程组 $AX = 0$ 的一个基础解系 $X_1, X_2, \cdots, X_s$；

第三步 写出齐次方程组 $AX = 0$ 的全部解

$$X = k_1 X_1 + k_2 X_2 + \cdots + k_S X_S.$$

例 5 解下列齐次线性方程组

$$(1) \begin{cases} x_1 + 4x_2 - 3x_3 = 0 \\ 3x_1 + x_2 + 2x_3 = 0; \\ 4x_1 + 3x_2 + x_3 = 0 \end{cases} \qquad (2) \begin{cases} x_1 - 2x_2 - x_3 + 3x_4 = 0 \\ 2x_1 + x_2 - 3x_3 - 4x_4 = 0. \\ 3x_1 - 4x_2 + x_3 + x_4 = 0 \end{cases}$$

解 (1) 该方程组的系数矩阵

$$A = \begin{pmatrix} 1 & 4 & -3 \\ 3 & 1 & 2 \\ 4 & 3 & 1 \end{pmatrix} \xrightarrow[r_3 - 4r_1]{r_2 - 3r_1} \begin{pmatrix} 1 & 4 & -3 \\ 0 & -11 & 11 \\ 0 & -13 & 13 \end{pmatrix}$$

$$\xrightarrow[\frac{1}{13}r_3]{-\frac{1}{11}r_2} \begin{pmatrix} 1 & 4 & -3 \\ 0 & 1 & -1 \\ 0 & -1 & 1 \end{pmatrix} \xrightarrow[r_3 + r_2]{r_1 - 4r_2} \begin{pmatrix} 1 & 0 & 1 \\ 0 & 1 & -1 \\ 0 & 0 & 0 \end{pmatrix}$$

因为其秩 $r(A) = 2$ $n = 3$

所以该方程组有无数多组非零解,且一个基础解系的解向量个数为 $s = n - r(A) = 3 - 2 = 1$

又因为最后一个矩阵对应的方程组为 $\begin{cases} x_1 + x_3 = 0 \\ x_2 - x_3 = 0 \\ x_3 = x_3 \end{cases}$

(x_3 为自由未知量)

令 $x_3 = 1$ 得基础解系 $X_1 = \begin{pmatrix} -1 \\ 1 \\ 1 \end{pmatrix}$

所以该齐次线性方程组的全部解为 $X = k_1 X_1 = \begin{pmatrix} -k \\ k \\ k \end{pmatrix}$

（2）该方程组的系数矩阵

$$A = \begin{pmatrix} 1 & -2 & -1 & 3 \\ 2 & 1 & -3 & -4 \\ 3 & -4 & 1 & 1 \end{pmatrix} \xrightarrow[r_3-3r_1]{r_2-2r_1} \begin{pmatrix} 1 & -2 & -1 & 3 \\ 0 & 5 & -1 & -10 \\ 0 & 2 & 4 & -8 \end{pmatrix}$$

$$\xrightarrow[r_2\leftrightarrow r_3]{\frac{1}{2}r_3} \begin{pmatrix} 1 & -2 & -1 & 3 \\ 0 & 1 & 2 & -4 \\ 0 & 5 & -1 & -10 \end{pmatrix} \xrightarrow[r_3-5r_2]{r_1+2r_2} \begin{pmatrix} 1 & 0 & 3 & -5 \\ 0 & 1 & 2 & -4 \\ 0 & 0 & -11 & 10 \end{pmatrix}$$

$$\xrightarrow{-\frac{1}{11}r_3} \begin{pmatrix} 1 & 0 & 3 & -5 \\ 0 & 1 & 2 & -4 \\ 0 & 0 & 1 & -\frac{10}{11} \end{pmatrix} \xrightarrow[r_2-2r_3]{r_1-3r_3} \begin{pmatrix} 1 & 0 & 0 & -\frac{25}{11} \\ 0 & 1 & 0 & -\frac{24}{11} \\ 0 & 0 & 1 & -\frac{10}{11} \end{pmatrix}$$

因为其秩 $r(A) = 3 \quad n = 4$

所以该方程组有无数多组非零解，且一个基础解系的解向量个数为 $s = n - r(A) = 4 - 3 = 1$

又因为最后一个矩阵对应的方程组为 $\begin{cases} x_1 - \dfrac{25}{11}x_4 = 0 \\ x_2 - \dfrac{24}{11}x_3 = 0 \\ x_3 - \dfrac{10}{11}x_4 = 0 \\ x_4 = x_4 \end{cases}$

（x_4 为自由未知量）

令 $x_4 = 11$ 得基础解系 $X_1 = \begin{pmatrix} 25 \\ 24 \\ 10 \\ 11 \end{pmatrix}$

所以该齐次线性方程组的全部解为 $X = k_1 X_1 = \begin{pmatrix} 25k_1 \\ 24k_1 \\ 10k_1 \\ 11k_1 \end{pmatrix}$.

3.2 非齐次线性方程组解的结构

n 元非齐次线性方程组（Ⅰ）的矩阵方程为 $AX = B$,其解具有如下性质

性质1 若 X_1, X_2 是非齐次线性方程组 $AX = B$ 的两个解,则

$X_1 - X_2$ 是该方程组对应的齐次线性方程组 $AX = 0$ 的一个解.

性质2 若 X_1 是非齐次线性方程组 $AX = B$ 的一个解,X_0 是该方程组对应的齐次线性方程组 $AX = 0$ 的一个解,则 $X_1 + X_0$ 是非齐次线性方程组 $AX = B$ 的一个解.

定理4 若 X^* 是非齐次线性方程组 $AX = B$ 的一个解（称为特解）,X_0 是该方程组对应的齐次线性方程组 $AX = 0$ 的全部解,则 $X^* + X_0$ 是非齐次线性方程组 $AX = B$ 的全部解.

据此解 n 元非齐次线性方程组 $AX = B$ 的步骤可归纳为

第一步 将方程组的增广矩阵 $\widetilde{A}$ 经过若干次初等行变换化为阶梯矩阵;

第二步 由阶梯矩阵对应的方程组求出齐次方程组 $AX = 0$ 的全部解 $X_0 = k_1 X_1 + k_2 X_2 + \cdots + k_S X_S$ 和非齐次方程组 $AX = B$ 的一个特解 X^*;

第三步 写出非齐次方程组 $AX = B$ 的全部解.

$X = X^* + X_0$

例6 解非齐次线性方程组

$$\begin{cases} 2x_1 - 3x_2 + 4x_3 - 5x_4 = 7 \\ 3x_1 + x_2 - 2x_3 + 4x_4 = -1. \\ x_1 + 5x_2 - 3x_3 - x_4 = 2 \end{cases}$$

解 该方程组的增广矩阵

$$\widetilde{A} = \begin{pmatrix} 2 & -3 & 4 & -5 & 7 \\ 3 & 1 & -2 & 4 & -1 \\ 1 & 5 & -3 & -1 & 2 \end{pmatrix} \xrightarrow{r_1 \leftrightarrow r_3} \begin{pmatrix} 1 & 5 & -3 & -1 & 2 \\ 3 & 1 & -2 & 4 & -1 \\ 2 & -3 & 4 & -5 & 7 \end{pmatrix}$$

$$\xrightarrow[r_3 - 2r_1]{r_2 - 3r_1} \begin{pmatrix} 1 & 5 & -3 & -1 & 2 \\ 0 & -14 & 7 & 7 & -7 \\ 0 & -13 & 10 & -3 & 3 \end{pmatrix} \xrightarrow{-\frac{1}{14}r_2} \begin{pmatrix} 1 & 5 & -3 & -1 & 2 \\ 0 & 1 & -\frac{1}{2} & -\frac{1}{2} & \frac{1}{2} \\ 0 & -13 & 10 & -3 & 3 \end{pmatrix}$$

$$\xrightarrow[r_3+13r_2]{r_1-5r_2}\begin{pmatrix} 1 & 0 & -\dfrac{1}{2} & \dfrac{3}{2} & -\dfrac{1}{2} \\ 0 & 1 & -\dfrac{1}{2} & -\dfrac{1}{2} & \dfrac{1}{2} \\ 0 & 0 & \dfrac{7}{2} & -\dfrac{19}{2} & \dfrac{19}{2} \end{pmatrix}\xrightarrow{\frac{2}{7}r_3}\begin{pmatrix} 1 & 0 & -\dfrac{1}{2} & \dfrac{3}{2} & -\dfrac{1}{2} \\ 0 & 1 & -\dfrac{1}{2} & -\dfrac{1}{2} & \dfrac{1}{2} \\ 0 & 0 & 1 & -\dfrac{19}{7} & \dfrac{19}{7} \end{pmatrix}$$

$$\xrightarrow[r_2+\frac{1}{2}r_3]{r_1+\frac{1}{2}r_3}\begin{pmatrix} 1 & 0 & 0 & \dfrac{1}{7} & \dfrac{6}{7} \\ 0 & 1 & 0 & -\dfrac{13}{7} & \dfrac{13}{7} \\ 0 & 0 & 1 & -\dfrac{19}{7} & \dfrac{19}{7} \end{pmatrix},$$

因为 $r(\boldsymbol{A}) = r(\widetilde{\boldsymbol{A}}) = 3 \quad n = 4$

所以该方程组有无数多组解,且对应的齐次方程组的一个基础解系的解向量个数为 $s = r(\boldsymbol{A}) - n = 4 - 3 = 1$.

又因为最后一个矩阵对应的齐次方程组为 $\begin{cases} x_1 + \dfrac{1}{7}x_4 = 0 \\ x_2 - \dfrac{13}{7}x_4 = 0 \\ x_3 - \dfrac{19}{7}x_4 = 0 \\ x_4 = x_4 \end{cases}$

(x_4 为自由未知量)

令 $x_4 = 7$ 得基础解系 $\boldsymbol{X}_1 = \begin{pmatrix} -1 \\ 13 \\ 19 \\ 7 \end{pmatrix}$

所以齐次线性方程组的全部解为 $\boldsymbol{X}_0 = k_1\boldsymbol{X}_1 = \begin{pmatrix} -k_1 \\ 13k_1 \\ 19k_1 \\ 7k_1 \end{pmatrix}$

最后一个矩阵对应的非齐次方程组为 $\begin{cases} x_1 + \dfrac{1}{7}x_4 = \dfrac{6}{7} \\ x_2 - \dfrac{13}{7}x_4 = \dfrac{13}{7} \\ x_3 - \dfrac{19}{7}x_4 = \dfrac{19}{7} \\ x_4 = x_4 \end{cases}$

令 $x_4 = 0$ 得其一个特解 $\boldsymbol{X}^* = \begin{pmatrix} \dfrac{6}{7} \\[2mm] \dfrac{13}{7} \\[2mm] \dfrac{19}{7} \\[2mm] 0 \end{pmatrix}$

所以该非齐次线性方程组的全部解为

$$X = X_0 + X^* = \begin{pmatrix} -k_1 \\ 13k_1 \\ 19k_1 \\ 7k_1 \end{pmatrix} + \begin{pmatrix} \dfrac{6}{7} \\[2mm] \dfrac{13}{7} \\[2mm] \dfrac{19}{7} \\[2mm] 0 \end{pmatrix} = \begin{pmatrix} -k_1 + \dfrac{6}{7} \\[2mm] 13k_1 + \dfrac{13}{7} \\[2mm] 19k_1 + \dfrac{19}{7} \\[2mm] 7k_1 \end{pmatrix}.$$

习题 6.8

1. 在 n 元齐次线性方程组 $\boldsymbol{AX} = 0$ 中,若 $|\boldsymbol{A}| \neq 0$ 则该方程组有唯一一组 ＿＿＿＿＿解,若 $|\boldsymbol{A}| = 0$ 则该方程组有无数多组＿＿＿＿＿解.

2. 在 n 元齐次线性方程组 $\boldsymbol{AX} = 0$ 中,若 $r(\boldsymbol{A}) = n$ 则该方程组有唯一一组 ＿＿＿＿＿解,若 $r(A) < n$ 则该方程组有无数多组＿＿＿＿＿解,且一个基础解系中的解向量个数 $s = $ ＿＿＿＿＿.

3. 在 n 元齐次线性方程组 $\boldsymbol{AX} = 0$ 中,若 $r(\boldsymbol{A}) = r(r < n)$,则该方程组有 ＿＿＿＿＿个自由未知数,它的一个基础解系中有＿＿＿＿＿个解向量,在求基础解系时自由未知数不能都取＿＿＿＿＿.

4. 在 n 元非齐次线性方程组 $\boldsymbol{AX} = \boldsymbol{B}$ 中,若 $r(\boldsymbol{A}) \neq r(\widetilde{\boldsymbol{A}})$ 则该方程组 ＿＿＿＿＿解,若 $r(\boldsymbol{A}) = r(\widetilde{\boldsymbol{A}})$ 则该方程组＿＿＿＿＿解,且当＿＿＿＿＿时有唯一一组解,当＿＿＿＿＿时有无数多组解.

5. 解下列各齐次线性方程组.

$(1)\begin{cases} x_1 - x_2 + 2x_3 - 2x_4 = 0, \\ -2x_1 + x_2 - 3x_3 + 3x_4 = 0, \\ 2x_1 - 3x_2 + x_3 - 5x_4 = 0, \\ -x_1 + x_2 - 2x_3 + 2x_4 = 0; \end{cases}$

$(2)\begin{cases} x_1 + 2x_2 + x_3 - x_4 = 0, \\ -x_1 - x_2 + x_3 + 3x_5 = 0, \\ 2x_1 + x_2 + x_4 - x_5 = 0. \end{cases}$

6.解下列各齐次线性方程组.

$(1)\begin{cases} x_1 + 2x_2 - 3x_3 + x_4 = -2, \\ -2x_1 - 5x_2 + 6x_3 - 3x_4 = 4, \\ x_1 + 3x_2 + 2x_3 - x_4 = 3; \end{cases}$

$(2)\begin{cases} x_1 + 3x_2 - x_3 + x_4 - x_5 = 3, \\ 3x_1 + 10x_2 - 3x_3 - x_4 + x_5 = 14, \\ 2x_1 + 5x_2 + x_3 + 3x_4 - 2x_5 = 3. \end{cases}$

§6.9　投入产出数学模型

投入产出模型是由美国经济学家列昂节夫于 1936 年提出的,是利用线性代数的基本理论和方法研究经济活动各部门之间投入与产出线性关系的数学模型,是世界许多国家实施现代化管理的重要工具.

1. 价值型投入产出模型

经济活动各部门之间在产品的生产与分配上有着密切的联系,每个部门一方面作为生产者,以自已生产的产品分配给其他部门作为生产资料,并满足社会的需求和提供积累等;另一方面又作为消费者,消耗了本部门和其他部门生产的产品. 为揭示这一关系而编制下表.

1.1　价值型投入产出表

按产品的价值编制的投入产出表称价值型投入产出表.

价值型投入产出表由横竖两条粗黑线分成四个部分,按左上、右上、左下、右下依次分别称第 Ⅰ、第 Ⅱ、第 Ⅲ、第 Ⅳ 象限如表 6.9 - 1 所示.

第 Ⅰ 象限是表的基本部分,反映了各部门之间相互提供产品供生产过程消耗的情况. 表中每个数 x_{ij} 都具有双重意义,它既表示第 i 部门作为生产部门,以本部门的 x_{ij} 个单位产品分配给第 j 部门,又表示第 j 部门作为消耗部门消耗了第 i 部门 x_{ij} 个单位的产品.

第 Ⅱ 象限反映了总产品中,扣除本部门和其他部门所需的中间产品外,最终满足社会需求的产品的分配情况.

第 Ⅲ 象限反映了各物质生产部门新创造的价值,即国民收入初次分配情况.

第 Ⅳ 象限反映了国民收入再分配情况.

表 6.9 - 1

产出＼投入		消耗部门			最终产品（y）				总产品
		1　2　$\cdots$　n			消费	积累	出口	合计	
生产部门	1	x_{11}　x_{12}　$\cdots$　x_{1n}						y_1	x_1
	2	x_{21}　x_{22}　$\cdots$　x_{2n}						y_2	x_2
	$\vdots$	$\vdots$　$\vdots$　　$\vdots$						$\vdots$	$\vdots$
	n	x_{n1}　x_{n2}　$\cdots$　x_{nn}						y_n	x_n
新创造价值	工资								
	纯收入								
	合计	z_1　z_2　$\cdots$　z_n							
总产品价值		x_1　x_2　$\cdots$　x_n							

1.2　平衡方程组

由价值型投入产出表的第 Ⅰ 象限与第 Ⅱ 象限构成方程组

$$\begin{cases} x_{11} + x_{12} + \cdots + x_{1n} + y_1 = x_1 \\ x_{21} + x_{22} + \cdots + x_{2n} + y_2 = x_2 \\ \cdots\cdots\cdots\cdots\cdots\cdots\cdots\cdots\cdots\cdots\cdots \\ x_{n1} + x_{n2} + \cdots + x_{nn} + y_n = x_n \end{cases}$$

或简写为

$$x_i = \sum_{j=1}^{n} x_{ij} + y_i \, (i = 1, 2, \cdots, n)$$

称为分配平衡方程组.

其中 $\sum\limits_{j=1}^{n} x_{ij}$ 表示第 i 部门分配给各部门消耗的产品的总和.

由表的第 Ⅰ 象限与第 Ⅲ 象限构成方程组

$$\begin{cases} x_{11} + x_{21} + \cdots + x_{n1} + z_1 = x_1 \\ x_{12} + x_{22} + \cdots + x_{n2} + z_2 = x_2 \\ \cdots\cdots\cdots\cdots\cdots\cdots\cdots\cdots\cdots\cdots\cdots \\ x_{1n} + x_{2n} + \cdots + x_{nn} + z_n = x_n \end{cases}$$

或简写为

$$x_j = \sum_{i=1}^{n} x_{ij} + z_j \, (j = 1, 2, \cdots, n)$$

称为消耗平衡方程组.

其中 $\sum\limits_{i=1}^{n} x_{ij}$ 表示第 j 部门在生产过程中消耗各部门的产品的总和.

对分配平衡方程组 $x_i = \sum\limits_{j=1}^{n} x_{ij} + y_i$ 两边求和得

$$\sum_{i=1}^{n} x_i = \sum_{i=1}^{n} \left(\sum_{j=1}^{n} x_{ij} + y_i \right) = \sum_{i=1}^{n} \sum_{j=1}^{n} x_{ij} + \sum_{i=1}^{n} y_i$$

对消耗平衡方程组 $x_j = \sum\limits_{i=1}^{n} x_{ij} + z_j$ 两边求和得

$$\sum_{j=1}^{n} x_j = \sum_{j=1}^{n} \left(\sum_{i=1}^{n} x_{ij} + z_j \right) = \sum_{j=1}^{n} \sum_{i=1}^{n} x_{ij} + \sum_{j=1}^{n} z_j$$

由以上两式得 $\quad \sum\limits_{i=1}^{n} y_i = \sum\limits_{j=1}^{n} z_j$

上式表明 各部门最终产品的总值等于各部门新创造价值的总和.

2. 直接消耗系数

定义 1 第 j 部门生产单位产品直接消耗第 i 部门的产品量称为第 j 部门对第 i 部门的直接消耗系数,记作 a_{ij}. 即

$$a_{ij} = \frac{x_{ij}}{x_j} \ (i, j = 1, 2, \cdots, n)$$

由直接消耗系数构成的 n 阶矩阵称为直接消耗系数矩阵,记作 A. 即

$$A = \begin{pmatrix} a_{11} & a_{12} & \cdots & a_{1n} \\ a_{21} & a_{22} & \cdots & a_{2n} \\ \vdots & \vdots & & \vdots \\ a_{n1} & a_{n2} & \cdots & a_{nn} \end{pmatrix}$$

由 $a_{ij} = \dfrac{x_{ij}}{x_j}$ 得

$$x_{ij} = a_{ij} x_j \ (i, j = 1, 2, \cdots, n)$$

将其代入分配平衡方程组得

$$\begin{cases} a_{11} x_1 + a_{12} x_2 + \cdots + a_{1n} x_n + y_1 = x_1 \\ a_{21} x_1 + a_{22} x_2 + \cdots + a_{2n} x_n + y_2 = x_2 \\ \cdots\cdots\cdots\cdots\cdots\cdots\cdots\cdots\cdots\cdots \\ a_{n1} x_1 + a_{n2} x_2 + \cdots + a_{nn} x_n + y_n = x_n \end{cases}$$

即

$$\begin{cases} (1 - a_{11}) x_1 - a_{12} x_2 - \cdots - a_{1n} x_n = y_1 \\ - a_{21} x_1 + (1 - a_{22}) x_2 - \cdots - a_{2n} x_n = y_2 \\ \cdots\cdots\cdots\cdots\cdots\cdots\cdots\cdots\cdots\cdots \\ - a_{n1} x_1 - a_{n2} x_2 - \cdots + (1 - a_{nn}) x_n = y_n \end{cases}$$

若记 $X = \begin{bmatrix} x_1 \\ x_2 \\ \vdots \\ x_n \end{bmatrix}$, $\quad \boldsymbol{E} = \begin{bmatrix} 1 & 0 & \cdots & 0 \\ 0 & 1 & \cdots & 0 \\ \vdots & \vdots & & \vdots \\ 0 & 0 & \cdots & 1 \end{bmatrix}$, $\quad Y = \begin{bmatrix} y_1 \\ y_2 \\ \vdots \\ y_n \end{bmatrix}$

则得分配平衡方程组的矩阵方程为

$$(\boldsymbol{E} - \boldsymbol{A})X = Y$$

因为在一定的技术水平条件下直接消耗系数是相对不变的,所以根据 $(\boldsymbol{E} - \boldsymbol{A})X = Y$,可由本期的经济数据对未来的经济数据作出预测.

即若已知总产品 X,则由 $Y = (\boldsymbol{E} - \boldsymbol{A})X$ 可求出最终产品 Y;反之若已知最终产品 Y,则由 $X = (\boldsymbol{E} - \boldsymbol{A})^{-1}Y$ 可求出总产品 X.

同理,若将 $x_{ij} = a_{ij}x_j \ (i, j = 1, 2, \cdots, n)$ 代入消耗平衡方程组得

$$\begin{cases} a_{11}x_1 + a_{21}x_1 + \cdots + a_{n1}x_1 + z_1 = x_1 \\ a_{12}x_2 + a_{22}x_2 + \cdots + a_{n2}x_2 + z_2 = x_2 \\ \cdots\cdots\cdots\cdots\cdots\cdots\cdots\cdots\cdots\cdots\cdots\cdots \\ a_{1n}x_n + a_{2n}x_n + \cdots + a_{nn}x_n + z_n = x_n \end{cases}$$

或简写成 $x_j = \sum_{i=1}^{n} a_{ij}x_j + z_j \ (j = 1, 2, \cdots, n)$

若记 $\boldsymbol{D} = \begin{bmatrix} \sum_{i=1}^{n} a_{i1} & & & \\ & \sum_{i=1}^{n} a_{i2} & & \\ & & \ddots & \\ & & & \sum_{i=1}^{n} a_{in} \end{bmatrix}$, $\quad X = \begin{bmatrix} x_1 \\ x_2 \\ \vdots \\ x_n \end{bmatrix}$, $\quad Z = \begin{bmatrix} z_1 \\ z_2 \\ \vdots \\ z_n \end{bmatrix}$

则得消耗平衡方程组的矩阵方程为 $(\boldsymbol{E} - \boldsymbol{D})X = Z$

若已知总产品 X,则由 $Z = (\boldsymbol{E} - \boldsymbol{D})X$ 可求出新创造的价值 Z;反之若已知新创造的价值 Z,则由 $X = (\boldsymbol{E} - \boldsymbol{D})^{-1}Z$ 可求出总产品 X.

其中 $(\boldsymbol{E} - \boldsymbol{D})^{-1} = \begin{bmatrix} \left(1 - \sum_{i=1}^{n} a_{i1}\right)^{-1} & & & \\ & \left(1 - \sum_{i=1}^{n} a_{i2}\right)^{-1} & & \\ & & \ddots & \\ & & & \left(1 - \sum_{i=1}^{n} a_{in}\right)^{-1} \end{bmatrix}$

例 1 某企业有三个生产部门,且该企业在一个生产周期内各部门生产消耗量和社会需要的最终产品如表 6.9 - 2 所示,求

(1) 各部门的总产品 x_1、x_2、x_3.

(2) 各部门的最终产品 y_1、y_2、y_3.

(3) 直接消耗系数矩阵 **A**.

表 6.9 - 2

产 投 入 出		消耗部门 1 2 3	最终产品（y）				总产品
			消费	积累	出口	合计	
生 产 部 门	1	20 40 45				y_1	x_1
	2	50 100 30				y_2	x_2
	3	20 100 60				y_3	x_3
新 创 造 价 值	工资						
	纯收入						
	合计	110 160 165					
总产品价值		x_1 x_2 x_3					

解 (1) 根据消耗平衡方程组得

$$x_1 = x_{11} + x_{21} + x_{31} + z_1 = 20 + 50 + 20 + 110 = 200$$

$$x_2 = x_{12} + x_{22} + x_{32} + z_2 = 40 + 100 + 100 + 160 = 400$$

$$x_3 = x_{13} + x_{23} + x_{33} + z_3 = 45 + 30 + 60 + 165 = 300.$$

(2) 根据分配平衡方程组得

$$y_1 = x_1 - (x_{11} + x_{12} + x_{13}) = 200 - (20 + 40 + 45) = 95$$

$$y_2 = x_2 - (x_{21} + x_{22} + x_{23}) = 400 - (50 + 100 + 30) = 220$$

$$y_3 = x_3 - (x_{31} + x_{32} + x_{33}) = 300 - (20 + 100 + 60) = 120.$$

(3) 根据直接消耗系数定义 $a_{ij} = \dfrac{x_{ij}}{x_j}$ 得

$$a_{11} = \frac{20}{200} = 0.1 \quad a_{12} = \frac{40}{400} = 0.1 \quad a_{13} = \frac{45}{300} = 0.15$$

$$a_{21} = \frac{50}{200} = 0.25 \quad a_{22} = \frac{100}{400} = 0.25 \quad a_{23} = \frac{30}{300} = 0.1$$

$$a_{31} = \frac{20}{200} = 0.1 \quad a_{32} = \frac{100}{400} = 0.25 \quad a_{33} = \frac{60}{300} = 0.2$$

故直接消耗系数矩阵 $A = \begin{bmatrix} 0.1 & 0.1 & 0.15 \\ 0.25 & 0.25 & 0.1 \\ 0.1 & 0.25 & 0.2 \end{bmatrix}$

例 2　某公司有三个下属生产企业,各企业的投入产出如表 6.9－3 所示.

表 6.9－3

产 出 ＼ 投 入		消耗部门			最终产品（y）				总产品
		1	2	3	消费	积累	出口	合计	
生产部门	1	10	20	20				50	100
	2	40	60	20				80	200
	3	20	40	0				40	100
新创造价值	工资								
	纯收入								
	合计	30	80	60					
总产品价值		100	200	100					

（1）如果计划期各企业的总产品为 $X = \begin{bmatrix} x_1 \\ x_2 \\ x_3 \end{bmatrix} = \begin{bmatrix} 140 \\ 300 \\ 140 \end{bmatrix}$,则计划期各企业将能提供多少最终产品?

（2）如果计划期各企业的最终产品为 $Y = \begin{bmatrix} y_1 \\ y_2 \\ y_3 \end{bmatrix} = \begin{bmatrix} 100 \\ 160 \\ 80 \end{bmatrix}$,则计划期各企业总产品应为多少?

解　由价值型投入产出表可得直接消耗系数矩阵

$$A = \begin{bmatrix} 0.1 & 0.1 & 0.2 \\ 0.4 & 0.3 & 0.2 \\ 0.2 & 0.2 & 0 \end{bmatrix}$$

（1）由 $(E-A)X = Y$ 得计划期各企业提供的最终产品为

$$Y = (E-A)X = \begin{bmatrix} 0.9 & -0.1 & -0.2 \\ -0.4 & 0.7 & -0.2 \\ -0.2 & -0.2 & 1 \end{bmatrix} \begin{bmatrix} 140 \\ 300 \\ 140 \end{bmatrix} = \begin{bmatrix} 68 \\ 126 \\ 52 \end{bmatrix}.$$

(2) 因为 $\boldsymbol{E}-\boldsymbol{A}=\begin{pmatrix} 0.9 & -0.1 & -0.2 \\ -0.4 & 0.7 & -0.2 \\ -0.2 & -0.2 & 1 \end{pmatrix}$

所以 $(\boldsymbol{E}-\boldsymbol{A})^{-1}=\dfrac{1}{0.506}\begin{pmatrix} 0.66 & 0.14 & 0.16 \\ 0.44 & 0.86 & 0.26 \\ 0.22 & 0.20 & 0.59 \end{pmatrix}$

故由 $\boldsymbol{X}=(\boldsymbol{E}-\boldsymbol{A})^{-1}\boldsymbol{Y}$ 得计划期各企业的总产品为

$$\boldsymbol{X}=(\boldsymbol{E}-\boldsymbol{A})^{-1}\boldsymbol{Y}=\frac{1}{0.506}\begin{pmatrix} 0.66 & 0.14 & 0.16 \\ 0.44 & 0.86 & 0.26 \\ 0.22 & 0.20 & 0.59 \end{pmatrix}\begin{pmatrix} 100 \\ 160 \\ 80 \end{pmatrix}\approx\begin{pmatrix} 200 \\ 400 \\ 200 \end{pmatrix}.$$

习题 6.9

1. 在下面的价值型投入产出表中

产出\投入		消耗部门 1 2 3 4				最终产品（y） 消费 积累 出口 合计				总产品
生产部门	1	x_{11}	x_{12}	x_{13}	x_{14}				y_1	x_1
	2	x_{21}	x_{22}	x_{23}	x_{24}				y_2	x_2
	3	x_{31}	x_{32}	x_{33}	x_{34}				y_3	x_3
	4	x_{41}	x_{42}	x_{43}	x_{44}				y_1	x_4
新创造价值	工资									
	纯收入									
	合计	z_1	z_2	z_3	z_4					
总产品价值		x_1	x_2	x_3	x_4					

第二部门的分配平衡方程是 $x_2 = $ _____ ，

第三部门的消耗平衡方程是 $x_3 = $ _____ ，

直接消耗系数 $a_{41} = $ _____ .

2. 某地三个生产部门在一个生产周期内生产消耗量和社会需要的最终产品如下表,求

(1) 各部门的总产品 x_1、x_2、x_3；

(2) 各部门的最终产品 y_1、y_2、y_3；

(3) 直接消耗系数矩阵 $\boldsymbol{A}$.

价值型投入产出表

产 投 出 人		消耗部门			最终产品	总产品
		1	2	3		
生产部门	1	340	60	200	y_1	x_1
	2	100	80	80	y_2	x_2
	3	20	100	60	y_3	x_3
新创造价值		240	60	60		
总产品价值		x_1	x_2	x_3		

3. 三个车间在某一生产期的直接消耗系数矩阵为

$$A = \begin{pmatrix} \dfrac{1}{10} & \dfrac{1}{5} & \dfrac{1}{2} \\ \dfrac{1}{4} & \dfrac{8}{30} & \dfrac{1}{5} \\ \dfrac{1}{20} & \dfrac{1}{3} & \dfrac{3}{20} \end{pmatrix}$$

(1) 若总产品 $X = \begin{pmatrix} 400 \\ 300 \\ 400 \end{pmatrix}$，求最终产品 Y 和中间产品 $x_{ij}(i, j = 1, 2, 3)$；

(2) 若最终产品 $Y = \begin{pmatrix} 100 \\ 40 \\ 220 \end{pmatrix}$，求总终产品 X.

§ 6.10　线性规划

线性规划是实现科学计划、科学生产与科学管理的重要工具，线性规划问题就是最优化问题，其实质是求极值的问题，即实现生产经营活动的投入最小和产出最大.

1. 线性规划问题的数学模型

分析以下两个例子

例 1　某企业生产甲、乙两种产品，若生产单位甲、乙产品企业的利润收入、所需 A、B、C 三种原料及原料的日供应量如表 6.10 - 1 所示，问企业应如何安排生产才能使一天的总利润最大.

表 6.10 - 1

单位产品所需要原料 原料 产品	甲	乙	原料日供应量（单位）
A	1	1	7
B	2	3	13
C	3	11	11
单位利润（千元）	5	3	

解 设甲产品的日产量为 x_1 单位，乙产品的日产量为 x_2 单位，企业一天的总利润为 S 千元，则

$$S = 5x_1 + 3x_2$$

由于生产受原料日供应量和产品日产量非负的约束，即

$$\begin{cases} x_1 + x_2 \leqslant 7 \\ 2x_1 + 3x_2 \leqslant 13 \\ 3x_1 + x_2 \leqslant 11 \\ x_j \geqslant 0 \quad (j = 1, 2) \end{cases}$$

所以该问题的数学模型为

$$\max S = 5x_1 + 3x_2$$

$$\begin{cases} x_1 + x_2 \leqslant 7 \\ 2x_1 + 3x_2 \leqslant 13 \\ 3x_1 + x_2 \leqslant 11 \\ x_j \geqslant 0 \quad (j = 1, 2) \end{cases}$$

例 2 某溶剂厂用四种溶液配制一种试剂，要求试剂中氮、磷、钾的含量分别不少于 70 单位、50 单位和 40 单位，已知四种溶液的单价及氮、磷、钾的含量如表 6.10 - 2 所示，问怎样配制才能使总成本最低？

表 6.10 - 2

溶液种类	单位含量			溶液单价
	氮	磷	钾	
1	0.7	0.3	0.1	15
2	0.4	0.5	0.2	10
3	0.2	0.6	0.5	16
4	0.5	0.2	0.3	18

解　设所用第 j 种溶液的量为 $x_j(j=1,2,3,4)$ 单位,总成本为 S,则

$$S=15x_1+10x_2+16x_3+18x_4$$

由于受氮、磷、钾含量和各种溶液量非负的约束,即

$$\begin{cases} 0.7x_1+0.4x_2+0.2x_3+0.5x_4 \geqslant 70 \\ 0.3x_1+0.5x_2+0.6x_3+0.2x_4 \geqslant 50 \\ 0.1x_1+0.2x_2+0.5x_3+0.3x_4 \geqslant 40 \\ x_j \geqslant 0 \quad (j=1,2,3,4) \end{cases}$$

所以该问题的数学模型为

$$\min S=15x_1+10x_2+16x_3+18x_4$$

$$\begin{cases} 0.7x_1+0.4x_2+0.2x_3+0.5x_4 \geqslant 70 \\ 0.3x_1+0.5x_2+0.6x_3+0.2x_4 \geqslant 50 \\ 0.1x_1+0.2x_2+0.5x_3+0.3x_4 \geqslant 40 \\ x_j \geqslant 0 \ (j=1,2,3,4) \end{cases}$$

上述两例都可用数学语言描述如下

求一组变量 $x_j(j=1,2,\cdots,n)$（称决策变量）的值,使其满足约束条件

$$\begin{cases} a_{11}x_1+a_{12}x_2+\cdots+a_{1n}x_n \leqslant (=,\geqslant)b_1 \\ a_{21}x_1+a_{22}x_2+\cdots+a_{2n}x_n \leqslant (=,\geqslant)b_2 \\ \cdots\cdots\cdots\cdots\cdots\cdots\cdots\cdots \\ a_{m1}x_1+a_{m2}x_2+\cdots+a_{mn}x_n \leqslant (=,\geqslant)b_m \\ x_j \geqslant 0\,(j=1,2,\cdots,n) \end{cases}$$

并使目标函数 $S=c_1x_1+c_2x_2+\cdots+c_nx_n$ 取得最大（小）值,这就是线性规划问题的数学模型,其一般形式为

$$\max(\min)S=c_1x_1+c_2x_2+\cdots+c_nx_n$$

$$\begin{cases} a_{11}x_1+a_{12}x_2+\cdots+a_{1n}x_n \leqslant (=,\geqslant)b_1 \\ a_{21}x_1+a_{22}x_2+\cdots+a_{2n}x_n \leqslant (=,\geqslant)b_2 \\ \cdots\cdots\cdots\cdots\cdots\cdots\cdots\cdots \\ a_{m1}x_1+a_{m2}x_2+\cdots+a_{mn}x_n \leqslant (=,\geqslant)b_m \\ x_j \geqslant 0\,(j=1,2,\cdots,n) \end{cases}$$

或简写为

$$\max(\min)S=\sum_{j=1}^{n}c_jx_j$$

$$\begin{cases} \sum_{j=1}^{n}a_{ij}x_j \leqslant (=,\geqslant)b_i\ (i=1,2,\cdots,m) \\ x_j \geqslant 0\ (j=1,2,\cdots,n) \end{cases}$$

2. 线性规划问题的标准形式

线性规划问题数学模型的一般形式较为繁杂,求解极为不便,为了简化求解过程,通常要将线性规划问题的一般形式化为下述的标准形式.

定义 1　下述线性规划问题的数学模型

$$\max S = c_1 x_1 + c_2 x_2 + \cdots + c_n x_n$$

$$\begin{cases} a_{11}x_1 + a_{12}x_2 + \cdots + a_{1n}x_n = b_1 \\ a_{21}x_1 + a_{22}x_2 + \cdots + a_{2n}x_n = b_2 \\ \cdots\cdots\cdots\cdots\cdots\cdots\cdots\cdots\cdots\cdots \\ a_{m1}x_1 + a_{m2}x_2 + \cdots + a_{mn}x_n = b_m \\ x_j \geqslant 0 \, (j = 1, 2, \cdots, n) \end{cases}$$

或

$$\max S = \sum_{j=1}^{n} c_j x_j$$

$$\begin{cases} \sum_{j=1}^{n} a_{ij}x_j = b_i \, (b_i \geqslant 0; \, i = 1, 2, \cdots, m) \\ x_j \geqslant 0 \, (j = 1, 2, \cdots, n) \end{cases}$$

称为线性规划问题的标准形式.

若记　$C = (c_1 \quad c_2 \quad \cdots \quad c_n)$

$$X = \begin{bmatrix} x_1 \\ x_2 \\ \vdots \\ x_n \end{bmatrix} \quad A = \begin{bmatrix} a_{11} & a_{12} & \cdots & a_{1n} \\ a_{21} & a_{22} & \cdots & a_{2n} \\ \vdots & \vdots & & \vdots \\ a_{m1} & a_{m2} & \cdots & a_{mn} \end{bmatrix} \quad b = \begin{bmatrix} b_1 \\ b_2 \\ \vdots \\ b_m \end{bmatrix}$$

则得标准形式的矩阵表示为

$$\max S = CX$$

$$AX = b,$$

$$X \geqslant 0$$

线性规划问题的标准形式具有以下特征

(1) 求目标函数的最大值.

(2) 约束条件都是线性方程,且方程右边的常数(称约束常数)都是非负的.

(3) 所有变量都是非负的.

将线性规划问题的一般形式化为标准形式的方法是

(1) 令 $S' = -S$,可将 $\min S = CX$ 化为标准形式 $\max S' = -CX$;

(2) 在不等式的左边加上(减去)一个新的非负变量 x_{n+i},可将约束条件

$$a_{i1}x_1 + a_{i2}x_2 + \cdots + a_{in}x_n \leqslant b_i$$

$(a_{i1}x_1 + a_{i2}x_2 + \cdots + a_{in}x_n \geqslant b_i)$

化为标准形式

$a_{i1}x_1 + a_{i2}x_2 + \cdots + a_{in}x_n + x_{n+i} = b_i$

$(a_{i1}x_1 + a_{i2}x_2 + \cdots + a_{in}x_n - x_{n+i} = b_i)$

引入的新变量 x_{n+i} 称为松弛变量;

(3) 在第 i 个约束方程的两边同乘 -1,可将约束常数 $b_i < 0$ 化为标准形式 $-b_i > 0$;

(4) 令 $x_j = x_{j+t} - x_{j+t+1}$($x_{j+t}, x_{j+t+1}$ 为两个非负新变量),可将 $x_j < 0$ 化为标准形式 $x_{j+t} \geqslant 0, x_{j+t+1} \geqslant 0$.

例 3　将例 1 和例 2 的线性规划问题化为标准形式.

解　(1) 例 1 的线性规划问题是

$\max S = 5x_1 + 3x_2$

$$\begin{cases} x_1 + x_2 \leqslant 7 \\ 2x_1 + 3x_2 \leqslant 13 \\ 3x_1 + x_2 \leqslant 11 \\ x_j \geqslant 0 \ (j = 1,2) \end{cases}$$

引入松弛变量 $x_3 \geqslant 0, x_4 \geqslant 0, x_5 \geqslant 0$,分别加到不等式约束条件的左边,将约束条件变为等式

$$\begin{cases} x_1 + x_2 + x_3 = 7 \\ 2x_1 + 3x_2 + x_4 = 13 \\ 3x_1 + x_2 + x_5 = 11 \\ x_j \geqslant 0 (j = 1,2,3,4,5) \end{cases}$$

故该线性规划问题的标准形式为

$\max S = 5x_1 + 3x_2$

$$\begin{cases} x_1 + x_2 + x_3 = 7 \\ 2x_1 + 3x_2 + x_4 = 13 \\ 3x_1 + x_2 + x_5 = 11 \\ x_j \geqslant 0 (j = 1,2,3,4,5) \end{cases}$$

(2) 例 2 的线性规划问题是

$\min S = 15x_1 + 10x_2 + 16x_3 + 18x_4$

$$\begin{cases} 0.7x_1 + 0.4x_2 + 0.2x_3 + 0.5x_4 \geqslant 70 \\ 0.3x_1 + 0.5x_2 + 0.6x_3 + 0.2x_4 \geqslant 50 \\ 0.1x_1 + 0.2x_2 + 0.5x_3 + 0.3x_4 \geqslant 40 \\ x_j \geqslant 0 \ (j = 1,2,3,4) \end{cases}$$

令 $S=-S'$，将目标函数化为标准形式

$\max S'=-15x_1-10x_2-16x_3-18x_4$

引入松弛变量 $x_5\geqslant 0,x_6\geqslant 0,x_7\geqslant 0$，分别减去不等式约束条件的左边，将约束条件变为等式

$$\begin{cases} 0.7x_1+0.4x_2+0.2x_3+0.5x_4-x_5=70 \\ 0.3x_1+0.5x_2+0.6x_3+0.2x_4-x_6=50 \\ 0.1x_1+0.2x_2+0.5x_3+0.3x_4-x_7=40 \\ x_j\geqslant 0\,(j=1,2,3,4,5,6,7) \end{cases}$$

故该线性规划问题的标准形式为

$\max S'=-15x_1-10x_2-16x_3-18x_4$

$$\begin{cases} 0.7x_1+0.4x_2+0.2x_3+0.5x_4-x_5=70 \\ 0.3x_1+0.5x_2+0.6x_3+0.2x_4-x_6=50 \\ 0.1x_1+0.2x_2+0.5x_3+0.3x_4-x_7=40 \\ x_j\geqslant 0\,(j=1,2,3,4,5,6,7) \end{cases}$$

例 4　将线性规划问题 $\min S=6x_1+3x_2-4x_3$

$$\begin{cases} x_1+x_2+5x_3\leqslant 20 \\ x_1+3x_2-2x_3\geqslant 30 \\ 5x_1+2x_2=10 \\ x_1\geqslant 0,x_2\geqslant 0 \end{cases}$$ 化为标准形式.

解　因为变量 x_3 无非负约束

所以引入新变量 $x_4\geqslant 0,x_5\geqslant 0$，且令 $x_3=x_4-x_5$ 使全部变量满足非负约束，并代入原问题得

$\min S=6x_1+3x_2-4(x_4-x_5)$

$$\begin{cases} x_1+x_2+5(x_4-x_5)\leqslant 20 \\ x_1+3x_2-2(x_4-x_5)\geqslant 30 \\ 5x_1+2x_2=10 \\ x_j\geqslant 0,(j=1,2,4,5) \end{cases}$$

令 $S'=-S$，将目标函数化为标准形式得

$\max S'=-6x_1-3x_2+4(x_4-x_5)$

引入松弛变量 $x_6\geqslant 0,x_7\geqslant 0$，将不等式约束条件化为等式得

$$\begin{cases} x_1+x_2+5(x_4-x_5)+x_6=20 \\ x_1+3x_2-2(x_4-x_5)-x_7=30 \\ 5x_1+2x_2=10 \\ x_j\geqslant 0,(j=1,2,4,5,6,7) \end{cases}$$

故该问题的标准形式为 $\max S' = -6x_1 - 3x_2 + 4x_4 - 4x_5$

$$\begin{cases} x_1 + x_2 + 5x_4 - 5x_5 + x_6 = 20 \\ x_1 + 3x_2 - 2x_4 + 2x_5 - x_7 = 30 \\ 5x_1 + 2x_2 = 10 \\ x_j \geqslant 0, (j = 1,2,4,5,6,7) \end{cases}$$

3. 线性规划问题的基本概念

为求解线性规划问题,必须掌握线性规划问题的以下基本概念.

定义 2　在线性规划问题中,满足约束条件的解称为可行解,使目标函数取得最大值或最小值的可行解称为最优解,将最优解代入目标函数,所得到的目标函数值称为最优值.

注　一个线性规划问题可能有无数多个可行解,也可能没有可行解.

定义 3　在线性规划问题 $\max S = CX$

$$\begin{cases} AX = b \\ X \geqslant 0 \end{cases}$$ 中,若约束方程组 $AX = b$ 的系数矩阵 A 的秩 $r(A) = m$,B 是矩阵 A 中任一 $m \times m$ 阶的非奇异矩阵,则称 B 为该线性规划问题的一个基.

若设 $A = (B \quad N)$,其中 B 是一个基,且 $B = (P_1 \quad P_2 \quad \cdots \quad P_m)$,

$N = (P_{m+1} \quad P_{m+2} \quad \cdots \quad P_n)$,$B$ 的列向量 $P_j(j = 1,2,\cdots,m)$ 称为基向量,N 的列向量 $P_j(j = m+1, m+2, \cdots, n)$ 称为非基向量. 基向量对应的变量 $x_j(j = 1,2,\cdots,m)$ 称为基变量,非基向量对应的变量 $x_j(j = m+1, m+2, \cdots, n)$ 称为非基变量.

定义 4　在线性规划问题中,非基变量取零值时所得到的解称为基本解. 如果基本解又满足非负条件,则称为基本可行解,简称基可行解. 能使目标函数达到最优的基可行解称为最优基可行解.

例 5　写出线性规划问题 $\max S = 3x_1 + x_2 - 5x_3$

$$\begin{cases} 2x_1 + x_2 - 3x_3 = 5 \\ x_1 - 3x_2 + 2x_3 = 4 \\ x_j \geqslant 0, (j = 1,2,3) \end{cases}$$ 的所有基.

解　该线性规划问题约束方程组的系数矩阵及各列向量为

$$A = \begin{pmatrix} 2 & 1 & -3 \\ 1 & -3 & 2 \end{pmatrix} \quad P_1 = \begin{pmatrix} 2 \\ 1 \end{pmatrix} \quad P_2 = \begin{pmatrix} 1 \\ -3 \end{pmatrix} \quad P_3 = \begin{pmatrix} -3 \\ 2 \end{pmatrix}$$

令　$B_1 = (P_1 \quad P_2) = \begin{pmatrix} 2 & 1 \\ 1 & -3 \end{pmatrix}$

$B_2 = (P_1 \quad P_3) = \begin{pmatrix} 2 & -3 \\ 1 & 2 \end{pmatrix}$

$$\boldsymbol{B}_3 = (P_2 \quad P_3) = \begin{pmatrix} 1 & -3 \\ -3 & 2 \end{pmatrix}$$

则因为 $|\boldsymbol{B}_1| = \begin{vmatrix} 2 & 1 \\ 1 & -3 \end{vmatrix} = -7 \neq 0$ ，

$|\boldsymbol{B}_2| = \begin{vmatrix} 2 & -3 \\ 1 & 2 \end{vmatrix} = 7 \neq 0$

$|\boldsymbol{B}_3| = \begin{vmatrix} 1 & -3 \\ -3 & 2 \end{vmatrix} = -7 \neq 0$

所以 $\boldsymbol{B}_1$、$\boldsymbol{B}_2$、$\boldsymbol{B}_3$ 都是亥线性规划问题的基.

4. 两个变量线性规划问题的图解法

图解法是求解线性规划问题的几何方法，它既可以帮助我们直观地理解线性规划问题的性质和解的情况，又是线性规划问题一般解的基础.

对于两个变量的线性规划问题 $\max(\min)S = c_1 x_1 + c_2 x_2$

$$\begin{cases} a_{11}x_1 + a_{12}x_2 \leqslant (\geqslant, =)b_1 \\ a_{21}x_1 + a_{22}x_2 \leqslant (\geqslant, =)b_2 \\ x_j \geqslant 0 (j = 1,2) \end{cases}$$

图解法一般步骤是

第一步   作可行域，即在平面直角坐标系 $x_1 O x_2$ 上作出约束条件

$$\begin{cases} a_{11}x_1 + a_{12}x_2 \leqslant (\geqslant, =)b_1 \\ a_{21}x_1 + a_{22}x_2 \leqslant (\geqslant, =)b_2 \text{所确定的平面区域（称可行域）;} \\ x_j \geqslant 0 (j = 1,2) \end{cases}$$

第二步   作等值线，即取一组 S 值，在平面直角坐标系 $x_1 O x_2$ 上作出函数 $c_1 x_1 + c_2 x_2 = S$ 对应的直线（称等值线）;

第三步   求最优解，即平移等值线使其与可行域边界某点相切，则切点坐标 (x_1, x_2) 就是该问题的最优解.

例 6   用图解法求解线性规划问题 $\max S = 3x_1 + 2x_2$

$$\begin{cases} x_1 + x_2 \leqslant 5 \\ x_1 \leqslant 4 \\ x_2 \leqslant 3 \\ x_1 \geqslant 0, x_2 \geqslant 0 \end{cases}$$

解   (1) 作可行域，在平面直角坐标系 $x_1 O x_2$ 上作出约束条件

$$\begin{cases} x_1 + x_2 \leqslant 5 \\ x_1 \leqslant 4 \\ x_2 \leqslant 3 \\ x_1 \geqslant 0, x_2 \geqslant 0 \end{cases} \text{所确定的平面区域（如图 6.10-1）.}$$

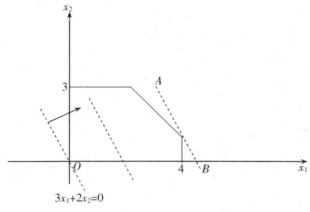

图 6.10 - 1

（2）作等值线，取一组 S 值，在平面直角坐标系 x_1Ox_2 上作出函数 $3x_1+2x_2 = S$ 对应的直线（如图中虚线）.

（3）求最优解，将等值线沿图中箭头所示的方向平移，当移到位置 AB 时与

可行域边界上的点 $\begin{cases} x_1 + x_2 = 5 \\ x_1 = 4 \end{cases} \Rightarrow \begin{cases} x_1 = 4 \\ x_2 = 1 \end{cases}$ 相切，

所以该线性规划问题的最优解是 $\begin{cases} x_1 = 4 \\ x_2 = 1 \end{cases}$

对应的最优解值为 $\max S = 3 \times 4 + 2 \times 1 = 14$

例 7　用图解法求解线性规划问题 $\max S = x_1 + 3x_2$

$$\begin{cases} 2x_1 + 6x_2 \leqslant 24 \\ x_1 \leqslant 6 \\ x_2 \leqslant 3 \\ x_1 \geqslant 0, x_2 \geqslant 0 \end{cases}$$

解　（1）作可行域，在平面直角坐标系 x_1Ox_2 上作出约束条件

$$\begin{cases} 2x_1 + 6x_2 \leqslant 24 \\ x_1 \leqslant 6 \\ x_2 \leqslant 3 \\ x_1 \geqslant 0, x_2 \geqslant 0 \end{cases}$$ 所确定的平面区域（如图 6.10 - 2）.

（2）作等值线，取一组 S 值，在平面直角坐标系 x_1Ox_2 上作出函数 $x_1 + 3x_2 = S$ 对应的直线（如图中虚线）.

（3）求最优解，将等值线沿图中箭头所示的方向平移，当移到位置 AB 时与可行域的边界线 $2x_1 + 6x_2 = 24$ 重合，所以该边界线上任一点的坐标都是该问题的最优解.

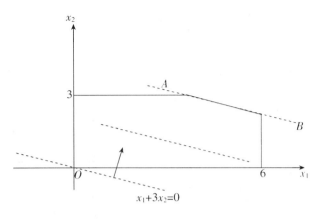

图 6.10 - 2

所以该线性规划问题的一个最优解是 $\begin{cases} x_1 = 3 \\ x_2 = 3 \end{cases}$

对应的最优解值为 $\mathrm{max} S = 3 + 3 \times 3 = 12$

例 8   用图解法求解线性规划问题 $\mathrm{min} S = 5x_1 + 3x_2$

$$\begin{cases} x_1 + 3x_2 \geqslant 6 \\ x_1 - x_2 \leqslant 2 \\ x_1 \geqslant 0, x_2 \geqslant 0 \end{cases} \quad .$$

解   (1)作可行域,在平面直角坐标系 $x_1 O x_2$ 上作出约束条件

$$\begin{cases} x_1 + 3x_2 \geqslant 6 \\ x_1 - x_2 \leqslant 2 \\ x_1 \geqslant 0, x_2 \geqslant 0 \end{cases} \quad \text{所确定的平面区域,该区域为无界区域(如图 6.10 - 3).}$$

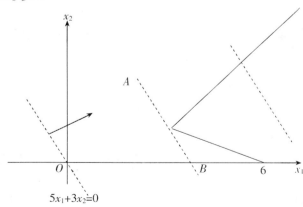

图 6.10 - 3

（2）作等值线，取一组 S 值，在平面直角坐标系 x_1Ox_2 上作出函数 $5x_1+3x_2$ $=S$ 对应的直线（如图中虚线）．

（3）求最优解，将等值线沿图中箭头所示的方向平移，当移到位置 AB 时与

可行域边界上的点 $\begin{cases} x_1+3x_2=6 \\ x_1-x_2=2 \end{cases} \Rightarrow \begin{cases} x_1=3 \\ x_2=1 \end{cases}$ 相切，

所以该线性规划问题的最优解是 $\begin{cases} x_1=3 \\ x_2=1 \end{cases}$

对应的最优值为 $\min S=5\times3+3\times1=18$

注　　线性规划问题 $\max S=5x_1+3x_2$

$\begin{cases} x_1+3x_2\geqslant6 \\ x_1-x_2\leqslant2 \\ x_1\geqslant0,x_2\geqslant0 \end{cases}$ 没有最优解（因为可行域无上界即没有右边界）．

习题 6.10

1. 建立下列问题的数学模型

（1）实验室用 A、B、C 三种溶液配制 100 kg 某种试剂，要求试剂

中溶液 A 不超过 60 kg，溶液 B、C 分别不少于 15 kg 和 10 kg，若 A、B、C 三种溶液的单价分别为 20 元、30 元、50 元．应如何配制才能使成本最低．

（2）某工厂生产 A、B、C 三种产品，已知生产单位 A、B、C 产品的成本分别为 5 元、8 元、10 元，需要的劳动力分别为 2 工时、4 工时、7 工时．若该厂投入生产的总成本和劳动力分别为 10000 元和 4500 工时，销售单位 A、B、C 产品的利润分别 9 元、15 元、19 元．另据预测 A、B、C 三种产品的销量分别不超过 400 单位、600 单位、800 单位．如何安排生产才能获利最大．

2. 将下列线性规划问题化为标准形式

（1）$\min S=-3x_1-2x_2$

$\begin{cases} x_1\leqslant7, \\ x_2\leqslant5, \\ x_i\geqslant0(i=1,2); \end{cases}$

（2）$\min S=-3x_1-2x_2$

$\begin{cases} x_1\leqslant7, \\ x_2\leqslant5; \end{cases}$

（3）$\min S=-5x_1-2x_2$

$\begin{cases} 3x_1+2x_2\leqslant18, \\ x_1\leqslant4, \\ x_2\leqslant6, \\ x_i\geqslant0(i=1,2). \end{cases}$

3. 用图解法解下列线性问题

(1)$\max S = 3x_1 + 2x_2$

$$\begin{cases} x_1 \leqslant 7, \\ x_2 \leqslant 5, \\ x_i \geqslant 0 (i = 1,2); \end{cases}$$

(2)$\max S = 5x_1 + 2x_2$

$$\begin{cases} 3x_1 + 2x_2 \leqslant 18, \\ x_1 \leqslant 4, \\ x_2 \leqslant 6 \\ x_i \geqslant 0 (i = 1,2). \end{cases}$$

§6.11　单纯形法

上节介绍的图解法只能求解两个变量的线性规划问题,而单纯形法则能解决多个变量线性规划问题的求解.

1. 单纯形法

看下例

例 1　解线性规划问题 $\min S = -2x_1 - 3x_2$

$$\begin{cases} x_1 + 2x_2 \leqslant 8, \\ 3x_1 + x_2 \leqslant 7, \\ x_1 \leqslant 2, \\ x_j \geqslant 0 (j = 1,2). \end{cases}$$

解　可按以下三步求解

(1) 将线性规划问题化为标准形式

引入 $S = -S'$ 及松弛变量 $x_3 \geqslant 0, x_4 \geqslant 0, x_5 \geqslant 0$ 将该线性规划问题化为标准形式

$\max S' = 2x_1 + 3x_2$

$$\begin{cases} x_1 + 2x_2 + x_3 \quad\quad\quad = 9, \quad (1) \\ 3x_1 + x_2 + x_4 \quad\quad = 7, \quad (2) \\ x_1 + \quad\quad\quad\quad\quad x_5 = 2, \quad (3) \\ x_j \geqslant 0 (j = 1,2,3,4,5). \end{cases} \quad (\text{I})$$

(2) 求出一组基本可行解

因为标准形式约束方程组中的变量 x_3、x_4、x_5 的系数列向量组成一个非奇异阵 $B_1 = (P_3 \quad P_4 \quad P_5) = \begin{bmatrix} 1 & 0 & 0 \\ 0 & 1 & 0 \\ 0 & 0 & 1 \end{bmatrix}$,

所以 $B_1 = (P_3 \quad P_4 \quad P_5) = \begin{pmatrix} 1 & 0 & 0 \\ 0 & 1 & 0 \\ 0 & 0 & 1 \end{pmatrix}$ 是该问题的一个基,对应的基变量

为 x_3、x_4、x_5,非基变量为 x_1、x_2.当非基变量取零值时即 $x_1 = x_2 = 0$ 时,得基可行解 $X_1 = (0 \quad 0 \quad 8 \quad 7 \quad 2)'$,对应的目标函数值 $S_1' = 0$ 显然不是最优值.

(3) 通过换基迭代法求出最优解

因为在目标函数 $S' = 2x_1 + 3x_2$ 中,x_1、x_2 的系数均为正,所以将它们中的某一个换成基变量(换入者称进基变量,换出者称出基变量)目标函数值都会增加.

又因为 x_1、x_2 的系数 $\max\{2,3\} = 3$,即 x_2 的系数大,

所以选 x_2 为进基变量.

又该选 x_3、x_4、x_5 中哪一个是出基变量呢?

因为在非基变量 $x_1 = 0$ 时,标准形式(Ⅰ)的约束方程化为

$$\begin{cases} x_3 = 8 - 2x_2 \geqslant 0 \\ x_4 = 7 - x_2 \geqslant 0 \\ x_5 = 2 \geqslant 0 \end{cases} 解得 \begin{cases} x_2 \leqslant \dfrac{8}{2} \\ x_2 \leqslant \dfrac{7}{1} \end{cases}$$

所以 x_2 应取最小比值 $\min\left\{\dfrac{8}{2}, \dfrac{7}{1}\right\} = 4$,它由标准形式(Ⅰ)的约束方程(1)确定.

将 $x_1 = 0, x_2 = 4$ 代入标准形式(Ⅰ)的约束方程(1)得 $x_3 = 0$,所以选 x_3 为出基变量,即 x_2 进基 x_3 出基,此时非基变量是 x_1、x_3,基变量是 x_2、x_4、x_5.这种确定基变量的方法叫最小比值法.

为得到以 x_2、x_4、x_5 为基变量的一个基可行解,对(Ⅰ)中的约束方程组的增广矩阵施行行初等变换,使新基变量 x_2 对应的系数列向量变为原基变量 x_3 所对应的单位列向量,即标准形式(Ⅰ)化为

$$\max S' = 12 + \frac{1}{2}x_1 - \frac{3}{2}x_3$$

$$\begin{cases} \dfrac{1}{2}x_1 + x_2 + \dfrac{1}{2}x_3 = 4 \quad (4) \\ \dfrac{5}{2}x_1 - \dfrac{1}{2}x_3 + x_4 = 3 \quad (5) \\ x_1 + x_5 = 2 \quad (6) \\ x_j \geqslant 0 (j = 1,2,3,4,5) \end{cases} \quad (Ⅱ)$$

对应的基为 $B_2 = (P_2 \quad P_4 \quad P_5) = \begin{pmatrix} 1 & 0 & 0 \\ 0 & 1 & 0 \\ 0 & 0 & 1 \end{pmatrix}$

当非基变量 x_1、x_3 取零时即 $x_1 = x_3 = 0$ 时，得到基可行解 $X_2 = (0\ \ 4\ \ 0\ \ 3\ \ 2)'$，对应的目标函数值 $S'_2 = 12$，可见目标函数值增加了. 但在目标函数 $S' = 12 + \dfrac{1}{2}x_1 - \dfrac{3}{2}x_3$，非基变量 x_1 的系数仍为正数，说明目标函数值还能增加，即 $X_2 = (0\ \ 4\ \ 0\ \ 3\ \ 2\ )'$ 仍不是最优解，$S'_2 = 12$ 也不是最优值.

同理：让非基变量 x_1 进基，x_2、x_4、x_5 哪一个出基呢？

在(Ⅱ)中，当非基变量 $x_3 = 0$ 时得

$$
\begin{cases} x_2 = 4 - \dfrac{1}{2}x_1 \geqslant 0 \\[2mm] x_4 = 3 - \dfrac{5}{2}x_1 \geqslant 0 \\[2mm] x_5 = 2 - x_1 \geqslant 0 \end{cases} \text{解得}
\begin{cases} x_1 \leqslant \dfrac{4}{\frac{1}{2}} \\[4mm] x_1 \leqslant \dfrac{3}{\frac{5}{2}} \\[4mm] x_1 \leqslant \dfrac{2}{1} \end{cases}
$$

x_1 应取最小比值 $\min\left\{\dfrac{4}{\frac{1}{2}}, \dfrac{3}{\frac{5}{2}}, \dfrac{2}{1}\right\} = \dfrac{6}{5}$

将 $x_1 = \dfrac{6}{5}$，$x_3 = 0$ 代入(Ⅱ)中(5)得 $x_4 = 0$，所以 x_1 应出基，即此时非基变量是 x_3、x_4，基变量是 x_1、x_2、x_5. 为得到以 x_1、x_2、x_5 为基变量的一个基可行解，对(Ⅱ)中约束方程组的增广矩阵施行行初等变换，使新基变量 x_1 对应的系数列向量变为原基变量 x_4 所对应的单位列向量，即标准形式(Ⅱ)化为

$$\max S' = \dfrac{63}{5} - \dfrac{7}{5}x_3 - \dfrac{1}{5}x_4$$

$$
\begin{cases} x_2 + \dfrac{3}{5}x_3 - \dfrac{1}{5}x_4 \qquad = \dfrac{17}{5} \quad (7) \\[3mm] x_1 \quad\ \ - \dfrac{1}{5}x_3 + \dfrac{2}{5}x_4 \qquad = \dfrac{6}{5} \quad (8) \\[3mm] \qquad\quad \dfrac{1}{5}x_3 - \dfrac{2}{5}x_4 + x_5 = \dfrac{4}{5} \quad (9) \\[3mm] x_j \geqslant 0\,(j = 1,2,3,4,5) \end{cases} \qquad (Ⅲ)
$$

该约束方程组对应的基是 $\boldsymbol{B}_3 = (\ P_2 \quad P_1 \quad P_5\ ) \begin{bmatrix} 1 & 0 \\ 0 & 1 \\ 0 & 0 \end{bmatrix}$

当非基变量是 x_3、x_4 取零时即 $x_3 = x_4 = 0$ 时，得基可行解 $X_3 = \left(\dfrac{6}{5}\ \ \dfrac{17}{5}\ \ 0\ \ 0\ \ \dfrac{4}{5}\right)'$，对应的目标函数值 $S'_3 = \dfrac{63}{5}$.

此时目标 $S' = \dfrac{63}{5} - \dfrac{7}{5}x_3 - \dfrac{1}{5}x_4$ 的非基变量 x_3、x_4 的系数全非正数,故该线性

规划问题的最优解为 $X_3 = \left(\dfrac{6}{5} \quad \dfrac{17}{5} \quad 0 \quad 0 \quad \dfrac{4}{5} \right)'$,最优值为 $\min S = - \max S'_3$

$= -\dfrac{63}{5}$.

上述将线性规划问题化为标准形式,从一个基可行解开始,用换基迭代方法使目标函数值逐步增大,最终求出最优解的方法称为单纯形法.

2. 单纯形表

单纯形法解线性规划问题的求解过程较为繁琐,为了使解题过程简捷明了,可将上述求解过程列成一张表格的形式,这种表格称为单纯形表.

例 2　中标准形式(Ⅰ)对应的单纯形表如表 6.11 - 1 所示.

表 6.11 - 1

	$x_1 \quad x_2 \quad x_3 \quad x_4 \quad x_5$	b	比值
x_3	$1 \quad \boxed{2} \quad 1 \quad 0 \quad 0$	8	$\dfrac{8}{2}$
x_4	$3 \quad 1 \quad 0 \quad 1 \quad 0$	7	$\dfrac{7}{1}$
x_5	$1 \quad 0 \quad 0 \quad 0 \quad 1$	2	
S	$2 \quad 3 \quad 0 \quad 0 \quad 0$	$S'_1 = 0$	$\min\left\{\dfrac{8}{2}, \dfrac{7}{1}\right\} = 4$

单纯形表的列表方法

(1)第一行第二列填写全部变量 x_j,x_j 列(第二行第二列)填写约束方程组中 x_j 的系数;b 列(第二行第三列)填写约束方程组右边的常数;比值列(第二行第四列)填写常数 b 与主元列对应的正分量的比值,该比值最小的行称为主元行,主元行对应的变量为出基变量.

(2)第二行第一列填写全部基变量 x_i.

(3)S 行(第三行第二列)填写目标函数中 x_j 的系数,称为检验数,最大正检验数所在的列称为主元列,主元列对应的变量为进基变量,当检验数全非正数时目标函数取最优值.

(4)主元行与主元列相交的公共项称为轴心项(加方框表示).

(5)$S'_i = S'_{i-1} +$ 前一个表中的(最大正检验数 $\times$ 最小比值)

(6)在单纯形表中,换基迭代就是用矩阵的初等行变换,将轴心项化为"1",轴心项所在列(主元列)的其他元素都化为"0".

（7）重复上述过程，直到检验数全为非正数时即可得最优解和目标函数的最优值.

标准形式（Ⅱ）对应的单纯形表如表 6.11-2 所示.

表 6.11-2

	x_1　x_2　x_3　x_4　x_5	b	比值
x_2	$\frac{1}{2}$　1　$\frac{1}{2}$　0　0	4	$\frac{1}{1/2}$
x_4	$\boxed{\frac{5}{2}}$　0　$-\frac{1}{2}$　1　0	3	$\frac{3}{5/2}$
x_5	1　0　0　0　1	2	$\frac{2}{1}$
S	$\frac{1}{2}$　0　0　$-\frac{3}{2}$　0	$S'_2 = 12$	$\min\left\{\frac{4}{\frac{1}{2}}, \frac{3}{\frac{5}{2}}, \frac{2}{1}\right\} = \frac{6}{5}$

标准形式（Ⅲ）对应的单纯形表如表 6.11-3 所示.

表 6.11-3

	x_1　x_2　x_3　x_4　x_5	b	比值
x_2	0　1　$\frac{3}{5}$　$-\frac{1}{5}$　0	$\frac{6}{5}$	
x_1	1　0　$-\frac{1}{5}$　$\frac{2}{5}$　0	$\frac{4}{5}$	
x_5	0　0　$\frac{1}{5}$　$-\frac{2}{5}$　1	$\frac{17}{5}$	
S	0　0　$-\frac{7}{5}$　$-\frac{1}{5}$　0	$S'_3 = \frac{63}{5}$	

表 6.11-3 中检验数全非正数，故该线性规划问题的最优解为

$X_3 = \left(\frac{6}{5}\quad \frac{17}{5}\quad 0\quad 0\quad \frac{4}{5}\right)'$，最优值为 $\min S = -\max S'_3 = -\frac{63}{5}$.

例3　用单纯形表解线性规划问题 $\max S = x_1 + \frac{1}{2}x_2$ $\begin{cases} x_1 + 2x_2 \leqslant 12 \\ x_1 - x_2 \leqslant 6 \\ x_2 \leqslant 4 \\ x_j \geqslant 0 (j=1,2) \end{cases}$

解　引入松弛变量 $x_3 \geqslant 0, x_4 \geqslant 0, x_5 \geqslant 0$ 将线性规划问题化为标准形式

$\max S = x_1 + \frac{1}{2}x_2$

$$\begin{cases} x_1 + 2x_2 + x_3 = 12 \\ x_1 - x_2 + x_4 = 6 \\ x_2 + x_5 = 4 \\ x_j \geqslant 0(j = 1,2,3,4,5) \end{cases}$$

单纯形表求解过程如表 6.11 - 4 所示.

表 6.11 - 4

	$x_1 \quad x_2 \quad x_3 \quad x_4 \quad x_5$	b	比值
x_3	1　2　1　0　0	12	$\dfrac{12}{1}$
x_4	1　−1　0　1　0	6	$\dfrac{6}{1}$
x_5	0　1　0　0　1	4	
S	1　$\dfrac{1}{2}$　0　0　0	$S_1 = 0$	$\min\left\{\dfrac{12}{1}, \dfrac{6}{1}\right\} = 6$
x_3	0　3　1　−1　0	6	$\dfrac{6}{3}$
x_1	1　−1　0　1　0	6	
x_5	0　1　0　0　1	4	$\dfrac{4}{1}$
S	0　$\dfrac{3}{2}$　0　−1　0	$S_2 = 6$	$\min\left\{\dfrac{6}{3}, \dfrac{4}{1}\right\} = 2$
x_2	0　1　$\dfrac{1}{3}$　$-\dfrac{1}{3}$　0	2	
x_1	1　0　$\dfrac{1}{3}$　$\dfrac{2}{3}$　0	8	
x_5	0　0　$-\dfrac{1}{3}$　$\dfrac{1}{3}$　1	2	
S	0　0　$-\dfrac{1}{2}$　$-\dfrac{1}{2}$　0	$S_3 = 9$	

表中检验数全非正数,故该线性规划问题的最优解为

$X = (8 \quad 2 \quad 0 \quad 0 \quad 2 \quad)'$,最优值为 $S_3 = 9$.

例 4　用单纯形表解线性规划问题 $\max S = 5x_1 + 3x_2$

$$\begin{cases} -x_1 + x_2 \leqslant 3, \\ x_1 - x_2 \leqslant 3, \\ x_j \geqslant 0(j = 1,2). \end{cases}$$

解　引入松弛变量 $x_3 \geqslant 0, x_4 \geqslant 0$ 将线性规划问题化为标准形式 $\max S = 5x_1 + 3x_2$

$$\begin{cases} -x_1 + x_2 + x_3 = 3 \\ x_1 - x_2 + x_4 = 3 \\ x_j \geqslant 0 (j = 1,2,3,4) \end{cases}$$

单纯形表求解过程如表 6.11 - 5 所示.

表 6.11 - 5

	$x_1 \quad x_2 \quad x_3 \quad x_4$	b	比值
x_3	$-1 \quad 1 \quad 1 \quad 0$	3	
x_4	$\boxed{1} \quad -1 \quad 0 \quad 1$	3	$\dfrac{3}{1}$
S	$5 \quad 3 \quad 0 \quad 0$	$S_1 = 0$	
x_3	$0 \quad 0 \quad 1 \quad 1$	6	
x_1	$1 \quad -1 \quad 0 \quad 1$	3	
S	$0 \quad 8 \quad 0 \quad -5$	$S_2 = 15$	

表中检验数还有正数,但主元列无正分量,故该线性规划问题无最优解.

习题 6.11

用单纯形法解下列线性规划问题

(1) $\min S = -3x_1 - 2x_2$

$$\begin{cases} x_1 \leqslant 7, \\ x_2 \leqslant 5, \\ x_i \geqslant 0 (i = 1,2); \end{cases}$$

(2) $\max S = 3x_1 + 2x_2$

$$\begin{cases} x_1 \leqslant 7, \\ x_2 \leqslant 5; \end{cases}$$

(3) $\min S = -5x_1 - 2x_2$

$$\begin{cases} 3x_1 + 2x_2 \leqslant 13, \\ x_1 \leqslant 4, \\ x_2 \leqslant 6, \\ x_i \geqslant 0 (i = 1,2). \end{cases}$$

学习指导

一、基本内容

1. 行列式与矩阵的概念.

2. 行列式的对角线法、三角形法、降阶法等计算方法.

3. 矩阵的加法与减法、数乘、乘法等线性运算.

4. 矩阵的初等变换.

5. 方阵可逆的判定及逆矩阵的伴随矩阵与初等变换求法.

6. 特殊线性方程组的行列式与逆矩阵解法.

7. 矩阵秩的概念及求法.

8. 一般线性方程组解的判定及矩阵解法.

9. 线性规划问题的数学模型及其标准化.

10. 线性规划问题的图解法及单纯形法.

二、基本要求

1. 掌握行列式的对角线法、三角形法、降阶法等计算方法.

2. 掌握矩阵的加法与减法、数乘、乘法等线性运算及其初等变换.

3. 掌握逆矩阵的判定及其用伴随矩阵与初等变换求逆矩阵的方法.

4. 掌握特殊线性方程组的行列式与逆矩阵解法.

5. 掌握用初等变换求矩阵秩的方法.

6. 掌握一般线性方程组解的判定及矩阵解法.

7. 了解线性规划问题数学模型的建立.

8. 掌握两个变量线性规划问题的图解法.

9. 了解线性规划问题的标准化及其最优值的单纯形解法.

三、例题选讲

例 1　计算行列式 $\begin{vmatrix} 1 & 2 & -1 & 3 & 1 \\ 0 & 1 & -2 & 0 & 2 \\ -1 & -1 & 1 & -2 & -3 \\ 0 & 1 & -3 & 4 & -1 \\ 1 & 0 & 3 & 2 & 3 \end{vmatrix}$.

解法一（三角形法）

$$\begin{vmatrix} 1 & 2 & -1 & 3 & 1 \\ 0 & 1 & -2 & 0 & 2 \\ -1 & -1 & 1 & -2 & -3 \\ 0 & 1 & -3 & 4 & -1 \\ 1 & 0 & 3 & 2 & 3 \end{vmatrix} \overset{r_3+r_1}{\underset{r_5-r_1}{=\!=\!=}}$$

$$\begin{vmatrix} 1 & 2 & -1 & 3 & 1 \\ 0 & 1 & -2 & 0 & 2 \\ 0 & 1 & 0 & 1 & -2 \\ 0 & 1 & -3 & 4 & -1 \\ 0 & -2 & 4 & -1 & 2 \end{vmatrix} \begin{array}{c} r_3-r_2 \\ r_4-r_2 \\ = \\ r_5+2r_2 \end{array} \begin{vmatrix} 1 & 2 & -1 & 3 & 1 \\ 0 & 1 & -2 & 0 & 2 \\ 0 & 0 & 2 & 1 & -4 \\ 0 & 0 & -1 & 4 & -3 \\ 0 & 0 & 0 & -1 & 6 \end{vmatrix} \begin{array}{c} r_4+\frac{1}{2}r_3 \\ = \end{array}$$

$$\begin{vmatrix} 1 & 2 & -1 & 3 & 1 \\ 0 & 1 & -2 & 0 & 2 \\ 0 & 0 & 2 & 1 & -4 \\ 0 & 0 & 0 & \frac{9}{2} & -5 \\ 0 & 0 & 0 & -1 & 6 \end{vmatrix} \begin{array}{c} r_5+\frac{2}{9}r_4 \\ = \end{array} \begin{vmatrix} 1 & 2 & -1 & 3 & 1 \\ 0 & 1 & -2 & 0 & 2 \\ 0 & 0 & 2 & 1 & -4 \\ 0 & 0 & 0 & \frac{9}{2} & -5 \\ 0 & 0 & 0 & 0 & \frac{44}{9} \end{vmatrix}$$

$$= 1 \times 1 \times 2 \times \frac{9}{2} \times \frac{44}{9} = 44.$$

解法二（降阶法）

$$\begin{vmatrix} 1 & 2 & -1 & 3 & 1 \\ 0 & 1 & -2 & 0 & 2 \\ -1 & -1 & 1 & -2 & -3 \\ 0 & 1 & -3 & 4 & -1 \\ 1 & 0 & 3 & 2 & 3 \end{vmatrix} \begin{array}{c} r_3+r_1 \\ = \\ r_5-r_1 \end{array} \begin{vmatrix} 1 & 2 & -1 & 3 & 1 \\ 0 & 1 & -2 & 0 & 2 \\ 0 & 1 & 0 & 1 & -2 \\ 0 & 1 & -3 & 4 & -1 \\ 0 & -2 & 4 & -1 & 2 \end{vmatrix} =$$

$$1 \times \begin{vmatrix} 1 & -2 & 0 & 2 \\ 1 & 0 & 1 & -2 \\ 1 & -3 & 4 & -1 \\ -2 & 4 & -1 & 2 \end{vmatrix} \begin{array}{c} c_2+2c_1 \\ = \\ c_4-2c_1 \end{array} \begin{vmatrix} 1 & 0 & 0 & 0 \\ \cdots\cdots\cdots\cdots\cdots\cdots\cdots \\ 1 & 2 & 1 & -4 \\ 1 & -1 & 4 & -3 \\ -2 & 0 & -1 & 6 \end{vmatrix} =$$

$$1 \times \begin{vmatrix} 2 & 1 & -4 \\ -1 & 4 & -3 \\ 0 & -1 & 6 \end{vmatrix} \begin{array}{c} r_1+2r_2 \\ = \end{array} \begin{vmatrix} 0 & 9 & -10 \\ -1 & 4 & -3 \\ 0 & -1 & 6 \end{vmatrix}$$

$$= (-1) \times (-1) \begin{vmatrix} 9 & -10 \\ -1 & 6 \end{vmatrix} = 44$$

例2　求矩阵 $A = \begin{bmatrix} 1 & 0 & 2 & 3 \\ 0 & 2 & 1 & -2 \\ -1 & 1 & 0 & 2 \\ 2 & -1 & 1 & 0 \end{bmatrix}$ 的逆矩阵 A^{-1}.

解法一（用伴随矩阵灵）

因为 $|\boldsymbol{A}| = \begin{vmatrix} 1 & 0 & 2 & 3 \\ 0 & 2 & 1 & -2 \\ -1 & 1 & 0 & 2 \\ 2 & -1 & 1 & 0 \end{vmatrix} \xlongequal[c_4-2c_2]{c_1+c_2} \begin{vmatrix} 1 & 0 & 2 & 3 \\ 2 & 2 & 1 & -6 \\ 0 & 1 & 0 & 0 \\ 1 & -1 & 1 & 2 \end{vmatrix} =$

$1 \times (-1) \begin{vmatrix} 1 & 2 & 3 \\ 2 & 1 & -6 \\ 1 & 1 & 2 \end{vmatrix}$

$\xlongequal[r_3-r_1]{r_2-2r_1} - \begin{vmatrix} 1 & 2 & 3 \\ 0 & -3 & -12 \\ 0 & -1 & -1 \end{vmatrix} = -\begin{vmatrix} -3 & -12 \\ -1 & -1 \end{vmatrix} = 9 \neq 0$

所以矩阵 $\boldsymbol{A}$ 可逆

又因为 $\boldsymbol{A}_{11} = \begin{vmatrix} 2 & 1 & -2 \\ 1 & 0 & 2 \\ -1 & 1 & 0 \end{vmatrix} = -8\boldsymbol{A}_{12} = -\begin{vmatrix} 0 & 1 & -2 \\ -1 & 0 & 2 \\ 2 & 1 & 0 \end{vmatrix} =$

$-6\boldsymbol{A}_{13} = \begin{vmatrix} 0 & 2 & -2 \\ -1 & 1 & 2 \\ 2 & -1 & 0 \end{vmatrix} = 10$

$\boldsymbol{A}_{14} = -\begin{vmatrix} 0 & 2 & 1 \\ -1 & 1 & 0 \\ 2 & -1 & 1 \end{vmatrix} = -1\boldsymbol{A}_{21} = -\begin{vmatrix} 0 & 2 & 3 \\ 1 & 0 & 2 \\ -1 & 1 & 0 \end{vmatrix} =$

$1\boldsymbol{A}_{22} = \begin{vmatrix} 1 & 2 & 3 \\ -1 & 0 & 2 \\ 2 & 1 & 0 \end{vmatrix} = 3$

$\boldsymbol{A}_{23} = -\begin{vmatrix} 1 & 0 & 3 \\ -1 & 1 & 2 \\ 2 & -1 & 0 \end{vmatrix} = 1\boldsymbol{A}_{24} = \begin{vmatrix} 1 & 0 & 2 \\ -1 & 1 & 0 \\ 2 & -1 & 1 \end{vmatrix} =$

$-1\boldsymbol{A}_{31} = \begin{vmatrix} 0 & 2 & 3 \\ 2 & 1 & -2 \\ -1 & 1 & 0 \end{vmatrix} = 13$

$\boldsymbol{A}_{32} = -\begin{vmatrix} 1 & 2 & 3 \\ 0 & 1 & -2 \\ 2 & 1 & 0 \end{vmatrix} = 12\boldsymbol{A}_{33} = \begin{vmatrix} 1 & 0 & 3 \\ 0 & 2 & -2 \\ 2 & -1 & 0 \end{vmatrix} = -14\boldsymbol{A}_{34} = -\begin{vmatrix} 1 & 0 & 2 \\ 0 & 2 & 1 \\ 2 & -1 & 1 \end{vmatrix} = 5$

$\boldsymbol{A}_{41} = -\begin{vmatrix} 0 & 2 & 3 \\ 2 & 1 & -2 \\ 1 & 0 & 2 \end{vmatrix} = 15\boldsymbol{A}_{42} = \begin{vmatrix} 1 & 2 & 3 \\ 0 & 1 & -2 \\ -1 & 0 & 2 \end{vmatrix} = 9\boldsymbol{A}_{43} =$

$$-\begin{vmatrix} 1 & 0 & 3 \\ 0 & 2 & -2 \\ -1 & 1 & '2 \end{vmatrix} = -12$$

$$A_{44} = \begin{vmatrix} 1 & 0 & 2 \\ 0 & 2 & 1 \\ -1 & 1 & 0 \end{vmatrix} = 3$$

所以转置矩阵 $\boldsymbol{A}^* = \begin{pmatrix} -8 & 1 & 13 & 15 \\ -6 & 3 & 12 & 9 \\ 10 & 1 & -14 & -12 \\ -1 & -1 & 5 & 3 \end{pmatrix}$

故该矩阵的逆矩阵为 $\boldsymbol{A}^{-1} = \dfrac{1}{|\boldsymbol{A}|}\boldsymbol{A}^* = \begin{pmatrix} -\dfrac{8}{9} & \dfrac{1}{9} & \dfrac{13}{9} & \dfrac{5}{3} \\ -\dfrac{2}{3} & \dfrac{1}{3} & \dfrac{4}{3} & 1 \\ \dfrac{10}{9} & \dfrac{1}{9} & -\dfrac{14}{9} & -\dfrac{4}{3} \\ -\dfrac{1}{9} & -\dfrac{1}{9} & \dfrac{5}{9} & \dfrac{1}{3} \end{pmatrix}.$

解法二（用初等变换求）

因为 $(\boldsymbol{A}|\boldsymbol{E}) = \begin{pmatrix} 1 & 0 & 2 & 3 & 1 & 0 & 0 & 0 \\ 0 & 2 & 1 & -2 & 0 & 1 & 0 & 0 \\ -1 & 1 & 0 & 2 & 0 & 0 & 1 & 0 \\ 2 & -1 & 1 & 0 & 0 & 0 & 0 & 1 \end{pmatrix} \xrightarrow[r_1 - 2r_1]{r_3 + r_1}$

$$\begin{pmatrix} 1 & 0 & 2 & 3 & 1 & 0 & 0 & 0 \\ 0 & 2 & 1 & -2 & 0 & 1 & 0 & 0 \\ 0 & 1 & 2 & 5 & 1 & 0 & 1 & 0 \\ 0 & -1 & -3 & -6 & -2 & 0 & 0 & 1 \end{pmatrix} \xrightarrow{r_2 \leftrightarrow r_3}$$

$$\begin{pmatrix} 1 & 0 & 2 & 3 & 1 & 0 & 0 & 0 \\ 0 & 1 & 2 & 5 & 1 & 0 & 1 & 0 \\ 0 & 2 & 1 & -2 & 0 & 1 & 0 & 0 \\ 0 & -1 & -3 & -6 & -2 & 0 & 0 & 1 \end{pmatrix} \xrightarrow[r_4 + r_2]{r_3 - 2r_2}$$

$$\begin{pmatrix} 1 & 0 & 2 & 3 & 1 & 0 & 0 & 0 \\ 0 & 1 & 2 & 5 & 1 & 0 & 1 & 0 \\ 0 & 0 & -3 & -12 & -2 & 1 & -2 & 0 \\ 0 & 0 & -1 & -1 & -1 & 0 & 1 & 1 \end{pmatrix} \xrightarrow{-1 \times r_4 \leftrightarrow r_3}$$

$$
\begin{pmatrix}
1 & 0 & 2 & 3 & 1 & 0 & 0 & 0 \\
0 & 1 & 2 & 5 & 1 & 0 & 1 & 0 \\
0 & 0 & 1 & 1 & 1 & 0 & -1 & -1 \\
0 & 0 & -3 & -12 & -2 & 1 & -2 & 0
\end{pmatrix}
\xrightarrow{r_4 + 3r_3}
$$

$$
\begin{pmatrix}
1 & 0 & 2 & 3 & 1 & 0 & 0 & 0 \\
0 & 1 & 2 & 5 & 1 & 0 & 1 & 0 \\
0 & 0 & 1 & 1 & 1 & 0 & -1 & -1 \\
0 & 0 & 0 & -9 & 1 & 1 & -5 & -3
\end{pmatrix}
\xrightarrow{-\frac{1}{9}r_4}
$$

$$
\begin{pmatrix}
1 & 0 & 2 & 3 & 1 & 0 & 0 & 0 \\
0 & 1 & 2 & 5 & 1 & 0 & 1 & 0 \\
0 & 0 & 1 & 1 & 1 & 0 & -1 & -1 \\
0 & 0 & 0 & 1 & -\frac{1}{9} & -\frac{1}{9} & \frac{5}{9} & \frac{1}{3}
\end{pmatrix}
\xrightarrow[\substack{r_2 - 5r_4 \\ r_3 - r_4}]{r_1 - 3r_4}
$$

$$
\begin{pmatrix}
1 & 0 & 2 & 0 & \frac{4}{3} & \frac{1}{3} & -\frac{5}{3} & -1 \\
0 & 1 & 2 & 0 & \frac{14}{9} & \frac{5}{9} & -\frac{16}{9} & -\frac{5}{3} \\
0 & 0 & 1 & 0 & \frac{10}{9} & \frac{1}{9} & -\frac{14}{9} & -\frac{4}{3} \\
0 & 0 & 0 & 1 & -\frac{1}{9} & -\frac{1}{9} & \frac{5}{9} & \frac{1}{3}
\end{pmatrix}
\xrightarrow[r_2 - 2r_3]{r_1 - 2r_3}
$$

$$
\begin{pmatrix}
1 & 0 & 0 & 0 & -\frac{8}{9} & \frac{1}{9} & \frac{13}{9} & \frac{5}{3} \\
0 & 1 & 0 & 0 & -\frac{2}{3} & \frac{1}{3} & \frac{4}{3} & 1 \\
0 & 0 & 1 & 0 & \frac{10}{9} & \frac{1}{9} & -\frac{14}{9} & -\frac{4}{3} \\
0 & 0 & 0 & 1 & -\frac{1}{9} & -\frac{1}{9} & \frac{5}{9} & \frac{1}{3}
\end{pmatrix}
$$

所以该矩阵的逆矩阵为 $\boldsymbol{A}^{-1} = \begin{pmatrix} -\frac{8}{9} & \frac{1}{9} & \frac{13}{9} & \frac{5}{3} \\ -\frac{2}{3} & \frac{1}{3} & \frac{4}{3} & 1 \\ \frac{10}{9} & \frac{1}{9} & -\frac{14}{9} & -\frac{4}{3} \\ -\frac{1}{9} & -\frac{1}{9} & \frac{5}{9} & \frac{1}{3} \end{pmatrix}.$

例 3　解线性方程组 $\begin{cases} 2x_1 + 3x_2 - x_3 = -3 \\ x_1 - 4x_2 + 3x_3 = 6 \\ 3x_1 - x_2 + 5x_3 = 0 \end{cases}$

解法一（行列式法）

因为 $D = \begin{vmatrix} 2 & 3 & -1 \\ 1 & -4 & 3 \\ 3 & -1 & 5 \end{vmatrix} = -33$　$D_1 = \begin{vmatrix} -3 & 3 & -1 \\ 6 & -4 & 3 \\ 0 & -1 & 5 \end{vmatrix} = -33$

$D_2 = \begin{vmatrix} 2 & -3 & -1 \\ 1 & 6 & 3 \\ 3 & 0 & 5 \end{vmatrix} = 66$　$D_3 = \begin{vmatrix} 2 & 3 & -3 \\ 1 & -4 & 6 \\ 3 & -1 & 0 \end{vmatrix} = 33$

所以该方程组的解为 $\begin{cases} x_1 = \dfrac{D_1}{D} = \dfrac{-33}{-33} = 1 \\[2mm] x_2 = \dfrac{D_2}{D} = \dfrac{66}{-33} = -2 \\[2mm] x_3 = \dfrac{D_3}{D} = \dfrac{33}{-33} = -1 \end{cases}$

解法二（逆矩阵法）

因为该方程组对应的矩阵方程为 $\begin{pmatrix} 2 & 3 & -1 \\ 1 & -4 & 3 \\ 3 & -1 & 5 \end{pmatrix} \begin{pmatrix} x_1 \\ x_2 \\ x_3 \end{pmatrix} = \begin{pmatrix} -3 \\ 6 \\ 0 \end{pmatrix}$

因为该方程组的解为

$\begin{pmatrix} x_1 \\ x_2 \\ x_3 \end{pmatrix} = \begin{pmatrix} 2 & 3 & -1 \\ 1 & -4 & 3 \\ 3 & -1 & 5 \end{pmatrix}^{-1} \begin{pmatrix} -3 \\ 6 \\ 0 \end{pmatrix}$

$= \begin{pmatrix} \dfrac{17}{33} & \dfrac{14}{33} & -\dfrac{5}{33} \\[2mm] -\dfrac{4}{33} & -\dfrac{13}{33} & \dfrac{7}{33} \\[2mm] -\dfrac{11}{33} & -\dfrac{11}{33} & \dfrac{11}{33} \end{pmatrix} \begin{pmatrix} -3 \\ 6 \\ 0 \end{pmatrix} = \begin{pmatrix} 1 \\ -2 \\ -1 \end{pmatrix}$

例 4　求矩阵 $A = \begin{pmatrix} 1 & -2 & 3 & -1 & 1 \\ -1 & 3 & 0 & 2 & 0 \\ 3 & 2 & -1 & 0 & 4 \\ 2 & -4 & 6 & -2 & 2 \end{pmatrix}$ 的秩.

解因为 $\boldsymbol{A} = \begin{pmatrix} 1 & -2 & 3 & -1 & 1 \\ -1 & 3 & 0 & 2 & 0 \\ 3 & 2 & -1 & 0 & 4 \\ 2 & -4 & 6 & -2 & 2 \end{pmatrix} \xrightarrow[\substack{r_3 - 3r_1 \\ r_4 - 2r_1}]{r_2 + r_1} \begin{pmatrix} 1 & -2 & 3 & -1 & 1 \\ 0 & 1 & 3 & 1 & 1 \\ 0 & 8 & -10 & 3 & 1 \\ 0 & 0 & 0 & 0 & 0 \end{pmatrix}$

$\xrightarrow{r_3 - 8r_2} \begin{pmatrix} 1 & -2 & 3 & -1 & 1 \\ 0 & 1 & 3 & 1 & 1 \\ 0 & 0 & -34 & -5 & -7 \end{pmatrix} \xrightarrow[\substack{c_3 - 3c_1 \\ c_4 + c_1 \\ c_5 - c_1}]{c_2 + 2c_1} \begin{pmatrix} 1 & 0 & 0 & 0 & 0 \\ 0 & 1 & 3 & 1 & 1 \\ 0 & 0 & -34 & -5 & -7 \\ 0 & 0 & 0 & 0 & 0 \end{pmatrix}$

$\xrightarrow[\substack{c_4 - c_2 \\ c_5 - c_2}]{c_3 - 3c_2} \begin{pmatrix} 1 & 0 & 0 & 0 & 0 \\ 0 & 1 & 0 & 0 & 0 \\ 0 & 0 & -34 & -5 & -7 \\ 0 & 0 & 0 & 0 & 0 \end{pmatrix} \xrightarrow{-\frac{1}{34}r_3} \begin{pmatrix} 1 & 0 & 0 & 0 & 0 \\ 0 & 1 & 0 & 0 & 0 \\ 0 & 0 & 1 & \frac{5}{34} & \frac{7}{34} \\ 0 & 0 & 0 & 0 & 0 \end{pmatrix}$

$\xrightarrow[\substack{c_5 - \frac{7}{34}c_3}]{c_4 - \frac{5}{34}c_3} \begin{pmatrix} 1 & 0 & 0 & 0 & 0 \\ 0 & 1 & 0 & 0 & 0 \\ 0 & 0 & 1 & 0 & 0 \\ 0 & 0 & 0 & 0 & 0 \end{pmatrix}$

所以 $r(\boldsymbol{A}) = 3.$

例 5　解下列线性方程组

(1) $\begin{cases} x_1 + 3x_2 - x_3 + 3x_4 + x_5 = 0 \\ 2x_1 + 7x_2 + 3x_3 + 7x_4 = 0 \\ -x_1 - 2x_3 + 5x_5 = 0 \end{cases}$;(2) $\begin{cases} x_1 - 2x_2 + x_3 - 3x_4 + x_5 = 1 \\ -x_1 + 3x_2 + 5x_4 - 7x_5 = -8. \\ 2x_1 - 5x_2 + 3x_3 - 2x_4 = -1 \end{cases}$

解　(1)

所以 $\boldsymbol{A} = \begin{pmatrix} 1 & 3 & -1 & 3 & 1 \\ 2 & 7 & 3 & 7 & 0 \\ -1 & 0 & -2 & 0 & 5 \end{pmatrix} \xrightarrow[\substack{r_3 + r_1}]{r_2 - 2r_1} \begin{pmatrix} 1 & 3 & -1 & 3 & 1 \\ 0 & 1 & 5 & 1 & -2 \\ 0 & 3 & -3 & 3 & 6 \end{pmatrix}$

$\xrightarrow[\substack{r_3 - 3r_2}]{r_1 - 3r_2} \begin{pmatrix} 1 & 0 & -16 & 0 & 7 \\ 0 & 1 & 5 & 1 & -2 \\ 0 & 0 & -18 & 0 & 12 \end{pmatrix} \xrightarrow{-\frac{1}{18}r_3} \begin{pmatrix} 1 & 0 & -16 & 0 & 7 \\ 0 & 1 & 5 & 1 & -2 \\ 0 & 0 & 1 & 0 & -\frac{2}{3} \end{pmatrix}$

$\xrightarrow[\substack{r_2 - 5r_3}]{r_1 + 16r_3} \begin{pmatrix} 1 & 0 & 0 & 0 & -\frac{11}{3} \\ 0 & 1 & 0 & 1 & \frac{4}{3} \\ 0 & 0 & 1 & 0 & -\frac{2}{3} \end{pmatrix}$

最后一个矩阵对应的方程组为

$$\begin{cases} x_1 - \dfrac{11}{3}x_5 = 0 \\ x_2 + x_4 + \dfrac{4}{3}x_5 = 0 \\ x_3 - \dfrac{2}{3}x_5 = 0 \\ x_4 = x_4 \\ x_5 = x_5 \end{cases}$$

令 $x_4 = 0, x_5 = 3$ 得解向量 $X_1 = \begin{pmatrix} 11 \\ -4 \\ 2 \\ 0 \\ 3 \end{pmatrix}$

令 $x_4 = 1, x_5 = 0$ 得解向量 $X_2 = \begin{pmatrix} 0 \\ -1 \\ 0 \\ 1 \\ 0 \end{pmatrix}$

所以该方程组的解为 $X = k_1 \begin{pmatrix} 11 \\ -4 \\ 2 \\ 0 \\ 3 \end{pmatrix} + k_2 \begin{pmatrix} 0 \\ -1 \\ 0 \\ 1 \\ 0 \end{pmatrix}$.

（2）该方程组的增广矩阵

$$\widetilde{A} = \begin{pmatrix} 1 & -2 & 1 & -3 & 1 & 1 \\ -1 & 3 & 0 & 5 & -7 & -8 \\ 2 & -5 & 3 & -2 & 0 & -1 \end{pmatrix} \xrightarrow[r_3 - 2r_1]{r_2 + r_1} \begin{pmatrix} 1 & -2 & 1 & -3 & 1 & 1 \\ 0 & 1 & 1 & 2 & -6 & -7 \\ 0 & -1 & 1 & 4 & -2 & -3 \end{pmatrix}$$

$$\xrightarrow[r_3 + r_2]{r_1 + 2r_2} \begin{pmatrix} 1 & 0 & 3 & 1 & -11 & -13 \\ 0 & 1 & 1 & 2 & -6 & -7 \\ 0 & 0 & 2 & 6 & -8 & -10 \end{pmatrix} \xrightarrow{\frac{1}{2}r_3} \begin{pmatrix} 1 & 0 & 3 & 1 & -11 & -13 \\ 0 & 1 & 1 & 2 & -6 & -7 \\ 0 & 0 & 1 & 3 & -4 & -5 \end{pmatrix}$$

$$\xrightarrow[r_2 - r_3]{r_1 - 3r_3} \begin{pmatrix} 1 & 0 & 0 & -8 & 1 & 2 \\ 0 & 1 & 0 & -1 & -2 & -2 \\ 0 & 0 & 1 & 3 & -4 & -5 \end{pmatrix}$$

因为最后一个矩阵对应的齐次方程组为

$$\begin{cases} x_1 - 8x_4 + x_5 = 0 \\ x_2 - x_4 - 2x_5 = 0 \\ x_3 + 3x_4 - 4x_5 = 0 \\ x_4 = x_4 \\ x_5 = x_5 \end{cases}$$

令 $x_4 = 0, x_5 = 1$ 得解向量 $X_1 = \begin{pmatrix} -1 \\ 2 \\ 4 \\ 0 \\ 1 \end{pmatrix}$

令 $x_4 = 1, x_5 = 0$ 得解向量 $X_2 = \begin{pmatrix} 8 \\ 1 \\ -3 \\ 1 \\ 0 \end{pmatrix}$

所以该方程组对应的齐次线性方程组的解为 $X_0 = k_1 \begin{pmatrix} -1 \\ 2 \\ 4 \\ 0 \\ 1 \end{pmatrix} + k_2 \begin{pmatrix} 8 \\ 1 \\ -3 \\ 1 \\ 0 \end{pmatrix}$

因为最后一个矩阵对应的非齐次方程组为

$$\begin{cases} x_1 - 8x_4 + x_5 = 2 \\ x_2 - x_4 - 2x_5 = -2 \\ x_3 + 3x_4 - 4x_5 = -5 \\ x_4 = x_4 \\ x_5 = x_5 \end{cases}$$

令 $x_4 = 0, x_5 = 0$ 得其一个特解为 $X^* = \begin{pmatrix} 2 \\ -2 \\ -5 \\ 0 \\ 0 \end{pmatrix}$

所以该方程组的解为 $X = \begin{pmatrix} 2 \\ -2 \\ -5 \\ 0 \\ 0 \end{pmatrix} k_1 + \begin{pmatrix} -1 \\ 2 \\ 4 \\ 0 \\ 1 \end{pmatrix} k_2 + \begin{pmatrix} 8 \\ 1 \\ -3 \\ 1 \\ 0 \end{pmatrix}.$

例 6　解线性规划问题 $\min S = -5x_1 - 2x_2$

$$\begin{cases} 7x_1 + 5x_2 \leqslant 35 \\ x_1 \leqslant 4 \\ x_2 \leqslant 5 \\ x_j \geqslant 0 (i = 1, 2) \end{cases}$$

解法一（图解法）

令 $S = -S'$，则该线性规划

问题化为

$\max S' = 5x_1 + 2x_2$

$$\begin{cases} 7x_1 + 5x_2 \leqslant 35 \\ x_1 \leqslant 4 \\ x_2 \leqslant 5 \\ x_j \geqslant 0 (i = 1, 2) \end{cases}$$

其可行域如图-1 所示

取一组 S 值作等值线如图中虚线

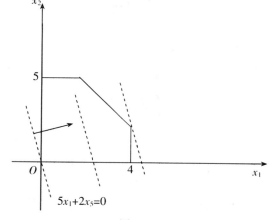

图-1

因为等值线与边界上的点 $\begin{cases} 7x_1 + 5x_2 = 35 \\ x_1 = 4 \end{cases} \Rightarrow \begin{cases} x_1 = 4 \\ x_2 = \dfrac{7}{5} \end{cases}$ 相切

所以该线性规划问题的最优解为 $\begin{cases} x_1 = 4 \\ x_2 = \dfrac{7}{5} \end{cases}$

最优值为 $\min S = -\max S' = -\left(5 \times 4 + 2 \times \dfrac{7}{5} \right) = -\dfrac{114}{5}.$

解法二（单纯形法）

令 $S = -S'$ 并引入松弛变量 $x_3 \geqslant 0, x_4 \geqslant 0, x_5 \geqslant 0$ 则该线性规划问题可化为标准形式

$\max S' = 5x_1 + 2x_2$

$$\begin{cases} 7x_1 + 5x_2 + x_3 = 35 \\ x_1 + x_4 = 4 \\ x_2 + x_5 = 5 \\ x_j \geqslant 0 (i = 1, 2, 3, 4, 5) \end{cases}$$

其单纯形法求解过程如表-1所示.

表-1

	$x_1\ x_2\ x_3\ x_4\ x_5$	b	比值
x_3	7　5　1　0　0	35	$\dfrac{35}{7}$
x_4	1　0　0　1　0	4	$\dfrac{4}{1}$
x_5	0　1　0　0　1	5	
S'	5　2　0　0　0	$S'_1 = 0$	$\min\left\{\dfrac{35}{7}, \dfrac{4}{1}\right\} = 4$
x_3	0　$\boxed{5}$　1　-7　0	7	$\dfrac{7}{5}$
x_1	1　0　0　1　0	4	$\dfrac{5}{1}$
x_5	0　1　0　0　1	5	
S'	0　2　0　-5　0	$S'_2 = 20$	$\min\left\{\dfrac{7}{5}, \dfrac{5}{1}\right\} = \dfrac{7}{5}$
x_2	0　1　$\dfrac{1}{5}$　$-\dfrac{7}{5}$　0		
x_1	1　0　0　1　0	4	
$x_5\ 0$	0　$-\dfrac{1}{5}$　$\dfrac{7}{5}$　1	$\dfrac{18}{5}$	
S'	0　0　$-\dfrac{2}{5}$　$-\dfrac{11}{5}$　0	$S'_3 = \dfrac{114}{5}$	

所以该线性规划问题的最优解为 $\begin{cases} x_1 = 4 \\ x_2 = \dfrac{7}{5} \end{cases}$

最优值为 $\min S = -\max S' = -\left(5 \times 4 + 2 \times \dfrac{7}{5}\right) = -\dfrac{114}{5}$

复习题六

一、填空题

1. 若行列式 $\begin{vmatrix} a_{11} & a_{12} & a_{13} \\ a_{21} & a_{22} & a_{23} \\ a_{31} & a_{32} & a_{33} \end{vmatrix} = C$（$C$ 为常量且 $C \neq 0$），则其转置行列式

$$\begin{vmatrix} a_{11} & a_{21} & a_{31} \\ a_{12} & a_{22} & a_{32} \\ a_{13} & a_{23} & a_{33} \end{vmatrix} = \underline{\hspace{2cm}}.$$

2. 若行列式 $\begin{vmatrix} a_{11} & a_{12} & a_{13} \\ a_{21} & a_{22} & a_{23} \\ a_{31} & a_{32} & a_{33} \end{vmatrix} = C(C$ 为常量且 $C \neq 0)$，则行列式

$$\begin{vmatrix} ka_{11} & ka_{12} & ka_{13} \\ ka_{21} & ka_{22} & ka_{23} \\ ka_{31} & ka_{32} & ka_{33} \end{vmatrix} = \underline{\hspace{2cm}}.$$

3. 若行列式 $\begin{vmatrix} a_{11} & a_{12} & a_{13} \\ a_{21} & a_{22} & a_{23} \\ a_{31} & a_{32} & a_{33} \end{vmatrix} = C(C$ 为常量且 $C \neq 0)$，则互换第 1,2 行所得

行列式 $\begin{vmatrix} a_{21} & a_{22} & a_{23} \\ a_{11} & a_{12} & a_{13} \\ a_{31} & a_{32} & a_{33} \end{vmatrix} = \underline{\hspace{2cm}}.$

4. 若齐次线性方程组 $\begin{cases} kx + y + z = 0 \\ x - 2y + z = 0 \\ x + y + kz = 0 \end{cases}$ 有非零解，则 $k = \underline{\hspace{2cm}}.$

5. 若矩阵 $\boldsymbol{A} = \begin{pmatrix} a+b & 3 \\ 3 & a-b \end{pmatrix}$ 与矩阵 $\boldsymbol{B} = \begin{pmatrix} 7 & 2c+d \\ c-d & 3 \end{pmatrix}$ 相等，即 $\boldsymbol{A} = \boldsymbol{B}$，则 $a = \underline{\hspace{1.5cm}}, b = \underline{\hspace{1.5cm}}, c = \underline{\hspace{1.5cm}}, d = \underline{\hspace{1.5cm}}.$

6. 矩阵 $\boldsymbol{A} = \begin{bmatrix} 1 & 2 & 3 \\ 2 & 1 & 2 \\ 1 & 3 & 3 \end{bmatrix}$ 的伴随矩阵 $\boldsymbol{A}^* = \underline{\hspace{3cm}}$，逆矩阵 $\boldsymbol{A}^{-1} = \underline{\hspace{2.5cm}}.$

7. 若 n 个 n 维向量的分量组成的 n 阶行列式 $\begin{vmatrix} a_{11} & a_{12} & \cdots & a_{1n} \\ a_{21} & a_{22} & \cdots & a_{2n} \\ \vdots & \vdots & & \vdots \\ a_{n1} & a_{n2} & \cdots & a_{nn} \end{vmatrix} = 0$，则这 n 个 n 维向量线性 $\underline{\hspace{2cm}}.$

8. 设 $\boldsymbol{A}$ 是直接消耗系数矩阵，X 是总产品，Y 是最终产品，则当 $\boldsymbol{A}$ 和 X 已知时，最终产品 $Y = \underline{\hspace{2cm}}.$

9. 设 $\boldsymbol{A}$ 是直接消耗系数矩阵，X 是总产品，Y 是最终产品，则当 $\boldsymbol{A}$ 和 Y 已知时，总产品 $X = \underline{\hspace{2cm}}.$

10. 线性规划问题数学模型的一般形式是：_____.

11. 线性规划问题数学模型的标准形式是：_____.

二、选择题

1. 三阶行列式 $\begin{vmatrix} z & y & a \\ x & b & 0 \\ c & 0 & 0 \end{vmatrix} = ($ $)$.

A. abc B. $-abc$

C. $bz - xy$ D. 0

2. 三元线性方程组 $\begin{cases} x + 2y + z - 3 = 0 \\ 2x - y + z - 3 = 0 \\ x - 4y + 2z + 5 = 0 \end{cases}$ 的系数行列式是(   ).

A. $\begin{vmatrix} 1 & 2 & 1 \\ 2 & -1 & 1 \\ 1 & -4 & 2 \end{vmatrix}$ B. $\begin{vmatrix} 3 & 2 & 1 \\ 3 & -1 & 1 \\ -5 & -4 & 2 \end{vmatrix}$

C. $\begin{vmatrix} 1 & 3 & 1 \\ 2 & 3 & 1 \\ 1 & -5 & 2 \end{vmatrix}$ D. $\begin{vmatrix} 1 & 2 & 3 \\ 2 & -1 & 3 \\ 1 & -4 & -5 \end{vmatrix}$

3. 若行列式 $\boldsymbol{D}$ 的转置行列式为 $\boldsymbol{D}'$，则 $\boldsymbol{D}' = ($ $)$.

A. $\boldsymbol{D}$ B. $-\boldsymbol{D}$

C. $\dfrac{1}{\boldsymbol{D}}$ D. $-\dfrac{1}{\boldsymbol{D}}$

4. 若行列式 $\begin{vmatrix} a_{11} & a_{12} & a_{13} \\ a_{21} & a_{22} & a_{23} \\ a_{31} & a_{32} & a_{33} \end{vmatrix} = C$（$C$ 为常量且 $C \neq 0$），则行列式

$\begin{vmatrix} ka_{11} & ka_{12} & ka_{13} \\ a_{21} & a_{22} & a_{23} \\ a_{31} & a_{32} & a_{33} \end{vmatrix} = ($ $)$.

A. C B. kC

C. $k^2 C$ D. $k^3 C$

5. 若行列式 $\boldsymbol{D} = \begin{vmatrix} a_{11} & a_{12} & a_{13} \\ a_{21} & a_{22} & a_{23} \\ a_{31} & a_{32} & a_{33} \end{vmatrix}$，则其余子式 $M_{23} = ($ $)$.

A. a_{23} B. $\begin{vmatrix} a_{11} & a_{12} \\ a_{31} & a_{32} \end{vmatrix}$

C. $-a_{23}$　　　　　　　　　　D. $-\begin{vmatrix} a_{11} & a_{12} \\ a_{31} & a_{32} \end{vmatrix}$

6. 若行列式 $D = \begin{vmatrix} a_{11} & a_{12} & a_{13} \\ a_{21} & a_{22} & a_{23} \\ a_{31} & a_{32} & a_{33} \end{vmatrix}$，则其代数余子式 $A_{23} = ($　　　$)$.

A. a_{23}　　　　　　　　　　B. $\begin{vmatrix} a_{11} & a_{12} \\ a_{31} & a_{32} \end{vmatrix}$

C. $-a_{23}$　　　　　　　　　　D. $-\begin{vmatrix} a_{11} & a_{12} \\ a_{31} & a_{32} \end{vmatrix}$

7. 系数行列式 $D = 0$ 是齐次线性方程组 $\begin{cases} a_{11}x_1 + a_{12}x_2 + \cdots + a_{1n}x_n = 0 \\ a_{21}x_1 + a_{22}x_2 + \cdots + a_{2n}x_n = 0 \\ \cdots\cdots\cdots\cdots\cdots\cdots\cdots\cdots\cdots\cdots\cdots\cdots \\ a_{n1}x_1 + a_{n2}x_2 + \cdots + a_{nn}x_n = 0 \end{cases}$ 有

非零解的(　　　).

A. 必要条件　　　　　　　　　B. 充分条件

C. 充要条件　　　　　　　　　D. 无关条件

8. n 阶方阵 A 的行列式 $|A| \neq 0$ 是该方阵可逆的(　　　).

A. 必要条件　　　　　　　　　B. 充分条件

C. 充要条件　　　　　　　　　D. 无关条件

9. 若 n 个 n 维向量的分量组成的 n 阶行列式 $\begin{vmatrix} a_{11} & a_{12} & \cdots & a_{1n} \\ a_{21} & a_{22} & \cdots & a_{2n} \\ \vdots & \vdots & & \vdots \\ a_{n1} & a_{n2} & \cdots & a_{nn} \end{vmatrix} = 0$，则这 n

个 n 维向量(　　　).

A. 线性相关　　　　　　　　　B. 线性无关

C. 可能线性相关也可能线性无关　　　D. 以上都不对

10. 若齐次线性方程组 $AX = 0$ 的未知量个数为 n，系数矩阵 A 的秩 $r(A) = r < n$，则它一定有基础解系，且基础解系的个数为(　　　).

A. n 个　　　　　　　　　　B. r 个

C. $n-r$ 个　　　　　　　　　D. 无穷多个

11. 线性规划问题 $\max S = 3x_1 + 4x_2$ $\begin{cases} x_1 + x_2 \leqslant 6 \\ x_1 + 2x_2 \leqslant 6 \\ x_2 \leqslant 3 \\ x_1 \geqslant 0, x_2 \geqslant 0 \end{cases}$ 的标准形式是(　　　).

A. $\max S = 3x_1 + 4x_2$ $\begin{cases} x_1 + x_2 = 6 \\ x_1 + 2x_2 = 6 \\ x_2 = 3 \\ x_1 \geqslant 0, x_2 \geqslant 0 \end{cases}$

B. $\max S' = -3x_1 - 4x_2 + 0x_3 + 0x_4 + 0x_5$ $\begin{cases} x_1 + x_2 + x_3 = 6 \\ x_1 + 2x_2 + x_4 = 6 \\ x_2 + x_5 = 3 \\ x_i \geqslant 0\,(i = 1, 2, 3, 4, 5) \end{cases}$

C. $\max S' = -3x_1 - 4x_2$ $\begin{cases} x_1 + x_2 = 6 \\ x_1 + 2x_2 = 6 \\ x_2 = 3 \\ x_1 \geqslant 0, x_2 \geqslant 0 \end{cases}$

D. $\max S = 3x_1 + 4x_2$ $\begin{cases} x_1 + x_2 + x_3 = 6 \\ x_1 + 2x_2 + x_4 = 6 \\ x_2 + x_5 = 3 \\ x_i \geqslant 0\,(i = 1, 2, 3, 4, 5) \end{cases}$

12. 在单纯形法中,要使目标函数取得最优值,则必须将全部检验数都化为(　　).

A. 正数　　　　　　　　　B. 非负数

C. 非正数　　　　　　　　D. 实数

13. 在单纯形法中,主元列是(　　).

A. 最大负检验数所在的列　　B. 最大正检验数所在的列

C. 最小负检验数所在的列　　D. 最小正检验数所在的列

14. 在单纯形法中,主元列对应的变量为(　　).

A. 进基变量　　　　　　　B. 出基变量

C. 轴心项　　　　　　　　D. 检验数

15. 在单纯形法中,轴心项所在的行对应的变量为(　　).

A. 进基变量　　　　　　　B. 出基变量

C. 轴心项　　　　　　　　D. 检验数

16. 在单纯形法中,通过换基迭代将全部检验数都化为非正数后即可求出最优解,而求最优解时要将(　　)的值取为零.

A. 基变量　　　　　　　　B. 非基变量

C. 基变量和非基变量　　　D. 目标函数

三、若矩阵 $A = \begin{bmatrix} 1 & 0 & 1 \\ 0 & 1 & 0 \\ 1 & 1 & 2 \end{bmatrix}$，$B = \begin{pmatrix} -1 & 2 & 1 \\ 0 & 1 & 3 \end{pmatrix}$，且 $CA = B$，求 C.

四、若线性方程组 $\begin{cases} kx_1 - 2x_2 + 3x_3 = 0 \\ x_1 + 3x_2 + x_3 = 0 \\ 3x_1 - x_2 + kx_3 = 0 \end{cases}$ 有非零解，求常数 k.

五、解下列线性方程组.

1. $\begin{cases} x_1 + 2x_2 + 3x_3 - x_4 + x_5 = 0, \\ 2x_1 + 5x_2 + 7x_3 - 2x_4 + 2x_5 = 0, \\ -3x_1 - 7x_2 - 10x_3 + x_4 - 3x_5 = 0; \end{cases}$

2. $\begin{cases} x_1 - x_2 + x_3 - x_4 + x_5 = 5, \\ -x_1 + 2x_2 - x_3 + x_4 - x_5 = -6, \\ 2x_1 - 3x_2 + 5x_3 - 4x_4 - 3x_5 = 3. \end{cases}$

六、分别用图解法和单纯形法解线性规划问题 $\max S = 2x_1 + 5x_2$.

$\begin{cases} 2x_1 + x_2 \leqslant 8, \\ x_1 \leqslant 3, \\ x_2 \leqslant 4, \\ x_j \geqslant 0 (j = 1, 2). \end{cases}$

第七章　　概率论与统计初步

概率论与数理统计是研究和揭示随机现象的规律性的一门学科,是数学的一个重要分支.在自然科学、社会科学、工程技术、经济、管理等诸多领域,概率论与数理统计都有着广泛的应用.本章主要介绍概率论与数理统计的一些基本概念和基本方法.

§7.1　　随机事件与概率

1.随机事件

人们在实践活动中经常会遇到两类现象:一类是**必然现象**或称**确定现象**;另一类是**随机现象**或称**不确定现象**.

(1) **必然现象**　是指在一定条件下,必然发生某一种结果或必然不发生某一种结果的现象.例如:水在一个标准大气压下,加热到100℃就沸腾;太阳从东方升起.

(2) **随机现象**　是指在同样条件下,多次进行同一试验,所得结果有多种可能,而且事先不能确定将会发生什么结果的现象.例如:用大炮轰击某一目标,可能击中,也可能击不中;次品率为1%的产品,任取一个可能是正品,也可能是次品.又如:在相同条件下抛掷一枚硬币,观察其出现正、反面的情况,其结果可能是正而向,也可能是反面向上,究竟是哪一种结果出现,事先无法知道.但若把一枚硬币重复抛掷多次,则出现正面和反面的次数大约各占一半.又如任取一只灯泡,测量其寿命等都是随机现象.这些现象共有的特点是在个别试验(或观察)中呈现出不确定性,在大量重复的试验(或观察)中又具有某种规律性,我们称之为**统计规律性**.

(3) **随机试验**　为了研究随机现象的统计规律性,我们把各种科学试验和观察都称为试验.如果试验具有下述三个特点:

①试验的所有可能结果事先已知,并且不止一个;

②在每次试验之前.究竟哪一种结果会出现,事先无法确定;

③试验可以在相间条件下重复进行.

我们称这种试验为**随机试验**,简称**试验**.通常用字母 E 表示随机试验.下面是一些随机试验的例子.

例 1　E_1 一个盒子中有 10 个相同的球,其中 7 个是白色的,另外 3 个是黑色的,从中任意摸取一球,其可能出现的结果是取得白球或取得黑球.

例 2　E_2 掷一枚被子,观察出现的点数,其可能出现的点数是 $1,2,3,4,5,6$.

例 3　E_3 记录电话交换台在 1 小时内收到的呼唤次数,其可能结果是 $0,1,2,\cdots$.

本章中以后提到的试验都是指随机试验.

随机试验的每一个可能的结果称为**随机事件**,简称**事件**.例如,在试验 E_2 中,{出现 3 点}是一个随机事件,{出现偶数点}是一个随机事件,{出现小于 3 点}也是一个随机事件.道常用大写字母 $A,B,C,\cdots$ 等表示随机事件.

事件又分为基本事件和复合事件.基本事件是指不能再分解的事件.例如,在试验 E_2 中,{出现 1 点}、{出现 2 点}、$\cdots$、{出现 6 点}都是基本事件.复合事件是指由若干基本事件组成的事件.例如,试验 E_2 中,{出现奇数点}门{出现偶数点}6 和{出现小于 3 点}等都是复合事件.

有两个特殊的事件必需提到,一个是在每次试验中必然发生的事件,称为**必然事件**,记作 Ω;另一个是每次试验中都不可能发生的事件,称为不可能事件.记作.例如,在试验中.{出现小于 7 点}的事件是一个必然事件;{出现 7 点}的事件是不可能事件.必然事件和不可能事件是随机事件的极端情形.

一个随机试验 E 产生的所有基本事件构成的集合称为**样本空间**,记作 Ω.称其中的每一个基本事件为一个**样本点**,记作 ω,即 $\Omega = \{\omega\}$.

例 4　给出上面例题 1 至例 3 中的随机试验 E_1,E_2,E_3 的样本空间.

$\Omega_1 = \{\omega_1,\omega_2\}$,其中 $\omega_1 = \{$取得白球$\}$,$\omega_2 = \{$取得黑球$\}$.

$\Omega_2 = \{1,2,3,4,5,6\}$,其中 $i = \{$出现 i 点$\}$,$i = 1,2,3,4,5,6$.

$\Omega_3 = \{0,1,2,\cdots\}$,其中 $i = \{$收到的呼唤次数为 $i\}$,$i = 0,1,2,\cdots$.

由于任何一个事件或是基本事件,或是由基本事件组成的复合事件.因此,试验 E 的任一个事件 A 都是样本空间中的一个子集.从而由样本空间的子集可描述随机试验中所对应的一切随机事件.

例 5　从有两个孩子的家庭中任取一家,观察其子女的性别情况,设样本空间为 Ω,则

$\Omega = \{(\text{女},\text{女}),(\text{女},\text{男}),(\text{男},\text{男}),(\text{男},\text{女})\}$.

用 A_1 表示事件{第一个孩子是女孩},则

$A_1 = \{(女,女),(女,男)\}$

用 A_2 表示事件{至少有一个男孩},则

$A_2 = \{(女,男),(男,男),(男,女)\}$.

显然,事件 A_1 和 A_2 都是样本空间 Ω 的子集.

（4）事件的关系及其运算

事件的包含与相等

定义 1　如果事件 A 发生必然导致事件 B 发生,则称事件 B **包含**事件 A,或称事件 A 包含于事件 B,记作或 $B \supset A$ 或 $A \subset B$,如图 7.1-1 所示.

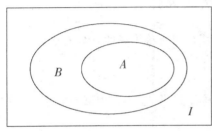

$$A \supset A, I \supset A \supset \phi.$$

图 7.1-1

定义 2　如果事件或,则称事件 A 与 B 相等,记作 $A = B$.

事件的和（或并）

定义 3　"事件 A 与 B 至少有一个发生"的事件称为事件 A 与 B 的和（或并）,记作 $A + B$.

事件和的概念可推广到 n 个事件的和的情形:设 $A_1,A_2,\cdots,A_n$ 为 n 个事件,则"$A_1,A_2,\cdots,A_r$ 中至少有一个发生"的事件 A 称为这 n 个事件的和（或并）,记作

$$A = A_1 + A_2 + \cdots A_n = \sum_{i=1}^{n} A_i$$

事件的积（或交）

定义 4　"事件 A 与事件 B"同时发生的事件称为事件 A 与 B 的积（或交）,记作 AB（或 $A \bigcap B$）.

例 6　掷一枚骰子,设事件 $A = \{出现点数为 2\}$, $B = \{出现点数大于 3\}$, $C = \{出现点数小于 6\}$, $D = \{出现偶数点\}$. 用基本事件表示 A,B,C,D,并求（1）$A + B$;（2）BC;（3）D 与 $A + B$ 的关系

解　$A = \{2\}$, $B = \{4,5,6\}$, $C = \{1,2,3,4,5\}$, $D = \{2,4,6\}$;

（1）$A + B = \{2,4,5,6\}$;

（2）$BC = \{4,5\}$;

（3）D 与 $A + B$ 的关系为: $D \subset A + B$.

设 $A_1, A_2, \cdots, A_n$ 为 n 个事件,则"$A_1, A_2, \cdots, A_n$ 同时发生"的事件称为这 n 个事件的积,记作

$$A = A_1 A_2 A_3 \cdots A_n = \prod_{i=1}^{n} A_i$$

互不相容事件(或互斥)

定义 5　如果事件 A 与 B 不能同时发生. 即,则称事件 A 与 B 为互不相容(或互斥)事件. 如果 n 个事件 $A_1, A_2, \cdots, A_n$ 中任何两个事件都不能同时发生,即

$$A_i A_j = \phi \ (i \neq j; i, j = 1, 2, \cdots, n)$$

则称这 n 个事件为**两两互不相容事件**.

事件的差

定义 6　"事件 A 发生而事件 B 不发生"的事件称为**事件 A 与 B 的差**,记作 $A - B$.

对立事件

定义 7　如果事件 A 与 B 满足且则称事件 A 与 B 为**相互对立事件(或逆事件)**.

A 的对立事件记作 $\bar{A}$

即:$B = \bar{A}$

两个相互对立事件一定是互不相容的,但两个互不相容事件不一定是相互对立事件.

事件运算律:

(1) 交换律:$A + B = B + A, AB = BA$.

(2) 结合律:$(A + B) + C = A + (B + C), (AB)C = A(BC)$.

(3) 分配律:$(A + B)C = (AC) + (BC)$,

$(AB) + C = (A + C)(B + C)$.

(4) 德摩根($De\ MorgAn$)律:

$$\overline{A + B} = \bar{A}\,\bar{B}, \quad \overline{\sum_{i=}^{n}} = \prod_{i=1}^{n} \overline{A_i},$$

$$\overline{AB} + \bar{A} + \bar{B}, \quad \overline{\prod_{i=1}^{n} A_i} = \sum_{i=}^{n} \overline{A_i}.$$

例 7　在一个口袋里装有红,绿,蓝 3 种球各 2 个,一次任取 2 个球,设 $A = \{2$ 个同色球$\}, B = \{2$ 个异色球$\}, C = \{$至少有一个红球$\}, D = \{$最多有一个蓝球$\}$. 求:(1)A 与 B 的关系. (2)$A + C$. (3)BD.

解　$A = \{($红,红$),($绿,绿$),($蓝,蓝$)\}$

$B = \{($红,绿$),($蓝,绿$),($红,蓝$)\}$

$C = \{($红,红$),($红,绿$),($红,蓝$)\}$

$$D = \{(红,绿),(蓝,绿),(红,蓝)\}$$

(1)A 与 B 的关系为：$AB = \varphi$；

(2)$A + B = I$；

(3)$BD = B = D$.

2. 随机事件的概率

随机事件在一次试验中,有的发生的可能性大,有的发生的可能性小,还有的可能不发生.我们希望能将一个随机事件发生的可能性大小用一个数值来表达.这个表达随机事件发生可能性大小的数值称为**概率**.

概率具有如下基本性质：

(1)$P(U) = 1,p(\Phi) = 0$；

(2) 对任意事件 $A,0 \leqslant P(A) \leqslant 1$.

历史上有人做过抛掷一枚质地均匀硬币的实验,其结果如表 7.1-1 所示.

表 7.1-1

试验者	抛掷次数	正面朝上次数	频率 m/n
摩根	2048	1061	0.5181
蒲丰	4040	2048	0.5069
皮尔逊	24000	12012	0.5005
维尼	30000	14994	0.4998

从上表可以看出,{正面朝上}的频率越来越明显地稳定并接近于 0.5,这个数值反映了{正面朝上}的可能性大小.因此,我们用 0.5 作为抛掷一枚均匀硬币出现{正面朝上}的概率.

我们把具有以下特征的概率模型称为**古典概型**：

① 讨论的基本事件是有限个；

② 每次试验,各个基本事件发生的可能性相同；

③ 所有基本事件的和为必然事件.

如抛掷一枚质地均匀的硬币,有{正面朝上}与{反面朝上}两个基本事件；由于硬币是对称的,所以{正面朝上}和{反面朝上}的可能性相同；而且每次实验,这两个基本事件必有一个发生.因此这个试验的概率模型为古典概型.

再如,从 1、2、3、4 四个数字中任取一个数字的试验,它有{取出的是 1},{取出的是 2},{取出的是 3},{取出的是 4} 四个基本事件；而且这四个事件发生的可能性相同；又在每次试验中必有一个基本事件发生.所以这个试验的概率模型也是古典概型.

对于古典概型,可以利用它的特点直接计算概率.

定义 2　设一古典概型共有个基本事件,如果事件包含其中个基本事件,则事件的概率为.

例 8　从 1、2、3、4 四个数字中任取一个,设 $A = \{$取出的是 2$\}$,$B = \{$取出的是奇数$\}$,$C = \{$取出的是偶数$\}$,$D = \{$取出的是 1,2,3 中的任意一个$\}$,求这 4 个事件的概率.

解　这个试验有 4 个基本事件,事件 A 就是 1 个基本事件,事件 $B = \{1,3\}$、$C = \{2,4\}$、$D = \{1,2,3\}$ 分别包含 2、2、3 个基本事件. 故

$$P(A) = \frac{1}{4}, P(B) = \frac{2}{4} = \frac{1}{2}, P(C) = \frac{2}{4} = \frac{1}{2}, P(D) = \frac{3}{4}.$$

例 9　8 件产品中有 2 件次品,从中任取 3 件,求恰有 1 件是次品的概率.

解　从 8 件产品中任取 3 件,共有 C_8^3 种取法,每种取法对应一个基本事件. 设事件 $A = \{$任取的 3 件中恰有 1 件次品$\}$,则 A 相当于在 2 件次品中任取 1 件,并在 6 件正品中任取 2 件. 于是导致 A 发生的取法有 $C_2^1 \times C_6^2$ 种,即包含 $C_2^1 \times C_6^2$ 个基本事件,所以

$$P(A) = \frac{C_2^1 \times C_6^2}{C_8^3} = \frac{15}{28}.$$

3. 概率的加法公式

定理 1　**(加法定理)** 如果事件 A 与 B 是两个互不相容事件,则这两个事件之和的概率等于事件 A 的概率与事件 B 的概率之和,即 $P(A + B) = P(A) + P(B)$.

推论 1　**(对立事件的概率公式)** 事件 A 的对立事件 $\overline{A}$ 的概率
$$P(\overline{A}) = 1 - P(A)$$

推论 2　若 $AB \subset$,则 $P(B - A) = P(B) - P(A)$ 且 $P \leqslant P(B)$.

例 10　100 件商品中含有 2 件次品,其余都是正品. 从中任取 3 件进行检验,求在 3 件中至少有 1 件次品的概率.

解　设事件 $A = \{$在 3 件中至少有 1 件次品$\}$
$$P(A) = \frac{C_2^1 C_{98}^2 + C_2^2 C_{98}^1}{C_{100}^3} = 0.06.$$

定理 2　**(一般加法公式)** 对于任意两个事件 A、B,
$$P(A + B) = P(A) + P(B) - P(AB)$$

概率的一般加法公式可推广到 n 个事件的和的情形.

$$P(A_1 + A_2 + A_3) = P(A_1) + P(A_2) + P(A_3) - P(A_1A_2) - P(A_2A_3) - P(A_2A_3) + P(A_1A_2A_3)$$

例 11　甲、乙两射手进行射击,甲击中目标的概率为 0.9,乙击中目标的概

率为 0.8,甲,乙二人同时击中目标的概率为 0.72,求至少有一人击中目标的概率.

解 设事件 A = {甲击中目标} B = {乙击中目标} $A+B$ = {至少有一人击中目标}

则 $P(A) = 0.9$ $P(B) = 0.8$ $P(AB) = 0.72$

$P(A+B) = P(A) + P(B) - P(AB) = 0.9 + 0.8 - 0.72 = 0.98$

至少有一人击中目标的概率为 0.98

习题 7.1

1. 从数字 1,2,3,4,5 中任取 3 个,组成没有重复数字的三位数,求这三位数是偶数的概率是多少?

2. 从一副扑克 52 张牌中任取 4 张,求其花色各不相同的概率.

3. 甲、乙两炮同时向一架敌机射击,已知甲炮的击中率是 0.5,乙炮的击中率是 0.6,求飞机被击中的概率是多少?

§7.2 事件的独立性

1. 条件概率

在计算事件的概率时,经常需要求在某个事件 A 发生的条件下事件 B 发生的概率 $P(B \perp A)$.

例 1 将一枚硬币连掷两次,观察出现正、反面情况,用 A 表示"至少有一次为正面 H" 事件,事件 B 为"两次抛出同一面",现求:已知事件 A 已经发生的条件下事件 B 发生的概率(H 表示出现正面,T 表示出现反面).

解 $\Omega = \{HH, HT, TH, TT\}$,$A = \{HH, HT, TH\}$,$B = \{HH, TT\}$,

$B \mid A = \{HH\}$,$P(B \mid A) = \dfrac{1}{3}$,由于 $P(A) = \dfrac{3}{4}$,$(AB) = \dfrac{1}{4}$

显然 $P(B \mid A) = \dfrac{P(AB)}{P(A)}$.

定义 1 设、为两事件,且 $P(A) > 0$,则称 $\dfrac{P(AB)}{P(A)}$ 为事件 A 发生的条件下事件 B 发生的**条件概率**,记为 $P(B \mid A)$.

例 2 一个盒子中有 3 只坏晶体管和 7 只好的晶体管,从盒子中抽取两次,每次取一只,作不放回抽取,求当发现抽取的第一只是好的情况下,第二只也是好的概率.

解1 设 $A =$ "第一只是好的",

$B =$ "第二只是好的".

所求概率为 $P(B \mid A) = \dfrac{P(AB)}{P(A)} = \dfrac{\frac{7 \times 6}{10 \times 9}}{\frac{7}{10}} = \dfrac{2}{3}$.

解2 在 A 发生时,盒子只剩下 9 只晶体管,其中 6 只是好的,故

$P(A \mid A) = \dfrac{6}{9} = \dfrac{2}{3}$.

从上例可见,求条件概率通常可以有两种方法:第一种是严格套用公式;第二种是利用古典概率的思想,通过直接分析,求出样本空间中满足 a 发生后的样本点总数作为分母,其中再满足 b 发生的样本点数作为分子,读者可根据不同的情况选择不同的方法.

例3 某种动物能活到 20 岁以上的概率为 0.8,活到 25 岁的概率为 0.4,现知这种动物已经 20 岁了,问它能活到 25 岁以上的概率为多少?

解 设 $A =$ "动物能活到 20 岁以上";$B =$ "动物能活到 25 岁以上".

则所求概率为 $P(B \mid A) = \dfrac{P(AB)}{P(A)} = \dfrac{0.4}{0.8} = \dfrac{1}{2}$.

2. 乘法公式

定理1 (乘法定理)设 A、B 为任意两个事件,则两事件积的概率等于其中一事件的概率与另一事件在前一事件已发生的条件下的条件概率之积,即

$P(AB) = P(A)P(B \mid A) \quad (P(A) \neq 0)$

$P(AB) = P(B)P(A \mid B) \quad (P(B) \neq 0)$

乘法公式可以推广到任意有限多个事件的情形.

$P(ABC) = P(A)P(B \mid A)P(C \mid AB)$

一般地,对任意 n 个事件 $A_1, A_2, A_3, \cdots, A_n (n \geq 2)$ 如果

$P(A_1 A_2 A_3 \cdots A_{n-1}) > 0 \Rightarrow$

$P(A_1 A_{2} A_3 \cdots A_n) = P(A_1)P(A_2 \mid A_1)P(A_3 \mid A_1 A_3 \cdots A_{n-1})$

3. 事件的独立性

例4 一枚硬币抛两次,观察正、反面出现的情况. 设 A、B 分别表示第一次、第二次出现正面的事件,求 $P(A)$、$P(B)$、$P(AB)$ 及 $P(B \mid A)$.

解 试验的样本空间为 $\Omega = \{HH, HT, TH, TT\}$,从而

$$P(A) = \frac{2}{4} = \frac{1}{2},$$

$$P(B) = \frac{2}{4} = \frac{1}{2},$$

$$P(AB) = \frac{1}{4},$$

$$P(B \mid A) = \frac{1}{2}$$

我们注意到:此时 $P(B \mid A) = P(B)$,且 $P(AB) = P(A) \cdot P(B)$

从直观分析可以看到,试验中试验事件的 B 发生完全不受事件 A 的发生与否的影响,同样事件 A 的发生完全不受事件 B 的发生与否的影响,于是称这样的两个事件是相互独立的.

定义 2 设 A、B 为两事件,若 $P(AB) = P(A) \cdot P(B)$,则称事件 A 与事件 B 相互独立.

例 5 甲乙各自同时向一敌机炮击,已知甲攻击中敌机的概率为 0.6,乙攻击中敌机的概率为 0.5,求敌机被攻击中的概率.

解 设 A 为事件"甲击中敌机",B 为事件"乙击中敌机",C 为事件"敌机被击中" 则:$P(C) = P(A \bigcup B) = P(A) + P(B) - P(AB)$

$= P(A \bigcup B) = P(A) + P(B) - P(A) \cdot P(B) = 0.6 + 0.5 - 0.6 \times 0.5 = 0.8.$

3.1 独立试验型

由前知道,为了找出随机现象的统计规律性,需要进行大量的重复试验,这些试验通常满足:

① 在相同的条件下重复进行;

② 每次试验是相互独立的(即各次试验的结果相互没有影响),称这样的 n 次试验为 n 次重复独立试验.

如射手反复向同一目标射击;有放回地抽取产品进行检验;记录每天某个时段一电话传呼台接到的呼叫次数等.

在 n 次重复独立试验中,若每次试验我们只关心事件 A 发生与不发生,且每次试验 A 发生的概率 $P(A) = p$ 为常数,这样的 n 次重复独立试验称为重贝努里试验.

举例 抛掷 n 次硬币,观察每次出现正面的情况;从一堆零件中抽取 n 个,观察每次取出的零件是否为合格;观察某射手射击 n 次,每次打中打不中目标的情况等等,均为 n 重贝努里试验.

定理 1 在 n 重贝努里试验中,设事件 A 发生的概率为 $p(0 < p < 1)$,则 A 恰好发生 k 次的概率为 $p_n(k) = C_n^k p^k \cdot q^{n-k}, k = 0, 1, 2, \cdots n$

其中:$q = 1 - p$,且$\sum\limits_{k=0}^{n} p_n(k) = p_n(0) + p_n(1) + \cdots p_n(n) = 1$.

例6 在一批有20%的次品的产品中进行重复抽样检查,共取5个样品,求

(1) 次品数恰好为2个的概率;

(2) 次品数超过2个的概率.

解 设$A = $"取出的$5$个样品中次品数恰为$2$个",

$B = $"取出的$5$个样品中次品数超过$2$个".

将抽取一次产品观察是否为次品看成一次试验,由题意知为5重贝努里试验,且抽到次品$p = 0.2$,按二项概率公式

$(1) p(A) = p_5(2) = C_5^2 \cdot 0.2^2 \cdot 0.8^3 = 0.2048$.

$(2) p(B) = p_5(3) + p_5(4) + p_5(5)$

$\qquad = C_5^3 \cdot 0.2^3 \cdot 0.8^2 + C_5^4 \cdot 0.2^4 \cdot 0.8^1 + C_5^5 \cdot 0.2^5$

$\qquad = 0.0579$.

例7 有一个工人负责维修10台同类型的机床,在同一时间内每台机床是否发生故障是独立的,设每台机床发生故障需要维修的概率为0.3,试求该工人因照顾不过来而影响生产的概率.

解 设$A = $"工人因照顾不过来而影响生产"

$\qquad\qquad = $"有$2$台及$2$台以上机床同时发生故障".

将每台机床在一段时间内是否发生故障看成一次试验,由题意知为10重贝努里试验,且机床发生故障$p = 0.3$,由二项概率公式,可得

$p(A) = p_{10}(2) + \cdots + p_{10}(10) = 1 - [p_{10}(0) + p_{10}(1)]$

$\qquad = 1 - C_{10}^0 \cdot 0.3^0 \cdot 0.7^{10} - C_{10}^1 \cdot 0.3 \cdot 0.7^9 = 0.8507$.

故工人照顾不过来而影响生产的概率为0.8507.由此可见,这样的10台机床由一个工人负责维修是不够的.

4. 全概率公式

定理2 如果事件组$A_1, A_2, A_3, \cdots, A_n$满足

$(1) A_1, A_2, A_3 \cdots, A_n$互相不容,且$P(A_i) > 0 (i = 1, 2, 3, \cdots, n)$

$(2) A_1 + A_2 + A_3 + \cdots + A_n = I$

则对任意一事件B,有

$P(B) = \sum\limits_{i=1}^{n} P(A_i)P(B \mid A_i)$ 则对任意一事件B,有

$P(B) = \sum\limits_{i=1}^{n} P(A_i)P(B \mid A_i)$

全概率公式

满足条件(1)和(2)的事件组$A_1, A_2, A_3, \cdots, A_n$称为**完备事件组**,如图7.2-1.

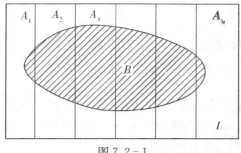

图 7.2-1

$P(A_i)$ **原因概率（或先验概率）**

例 8 播种时用的一等小麦种子中混有 2% 的二等种子，1.5% 的三等种子，1% 的四等种子，用一等、二等、三等、四等种子长出的麦穗含 50 颗以上麦粒的概率各为 0.5，0.15，0.1，0.05，试求这批种子所结麦穗含 50 颗以上麦粒的概率.

解 设从这批种子中任选一颗是一等小麦、二等小麦、三等小麦、四等小麦的事件分别记作 A_1、A_2、A_3、A_4，用 B 表示在这批种子中任选一题所结麦穗含有 50 粒以上麦粒的事件，则 A_1、A_2、A_3、A_4 构成一个完备事件组. 依题意，有

$$P(A_1) = 0.955, P(A_2) = 0.02, P(A_3) = 0.015, P(A_4) = 0.01$$
$$P(B/A_1) = 0.5, P(B/A_2) = 0.15, P(B/A_3) = 0.1, P(B/A_4) = 0.05$$

根据全概率公式，得

$$P(B) = \sum_{i=1}^{4} P(A_i)P(B/A_i)$$
$$= 0.955 \times 0.5 + 0.02 \times 0.15 + 0.015 \times 0.1 + 0.01 \times 0.05$$
$$= 0.4825$$

习题 7.2

1.据统计资料表明，某市有 80% 的住户有电视机，60% 的住户有电冰箱，50% 的住户既有电视机又有电冰箱，若从该市住户中任选一户，发现没有这两样家用电器的概率是多少?

2.已知盒子中装有 10 只晶体管，6 只正品，4 只次品，从中不放回地任取两次，每次取 1 只，问两次都取到正品的概率是多少?

3.甲、乙两人考大学，甲考上大学的概率是 0.7，乙考上大学的概率是 0.8. 且知两人考上大学与否是相互独立的，问:

(1) 甲乙两人都考上大学的概率是多少?

(2) 甲乙两人至少有一人考上大学的概率是多少?

§7.3　随机变量及其分布

本节将引入随机变量的概念,把随机试验的可能结果数量化,使得随机事件及其概率能用随机变量及其分布来表示,进而利用高等数学的分析方法,更深刻地描述随机事件,并揭示随机现象的统计规律性.

1. 随机变量

先看下面的例子:

例 1　在一袋中装有编号分别为 $1,2,3$ 的三只球,从中任取一球,放回再取一只球,记录这两次取球编号,显然样本空间:

$$\Omega = \{(1,1),(1,2),(1,3),(2,2),(3,1),(2,3),(3,2),(3,3)\}$$

共有 9 个结果,现用变量 X 来表示两次取出的球号码之和,则对每一个样本点 (i,j),变量 X 都有一个值与之对应,如表 7.3-1 所示.

表 7.3-1

样本点 w	(1,1)(1,2)(2,1)(1,3)(2,2)(3,1)(2,3)(3,2)(3,3)
X 的值	2　3　3　4　4　4　5　5　6

例 2　将一枚硬币连抛三次,用 H 表示"出现正面",T 表示"出现反面",则样本空间 $\{HHH,HHT,HTH,THH,HTT,THT,TTH,TTT\}$ 共有 8 个结果. 变量 X 表示每次试验出现正面次数,则每次试验结果与 X 之间有下列对应关系如表 7.3-2 所示.

这里,事件 $\{X=0\}$ 表示"三次抛出反面",事件 $\{X=1\}$ 表示"有一次为正面",事件 $\{X=2\}$ 表示"有两次正面",而 $\{X=3\}$ 表示"每次为正面".

表 7.3-2

样本点 w	HHH	HHT	HTH	THH	HTT	THT	TTH	TTT
X 的值	3	2	2	2	1	1	1	0

由于量 X 的值随着试验的结果 w 的变化而变化,因此是的函数,变量 X 称为随机变量.

定义 1　设 $\Omega = \{w\}$ 是随机试验的样本空间,如果对于每一个样本点 $w = \Omega$,都有唯一的实数 $X(w)$ 与之对应,则称实值函数 $X(w)$ 为**随机变量**,简记为 X.

通常用大写字母 X、Y、Z 表示随机变量.

随机变量是样本点的函数,而样本点的出现具有随机性,因此在试验之前,只知道随机变量可能取哪些值,不能确定它取何值.由于随机变量 X 的取值随试验的结果而定,而试验的各个结果以一定的概率出现,因而 X 取各个值也有一定的概率,如例2中随机变量 X 取 $0,1,2,3$ 的概率分别为 $\frac{1}{8}$、$\frac{3}{8}$、$\frac{3}{8}$、$\frac{1}{8}$,这一性质显示了随机变量与普通函数有着本质差异.

对于随机变量,根据其取值情况,常分为两类:一类是离散型的,另一类是连续型的,下面先讨论离散型的随机变量.

2. 分布函数及随机变量函数的分布

2.1　离散型随机变量及其概率分布

定义2　若随机变量 X 只取有限个或可列无限个可能值 $x_1,x_2,\cdots x_k\cdots$ 则称 X 为**离散型随机变量**,且称 $P\{X=x_k\}=P_k,(k=1、2,\cdots)$ 为离散型随机变量 X 的**概率分布或分布律**.

离散型随机变量的分布律常用下列表格形式来表示,如表 7.3-3 所示.

表 7.3-3

X	x_1 x_2 $\cdots x_k\cdots$
$P\{X=x_k\}$	P_1 P_2 $\cdots P_k\cdots$

如例1中随机变量 X 的分布律用表格表示,如表 7.3-4 所示.

表 7.3-4

X	2	3	4	5	6
$P\{X=k\}$	$\frac{1}{9}$	$\frac{2}{9}$	$\frac{3}{9}$	$\frac{2}{9}$	$\frac{1}{9}$

而例2中随机变量 X 的分布律如表 7.3-5 所示.

表 7.3-5

X	0	1	2	3
$P\{X=k\}$	$\frac{1}{8}$	$\frac{3}{8}$	$\frac{3}{8}$	$\frac{1}{8}$

由概率的定义易知,离散型随机变量的分布律应满足下列两个条件:

① $P_k \geqslant 0, k=1、2\cdots$

② $\sum\limits_{k=1}^{\infty} P_k = 1$

例3　某人独立地射击,每一次射击的命中率为 $P(0<P<1)$,以 X 表示首

次击中目标时已进行的射击次数,求 X 的分布律.

解 X 的可能取值为 k,$k = 1,2,\cdots$

$$p\{X = k\} = q^{k-1} \cdot p \quad (q = 1 - p),$$

因为 $p(X = k) = q^{k-1} \cdot p \geqslant 0$

而 $\sum\limits_{k=1}^{\infty} p\{X = k\} = \sum\limits_{k=1}^{\infty} q^{k-1} \cdot p = p \cdot \sum\limits_{k=1}^{\infty} q^{k-1} = 1$

所以 X 的分布律为:

$$p(X = k) = q^{k-1} \cdot p \quad k = 1,2,\cdots$$

称 X 服从以 p 为参数的**几何分布**,几何分布可用于描述一个无穷次贝努里试验中事件 A 首次发生时所需的试验次数.

2.2 连续型随机变量及其概率分布

与离散型随机变量不同,连续型随机变量的可能取值不止可列个,例如,测量误差,产品的寿命,降雨量,候车的等待时间等,这类随机变量能取某个区间内的一切值. 如候车时间就可以是在区间 $[0,5]$ 内的任一值. 这类随机变量的可能值不能一一列举出来,而且在后面还会看到,它取某个特定值的概率为 0. 因此,对于取连续值的随机变量,我们关心的是它的取值于某个区间的概率. 例如,在测量误差的要求中,我们感兴趣的是测量误差小于某个数的概率.

定义 3 设 X 为随机变量,如果存在非负可积函数 $f(x)$,$(-\infty < x < +\infty)$,使得对于任意实数 $a,b(a < b)$,都有 $p\{a < X \leqslant b\} = \int_a^b f(x)\mathrm{d}x$,则称 X 为**连续型随机变量**,并称 $f(x)$ 为 X 的**概率密度函数**,简称概率密度或密度,$f(x)$ 的图形称为概率密度曲线.

由定义可知,概率密度 $f(x)$ 有如下性质:

(1) $f(x) \geqslant 0$,

(2) $\int_{-\infty}^{+\infty} f(x)\mathrm{d}x = 1$.

由定义,显然,X 落在区间 $(a,b]$ 的概率等于图 7.3-1 中阴影部分的面积,由性质 2 知,介于密度曲线 $y = f(x)$ 与 x 轴之间的面积为 1,对于任何一个连续型随机变量而言,它取任一指定的实数值 x_0 的概率为 0,即 $p(X = x_0) = 0$:

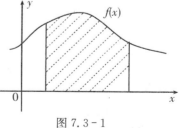

图 7.3-1

因此,在计算连续型随机变量落在某一区间的概率时,不必区分该区间是开区间,闭区间或半开区间,即有性质:

(3) $p\{a < X \leqslant b\} = p\{\} = p\{a \leqslant X \leqslant b\} = p\{a < X < b\} = p\{a \leqslant X < b\}$.

例4 设连续型随机变量 X 的概率密度为：

$$f(x) = \begin{cases} \dfrac{C}{\sqrt{1-x^2}} & |x| < 1 \\ 0 & |x| \geqslant 1 \end{cases}$$

求：(1) 系数 C；(2) $p\left\{-3 < X < \dfrac{1}{2}\right\}$.

解 (1) 由性质1

$$1 = \int_{-\infty}^{+\infty} f(x)\mathrm{d}x = \int_{-1}^{1} \frac{C}{\sqrt{1-x^2}}\mathrm{d}x = C \cdot (\arcsin x)\Big|_{-1}^{1}\mathrm{d}x = C \cdot \pi$$

因此 $C = \dfrac{1}{\pi}$.

$$(2)\, p\left\{-3 < X < \frac{1}{2}\right\} \int_{-3}^{\frac{1}{2}} f(x)\mathrm{d}x = \int_{-3}^{\frac{1}{2}} \frac{1}{\pi \cdot \sqrt{1-x^2}}\mathrm{d}x = \frac{2}{3}$$

3. 几种常用随机变量的分布

3.1　几个常用的离散型随机变量的概率分布

(1)0—1分布(两点分布)

若随机变量 X 只可能取0或1,且其分布律为：$p\{X = k\} p^k \cdot q^{1-k}$,其中 $k = 0,1$ 且 $0 < p < 1, p+q = 1$,则称 X 服以为 p 参数的 0—1 分布.

0—1分布的分布律也可表示为：

X	0	1
p	q	p

当随机变量的结果可以归纳为"非此即彼",即或者事件 A 发生,或者 $\overline{A}$ 发生,那么该试验可以用0—1分布的随机变量来描述. 如检查一个产品是否合格,抛掷硬币是否出现正面等.

(2) 二项分布

若离散型随机变量 X 的分布律为：

$p\{X = k\} = \mathrm{C}_n^k p^k \cdot q_{n-k}, k = 0,1,2\cdots,n$

其中,$0 < p < 1, p+q = 1$,则称 X 服从以 n, p 为参数的二项分布,记为 $X \sim B(n、p)$.

显然,$p_k \geqslant 0 \quad k = 0,1,2,\cdots,n$,且

$$\sum_{k=0}^{n} p\{X = k\} = \sum_{k=0}^{n} \mathrm{C}_n^k \cdot p^k \cdot q^{n-k} = (p+q)^n = 1$$

注 $\mathrm{C}_n^k \cdot p^k \cdot q^{n-k}$ 是二项式 $(p+q)^n$ 的展开式中的一般项,这正是二项分布名称的由来.

当 $n=1$ 时,二项分布 $p\{X=k\}=p^k \cdot q^{1-k}$,$k=0,1$ 这就是 0—1 分布,因此 0—1 分布是二项分布的特例.二项分布可用于描述 n 重贝努里试验中事件 A 发生次数的概率分布.

例 5 某人进行射击,设每次射击命中率为 0.02,独立射击 400 次,试求至少击中两次的概率.

解 一次射击看作一次试验,设击中次数为 X,则 $X \sim B(400,0.02)$,X 的分布律为:$p\{X=k\}=C_{400}^k \cdot (0.02)^k \cdot (0.98)^{400-k}$,$k=0,1,\cdots,400$

于是所求的概率为:

$$p\{X \geqslant 2\}=1-p\{X=0\}-p\{X=1\}$$
$$=1-(0.98)^{400}-400 \times 0.02 \times (0.98)^{399}=0.9972.$$

例 6 某种药物对某种疾病的治愈律为 0.8,若 5 人服用此药,写出治愈人数的分布律,至少有 2 人治愈的概率是多少?

解 设 X 表示 5 人中治愈的人数,将每一个人服用药物后是否治愈看成一次试验,各次试验是相互独立的,则 $X \sim B(5,0.8)$,于是

$$p\{X=k\}=C_5^k(0.8)^k \cdot (0.2)^{5-k}, k=0,1,2,3,4,5$$

故 $p\{X \geqslant 2\}=1-p\{X=0\}-p\{X=1\}$
$$=1-C_5^0(0.8)^0 \cdot (0.2)^5-C_5^1(0.8)^1 \cdot (0.2)^4$$
$$=1-0.00032-0.0064=0.9933.$$

（3）泊松（Poisson）分布

若离散型随机变量 X 的分布律为:

$$p\{X=k\}=\frac{\lambda^k \cdot e^{-\lambda}}{k!}, k=0,1,2,\cdots$$

其中 $\lambda>0$ 是常数,则称 X 服从于参数为 λ 的**泊松分布**,记为 $X \sim p(\lambda)$.

显然 $p\{X=k\}=\frac{\lambda^k \cdot e^{-\lambda}}{k!} \geqslant 0 (k=0,1,2,\cdots)$

且 $\sum_{k=0}^{N} p\{X=k\}=\sum_{k=0}^{\infty} \frac{\lambda^k}{k!}=e^{-\lambda} \cdot e^{\lambda}=1.$

在实际应用中,许多随机变量都服从泊松分布,例如:在某段时间内电话交换台收到的呼叫次数;进入商店的顾客次数;来到公共汽车站的乘客数;在一段时间间隔内放射性物质放射出的粒子数等都服从泊松分布,即泊松分布是许多随机事件的概率模型.

例 7 由某商店过去的销售记录可知,某种商店每月的销售数可用参数 $\lambda=5$ 的泊松分布描述,为了有 99% 以上的把握保证不脱销,问商店在月底至少要进该种商品多少件?

解 设商品每月销售该种商品的件数为 X,月底进货为 N 件,当 $X \leqslant N$ 时就不会脱销,依题意,要求 $p\{X \leqslant N\} \geqslant 99\%$,由于,$X \sim p(5)$,即有:

$$\sum_{k=0}^{N} \frac{5^k \cdot \mathrm{e}^{-5}}{k!} \geqslant 0.99 \text{ 或 } \sum_{k=N+1}^{\infty} \frac{5^k \cdot \mathrm{e}^{-5}}{k!} < 0.01.$$

查泊松分布表,得 $N+1=11$,故 $N=10$,即商店在月底进货时,该种商品至少进货 10 件(假定上月无存货),就可以有 99% 以上的把握保证在下个月不会脱销.

3.2　连续型随机变量及其概率分布

与离散型随机变量不同,连续型随机变量的可能取值不止可列个,例如,测量误差,产品的寿命,降雨量,候车的等待时间等,这类随机变量能取某个区间内的一切值.如候车时间就可以是在区间 $[0,5]$ 内的任一值.这类随机变量的可能值不能一一列举出来,而且在后面还会看到,它取某个特定值的概率为 0.因此,对于取连续值的随机变量,我们关心的是它的取值于某个区间的概率.例如,在测量误差的要求中,我们感兴趣的是测量误差小于某个数的概率.

定义 4　设为随机变量,如果存在非负可积函数 $f(x),(-\infty < x < +\infty)$,使得对于任意实数 $a,b(a<b)$,都有 $p\{a < X \leqslant b\} = \int_a^b f(x)\mathrm{d}x$,则称 X 为**连续型随机变量**,并称 $f(x)$ 为 X 的**概率密度函数**,简称概率密度或密度,$f(x)$ 的图形称为概率密度曲线.

由定义可知,概率密度 $f(x)$ 有如下性质:

① $f(x) \geqslant 0$,

② $\int_{-\infty}^{+\infty} f(x)\mathrm{d}x = 1.$

由定义,显然,X 落在区间 $(a,b]$ 的概率等于图 7.3-1 中阴影部分的面积,由性质 2 知,介于密度曲线 $y = f(x)$ 与 x 轴之间的面积为 1,对于任何一个连续型随机变量而言,它取任一指定的实数值 x_0 的概率为 0,即:$p\{X = x_0\} = 0$

因此,在计算连续型随机变量落在某一区间的概率时,不必区分该区间是开区间,闭区间或半开区间,即有性质:

③ $p\{a < X \leqslant b\} = p\{a \leqslant X \leqslant b\} = p\{a \leqslant X < b\}.$

3.3　常用的连续型随机变量的概率分布

(1) 均匀分布

若随机变量 X 的概率密度函数为:

$$f(x) = \begin{cases} \dfrac{1}{b-a} & a \leqslant x \leqslant b \\ 0 & \text{其他} \end{cases}$$

则称 X 服从区间 $[a,b]$ 上的**均匀分布**,记为 $X \sim U[a,b]$.

例 8　某公共汽车站每隔 5 分钟有一辆汽车通过,乘客在 5 分钟内的任一时刻到达汽车站是等可能的,求乘客候车时间不超过 3 分钟的概率.

解　设乘客的候车时间为 X,由于乘客在时间区间 $[0,5]$ 内任一时刻到达

车站是等可能的,故 $X \sim U[0,5]$,因而随机变量 X 的概率密度为

$$f(x) = \begin{cases} \dfrac{1}{5} & 0 \leqslant x \leqslant 5 \\ 0 & 其他 \end{cases}$$

故 $p\{0 \leqslant X \leqslant 3\} = \displaystyle\int_0^3 \dfrac{1}{5}\mathrm{d}x = \dfrac{3}{5}$

如果 $X \sim U[a,b]$,则 X 的值落入 $[a,b]$ 中的任一子区间 $[c,d]$ 内的概率

$$p\{c \leqslant X \leqslant d\} = \int_c^d \dfrac{1}{b-a}\mathrm{d}x = \dfrac{d-c}{b-a}$$

（2）指数分布

若连续型随机变量 X 的概率密度为:

$$f(x) = \begin{cases} \lambda \cdot \mathrm{e}^{-\lambda x} & x \geqslant 0 \\ 0 & x < 0 \end{cases}$$

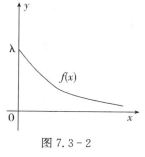

图 7.3 - 2

其中 $\lambda > 0$ 为常数,则称 X 服从参数为 λ 的指数分布,简记为 $X \sim E(\lambda)$.

指数分布的概率密度曲线如图 7.3 - 2 所示.

指数分布在实际中有重要的应用,它可以用来作为各种"寿命"分布的近似. 例如,电子元件的寿命,动物的寿命,随机服务系统的服务时间等,都可以近似地用指数分布来描述.

例 9　已知某种电子管的寿命 X（小时）服从 $\lambda = \dfrac{1}{1000}$ 的指数分布,试求这种电子管能使用 1000 小时以上的概率.

解　依题意,X 的概率密度为:

$$f(x) = \begin{cases} \dfrac{1}{1000} & x \geqslant 0 \\ 0 & x < 0 \end{cases}$$

所求的概率为:$p\{X > 1000\}\mathrm{e}^{-\frac{x}{1000}} \cdot \mathrm{e}^{-\frac{x}{1000}}\mathrm{d}x = \mathrm{e}^{-1} \approx 0.368$

（3）正态分布

若连续型随机变量 X 的概率密度为:

$$f(x) = \dfrac{1}{\sqrt{2\pi} \cdot \sigma}\mathrm{e}^{\frac{(x-\mu)^2}{2\sigma^2}}, \ -\infty < x < +\infty$$

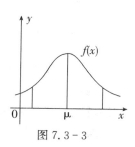

图 7.3 - 3

其中 μ 和 σ 均为常数,且 $\sigma > 0$,则称 X 服从两参数 μ 和 σ 的**正态分布**,记为 $X \sim N(\mu, \sigma^2)$.

正态分布的概率密度曲线如图 7.3 - 3 所示.

当 $\mu = 0, \sigma = 1$ 时称 X 为服从标准正态分布,记为 $X \sim N(0,1)$.

将标准正态分布的概率密度函数记为 $\varphi(x)$，则

$$\varphi(x) = \frac{1}{\sqrt{2\pi}}e^{-\frac{x^2}{2}} \quad -\infty < x < +\infty$$

正态分布是概率论中最重要的分布. 在自然现象和社会现象中，大量的随机变量都服从正态分布. 例如：测量误差，计算误差，质量指标，股票价格，农作物的产量等等都服从正态分布.

4. 分布函数

4.1　随机变量的分布函数

对取定的实数 x_1, x_2 由于 $(x_1, x_2] = (-\infty, x_2] - (-\infty, x_1]$，且 $(-\infty, x_2]$ 于是，$p\{x_1 < X < x_2\} = p\{X \leqslant x_2\} - p\{X \leqslant x_1\}$.

因此，对任意实数 x，只要知道 $p\{X \leqslant x\}$，就可以知道随机变量 X 的取值落在任何一个区间上的概率，由此引入随机变量的分布函数的概念.

定义 5　设 X 为一个随机变量，x 是任意实数，函数 $f(x) = p\{X \leqslant x\}$ 称为随机变量 X 的**分布函数**.

如果将 X 看成是数轴上的随机点的坐标，则分布函数 $f(x)$ 在的函数值就表示 X 落在区间 $(-\infty, x]$ 上的概率.

分布函数 $f(x)$ 具有如下的性质：

① $f(x)$ 是一个递增函数，即当 $x_1 > x_2$ 时，$F(x_1) \leqslant F(x_2)$，事实上，由 $F(x_2) - F(x_1) = p\{x_1 < X \leqslant x_2\} \geqslant 0$ 有 $F(x_1) \leqslant F(x_2)$.

② $0 \leqslant f(x) \leqslant 1, x \in (-\infty, +\infty)$.

③ $F(-\infty) = p\{X \leqslant -\infty\} = p(\Phi) = 0$，
$F(+\infty) = p\{X \leqslant +\infty\} = p(\Omega) = 1$.

④ 对任何两实数 $a, b(a < b)$ 有：$p\{a < X \leqslant b\} = F(b) - F(a)$.

若 X 为离散型随机变量，其中分布律为：$p\{X = x_k\} = p_k, k = 1, 2 \cdots$ 则 X 的分布函数为：$f(x) = p\{X \leqslant x\} = \sum_{x_k \leqslant x} p\{X = x_k\} = \sum_{X_K < x} p_x$.

若 X 为连续型随机变量，其概率密度函数为 $f(x)$，则 X 的分布函数为：

$$f(x) = \int_{-\infty}^{x} f(t)\mathrm{d}t. \quad (5) \text{ 若 } f(x) \text{ 在点 } x \text{ 连续，则 } F'(x) = f(x).$$

例 10　设随机变量 X 的分布律为：

X	0	1	2
p	$\frac{1}{3}$	$\frac{1}{6}$	$\frac{1}{2}$

求：(1) X 的分布函数 $f(x)$；

(2) $p\left\{X \leqslant \frac{1}{2}\right\}, p\left\{1 < X \leqslant \frac{3}{2}\right\}, p\left\{1 \leqslant X \leqslant \frac{3}{2}\right\}$

解　(1) 当 $x < 0$ 时，$p\{X \leqslant x\} = 0$

当 $0 \leqslant x < 1$ 时，$p\{X \leqslant x\} = p\{X = 0\} = \dfrac{1}{3}$

当 $1 \leqslant x < 2$ 时，$p\{X \leqslant x\} = p\{X = 0\} + p\{X = 1\} = \dfrac{1}{3} + \dfrac{1}{6} = \dfrac{1}{2}$

当 $x \geqslant 2$ 时，$p\{X = 1\} + p\{X = 2\} = \dfrac{1}{3} + \dfrac{1}{6} + \dfrac{1}{2} = 1$

所以，$f(x) = \begin{cases} 0, & x < 0 \\ \dfrac{1}{3}, & 0 \leqslant x < 1 \\ \dfrac{1}{2}, & 1 \leqslant x < 2 \\ 1, & x > 2 \end{cases}$.

(2) $p\left\{X \leqslant \dfrac{1}{2}\right\} = F\left(\dfrac{1}{2}\right) = \dfrac{1}{3}$；

$p\left\{X \leqslant \dfrac{1}{2}\right\} = F\left(\dfrac{3}{2}\right) - F(1) = \dfrac{1}{2} - \dfrac{1}{2} = 0$；

$p\left\{1 \leqslant X \leqslant \dfrac{3}{2}\right\} = p(X = 1) + p\left\{1 < X \leqslant \dfrac{3}{2}\right\} = \dfrac{1}{6} + 0 = \dfrac{1}{6}$.

例 11　设连续型随机变量 X 的分布函数为

$$f(x) \begin{cases} 0, & x < 0 \\ A\sin x, & 0 \leqslant x \leqslant \dfrac{\pi}{2} \\ 1, & x > \dfrac{\pi}{2} \end{cases}$$

求：(1) 系数 A；(2) $p\left\{|X| < \dfrac{\pi}{6}\right\}$；(3) X 的概率密度 $f(x)$.

解　(1) 由 $f(x)$ 的连续性，有 $\lim f(x) = F\left(\dfrac{\pi}{2}\right) = 1$，故 $A = 1$.

(2) $p\left\{|X| < \dfrac{\pi}{6}\right\} = p\left\{-\dfrac{\pi}{6} < X < \dfrac{\pi}{6}\right\} = F\left(\dfrac{\pi}{6}\right) - F\left(-\dfrac{\pi}{6}\right)$

$$= 1 \times \sin\dfrac{\pi}{6} - 0 = \dfrac{1}{2}.$$

(3) 由 $f(x) = F'(x)$，得

$$f(x) = \begin{cases} \cos x, & 0 < x \leqslant \dfrac{\pi}{2} \\ 0 & 其他 \end{cases}.$$

例 12　设连续型随机变量 X 的概率密度为 $f(x) = \dfrac{1}{2} \cdot e^{-|x|}$，$-\infty < x < +\infty$，求 X 的分布函数.

解　当 $x < 0$ 时, $F(x) = \int_{-\infty}^{x} f(t)\mathrm{d}t = \frac{1}{2}\int_{-\infty}^{x} \mathrm{e}^t\mathrm{d}t = \frac{1}{2}\mathrm{e}^x.$

当 $x \geqslant 0$ 时, $F(x) = \int_{-\infty}^{x} f(t)\mathrm{d}t = \frac{1}{2}\int_{-\infty}^{x} \mathrm{e}^t\mathrm{d}t + \int_{0}^{x} \mathrm{e}^{-1}\mathrm{d}t = 1 - \frac{1}{2}\mathrm{e}^{-x}.$

从而, $f(x) = \begin{cases} \dfrac{1}{2}\mathrm{e}^{-x}, & x < 0 \\ 1 - \dfrac{1}{2}\mathrm{e}^{-x}, & x \geqslant 0. \end{cases}$

4.2　正态分布的概率计算

设 随 机 变 量 X 服 从 正 态 分 布 $N(\mu, \sigma^2)$, 则 其 分 布 函 数 $f(x) = \frac{1}{\sqrt{2\pi}\sigma}\int_{-\infty}^{x} \mathrm{e}^{-\frac{(t-\mu)^2}{2\sigma^2}}\mathrm{d}t,$ 将标准正态分布 $N(0,1)$ 的分布函数记为 $\Phi(x)$, 则 $\Phi(x) = \frac{1}{\sqrt{2\pi}}\int_{-\infty}^{x} \mathrm{e}^{-\frac{t^2}{2}}\mathrm{d}t.$

标准正态分布函数 $\Phi(x)$ 在正态分布计算中具有重要作用, $\Phi(x)$ 的函数值已编制成表可供查用(见附表 2).

对任意 x, 由分布函数性质有: $\Phi(-x) = 1 - \Phi(x).$

例 13　设 $X \sim N(0,1)$, 求 $p\{1 < X < 2\}, p\{|X| < 1\}.$

解　$p\{1 < X < 2\} = \Phi(2) - \Phi(1) = 0.9772 - 0.8413 = 0.1359.$

$$p\{|X| < 1\} = p\{-1 < X < 1\}$$
$$= \Phi(1) - \Phi(-1) = \Phi(1) - [1 - \Phi(-1)]$$
$$= 2\Phi(1) - 1 = 0.6826.$$

若 $X \sim M(\mu, \sigma^2)$, 则容易推出 $f(x) = \Phi\left(\dfrac{x-\mu}{\sigma}\right)$, 从而 $p\{X_1 < X \leqslant x_2\} = F(x_2) - F(x_1) = \Phi\left(\dfrac{x_1-\mu}{\sigma}\right) - \Phi\left(\dfrac{x_1-\mu}{\sigma}\right).$

例 14　设随机变量 $X \sim N(1,4)$, 求 $p\{0 \leqslant X < 1.6\}, p\{X \geqslant 2.3\}.$

解　$p\{0 \leqslant X < 1.6\} = \Phi\left(\dfrac{1.6-1}{2}\right) - \Phi\left(\dfrac{0-1}{2}\right)$

$$= \Phi(0.3) - \Phi(-0.5) = \Phi(0.3) - [1 - \Phi(0.5)]$$
$$= 0.6179 - (1 - 0.6915) = 0.309.$$

$$p\{X \geqslant 2.3\} = 1 - p\{X < 2.3\} = 1 - F(2.3) = 1 - \Phi\left(\dfrac{2.3-1}{2}\right)$$
$$= 1 - \Phi(0.65) = 1 - 0.7422 = 0.2578.$$

习题 7.3

1. 下列各表是否可作为某个随机变量的分布列?为什么?

(1) $\begin{bmatrix} 1 & 3 & 5 & 7 \\ 0.1 & 0.2 & 0.5 & 0.2 \end{bmatrix}$;　　　　(2) $\begin{bmatrix} 0 & 1 & 2 \\ 0.15 & 0.4 & 0.35 \end{bmatrix}$.

2. 已知随机变量 X 的分布列为

$\begin{bmatrix} 0 & 1 & 3 & 5 & 7 \\ 0.1 & 0.3 & 0.2 & 0.3 & 0.1 \end{bmatrix}$

试求 $(1) p(X=3)$; $(2) p(X<3)$; $(3) p(X \geqslant 3)$; $(4) p(3 \leqslant X < 7)$.

3. 已知随机变量 X 具有概率密度

$$f(x) = \begin{cases} c, & a < x < b \\ 0, & \text{其他} \end{cases}$$

试确定常数 c, 并求 $p(X > \dfrac{a+b}{2})$.

4. 设 $X \sim N(0,1)$, 查表求

$(1) p(X<2.25)$; $(2) p(0.2<X<2)$; $(3) p(|X|<1.2)$; $(4) p(X<-1.25)$; $(5) p(X>1.65)$.

5. 设 $X \sim N(2,4^2)$, 求

$(1) p(X<4)$; $(2) p(X>2.5)$; $(3) p(-1<X<1)$; $(4) p(X>-1)$.

6. 某学校学生体重分布近似于 μ 为 53 kg, σ 值为 7 kg 的正态分布, 试求该校学生体重在 30 kg 至 65 kg 之间的概率.

§7.4　期望与方差

1. 随机变量的数学期望

由前面的讨论知道, 随机变量的分布函数完整地描述了它的统计规律, 但是在一些实际问题中, 要确立一个随机变量的分布函数是比较困难的. 另一方面, 有些实际问题中并不需要知道全面的概率分布, 而只要知道随机变量的某些数字特征就够了. 例如, 考察某地区水稻产量时, 只要知道水稻的平均亩产量; 在证券投资方面, 需要知道股票的平均回报率, 而且需要知道股票的平均回报率与回报率的偏离程度, 并把这种偏离程度称为风险. 随机变量数学期望与方差在理论研究和实际应用中都具有重要意义.

1.1　随机变量的数学期望的概念

先看下面的例子:

例 1　一批钢筋共有 10 根, 抗拉强度(单位: kg/mm²) 为 120 和 130 的各有 2 根, 125 的有 3 根, 110、135、140 的各有 1 根, 求这 10 根钢筋的平均抗拉强度.

解　这 10 根钢筋的平均抗拉强度为：$\frac{1}{10}(110\times1+120\times2+125\times3+130\times2+135\times1+140\times1)$

$= 110\times\frac{1}{10}+120\times\frac{2}{10}+125\times\frac{3}{10}+130\times\frac{2}{10}+135\times\frac{1}{10}+140\times\frac{1}{10}$

$= 126.$

另一方面，若用 X 表示 10 根钢筋的抗拉强度，显然

$p\{X=10\}=\frac{1}{10},p\{X=120\}=\frac{2}{10},p\{X=125\}=\frac{3}{10},p\{X=130\}=$

$\frac{2}{10},P\{X=135\}=p\{X=140\}=\frac{1}{10}.$

平均抗拉强度为：

$110\times p\{X=110\}+120\times p\{X=120\}+125\times p\{X=125\}+130\times p\{X=130\}+135\times p\{X=135\}+140\times p\{X=140\}=126.$

设对某一零件进行 n 次测量，有 m_1 次测得结果为 x_1，有 m_2 次测得结果为 $x_2,\cdots$. 有 m_k 次测得结果为 x_k，则测量结果的平均值为：

$$\frac{1}{n}(x_1m_1+x_2m_2+\cdots x_km_k)=\sum_{i=1}^{k}x_i\frac{m_i}{n}$$

其中 $m_1+m_2+\cdots+x_k=n$，如果用 X 表示能测量到的值，则它是一个随机变量，m_i 是事件 $\{X=x_i\}$ 在 n 次测量中发生的频数（次数），$\frac{m_i}{n}$ 是事件 $\{X=x_i\}$ 在 n 次测量中发生的频率（概率），上述平均值表示为 $\sum_{i=1}^{k}x_ip\{X=x_i\}$. 受此启发，给出数学期望的定义.

定义 1　设离散型随机变量 X 的分布律为：

$p\{X=x_k\}=p_k,k=1,2,\cdots,$若级数 $\sum_{k=1}^{\infty}x_kp_k$ 绝对收敛，则称它为 X 的**数学期望**，记为 $E(X)$，即 $E(X)=\sum_{k=1}^{\infty}x_kp_k.$

设**连续型随机变量** X 的概率密度为 $f(x)$，若积分 $\int_{-\infty}^{+\infty}xf(x)\mathrm{d}x$ 绝对收敛，则称该积分值为 X 的**数学期望**，记为 $E(X)$，即 $E(X)=\int_{-\infty}^{+\infty}xf(x)\mathrm{d}x$，数学期望简称为期望或均值.

例 2　设随机变量 X 的分布律为：

X	0	1	2	3
P	$\frac{1}{2}$	$\frac{1}{4}$	$\frac{1}{8}$	$\frac{1}{8}$

求 X 的数学期望 $E(X)$.

解　$E(X) = 0 \times \dfrac{1}{2} + 1 \times \dfrac{1}{4} + 2 \times \dfrac{1}{8} + 3 \times \dfrac{1}{8} = \dfrac{7}{8}$.

例 3　设随机变量 X 的概率密度为：

$$f(x) = \begin{cases} x, & 0 < x < 1 \\ 2 - x, & 1 \leqslant x < 2 \\ 0, & \text{其他} \end{cases} \quad \text{,求 } E(X).$$

解　$E(X) = \displaystyle\int_{-\infty}^{+\infty} (x)\mathrm{d}(x) = \int_0^1 x^2 \mathrm{d}x + \int_1^2 x(2-x)\mathrm{d}x$

$$= \frac{1}{3}x^3 \Big|_0^1 + \left(x^2 - \frac{1}{3}x^3 \right) \Big|_1^2 = 1.$$

1.2　几个常用分布数学期望

(1)(0—1) 分布

设随机变量 X 服从以 P 为参数的 0—1 分布，则 X 的数学期望为：

$E(X) = 1 \times P + 0 \times q = P$.

(2) 二项分布

设随机变量 $X \sim B(n, p)$，X 则的数学期望为：

$$E(X) = \sum_{k=0}^{n} k \cdot P\{X = k\} = \sum_{k=0}^{n} k C_n^k p^k q^{n-1-k}$$

$$= \sum_{k=1}^{n} k \frac{n_!}{k_!(n-k)!} p^k q^{n-k}$$

$$= np \sum_{k=1}^{n} c_{n-1}^{k-1} p^{k-1} q^{n-k} = np \sum_{k=0}^{n-1} c_{n-1}^{k} p^k q^{n-1-k}$$

$$= np(p + q)^{n-1} = np$$

(3) 泊松分布

设随机变量 $X \sim p(\lambda)$，则 X 的数学期望为：

$$E(X) = \sum_{k=0}^{\infty} k \cdot p_k = \sum_{k=0}^{\infty} k \cdot \frac{\lambda^k}{k!} \mathrm{e}^{-\lambda}$$

$$= \lambda \mathrm{e}^{-\lambda} \sum_{k=1}^{\infty} \frac{\lambda^{k-1}}{(k-1)!} = \lambda \mathrm{e}^{-\lambda} \cdot \mathrm{e}^{\lambda} = \lambda.$$

(4) 均匀分布

设随机变量 $X \sim \bigcup [a, b]$ 分布，则 X 的数学期望为：

$$E(X) = \int_{-\infty}^{+\infty} x f(x) \mathrm{d}x = \int_a^b x \frac{1}{b-a} \mathrm{d}x = \frac{1}{b-a} \cdot \frac{x^2}{2} \Big|_a^b = \frac{a+b}{2}.$$

(5) 指数分布

设随机变量 $X \sim E(\lambda)$，则 X 的数学期望为：

$$E(X) = \int_{-\infty}^{+\infty} x f(x) \mathrm{d}(x) = \int_{-\infty}^{+\infty} x \lambda \mathrm{e}^{-\lambda x} \mathrm{d}x$$

$$=-\int_{-\infty}^{+\infty} x\lambda\,\mathrm{e}^{-\lambda x}\,\mathrm{d}x =-\int_{-\infty}^{+\infty} x\,\mathrm{d}\mathrm{e}^{-\lambda x} =\int_{0}^{+\infty} \mathrm{e}^{-\lambda x}\,\mathrm{d}x$$

$$=-\frac{1}{\lambda}\mathrm{e}^{-\lambda x}\Big|_{0}^{+\infty} =\frac{1}{\lambda}.$$

（6）正态分布

设随机变量 $X \sim N(\mu,\sigma^2)$，则 X 的数学期望为：

$$E(X) = \frac{1}{\sqrt{2\pi}\sigma}\int_{-\infty}^{+\infty} x\mathrm{e}^{-\frac{(x-\mu)^2}{2\sigma^2}}\,\mathrm{d}x \xrightarrow{\;\;令\frac{x-\mu}{\sigma}=t\;\;} \frac{1}{\sqrt{2\pi}}\int_{-\infty}^{+\infty}(\sigma t+\mu)\mathrm{e}^{-\frac{t^2}{2}}\,\mathrm{d}t$$

$$= 0 + \frac{\mu}{\sqrt{2\pi}}\int_{-\infty}^{+\infty}\mathrm{e}^{-\frac{t^2}{2}}\,\mathrm{d}t = \mu.$$

1.3 数学期望的性质

数学期望有如下性质：

(1) 设 C 为常数，则 $E(C) = C$.

(2) 设 C 为常数，X 为随机变量，则 $E(CX) = CE(X)$.

(3) 设 X,Y 是两随机变量，则 $E(X+Y) = E(X) = E(Y)$.

例 4 设的分布律为：

X	-2	0	1
P	$\frac{1}{3}$	$\frac{1}{2}$	$\frac{1}{6}$

求：$(1)P\{X>-2\}$；$(2)E(2X-1)$.

解 $(1)P\{X>-2\} = P\{X=0\}\bigcup\{X=1\} = \{X=0\}+\{X=1\}$
$$=\frac{1}{2}+\frac{1}{6} = \frac{2}{3}.$$

$(2)E(2X-1) = E[2X+(-1)] = E(2X)+E(-1) = 2E(X)-1$

而 $E(X) =-2\times\frac{1}{3}+0\times\frac{1}{2}+1\times\frac{1}{6} =-\frac{1}{2}$

故 $E(2X-1) = 2\times\left(-\frac{1}{2}\right)-1 =-2.$

例 5 假定某路桥公司完成某项工程的材料费 $X \sim N(10^6,10^8)$ 该项工程每天劳务费为 1500 元／天，而完成该项工程的天数 $Y \sim N(10,12^2)$，求该项工程的全部费用（材料费、劳务费）的数学期望.

解 设该项工程的全部费用为 Z，则 $Z = X+1500Y$

因此 $E(Z) = E(X+1500Y) = E(X)+1500E(Y)$

由于 $X \sim Y(10^6,10^8)$，所以 $E(X) = 10^6$（元），

$Y \sim N(80,12^2)$，得 $E(Y) = 80$（天），

故 $E(Z) = 10^6+1500\times80 = 1.12\times10^6$（元）.

2. 随机变量的数学方差

2.1 随机变量方差的概念

期望是随机变量重要的数字特征,但是在刻画随机变量的性质时,仅有数学期望是不够的.例如有两批钢筋,每批各 10 根,它们的抗拉强度指标如下:

第一批:110 120 120 125 125 125 130 130 135 140

第二批:90 100 120 125 130 130 135 140 145 145

它们的平均抗拉强度都是 126.但是,在使用钢筋时,一般要求,抗拉强度不低于一个指定数值(如 115),易看出第二批钢筋的抗拉强度与其平均值偏差较大,即取值较分散,不合格的比第一批多.因而从实用价值来说,可以认为第二批的质量比第一批差.因此,为了描述随机变量与其平均值的偏离程度,引入了随机变量方差的概念.

定义 2 设 X 为随机变量,若 $E[X-E(X)^2]$ 存在,则称它为 X 的**方差**,记为 $D(X)$.即 $D(X) = E[X-E(X)]^2$,并称 $\sqrt{D(X)}$ 为 X 的**标准差**.

由定义,随机变量 X 的方差反映了 X 的取值与其数学期望的偏离程度.若 $D(X)$ 较小,则 X 的取值比较集中,否则,X 的取值比较分散.因此,$D(X)$ 方差是刻画 X 取值离散程度的一个量.

若 X 是离散型随机变量,其分布律为 $P\{X = x_k\} = p_k, k = 1, 2, \cdots$,则有

$$D(X) = E[X-E(X)]^2 = \sum_{k=1}^{\infty} [x_k - E(X)]^2 p_k.$$

若 X 为连续型的随机变量,其概率密度为 $f(x)$,则 X 的方差

$$D(X) = E[X-E(X)]^2 = \int_{-\infty}^{+\infty} [x - E(X)]^2 f(x) \mathrm{d}x.$$

由数学期望性质

$$\begin{aligned} D(X) &= E[X-E(X)]^2 = E\{X^2 - 2E(X) \cdot X + [E(X)]^2\} \\ &= E(X^2) - 2E(X) \cdot E(X) + [E(X)]^2 \\ &= E(X^3) - [E(X)]^2. \end{aligned}$$

例 6 设离散型随机变量 X 的分布律为:

X	-2	0	1
p	$\frac{1}{3}$	$\frac{1}{2}$	$\frac{1}{6}$

求:$D(X)$.

解 由于 $D(X) = -\dfrac{1}{2}$

所以 $D(X) = \left[-2 - \left(-\dfrac{1}{2}\right)\right]^2 \times \dfrac{1}{3} + \left[0 - \left(-\dfrac{1}{2}\right)\right]^2 \times \dfrac{1}{2} \left[1 - \left(-\dfrac{1}{2}\right)\right]^2$

$\times \dfrac{1}{6} = \dfrac{5}{4}$.

例 7　设随机变量 X 的概率密度为:

$$f(x) = \begin{cases} x, & 0 < x < 1 \\ 2 - x, & 1 \leqslant x < 2 \\ 0, & \text{其他} \end{cases}$$

求: X 的方差 $D(X)$.

解　由例 3 可知 $E(X) = 1$,

故 $D(X) = \displaystyle\int_{-\infty}^{+\infty} (x-1)^2 f(x)\mathrm{d}x$

$= \displaystyle\int_0^1 (x-1)^2 x\mathrm{d}x + \int_1^2 (x-1)^2 (2-x)\mathrm{d}x = -\dfrac{5}{6}$.

例 8　对于随机变量 X,已知 $E(X) = 1, E(X^2) = 2$,求 $D(X)$.

解　$D(X) = E(X^2) - [E(X)]^2 = 2 - 1^2 = 1$.

2.2　方差的性质

随机变量的方差具有如下性质:

(1) 设 C 为常数,则 $D(C) = 0$

(2) X 为随机变量,C 为常数则有 $D(CX) = C^2 D(X)$

(3) 几个常用分布的方差

①0—1 分布

设 X 服从参数为 p 的 (0—1) 分布,则 $D(X) = pq$ 其中 $0 < p < 1, q = 1 - p$.

② 二项分布

设 $X \sim B(n, p)$,则 $D(X) = npq$,其中 $0 < p < 1, q = 1 - p$.

③ 泊松分布

设随机变量 $X \sim p(\lambda)$,则 $D(X) = \lambda$.

④ 均匀分布

设 $X \sim U[a, b]$,则 $D(X) = \dfrac{1}{12}(b-a)^2$.

⑤ 指数分布

设 $X \sim E(\lambda)$,则 X 的方差 $D(X) = \dfrac{1}{\lambda^2}$.

⑥ 正态分布

设 $X \sim N(\mu, \sigma^2)$,则 $D(X) = \sigma^2$

例 9　设 $X \sim p(2)$,求 $E(X^2), D(-3X)$.

解　由于 $X \sim p(2)$,故 $E(X) = D(X) = 2$

因为 $D(X) = EA(X^2) - [E(X)]^2$

所以 $E(X)^2 = D(X) + [E(X)]^2 = 2 + 2^2 = 6.$

由方差性质 2

$D(-3X) = (-3)^2 \cdot D(X) = 9D(X) = 9D(X) = 9 \times 2 = 18.$

例 10 设随机变量 $X \sim B(n, p)$ 且 $E(X) = 2.4, D(X) = 1.44$ 求 $m、p$

解 由于 $X \sim B(n, p)$

所以 $E(X) = np, D(X) = npq = np(1-p)$

解方程组 $\begin{cases} np = 2.4 \\ np(1-p) = 1.44 \end{cases}$, 得 $p = 0.4, n = 6.$

3. 数学期望及方差的应用

随机变量的数学期望及方差在日常生活中有着广泛应用, 下面通过例子说明其应用.

例 11 甲、乙两人进行打靶, 所得分数分别记为 X_1, X_2, 它们的分布律为:

X_1	0	1	2
p	0	0.2	0.8

X_2	0	1	2
p	0.6	0.3	0.1

试评定他们成绩的好坏.

解 我们来计算 X_1 的数学期望, 得

$E(X_1) = 0 \times 0 + 1 \times 0.2 + 2 \times 0.8 = 1.8 (分).$

这意味着如果甲进行很多次的射击, 那么所得分数的算术平均值就接近于 1.8, 而乙所得分数 X_2 的数学期望为:

$E(X_2) = 0 \times 0.6 + 1 \times 0.3 + 2 \times 0.1 = 0.5 (分).$

很明显, 乙的成绩远不如甲的成绩.

例 12 按规定, 某车站每天 $8:00 \sim 9:00, 9:00 \sim 10:00$ 都恰有一辆客车到站, 但到站的时刻是随机的, 且两者到站的时间相互独立, 其规律为:

到站时刻	8:10 9:10	8:30 9:30	8:50 9:50
概　率	$\frac{1}{6}$	$\frac{3}{6}$	$\frac{2}{6}$

一旅客 $8:20$ 到车站, 求他候车时间的数学期望.

解 设旅客的候车时间为 X (以分计算), X 的分布律为

X	10	30	50	70	90
φ	$\frac{3}{6}$	$\frac{2}{6}$	$\frac{1}{6} \times \frac{1}{6}$	$\frac{1}{6} \times \frac{3}{6}$	$\frac{1}{6} \times \frac{2}{6}$

在上表中, **举例:**

$$p\{X=70\}=p(AB)=p(A)\cdot p(B)=\frac{1}{6}\times\frac{3}{6}.$$

其中,A 为事件"第一班车在 8:10 到站",

B 为事件"第二班车在 9:30 到站"

候车时间的数学期望为:$E(X)=10\times\dfrac{3}{6}+30\times\dfrac{2}{6}+50\times\dfrac{1}{36}+70\times\dfrac{3}{36}+$

$90\times\dfrac{2}{36}=27.22$(分).

例 13　某商店对某种家用电器的销售采用先使用后付款的方式,记使用寿命为 $X(w$ 年计) 规定:

$X\leqslant 1$　　　　一台付款 1500 元

$1<X\leqslant 2$　　一台付款 2000 元

$2<X\leqslant 3$　　一台付款 2500 元

$X>3$　　　　一台付款 3000 元

设寿命 X 服从指数分布,其概率密度为:

$$f(x)=\begin{cases}\dfrac{1}{10}\cdot e^{-\frac{x}{10}}, & x>0\\[2mm] 0, & x\leqslant 0\end{cases}$$

试求该商店一台收费 Y 的数学期望.

解先求出寿命 X 落在各个区间的概率,即有:

$$p\{X\leqslant 1\}=\int_0^1\frac{1}{10}e^{-\frac{x}{10}}dx=1-e^{-0.1}=0.0952$$

$$p\{<X\leqslant 2\}=\int_1^2\frac{1}{10}e^{-\frac{x}{10}}dx=e^{-0.1}-e-0.02=0.0861$$

$$p\{2<X\leqslant 3\}=\int_2^3\frac{1}{10}e^{-\frac{x}{10}}dx=e^{-0.2}-e^{-0.3}=0.0779$$

$$p\{X>3\}=\int_3^\infty\frac{1}{10}e^{-\frac{x}{10}}dx=e^{-0.3}=0.7408$$

一台收费 Y 的分布律为:

Y	1500	2000	2500	3000
	0.0952	0.0861	0.779	0.7408

故 $E(Y)=1500\times 0.0952+2000\times 0.0861+2500\times 0.0779+3000\times 0.7408$
　　$=2732.15$ 元.

即平均一台收费 2732.15 元.

习题 7.4

1. 设随机变量 X 概率分布为

$$\begin{bmatrix} -1 & 0 & 1 \\ 0.2 & 0.3 & 0.5 \end{bmatrix}$$

求 $E(X), D(X)$.

2. 设随机变量 X 概率分布为

$$\begin{bmatrix} 1 & 2 & 5 \\ 0.2 & 0.5 & 0.3 \end{bmatrix}$$

求 $E(X), E(2X+3)$.

3. 设 $X \sim f(x) = \begin{cases} 2x, 0 \leqslant x \leqslant 1 \\ 0, 其他 \end{cases}$，求 $E(X), D(X)$.

4. 设 $f(x) = \begin{cases} 2x^2, 0 \leqslant x \leqslant 0 \\ 0, 其他 \end{cases}$

(1) 求 θ 的值；(2) 求 $E(X), D(X)$.

§7.5 统计量及其分布

1. 总体、样本、统计量

1.1 总体与样本

总体与样本是数理统计中的两个最基本的概念，我们所研究的某种对象的全体称为**总体(或母体)**，组成总体的每个单元称为**个体(或样品)**，从总体中抽取出的部分单元称为样本.

举例 考察一袋种子的发芽率，取 100 粒进行试验，则这一袋种子为**总体**，每粒种子为一个**个体**，取出的 100 粒种子为一个**样本**.

为了使抽取的样本能反映总体的特性，对抽取的样本有两个基本要求. 第一，随机性，就是把每一个个体都看成是平等的，不挑、不捡，任意抽取. 第二，独立性，即每次抽得的结果不受其他结果的影响，也不影响其他各个结果. 按这种要求所取得的样本称为**简单随机样本**，简称**样本**，样本中所包含的样品数，称为**样本容量**.

为了便于理论分析，我们把所讨论的总体看成某一随机变量 ξ 取值的全体，

并称 ξ 为总体. 如有一批棉花,我们用 ξ 表示这批棉花纤维的长, ξ 是一随机变量. 如果我们掌握了 ξ 取值的规律,则这批棉花纤维的长度情况就掌握了. 又设 x_1, $x_2 \cdots x_n$ 为总体 ξ 的一个容量为 n 的随机样本,由于每一个个体都是由总体中随机选出的,它们取什么值是随机的,所以一般我们将样本 $x_1, x_2 \cdots x_n$ 看成 n 个随机变量,他们与 ξ 有一样的分布. 对于每一次具体的抽样, $x_1, x_2 \cdots x_n$ 是一组具体数,称为一组**样本观察值**,一般也称**样本**.

1.2 统计量

在数理统计中,并不是直接利用抽取的样本进行估计、推断,而需要对样本进行一番"加工"和"提炼",即针对不同的问题构造出样本的各种函数,这种函数称为**统计量**.

一般地,设 $\xi_1, \xi_2, \cdots \xi_n$ 是总体 ξ 的一个样本,称**不包含任何未知参数的函数** $\varphi(\xi_1, \xi_2 \cdots \xi_n)$ **为统计量**. 因为样本是随机变量,所以统计量也是随机变量.

举例   设 ξ_1, ξ_2 是从总体中抽取的一个样本,如果 $\xi \sim N(\mu, \sigma^2)$,其中 μ, σ^2 是未知参数,则 $\frac{1}{2}(\xi_1 + \xi_2) - \mu, \frac{\xi_1}{\sigma}$ 都不是统计量,因为它们含有未知参数,而 $\frac{1}{2}(\xi_1 + \xi_2), \xi_1 + \xi_2, 2\xi_1^2 + \xi_2^2$ 等都是统计量.

今后我们经常用到的统计量有($\xi_1, \xi_1, \cdots \xi_n$ 是样本), $\bar{\xi} = \frac{1}{n} \sum_{i=1}^{n} (\xi_i - \bar{\xi})$ 等.

当总体 ξ 的分布确定时(例如 $\xi \sim N(\mu, \sigma^2)$),这些统计量的分布是确定的.

1.3   常用的数理统计方法

(1) 频率分布与直方图

列统计表和绘制统计图是对样本数据进行整理加工的两种基本形式.

频率统计表是统计表的一种,它可以清楚地反映样本数据的分布规律,从而可以通过它对总体分布的规律进行估计. **频率分布直方图**是统计图的一种,它可以将频率分布表中的结果直观形象地表示出来.

下面,我们结合一个统计材料,说明列频率分布表和画频率分布直方图的步骤.

例 1   为了了解某年级学生的数学学习状况,从全年级数学考卷中任意抽取 40 份,成绩如下:

70,85,92,86,89,95,84,79,63,72,78,60,100,97,59,

83,66,67,79,60,74,77,98,65,73,82,65,99,76,93,

79,77,81,84,99,88,89,93,55,87.

试列出频率分布表并画出频率分布直方图.

解   我们按以下步骤进行编制:

第一步,将这些数值按从小到大排列(相同数值只写一个,并标明出现次

数),由此可得出:

① 最大值与最小值的差——统计中称为**全距**,如本例中全距 = 100 - 55 = 45(分).

② 如果不同值很少,即可按不同值分组. 如果不同值较多. 如本例有 40 个不同值,就要考虑如何分组.

第二步,确定组距和分组数目. 组距是每个组的长短距离,它与分组数成反比,分组数目多少,要依数据来定. 当数据在 100 以内时,常分成 5—12 组. 本例有 40 个数据,可以分成 6 组,所以,组距 = $\frac{全距}{分组数}$ = $\frac{45}{6}$ = 7.5,取整数,组距可定为 8 分.

第三步,确定各组分点. 确定分点有两条原则,一是要把全部数据包括在组内;二是每个数据要在一个确定的组内. 如本例中,若第一组以 55 分为起点,则 63 分是个分点,数据中的 63 分属于第一组还是第二组就不确定,若以 54 分或 53 分为起点,也会遇到同样的问题. 所以,我们可以把分点取小数,如第一组取 53.5—61.5 分,以后各分点顺次递增 8 分,这样就不会出现上面的矛盾了.

第四步,列频率分布表,如表 7.5 - 1 所示.

表 7.5 - 1

分组	频数(k)	频率($\frac{k}{n}$)	频率组距
[53.5, 61.5]	4	0.100	0.125
[61.5, 69.5]	5	0.125	0.0156
[69.5, 77.5]	7	0.175	0.0219
[77.5, 85.5]	10	0.250	0.0313
[85.5, 93.5]	8	0.200	0.0250
[93.5, 101.5]	6	0.150	0.0188
合计	40	1.000	

第五步,绘频率分布直方图.

频率分布直方图如图 7.5 - 1 所示.

其中横轴表示考试成绩,纵轴表示频率与组距的比值,容易看出:

小长方形的面积 = 组距 × $\frac{频率}{组距}$ = 频率.

这就是说,各个小长方形的面积等于相应各组的**频率**. 这样,**频率分布直方图**就以图形面积的形式反映了数据落在各个小组内的频率大小.

在频率分布直方图中,由于各小长方形的面积等于相应各组的频率,而各组频率的和等于1,因此各小长方形的面积和等于1.

由一个样本的频率分布可以对相应的总体分布作出估计. 在上面的例子中,样本数据落在77.5～85.5分之间的频率是0.25,说明在每100名该年级的学生中,约有25人数学成绩在77.5～85.5分之间.

如果将上图每个小长方形上底边中点用一条光滑的曲线连接起来,我们就会看到一条曲线,它非常接近正态曲线,如图7.5-2所示.

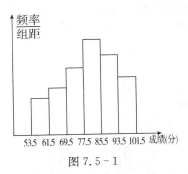

图 7.5-1

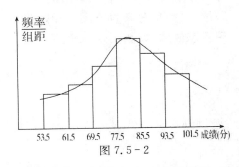

图 7.5-2

如果将上述数据分为12组,做出频率分布直方图,再将每个小长方形上底边中点用一条光滑的曲线连接起来,我们就会看到一条曲线,它几乎就是正态曲线.(留给同学们去完成)

(2)累积频率分布与累积频率分布图

根据例3中的频率分布表,可以计算出:

成绩小于69.5分的频率等于前两组的频率之和,即0.100+0.125=0.225

成绩小于77.5分的频率等于前三组的频率之和,即0.100+0.125+0.225=0.4

依次类推,这种样本数据小于某一数值的频率,称为累积频率. 例7.4.3的累积频率分布表如表7.5-2所示.

表 7.5-2

分组	频数	频率	累积频率
$[53.5, 61.5]$	4	0.100	0.100
$[61.5, 69.5]$	5	0.125	0.225
$[69.5, 77.5]$	7	0.175	0.400
$[77.5, 85.5]$	10	0.250	0.650
$[85.5, 93.5]$	8	0.200	0.850
$[93.5, 101.5]$	6	0.150	1.000
合计	40	1.000	

根据累积频率分布表可以画出累积频率分布图,如图 7.5 - 3 所示.

累积频率分布从另一个角度反映了样本数据的分布情况,与频率分布相互补充.累积频率分布图是一条折线,利用它可以近似地得到样本数据在任意两端点值之间的频率(等于这两个端点值的累积频率之差).

(3)总体密度曲线

在研究频率分布时,如果样本容量越大,则分组越多,那么各组的频率就越接近于总体在相应各组取值的概率.设想样本容量无限增大时,分组的组距就无限缩小,频率分布直方图就无限接近于一条光滑曲线 —— 总体密度曲线,它趋于正态曲线.如图 7.5 - 4 所示.

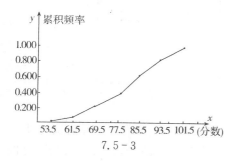

7.5 - 3

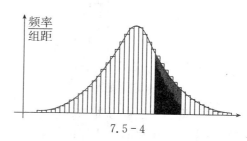

7.5 - 4

总体密度曲线反映了总体分布,即反映了总体在各个范围内取值的概率.如图中带斜线部分的面积,就是总体在(a,b)(或$[a,b]$)内取值的概率.

同样,当样本容量无限增大时,累积频率分布图也会趋于一条光滑曲线——**累积分布曲线**,如图 7.5 - 5 所示,它反映了总体的累积分布规律,即曲线上任意一点 $p(a,b)$ 的纵坐标 b,就表示总体取小于 a 的值的概率.

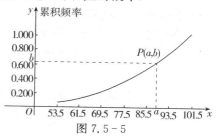

图 7.5 - 5

2. 抽样分布

利用统计量对总体的某种性质进行推断时,一般要借助于统计量的分布,这样,计算统计量的分布在数理统计中就显得比较重要,通常称统计量的分布为**抽样分布**.如果总体的分布已知,抽样分布是确定的,然而要精确求出抽样分布,一般来说是困难的.

下面介绍几个常用统计量的分布:

2.1　样本均值的分布

定理1　设总体 $X \sim N(\mu, \sigma^2)$,$(X_1, X_2, \cdots, X_n)$ 为来自总体 X 的样本,则样

本均值 $\overline{X}$ 是服从正态分布的随机变量. 记为: $\overline{X} \sim N(\mu, \frac{\sigma^2}{n})$

例 2　设有一个来自正态总体 $N(4,24)$ 的随机样本, 其容量为 $n = 6$, 查表求 $P(1 < \overline{X} < 7)$ 的值.

解:　因为 $\mu = 4, \sigma^2 = 24, n = 6$, 所以 $\overline{X} \sim N(4, 2^2)$ 即

$$\Rightarrow p(1 < \overline{X} < 7) = \Phi\left(\frac{7-4}{2}\right) - \Phi\left(\frac{1-4}{\cdot 2}\right) =$$

$$\Phi(1.5) - \Phi(-1.5) = 2\Phi(1.5) - 1 =$$

$$2 \times 0.93319 - 1 = 0.86638.$$

推论　设总体 $X \sim N(\mu, \sigma^1)$, $(X_1, X_2, \cdots, X_n)$ 为来自总体 X 的样本, 则统计量 U 服从标准正态分布即

$$U = \frac{\overline{X} - \mu}{\sigma \sqrt{n}} \sim N(0, 1)$$

例 3　求 λ 的值, 使 $p(U > \lambda) = 0.025$

解　因为 $U \sim N(0,1)$ 所以 $p(U > \lambda) = 1 - p(U \leqslant \lambda) = 1 - \Phi(\lambda) = 0.025$

$$\Rightarrow \Phi(\lambda) = 1 - 0.025 = 0.975$$

查附表 2, 得 $\lambda = 1.96$.

例 4　求 λ 的值, 使 $p(|U| < \lambda) = 0.99$.

解　$p(|U| < \lambda) = p(U \leqslant \lambda) -$

$p(U \leqslant \lambda -) = 2p(U \leqslant \lambda) - 1 = 0.99$

$$\Rightarrow p(U \leqslant \lambda) = \frac{1 + 0.99}{2} = 0.995$$

查表, 得 $\lambda = 2.58$.

一般地, 若已知 a 查表求 λ,

使 $p(|U| < \lambda) = 1 - a$,

则根据标准正态分布的对称性, 如

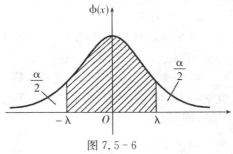

图 7.5 - 6

图 7.5 - 6 所示, 有 $p(U < \lambda) = 1 - \frac{a}{2}$ 反查正态分布表, 即得 λ.

通常记 $\lambda U_{\frac{a}{2}}$, 并称 $U_{\frac{a}{2}}$ 为**临界值**, 即 $p(|U| < U_{\frac{a}{2}}) = 1 - a$.

2.2　χ^2 分布

如果总体 $X \sim N(\mu, \sigma^2)$, $(X_1, X_2, \cdots, X_n)$ 为来自总体 X 的样本, 样本方差为

$$S^2 = \frac{1}{n-1} \sum_{i=1}^{n} (X_i - \overline{X})^2$$

S^2 是 n 个随机变量的平方和, 但这 n 个随机变量必须满足约束条件

$$\sum_{i=1}^{n}(X_i - \overline{X}) = 0$$

在 n 个随机变量中只有 $n-1$ 个可以"自由"变化,即只有 $n-1$ 个独立的随机变量. 因此,$n-1$ 叫做 S^2 的**自由度**,记作 $\mathrm{d}f = n-1$.

$$\chi^2 = \frac{(n-1)S^2}{\sigma^2} = \frac{1}{\sigma^2}\sum_{i=1}^{n}(X_i - \overline{X})^2,$$

则 χ^2(读作"卡方")的自由度亦为 $n-1$,因此称之为自由度是 $n-1$ 的 χ^2 **变量**,它的概率分布叫做自由度为 $n-1$ 的 χ^2 **分布**,记作 $\chi^2(n-1)$ 即

$$\chi^2 = \frac{(n-1)S^2}{\sigma^2} \sim \chi^2(n-1)$$

χ^2 变量的密度曲线如图 7.5 - 7 所示. χ^2 的临界值由附表 3 查得.

例 5   若 $p(\chi^2(9) < \lambda) = 0.025$,求 λ.

解:因为 $p(\chi^2(9) > \lambda) = 1 - p(\chi^2(9) < \lambda) = 1 - 0.025 = 0.975$,

所以 $\mathrm{d}f = 9, a = 0.975$.

查表得

$\lambda = 2.700$.

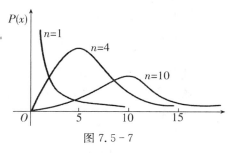

图 7.5 - 7

例 6   如果样本容量 $n = 11, p(\lambda_1 < \chi^2 < \lambda_2) = 0.90$ 求 λ_1, λ_2 的值.

解   如图 7.5 - 8 所示,选取这样一组 λ_1, λ_2,使两尾部的面积都等于 0.05,即

$$p(\chi^2 < \lambda_1) = p(\chi^2 > \lambda_2) = \frac{1}{2} \times (1 - 0.9) = 0.05$$

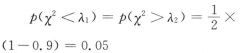
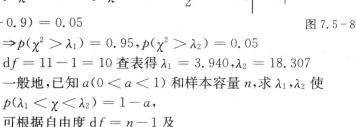

图 7.5 - 8

$\Rightarrow p(\chi^2 > \lambda_1) = 0.95, p(\chi^2 > \lambda_2) = 0.05$

$\mathrm{d}f = 11 - 1 = 10$ 查表得 $\lambda_1 = 3.940, \lambda_2 = 18.307$

一般地,已知 $a(0 < a < 1)$ 和样本容量 n,求 λ_1, λ_2 使

$$p(\lambda_1 < \chi < \lambda_2) = 1 - a,$$

可根据自由度 $\mathrm{d}f = n - 1$ 及

$$p(\chi^2 > \lambda_1) = 1 - \frac{a}{2}, \quad p(\chi^2 > \lambda_2) = \frac{a}{2},$$

查表即得 λ_1, λ_2 的值. 通常记

$$\lambda_1 = \chi_{1-\frac{a}{2}}^2(n-1), \quad \lambda_2 = \chi_{\frac{a}{2}}^2(n-1),$$

$$p[\chi^2_{1-\frac{a}{2}}(n-1) < \chi^2 < \chi^2_{\frac{a}{2}}(n-1)] = 1-a.$$

2.3 t 分布

在统计量 $U = \dfrac{\overline{X}-\mu}{\sigma/\sqrt{n}}$ 中,当总体 X 的方差未知时 σ^2,可用样本均值 S^2 代替,

从而得到统计量 $t = \dfrac{\overline{X}-\mu}{S/\sqrt{n}}$

它的概率分布称为自由度为 $n-1$ 的 t 分布,简记作 $t = \dfrac{\overline{X}-\mu}{S/\sqrt{n}} \sim t(n-1)$

t 分布的密度曲线如图 7.5 – 9 所示,t 分布临界值表见附表 4.

例7 若 $p(|t|>\lambda) = 0.05$,试求自由度为 7、10、14 时的 λ 值.

解:$p(|t|>\lambda) = 0.05$
$\Rightarrow p(t>\lambda) = 0.025$,
所以 $a = 0.025$.

(1) 当 $df = 7$ 时,查附表 4 得 $\lambda = 2.3646$.

(2) 当 $df = 10$ 时,查附表 4 得 $\lambda = 2.2281$.

(3) 当 $df = 14$ 时,查附表 4 得 $\lambda = 2.1448$.

一般地,已知 a 和样本容量 n,求 λ 使 $p(|t|<\lambda) = 1-a$,可根据自由度 $df = n-1$ 及

$$p(t>\lambda) = \frac{a}{2},$$

查表即得 λ(参见图 7.5 – 10)临界值 λ 常记作 $\lambda = t_{\frac{a}{2}}(n-1)$.

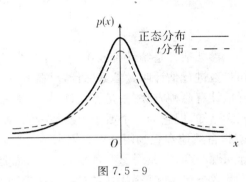

图 7.5 – 9

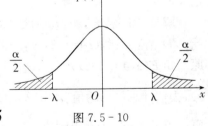

图 7.5 – 10

习题 7.5

1. 设 x_1, x_2, x_3 是正态分布总体 $N(\mu, \sigma^2)$ 的一个样本,其中 μ 已知,而 σ^2 未知,指出下列样本函数

$$x_1 + x_2 + x_3, x_2 + 2\mu, \min(x_1, x_2, x_3), \sum \frac{x_i^2}{\sigma^2}, \frac{x_3 - x_1}{2}$$ 中,哪些是统计量,哪些不是统计量,为什么?

2. 从总体 X 中任意抽取一个容量为 10 的样本,样本值为

4.5,2.0,1.0,1.5,3.5,4.5,6.5,5.0,3.5,4.0

试分别计算样本均值 $\overline{x}$ 及样本方差 s^2.

3.设总体 $X \sim N(52 - 6.3^2)$,样本容量 $n = 36$,求样本均值落在 50.8 及 53.8 之间的概率.

4.某种零件长度服从 $X \sim N(11, 0.3^2)$,今从中任取 12 个零件抽检,求 12 个零件的平均长度大于 11.1 的概率.

§7.6　参数估计

参数估计是统计推断中的基本问题,在统计推断理论中,对均值、方差等未知参数进行估计叫做**参数估计**,对概率分布进行估计叫做**非参数估计**,对参数进行估计有两种方法,一是点估计,另一是区间估计,假设总体 X 的分布函数的形式为已知,但它的一个或多个参数未知. 如果得到了 X 的样本观察值 $x_1, x_2, \cdots, x_n$ 很自然地会想到用这组数据来估计总体参数的值,这个问题称为参数的**点估计**问题. 有时不是对参数作定值估计,而是要估计参数的一个所在范围,并指出该参数被包含在该范围内的概率,这类问题称为参数的**区间估计**.

1. 参数的点估计

例 1　设 $x_1, x_2, \cdots, x_n$ 是来自正态总体 $N(\mu, \sigma^2)$ 的一个样本,试求 λ 和 σ^2 的估计量.

解　因 $x_1, x_2, \cdots, x_n$ 为是来自正态总体 $N(\mu, \sigma^2)$ 的一个样本,因此 $E(x_i) = \mu, D(x_i) = \sigma^2, (i = 1, 2, \cdots, n)$. 我们知道正态总体的一阶原点矩是期望,二阶原点矩 $E(x_i^2) = D(x) + [E(x_i)]^2 = \sigma^2 + \mu^2$,因此用样本的一阶原点矩(即均值 $\overline{x}$),去估计总体的均值 μ,用样本的二阶原点矩(即 $\frac{1}{n}\sum\limits_{i=1}^{n} x_i^2$),去估计总体的二阶原点矩 $\sigma^2 + \mu^2$. 于是得到

$$\begin{cases} \hat{\mu} = \overline{x} \\ \hat{\sigma}^2 + \hat{\mu}^2 = \dfrac{1}{n}\sum\limits_{i=1}^{n} x_i^2 \end{cases}$$

从上式解出 $\hat{\mu}$ 和 $\hat{\sigma}^2$,得

$$\begin{cases} \hat{\mu} = \overline{x} \\ \hat{\sigma}^2 = \dfrac{1}{n}\sum\limits_{i=1}^{n} x_i^2 - x^{-2} = \dfrac{1}{n}\sum\limits_{i=1}^{n}(x_i = \overline{x})^2 \end{cases}$$

例 2　设某种灯泡的寿命 $X \sim N(\mu, \sigma^2)$,其中和未知,今随机抽取 5 只灯泡,

测得寿命分别为（单位：小时）

　　1287　　1623　　1591　　1432　　1527

　　求 μ 和 σ^2 的估计值.

　　解　　根据例 1 的结论，得

$$\hat{\mu} = \bar{x} = \frac{1}{5}(1287 + 1623 + 1591 + 1432 + 1527) = 1492,$$

$$\hat{\sigma}^2 = \frac{1}{5}(1287^2 + 1623^2 + 1591^2 + 1432^2 + 1527^2) - 1492^2 = 14762.4.$$

即 μ 和 σ^2 的估计值分别为

$$\begin{cases} \hat{\mu} = 1492 \\ \hat{\sigma}^2 = 14762.4 \end{cases}.$$

2. 参数的区间估计

　　用统计量的一个确定值 θ 去估计未知参数 θ，θ 给了一个近似值，这是很有用的，它给了人们一个明确的数量概念，但是它也有缺陷——没有给出这种近似的精确度，没有给出误差的范围，换句话说，这种点估计是没有多大把握的. 譬如，对一个物体的长度重复测量 10 次，得平均值 1.10 m，很自然用 1.10 m 估计真实长度 θ，实际上 θ 未必就是 1.10 m，但如果我们说 θ 在 1.10 m 附近，或者说 θ 在以 1.10 m 为中心的某一个小区间内，如设 θ 在 [1.08, 1.12](m) 之内，把握就大一些，也就更合理一些. 这种用一个区间来估计参数的方法称为**区间估计**. 下面我们只介绍正态分布下已知方差 σ^2，对数学期望 μ 进行的区间估计问题.

　　设 $x_1, x_2, \cdots, x_n$ 是来自正态分布 $N(\mu, \sigma^2)$ 的一个样本，其中 μ 未知，σ^2 已知，现要根据样本 $x_1, x_2, \cdots, x_n$，以 $1-a$（其中 $0 < a < 1$）（称 $1-a$ 叫做**置信度**）估计未知参数 μ 的真值所在的区间，并称此区间为**置信区间**.

　　由定理 6 知

　　样本均值 $\bar{x} = \dfrac{1}{n}\sum_{i=1}^{n} x_i \sim N(\mu, \dfrac{\sigma^2}{n})$

　　因此样本函数 $U = \dfrac{\bar{x} - \mu}{\sigma / \sqrt{n}} \sim N(0, 1)$

　　对于给定的置信度 $1-a$，查正态分布数值表（附录），可以找出两个临界值 λ_1, λ_2，使得

　　$p(\lambda_1 < U < \lambda) = 1 - a$

　　满足上式的临界值 λ_1, λ_2，从附录中可以找到无穷多组，为方便起见，我们一般总是取对称区间 $[-\lambda, \lambda]$，即有

　　$p(-\lambda < U < \lambda) = 1 - a.$

从图 7.6-1 不难看出确定临界值 λ 的方法就是查表求出使成立的,记 $\lambda z_{\frac{a}{2}}$.

将 $U = \dfrac{\overline{x} - \mu}{\sigma / \sqrt{n}}, \lambda = z_{\frac{a}{2}}$ 代入不等式

$$-\lambda < U < \lambda$$

$$-z_{\frac{a}{2}} \leqslant \frac{\overline{x} - \mu}{\sigma / \sqrt{n}} \leqslant z_{\frac{a}{2}}$$

$$\overline{x} - z_{\frac{a}{2}} \frac{\sigma}{\sqrt{n}} \mu \leqslant \overline{x} + z_{\frac{a}{2}} \frac{\sigma}{\sqrt{n}}$$

从而得到期望的置信度为的置信区间为

$$\left[\overline{x} - z_{\frac{a}{2}} \frac{\sigma}{\sqrt{n}}, \overline{x} + z_{\frac{a}{2}} \frac{\sigma}{\sqrt{n}} \right],$$

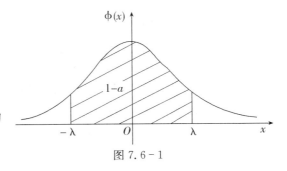

图 7.6-1

这就是说,随机区间 $\left[\overline{x} - z_{\frac{a}{2}} \dfrac{\sigma}{\sqrt{n}}, \overline{x} + z_{\frac{a}{2}} \dfrac{\sigma}{\sqrt{n}} \right]$,以 $1-a$ 的概率包含 μ 的真值.

例 3 从正态总体 $N(\mu, 4^2)$ 中抽取容量为 4 的样本,样本均值 $\overline{x} = \dfrac{1}{n} \sum\limits_{i=1}^{n} x_i$ = 13.2,求 μ 的置信度为 0.95 的置信区间.

解 因为 $1 - \alpha = 0.95$,所以 $\alpha = 0.05, \Phi(z_{\frac{a}{2}} = 1 - \dfrac{\alpha}{2} = 0.975)$,查正态分布数值表得 $\Phi(1.96) = 0.975$,故 $z_{\frac{a}{2}} = 1.96$,于是

$$\overline{x} z_{\frac{a}{2}} \frac{\sigma}{\sqrt{n}} = 13.2 - 1.96 \times \frac{4}{\sqrt{4}} = 9.28$$

$$\overline{x} z_{\frac{a}{2}} \frac{\sigma}{\sqrt{n}} = 13.2 + 1.96 \times \frac{4}{\sqrt{4}} = 17.12$$

即 μ 的置信度为 0.95 的置信区间是 $[9.28, 17.12]$.

习题 7.6

1. 测两点之间的直线距离 5 次,测得距离的值为:
108.5m,109.0m,110.0m,110.5m,112.0m
(1) 如果测量值服从正态分布 $N(\mu, \sigma^2)$,求 μ 与 σ^2 的估计值;
(2) 假定 σ^2 的值为 2.5,求 μ 的置信度为 0.95 的置信区间.

§7.7　假设检验

1. 假设检验

引例 1　某厂有一批产品,共 10000 件,需经检验后方可出厂. 按规定,次品率不得超过 5%. 今在其中任意选取 25 件产品进行检查,发现有 2 件次品,问这批产品能否出厂?

引例 2　某车间有一台包装机包装白糖,额定标准为每袋净重 50 kg. 假定包装机称得糖的重量服从正态分布,且根据经验知其标准差 $\sigma = 0.35$ kg. 某天开工后,为检验包装机工作是否正常,随机抽取它包装的糖 9 袋,称得的重量为(单位:kg):

49.65,48.35,50.25,49.15,49.85,49.75,51.05,50.25. 这一天包装机工作得是否正常?

作为检验对象的假设称为原假设,通常用 H_0 表示. 例如,例 2 中的原假设为 $H_0: \mu = 50$

用样本提供的信息来推断原假设是否成立的过程叫做**假设检验**.

假设检验的基本原理是:先假设 H_0 为真;其次在 H_0 成立的条件下,构造一个小概率事件 B;然后通过样本提供的信息判断小概率事件 B 是否发生了:如果 B 发生了,而小概率原理认为,概率很小的事件在一次试验中是几乎不可能发生的,从而导出了一个违背小概率原理的不合理现象,这表明假设 H_0 为真是不正确的,因此应拒绝 H_0;否则,应接受 H_0.

小概率事件的概率用 α 表示,一般可取 0.1,0.05,0.01 等值.

通常称 α 为**显著性水平**或**检验水平**.

当 H_0 真实时,如果否定了它,则这种错误称为第一类错误;当虚假时,如果否定了它,则这种错误称为第二类错误.

在实际中,通常总是先固定第一类错误的概率值,然后适当地选取样本容量去控制第二类错误的概率尽量小.

2. 正态总体的假设检验

2.1　U 检验法

例 1　某种商品的寿命 X 服从正态分布 $V(10,4)$,现从这种商品中任取 16 件,测得其寿命为:9.3,8.5,8.7,8.9,9.8,9.1,8.6,8.0,8.9,9.8,8.8,9.0,9.4,

9.0,8.3,9.9.根据经验,该种商品的寿命方差不会变,试根据样本判断该种商品的寿命的均值有无变化.

解：$H_0 : \mu = 10$.

如果 H_0 正确,取样本 $(X_1, X_2, \cdots, X_n)$ 来自总体 $N(10,4)$. $U = \dfrac{\overline{X} - 10}{\dfrac{2}{\sqrt{16}}} \sim N(0,1)$

对于给定的 $\alpha = 0.05$,查正态分布表,可得临界值 $U_{0.025} = 1.96$,

使得 $p(|U| > 1.96) = 0.05$.

这就是说,事件 $(|U| > 1.96)$ 是一个小概率事件.根据样本值算得 $\overline{X} = 9$,代入统计量 U,得

$$|U| = \left| \frac{9 - 10}{\frac{2}{\sqrt{16}}} \right| = 2$$

因为 $|U| = 2 > 1.96$,

所以小概率事件 $(|U| > 1.96)$ 发生了,故应拒绝原假设 H_0.

即认为这天生产的产品的寿命均值在 $a = 0.05$ 检验水平下有显著变化.一般地,设总体 $X \sim N(\mu, \sigma^2)$,其中方差 $\sigma^2 = \sigma_0^2$ 为已知,检验原假设

$H_0 : \mu = \mu_0$

（μ_0 为已知）可用 U 统计量作检验.这种检验方法叫做 U **检验法**.

U 检验法的一般步骤如下：

① 提出原假设 $H_0 : \mu = \mu_0$

② 根据样本值计算统计量 $|U| = \left| \dfrac{\overline{X} - \mu_0}{\dfrac{\sigma_0}{\sqrt{n}}} \right|$ 的值

③ 根据给定的检验水平,查表确定临界值 $U_{\frac{a}{2}}$,使

$p(|U| > U_{\frac{a}{2}}) = a$ ④ 判断：若 $|U| > U_{\frac{a}{2}}$,则拒绝 H_0；否则接受 H_0

例 2　用传统工艺加工的某种加钙饮料中,每 100 mL 平均钙的含量为 60 mg. 现改进了加工工艺,随机抽查了 9 瓶（100 mL/瓶）,测得其钙含量分别为（单位：mg）：

63.5 61.3,58.7,59.6,62.5,63.8,61.5,60.7,59.2.

已知饮料中钙含量服从正态分布 $X \sim N(\mu, \sigma^2)$,且方差 $\sigma^2 = 4$

问新工艺下钙含量比旧工艺钙含量是否有显著差异？

（$a = 0.01$）

解　① 提出原假设 $H_0 : \mu = 60$（mg）

② 由 $\overline{X} = 61.2, n = 9, \sigma = 2, \mu_0 = 60$

得 $|U| = \left| \dfrac{\overline{X} - \mu_0}{\dfrac{\sigma}{\sqrt{n}}} \right| = \left| \dfrac{61.2 - 60}{\dfrac{2}{\sqrt{9}}} \right| = 1.8.$

③ 根据检验水平 $a = 0.01$，查表得临界值 $U_{0005} = 2.58$.

④ 因为 $|U| = 1.8 < 2.58$，所以接受原假设 H_0，即在 $a = 0.01$ 的检验水平下，可以认为新工艺下钙含量比旧工艺钙含量没有显著差异.

2.2　t 检验法

在 U 检验中，当 σ^2 未知时，就无法算出 U 统计量的值，这时自然想到用样本方差 S^2 代替 σ^2，得到统计量 $t \dfrac{\overline{X} - \mu}{\dfrac{S}{\sqrt{n}}}$

当原假设 $H_0 : \mu = \mu_0$ 成立时，总体

$X \sim N(\mu_0, \sigma^2)$

于是有

$$t = \dfrac{\overline{X} - \mu_0}{\dfrac{S}{\sqrt{n}}} \sim t(n-1).$$

用 t 统计量对原假设进行检验的方法称为 t 检验法.

t 检验法步骤如下：

① 提出原假设 $H_0 : \mu = \mu_0$.

② 根据样本值计算统计量 $|t| = \left| \dfrac{\overline{X} - \mu_0}{\dfrac{s}{\sqrt{n}}} \right|$ 的值.

③ 根据给定的检验水平 a 和自由度 $df = n - 1$，查 t 分布表确定临界值 $t_{\frac{a}{2}}$，使 $p(|t| > t_{\frac{a}{2}}) = a$.

④ 判断：若 $|t| > t_{\frac{a}{2}}$，则拒绝 H_0；否则接受 H_0.

例 3　某工厂生产某种产品，该产品的重量服从正态分布，其标准重量为 $\mu_0 = 100$ kg，某日开工后从这批产品中随机测得 9 件产品的重量如下（单位：kg）：

99.3, 98.7, 100.5, 101.2, 98.3, 99.7, 99.5, 102.1, 100.5.

问：该日生产是否正常（$a = 0.05$）？

解（1）提出原假设 $H_0 : \mu = 100$ kg.

（2）$\overline{X} = 99.978, S = 1.212,$

$\Rightarrow |t| = \left| \dfrac{99.978 - 100}{1.212 / \sqrt{9}} \right| = 0.054.$

（3）由 $a = 0.05$ 和 $df = 9 - 18$ 查表得 $t_{0.025}(8) = 2.3060$.

（4）因为 $|t| = 0.054 < 2.3060$，

所以只能接受原假设,即可以认为该日工厂生产正常.

2.3 χ^2 检验法

设 $X \sim N(\mu, \sigma^2)$,检验原假设 $H_0: \sigma^2 = \sigma_0^2$. 用统计量

$$\chi^2 = \frac{(n-1)S^2}{\sigma^2} \sim \chi^2(n-1)$$

来做检验,这种检验称为 χ^2 检验.

检验的步骤如下:

① 提出原假设 $H_0: \sigma^2 = \sigma_0^2$.

② 根据样本值计算统计量 $\chi^2 = \frac{(n-1)S^2}{\sigma_0^2}$ 的值.

③ 根据给定的检验水平 a 和自由度 $df = n-1$,查 χ^2 分布表确定临界值 $\chi^2_{1-\frac{a}{2}}(n-1), \chi^2_{\frac{a}{2}}(n-1)$

④ 判断:若 $\chi^2 < \chi^2_{1-\frac{a}{2}}(n-1)$ 或 $\chi^2 > \chi^2_{\frac{a}{2}}(n-1)$

则拒绝 H_0;否则接受 H_0.

例 4 某电池厂生产的电池,其寿命服从方差 $\sigma^2 = 900$ 的正态分布. 今生产一批这样的电池,从生产情况看,寿命波动性较大,为了判断这种想法是否合乎实际,随机抽取了 26 只电池,测得其寿命的样本方差 $S^2 = 1100$,问这批电池的寿命较以往的有无显著性的差异($a = 0.05$)?

解(1) 提出原假设 $H_0: \sigma^2 = 900$.

(2) 由已知算得统计量的值为

$$\chi^2 = \frac{(n-1)S^2}{\sigma_0^2} = \frac{(26-1) \times 1100}{900} = 30.556$$

(3) 由 $a = 0.05$ 及 $df = 26-1 = 25$ 查表得 $\chi^2_{0.975}(25) = 13.120, \chi^2_{0.025}(25) = 40.646$,

(4) 由于 $13.120 < 30.556 < 40.646$,

因此接受 H_0

即可以认为这批电池寿命的波动性与原来的无显著差异.

习题 7.7

某厂生产钢筋,起标强度为 52(单位:Pa),今抽取 6 炉样本,测得其样本为:

48.5　49.0　53.5　49.5　56.0　52.5

已知钢筋强度 x 服从正态分布,试判断这批产品是否合格($a = 0.05$).

§7.8　一元线性回归分析

在自然界的现象中,同一过程中的各种变量之间往往存在着一定的关系,这种关系大致可分为两类. 一类是确定性关系,如电路中的电压 V、电阻 R 和电流 I 三者之间服从欧姆定律 $V = IR$ 在这种关系中,我们只要知道其中任意两个变量的值,另外一个变量的取值也就唯一确定了. 另一类是不确定关系,例如,人的年龄 X 和血压 Y 之间存在着一定的关系,一般讲,人的年龄大一些,血压也要相应地高一些,但这种关系并不是确定的,因为即使是同一年龄的人,他们的血压也不完全相同. 又如,在土质和耕作条件相同的条件下,每亩的施肥量 x_1、播种量 x_2 与农作物产量 y 之间存在着一定关系,一般讲,施肥量、播种量适宜时,农作物产量较高. 但这种关系也不是确定性的,因为在施肥量、播种量相同的条件下,农作物产量也不尽相同,具有某种随机性.

变量之间的这种不确定性关系在自然现象中普遍存在,其原因主要是由于测量上的误差和其他一些随机因素的干扰. 我们称变量之间的不确定关系为**相关关系**. 回归分析就是处理这类问题的一个有效方法.

1. 一元线性回归模型

设变量 x 和 y 之间存在着某种相关关系. 一般来说,y 是随机变量,它随 x 的变化而变化,x 称为回归变量. 称为自变量,可以是随机变量,也可以是非随机变量. 在一元线性回归中,我们假定 x 是可以控制或可以精确观测的非随机变量(如年龄、身高、试验的温度、时间等).

例 1　为了研究钢线含碳量对钢线电阻值的影响,测得数据如表 7.8 - 1 所示.

表 7.8 - 1

含碳量(%)	0.10	0.30	0.40	0.55	0.70	0.80	0.95
电阻(20℃ 时,微欧)	15	18	19	21	22.6	23.8	26

将数据 (x_i, y_i) 在直角坐标平面上表示出来,从散点图,如图 7.8 - 1 所示,可以形象地看出两个变量之间的大致关系:含碳量增加,电阻也增加,点 (x_i, y_i) 基本上在一条直线附近,从而我们可以认为 y 与 x 之间有近似线性关系. 近似的原因是由于在测量 x、y 时,有其他随机因素的干扰,故可假设它们之间有如下理论模型:

$$y = a + bx + \varepsilon \qquad (7.1)$$

其中 ε 称为随机误差,它表示所有随机因素的综合影响,通常假定 $\varepsilon \sim N(0, \sigma^2)$. a, b 及 σ^2 都是不依赖于 x 的未知参数.

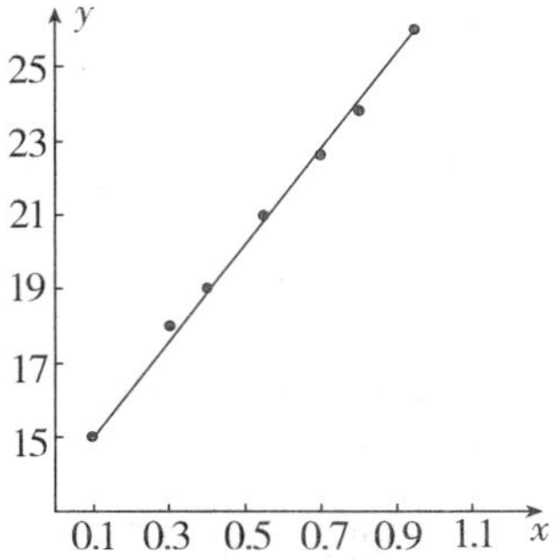

现将 x、y 的 n 次独立观测值代入(7.1),得

$$\begin{cases} y_i = a + bx_i + \varepsilon_i, \\ \text{各 } \varepsilon_i \text{ 相互独立}, \varepsilon_i \sim N(0, \sigma^2), \\ i = 1, 2, \cdots, n \end{cases} \qquad (7.2)$$

称(7.2)为一元线性回归的数学模型.

由(7.2)可知

$$E(y) = a + bx \qquad (7.3)$$

这就是 y 与 x 的相关关系的理论形式,称为随机变量 y 关于非随机变量 x 的**线性回归**,未知参数 a, b 分别称为**回归常数**或**回归系数**.

我们的首要任务是对(7.3)中的未知参数 a, b 作出估计 $\hat{a}, \hat{b}$ 由此得 $E(y)$ 的估计

$$y_i = \hat{a} + x_i \quad (i = 1, 2, \cdots, n) \qquad (7.4)$$

称(7.4)y 为关于 x 的一元线性回归方程或回归方程(直线型经验公式). 这就是我们要找的 y 与 x 间的定量表达式. 其图像是一条直线,称为**回归直线**. 对于每一个 x_i 由(7.4)式都可以求得相应的值:

$$\hat{y}_i = \hat{a} + \hat{b} x_i \quad (i = 1, 2, \cdots, n)$$

它被称为 $x = x_i$ 时的回归值(有时也称为预测值).

2. a、b 的最小二乘法估计量

求 a, b 的估计量 $\hat{a}$、$\hat{b}$,也就是要确定一条经验回归直线 $\hat{y} = \hat{a} + \hat{b}x$ 来近似地表达 y 和 x 的关系,我们用最小二乘法解决这个问题.

对于每一个 x_i,都可以用 $\hat{y} = \hat{a} + \hat{b}x$ 确定一个要 $\hat{y}_i, i = 1, 2, \cdots, n$,要使得 $\hat{y} = \hat{a} + \hat{b}x$ 近似表达 y,当然希望 $\hat{y}_i$ 与 y_i 的离差越小越好,考虑

$$Q(\hat{a}, \hat{b}) = \sum_{i=1}^{n} (y_i - \hat{y}_i)^2 = \sum_{i=1}^{n} (y_i - \hat{a} - \hat{b} x_i)^2,$$

最小二乘法就是取使得 $Q(\hat{a}, \hat{b})$ 达到最小的 $\hat{a}$ 和 $\hat{b}$ 来分别作为 a、b 的估计量,这样求 a, b 的估计就转化为求 $Q(\hat{a}, \hat{b})$ 的最小值点问题. 根据微积分学的知识易知,$Q(\hat{a}, \hat{b})$ 的最小值点 $\hat{a}$、$\hat{b}$ 就是方程组

图 7.8 - 1

$$\begin{cases} \dfrac{\partial Q}{\partial \hat{a}} = -2\sum_{i=1}^{n}(y_i - \hat{a} - \hat{b}x_i) = 0 \\[2mm] \dfrac{\partial Q}{\partial \hat{b}} = -2\sum_{i=1}^{n}(y_t - \hat{a} - \hat{b}x_i)x_i = 0 \end{cases}$$

即 $\begin{cases} n\hat{a} + \hat{b}\sum_{i=1}^{n}x_i^2 - \sum_{i=1}^{n}y_i x_i = 0 \end{cases}$ \hfill (7.5)

的解.

解方程组(7.5),我们可得

$$\hat{a} = \overline{y} - \hat{b}\overline{x}, \hfill (7.6)$$

$$\hat{b}\,\frac{n\sum_{i=1}^{n}y_i x^i - (\sum_{i=1}^{n}x_i)(\sum_{i=1}^{n}y_i)}{n\sum_{i=1}^{n}x_1^2 - (\sum_{i=1}^{n}x_i)^2} = \frac{\sum_{i=1}^{n}(x_i - \overline{x})(y_i - \overline{y})}{\sum_{i=1}^{n}(x_i - \overline{x})^2}, \hfill (7.7)$$

其中 $\overline{x} = \dfrac{1}{n}\sum_{i=1}^{n}x_i, \overline{y} = \dfrac{1}{n}\sum_{i=1}^{n}y_i.$

用上述方法确定的 $\hat{a}, \hat{b}$ 分别称为 a 和 b 的**最小二乘法估计量**.

顺便指出:最小二乘法是一般线性模型中未知参数估计的重要方法. 读者可以验证在一元线性回归中 a、b 的最小二乘法估计量和极大似然估计量是一致的. 但采用最小二乘法可以避开随机变量概率分布的形式,用它总可以确定 y 关于 x 的经验回归直线方程. 最小二乘法估计量具有许多优良性质.

通常约定

$$l_{xy} = \sum_{i=1}^{n}(x_i - \overline{x})(y_i - \overline{y}), l_{xx} = \sum_{i=1}^{n}(x_i - \overline{x})^2, l_{yy} = \sum_{i=1}^{n}(y_i - \overline{y})^2$$

于是 $\hat{b}$ 又可以写成

$$\hat{b} = \frac{l_{xy}}{l_{xx}}, \hfill (7.8)$$

由例 1 中的数据,算得

$\overline{x} = 0.543, \overline{y} = 20.771$

$$l_{xx} = \sum_{i=1}^{n}(x_i - \overline{x})^2 = \sum_{i=1}^{n}x_i^2 - n\overline{x^2} = 0.532$$

$$l_{yy} = \sum_{i=1}^{n}(y_i - \overline{y})^2 = \sum_{i=1}^{n}y_i^2 - n\overline{y^2} = 84.03$$

$$l_{xy} = \sum_{i=1}^{n}(x_i - \overline{x})(y_i - \overline{y}) = \sum_{i=1}^{n}x_i y_i - n\overline{x}\overline{y} = 6.68$$

$\hat{b} = \dfrac{l_{xy}}{l_{xx}} = 6.68/0.532 = 12.557$

$$\hat{a} = \overline{y} - \hat{b}\overline{x} = 20.771 - 12.557 \times 0.543 = 13.953$$

于是得到电阻 y 对含碳量 x 的回归方程为

$$\hat{y} = 13.953 + 12.557x.$$

习题 7.8

1. 已知某产品的产量与单位成本的资料回归分析如表 7.8 - 2 所示.

表 7.8 - 2

月份	产量 x(千件)	单位成本 y(元 / 件)	x^2	xy
1	2	73	4	146
2	3	72	9	216
3	4	71	16	248
4	3	73	9	219
5	4	69	16	276
6	5	68	25	340
合计	21	426	79	1481

求 y 对 x 的回归直线方程.

学习指导

一、随机事件

1. 随机事件有关概念(随机试验、随机事件、基本事件、复合事件、必然事件、不可能事件、样本空间等).

2. 事件的古典概率的计算 $p(A) = \dfrac{A \text{ 包含的样本点数 } m}{\Omega \text{ 包含的样本点数 } n}$

3. 事件 A 概率的性质

(1) 对任何事件 A $\quad 0 \leqslant P(A) \leqslant 1$

(2) $P(\Phi) = 0, P(\Omega) = 1$

(3) 对任意两件事有: $P(A \bigcup B) = P(A) + P(B) - P(AB)$,

(4) $P(A) = 1 - P(\overline{A})$ 或 $P(\overline{A}) = 1 - P(A)$

4. 条件概率的计算, 设 $P(B) > 0$, 则 $P(A \mid B) = \dfrac{P(AB)}{P(B)}$

5.两事件独立.若 $P(AB) = P(A) \cdot P(B)$,则 A 与 B 相互独立.

6.独立试验概率的计算:

在 n 重贝努里试验中,若发生的概率为 $P(0 < P < 1)$,则 A 恰好发生 k 次的概率为: $P_n(k)C_n^k P^k q^{n-k}(k = 0、1、2、\cdots n)$, $q = 1 - P$

二、随机变量

1.随机变量的概念

2.离散型随机变量的分布律:

设 X 只取有限个或可列无限个值

$x_1, x_2, \cdots x_k \cdots, P\{X = x_k\} = p_k(k = 1, 2, \cdots)$,若满足

$(1)P_k \geqslant 0, k = 1, 2 \cdots, (2)\sum\limits_{k-1}^{\infty} P_k = 1$

则 $P\{X = x_k\} = P_k$ 称为 X 的分布律.

3. 连续型随机变量的概率密度 $f(x)$,使对任何 $a, b(a < b)$ 有

$P\{a \leqslant Z \leqslant b\} = \int_a^b f(x)\mathrm{d}x$,且满足

$(1)f(x \geqslant 0), (2)\int_{-\infty}^{+\infty} f(x)\mathrm{d}x = 1$

4.随机变量的分布函数 $f(x) = P\{X \leqslant x\}$, x_R 有如下的性质:

$(1)0 \leqslant f(x) \leqslant 1, x_\epsilon(-\infty, +\infty)$

$(2)f(x)$ 为单调递增的函数,即当 $x_1 < x_2$ 时, $F(x_1) \leqslant (x_2)$

$(3)F(-\infty) = 0, F(+\infty) = 1$

$(4)X$ 为连续型随机变量,其概率密度为 $f(x) = F'(x)$

6.正态分布的概率计算

设 $X \sim N(\mu, \lambda^2)$,则 $P\{x_1 < X \leqslant x_2\} = \Phi\left(\dfrac{x_2 - \mu}{\sigma}\right) - \Phi\left(\dfrac{x_2 - \mu}{\sigma}\right) -$

$\varphi\left(\dfrac{x_1 - \mu}{\sigma}\right)$,其为中 $\Phi(x)$ 为标准正态分布的分布函数.

三、随机变量的数学期望与方差

1.随机变量的数学期望

若 X 为离散型,其分布律为 $P\{X = x_k\} = p_k, k = 1, 2, \cdots$,则 X 的数学期望

$E(X) = \sum\limits_{k=1}^{\infty} x_k pk.$

若 X 为连续型随机变量,其概率密度为 $f(x)$,则 $E(X) = \int_{-\infty}^{+\infty} x f(x)\mathrm{d}x.$

2.随机变量 X 的方差

$D(X) = E[X - E(X)]^2 = E(X^2) - [E(X)]^2$

若 X 为离散型的随机变量,其分布律为 $P\{X = x_k\} = P_k, k = 1, 2, \cdots,$

则 $D(X) = \sum\limits_{k=1}^{\infty} [x_k - E(X)]^2 p_k.$

若 X 为连续型的随机变量,其概率密度为 $f(x)$,

则 $D(X) = \int_{-\infty}^{+\infty} [X - E(X)]^2 \cdot f(x)\mathrm{d}x$

3. 数学期望与方差的性质

(1) 设 C 为常数,则 $E(C) = C, D(C) = 0$

(2) 设 C 为常数,则 $E(CX) = C \cdot E(X), D(CX) = C^2 D(X)$

(3) 设 X, Y 为两随机变量,则 $E(X + Y) = E(X) + E(Y)$

几种常用的概率分布			
分布	分布律或概率密度	数学期望 $E(X)$	方差 $D(X)$
$0 - 1$ 分布	$P\{X = k\}P^k \cdot q^{1-k},$ $k = 0, 1 \quad 0 < p < 1, q = 1 - p$	p	pq
二项分布 $X \sim B(n, p)$	$p\{X = k\}C_n^k p^k q^{n-k}, k = 0, 1, 2, \cdots n$ $0 < p < 1, q = 1 - p$	np	npq
泊松分布 $X \sim p(\lambda)$	$p\{X = k\} = \dfrac{\lambda^k e^{\lambda}}{k!}, k = 0, 1, 2, \cdots$ $\lambda > 0$ 为常数	λ	λ
均匀分布 $X \sim U[a, b]$	$f(x) = \begin{cases} \dfrac{1}{b-a}, a \leqslant x \leqslant b \\ 0 \quad \text{其他} \end{cases}$	$\dfrac{a+b}{2}$	$\dfrac{1}{12}(b-a)^2$
指数分布 $X \sim p(\lambda)$	$f(x) = \begin{cases} \lambda e^{\lambda x}, x \geqslant 0 \\ 0, \quad x < 0 \end{cases}$	$\dfrac{1}{\lambda}$	$\dfrac{1}{\lambda^2}$
正态分布 $X \sim N(\mu, \sigma^2)$	$f(x) = \dfrac{1}{\sqrt{2\pi}\sigma} e^{-\frac{(x-\mu)^2}{2\sigma^2}} \ (-\infty < x < +\infty)$	μ	σ^2

四、统计量及其分布

总体、样本、统计量;x^2 分布,t 分布,参数的点估计和区间估计.

复习题七

1. 将一枚硬币抛掷 4 次,求出 4 次抛掷中"出现正面"的次数 X 的概率分布.

2. 设随机变量 X 概率分布 $f(x) = \begin{cases} 2x, & 0 \leqslant x \leqslant 1 \\ 0, & \text{其他} \end{cases}$,

求 $P(X \leqslant \dfrac{1}{2}), P(\dfrac{1}{4} < X < 2).$

3. 设随机变量 X 概率分布为 $P(X=k)=\dfrac{1}{10}(k=2,4,6,\cdots,18,20)$. 求 $E(X),D(X)$.

4. 设随机变量 X 概率密度为 $f(x)=\begin{cases}\dfrac{1}{b-a}, & a\leqslant x\leqslant b\\ 0, & \text{其他}\end{cases}$，且 $Y=\dfrac{\pi x^2}{4}$

求 $E(X),E(Y)$.

5. 某产品的长度(单位:mm)服从正态分布 $N(50,0.75^2)$，若规定长度在 50 ± 1.5 mm 之间的产品为合格品，求产品的合格率.

6. 从总体 X 中任意抽取一个容量为 5 的样本，样本值为

$$3.2,2.8,3.0,3.1,3.5$$

试分别计算样本均值 $\overline{x}$ 及样本方差 s^2.

7. 假设新生男婴的体重服从正态分布，随机抽取 12 名新生男婴，测其体重分别为：

$3100,2520,3000,3000,3600,3160,3560,2880,2600,3400,2540,3320($　单位:g$)$

试求当 $\sigma^2=375^2$ 时，以 90% 的置信度估计新生男婴的平均体重.

复习题七

1. 将一枚硬币抛掷 4 次，求出 4 次抛掷中"出现正面"的次数 X 的概率分布.

2. 设随机变量 X 概率分布 $f(x)=\begin{cases}2x, & 0\leqslant x\leqslant1\\ 0, & \text{其他}\end{cases}$，

求 $P\left(X\leqslant\dfrac{1}{2}\right),P\left(\dfrac{1}{4}<X<2\right)$.

3. 设随机变量 X 概率分布为 $P(X=k)=\dfrac{1}{10}(k=2,4,6,\cdots,18,20)$.

求 $E(X),D(X)$.

4. 设随机变量 X 概率密度为 $f(x)=\begin{cases}\dfrac{1}{b-a}, & a\leqslant x\leqslant b\\ 0, & \text{其他}\end{cases}$，且 $Y=\dfrac{\pi x^2}{4}$

求 $E(X),E(Y)$.

5. 某产品的长度(单位:mm)服从正态分布 $N(50,0.75^2)$，若规定长度在 50 ± 1.5 mm 之间的产品为合格品，求产品的合格率.

6. 从总体 X 中任意抽取一个容量为 5 的样本，样本值为

$$3.2,2.8,3.0,3.1,3.5$$

试分别计算样本均值 $\bar{x}$ 及样本方差 s^2.

7. 假设新生男婴的体重服从正态分布,随机抽取 12 名新生男婴,测其体重分别为:

3100,2520,3000,3000,3600,3160,3560,2880,2600,3400,2540,3320　（单位:g）

试求当 $\sigma^2 = 375^2$ 时,以 90% 的置信度估计新生男婴的平均体重.

第八章　图论基础及其应用

图(Graph)是一种复杂的非线性结构. 这里所讨论的图和我们平时所熟悉的图,例如零件图、装备图、圆、椭圆、函数图形等是不同的. 图论的图是由平面上的一些点以及连接这些点之间的线(称为边)构成的抽象的图. 图的几何图形仅描述点和边之间的关系,而点的位置以及边的长、短、曲、直都是无关紧要的. 图中的点表示要研究的离散对象,边表示这些对象之间的关系,用这些点和边建立的对象的图模型在人工智能、工程、数学、物理、化学、生物和计算机科学等领域中,有着广泛的应用.

§8.1　图论基础

1. 引例

[案例]　Euler 在 1736 年访问 Konigsberg 时,他发现当地的市民正从事一项非常有趣的消遣活动. Konigsberg 城中有一条名叫 Pregel 的河流横经其中,在河上建有七座桥如图 8.1 - 1 所示;这项有趣的消遣活动是在星期六作一次走过所有七座桥的散步,每座桥只能经过一次而且起点与终点必须是同一地点.

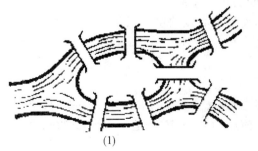
(1)

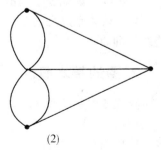
(2)

图 8.1 - 1

Euler 把每一块陆地考虑成一个点,连接两块陆地的桥以线表示,便得图 8.1-1(2),Euler 推出此种走法是不可能的.他的论点是这样的,除了起点以外,每一次当一个人由一座桥进入一块陆地(或点)时,他(或她)同时也由另一座桥离开此点.因此每一个陆地与其他陆地连接的桥数必为偶数.七桥所成之图形中,没有一点含有偶数条数,因此上述的任务是不可能实现的.

[**案例**]任意 6 个人中间必有 3 个人或者彼此认识,或者彼此不认识.

将 6 个人看成 6 个点.每 2 个人之间的关系可以用他们的连线来表示:如果他们的连线是实线,表示他们彼此认识;而他们的连线是虚线,表示他们彼此不认识.那么,原问题就成了:任意一个有 6 个点的完全图(所谓完全图就是任意两点都有一条连线),必存在一个同线型的三角形,如图 8.1-2 所示.

事实上,我们任取其中一点 A,它连有 5 条线.那么,必有 3 条线有相同的线型,比如 AB,AC,AD 都是实线.于是在 B,C,D 之间的连线,只要有一条是实线,比如 BC 是实线,那么 $\triangle ABC$ 就是同实线型三角形;反之 $\triangle ABC$ 就是同虚线型三角形.

原问题中的"认识"可以改成"握手"、"通信"、"跳舞"等等.如.个人彼此讨论 3 个问题;每两个人只讨论一个问题.那么,至少有 3 个人彼此讨论同一个问题,这里的 N 起码是多少?

[**案例**]任何地图只需要用 4 种颜色来着色,便可使任何相邻的 2 个国家(具有公共边界线,不是仅一点相接)具有不同的颜色.

这是一个非常直观的问题,但一个多世纪以来,未能得到证明,故称之为"四色猜想".直到 1976 年美国的 3 位科学家依靠电子计算机(当时花了 1200 个小时)才证明该猜想是正确的.

从上面实例可以看出,图可以用来表示自然界和人类社会中事物以及事物之间的关系.

图具有以下特点:

(1)可直观地表示离散对象之间的相互关系.

(2)只关心点之间是否有连线,而不关心点的位置以及连线的曲直.

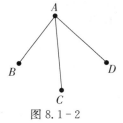

图 8.1-2

2. 图的基本概念

定义 1　一个图 G 是一个有序二元组 (V,E),记作 $G = (V,E)$,其中:

(1)$V = \{v_1, v_2, \cdots, v_n\}$ 是一些顶点的集合,V 的元素称为 G 的**结点**(或顶点),V 称为 G 的**结点集**;

(2)$E = \{e_1, e_2, \cdots, e_n\}$ 是一些边的集合,E 中的元素称为 G 的**边**(或弧),E 称为 G 的**边集**.

一个图可以用平面上的一个图解来表示,用平面上的一些点代表图的结点,图的边用连接相应结点而不经过其他结点的直线(或曲线)来代表. 由于结点位置的选取和边的形状的任意性,一个图可以有各种在外形上看起来差别很大的图解. 我们经常将图的一个图解就看作是这个图.

举例　以 $V = \{v_1, v_2, v_3, v_4, v_5\}$, $E = \{e_1, e_2, e_3, e_4, e_5\} = \{(v_1, v_2), (v_1, v_3), (v_2, v_3), (v_2, v_4), (v_3, v_5), (v_4, v_5)\}$,图 $G = (V, E)$ 的图解可以分别画成如图 8.1-3 所示的 $(a), (b), (c)$ 的样子.

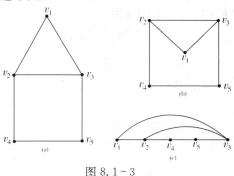

图 8.1-3

从表面上看,图 8.1-3$(a), (b), (c)$ 表示的是 3 个不同的图. 但从图论的观点来分析,这 3 个图不仅顶点的个数相同,而且顶点和边之间的联系也完全相同,因此,在图论中认为这 3 个图是一样的,称之为**同构**.

判断两图同构的必要条件如下:

(1) 结点数相同;

(2) 边数相同.

需要指出的是,以上两条不是两图同构的充分条件.

具有 n 个结点和 m 条边的图称为 (n, m) **图**. $(n, 0)$ 图称为**零图**. $(1, 0)$ 图称为**平凡图**.

如果 $e = (v_i, v_j)$ 是 G 的边,则称结点 v_i 和 v_j 是**邻接的**,并称边 (v_i, v_j) 关联于 v_i 和 v_j 或称 (v_i, v_j) 与顶点 v_i 和 v_j **相关联**,关联于同一结点的相异边称为是**邻接的**. 图 8.1-4 所示中 v_2 和 v_3、v_1 和 v_2,分别是相互邻接的结点. 边 (v_1, v_3) 关联于 v_3,边 (v_2, v_3)、(v_3, v_5) 也关联于 v_3,因此边 (v_1, v_3)、(v_2, v_3) 和 (v_3, v_5) 是相互邻接的.

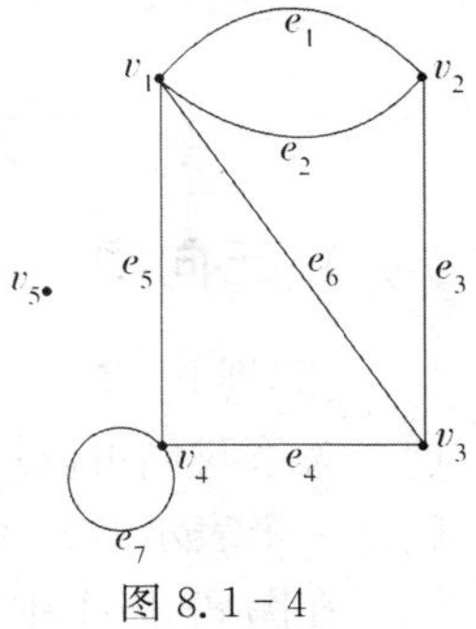

没有边关联于它的结点称为是**孤立点**. 如图 8.1-4 所示中 v_5. 不与其他任何边相邻接的边称为是**孤立边**.

图 8.1-4

具有相同顶点的边称为平行边(或多重边),如图 8.1-4 中 e_1 与 e_2.

落在同一顶点上的边,称为自环路(环),如图 8.1-4 所示中 e_7. 没有自环路及没有重数大于一的边的图,称为简单图.

习题 8.1

图 8.1-5 分别列出 3 对图形(a)、(b)、(c),试判别哪对是同构的,哪对是不同构的,并说明理由.

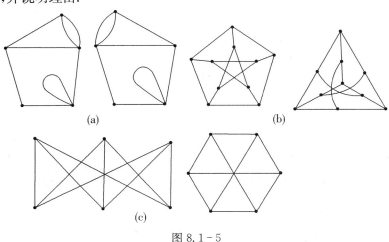

(a)　　　　　　　　　　　　　　　(b)

(c)

图 8.1-5

§8.2　图的连通性

1. 无向图

[**案例**]　在一个人群中,对相互认识这个关系我们可以用图来表示,图 8.2-1 就是一个表示这种关系的图.

在图 8.2-1 中,我们用七个点分别表示赵、钱、孙、李、周、吴、陈等七人,点记为 v_i,故这七人分别用 $v_1,v_2,\cdots,v_7$ 表示. 用这七个点之间的连线来反映他们之间相

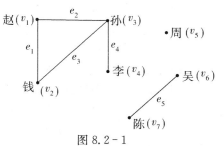

图 8.2-1

互认识的关系,连线即边,边记为 e_i,故这些边分别用 $e_1,e_2,\cdots,e_7$ 表示,例如图 8.2-1 中赵与钱有连线而赵与周没有连线,说明了赵与钱相互认识,而赵与周却互相不认识. 对赵等七人的相互认识的关系我们也可以用它的同构图,如图

8.2-2 所示来表示.

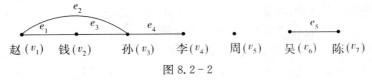

图 8.2-2

定义 1　若某一图中的所有边都没有方向,则称该图为无向图,(V,E) 即表示无向图. 例如图 8.1-1 到图 8.2-2 均为无向图. 在无向图中 $(v_i, v_j) = (v_j, v_i)$.

定义 2　在图 G 中,如果任意两个不同的结点都是邻接的,则称图 G 是完全图. 例如图 8.2-3 就是一个具有五个结点的完全图. 在一个完全的 (n, m) 图中,$m = C_n^2 = n\dfrac{n-1}{2}$.

定义 3　图 G 的**补图**是由 G 的所有结点和为了使 G 成为完全图所需要添加的那些边所组成的图,用 $\overline{G}$ 表示. 例如图 8.2-4 是图 8.1-3 的补图. 显然,若 $\overline{G}$ 是 G 的补图,则 G 也是 $\overline{G}$ 的补图.

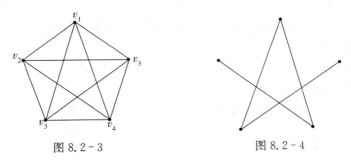

图 8.2-3　　　　　　　　　　图 8.2-4

2. 有向图

[**案例**] 如果我们把上一案例中"相互认识"的关系改成"认识"的关系,那么只用两点的连线就很难刻画他们之间的关系了.

举例　周认识赵,而赵却不认识周,这时我们可以引入一个带箭头的连线,称之为**弧**. 在图论中的弧,通常记为 a_i,对于周认识赵我们可以用一条箭头对着赵的弧来表示,图 8.2-5 就是一个反映这七人"认识"关系的图.

在图 8.2-5 中"相互认识"我们用两条反向的弧来表示."A 认识 B",我们用一条联结 A、B 箭头指向 B 的弧来表示.

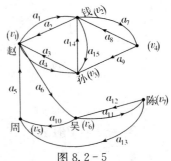

图 8.2-5

定义 4　若某一图 D 中的所有边都有方向,则称该图为**有向图**,有向图用 D

$= (V, A)$ 表示,其中 V 为图的点集合,A 为图的弧的集合.例如图8.2-5为有向图.在有向图中边又称为弧,用 a_i 表示.在有向图中 $(v_i, v_j) \neq (v_j, v_i)$,弧的方向用箭头表示.图中既有边又有弧,称为**混合图**.

无向图是一种特殊的有向图,无向图的边实际上就是等价于两条反向的弧.

一般用 G 表示无向图,D 表示有向图,但有时用 G 泛指图(无向的或有向的),可是 D 只能表示有向图.

定义5 图中任意两点间有且仅有2条有向边 (v_i, v_j) 及 (v_j, v_i) 的有向图,称为**有向图的完全图**.在一个有向完全图中,恰有 $n(n-1)$ 条边.

注意 在一个有向完全图中,完全图具有最多的边数.任意一对顶点间均有边相连.

定义6 把有向图 D 中的所有有向边改为无向边,所得到的图 G 称为 D 的**基本图**,如图图8.2-1,图8.2-2均为图8.2-5的基本图.

定义7 如果 G_1 的顶点集合为 G 的顶点集合的一个子集,G_1 的边集合为 G 的边集合的一个子集,即 $V(G_1) \subseteq V(G), E(G_1) \subseteq E(G)$,则称 G_1 为 G 的**子图**,记作 $G_1 \subseteq G$.

定义8 如果 G_1 中至少有一个边的重数小于 G 的对应的边的重数,则称 G_1 为 G 的**真子图**,记为 $G_1 \subset G$.

定义9 若 $G_1(V_1, E_1)$ 为 $G(V, E)$ 的真子图,且 $V_1 = V$,而 $E_1 \subset E$,则称 G_1 为 G 的**生成子图**.

在图8.2-6中,(a) 表示无向图 G,(b) 和 (c) 中的 G' 和 G'',都是 G 的真子图,其中,(c) 中的 G'' 为 G 的生成子图.通常认为 G 本身为 G 的一个子图,但不是真子图.

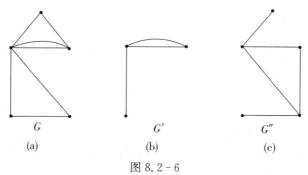

G G' G''

(a) (b) (c)

图8.2-6

3. 路径(Path)

3.1 路径

(1)无向图的路径

在无向图 G 中,若存在一个顶点序列 $v_p, v_{i1}, v_{i2}, \cdots, v_{im}, v_q$,使得 (v_p, v_{i1}),$(v_{i1}, v_{i2}), \cdots, (v_{im}, v_q)$ 均属于 $E(G)$,则称顶点 v_p 到 v_q 存在一条**路径**($Path$).

(2)有向图的路径

在有向图 G 中,路径也是有向的,它由 $E(G)$ 中的有向边 (v_p, v_{i1}),(v_{i1}, v_{i2}),$\cdots, (v_{im}, v_q)$ 组成.

(3)路径长度

路径长度定义为该路径上边的数目.

(4)简单路径

若一条路径上除了 v_p 和 v_q 可以相同外,其余顶点均不相同,则称此路径为一条**简单路径**.

例 1 在图 8.2 - 7 中顶点序列 v_1, v_2, v_3, v_4 是一条从顶点 v_1 到顶点 v_4 的长度为 3 的简单路径.

例 2 在图 8.2 - 7 中顶点序列 v_1, v_2, v_4, v_1, v_3 是一条从顶点 v_1 到顶点 v_3 的长度为 4 的路径,但不是简单路径.

(5)简单回路或简单环($Cycle$)

起点和终点相同($v_p = v_q$)的简单路径称为简单回路或简单环($Cycle$).

例 3 图 8.2 - 7 中,顶点序列 v_1, v_2, v_4, v_1 是一个长度为 3 的简单环.

例 4 有向图 8.2 - 8 中,顶点序列 v_1, v_2, v_1 是一长度为 2 的有向简单环.

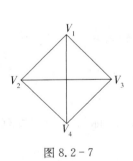

图 8.2 - 7

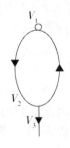

图 8.2 - 8

3.2 连通性

(1)顶点间的连通性

在无向图 G 中,若从顶点 v_i 到顶点 v_j 有路径(当然从 v_j 到 v_i 也一定有路径),则称 v_i 和 v_j 是连通的.

(2)连通图

若 $V(G)$ 中任意两个不同的顶点 v_i 和 v_j 都连通(即有路径),则称 G 为**连通图**(Con - nected Graph)

例 5 如图 8.2 - 9 所示,图 G 与 G' 中,图 G 是连通的,图 G' 是不连通的.

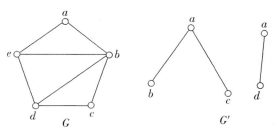

图 8.2 - 9

3.3　有权图

有时我们可以在一个图的边的旁侧附加一些数字以刻画此边的某些数量特征,叫做边的权,此边叫有权边,而具有有权边的图叫有权图(或带权图).

例6　在一个表示四个城市 A,B,C,D 间的公路连接的图中,我们可以给每条边指定一个数,表示用该边连接的两个城市间的距离. 如图 8.2 - 10 就是一个有权图.

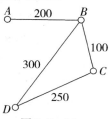

图 8.2 - 10

4. 顶点的度(Degree)

(1)无向图中顶点 v 的度(Degree)

无向图中顶点 v 的度(Degree)是关联于该顶点的边的数目,记为 $D(v)$.

例7　在图 8.2 - 7 中顶点 v_1 的度为 3.

(2)有向图顶点 v 的入度(InDegree)

有向图中,以顶点 v 为终点的边的数目称为 v 的入度(Indegree),记为 $ID(v)$.

例8　在图 8.2 - 8 中顶点 v_2 的入度为 l.

(3)有向图顶点 v 的出度(Outdegree)

有向图中,以顶点 v 为始点的边的数目,称为 v 的出度(Outdegree),记为 $OD(v)$.

例9　在图 8.2 - 8 中顶点 v_2 的出度为 2.

①有向图中,顶点 v 的度定义为该顶点的入度和出度之和,$D(v) = ID(v) + OD(v)$.

例10　在图 8.2 - 8 中顶点 v_2 的入度为 l,出度为 2,则度为 3.

②无论有向图还是无向图,顶点数 n、边数 e 和度之间有如下关系:

$$e = \frac{1}{2}\sum_{i=1}^{n} D(v_i).$$

习题 8.2

1. 一个无向图表示为 $G = (V, E)$，其中 V 是 _____ 的集合，E 是 _____ 的集合，并且要求 _____.

2. 求图 8.2-11 的补图.

3. (1) 画出 5 顶点 4 条边的所有非同构的无向简单图；

(2) 画出 4 顶点 2 条边的所有非同构的有向简单图.

4. 设 G 是具有 4 个结点的完全图，

(1) G 有多少个子图？

(2) G 有多少个生成子图？

(3) 如果没有任何两个子图是同构的，G 的子图个数是多少？请将这些子图构造出来.

5. 如图 8.2-12 所示，试求：从 a 到 h 的所有路径.

6. 在图 8.2-13 所示的图中，找出所有的路径.

图 8.2-11

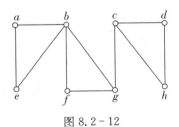

图 8.2-12

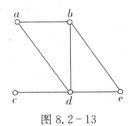

图 8.2-13

§8.3　有向无环图

[**案例**] 一本书的作者将书本中的各章节学习作为顶点，各章节的先学后修关系作为边，构成一个有向图. 按有向图的某种（拓扑）次序安排章节，才能保证读者在学习某章节时，其预备知识已在前面的章节里介绍过.

1. 拓扑排序

1.1　拓扑排序

对一个有向无环图（Directed Acyclic Graph 简称 DAG）G 进行拓扑排序，是

将 G 中所有顶点排成一个线性序列,使得图中任意一对顶点 u 和 v,若 $(u,v) \in E(G)$,则 u 在线性序列中出现在 v 之前.

通常,这样的线性序列称为满足拓扑次序(Topoi Sicai Order)的序列,简称拓扑序列.

拓扑排序的结果为该图所有顶点的一个线性序列,满足如果 G 包含 (u,v),则在序列中 u 出现在 v 之前(如果图是有回路的就不可能存在这样的线性序列). 一个图的拓扑排序可以看成是图的所有顶点沿水平线排成的一个序列,使得所有的有向边均从左指向右. 因此,拓扑排序不同于通常意义上对于线性表的排序.

有向无回路图经常用于说明事件发生的先后次序.

[**案例**] 图 8.3-1 给出一个实例说明早晨穿衣的过程. 必须先穿某一衣物才能再穿其他衣物(如先穿袜子后穿鞋),也有一些衣物可以按任意次序穿戴(如袜子和短裤). 图 8.3-1(a) 所示的图中的有向边 (u,v) 表明衣服 u 必须先于衣服 v 穿戴. 因此该图的拓扑排序给出了一个穿衣的顺序. 每个顶点旁标的是发生时刻与完成时刻. 图 8.3-1(b) 说明对该图进行拓扑排序后将沿水平线方向形成一个顶点序列,使得图中所有有向边均从左指向右.

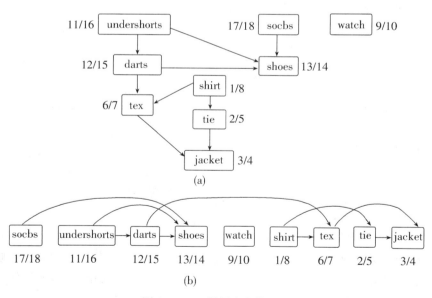

图 8.3-1　早晨穿衣的过程

图 8.3-1(b) 说明经拓扑排序的结点以与其完成时刻相反的顺序出现.

1.2　拓扑排序的方法

① 从图中选择一个入度为 0 的顶点输出;

② 从图中删除该顶点及源自该顶点的所有弧；

③ 重复以上两步，直至全部顶点都输出，拓扑排序顺利完成. 否则，若剩有入度非 0 的顶点，说明图中有环，拓扑排序不能进行.

例 1　对图 8.3-2 进行拓扑排序，至少可得到如下的两（实际远不止两个）个拓扑序列：$C_0, C_1,$ $C_2, C_4, C_3, C_5, C_7, C_8, C_6$ 和 $C_0, C_7, C_8, C_1, C_4, C_2,$ $C_3, C_6, C_5.$

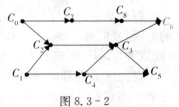

图 8.3-2

注意：

① 若将图中顶点按拓扑次序排成一行，则图中所有的有向边均是从左指向右的.

② 若图中存在有向环，则不可能使顶点满足拓扑次序.

③ 一个 DAG 的拓扑序列通常表示某种方案切实可行.

④ 一个 DAG 可能有多个拓扑序列.

⑤ 当有向图中存在有向环时，拓扑序列不存在.

2. 关键路径

2.1　AOE 网

若将图的每条边都赋上一个权，则称这种带权图为**网络**（Network）.

注意：权是表示两个顶点之间的距离、耗费等具有某种意义的数.

（1）AOE 网

用顶点表示事件，弧表示活动，弧上的权值表示活动持续的时间的有向图叫 AOE(Activity On Edge Network) 网. AOE 网常用于估算工程完成时间.

（2）AOE 网研究的问题

a. 完成整个工程至少需要多少时间；

b. 哪些活动是影响工程的关键.

[**案例**]　某公司研制新产品的部分工序与所需时间以及它们之间的相互关系都显示在其工序进度表如表 8.3-1 所示；请画出其网络图.

表 8.3-1

工序代号	工序内容	所需时间（天）	紧前工序
a	产品设计与工艺设计	60	—
b	外购配套零件	15	a
c	外购生产原料	13	a
d	自制主件	38	c
e	主配件可靠性试验	8	b, d

我们用网络图来表示上述的工序进度表.

网络图中的点表示一个事件,是一个或若干个工序的开始或结束,是相邻工序在时间上的分界点,点用圆圈表示,圆圈里面的数字表示点的编号.

弧表示一个工序(或活动),弧的方向是从工序的开始指向工序的结束,在弧的上面,我们标以各工序的代号,在弧的下面我们标上完成此工序所需的时间(或资源)等数据,这也就是对这条弧所赋的权数.

在工序进度表里所说的工序 b 的**紧前工序** a,是指工序 a 结束后,紧接要进行的工序是 b,工序 b 也称为工序 a 的**紧后工序**.从表上可知道由于工序 a 没有紧前工序;工序 a 可以在任何时候开始,然后由于工序 b 的紧前工序为 a,所以只有完成了工序 a,才能紧接着开始工序 b.同样可知只有完成了工序 a.才能紧接着开始工序 c;只有完成了工序 c 才能紧接着开始工序 d;只有完成了工序 b 和工序 d,才能紧接着开始工序 e.

在网络图中我们用一个点来表示某一个工序的开始和某紧前工序的结束.这样我们就得到了表示此工序进度表的网络图如图 8.3 - 3 所示.

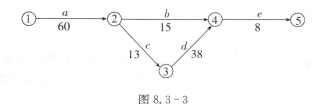

图 8.3 - 3

2.2 关键路径

1956 年,美国杜邦公司提出关键路径法,并于 1957 年首先用于 1000 万美元化工厂建设,工期比原计划缩短了 4 个月.杜邦公司在采用关键路径法的一年中,节省了 100 万美元.

在绘制出网络图之后,我们可以用网络图求出:

① 完成此工程项目所需的最少时间.

② 每个工序的开始时间与结束时间.

③ 关键路线及其相应的关键工序.

④ 非关键工序在不影响工程的完成时间的前提下,其开始时间与结束时间可以推迟多久.

[案例]某公司装配一条新的生产线,其装配过程中的各个工序与其所需时间以及它们之间的相互衔接关系如表 8.3 - 2 所示,求:完成此工程所需最少时间,关键路线及相应关键工序,各工序的最早开始时间及结束时间和非关键工序在不影响工程完成时间的前提下,其开始时间与结束时间可以推迟多久.

根据表8.3-2,绘制网络图如图8.3-4所示.

表8.3-2

工序代号	工序内容	所需时间(天)	紧前工序
a	生产线设计	60	—
b	外购零配件	45	a
c	下料、锻件,	10	a
d	工装制造1	20	a
e	木模、铸件	40	a
f	机械加工1	18	c
g	工装制造2	30	d
h	机械加工2	15	d,e
i	机械加工3	25	g
j	会配调试	35	b,i,f,h

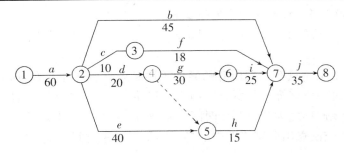

图 8.3-4

为了求得完成此工程所需的最少时间,我们必须找到一条关键路线. 在网络图上从发点开始,沿着弧的方向(即按照各个工序的顺序)连续不断地到达收点的一条路称之为**路径**. 如在图8.3-4中,路 ① → ② → ③ → ⑦ → ⑧ 就是一条路径,这条路线是由工序a,c,f,j组成,要"走"完这条路径,也就是完成a,c,f,j四个工序需要的时间为 $60+10+18+35=123$(天). 我们要干完所有工序就必须走完所有这样的路线,由于很多工序可以同时进行,所以网络中最长的路线就决定了完成整个工程所需的最少时间,它就等于完成这条路线上的各个工序的时间之和. 我们把这条路线称为**关键路径**,其他的路线称为的非关键路径,关键路径之所以关键是因为我们缩短了完成这条路径上的各个工序的时间之和,那么我们就缩短了整个工程的完成时间;同样如果我们延长了这个时间之和,那么我们就延长了整个工程的完成时间. 这个关键路径上的各个工序都称之为**关键工序**,其他的工序就称之为非关键工序.

在网络图中,除发点和收点外,其他各点的前后都应有弧连接,图中不存在缺口,使网络图从发点经任何路径都可以到收点,否则使某些工序失去与其紧前工序的应有联系.必要时可以添加一些虚工序以免出现缺口.

图 8.3-4 中虚工序 ④ ┄┄┄ ⑤ 表示只有当工序 d 结束后,e 工序才能开始.虚工序是实际上并不存在的而虚设的工序,为了用来表示相邻工序之间的衔接关系,虚工序不需要人力、物力等资源与时间,在本例中虚工序所需时间为零.虚工序在图中用虚线表示.

找出关键路径的方法.

首先从网络的发点开始,按顺序计算出每个工序的最早开始时间(缩写为 ES)和最早结束时间(缩写为 EF),设一个工序所需时间为 t,则对同一个工序来说,有

$$EF = ES + t.$$

由于工序 a 最早开始时间 $ES = 0$,所需时间 $t = 60$,可知工序 a 的最早结束时间 $EF = 0 + 60 = 60$.我们在网络的弧 a 的上面,字母 a 的右边标上这对数据如图 8.3-5 所示.

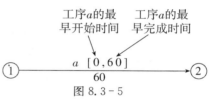

图 8.3-5

由于任一工序只有当其所有的紧前工序结束之后才能开始,所以任一工序的最早开始时间应该等于其所有紧前工序最早结束时间中的最后的时间;上述的等量关系我们称之为最早开始时间法则,运用这个法则以及 $EF = ES + t$ 的关系,我们可以依次算出此网络图中的各弧的最早开始时间与最早完成时间,如图 8.3-6 所示.

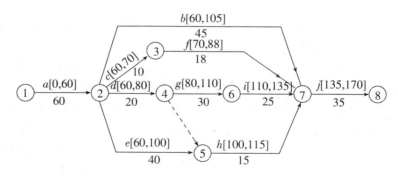

图 8.3-6

在图 8.3-6 中,例如工序 h 的最早开始时间应取工序 d 和 e 的最早结束时间中的最后时间;即在 80 与 100 中取最大者 100,而其最早结束时间 $EF = ES + t = 100 + 15 = 115$.故在弧 h 上标以 [100,115].其次,我们从网络的收点开始计算出在不影响整个工程最早结束时间的情况下各个工序的最晚开始时间(缩写

为 LS）和最晚结束时间（缩写为 LF），显然对同一工序来说，有

$$LS = LF - t.$$

对工序 j，可知其 $LF = 170, t = 35$，可计算出 $LS = 170 - 35 = 135$. 我们把这两个数据标在网络图弧 j 的下面 t 右边的方括号内.

由于任一工序必须在其所有的紧后工序开始之前结束，这样我们得到了最晚时间法则：在不影响整个工程最早结束时间的情况下，任一工序的最晚结束时间等于其所有紧后工序的最晚开始时间中的最早时间.

运用这个法则和 $LS = LF - t$ 的关系式，我们可以从收点开始计算出每个工序的 LF 与 LS 如图 8.3-7 所示.

在图 8.3-7 中，例如工序 b 的 LF 的值是从其紧后工序 j 的 ES 值得到，即工序 b 的 $LF = 135$，而工序 b 的 LS 的值为 $LF - t = 135 - 45 = 90$. 故在弧 b 下面 45 的右边标以 $[90, 135]$.

接着，我们可以计算出每一个工序的时差，我们把在不影响工程最早结束的条件下，工序最早开始（或结束）的时间可以推迟的时间，称为该工序的时差，对每一个工序来说其时差记为 T_s 有

$$T_s = LS - ES = LF - EF.$$

举例　对工序 b 来说，其时差

$$T_s = LS - ES = 90 - 60 = 30.$$

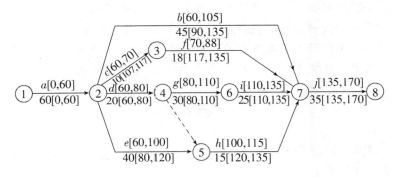

图 8.3-7

这就是说工序 b 至多可以推迟 30 天开始（在第 60 天至第 90 天之间的任何时间开始）不至于影响整个工程的最早结束时间. 这样可知工序 b 是非关键工序. 而对工序 g 来说，其时差

$$T_s = LS - ES = 80 - 80 = 0.$$

这也就是说工序 g 的提前与推迟开始（或结束）都会使整个工程最早结束时间提前与推迟，这样可知工序 g 是关键工序，一般说关键工序的时差都为零.

最后将各工序的时差，以及其他信息构成工序时间表如表 8.3-3 所示.

这样我们找到了一条由关键工序 a,d,g,i 和 j 依次连成的从发点到收点的关键路径,我们可以把这条关键路径用双线在网络图 8.26 上表示出来.

表 8.3 - 3

工序	最早开始时间 (ES)	最晚开始时间 (LS)	最早完成时间 (EF)	最晚完成时间 (LF)	时差 (LS — ES)	是否为关键工序
a	0	0	60	60	0	否
b	60	90	105	135	30	否
c	60	107	70	117	47	是
d	60	60	80	80	0	否
e	60	80	100	120	20	否
f	70	117	88	135	47	是
g	80	80	110	110	0	否
h	100	120	115	135	20	是
i	110	110	135	135	0	是
j	135	135	170	170	0是	是

注　(1) 求关键路径是在拓扑排序的前提下进行的,不能进行拓扑排序,自然也不能求关键路径.

(2) 求关键路径的算法分析

① 求关键路径必须在拓扑排序的前提下进行,有环图不能求关键路径;

② 只有缩短关键活动的工期才有可能缩短工期;

③ 若一个关键活动不在所有的关键路径上,减少它并不能减少工期;

④ 只有在不改变关键路径的前提下,缩短关键活动才能缩短整个工期.

习题 8.3

1. 关键路径是指 AOE(Activity On Edge) 网中_____.

A. 最长的回路;

B. 最短的回路;

C. 从始点(源点)到结束点(汇点) 的最长路径;

D. 从源点到汇点(结束顶点) 的最短路径;

2. 已知 AOE 网中顶点 $v_1 \sim v_7$ 分别表示 7 个事件,弧 $a_1 \sim a_{10}$ 分别表示 10 个活动,弧上的数值表示每个活动花费的时间,如下图 8.3 - 8 所示. 那么, 该网的关键路径的长度为

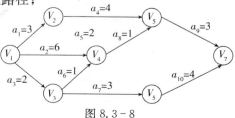

图 8.3 - 8

_____，活动 a_6 的松弛时间(活动的最迟开始时间－活动的最早开始时间)为
_____.

(1) A. 7　　　　 B. 9　　　　 C. 10　　　　 D. 11

(2) A. 3　　　　 B. 2　　　　 C. 1　　　　 D. 0

3. 根据表 8.3-4 绘制计划网络图,并计算出每个工序的最早开始时间,最晚开始时间,最早完成时间,最晚完成时间;找出关键工序;找出关键路径;并求出完成此工程项目所需最少时间.

表 8.3-4

工序	所需时间(天)	紧前工序
a	2	—
b	4	—
c	5	a,b
d	4	a,b
e	3	b
f	2	c
g	4	d,e

§8.4　最短路径

最短路径问题是对一个赋权的有向图 D(其赋权根据具体问题的要求可以是路程的长度,成本的花费等等) 中的指定的两个点 v_s 和 v_t 找到一条从 v_s 到 v_t 的路径. 使得这条路径上所有弧的权数的总和最小,这条路径被称之为从 v_s 到 v_t 的**最短路径**,这条路径上所有弧的权数的总和被称之为从 v_s 到 v_t 的距离.

求解最短路径的 Dijkstra 算法

Dijkstra 算法适用于每条弧的赋权数 c_{ij} 都大于等于零的情况,Dijkstra 算法也称为**双标号法**. 所谓双标号,也就是对图中的点 v_j 赋予两个标号 (l_j,k_j) 第一个标号 l_j 表示从起点 v_i 到 v_j 的最短路的长度,第二个标号 k_j 表示在 v_s 至 v_j 的最短路径上 v_j 前面一个邻点的下标,从而找到 v_s 到 v_t 的最短路径及 v_s 与 v_t 的距离.

现在给出此算法的基本步骤.

(1)给起点 v_1 以标号 $(0,s)$ 表示从 v_1 到 v_1 的距离为 $0,v_1$ 为起点.

(2)找出已标号的点的集合 I,没标号的点的集合 J 以及弧的集合

$\{(v_i,v_j)\mid v_i\in I,v_j\in J\}$,这

里这个弧的集合是指所有从已标号的点到未标号的点的弧的集合.

(3) 如果上述弧的集合是空集,则计算结束. 如果 v_t 已标号(l_t,k_t),则 v_s 到 v_t 的距离即为 l_t,而从 v_s 到 v_t 的最短路径,则可以从 v_t 反向追踪到起点 v_s 而得到. 如果 v_t 末标号,则可以断言不存在从 v_s 到 v_t 的有向路径.

如果上述弧的集合不是空集,转下一步.

(4) 对上述弧的集合中的每一条弧,计算 $s_{ij}=l_i+c_{ij}$

在所有的 s_{ij} 中,找到其值为最小的弧,不妨设此弧为(v_c,v_d),则给此弧的终点以双标号(s_{ad},c),返回步骤2.

若在第4步骤中,使得 s_{ij} 值为最小的弧有多条,则这些弧的终点既可以任选一个标定,也可以都予以标定,若这些弧中的有些弧的终点为同一点,则此点应有多个双标号,以便最后可找到多条最短路径.

例1 求图 8.4-1 中 v_1 到 v_6 的最短路径.

解 (1)　给起始点 v_1 标以$(0,s)$,表示从 v_1 到 v_1 的距离为 0,v_1 为起始点.

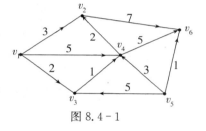

图 8.4-1

(2) 这时已标定点集合 $I=\{v_1\}$,未标定点的集合 $J=\{v_2,v_3,v_4,v_5,v_6\}$,弧集合 $\{(v_i,v_j)\mid v_i\in I,v_j\in J\}=\{(v_1,v_2),\ (v_1,v_3),(v_1,v_4)\}$,并有

$s_{12}=l_1+c_{12}=0+3=3,$

$s_{13}=l_1+c_{13}=0+2=2,$

$s_{14}=l_1+c_{14}=0+5=5,$

$\min(s_{12},s_{13},s_{14})=s_{13}=2.$

这样我们给弧(v_1,v_3)的终点 v_3 标以$(2,1)$表示从 v_1 到 v_3 的距离为 2,并且在 v_1 到 v_3 的最短路径中 v_3 的前面一个点是 v_1.

(3) 这时 $I=\{v_1,v_3\}$,$J=\{v_2,v_4,v_5,v_6\}$,
弧集合 $\{(v_i,v_j)\mid v_i\in I,v_j\in J\}=\{(v_1,v_2),(v_1,v_4),(v_3,v_4)\}$ 并有
$s_{34}=l_3+c_{34}=2+1=3,$
$min(s_{12},s_{14},s_{34})=s_{12}=3.$

这样我们给弧(v_1,v_2)的终点 v_2 标以$(3,1)$表示从 v_1 到 v_2 的距离为 3,并且在 v_1 到 v_2 的最短路径中 v_2 的前面的一个点是 v_1;我们给弧(v_3,v_4)的终点 v_4 标以$(3,3)$表示从 v_1 到 v_4 的距离为 3 并且在 v_1 到 v_4 的最短路径中 v_4 的前面的一个点是 v_3.

(4) 这时 $I=\{v_1,v_2,v_3,v_4,\}$,$j=\{v_5,v_6\}$,
弧集合 $\{(v_i,v_j)\mid v_i\in I,v_j\in J\}=\{(v_2,v_6),(v_4,v_6)\}$ 并有

$$s_{26} = l_2 + c_{26} = 3 + 7 = 10,$$
$$s_{46} = l_4 + c_{46} = 3 + 5 = 8,$$
$$\min(s_{26}, s_{46}) = s_{46} = 8.$$

这样给点 v_6 标以 $(8,4)$ 表示从 v_1 到 v_6 的距离是 8,并且在 v_1 到 v_6 的最短路径中 v_6 的前面的一个点是 v_4.

（5）这时 $I = \{v_1, v_2, v_3, v_4, v_6\}$,$J = \{v_5\}$,弧集合 $\{(v_i, v_j) \mid v_i \in I, v_j \in J\} = \varphi$,计算结束.此时 $J = \{v_5\}$,也即 v_5 还未标号,说明从 v_1 到 v_5 没有有向路径.

（6）得到了一族最优结果.

根据终点 v_6 的标号 $(8,4)$ 可知从 v_1 到 v_6 的距离是 8,其最短路径中 v_6 的前面一点是 v_4,从 v_4 的标号 $(3,3)$ 可知 v_4 的前面一点是 v_3;,从 v_3 的标号 $(2,1)$ 可知 v_3 的前面一点为 v_1,即此最短路径为 $v_1 \rightarrow v_3 \rightarrow v_4 \rightarrow v_6$.

同样,我们可以从各点 v_i 的标号得到 v_1 到 v_i 的距离及 v_1 到 v_i 的最短路径,由于 v_5 没能标号,所以不存在从 v_1 到 v_5 的有向路,例 1 的各点的标号如图 8.4-2 所示.

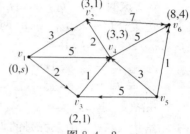

图 8.4-2

例 2　电信公司准备在甲、乙两地沿路架设一条光缆线,问如何架设使其光缆线路最短?图 8.4-3 给出了甲、乙两地间的交通图,图中的点 $v_1, v_2, \cdots, v_7$ 表示 7 个地名,其中 v_1 表示甲地,v_7 表示乙地,点之间的连线（边）表示两地之间的公路,边所赋的权数表示两地间公路的长度（单位为千米）.

解　因为公路的长度与行走的方向无关.例如,不管你是从 v_1 走到 v_2,还是从 v_2 走到 v_1,v_1、v_2 的长度都是 15,所以这是一个求无向图的最短路径的问题.如果我们把无向图的每一边 (v_i, v_j) 都用方向相反的

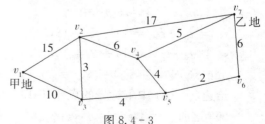

图 8.4-3

两条弧 (v_i, v_j) 和 (v_j, v_i) 代替,就把无向图化成有向图,即可用 Dijkstra 算法来求解.其实我们可以直接在无向图上用 Dijkstra 算法来求解.只要在算法中把从已标号的点到未标号的点的弧的集合改成已标号的点到未标号的点的边的集合即可,注意弧是有方向的,而边是无方向的.

（1）给起始点 v_l,标号为 $(0, s)$.

（2）$I = \{v_1\}$,$J = \{v_2, v_3, v_4, v_5, v_6, v_7\}$.

边的集合 $\{(v_i, v_j) \mid v_i, v_j$ 两点中一点属于 I,而另一点属于 $J\} = \{(v_1, v_2), (v_1, v_3)\}$,并有

$$s_{12} = l_1 + c_{12} = 0 + 15 = 15,$$
$$s_{13} = l_1 + c_{13} = 0 + 10 = 10,$$
$$\min(s_{12}, s_{13}) = s_{13} = 10.$$

给边 (v_1, v_3) 中的末标号的点 v_3 标以 $(10,1)$ 表示从 v_1 到 v_3 的距离为 10,并且在 v_1 到 v_3 的最短路径上 v_3 的前面的点为 v_1.

(3) 这时 $I = \{v_1, v_3\}$,$J = \{v_2, v_4, v_5, v_6, v_7\}$.

边集合$\{(v_i, v_j) \mid , v_i, v_j$ 两点中一点属于 I,而另一点属于 $J\} = \{(v_1, v_2),$ $(v_3, v_2), (v_3, v_5)\}$,并有

$$s_{32} = l_3 + c_{32} = 10 + 3 = 13,$$
$$s_{35} = l_3 + c_{35} = 10 + 4 = 14,$$
$$\min(s_{12}, s_{32}, s_{35}) = s_{32} = 13.$$

给边 (v_3, v_2) 中未标号的点 v_2 标以 $(13,3)$.

(4) 这时 $I = \{v_1, v_3, v_2\}$,$J = \{v_4, v_5, v_6, v_7\}$.

边集合$\{(v_i, v_j) \mid , v_i, v_j$ 两点中一点属于 I,而另一点属于 $J\} = \{(v_3, v_5),$ $(v_2, v_4), (v_2, v_7)\}$,并有

$$s_{24} = l_2 + c_{24} = 13 + 6 = 19,$$
$$s_{27} = l_2 + c_{27} = 13 + 17 = 30,$$
$$\min(s_{35}, s_{24}, s_{27}) = s_{35} = 14.$$

给边 (v_3, v_5) 中末标号的点 v_5 标以 $(14,3)$.

(5) 这时 $I = \{v_1, v_3, v_2, v_5\}$,$J = \{v_4, v_6, v_7\}$.

边集合$\{(v_i, v_j) \mid , v_i, v_j$ 两点中一点属于 I,而另一点属于 $J\} = \{(v_2, v_4),$ $(v_5, v_4), (v_2, v_7), (v_5, v_6)\}$,并有

$$s_{54} = l_5 + c_{54} = 14 + 4 = 18,$$
$$s_{56} = l_5 + c_{56} = 14 + 2 = 16,$$
$$\min(s_{24}, s_{54}, s_{27}, s_{56}) = s_{56} = 16.$$

给边 (v_5, v_6) 中末标号的点 v_6 标以 $(16,5)$.

(6) 这时 $I = \{v_1, v_3, v_2, v_5, v_6\}$,$J = \{v_4, v_7\}$.

边集合$\{(v_i, v_j) \mid , v_i, v_j$ 两点中一点属于 I,而另一点属于 $J\} = \{(v_2, v_4),$ $(v_2, v_7), (v_5, v_4), (v_6, v_7)\}$,并有

$$s_{67} = l_6 + c_{67} = 16 + 6 = 22,$$
$$min(s_{24}, s_{27}, s_{54}, s_{67}) = s_{54} = 18.$$

给边 (v_5, v_4) 中未标号的点 v_4 标以 $(18,5)$.

(7) 这时 $I = \{v_1, v_3, v_2, v_4, v_5, v_6\}$,$J = \{v_7\}$.

边集合$\{(v_i, v_j) \mid , v_i, v_j$ 两点中一点属于 I,而另一点属于 $J\} = \{(v_2, v_7),$ $(v_4, v_7), (v_6, v_7)\}$,并有

$$s_{47} = l_4 + c_{47} = 18 + 5 = 23,$$

$$\min(s_{27}, s_{47}, s_{67}) = s_{67} = 22.$$

给边 (v_6, v_7) 中未标号的点 v_7 标以 $(22,6)$.

(8) 此时 $I = \{v_1, v_2, v_3, v_4, v_5, v_6, v_7\}, J = \varphi$.

边集合 $\{(v_i, v_j) \mid v_i, v_j$ 两点中一点属于 I，而另一点属于 $J\} = \varphi$，计算结束.

(9) 得到最短路径.

从 v_7 的标号 $(22,6)$，可知从 v_1 到 v_7 的最短距离为 22 km，其最短路径中 v_7 的前一点为 v_6，从 v_6 的标号 $(16,5)$ 可知 v_6 的前一点为 v_5，从 v_5 的标号 $(14,3)$ 可知 v_5 的前一点为 v_3，从 v_3 的标号 $(10,1)$ 可知 v_3 的前一点为 v_1，即其最短路径为 $v_1 \rightarrow v_3 \rightarrow v_5 \rightarrow v_6 \rightarrow v_7$. 此例题的每点的标号见图 8.4 - 4.

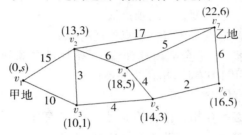

图 8.4 - 4

实际中我们还可以从各点的标号找到 v_1 到各点的距离，以及从 v_1 到各点最短路径. 例如从 v_4 的标号 $(18,5)$ 可知 v_1 到 v_4 的距离为 18，并可找到 v_1 到 v_4 的最短路径为 $v_1 \rightarrow v_3 \rightarrow v_5 \rightarrow v_4$.

习题 8.4

1. 分别求图 8.4 - 5，图 8.4 - 6 中始点 s 到终点 t 的最短路径及距离.

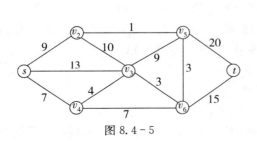

图 8.4 - 5

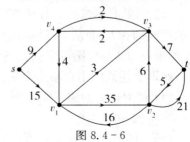

图 8.4 - 6

学习指导

1. 图论的一些基本概念和基本性质,重点掌握有向图、无向图、拓扑排序等概念.

2. 掌握有向无环图的拓扑排序方法和找关键路径的方法. 运用关键路径解决实际工程问题并能通过加快关键活动来实现节省时间或费用缩短整个工程的工期或减少整个工程的费用,达到预期的目的.

（1）拓扑排序方法

① 从图中选择一个入度为 0 的顶点输出;

② 从图中删除该顶点及源自该顶点的所有弧;

③ 重复以上两步,直至全部顶点都输出,拓扑排序顺利完成. 否则,若剩有入度非 0 的顶点说明图中有环,拓扑排序不能进行.

（2）求关键路径的算法分析

① 求关键路径必须在拓扑排序的前提下进行,有环图不能求关键路径;

② 只有缩短关键活动的工期才有可能缩短工期;

③ 若一个关键活动不在所有的关键路径上,减少它并不能减少工期;

④ 只有在不改变关键路径的前提下,缩短关键活动才能缩短整个工期.

3. 会用 Dijkstra 算法求解赋权网络中不存在负数边权的最短路径.

求解最短路径的 Dijkstra 算法

（1）给起点 v_1 以标号 $(0,s)$ 表示从 v_1 到 v_1 的距离为 $0,v_1$ 为起点.

（2）找出已标号的点的集合 I,没标号的点的集合 J 以及弧的集合 $\{(v_i,v_j) \mid v_i \in I, v_j \in J\}$,这里这个弧的集合是指所有从已标号的点到未标号的点的弧的集合.

（3）如果上述弧的集合是空集,则计算结束. 如果 v_t 已标号 (l_t,k_t),则 v_s 到 v_t 的距离即为 l_t,而从 v_s 到 v_t 的最短路径,则可以从 v_t 反向追踪到起点 v_s 而得到. 如果 v_t 未标号,则可以断言不存在从 v_s 到 v_t 的有向路.

如果上述弧的集合不是空集,转下一步.

（4）对上述弧的集合中的每一条弧,计算

$$s_{ij} = l_i + c_{ij}$$

在所有的 s_{ij} 中,找到其值为最小的弧,不妨设此弧为 (v_c,v_d),则给此弧的终点以双标号 (s_{ad},c),返回步骤 2.

若在第 4 步骤中,使得 s_{ij} 值为最小的弧有多条,则这些弧的终点既可以任选一个标定,也可以都予以标定,若这些弧中的有些弧的终点为同一点,则此点应有多个双标号,以便最后可找到多条最短途径.

实际上,关于图论的内容有很多,本章只简单介绍了图论的一些基本概念和用于求解赋权网络中不存在负数边权的 Dijkstra 算法. 因学时限制,根据学生实际,本书对图论内容未作更深入的讨论. 需要进一步了解的读者,可查阅参考图论相关文献.

复习题八

1. 图 1 的两个图是否同构,并说明理由.

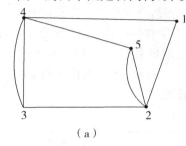 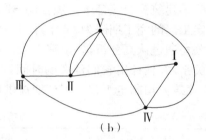

（a）　　　　　　　　　　　　　（b）

图 1

2. 求图 2 的补图.

3. 在一次围棋擂台赛中,双方各出 n 名选手. 比赛的规则是双方先各自排定一个次序,设甲方排定的次序为 $x_1, x_2, \cdots, x_n$,乙方排定的次序为 $y_1, y_2, \cdots, y_n$. x_1 与 y_1 先比赛,胜的一位与对方输的下一位选手比赛. 按这种方法进行比赛,直到有一方的最后一位选手出场比赛并且输给对方,比赛就结束. 问最多进行几场比赛可定其胜负(假定比赛不出现平局).

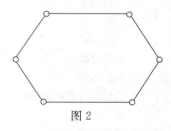

图 2

4. 在一个化学实验室里,有 n 个药箱,其中每两个不同的药箱恰有一种相同的化学品,而且每种化学品恰好在两个药箱中出现,问:

（1）每个药箱有几种化学品?

（2）这 n 个药箱中共有几种不同的化学品?

5. 某企业使用一台设备,每年年初,企业要考虑是购买新设备,还是继续使用旧设备. 若购置新设备,就要支付购买费,若使用旧的,就要支付一笔维修费. 具体需要多少,根据该设备使用的年数决定. 表 7-1 给出了企业对这种设备的维修费用,表

8 - 2 给出了在不同年代购买该种设备所需的费用,试制定该企业五年内的设备更新计划,使得支付的费用最小.

表 8 - 1　　　　　　　　　　　　　　　　　　　　（单位:万元）

使用年数	0—1	1—2	2—3	3—4	4—5
维修费用	5	6	8	11	

表 8 - 2　　　　　　　　　　　　　　　　　　　　（单位:万元）

第 1 年	第 2 年	第 3 年	第 4 年	第 5 年
11	11	12	12	13

6. 某建筑公司签订了一项合同,要为一家制造公司建造一座新的加工厂. 合同规定工厂的完工期限为 12 个月. 要是工厂不能在一年内完工,就要赔款,因此建筑公司通过认真分析,找出建筑工厂必须完成的各道工序和这些工序之间的先后关系,并估计出它们延续的时间,如表 8 - 3 所示. 建立图论模型,并进行分析,为建筑公司制定工程完工计划提供理论依据.

表 8 - 3　　　　　　　　　　　建筑工序表

工序(事项)	估计周数	紧前事项
1. 平整土地	4	无
2. 打桩	1	1
3. 运进钢材	3	无
4. 运进混凝土	2	无
5. 运进木料	2	无
6. 远近水管和电器材料	1	无
7. 浇注地基	7	2,3,4
8. 焊接钢梁	15	3,7
9. 安装生产设备	5	7,8
10. 分隔办公室	10	5,7,8
11. 安装水电和电器	11	6,8,10
12. 装饰墙壁	5	8,10,11

第九章　　数学讲座

§9.1　简述数学的发展史

数学和其他学科分支一样也是在一定的社会条件下,通过人类的社会实践和生产活动发展起来的一种智力积累.其主要内容反映了现实世界的数量关系和空间形式,以及它们之间的关系和结构,这可以从数学的起源得到印证.

大数学家庞加莱说:"若想预见数学的将来,正确的方法是研究它的历史和现状";法国人类学家施特劳斯说"如果不知道他来自何处,那就没有人知道他去向何方";我们需要知道,我们现在何处,我们是如何到这里的,我们将去向何方,数学史会告诉我们来自何处.

数学的发展史大致可分为四个不同的阶段.

第一个时期 —— 数学形成时期.

这是人类最基本的数学概念时期.起来从数数开始逐渐建立了自然数的概念,简单的计算方法,以及简单的几何形式,在这个时期,算术与几何彼此紧密的交错着.

第二个时期 —— 初等数学时期.

中国时期又称常数数学的时期.在这个时期约从公元前 5 世纪一直持续到 17 世纪,这个时期的最简单的、基本的数学成果构成了现代中学数学的基本内容,经过这大约两千年的发展,逐渐形成了初等数学的主要分支:算术、几何、代数、三角.

按照历史条件的不同,又可以把初等数学时期分为三个不同时期:初等数学的希腊时期、初等数学的东方时期、初等数学的欧洲文艺复兴时期.

希腊时期正好与希腊文化普遍繁荣的时代一致,这一时期的顶峰就是欧几里德的《几何原本》这本登峰造极的光辉著作尽管是两千年前写成的,但是它的一般内容和叙述的特征,却与我们现代通用的几何教科书非常相近.

希腊人不仅发展了初等几何并形成了完整的体系,他们还研究了圆锥曲线、证明了某些射影几何的定理,建立了球面几何、三角学的原理,计算出最初的正弦表,给出了一些复杂图形的面积

在算术与代数方面,希腊人奠定了数论的基础,研究了丢番图方程,发现了无理数,找到了求立方根、平方根的方法知道算术级数与几何级数的性质.

与希腊时期同时期我国在算术和代数方面已经达到很高的水平. 在公元前 2 世纪到 1 世纪我国已有了三元一次联立方程组的解法,同时在历史上第一次利用负数,也独立地找到了求平方根与立方根的方法. 约在公元 6 世纪,我国数学家已经会解一些简单的不定方程,并知道几何中近似计算以及三次方程的近似解法.

随着希腊科学的衰落,欧洲科学也出现了萧条,数学发展的中心移到了东方的印度、中亚细亚、和阿拉伯国家,印度人发明了现代记数法,引进了负数,并把正数与负数的对立和财产与债务的对立及直线上两个方向的对立联系起来;他们熟练地使用无理数,并给出了代数运算包括求根运算的符号,为代数打开了真正的发展道路.

中亚细亚的数学家们找到了求根和一系列方程的近似解的方法,找到了"牛顿二项式定理"的普遍公式推进了三角学的发展,造出了非常准确的正弦表.

在借鉴了希腊和印度数学的基础上,从 9 世纪到 15 世纪属于阿拉伯数学的繁荣时期,涌现了一大批的阿拉伯数学家及重要的数学成果,其中有两项最重要的贡献被万古传诵,一是阿拉伯人引用、改进并传播了印度数码和计数法 —— 阿拉伯数码;另一个是由花拉子模提供了代数学这门学科的名称"代数".

从 15 世纪到 17 世纪的 200 多年间,欧洲人向阿拉伯人学习,并且根据阿拉伯文的翻译熟识了希腊科学印度计数法和阿拉伯计数法逐渐在欧洲确定下来,欧洲科学最终越过了先人的成就;意大利人塔尔塔利亚和费拉里在一般形式上先解了三次方程,然后又解了四次方程;英国的纳皮尔在 1614 年发明了对数,布利格又于 1624 年造出了第一批十进制的对数表. 当时在欧洲也出现了"组合论"和"牛顿二项式定理"的普遍公式,级数知道得更早. 至此基本完成了初等代数的建立,以后则是向高等数学 —— 即变量数学的过渡. 但初等数学仍在发展,仍有很多新的结果出现.

第三个时期 —— 变量数学的时期.

16 世纪的欧洲封建制度开始消失,家庭手工业,手工业作坊逐渐转化为以机器为主的大工业,资本主义开始兴起,对数学提出新的要求. 这时,对运动的研究变成了自然科学的中心问题. 实践的需要和各门科学自身的发展使自然科学转向对运动的研究,对各种变化过程和各种变化着的量之间的依赖关系的研究. 数学对象的这种根本扩展决定了数学向新的阶段 —— 变量时期的过渡. 所以从

17 世纪开始的数学新时期 —— 变量数学时期可以定义为数学分析出现与发展的时期.

变量数学建立的第一个标志是 1637 年迪卡尔的著作《几何学》,它一出现变量有了变数,运动才进入了数学就进入了数学恩格斯指出:"数学中的转折点是迪卡尔的变数,有了变数,辩证法才进入了数学",在《几何学》里迪卡尔给出了字母符号的代数和解析几何原理,这就是引进和利用坐标方法把具有两个未知数的任意代数方程看成平面上的一条曲线.

变量数学的第二个决定性步骤是牛顿和莱布尼茨在 17 世纪后半叶建立了微积分. 微积分的起源主要来自三个方面的问题:一是力学的一些新问题,第二是几何的一些相当古老的问题,第三是函数的极值问题. 这些问题,在 17 世纪初期开普乐、卡瓦列里和许多数学家已经研究过,但解决这些问题的一般方法的形成,最终还是牛顿和莱布尼茨完成的. 微积分的发现在科学史上具有决定性的意义.

除了变量和函数概念之外,以后形成的极限概念也是微积分以及整个分析进一步发展的基础. 同微积分一道,还产生了分析的另外部分:级数理论、微分方程、微分几何. 所有这些理论都是力学、物理学和技术问题的需要以及数学自身发展的需要而产生并向前发展的. 分析蓬勃地发展着,它不仅成为数学的中心和主要部分,而且还渗入到数学较古老的范围如代数、几何和数论. 在希腊人那里,数学基本上就是几何;而在牛顿、莱布尼茨之后,数学基本上就是分析了.

当然,分析不能包括数学的全部,在几何、代数和数论中都保留着它们特有的方法. 比如,在 17 世纪,与解析几何同时还产生了射影几何,而纯粹几何方法在射影几何中占统治地位. 同时还产生了另外重要的学科 —— 概率论. 它大量的研究随机现象的规律问题,给出了研究出现于偶然性中的必然性的数学方法.

在希腊的几何史上,欧几里德所做的严格和系统的表述结束了以前发展的漫长道路. 与此相似,随着分析的发展必然产生更好的论证理论、使理论系统化、并批评的审查理论的基础等这样一些任务,从 19 世纪中叶开始,这些重要而又困难的任务在许多大数学家的努力下胜利完成了,尤其是获得了实数、变量、函数、极限、连续等基本概念的严格定义.

当然,任何数学理论和原则都是在不断发展的,永无止境的,数学分析也不能例外. 由于它的基础的准确化产生了新的数学理论,到 19 世纪 70 年代,德国数学家康托尔建立了集合论,在此基础上产生了分析的一个新的分支 —— 实变函数. 同时,集合论的一般思想渗入到数学的所有分支. 这种"集合论观点"与数学发展的现阶段不可分割的联系在一起.

第四个时期 —— 现代数学时期.

数学发展的第一时期与第二时期所获得的主要成果,也就是初等数学的主要成果已经成为现行中小学教育的主要内容.第三个时期的基本结果,如解析几何、微积分、微分方程、高等代数、概率论等已成为高等学校理工科教育的主要内容.这个时期的数学的基本的思想、方法和结论也已广泛地为大众所知,几乎所有的工程师和自然科学工作者都或多或少的应用这些结果,并且这些成果也逐渐渗透到自然科学研究的各个领域.

数学发展的现代阶段的开端,以所有基础部门 —— 代数、几何、分析中的深刻变化为特征.

在 19 世纪上半叶,罗巴切夫斯基、和波里约各自独立的建立了新的几何学 —— 非欧几何学.正是从这个时候几何学的原则有了新的发展,改变了几何学是什么的本来理解,它的使用对象和范围迅速扩大.1854 年著名数学家黎曼在继罗巴切夫斯基之后在这个方向上完成了最重要的步骤 —— 他提出了几何学能够研究的"空间"的种类有无限多的一般思想,并指出这种空间可能的现实意义.产生了各种新而又新的"空间"和它们的"几何":罗巴切夫斯基空间、射影空间、和各种不同维数的欧式空间、黎曼空间、拓扑空间等,所有这些概念都找到了自己的应用.

同样,在 19 世纪,代数也出现了质的变化.以往的代数是关于数字的算术运算的学说,而现代代数的算术运算是脱离了给定的具体数字在一般形态上形式的加以考察,它考察了比数具有高普遍意义的"量",并且研究这些量的运算,这些运算在某种程度上按其形式的性质来说与加、减、乘、除等普通算术运算是相类似的,比如向量的加、减、乘、除运算;两个相继进行的运动相当于某个总体的运动;一个公式的两种代数变换相当于一个总体的变换等等.

相应的分析也发生了深刻的变化.首先,它的基础得到了精确化,特别是它的基本概念:函数、极限、导数、积分以及变量概念本身的精确和普遍定义,实数的严格定义也给出了.这些工作是由捷克数学家波尔查诺、法国数学家柯西、德国数学家魏尔斯特拉斯、戴德金.其中,尤其不能忘记德国数学家康托尔的集合论,它促进了数学的其他新分支的发展,对数学发展的一般进程产生了深刻的影响.

另外,在分析中发展出了一系列新的分支,如实变函数论、函数逼近论、微分方程的定性理论、积分方程、泛函分析;集合论导致了数学领域的另一分支 —— 数理逻辑的发展.

数学的现代发展不仅表现在现代数学的新领域和高层次中而且还表现在数学向一切学科的渗透和应用.新的数学正在向复杂性进军,研究的对象越来越复杂和抽象,其主要表现在以下几方面:

1.从单变量到多变量;

2.从线性到非线性;

3.从局部到整体,从简单到复杂;

4.从连续到间断,从稳定到分岔;

5.从精确到模糊;

6.计算机的使用.

§9.2　中国古代的不定方程

不定方程是指未知数的个数多于方程的个数且未知数必须受到某种限制(如要求是整数、正整数、有理数或其他类别的限制)的方程或方程组.古代数学家丢番图于 3 世纪就研究过这样的方程,所以不定方程往往被称为丢番图方程.

实际上,中国是研究不定方程最早的国家,公元初的"五家共井"问题就是一个不定方程组问题.我国古代《周髀算经》中就提出商高定理"勾三股四弦五",这表示不定方程:

$x^2 + y^2 = z^2$ 的一个整数解 $x=2, y=4, z=5$.《周髀算经》是公元前 1 世纪的著作,它比丢番图研究这类方程早多了.

大约在公元 5 世纪初,我国古代数学家张丘建就在他的《张丘建算经》中就提出并解决了一个二元一次不定方程的问题.《张丘建算经》中的百鸡问题标志中国对不定方程理论有了系统研究.

百鸡问题说:"鸡翁一,值钱五,鸡母一,值钱三,鸡雏三,值钱一.百钱买百鸡,问鸡翁、母、雏各几何?"

在当时的条件下,人们都用凑的办法来解不定方程,往往用时比较多,而且还经常漏解.但如果用通解定理就容易多了.

下面简单地说一说通解定理及相关知识.

一般地,研究不定方程要解决三个问题:① 判断何时有解.② 有解时决定解的个数.③ 求出所有的解.

定义 1　形如 $ax + by = c (a, b, c \in \mathbf{Z}, a, b$ 不同时为零$)$ 的方程称为二元一次不定方程.

定理 1　方程 $ax + by = c$ 有解的充要是 $(a, b) \mid c$;

定理 2　(通解定理)若 $(a, b) = 1$,且 $x = x_0, y = y_0$ 为 $ax + by = c$ 的一个解,则方程的一切解都可以表示成

$x = x_0 - bt, y = y_0 + at (t$ 为任意整数$)$

"百鸡"问题就是求不定方程的解的问题,下面我们用通解定理来解这个

问题.

设 x, y, z 分别表鸡翁、母、雏的个数,则此问题即为不定方程组的非负整数解 x, y, z,这是一个三元不定方程组问题(但可转化为二元一次不定方程来解决).

$$5x + 3y + \frac{1}{3}z = 100$$

$$x + y + z = 100$$

联立上面两式并消去 z,再化简可得到

$$7x + 4y = 100$$

我们要解决的问题就是要求出 $7x + 4y = 100$ 的非负整数解.

由于 $7x + 4y = 100$ 的一个特解为 $x = 4, y = 18$,

由通解定理知 $7x + 4y = 100$ 的通解为:$x = 4 - 4t, y = 18 + 7t$,

将此特解代入 $x + y + z = 100$ 得:$z = 78 - 3t$

由题意 $\geqslant$ 知:$0 \leqslant x \leqslant 100, 0 \leqslant y \leqslant 100, 0 \leqslant z \leqslant 100$,所以,

$4 - 4t \geqslant 0, 18 + 7t \geqslant 0, 78 - 3t \geqslant 0$,所以,$-\frac{18}{7} \leqslant t \leqslant 1$,

由于 t 是整数,故 t 只能取 $-2, -1, 0, 1$,而且 x, y, z 还应满足:

$x + y + z = 100$.

故:

t	x	y	z
-2	12	4	84
-1	8	11	81
0	4	18	78
1	0	25	75

即可能有四种情况:12 只公鸡,4 只母鸡,84 只小鸡;或 8 只公鸡,11 只母鸡,81 只小鸡;或 4 只公鸡,18 只母鸡,78 只小鸡;或 0 只公鸡,25 只母鸡,75 只小鸡.

此外,清朝嘉庆皇帝仿百鸡问题编了一个"百牛问题":

有银百两,买牛百头. 大牛每头十两,小牛每头五两,牛犊每头半两. 问买的一百头牛中大牛、小牛、牛犊各几头?

他本人和他的大臣均未解出,但却被他的儿子凑出来了. 如果我们用通解定理来解这个问题就容易多了.

设 x、y、z 分别代表大牛、小牛、牛犊的数目就把这个问题是下面的不定方程:

$$10x + 5y + \frac{1}{2}z = 100,$$

$$x + y + z = 100,$$

即 $20x + 10y + z = 200$,

　　$x + y + z = 100$.

联立上面两式并消去 z,再化简可得到

$$19x + 9y = 100.$$

容易看出, $x = 1, y = 9$ 是方程 $19x + 9y = 100$ 的一组特解,故该方程的通解是

$$x = 1 - 9t, y = 9 + 19t$$

将此特解代入 $x + y + z = 100$ 得: $z = 90 - 10t$,据题意,应求正整数解,于是,

$$1 - 9t \geqslant 0, 9 + 19t \geqslant 0, 90 - 10t \geqslant 0,$$

所以, $-\dfrac{9}{19} \leqslant t \leqslant \dfrac{1}{9}$, $t = 0$,因此 $x = 1, y = 9, z = 90$ 即为所求.

关于不定方程,形式很多,其中二次不定方程 $x^2 + y^2 = z^2$ 的正整数解又称商高数或勾股数或毕达哥拉斯数,中国《周髀算经》中有"勾广三,股修四,经隅五"之说,已经知道 $(3, 4, 5)$ 是一个解.刘徽在注《九章算术》中又给出了 $(5, 12, 13), (8, 15, 17), (7, 24, 25), (20, 21, 29)$ 等几组勾股数. 它的全部正整数解已在 16 世纪前得到. 这类方程本质上就是求椭圆上的有理点.

下面两类不定方程在中国古代基本没有涉及,

一类二次不定方程是所谓佩尔方程 $x^2 - dy^2 = 1$, d 是非平方的正整数. 利用连分数理论知此方程永远有解. 这类方程就是求双曲线上的有理点.

另外就是高于二次的不定方程,这类不定方程相当复杂,多元高次不定方程没有一般的解法,任何一种解法都只能解决一些特殊的不定方程.

近年来,关于不定方程有了重要进展. 但从整体上来说,对于高于二次的多元不定方程,人们知道得不多. 另一方面,不定方程与数学的其他分支如代数数论、代数几何、组合数学等有着紧密的联系,在有限群论和最优设计中也常常提出不定方程的问题,这就使得不定方程这一古老的分支继续吸引着许多数学家的注意,成为数论中重要的研究课题之一.

§9.3　欧几里德与公理方法

人物简介

欧几里德(约公元前 330— 前 275).欧几里德于公元前 330 生于雅典,他曾

在柏拉图学院求学,后来应埃及托勒密国王的盛情邀请,到亚历山大城主持数学教育,创造出了辉煌的数学成就. 托勒密国王对数学非常有兴趣,经常求教于欧几里德. 但是几何的公理和习题并不认识这位尊贵的国王,托勒密国王常被弄得头昏脑胀,很不耐烦. 有一次他问欧几里德:"学习几何学,有没有便当一点的途径,一学就会?"欧几里德毫不客气地回答:"陛下,很抱歉,几何学里可没有专门为您开辟的大道!"这句话后来成为人们学习几何的箴言. 由于欧几里德学识渊博,声名远播,人们都以向他学习几何学为荣,其中有许多人是为了赶时髦. 一位学生就曾经问他:"老师,学习几何会使我得到什么好处?"欧几里德没有作正面的回答,却让仆人拿点钱给这位学生,然后冷冷地说:"看来你拿不到钱,是不肯学习几何学的."欧几里德的《几何原本》把前人的数学成果加以系统地整理和总结,以缜密的演绎逻辑把建立在一些公理之上的初等几何学知识构成为一个严密的体系.

欧氏几何的建立

欧几里德这位伟大的数学家在总结前人准备的基础上,天才般地按照逻辑系统把几何命题整理起来,建成了一座巍峨的几何大厦,完成数学史上的光辉著作《几何原本》. 这本书的问世,标志着欧氏几何学的建立. 这部科学著作是发行最广而且使用时间最长的书. 后又被译成多种文字,共有二千多种版本. 它的问世是整个数学发展史上意义极其深远的大事,也是整个人类文明史上的里程碑. 两千多年来,这部著作在几何教学中一直占据着统治地位,至今其地位也没有被动摇,包括我国在内的许多国家仍以它为基础作为几何教材. 简称"欧氏几何". 几何学的一门分科. 公元前 3 世纪,古希腊数学家欧几里德把人们公认的一些几何知识作为定义和公理,在此基础上研究图形的性质,推导出一系列定理,组成演绎体系,写出《几何原本》,形成了欧氏几何. 在其公理体系中,最重要的是平行公理,由于对这一公理的不同认识,导致非欧几何的产生. 按所讨论的图形在平面上或空间中,分别称为"平面几何"与"立体几何".

公理

欧式几何的传统描述是一个公理系统,通过有限的公理来证明所有的"真命题".

欧式几何的五条公理是:

1.任意两个点可以通过一条直线连接.

2.任意线段能无限延伸成一条直线.

3.给定任意线段,可以以其一个端点作为圆心,该线段作为半径作一个圆.

4.所有直角都全等.

5.若两条直线都与第三条直线相交,并且在同一边的内角之和小于两个直角,则这两条直线在这一边必定相交.

命题

第五条公理称为平行公理,可以导出下述命题:

通过一个不在直线上的点,有且仅有一条不与该直线相交的直线.平行公理并不像其他公理那么显然.许多几何学家尝试用其他公理来证明这条公理,但都没有成功.19世纪,通过构造非欧几里德几何,说明平行公理是不能被证明的.(若从上述公理体系中去掉平行公理,则可以得到更一般的几何,即绝对几何.)

从另一方面讲,欧式几何的五条公理并不完备.例如,该几何中的定理:任意线段都是三角形的一部分.他用通常的方法进行构造:以线段为半径,分别以线段的两个端点为圆心作圆,将两个圆的交点作为三角形的第三个顶点.然而,他的公理并不保证这两个圆必定相交.因此,许多公理系统的修订版本被提出,其中有希尔伯特公理系统.

对人类的贡献

欧几里德将早期许多没有联系和未予严谨证明的定理加以整理,写下《几何原本》一书,使几何学变成为一座建立在逻辑推理基础上的不朽丰碑.这部划时代的著作共分13卷,465个命题.其中有八卷讲述几何学,包含了现在中学所学的平面几何和立体几何的内容.但《几何原本》的意义却绝不限于其内容的重要,或者其对定理出色的证明.真正重要的是欧几里德在书中创造的一种被称为公理化的方法.

在证明几何命题时,每一个命题总是从再前一个命题推导出来的,而前一个命题又是从再前一个命题推导出来的.我们不能这样无限地推导下去,应有一些命题作为起点.这些作为论证起点,具有自明性并被公认下来的命题称为公理,如同学们所学的"两点确定一条直线"等即是.同样对于概念来讲也有些不加定义的原始概念,如点、线等.在一个数学理论系统中,我们尽可能少地先取原始概念和不加证明的若干公理,以此为出发点,利用纯逻辑推理的方法,把该系统建立成一个演绎系统,这样的方法就是公理化方法.欧几里德采用的正是这种方法.他先摆出公理、公设、定义,然后有条不紊地由简单到复杂地证明一系列命题.他以公理、公设、定义为要素,作为已知,先证明了第一个命题.然后又以此为基础,来证明第二个命题,如此下去,证明了大量的命题.其论证之精彩,逻辑之周密,结构之严谨,令人叹为观止.零散的数学理论被他成功地编织为一个从基本假定到最复杂结论的系统.因而在数学发展史上,欧几里德被认为是成功而系统地应用公理化方法的第一人,他的工作被公认为是最早用公理法建立起演绎的数学体系的典范.正是从这层意义上,欧几里德的《几何原本》对数学的发展起到了巨大而深远的影响,在数学发展史上树立了一座不朽的丰碑.

完善的欧式几何

公理化方法已经几乎渗透于数学的每一个领域,对数学的发展产生了不可估量的影响,公理化结构已成为现代数学的主要特征.而作为完成公理化结构的最早典范的《几何原本》,用现代的标准来衡量,在逻辑的严谨性上还存在着不少缺点.如一个公理系统都有若干原始概念(或称不定义概念),如点、线、面就属于这一类.欧几里德对这些都做了定义,但定义本身含混不清.另外,其公理系统也不完备,许多证明不得不借助于直观来完成.此外,个别公理不是独立的,即可以由其他公理推出.这些缺陷直到1899年德国数学家希尔伯特的在其《几何基础》出版时得到了完善.在这部名著中,希尔伯特成功地建立了欧几里德几何的完整、严谨的公理体系,即所谓的希尔伯特公理体系.这一体系的建立使欧氏几何成为一个逻辑结构非常完善而严谨的几何体系.也标志着欧氏几何完善工作的终结.

欧式几何的意义

由于欧式几何具有鲜明的直观性和有着严密的逻辑演绎方法相结合的特点,在长期的实践中表明,它已成为培养、提高青、少年逻辑思维能力的好教材.历史上不知有多少科学家从学习几何中得到益处,从而作出了伟大的贡献.

少年时代的牛顿在剑桥大学附近的夜店里买了一本《几何原本》,开始他认为这本书的内容没有超出常识范围,因而并没有认真地去读它,而对笛卡儿的"坐标几何"很感兴趣而专心攻读.后来,牛顿于1664年4月在参加特列台奖学金考试的时候遭到落选,当时的考官巴罗博士对他说:"因为你的几何基础知识太贫乏,无论怎样用功也是不行的."这席谈话对牛顿的震动很大.于是,牛顿又重新把《几何原本》从头到尾地反复进行了深入钻研,为以后的科学工作打下了坚实的数学基础.

几何学在数学教育中的地位

随着科技的不断发展,先进仪器的不断出现,无论是中学还是大学的数学课程都发生过,并且正在发生着变革,其中最引人注目的是几何在课程中的核心地位的衰落.欧式几何已从宝座上跌落下来.在几个世纪里,欧几里德控制着数学舞台.但代数的出现,笛卡尔将其应用于几何,以及随后微积分的发展,改变了数学的整个特征.数学变得更加符号化,数学更抽象了.但几何学不能仅仅把它看作是数学的一个分支,而它的思维方式渗透到数学的所有分支,在学习和教学中应积极训练. 从直观到抽象,提高抽象的思维能力. 不管怎样,人类知识的这些最新进展都不会削弱欧几里德学术成就的光芒. 也不会因此贬低他在数学发展和建立现代科学成长必不可少的逻辑框架方面的历史重要性.

§9.4　分形与混沌漫谈

1. 分形漫谈

1.1　引言

分形理论的创始人 B. B. Mandelbrot(有人译为曼德尔布罗特,有人译为曼得勃罗等) 通过对不具有特征长度(欧氏几何学研究不了的问题) 提出了一个全新的概念:分形、分形几何、分数维——fractal. fractal 一词是由 Mandelbrot 自创的,来自于描述碎石的拉丁文 fractus. 这个词是芒德布罗根据拉丁词的词首与英文的词尾合成的一个新词,用以描述那种不规则的、破碎的、琐碎的几何特征;既可当名词用,又可当形容词用. 分形概念并非纯数学抽象的产物,而是对普遍存在的复杂几何形态的科学概括,有极为广泛的实际背景. 自然界中分形体无处不在,起伏蜿蜒的山脉,坑坑洼洼的地面,曲曲折折的海岸线,层层分叉的树枝,支流纵横的水系,变幻莫测的浮云,遍布动物周身的血管等等,都是自然界中的分形.

　　分形是相对于整形而言的. 传统几何学描述的对象是由直线或曲线,平面或曲面,平直体或曲体构成的各种几何形体; 它们被称为整形.

　　几何学讲的整形是严格定义的数学对象. 对分形也应当建立严格的数学定义. 但目前尚无可以普遍接受的严格定义. 非正式地讲,一种几何图形,如果它的组成部分与整个图形有某种方式的相似性,就是分形.

　　对"分形"的定义可以用和生物学中对"生命"定义的同样方法处理. 在生物学中"生命"并没有严格和明确的定义,但可以列出一系列生命物的特性:像繁殖能力、运动能力以及对周围环境的相对独立的存在能力等. 对分形似乎最好把它看成具有下面列出的性质的集合,而不去寻找精确的定义. 因为这种定义肯定几乎总要排除掉一些有趣的情形.

　　称一个几何 F 是分形,如果它具有下面的典型性质:

　　(1)F 具有精细的结构,即有任意小比例的细节;

　　(2)F 非常不规则,它的整体和局部都不能用传统的几何语言来描述;

　　(3)F 通常具有某种自相似的性质,这种自相似的性质可能是近似的或是统计的；

(4) 一般来说，F 的分形维数大于它的拓扑维数；

(5) 在大多数令人感兴趣的情形，F 以非常简单的定义，并且可能由迭代产生.

下面我们考察一些具体的分析.

1.2 海岸线的长度

为了对分形的概念有所了解. 我们举几个具体的例子. 首先看一看海岸线长度的问题.

英国有一位叫里查逊(L. F. Richardson) 的科学家，为了研究海岸线查阅了西班牙，葡萄牙，比利时，荷兰的百科全书. 之后，他惊奇地发现，各国各自测量的共同的过境河岸长度竟相差 20%. 真是见鬼了！于是他向世界提出了海岸线的问题.

1967 年芒德布罗在一篇叫"英国海岸线有多长，统计自相似性与分数维"的文章中对海岸线长度的问题做了分析. 他指出：

"事实上任何海岸线在某种意义上都是无穷地长，从另一种意义说，答案取决于你所用尺的长度. 如果用 1 公里的尺子沿海岸测量，小于 1 公里的那些弯弯曲曲就会被忽略掉. 若用一米的尺子，会得出较长的海岸线，因为它会捕捉到一些曲折的细部. 反之，若用一中在卫星上观察的方法，一定会得出较短的海岸线长度. 在反过来，从蜗牛爬过每一个石子来看，这岸线必然长得吓人.

或许有许多人会认为不断增加的岸线长度最后会收敛于一个特定的最后数值，即海岸线的真正的长度. 可是，加入海岸线是一种欧几里德图形，例如圆，直线，那是可能的. 由小线段不断地取更小的段可以真正地收敛于圆周或线段的长度. 事实上，随着测量尺度的变小，测出的海岸线长度无限增大. 小湾内有小湾，小半岛之外有小小半岛，直到原子的尺寸方才达到终点，而那里的尺度是无限地复杂."

1.3 皮亚诺曲线

经典的几何方法和计算方法已经不适合用来研究分形，需要寻找另外的方法. 研究分形几何的主要工具是它的许多形式的维数. 下面给出一种反应比例性质和自相似性质的分形维数计算法.

在谈分数维以前，首先谈谈什么是维数.

我们根据经验得知，点是 0 维的，直线是 1 维的，平面是 2 维的，而我们居住的空间却是 3 维. 如果像相对论那样，把时间和空间作为同等处理，那么我们居住的空间就是 4 维的了. 所有这些经验的维数都是整数，其数字与单独挑选的变数的数目和自由度的数目是一致的. 也就是说，直线上的任意点可用 1 个实数表示，平面上的任意点可用 2 个实数的数组表示. 如果把维数作为自由度的数目,那么对任意非负的整数 n,在数学上可以考虑 n 维空间.实际上,在处理质点系运动时,把坐标和运动量看作独立变数,把 n 个粒子系看作 $6n$ 维空间中一个点的运动是力学的基础.

把直线弯一下,就得到一条曲线.可见,曲线也是一维的.把曲面弯一下,就得到一张曲面.可见,曲面也是二维的.

把自由度作为维数的设想是非常自然的,而且也没有特别使人产生疑问的地方.大多数人都是这么理解的,对数学的大部分分支这种理解也是足够的,并没有遇到什么问题,但是,当人们深入地研究曲线和曲面定义的时候遇到了问题,早在 100 多年前(1890 年),对经验维数已提出了较深刻的疑问.这是意大利数学家皮亚诺发现的.他构造了一种曲线,现在叫做皮亚诺曲线,皮亚诺曲线对经典维数提出了挑战.

皮亚诺是意大利数学家,符号逻辑的奠基人,毕生致力于建立数学基础和发展形势逻辑语言.他的著名的工作有:自然数的公理系统,现在称为皮亚诺公理系统;给出了曲线和曲面的定义,他构造了皮亚诺曲线;他还是"国际语"的创始人.

1.4　自然界中的分形

湍流　湍流是流体的一种流动状态.当流速很小时,流体分层流动,互不混合,称为层流,也称为稳流或片流;逐渐增加流速,流体的流线开始出现波浪状的摆动,摆动的频率及振幅随流速的增加而增加,此种流况称为过渡流;当流速增加到很大时,流线不再清楚可辨,流场中有许多小漩涡,层流被破坏,相邻流层间不但有滑动,还有混合.这时的流体作不规则运动,有垂直于流管轴线方向的分速度产生,这种运动称为湍流,又称为乱流、扰流或紊流.

河流　自然界中的河流也是一个典型的分形.因河流与它的分枝形状,不论从全体还是从支流来看都没有太大的变化.借助主流长度与流域面积的经验关系,可算出河的主流的维数是 1.2.日本名古屋大学的分数维研究会对河的维数有详细的研究.根据他们的研究,世界各种河的主流的分数维维数在 1.1 ~ 1.3 左右.图是亚马逊河的形状.

肺和血管的构造　分数维比 2 大的曲面的表面积理论上可以任意大.能够很好地利用这一性质的组织是肺.肺从气管尖端成倍地反复分岔,使末端的表面积变得非常大.人肺的分数维大约为 2.17.分数维越大使表面积变大的效率也越好,但这时曲面是凹凸也变得更加厉害,这不利于空气的流通,为了兼顾起见才产生了 2.17 这一数值.

血管也呈分形结构,它必须把养分送到全身各个角落的细胞中.

视网膜血管的分形性质可能用于临床诊断.例如,正常人的视网膜血管与患糖尿病,高血压病的人的视网膜血管的分形维的值有差别,并且病情越重,差别越大.

1.5 其他

除以上所介绍的内容之外,还有科克曲线、分数维等于分形有关的知识,感兴趣的读者可以自己在加以扩展.

2. 混沌漫谈

2.1 混沌的定义

混沌是指发生在确定性系统中的貌似随机的不规则运动,一个确定性理论描述的系统,其行为却表现为不确定性 —— 不可重复、不可预测,这就是混沌现象.进一步研究表明,混沌是非线性动力系统的固有特性,是非线性系统普遍存在的现象.牛顿确定性理论能够充分处理的多为线性系统,而线性系统大多是由非线性系统简化来的.因此,在现实生活和实际工程技术问题中,混沌是无处不在的.

一般地,如果一个接近实际而没有内在随机性的模型仍然具有貌似随机的行为,就可以称这个真实物理系统是混沌的.一个随时间确定性变化或具有微弱随机性的变化系统,称为动力系统,它的状态可由一个或几个变量数值确定.而一些动力系统中,两个几乎完全一致的状态经过充分长时间后会变得毫无一致,恰如从长序列中随机选取的两个状态那样,这种系统被称为敏感地依赖于初始条件.而对初始条件的敏感的依赖性也可作为混沌的一个定义.

与我们通常研究的线性科学不同,混沌学研究的是一种非线性科学,而非线性科学研究似乎总是把人们对"正常"事物"正常"现象的认识转向对"反常"事物"反常"现象的探索.例如,孤波不是周期性振荡的规则传播;"多媒体"技术对信息贮存、压缩、传播、转换和控制过程中遇到大量的"非常规"现象产生所采用的"非常规"的新方法;混沌打破了确定性方程由初始条件严格确定系统未来运动的"常规",出现所谓各种"奇异吸引子"现象等.

现代科学所讲的混沌,其基本含义可以概括为:聚散有法,周行而不殆,回复而不闭.意思是说混沌轨道的运动完全受规律支配,但相空间中轨道运动不会中止,在有限空间中永远运动着,不相交也不闭合.混沌运动表观上是无序的,产生了类随机性,也称内在随机性.混沌模型一定程度上更新了传统科学中的周期模型,用混沌的观点去看原来被视为周期运动的对象,往往有新的理解.80年代中期开始混沌理论已被用于社会问题研究,如经济学、社会学和哲学研究.

大自然并不缺少混沌,现代科学重新发现了混沌.以混沌理论为标志的非线性科学强调自然的自组织机制,强调看待事物的整体性原则,与古代哲人所说的"前现在混沌"有千丝万缕的联系,因而常常被后现代主义者看好.

2.2　混沌的发现

1972 年 12 月 29 日,美国麻省理工学院教授、混沌学开创人之一 E. N. 洛伦兹在美国科学发展学会第 139 次会议上发表了题为《蝴蝶效应》的论文,提出一个貌似荒谬的论断:在巴西一只蝴蝶翅膀的拍打能在美国得克萨斯州产生一个龙卷风,并由此提出了天气的不可准确预报性. 时至今日,这一论断仍为人津津乐道,更重要的是,它激发了人们对混沌学的浓厚兴趣. 今天,伴随计算机等技术的飞速进步,混沌学已发展成为一门影响深远、发展迅速的前沿科学.

2.3　蝴蝶效应

近半个世纪以来,科学家发现许多自然现象即使可化为单纯的数学公式,但是其行径却无法加以预测. 如气象学家 Edward Lorenz 发现,简单的热对流现象居然能引起令人无法想象的气象变化,产生所谓的"蝴蝶效应",亦即某地下大雪,经追根究底却发现是受到几个月前远在异地的蝴蝶拍打翅膀产生气流所造成的. 一九六 ○ 年代,美国数学家 Stephen Smale 发现,某些物体的行径经过某种规则性的变化之后,随后的发展并无一定的轨迹可寻,呈现失序的混沌状态.

2.4　产生混沌的实例

函数的迭代　设 f 是 $D \rightarrow D$ 的函数,对任意 $x \in D$,记 $f^{(0)}(x) = x$,定义 $f^{(n+1)}(x) = f(f^{(n)}(x))$,$n \in \mathbf{N}^*$,则称函数 $f^{(n)}(x)$ 为 $f(x)$ 的 n 次迭代.

一些简单函数的 n 次迭代如下:

(1) 若 $f(x) = x + a$,则 $f^{(n)}(x) = x + na$;

(2) 若 $f(x) = ax$,则 $f^{(n)}(x) = a^n x$;

(3) 若 $f(x) = x^a$,则 $f^{(n)}(x) = x^{a^n}$;

(4) 若 $f(x) = \dfrac{x}{1 + ax}$,则 $f^{(n)}(x) = \dfrac{x}{1 + nax}$;

(5) 若 $f(x) = ax + b(a \neq 1)$,则 $f^{(n)}(x) = a^n\left(x - \dfrac{b}{1-a}\right) + \dfrac{b}{1-a}$;

$f^{(n)}(x)$ 的一般解法是先猜后证法:先迭代几次,观察有何规律,由此猜测出 $f^{(n)}(x)$ 的表达式,然后证明,证明时,常用数学归纳法.

不动点　不动点理论是关于方程的一种一般理论. 数学里到处要解方程,诸如代数方程、微分方程、函数方程等等,种类繁多,形式各异. 但是它们常能改写成 $f(x) = x$ 的形状,这里 x 是某个适当的空间 X 中的点,f 是从 X 到 X 的一个映射,把每一点 x 移到点 $f(x)$. 方程 $f(x) = x$ 的解恰好就是在 f 这个影射之下被留在原地不动的点,故称不动点. 于是,解方程的问题就化成了找不动点这个几何问题. 不动点理论研究不动点的有无、个数、性质与求法.

常见的不动点定理:

(1) 压缩映射原理(C. (C. —)É. 皮卡(1890);S. 巴拿赫(1922)):设 X 是一

个完备的度量空间,映射 $f:X \to X$ 把每两点的距离至少压缩 λ 倍,即 $d(f(x),$ $f(y)) \leqslant \lambda d(x,y)$,这里 λ 是一个小于 1 的常数,那么 f 必有而且只有一个不动点,而且从 X 的任何点 x_0 出发作出序列 $x_1 = f(x_0), x_2 = f(x_1), \cdots, x_n = f(x_{n-1}), \cdots$,这序列一定收敛到那个不动点. 这条定理是许多种方程的解的存在性、唯一性及迭代解法的理论基础.

(2) 布劳威尔不动点定理(1910):设 X 是欧氏空间中的紧凸集,那么 X 到自身的每个连续映射都至少有一个不动点. 用这定理可以证明代数基本定理:复系数的代数方程一定有复数解. 把布劳威尔定理中的欧氏空间换成巴拿赫空间,就是绍德尔不动点定理(1930),常用于偏微分方程理论. 这些定理可以从单值映射推广到集值映射,除微分方程理论外还常用于对策论和数理经济学.

(3) 莱夫谢茨不动点定理:设 X 是紧多面体,$f:X \to X$ 是映射,那么 f 的不动点代数个数等于 f 的莱夫谢茨数 $L(f)$,它是一个容易计算的同伦不变量. 当 $L(?) \neq 0$ 时,与?同伦的每个映射都至少有一个不动点. 这个定理发展了布劳威尔定理.

(4) J. 尼尔斯 1927 年发现,一个映射 f 的全体不动点可以自然地分成若干个不动点类,每类中诸不动点的指数和都是同伦不变量.

2.5 人口模型

(1) 马尔萨斯人口模型

马尔萨斯(1766 — 1834,是英国经济学家和社会学家) 在研究百余年的人口统计时发现:单位时间内人口的增加量与当时人口总数是成正比的.

马尔萨斯于 1798 年提出了著名的人口指数增长模型.

模型的基本假设:人口的增长率是常数,或者说,单位时间内人口的增长量与当时的人口数成正比.

以 $N(t)$ 表示第 t 年时的人口数,$N(t + \Delta t)$ 就表示第 $t + \Delta t$ 年时的人口数. $N(t)$ 是整数,为了利用微积分这一数学工具,将 $N(t)$ 视为连续、可微函数. 这样有

$$\frac{N(t + \Delta t) - N(t)}{\Delta t} = kN(t)$$

其中 k 为人口的增长率,当 $\Delta t \to 0$ 时,由上式得

$$\frac{dN(t)}{dt} = kN(t) \tag{9.1}$$

设初始条件为 $t = 0$ 时,$N(0) = N_0$,马尔萨斯人口按几何级数增加(或按指数增长) 的结论就是来源于方程(9.1). 方程(9.1) 称为马尔萨斯人口发展方程.

(2) 逻辑斯蒂克人口模型

这里将考虑自然资源和环境对人口的影响.

以 N_m 记自然资源和环境条件所能允许的最大人口数. 把人口增长的速率除以当时的人口数称为人口的净增长率. 按此定义, 在马尔萨斯人口模型中净增长率等于常数

$$\frac{1}{N(t)}\frac{\mathrm{d}N(t)}{\mathrm{d}t}=k$$

在马尔萨斯后, 荷兰数学家威赫尔斯特($Verhulst$) 提出一个新的假设: 人口的净增长率随着 $N(t)$ 的增加而减小, 且当 $N(t) \rightarrow N_m$ 时, 净增长率趋于零. 因此人口方程可写成

$$\frac{\mathrm{d}N(t)}{\mathrm{d}t}=r(1-\frac{N(t)}{N_m})N(t) \tag{9.2}$$

其中 r 为常数. 模型(9.2) 称为**逻辑斯蒂克人口模型**.

马尔萨斯模型对于 1800 年以前的欧洲人口拟合得较好. 而此处的逻辑斯蒂克模型对于 1790 — 1930 年间的美国人口拟合较好, 但对于 1930 年以后的人口估计不准. 但是逻辑斯蒂克模型在生物总数分析中还是有其广泛的应用的. 只要某种特定自然环境中该物种是独立生存的, 或与其他物种相比它占有绝对优势.

(3) 捕食者 — 食饵模型

自然界中不同种群之间存在着这样一种非常有趣的相互依存、相互制约的生存方式, 种群甲靠丰富的自然资源生长, 而种群乙靠捕食甲为生, 兔子和山猫、落叶松和蚜虫都是这种生存方式的典型. 生态学上称种群甲为食饵(Prey), 称种群乙为捕食者(Predator), 二者共处组成捕食者 — 食饵生态系统. 下面是由意大利数学家 Volterra 提出的一个简单的生态学模型:

食饵甲和捕食者乙在时刻 t 的数量分别记作 $x(t)$、$y(t)$, 当甲独立生存时它的(相对) 增长率为 r, 即 $\overline{x}(t)=rx$, 而乙的存在使甲的增长率减小, 设减小的程度与种群数量成正比, 于是 $x(t)$ 满足方程

$$\overline{x}(t)=x(r-ay)=rx-axy \tag{9.3}$$

比例系数 a 是反映捕食者掠取食饵的能力.

捕食者离开食饵无法生存, 设乙独自存在时死亡率为 d, 即 $\overline{y}(t)=-\mathrm{d}y$, 甲为乙提供食物相当于使乙的死亡率降低, 并促使其增长. 设这个作用与甲的数量成正比, 于是 $y(t)$ 满足方程

$$\overline{y}(t)=y(-d+bx)=-\mathrm{d}y+bxy \tag{9.4}$$

比例系数 b 是反映食饵对捕食者的供养能力.

设食饵和捕食者的初始数量分别为

$$x(0)=x_0, y(0)=y_0 \tag{9.5}$$

微分方程(9.3)、(9.4) 及初始条件(9.5) 确定了食饵和捕食者数量 $x(t)$, $y(t)$ 的演变过程, 但是该方程组无解析解.

§9.5　数学模型与数学建模

1. 引言

我们知道宇宙中的一切,人世间的万事万物都是在不停运动和变化着的,这种变化主要表现为两种形式:一种是形态的变化,另一种是数量的变化. 人们要适应这种变化,就要去研究它,了解它和掌握它的变化规律,从而能动地利用它,改造它,使其为我们人类服务. 数学模型是研究数量变化规律的一门综合性很强的科学. 是应用数学知识去研究事物以及事物之间的数量变化规律;或者反过来,将现实客观中存在的问题,经过分析整理建立起实际问题的内在的或事物与事物之间的数量变化的数学表达式,经过求解数学表达式,寻求它们的数量变化规律,用以解析某些现象,或者预测它未来的发展趋势并能动地利用它和改造它. 数学模型就是这样一门科学,它不同于数学,而是介于数学与现实问题之间的一个桥梁,是一门边缘学科.

2. 数学模型的定义

什么是数学模型,至今还没有一个统一的说法.

但可以这样讲:这就是对于现实世界的一个特定对象,为了一个特定目的,根据特有的内在规律,做出一些必要的简化假设,运用适当的数学工具得到的一个数学结构式. 也就是说,数学模型是通过抽象、简化的过程,使用数学语言对实际现象的一个近似的刻画,以便于人们更深刻地认识所研究对象. 数学模型并不是新事物,它早就有之. 自从有了数学,也就有了数学模型.

一个最典型的也最成功的数学模型的例子是行星运动规律的发现. 开普勒根据他的老师第谷30年天文观测的大量数据,用了10年时间总结出行星运动的三大规律,但当时还只是经验的规律,只有确认这些规律,找到它们的内在的根据,才能有效地加以应用. 牛顿提出与距离平方成反比的万有引力公式,利用运动三大定律证明了开普勒的结论,严格推导出行星运动的三大定律,成功地解释并预测了行星运动规律,也证明了他建立的数学模型的正确性. 这是数学建模取得光辉成功的一个著名的例子.

3. 建立数学模型的方法

数学建模就是建立数学模型,建立数学模型的过程就是数学建模的过程(见数学建模过程流程图）.数学建模是一种数学的思考方法,是运用数学的语言和方法,通过抽象、简化建立能近似刻画并解决实际问题的数学模型的一种强有力的数学手段.

常用的数学建模方法如下：

3.1　机理分析法

从基本物理定律以及系统的结构数据来推导出数学模型的方法

（1）比例分析法 —— 建立变量之间函数关系的最基本、最常用的方法.

（2）代数方法 —— 求解离散问题（离散的数据、符号、图形）的主要方法.

（3）逻辑方法 —— 是数学理论研究的重要方法,用以解决社会学和经济学等领域的实际问题,在决策论,对策论等学科中得到广泛应用.

（4）常微分方程 —— 解决两个变量之间的变化规律,关键是建立"瞬时变化率"的表达式.

（5）偏微分方程 —— 解决因变量与两个以上自变量之间的变化规律.

3.2　数据分析法

从大量的观测数据利用统计方法建立数学模型的方法

（1）回归分析法 —— 用于对函数$f(x)$的一组观测值$(x_i, f(x_i))(i = 1, 2, \cdots n)$,确定函数的表达式,由于处理的是静态的独立数据,故称为数理统计方法.

（2）时序分析法 —— 处理的是动态的相关数据,又称为过程统计方法.

3.3　仿真和其他方法

（1）计算机仿真（模拟）—— 实质上是统计估计方法,等效于抽样试验.

① 离散系统仿真 —— 有一组状态变量.

② 连续系统仿真 —— 有解析表达式或系统结构图.

（2）因子试验法 —— 在系统上作局部试验,再根据试验结果进行不断分析修改,求得所需的模型结构.

（3）人工现实法 —— 基于对系统过去行为的了解和对未来希望达到的目标,并考虑到系统有关因素的可能变化,人为地组成一个系统.

4. 对模型的基本要求

建立数学模型所需的信息通常来自两个方面,一是对系统的结构和性质的认识和理解,一是系统的输入和输出观测数据.利用前一类信息建立模型的方法称为演绎法；用后一类建立模型的方法称为归纳法.用演绎法建立的模型是机理模型,这类模型只有唯一解.用归纳法建立的模型称为经验模型,经验模型可有多组解.不论用什么方法,建立什么模型,都必须满足下述基本要求.

（1）模型要有足够的精确度.精确度是指模型的计算结果和实际测量数值的吻合程度.精确度不仅与研究对象有关,而且与它所处的时间,状态及其他条件有关.对于模型精确度的具体规定,要视模型应用的主客观条件而定.通常在人工控制条件下的各种模拟试验及由此建立的模型可以达到较高的精度,而对于自然系统和复合系统的模拟及由此建立的模型,不能期望具有较高的精度.精确度通常用误差表示.

(2)模型要简单适用.一个模型既要具备一定的精确度,又要力求简单实用.精确度和模型的复杂程度往往成正比,但随着模型的复杂程度的增加,模型的求解趋于困难,要求的代价亦增加.说明两个基本要求存在着一定的矛盾,需根据问题性质协调解决.有时为了简化模型以便于求解,只能降低对模型精度的要求.另一方面,无论怎样精确的模型也存在着如何从原型进行简化的问题.简化模型的方法可从两方面进行:一是通过抓主要矛盾,提出简化问题的一些假设,这是物理和化学意义上的简化;一是根据数量级关系进行取舍,这是数学意义上的简化.

(3)建立数学模型的依据要充分.依据充分的含义指的是模型在理论推导上要严谨,并且要有可靠的实测数据来检验.

(4)管理模型(优化)中要有可控变量.可控变量又称操纵变量,是指模型中能够控制其大小和变化方向的变量.一个模型中应有一个或多个可控变量,否则这个模型将不能付诸实用.

5. 数学模型的建立过程

建立一个实际问题的数学模型,需要一定的洞察力和想象力,筛选、抛弃次要因素,突出主要因素,做出适当的抽象和简化.全过程一般分为表述、求解、解释、验证几个阶段,并且通过这些阶段完成从现实对象到数学模型,再从数学模型到现实对象的循环.可用流程图表示如下:

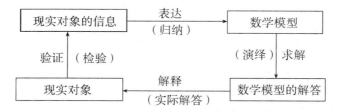

表述 根据建立数学模型的目的和掌握的信息,将实际问题翻译成数学问题,用数学语言确切地表述出来.

这一个关键的过程,需要对实际问题进行分析,甚至要做调查研究,查找资料,对问题进行简化、假设、数学抽象,运用有关的数学概念、数学符号和数学表达式去表现客观对象及其关系.如果现有的数学工具不够用时,可根据实际情况,大胆创造新的数学概念和方法去表现模型.

求解　选择适当的方法,求得数学模型的解答.

解释　数学解答翻译回现实对象,给实际问题的解答.

验证　检验解答的正确性.

举例　哥尼斯堡一条普雷格尔河,这条河有两个支流,在城中心汇合成大河,河中间有一小岛,河上有七座桥,如图 9.5-1 所示.18 世纪哥尼斯堡的很多居民总想一次不重复地走过这七座桥,再回到出发点.可是试来试去总是办不到,于是有人写信给当时著名的数学家欧拉,欧拉于 1736 年,建立了一个数学模型解决了这个问题.他把 A、B、C、D 这四块陆地抽象为数学中的点,把七座桥抽象为七条线,如图 9.5-2 所示.

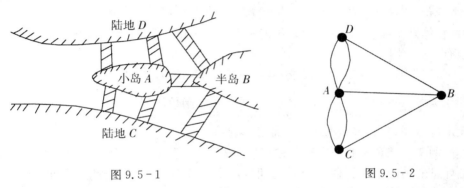

图 9.5-1　　　　　　　　　　　　　图 9.5-2

人们步行七桥问题,就相当于图 2 的一笔画问题,即能否将图 2 所示的图形不重复地一笔画出来,这样抽象并不改变问题的实质.

哥尼斯堡七桥问题是一个具体的实际问题,属于数学模型的现实原型.经过理想化抽象所得到的如图 9.5-2 所示的一笔画问题便是七桥问题的数学模型.在一笔画的模型里,只保留了桥与地点的连接方式,而其他一切属性则全部抛弃了.所以从总体上来说,数学模型只是近似地表现了现实原型中的某些属性,而就所要解决的实际问题而言,它是更深刻、更正确、更全面地反映了现实,也正由此,对一笔画问题经过一定的分析和逻辑推理,得到此问题无解的结论之后,可以返回到七桥问题,得出七桥问题的解答,不重复走过七座桥回到出发点是不可能的.

数学模型,从广义上讲,一切数学概念、数学理论体系、各种数学公式、各种方程式、各种函数关系,以及由公式系列构成的算法系统等等都可以叫做数学模型.从狭义上讲,只有那些反映特定问题或特定的具体事物系统的数学关系的结构,才叫做数学模型.在现代应用数学中,数学模型都作狭义解释.而建立数学模型的目的,主要是为了解决具体的实际问题.

函数模型的建立　研究数学模型,建立数学模型,进而借鉴数学模型,对提高解决实际问题的能力,以及提高数学素养都是十分重要的.建立函数模型的步骤可分为：

（1）分析问题中哪些是变量，哪些是常量，分别用字母表示；

（2）根据所给条件，运用数学或物理知识，确定等量关系；

（3）具体写出解析式 $y = f(x)$，并指明定义域.

例 1　重力为 P 的物体置于地平面上，设有一与水平方向成 α 角的拉力 F，使物体由静止

开始移动，求物体开始移动时拉力 F 与角 α 之间的函数模型，如图 9.5 - 3 所示.

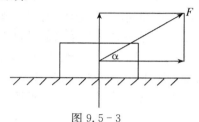

图 9.5 - 3

解　由物理知，当水平拉力与摩擦力平衡时，物体开始移动，而摩擦力是与正压力 $P - F\sin\alpha$ 成正比的（设摩擦系数为 μ），故有

$$F\cos\alpha = \mu(P - F\sin\alpha),$$

即 $F = \dfrac{\mu P}{\cos\alpha + \mu\sin\alpha}(0° < \alpha < 90°)$.建立函数模型是一个比较灵活的问题，无定法可循，只有多做些练习才能逐步掌握.

例 2　在金融业务中有一种利息叫做单利.设 p 是本金，r 是计息的利率，c 是计息期满应付的利息，n 是计息期数，I 是 n 个计息期（即借期或存期）应付的单利，A 是本利和.求本利和 A 与计息期数 n 的函数模型

解　计息期的利率 $= \dfrac{\text{计息期满的利息}}{\text{本金}}$，即 $r = \dfrac{c}{p}$.

由此得　　　　　　　　　　　$c = pr,$

单利与计息数成正比，即 n 个计息期应付的单利 I 为

$$I = cn,$$

因为　　　　　　　　　　　　$c = pr,$

所以　　　　　　　　　　　　$I = prn,$

本利和为　　　　　　　　　　$A = p + I,$

即　　　　　　　　　　　　　$A = p + prn,$

可得本利和与计息期数的函数关系，即单利模型

$$A = p(1 + rn).$$

6. 具体应用

6.1　构建方程模型

例 3　上一个有 10 级台阶的楼梯，每步可上一级或两级，共有多少种上台阶的方法？

解:设 x 表示上一级台阶的步数,y 表示上两级台阶的步数,则 $x + 2y = 10(x \geqslant 0, y \geqslant 0, y \in \mathbf{Z})$.

当 $x = 2$ 时,$y = 4$,于是用 6 步走完 10 级台阶的方法为 C_6^2 种;

同理,当 x $= 0, 4, 6, 8, 10$ 时,y 的取值分别为 $5, 3, 2, 1, 0$,则上台阶的方法分别为 $C_5^0, C_7^4, C_8^6, C_9^8, C_{10}^{10}$ 种.

所以上台阶的方法共有 $C_5^0 + C_6^2 + C_7^4 + C_8^6 + C_9^8 + C_{10}^{10} = 89$ 种.

点评:构建方程模型的关键是找到等量关系,正确列出方程.

6.2　构建立体几何模型

例 4　如图 9.5 - 4 中 A, B, C, D 为海上四个岛,要建三座桥,将这四个小岛连接起来,则不同的建桥方案共有(　　)

A. 8 种　　　B. 12 种　　　C. 16 种　　　D. 20 种

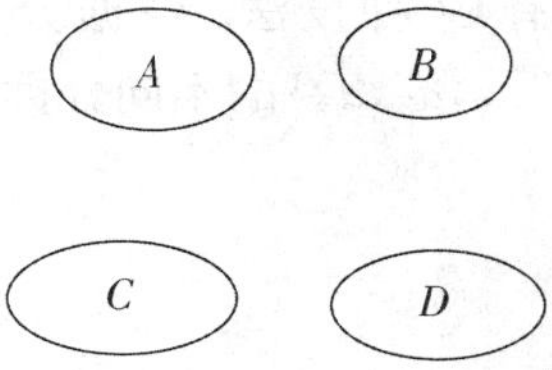

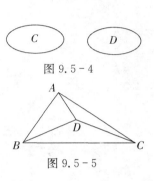

图 9.5 - 4

解　如图 9.5 - 5,构建三棱锥 $A - BCD$,四个顶点表示小岛,六条棱表示连接任意两岛的桥梁,由题意,只需求出从六条棱中任取三条不共面的棱的不同取法,这可由间接法完成:从六条棱中任取三条棱的不同取法

图 9.5 - 5

为 C_6^3 种,任取三条共面棱的不同取法为 4 种,所以从六条棱中任取不共面的棱的不同取法为 $C_6^3 - 4 = 16$ 种,故选 C 项.

点评:构建恰当的立体几何模型,可以使排列组合问题显得直观清晰、简洁明快.

6.3　构建隔板模型

例 5　把 20 个相同的球全部装入编号分别为 $1, 2, 3$ 的三个盒子中,要求每个盒子中的球数不小于其编号数,则共有_____ 种不同的放法.

解　运用隔板法必须同时具备以下三个条件:① 所有元素必须相同;② 所有元素必须分完;③ 每组至少有一个元素.

此例有限条件,不能直接运用隔板法,但可转化为隔板问题,向 1, 2, 3 号三个盒子中分别装入 0, 1, 2 个球后,还剩余 17 个球,然后再把这 17 个球分成 3 份,每份至少一球,运用隔板法,共有 $C_{16}^2 = 120$ 种不同的分法.

点评:根据问题的特点,把握问题的本质,通过联想、类比是构建模型的关键.

6.4　构建油箱模型

例 6　若集合 A_1, A_2 满足 $A_1 \bigcup A_2 = A$,则称 (A_1, A_2) 为集合 A 的一个分拆,并规定:当且仅当 $A_1 = A_2$ 时,(A_1, A_2) 与 (A_2, A_1) 为集合的同一种分拆,则集合 $A = \{a_1, a_2, a_3\}$ 的不同分拆种数为.

解　建立数学模型,如图 9.5 - 6,设集合为邮筒 ①,设集合为邮筒 ②,设集合为邮筒 ③,设 a_1, a_2, a_3 三个元素为三封信,则问题转化为熟悉的"把三封信投入到三个邮筒共有多少种投递方法"的问题,可分三步进行求解:

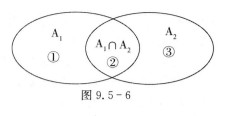

图 9.5 - 6

第一步,投 a_1 共有 C_3^1 种投法;第二步,投 a_2 共有 C_3^1 种投法;第三步,投 a_3 共有 C_3^1 种投法. 根据分步计数原理共有 $C_3^1 C_3^1 C_3^1 = 27$ 种投法,即集合 $A = \{a_1, a_2, a_3\}$ 的不同分拆种数为 27.

附录 1　泊松分布表

$$P(X \geqslant C) = \sum_{k=c}^{\infty} \frac{\lambda^k}{k!} \mathrm{e}^{-\lambda}$$

C	λ					
	0.1	0.2	0.3	0.4	0.5	0.6
0	1.0000	1.0000	1.0000	1.0000	1.0000	1.0000
1	0.0952	0.1813	0.2592	0.3297	0.3935	0.4512
2	0.0047	0.0175	0.0369	0.0616	0.0902	0.1219
3	0.0002	0.0011	0.0036	0.0079	0.0144	0.0231
4		0.0001	0.0003	0.0008	0.0018	0.0034
5				0.0001	0.0002	0.0004

C	λ					
	0.7	0.8	0.9	1.0	1.2	1.4
0	1.0000	1.0000	1.0000	1.0000	1.0000	1.0000
1	0.5034	0.5507	0.5934	0.6321	0.6988	0.7534
2	0.1558	0.1912	0.2275	0.2642	0.3374	0.4082
3	0.0341	0.0474	0.0629	0.0803	0.1205	0.1665
4	0.0058	0.0091	0.0135	0.0190	0.0338	0.0537
5	0.0008	0.0014	0.0023	0.0037	0.0077	0.0143
6	0.0001	0.0002	0.0003	0.0006	0.0015	0.0032
7				0.0001	0.0003	0.0006
8						0.0001

C	λ								
	1.6	1.8	2.0	2.5	3.0	3.5	4.0	4.5	5.0
0	1.0000	1.0000	1.0000	1.0000	1.0000	1.0000	1.0000	1.0000	1.0000
1	0.7981	0.8347	0.8647	0.9179	0.9502	0.9698	0.9817	0.9889	0.9933
2	0.4751	0.5372	0.5940	0.7127	0.8009	0.8641	0.9084	0.9389	0.9596
3	0.2166	0.2694	0.3233	0.4562	0.5768	0.6792	0.7619	0.8264	0.8753
4	0.0788	0.1087	0.1429	0.2424	0.3528	0.4634	0.5665	0.6577	0.7350
5	0.0237	0.0364	0.0527	0.1088	0.1847	0.2746	0.3712	0.4679	0.5595
6	0.0060	0.0104	0.0166	0.0420	0.0839	0.1424	0.2149	0.2971	0.3840
7	0.0013	0.0026	0.0045	0.0142	0.0335	0.0653	0.1107	0.1689	0.2378
8	0.0003	0.0006	0.0011	0.0042	0.0119	0.0267	0.0511	0.0866	0.1334
9		0.0001	0.0002	0.0011	0.0038	0.0099	0.0214	0.0403	0.0681
10				0.0003	0.0011	0.0033	0.0081	0.0171	0.0318
11				0.0001	0.0003	0.0010	0.0028	0.0067	0.0137
12					0.0001	0.0003	0.0009	0.0024	0.0055
13						0.0001	0.0003	0.0008	0.0020
14							0.0001	0.0003	0.0007
15								0.0001	0.0002
16									0.0001

附录 2　标准正态分布表

$$\Phi(x) = \frac{1}{\sqrt{2\pi}} \int_{-\infty}^{x} e^{-\frac{t}{2}} \, dx \ (x \geq 0)$$

x	0.00	0.01	0.02	0.03	0.04	0.05	0.06	0.07	0.08	0.09
0.0	0.5000	0.5040	0.5080	0.5120	0.5160	0.5199	0.5239	0.5279	0.5319	0.5359
0.1	0.5398	0.5438	0.5478	0.5517	0.5557	0.5596	0.5636	0.5675	0.5714	0.5753
0.2	0.5793	0.5832	0.5871	0.5910	0.5948	0.5987	0.6026	0.6064	0.6103	0.6141
0.3	0.6179	0.6217	0.6255	0.6293	0.6331	0.6366	0.6406	0.6443	0.6480	0.6517
0.4	0.6554	0.6591	0.6628	0.6664	0.6700	0.6736	0.6772	0.6808	0.6844	0.6879
0.5	0.6915	0.6950	0.6985	0.7019	0.7054	0.7088	0.7123	0.7157	0.7190	0.7224
0.6	0.7257	0.7291	0.7324	0.7357	0.7389	0.7422	0.7454	0.7486	0.7517	0.7549
0.7	0.7580	0.7611	0.7642	0.7673	0.7703	0.7734	0.7764	0.7794	0.7823	0.7852
0.8	0.7881	0.7910	0.7939	0.7967	0.7995	0.8023	0.8051	0.8078	0.8106	0.8133
0.9	0.8159	0.8186	0.8212	0.8238	0.8264	0.8289	0.8315	0.8340	0.8365	0.8389
1.0	0.8413	0.8438	0.8461	0.8485	0.8508	0.8531	0.8554	0.8577	0.8599	0.8621
1.1	0.8643	0.8665	0.8686	0.8708	0.8729	0.8749	0.8770	0.8790	0.8810	0.8830
1.2	0.8849	0.8869	0.8888	0.8907	0.8925	0.8944	0.8982	0.8980	0.8997	0.90147
1.3	0.90320	0.90490	0.90658	0.90824	0.90988	0.91140	0.91309	0.91466	0.91621	0.91774
1.4	0.91924	0.92073	0.92220	0.92364	0.92507	0.92647	0.92785	0.92922	0.93068	0.93189
1.5	0.93319	0.93448	0.93574	0.93699	0.93822	0.93943	0.94062	0.94179	0.94295	0.94408
1.6	0.94520	0.94630	0.94738	0.94845	0.94950	0.95053	0.95154	0.95254	0.95352	0.95449
1.7	0.95543	0.95637	0.95728	0.95818	0.95907	0.95994	0.96080	0.96164	0.96246	0.96327
1.8	0.96407	0.96485	0.96562	0.96638	0.96712	0.96784	0.96858	0.96926	0.96996	0.97062
1.9	0.97128	0.97193	0.97257	0.97320	0.97381	0.97441	0.97500	0.97558	0.97615	0.97670

续表

x	0.00	0.01	0.02	0.03	0.04	0.05	0.06	0.07	0.08	0.09
2.0	0.97725	0.97778	0.97831	0.97882	0.97932	0.97982	0.98030	0.98077	0.98124	0.98169
2.1	0.98214	0.98257	0.98300	0.98341	0.98382	0.98422	0.98461	0.98500	0.98537	0.98574
2.2	0.98610	0.98645	0.98679	0.98713	0.98745	0.98778	0.98809	0.98840	0.98870	0.98899
2.3	0.98928	0.98956	0.98983	0.99010	0.99036	0.99061	0.99086	0.99111	0.99134	0.99158
2.4	0.99180	0.99202	0.99224	0.99245	0.99266	0.99286	0.99305	0.99324	0.99343	0.99361
2.5	0.99379	0.99396	0.99413	0.99430	0.99446	0.99461	0.99477	0.99492	0.99506	0.99520
2.6	0.99534	0.99547	0.99560	0.99573	0.99586	0.99598	0.99609	0.99621	0.99632	0.99643
2.7	0.99653	0.99664	0.99674	0.99683	0.99693	0.99702	0.99711	0.99720	0.99728	0.99773
2.8	0.99745	0.99752	0.99760	0.99767	0.99774	0.99781	0.99788	0.99795	0.99801	0.99807
2.9	0.99813	0.99819	0.99825	0.99831	0.99836	0.99841	0.99846	0.99851	0.99856	0.99861
3.0	0.99865	0.99869	0.99874	0.99878	0.99882	0.99886	0.99889	0.99893	0.99897	0.99900
3.1	0.99903	0.99906	0.99910	0.99913	0.99916	0.99918	0.99921	0.99924	0.99926	0.99929
3.2	0.99931	0.99934	0.99936	0.99938	0.99940	0.99942	0.99944	0.99946	0.99948	0.99950
3.3	0.99952	0.99953	0.99955	0.99957	0.99958	0.99960	0.99961	0.99962	0.99964	0.99965
3.4	0.99966	0.99968	0.99969	0.99970	0.99971	0.99972	0.99975	0.99974	0.99975	0.99976
3.5	0.99977	0.99978	0.99978	0.99979	0.99980	0.99981	0.99981	0.99982	0.99983	0.99983
3.6	0.99984	0.99985	0.99985	0.99986	0.99986	0.99987	0.99987	0.99988	0.99988	0.99989
3.7	0.99989	0.99990	0.99990	0.99990	0.99991	0.99991	0.99991	0.99992	0.99992	0.99992
3.8	0.99993	0.99993	0.99993	0.99994	0.99994	0.99994	0.99994	0.99995	0.99995	0.99995
3.9	0.99995	0.99995	0.99996	0.99996	0.99996	0.99996	0.99996	0.99996	0.99997	0.99997

附录 3 χ^2 分布表

$$P\{\chi^2(df) > \chi_a^2(df)\} = \alpha$$

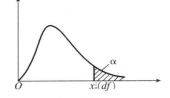

df \ α	0.995	0.99	0.975	0.95	0.90	0.75
1	—	—	0.001	0.004	0.016	0.102
2	0.010	0.020	0.051	0.103	0.211	0.575
3	0.072	0.115	0.216	0.352	0.584	1.213
4	0.207	0.297	0.484	0.711	1.064	1.923
5	0.412	0.554	0.831	1.145	1.610	2.675
6	0.766	0.872	1.237	1.635	2.204	3.455
7	0.989	1.239	1.960	2.167	2.833	4.255
8	1.344	1.646	2.180	2.733	3.490	5.071
9	1.935	2.088	2.700	3.325	4.168	5.899
10	2.156	2.558	3.247	3.940	4.865	6.737
11	2.603	3.503	3.816	4.575	5.578	7.584
12	3.074	3.571	4.404	5.226	6.304	8.438
13	3.565	4.107	5.009	5.893	7.042	9.299
14	4.075	4.660	5.629	6.571	7.790	10.165
15	4.601	5.229	6.262	7.261	8.547	11.037
16	5.142	5.812	6.908	7.962	9.312	11.912
17	5.697	6.408	7.564	8.672	10.085	12.792
18	6.265	7.015	8.231	9.390	10.865	13.675
19	6.844	7.633	8.907	10.117	11.651	14.562
20	7.434	8.260	9.591	10.851	12.443	15.452
21	8.034	8.897	10.283	11.591	13.240	16.344
22	8.643	9.542	10.982	12.338	14.042	17.240
23	9.260	10.196	11.689	13.091	14.848	18.137
24	9.886	10.856	12.401	13.848	15.659	19.037
25	10.520	11.524	13.120	14.611	16.473	19.939
26	11.160	12.198	13.844	15.379	17.292	20.843
27	11.808	12.879	14.573	16.151	18.114	21.749
28	12.461	13.565	15.308	16.928	18.936	22.657
29	13.121	14.257	16.047	17.708	19.768	23.567
30	13.787	14.954	16.791	18.493	20.599	24.478
31	14.458	15.655	17.539	19.281	21.434	25.390
32	15.134	16.362	18.291	20.072	22.271	26.304
33	15.815	17.074	19.047	20.867	23.110	27.219
34	16.501	17.789	19.806	21.664	23.952	28.136
35	17.192	18.509	20.569	22.465	24.797	29.054
36	17.887	19.233	21.336	23.269	25.643	29.973
37	18.586	19.960	22.106	24.075	26.492	30.893
38	19.289	20.691	22.878	24.884	27.343	31.815
39	19.996	21.426	23.654	25.695	28.196	32.737
40	20.707	22.164	24.433	26.509	29.051	33.660
41	21.421	22.906	25.215	27.326	29.907	34.585
42	22.138	23.650	25.999	28.144	30.765	35.510
43	22.859	24.398	26.785	28.965	31.625	36.436
44	23.584	25.148	27.575	29.787	32.487	37.363
45	24.311	25.901	28.366	30.612	33.350	38.291

续表

α df	0.25	0.10	0.05	0.025	0.001	0.005
1	1.323	2.706	3.841	5.024	6.635	7.879
2	2.773	4.605	5.991	7.378	9.210	10.597
3	4.108	6.251	7.851	9.348	11.345	12.838
4	5.385	7.779	9.488	11.143	13.277	14.860
5	6.626	9.236	11.071	12.833	15.086	16.750
6	7.841	10.645	12.592	14.449	16.812	18.548
7	9.037	12.017	14.067	16.013	18.475	20.278
8	10.219	13.362	15.507	17.535	20.090	21.955
9	11.389	14.684	16.919	19.023	21.666	23.589
10	12.549	15.987	18.307	20.483	23.209	25.188
11	13.701	17.275	19.675	21.920	24.725	26.757
12	14.845	18.549	29.026	23.337	26.217	28.299
13	15.984	19.812	22.362	24.736	27.688	29.819
14	17.117	21.064	23.685	26.119	29.141	31.319
15	18.245	22.307	24.996	27.488	30.578	32.801
16	19.369	23.542	26.296	28.845	32.000	34.267
17	20.489	24.769	27.587	30.191	33.409	35.718
18	21.605	25.989	28.869	31.526	34.805	37.156
19	22.718	27.204	30.144	32.852	36.191	38.582
20	23.828	28.412	31.410	34.170	37.566	39.997
21	24.935	29.615	32.671	35.479	38.932	41.401
22	26.039	30.813	33.924	36.781	40.289	42.796
23	27.141	32.007	35.172	38.076	41.638	44.181
24	28.241	33.196	36.415	39.364	42.980	45.559
25	29.339	34.382	37.652	40.646	44.314	46.928
26	30.435	35.563	38.885	41.923	45.642	48.290
27	31.582	36.741	40.113	43.194	46.963	49.645
28	32.620	37.916	41.337	44.461	48.278	50.993
29	33.711	39.087	42.557	45.722	49.588	52.336
30	34.800	40.256	43.773	46.979	50.892	53.627
31	35.887	41.422	44.985	48.232	52.191	55.003
32	36.973	42.585	46.194	49.480	53.486	56.328
33	38.058	43.745	47.400	50.725	54.776	57.648
34	39.141	44.903	48.602	51.966	56.061	58.964
35	40.223	46.059	49.802	53.203	57.342	60.275
36	41.304	47.212	50.998	54.437	58.619	61.581
37	42.383	48.363	52.192	55.668	59.892	62.883
38	43.462	49.513	53.384	56.896	61.162	64.181
39	44.539	50.660	54.572	58.120	62.428	65.476
40	45.616	51.805	55.758	59.342	63.691	66.766
41	46.692	52.949	56.942	60.561	64.950	68.053
42	47.766	54.090	58.124	61.777	66.206	69.366
43	48.840	55.230	59.304	62.990	67.459	70.616
44	49.913	56.369	60.481	64.201	68.710	71.893
45	50.985	57.505	61.656	65.410	69.957	73.166

附录 4 t 分布表

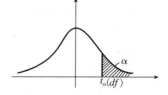

$$P\{t(df) > t_\alpha(df)\} = \alpha$$

df \ α	0.25	0.10	0.05	0.025	0.01	0.005
1	1.0000	3.0777	6.3138	12.7062	31.8207	63.6574
2	0.8165	1.8856	2.9200	4.3027	6.9646	9.9248
3	0.7649	1.6377	2.3534	3.1824	4.5407	5.8409
4	0.7407	1.5332	2.1318	2.7764	3.7469	4.6041
5	0.7267	1.4759	2.0150	2.5706	3.3649	4.0322
6	0.7176	1.4398	1.9432	2.4469	3.1427	3.7074
7	0.7111	1.4149	1.8946	2.3646	2.9980	3.4995
8	0.7064	1.3968	1.8595	2.3060	2.8965	3.3554
9	0.7027	1.3830	1.8331	2.2622	2.8214	3.2498
10	0.6998	1.3722	1.8125	2.2281	2.7638	3.1693
11	0.6974	1.3634	1.7959	2.2010	2.7181	3.1058
12	0.6955	1.3562	1.7823	2.1788	2.6810	3.0545
13	0.6938	1.3502	1.7709	2.1604	2.6503	3.0123
14	0.6924	1.3450	1.7613	2.1448	2.6245	2.9768
15	0.6912	1.3406	1.7531	2.1315	2.6025	2.9467
16	0.6901	1.3368	1.7459	2.1199	2.5835	2.9208
17	0.6892	1.3334	1.7396	2.1098	2.5669	2.8982
18	0.6884	1.3304	1.7341	2.1009	2.5524	2.8784
19	0.6876	1.3277	1.7291	2.0930	2.5395	2.8609
20	0.6870	1.3253	1.7247	2.0860	2.5280	2.8453
21	0.6864	1.3232	1.7207	2.0796	2.5177	2.8314
22	0.6858	1.3212	1.7171	2.0739	2.5083	2.8181
23	0.6853	1.3195	1.7139	2.0687	2.4999	2.8073
24	0.6848	1.3178	1.7109	2.0639	2.4922	2.7969
25	0.6844	1.3163	1.7081	2.0595	2.4851	2.7874
26	0.6840	1.3150	1.7056	2.0555	2.4786	2.7787
27	0.6837	1.3137	1.7033	2.0518	2.4727	2.7707
28	0.6834	1.3125	1.7011	2.0484	2.4671	2.7633
29	0.6830	1.3114	1.6991	2.0452	2.4620	2.7564
30	0.6828	1.3104	1.6973	2.0423	2.4573	2.7500
31	0.6825	1.3095	1.6955	2.0395	2.4528	2.7440
32	0.6822	1.3086	1.6939	2.0369	2.4487	2.7385
33	0.6820	1.3077	1.6924	2.0345	2.4448	2.7333
34	0.6818	1.3070	1.6909	2.0322	2.4411	2.7284
35	0.6816	1.3062	1.6896	2.0301	2.4377	2.7238
36	0.6814	1.3055	1.6883	2.0281	2.4345	2.7195
37	0.6812	1.3049	1.6871	2.0262	2.4314	2.7154
38	0.6810	1.3042	1.6860	2.0244	2.4286	2.7116
39	0.6808	1.3036	1.6849	2.0227	2.4258	2.7079
40	0.6807	1.3031	1.6839	2.0211	2.4233	2.7045
41	0.6805	1.3025	1.6829	2.0195	2.4208	2.7012
42	0.6814	1.3020	1.6820	2.0181	2.4185	2.6981
43	0.6802	1.3016	1.6811	2.0167	2.4163	2.6951
44	0.6801	1.3011	1.6802	2.0154	2.4141	2.6923
45	0.6800	1.3006	1.6794	2.0141	2.4121	2.6896

附录 5 r 检验临界值表

df \ α	0.05	0.01	df \ α	0.05	0.01	df \ α	0.05	0.01
1	0.99692	0.9999	12	0.5324	0.6614	35	0.3246	0.4182
2	0.95000	0.9900	13	0.5139	0.6411	40	0.3044	0.3932
3	0.8783	0.9587	14	0.4973	0.6226	45	0.2875	0.3721
4	0.8113	0.9172	15	0.4821	0.6055	50	0.2732	0.3541
5	0.7545	0.8745	16	0.4683	0.5897	60	0.2500	0.3248
6	0.7067	0.8343	17	0.4555	0.5751	70	0.2319	0.3017
7	0.6664	0.7977	18	0.4438	0.5614	80	0.2172	0.2830
8	0.6319	0.7646	19	0.4329	0.5487	90	0.2050	0.2673
9	0.6021	0.7348	20	0.4227	0.5368	100	0.1946	0.2540
10	0.5760	0.7079	25	0.3809	0.4869			
11	0.5529	0.6835	30	0.3494	0.4487			

附录 6　初等数学常用公式

一、代数

1. 绝对值

(1) 定义　$|x| = \begin{cases} x, & x \geqslant 0, \\ -x, & x < 0. \end{cases}$

(2) 性质　$|x| = |-x|$；

$|xy| = |x||y|$；

$\left|\dfrac{x}{y}\right| = \left|\dfrac{x}{y}\right| (y \neq 0)$；

$|x| \leqslant a \Leftrightarrow -a \leqslant x \leqslant a (a \geqslant 0)$；

$|x+y| \leqslant |x| + |y|$，$|x-y| \geqslant |x| - |y|$.

2. 指数

(1) $a^m \cdot a^n = a^{m+n}$；

(2) $\dfrac{a^m}{a^n} = a^{m-n}$；

(3) $(a+b)^m = a^m \cdot b^m$；

(4) $(a^n)^m = a^{nm}$；

(5) $\dfrac{m}{a^n} = \sqrt[n]{a^m}$；

(6) $a^{-m} = \dfrac{1}{a^m}$；

(7) $a^0 = 1 (a \neq o)$；

(8) 算术根 $\sqrt{a^2} = |a| = \begin{cases} a, a > 0, \\ 0; a = 0, \\ -a, a > 0. \end{cases}$

3. 对数

(1) 定义 $b = \log_a N \Leftrightarrow a^b = N (a > 0, a \neq 1)$；

(2) 性质 $\log_a 1 = 0, \log_a a = 1, a^{\log_a N} = N$；

(3) 运算法则　$\log_a(xy) = \log_a x + \log_a y$；

$\log_a \dfrac{x}{y} = \log_a x - \log_a y$；

$\log_a x^p = p \log_a x$；

(4) 换底公式　$\log_a b = \dfrac{\log_c b}{\log_c a}$　$\log_a x^p = p\log x$；

$$\log_c b = \dfrac{1}{\log_b a}.$$

4. 排列、组合与二项式定理

(1) 排列数公式　$A_n^m = n(n-1)(n-2)\cdots(n-m+1)$；

　　　　　　　　$A_n^0 = 1$，$A_n^n = n!$，　$0! = 1$.

(2) 组合数公式　$C_n^m = \dfrac{n(n-1)(n-2)\cdots(n-m+1)}{m!}$；

　　　　　　　　$C_n^0 = 1$，$C_n^m = C_n^{m-m}$.

(3) 二项式定理

$$(\alpha + b)^n = \sum_{k=0}^{n} C_n^k a^{n-k} b^k$$

$$= a^n + na^{n-1}b + \dfrac{n(n-1)(n-2)\cdots(n-k+1)}{k!}a^{n-k}b^k + \cdots + b^n.$$

5. 数列

(1) 等差数列

通项公式　$a_n = a_1 + (n-1)d$.

求和公式　$S_n = \dfrac{n(a_1+a_n)}{2} = na1 + \dfrac{n(n-1)d}{2}$.

(2) 等比数列

通项公式　$a_n = a1q^{n-1}$；

求和公式　$S_n = \dfrac{a_1(1-q^n)}{1-q}(q \neq 1)$.

(3) 常见数列的和

$1+2+3+\cdots+n = \dfrac{1}{2}n(n+1)$；

$1+3+5+\cdots+(2n-1) = n^2$；

$1^2+2^2+3^2+\cdots+n^2 = \dfrac{1}{6}n(n+1)(2n+1)$；

$1+x+x^2+x^3+\cdots+x^{n-1} = \dfrac{1-x^n}{1-x}(x \neq 1)$.

二、几何

在下面的公式中，S 表示面积，$S_侧$ 表示侧面积，$S_全$ 表示全面积，V 表示体积.

1. 多边形的面积

(1) 三角形的面积

$S = \dfrac{1}{2}ah$（a 为底，h 为高）；

$S = \sqrt{p(p-a)(p-b)(p-c)}$（$a,b,c$ 为三角，$P = \dfrac{a+b+c}{2}$）；

$S = \dfrac{1}{2}ab\sin C$（a,b 为两边，夹角是 C）.

（2）平行四边形的面积

$S = ah$（a,b 为两邻边，θ 为这两边的夹角）.

（3）梯形的面积

$S\,\dfrac{1}{2}(a+b)h$（a,b 为两底边，h 为高）.

（4）正 n 边形的面积

$S = \dfrac{n}{4}a^2\cot\dfrac{180°}{n}$（$a$ 为边长，n 边数）；

$S = \dfrac{1}{2}nr\sin\dfrac{360°}{n}$（$r$ 为外接圆的半径）；

2. 圆、扇形的面积

（1）圆的面积 $S = \pi r^2$（r 为半径）；

（2）扇形面积 $S = \dfrac{\pi nr^2}{360}$（$r$ 为半径，n 为圆心角的度数）；

$S = \dfrac{1}{2}rl$（r 为半径，L 为弧长）.

3. 柱、锥、台、球的面积和体积

（1）直棱柱 $S_侧 = PH$，$V = S_底 \cdot H$（P 为底面周长，H 为高）；

（2）正棱锥 $S_侧 = \dfrac{1}{2}ph$，$V = \dfrac{1}{3}S_底 \cdot H$（$P$ 为底面周长，h 为斜高，H 为高）；

（3）正棱台 $S_侧 = \dfrac{1}{2}h(P_1+P_2)$，$V = \dfrac{1}{3}H(S_1+S_2+\sqrt{S_1+S_2})$

（P_1+P_2 为上、下底面周长，h 为斜高，S_1,S_2 为上、下底面面积，H 为高）；

（4）圆柱 $S_侧 = 2\pi rH$，$S_全 = 2\pi r(H+r)$，$V = \pi r^2 H$（r 为底面半径，H 为高）；

（5）圆锥 $S_侧 = \pi rl$，$V = \dfrac{1}{3}\pi r^2 H$（$r$ 为底面半径，l 为母线长，H 为高）；

（6）圆台 $S_侧 = \pi l(r_1+r_2)$，$V = \dfrac{1}{3}\pi H(r_1^2+r_2^2+r_1 r_2)$（$r_1 r_2$ 为上、下底面半径，l 为母线长，H 为高）；

（7）球 $S = 4\pi R^2$，$V = \dfrac{4}{3}\pi R^3$（R 为球的半径）.

三、三角

1. 度与弧度的关系

$1° = \dfrac{\pi}{180}\mathrm{rad}, 1\mathrm{rad} = \dfrac{180°}{\pi}$;

2. 三角函数的符号

3. 三角函数定义

$\sin\alpha = \dfrac{y}{r}, \cos\alpha = \dfrac{x}{r}, \tan\alpha = \dfrac{y}{x}, \cot\alpha = \dfrac{x}{y}, \sec\alpha = \dfrac{r}{x}, \csc\alpha = \dfrac{r}{y}$

4. 同角三角函数的关系

(1) 平方和关系　$\sin^2 x + \cos^2 x = 1, 1 + \tan^2 x = \sec^2 x, 1 + \cot^2 x = \csc^2 x$;

(2) 倒数关系　$\sin x\csc x = 1, \cos x\sec x = 1, \tan x\cot x = 1$;

(3) 商数关系　$\tan x = \dfrac{\sin x}{\cos x}, \cot x = \dfrac{\cos x}{\sin x}$;

5. 和差公式

$\sin(x \pm y) = \sin x\cos y \pm \cos x\sin y$;

$\cos(x \pm y) = \cos x\cos y + \sin x\sin y$;

$\tan(x \pm y) = \dfrac{\tan x \pm \tan y}{1 + \tan x\tan y}$.

6. 二倍角公式

$\sin 2x = 2\sin x\cos x$;

$\cos 2x = \cos^2 x - \sin^2 x = 2\cos^2 x - 1 = 1 - 2\sin^2 x$;

$\tan 2x = \dfrac{2\tan x}{1 - \tan^2 x}$.

7. 半角公式

$\sin\dfrac{x}{2} = \pm\sqrt{\dfrac{1 - \cos x}{2}}$;

$\cos\dfrac{x}{2} = \pm\sqrt{\dfrac{1 + \cos x}{2}}$;

$\tan\dfrac{x}{2} = \pm\sqrt{\dfrac{1 - \cos x}{1 + \cos x}}, = \dfrac{\sin x}{1 + \cos x} = \dfrac{1 - \cos x}{\sin x}$.

8. 和差化积公式

$\sin x + \sin y = 2\sin\dfrac{x+y}{2}\cos\dfrac{x-y}{2}$;

$\sin x - \sin y = 2\cos\dfrac{x+y}{2}\sin\dfrac{x-y}{2}$;

$\cos x + \cos y = 2\cos\dfrac{x+y}{2}\cos\dfrac{x-y}{2}$;

$$\cos x - \cos y = -2\sin\frac{x+y}{2}\sin\frac{x-y}{2}.$$

9. 积化和差公式

$$\sin x\cos y = \frac{1}{2}\big[\sin(x+y) + \sin(x-y)\big];$$

$$\cos x\sin y = \frac{1}{2}\big[\sin(x+y) - \sin(x-y)\big];$$

$$\cos x\cos y = \frac{1}{2}\big[\cos(x+y) + \cos(x-y)\big];$$

$$\sin x\sin y = \frac{1}{2}\big[\cos(x+y) - \cos(x-y)\big].$$

10. 正弦、余弦定理

(1) 正弦定理 $\dfrac{a}{\sin A} = \dfrac{b}{\sin B} = \dfrac{C}{\sin C} = 2R$($R$ 为三角形外接圆半径).

(2) 余弦定理

$a^2 = b^2 + c^2 - 2bc\cos A;$

$b^2 = c^2 + a^2 - 2ca\cos B;$

$c^2 = a^2 + b^2 - 2ca\cos C.$

四、平面解析几何

1. 两点间的距离

已知两点 $P_1(x_1, y_1), P_2(x_2, y_2)$,则 $|p_1 p_2| = \sqrt{(x_2 - x_1)^2 + (y_2 - y_1)^2}$.

2. 直线方程:

(1) 直线的斜率

已知直线的倾斜角 α,则 $k = \tan\alpha(\alpha \neq \frac{\pi}{2})$;

已知直线过两点 $P_1(x_1, y_1), P_2(x_2, y_2)$,则 $k = \dfrac{y_2 - y_1}{x_2 - x_1}$,则 $k = \dfrac{y_2 - y_1}{x_2 - x_1}(x_2 \neq x_1)$.

(2) 直线方程的几种形式

点斜式 $y - y_1 = k(x - x_1)$;

斜截式 $y = kx + b$;

两点式 $\dfrac{y - y_1}{y_2 - y_1} = \dfrac{x - x_1}{x_2 - x_1}$;

截距式 $\dfrac{x}{a} + \dfrac{y}{b} = 1$;

一般式 $Ax + By + C = 0$;

参数式 $\begin{cases} x = x_0 + t\cos\alpha \\ y = y_0 + t\sin\alpha \end{cases}$ (t 是参数).

3. 两直线的夹角

$\tan\theta = \left| \dfrac{k_2 - k_1}{1 + k_2 k_1} \right|$ $(k_1 k_2 \neq -1)$.

4. 点到直线的距离点 $P(x_0, y_0)$ 到直线 $Ax + By + C = 0$ 的距离

$d = \dfrac{|Ax_0 + By_0 + C|}{\sqrt{A^2 + B^2}}$.

5. 二次曲线的方程

(1) 圆 $(x - a)^2 + (y - b)^2 = r^2$, (a,b) 为圆心, r 为半径;

(2) 椭圆 $\dfrac{x^2}{a^2} + \dfrac{y^2}{b^2} = 1$ $(a > 0, b > 0)$, 焦点在 x 轴上;

(3) 双曲线 $\dfrac{x^2}{a^2} - \dfrac{y^2}{b^2} = 1$ $(a > 0, b > 0)$, 焦点在 x 轴上;

(4) 抛物线 $y^2 = 2px$ $(p > 0)$, 焦点为 $(\dfrac{P}{2}, 0)$, 准线为 $x = -\dfrac{P}{2}$;

$x^2 = 2px$ $(p > 0)$, 焦点为 $(0, \dfrac{P}{2})$, 准线为 $y = -\dfrac{P}{2}$;

$y = ax^2 + bx + c$ $(a \neq 0)$, 顶点 $(-\dfrac{b}{2a}, \dfrac{4ac - b^2}{4a})$, 对称轴 $x = -\dfrac{b}{2a}$.

五、复数

1. 复数的表示形式

代数形式 $a + bi$ ($a, b \in \mathbf{R}$; a 实部, b 虚部, i 虚数单位,) $Re|z| = a$, $Im|z| = b$

三角形式 $r(\cos\theta + i\sin\theta)$ $re^{i\theta}$ (θ 辐角)

指数形式 $re^{i\theta} = r(\cos\theta + i\sin\theta)$

$i^{4n} = 1$, $i^{4n+1} = i$, $i^{4n+2} = -1$, $i^{4n+3} = -i$ ($n \in Z$)

复数的模 $r = |a + bi| = \sqrt{a^2 + b^2}$

2. 复数的运算

(1) 复数的代数形式运算

加法 $(a + b)i + (c + d)i = (a + c) + (b + d)i$

减法 $(a + b)i - (c + d)i = (a - c) + (b - d)i$

乘法 $(a + bi)(c + di) = (ac - bd) + (bc - ad)i$

除法 $\dfrac{a + bi}{c + di} = \dfrac{ac + bd}{c^2 + d^2} + \dfrac{bc - ad}{c^2 + d^2}i$ ($c + di \neq 0$)

(2) 复数的三角形式运算

乘法　　$r_1(\cos\theta_1+\mathrm{isin}\,\theta_1)r_2(\cos\theta_2+\mathrm{isin}\,\theta_2)=r_1r_2[\cos(\theta_1+\theta_2)+\mathrm{isin}\,(\theta_1+\theta_2)]$

除法　　$\dfrac{r_1(\cos\theta_1+\mathrm{isin}\,\theta_1)}{r_2(\cos\theta_2+\mathrm{isin}\,\theta_2)}=\dfrac{r_1}{r_2}[\cos(\theta_1-\theta_2)+\mathrm{isin}(\theta_1-\theta_2)]$

乘方　　$[r(\cos\theta+\mathrm{isin}\,\theta)]^n=r^n(\cos n\theta+\mathrm{isin}\,n\theta)\ (n\in\mathbf{N})$

开方　　复数 $r(\cos\theta+\mathrm{isin}\,\theta)$ 的 n 次方根是 $\sqrt[n]{r}(\cos\dfrac{\theta+2k\pi}{n}+\mathrm{isin}\dfrac{\theta+2k\pi}{n})\ (k=0,1,2,\cdots,n-1)$

参考答案

第六章

习题 6.1

1. (1) $D = \begin{vmatrix} 2 & -3 \\ -1 & 5 \end{vmatrix}$ $D_1 = \begin{vmatrix} -4 & -3 \\ 9 & 5 \end{vmatrix}$ $D_2 = \begin{vmatrix} 2 & -4 \\ -1 & 9 \end{vmatrix}$

(2) $D = \begin{vmatrix} 3 & -2 & 4 \\ -2 & 3 & 5 \\ 1 & -4 & -6 \end{vmatrix}$ $D_1 = \begin{vmatrix} 7 & -2 & 4 \\ 3 & 3 & 5 \\ -5 & -4 & -6 \end{vmatrix}$

$D_2 = \begin{vmatrix} 3 & 7 & 4 \\ -2 & 3 & 5 \\ 1 & -5 & -6 \end{vmatrix}$ $D_3 = \begin{vmatrix} 3 & -2 & 7 \\ -2 & 3 & 3 \\ 1 & -4 & -5 \end{vmatrix}$

(3) $D = \begin{vmatrix} 5 & 2 & -3 & -6 \\ 1 & 0 & -4 & 7 \\ -3 & 0 & 2 & 0 \\ 2 & 3 & 5 & 0 \end{vmatrix}$ $D_1 = \begin{vmatrix} 2 & 2 & -3 & -6 \\ -3 & 0 & -4 & 7 \\ -1 & 0 & 2 & 0 \\ 7 & 3 & 5 & 0 \end{vmatrix}$

$D_2 = \begin{vmatrix} 5 & 2 & -3 & -6 \\ 1 & -3 & -4 & 7 \\ -3 & -1 & 2 & 0 \\ 2 & 7 & 5 & 0 \end{vmatrix}$ $D_3 = \begin{vmatrix} 5 & 2 & 2 & -6 \\ 1 & 0 & -3 & 7 \\ -3 & 0 & -1 & 0 \\ 2 & 3 & 7 & 0 \end{vmatrix}$

$D_4 = \begin{vmatrix} 5 & 2 & -3 & 2 \\ 1 & 0 & -4 & -3 \\ -3 & 0 & 2 & -1 \\ 2 & 3 & 5 & 7 \end{vmatrix}$

2. (1) 1 3 5 2

(2) -3 -1 4 1 -1 -2

(3) -4 2 0 -6 1 -4 -3 3

(4) a_{11} a_{22} a_{33} a_{44} a_{55} a_{51} a_{41} a_{33} a_{24} a_{15}

习题 6.2

1. $\begin{vmatrix} a_{11} & a_{13} \\ a_{21} & a_{23} \end{vmatrix} - \begin{vmatrix} a_{11} & a_{13} \\ a_{21} & a_{23} \end{vmatrix}$　$a_{31}\begin{vmatrix} a_{12} & a_{13} \\ a_{22} & a_{23} \end{vmatrix} - a_{32}\begin{vmatrix} a_{11} & a_{13} \\ a_{21} & a_{23} \end{vmatrix} + a_{33}\begin{vmatrix} a_{11} & a_{12} \\ a_{22} & a_{22} \end{vmatrix}$

$a_{13}\begin{vmatrix} a_{21} & a_{22} \\ a_{31} & a_{23} \end{vmatrix} - a_{23}\begin{vmatrix} a_{11} & a_{12} \\ a_{31} & a_{32} \end{vmatrix} + a_{33}\begin{vmatrix} a_{11} & a_{12} \\ a_{21} & a_{22} \end{vmatrix}$

2. (1)0　(2)0　(3)0　(4)$a_{21}a_{32}a_{13}+a_{31}a_{23}a_{12}$

3. (1)abc　(2)0　(3)0　(4)0　(5)18　(6)-1

习题 6.3

1. 3　2　1　-1

2. (1) $\begin{pmatrix} -1 & -6 \\ 6 & 11 \\ 15 & 23 \end{pmatrix}$　(2) $\begin{pmatrix} -12 & 4 \\ -4 & -1 \\ 9 & 10 \end{pmatrix}$

3. (1)$\boldsymbol{A}' = \begin{pmatrix} 1 & 0 & 1 \\ 0 & 2 & -1 \\ 3 & 1 & 0 \end{pmatrix}$　$\boldsymbol{B}' = \begin{pmatrix} 0 & 2 & 1 \\ -1 & 3 & 0 \\ 4 & 0 & -2 \end{pmatrix}$

(2)$\boldsymbol{AB} = \begin{pmatrix} 3 & -1 & -2 \\ 5 & 6 & -2 \\ -2 & -4 & 4 \end{pmatrix}$　$\boldsymbol{BA} = \begin{pmatrix} 4 & -6 & -1 \\ 2 & 6 & 9 \\ -1 & 2 & 3 \end{pmatrix}$

(3)$(\boldsymbol{AB})' = \begin{pmatrix} 3 & 5 & -2 \\ -1 & 6 & -4 \\ -2 & -2 & 4 \end{pmatrix}$　$\boldsymbol{A}'\boldsymbol{B}' = \begin{pmatrix} 4 & 2 & -1 \\ -6 & 6 & 2 \\ -1 & 9 & 3 \end{pmatrix}$　$\boldsymbol{B}'\boldsymbol{A}' = \begin{pmatrix} 3 & 5 & -2 \\ -1 & 6 & -4 \\ -2 & -2 & 4 \end{pmatrix}$

4. (1) $\begin{pmatrix} -2 & -5 \\ -3 & -3 \end{pmatrix}$　(2) $\begin{pmatrix} 1 & 2 & 1 \\ -1 & 0 & -1 \\ 0 & -1 & 0 \end{pmatrix}$　(3) $\begin{pmatrix} 3 & -2 & 5 \\ -4 & 7 & 6 \end{pmatrix}$　(4) $\begin{pmatrix} -3 & 5 \\ 4 & -8 \\ 2 & 7 \end{pmatrix}$

5. 略

习题 6.4

1. $\begin{pmatrix} 1 & -1 & 3 & -2 \\ 2 & 3 & -4 & 4 \end{pmatrix}$

2. $\begin{pmatrix} -3 & 0 & 3 \\ 0 & 2 & -5 \\ 2 & 3 & 0 \end{pmatrix}$

3. $\begin{pmatrix} 0 & 0 & 0 & 0 \\ 1 & -3 & 5 & 2 \\ -1 & -2 & 4 & -3 \end{pmatrix}$

4. $E(2,3)=\begin{pmatrix}1&0&0&0\\0&0&1&0\\0&1&0&0\\0&0&0&1\end{pmatrix}$　$E(3(2))=\begin{pmatrix}1&0&0&0\\0&1&0&0\\0&0&2&0\\0&0&0&1\end{pmatrix}$　$E(1,4(3))=\begin{pmatrix}1&0&0&3\\0&1&0&0\\0&0&1&0\\0&0&0&1\end{pmatrix}$

5. (1)$E(1,3)A=\begin{pmatrix}a_{31}&a_{32}&a_{33}\\a_{21}&a_{22}&a_{23}\\a_{11}&a_{12}&a_{13}\end{pmatrix}$　(2)$AE(2(k))=\begin{pmatrix}a_{11}&ka_{12}&a_{13}\\a_{21}&ka_{22}&a_{23}\\a_{31}&ka_{32}&a_{33}\end{pmatrix}$

(3)$AE(2,3(k))=\begin{pmatrix}a_{11}&a_{12}&a_{13}+ka_{12}\\a_{21}&a_{22}&a_{23}+ka_{22}\\a_{31}&a_{32}&a_{33}+ka_{32}\end{pmatrix}$

6. (1)$\begin{pmatrix}1&0&0&0\\0&1&0&0\\0&0&1&0\end{pmatrix}$　(2)$\begin{pmatrix}1&0&0&0&0\\0&1&0&0&0\\0&0&1&0&0\end{pmatrix}$

习题 6.5

1. 非奇异　　奇异

2. 有逆矩阵(可逆),没有逆矩阵(不可逆)

3. $\dfrac{1}{14}\begin{pmatrix}2&0&6\\0&7&0\\-4&0&2\end{pmatrix}$　$\begin{pmatrix}\dfrac{1}{7}&0&\dfrac{3}{7}\\[2mm]0&\dfrac{1}{2}&0\\[2mm]-\dfrac{2}{7}&0&\dfrac{1}{7}\end{pmatrix}$

4. (1)$A^{-1}=\begin{pmatrix}\dfrac{2}{5}&-\dfrac{3}{10}\\[2mm]\dfrac{1}{5}&\dfrac{1}{10}\end{pmatrix}$　(2)$A^{-1}=\begin{pmatrix}-\dfrac{1}{2}&\dfrac{3}{4}&-\dfrac{1}{4}\\[2mm]1&-\dfrac{1}{2}&\dfrac{1}{2}\\[2mm]-\dfrac{3}{2}&\dfrac{3}{4}&-\dfrac{1}{4}\end{pmatrix}$

(3)$A^{-1}=\begin{pmatrix}1&0&0&0\\[2mm]\dfrac{2}{9}&\dfrac{1}{3}&\dfrac{2}{9}&\dfrac{1}{9}\\[2mm]\dfrac{2}{3}&1&-\dfrac{1}{3}&\dfrac{1}{3}\\[2mm]\dfrac{7}{9}&\dfrac{2}{3}&-\dfrac{2}{9}&-\dfrac{1}{9}\end{pmatrix}$

习题 6.6

1. $\begin{pmatrix}2&-3&4\\-5&4&1\\1&-5&2\end{pmatrix}\begin{pmatrix}x_1\\x_2\\x_3\end{pmatrix}\quad\begin{pmatrix}6\\-4\\3\end{pmatrix}$

2. $\begin{pmatrix} 2 & -5 & 1 \\ -3 & 4 & -5 \\ 4 & 1 & 2 \end{pmatrix}$　$(x_1 \quad x_2 \quad x_3)$　$(6 \quad -4 \quad 3)$

3. $A^{-1}B$　BA^{-1}

4. (1) $\begin{cases} x_1 = 2 \\ x_2 = -3 \end{cases}$　(2) $\begin{cases} x_1 = 1 \\ x_2 = 2 \\ x_3 = -1 \end{cases}$　(3) $\begin{cases} x_1 = -1 \\ x_2 = 0 \\ x_3 = 2 \\ x_4 = 3 \end{cases}$

习题 6.7

1. $(8, -3, 13, -2)$　$(9, -5, 13, 1)$

2. $(4, 9, 14)$

3. $-1 \quad 2 \quad -1$

4. 略

5. (1) $r(A) = 3$　(2) $r(A) = 2$　(3) $r(A) = 3$

6. (1) $r(\alpha_1, \alpha_2, \alpha_3) = 3$　(2) $r(\alpha_1, \alpha_2, \alpha_3, \alpha_4) = 3$

习题 6.8

1. 零　非零

2. 零　非零　$n - r(A)$

3. $n - r$　$n - r$　0

4. 无　有　rA〕$= r(\widetilde{A}) = n$　$r(A) = r(\widetilde{A}) < n$

5. (1) $X = k \begin{pmatrix} 1 \\ -1 \\ 0 \\ 1 \end{pmatrix}$　(2) $X = k_1 \begin{pmatrix} 0 \\ 1 \\ -2 \\ 0 \\ 1 \end{pmatrix} + k_2 \begin{pmatrix} -1 \\ 1 \\ 0 \\ 1 \\ 0 \end{pmatrix}$

6. (1) $X = \begin{pmatrix} 1 \\ 0 \\ 1 \\ 0 \end{pmatrix} + k \begin{pmatrix} \frac{14}{5} \\ -1 \\ \frac{3}{5} \\ 1 \end{pmatrix}$　(2) $X = \begin{pmatrix} -\frac{34}{3} \\ 5 \\ \frac{2}{3} \\ 0 \\ 0 \end{pmatrix} + k_1 \begin{pmatrix} 12 \\ -4 \\ 1 \\ 1 \\ 0 \end{pmatrix} + k_2 \begin{pmatrix} -\frac{37}{3} \\ 4 \\ -\frac{4}{3} \\ 0 \\ 1 \end{pmatrix}$

习题 6.9

1. $x_{21} + x_{22} + x_{23} + x_{24} + y_2$　$x_{13} + x_{23} + x_{33} + x_{43} + z_3$　$\dfrac{x_{41}}{x_1}$

2. (1) $x_1 = 400$　$x_2 = 300$　$x_3 = 400$

(2)$y_1 = 100$ $y_2 = 40$ $y_3 = 220$

$$(3)\boldsymbol{A} = \begin{bmatrix} \dfrac{1}{10} & \dfrac{1}{5} & \dfrac{1}{2} \\ \dfrac{1}{4} & \dfrac{8}{30} & \dfrac{1}{5} \\ \dfrac{1}{20} & \dfrac{1}{3} & \dfrac{3}{20} \end{bmatrix}$$

$$3.\,(1)\boldsymbol{Y} = \begin{bmatrix} 100 \\ 40 \\ 220 \end{bmatrix} \quad \begin{bmatrix} x_{11} & x_{12} & x_{13} \\ x_{21} & x_{22} & x_{23} \\ x_{31} & x_{32} & x_{33} \end{bmatrix} = \begin{bmatrix} 40 & 60 & 200 \\ 100 & 80 & 80 \\ 20 & 100 & 60 \end{bmatrix}$$

$$(2)\boldsymbol{X} = \begin{bmatrix} 400 \\ 300 \\ 400 \end{bmatrix}$$

习题 6.10

1.(1) 设分别用 A、B、C 三种溶液 $x_i kg(i=1,2,3)$,成本为 S 元,则

$\min S = 20x_1 + 30x_2 + 50x_3$

$$\begin{cases} x_1 + x_2 + x_3 = 100 \\ x_1 \leqslant 60 \\ x_2 \geqslant 15 \\ x_3 \geqslant 10 \\ x_1 \geqslant 0 \end{cases}.$$

(2) 设分别生产 A、B、C 三种产品 $x_i(i=1,2,3)$ 单位,获得 S 元,则

$\max S = 9x_1 + 15x_2 + 19x_3$

$$\begin{cases} 5x_1 + 8x_2 + 10x_3 \leqslant 10000 \\ 2x_1 + 4x_2 + 7x_3 \leqslant 4500 \\ x_1 \leqslant 400 \\ x_2 \leqslant 600 \\ x_3 \leqslant 800 \\ x_i \geqslant 0(i=1,2,3) \end{cases}$$

2.(1) 令 $S = -S'$ 并引入松弛变量 $x_3 \geqslant 0, x_4 \geqslant 0$,则标准形式为

$\max S' = 3x_1 + 2x_2$

$$\begin{cases} x_1 + x_3 = 7 \\ x_2 + x_4 = 5 \\ x_i \geqslant 0(i=1,2,3,4) \end{cases};$$

(2) 令 $S = -S'$ 并引入新变量 $x_3 \geqslant 0, x_4 \geqslant 0, x_5 \geqslant 0, x_6 \geqslant 0$ 及松弛变量 $x_7 \geqslant 0, x_8 \geqslant 0$,则标准形式为

$\max S' = 3x_3 - 3x_4 + 2x_5 - 2x_6$

$$\begin{cases} x_3 - x_4 + x_7 = 7 \\ x_5 - x_6 + x_8 = 5 \\ x_i \geqslant 0 (i = 3,4,5,6,7,8) \end{cases};$$

(3) 令 $S = -S'$ 并引入松弛变量 $x_3 \geqslant 0, x_4 \geqslant 0, x_5 \geqslant 0$,则标准形式为

$$\max S' = 5x_1 + 2x_2$$

$$\begin{cases} 3x_1 + 2x_2 + x_3 = 18 \\ x_1 + x_4 = 4 \\ x_2 + x_5 = 6 \\ x_i \geqslant 0 (i = 1,2,3,4,5) \end{cases}.$$

3. (1) 最优解为 $\begin{cases} x_1 = 7 \\ x_2 = 5 \end{cases}$,最优值为 $\max S = 31$

(2) 最优解为 $\begin{cases} x_1 = 4 \\ x_2 = 3 \end{cases}$,最优值为 $\max S = 26$

习题 6.11

(1) 最优解为 $\begin{cases} x_1 = 7 \\ x_2 = 5 \end{cases}$,最优值为 $\min S = -31$

(2) 最优解为 $\begin{cases} x_1 = 7 \\ x_2 = 5 \end{cases}$,最优值为 $\max S = 31$

(3) 最优解为 $\begin{cases} x_1 = 4 \\ x_2 = 3 \end{cases}$,最优值为 $\min S = -26$

复习题六

一、1. C 2. $k^3 C$ 3. $-C$ 4. 1 或 -2 5. 5   2   2 -1

6. $\begin{pmatrix} -3 & 3 & 1 \\ -4 & 0 & 4 \\ 5 & -1 & -3 \end{pmatrix}$, $\begin{vmatrix} -\dfrac{3}{4} & \dfrac{3}{4} & \dfrac{1}{4} \\ -1 & 0 & 1 \\ \dfrac{5}{4} & -\dfrac{1}{4} & -\dfrac{3}{4} \end{vmatrix}$

7. 相关   8. $(E - A)X$

9. $(E - A)^{-1} Y$

10. $\max(\min) S = \sum_{j=1}^{n} c_j x_j \begin{cases} \sum_{j=1}^{n} a_{ij} x_j \leqslant (=. \geqslant) b_i (i = 1,2,\cdots,m) \\ x_j \geqslant 0 (j = 1,2,\cdots,n) \end{cases}$

11. $\max S = \sum_{j=1}^{n} c_j x_j \begin{cases} \sum_{j=1}^{n} a_{ij} x_j = b_i (b_i \geqslant 0, i = 1,2,\cdots,m) \\ x_j \geqslant 0 (j = 1,2,\cdots,n) \end{cases}$

二、1. B   2. A   3. A   4. B   5. B   6. D   7. C   8. C   9. A   10. D   11. D   12. C
13. B   14. A   15. B   16. B

三、$C = \begin{pmatrix} -3 & 0 & 3 \\ -3 & -2 & 3 \end{pmatrix}$

四、$k = -4$ 或 3

五、1. $\boldsymbol{X} = k_1 \begin{pmatrix} -1 \\ 0 \\ 0 \\ 0 \\ 1 \end{pmatrix} + k_2 \begin{pmatrix} -1 \\ -1 \\ 1 \\ 0 \\ 0 \end{pmatrix}$　2. $\boldsymbol{X} = \begin{pmatrix} \frac{19}{3} \\ -1 \\ -\frac{7}{3} \\ 0 \\ 0 \end{pmatrix} + k_1 \begin{pmatrix} -8 \\ 0 \\ 5 \\ 0 \\ 3 \end{pmatrix} + k_2 \begin{pmatrix} 3 \\ 0 \\ -2 \\ 1 \\ 0 \end{pmatrix}$

六、最优解 $\begin{cases} x_1 = 2 \\ x_2 = 4 \end{cases}$，最优值 $\max S = 24$

第 七 章

习题 7.1

1. 0. 4
2. 0. 1055
3. 0. 8

习题 7.2

1. 0. 1
2. $\frac{1}{3}$
3. (1)0. 56　(2)0. 94

习题 7.3

1. 是　不是
2. (1)0. 2　(2)0. 4　(3)0. 6　(4)0. 5
3. $\frac{1}{b-a}$　$\frac{1}{2}$
4. (1)0. 9878　(2)0. 2857　(3)0. 7698　(4)0. 1056　(5)0. 0495
5. (1)0. 8413　(2)0. 4483　(3)0. 1747　(4)0. 7734
6. 0. 9564

习题 7.4

1. 0. 3　0. 61
2. 2. 7　8. 4
3. 略
4. 略

习题 7.5

1. 除 $\sum \frac{x_i^2}{\sigma^2}$ 外，其余都是统计量

   2. 3. 6, 2. 88

   3. 0. 83

   4. 0. 125

习题 7. 6

   1. (1)110　1. 37　(2)[107. 85, 111. 15]

习题 7. 7

   1. 这批产品是合格产品.

习题 7. 8

   1. 回归直线方程为

$$\hat{y} = 77. 37 - 18. 2x$$

复习题七

   1. $\chi \sim \begin{bmatrix} 0 & 1 & 2 & 3 & 4 \\ \dfrac{1}{16} & \dfrac{1}{4} & \dfrac{3}{8} & \dfrac{1}{4} & \dfrac{1}{16} \end{bmatrix}$

   2. $\dfrac{1}{4}$　$\dfrac{15}{16}$

   3. 11　33

   4. $\dfrac{a+b}{2}$　$\dfrac{\pi}{12}(a^2 + b^2 + ab)$

   5. 0. 9544

   6. 3. 12　0. 067

   7. [2878. 05, 3235. 29]

第 八 章

习题 8. 1

   1. $(b), (c)$ 对是同构的. (a) 对不同构.

习题 8. 2

   1. 略

   2. 图 8. 14 的补图见图 1.

   3. (1) 见图 2；

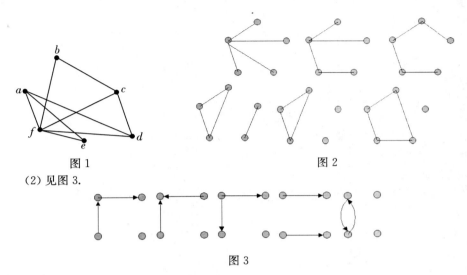

图1　　　　　　　　　　　　　　图2

（2）见图3.

图3

4.略

5.略

6.略

习题8.3

1.C

复习提示：类似的考点还有：AOV 网、最短路径.

2.（1）C　（2）A

3.略

习题8.4

1.图 8.4－5　$s \rightarrow v_2 \rightarrow v_5 \rightarrow v_6 \rightarrow t$. 距离 28.

图 8.4－6　$s \rightarrow v_4 \rightarrow v_3 \rightarrow t$. 距离 18.

复习题八

1.这 2 个图是同构的，因为它们不仅顶点的个数相同，而且顶点和边之间的联系也完全相同，因此，它们为同构的.

2.略

3.$\sum_{i=1}^{n} D(v) = \sum_{i=1}^{n} (ID(v) + OD(v)) \leqslant 2n-1$. 即至多进行 $2n-l$ 场比赛就可以确定胜负.

4.在这个化学实验室中，每个药箱装有 $n-1$ 种化学品. 整个实验室共有 C_n^2 种不同的化学品.

5.略

6.略

图书在版编目（CIP）数据

高职高专通用高等数学/赵益明编. ——长沙：湖南教育出版社，2011. 4
ISBN 978 - 7 - 5355 - 7726 - 9
Ⅰ. ①高⋯　Ⅱ. ①赵⋯　Ⅲ. ①高等数学—高等职业教育—教材　Ⅳ. ①013
中国版本图书馆 CIP 数据核字（2011）第 064272 号

策划编辑　刘晓麟　　　　　责任编辑　刘晓麟
封面设计　周　阳　　　　　排版设计　求赢文化

书　　名：高职高专通用高等数学
编　　者：赵益明　潘　燕
出版发行：湖南教育出版社
地　　址：长沙市韶山北路 443 号
网　　址：http：//www. hneph. com
发 行 部：0731 - 85520531
编 辑 部：0731 - 85303015　csgaojiao@ 163. com
印　　刷：湖南贝特尔印务有限公司
总 经 销：湖南天易创图文化有限公司

开　　本：787×960　　1/16
印　　张：29. 5
字　　数：566 千字
版　　次：2011 年 5 月第 1 版　2015 年 9 月第 4 次印刷

书　　号：ISBN 978 - 7 - 5355 - 7726 - 9
定　　价：上册定价：25. 00 元　下册定价：23. 80 元　全套定价：48. 80 元

本书如有印刷、装订错误，可向承印厂调换